Hoimar v. Ditfurth

Innenansichten eines Artgenossen

Meine Bilanz

Claassen

CIP-Titelaufnahme der Deutschen Bibliothek
Ditfurth, Hoimar v.:
Innenansichten eines Artgenossen: Meine Bilanz / Hoimar v. Ditfurth. –
Düsseldorf: Claassen, 1989
ISBN 3-546-42097-7

Gesetzt aus der Aldus, Linotype
Satz: Lichtsatz Heinrich Fanslau, Düsseldorf
Papier: Papierfabrik Schleipen GmbH, Bad Dürkheim
Druck und Bindearbeiten: Mohndruck, Gütersloh
Printed in Germany
ISBN 3-546-42097-7

Inhalt

Weimar
Hirnentwicklung

Ankunft aus dem »Nichts«

Am 15. Oktober 1921 hatte meine Mutter einen schweren Tag: Zu Beginn des Tages gab es mich noch nicht, am Abend des 15. aber war ich vorhanden, ein menschliches Individuum, dessen Existenz urkundlich bestätigt und mit den notwendigen bürgerlichen Identifikationsmerkmalen ausgestattet worden war. In meiner Geburtsurkunde ist als Geburtsort Charlottenburg eingetragen, und behördliche Präzision hat dazu geführt, daß es heute noch in meinem Personalausweis heißt: »Geburtsort Charlottenburg, jetzt Berlin«.

Am 15. Oktober 1921 also traf ich in Charlottenburg ein – aus dem Nichts kommend. Eine banale Feststellung? Die meisten Menschen nehmen das jedenfalls als selbstverständlich hin. Aber so selbstverständlich es sein mag, so seltsam ist es doch auch. Die Tatsache, daß sich so wenige über diesen Umstand wundern, der für jeden einzelnen von uns gilt, erweist sich bei näherer Betrachtung als erstes und sogar besonders markantes Symptom unserer Naturvergessenheit.

Wir verstehen uns als Geistwesen. Und das sind wir unbestreitbar. Aber wir sind es nicht ausschließlich. Es liegt eine eigentümliche Paradoxie in der Unbeirrbarkeit, mit der jene, die nicht müde werden, auf die angeblich absolute Freiheit des menschlichen Geistes zu pochen, die offenkundigen Grenzen übersehen, die dieser Freiheit durch das biologische Fundament unserer Existenz gesetzt sind. Auch sie machen zwar alltäglich die Erfahrung, daß der Mensch von Zeit zu Zeit von Müdigkeit »überwältigt« wird, daß man im Zustand des Hungers oder einer fiebrigen Erkältung nicht konzentriert arbeiten kann, daß Alkohol oder starke Emotionen die geistige Aktivität unverkennbar beeinflussen. Das alles bringt sie aber nicht von der Überzeugung ab, daß es Grenzen für die geistige Freiheit des Menschen nicht gebe.

Wichtiger und in der Praxis bedeutsamer als diese simplen Einschränkungen sind die unbewußt wirkenden Einflüsse, die »angeborenen Vorurteile«, mit deren Hilfe unsere biologische Konstitution den Ablauf unserer geistigen Aktivität steuert. Die evolutionäre Erkenntnistheorie hat den seit Jahrtausenden auf Indizien gestützten Verdacht in den letzten Jahrzehnten Schritt für Schritt bestätigt. Aber selbst diese Befunde hindern manche einseitig orientierte Denker bis heute nicht, etwa zu behaupten, daß der »menschliche Horizont absolut und unbegrenzt« sei oder daß der Mensch »durch seinen Erkenntnisapparat in das Absolute versetzt« werde.*

Als eine erste Heilmethode gegen diese Form der Überschätzung unserer Freiheit kann nun empfohlen werden, sich darauf zu besinnen, wie wir uns zu dem »Nichts« verhalten, aus dem heraus wir durch unsere Geburt kommen. Denn woran liegt es, daß der Gedanke, sich mit ihm näher zu beschäftigen, den meisten Menschen nicht in den Sinn kommt? Wie ist es, anders gesagt, zu erklären, daß wir uns zwar häufig und aus eigenem Antrieb mit der Frage herumschlagen, was mit uns nach unserem Tode sein wird, daß wir uns aber nicht dafür zu interessieren scheinen, wo wir vor unserer Geburt waren? Beide Fragen betreffen doch unleugbar den gleichen Sachverhalt. (»Nach deinem Tode wirst du seyn, was du vor deiner Geburt warst«, schreibt Arthur Schopenhauer.) Wie kommt es zu dieser eigentümlichen Asymmetrie unseres Interesses, das in aller Regel allein nach dem Wesen des »Nichts« fragt, das uns nach unserem Tode erwartet?

Der erste, der die Erklärungsbedürftigkeit dieses Sachverhalts entdeckte, ist meines Wissens Erwin Straus gewesen, der ihn in den dreißiger Jahren in einer Publikation über das menschliche Zeiterleben erwähnt. (Eine systematische Suche würde vermutlich noch ältere Kronzeugen zutage fördern.) Erwin Straus war Psychiater. Das ist sicher kein Zufall. Ein Psychiater ist – anders als ein Psychologe oder Psychotherapeut (sofern diese nicht ebenfalls Medizin studiert haben) – aufgrund seiner Ausbildung dazu erzogen, die körperlichen, biologischen Bedingungen und Grundlagen psychischer Abläufe in die Betrachtung einzubeziehen.

Zu den elementarsten der Grundlagen psychischer Abläufe gehört der Umstand, daß wir aus Materie bestehen. Daß eine im Verlauf einer für uns unausdenkbar langen Entwicklungszeit entstandene materielle Struktur von einer uns ebenfalls unausdenkbaren Komplexität die Voraussetzung darstellt für unsere konkrete Existenz. Nicht nur für unsere leibliche, physische, sondern auch für unsere geistige Existenz. Sowenig wir ohne unseren Leib leben könnten, sowenig wären wir ohne unser Gehirn imstande zu denken.

* So der Münchner Philosoph Günther Schiwy mir gegenüber 1986 in einer Diskussion nach einem Vortrag. Es gibt philosophische Schulen – ein repräsentatives Beispiel: Robert Spaemann und Mitarbeiter (ebenfalls München) –, die entschlossen an dieser einäugigen Sicht festhalten.

Das alles sind Trivialitäten. Aber auch sie müssen hier bedacht werden, weil schon die unmittelbaren Folgen dieser beiläufig als selbstverständlich akzeptierten Sachverhalte von fast allen Menschen ignoriert werden: Es ist nicht möglich, ein materielles System via biologische Evolution bis auf die Ebene der Denkfähigkeit zu hieven, ohne daß sich in dem ermöglichten Denken bestimmte Eigenheiten der seine Voraussetzung bildenden materiellen Strukturen widerspiegeln.

Hier muß nun ein Einwand betrachtet werden: Wenn man von biologischen Einflüssen auf psychisches Geschehen spricht, sieht man sich im Handumdrehen dem Vorwurf gegenüber, man argumentiere »biologistisch«. Wer den Vorwurf benutzt, geht davon aus, daß sich jedes weitere Argument erübrige, da die so etikettierte Aussage als ideologisch entlarvt sei. Das ist barer Unsinn. Er ist als modische Unsitte allerdings so verbreitet, daß er seinerseits hier kurz »entlarvt« werden muß.

Wer in dem angedeuteten Zusammenhang den Vorwurf des Biologismus erhebt, bezieht sich, obwohl er das offensichtlich nicht weiß, auf ein von dem Philosophen Nicolai Hartmann aus der realen Welt abstrahiertes Ordnungsschema.* Nach Hartmann lassen sich in der Welt mehrere einander übergeordnete ontologische (Seins-)Ebenen unterscheiden. Zuunterst existiert die materiell-anorganische Ebene. Auf ihr gründet sich die Schicht des Organisch-Biologischen, diese wiederum bildet das Fundament der über ihr gelegenen Schicht des Geistigen. Die Kategorien der unteren Schichten bilden den Seinsgrund für die darüberliegenden, von dem diese insofern abhängig sind und in ihrer Struktur mitgeprägt werden. Zugleich tauchen von Stufe zu Stufe in zunehmender Reichhaltigkeit auch neue Eigenschaften auf.

Gegen diesen Aufbau der realen Welt verstößt nun nach Hartmann ein Denken, das sich anheischig macht, das Wesen der Realität aus einer einzigen dieser Ebenen ableiten zu wollen. Wer mit den Kategorien der untersten Ebene allein die Wirklichkeit zu erklären versucht, denkt »materialistisch«, wer mit der organisch-biologischen Schicht als einziger Erklärungsgrundlage auskommen zu können glaubt, beschränkt sich auf eine »biologistische« Sicht, und wer sich allein auf die oberste, geistige Seinsebene bezieht, reduziert seinen Ansatz einseitig auf eine »idealistische« Position. Die jeweiligen Ismen sind folglich das Resul-

* Nicolai Hartmann, »Der Aufbau der realen Welt«, Berlin 1949.

tat einer ideologischen Blickverengung, bei der die Erklärungsgrundlage verkürzt wird auf eine einzige, aus dem Kontext der Realität willkürlich herausgegriffene Seinsebene.
Wer die Einbeziehung biologischer Rahmenbedingungen in die Diskussion über menschliches Verhalten oder psychische Abläufe als »biologistisch« ablehnen zu können glaubt, bedient sich daher einer Terminologie, die er nicht verstanden hat. Denn eine solche Betrachtungsweise ist weit davon entfernt, die Erklärung nur aus den Gesetzen einer einzigen ontologischen Ebene ableiten zu wollen. Sie versucht ganz im Gegenteil, das Zusammenspiel der verschiedenen Ebenen zuzurechnenden Kategorien in den Blick zu bekommen.
Damit zurück zu den Gründen für die seltsame Asymmetrie unseres Interesses an dem von unserer Lebensspanne unterbrochenen »Nichts«, je nachdem, um welches ihrer Enden – Geburt oder Tod – es sich handelt. Wir können jetzt konkret danach fragen, welche der einer untergeordneten Ebene angehörenden Kategorien sich hier bemerkbar macht. Antwort: Es ist der asymmetrische Charakter des Zeitablaufs selbst, die einseitige Richtung aller zeitlichen Abläufe, die sich in unserer Aufmerksamkeitsrichtung ausdrückt. Dieser »Zeitpfeil« ist ohne jeden Zweifel eine fundamentale Kategorie, wie schon daran erkennbar wird, daß er bereits in der untersten, der materiell-anorganischen Seinsschicht alles Geschehen beherrscht.
Nach allem, was wir wissen, ist »die Zeit« seit dem Beginn des Kosmos immer nur in einer Richtung abgelaufen, auch während der unausdenkbar langen Äonen, in denen es lediglich physikalische und chemische Prozesse gab, von Lebensprozessen oder gar psychischen Phänomenen ganz zu schweigen.* Und als diese dann endlich, nach mühsam-langwierigen Evolutionsschritten, in der Welt auftauchten, waren sie ebenfalls von der fundamentalen Asymmetrie des Zeitpfeils gezeichnet, unter dessen Herrschaft sie entstanden waren – wen dürfte das wundern? Schon in der noch toten, anorganischen Zeit des Kosmos gab es die Unumkehrbarkeit von Vergangenheit und Zukunft, und darum geriet diese auch in unseren Kopf. Deshalb können wir nur älter werden und niemals jünger. Und deshalb interessiert uns das, was

* Wer sich für die physikalische Begründung der »Gerichtetheit« der zeitlichen Abläufe näher interessiert, findet alles Wissenswerte in verständlicher Form in dem ausgezeichneten Buch von Reinhard Breuer, »Die Pfeile der Zeit. Über das Fundamentale in der Natur«, München 1984.

zeitlich »vor« uns liegt, mehr als das, was wir schon hinter uns haben.

Das alles mag für trivial halten, wer will. Alltäglich und insofern »selbstverständlich« ist es ohne Frage. Aber es ist auch ein unwiderlegbarer Beweis gegen die kühne Annahme – die so viele ebenfalls für selbstverständlich halten –, daß unser Geist, insofern dem Geiste Gottes vergleichbar, souverän über den Wassern schwebe. Das ist nichts als eine weitverbreitete und im Grunde nicht einmal erfreuliche Illusion. Das »Wasser« der Materie, über dem unser, der menschliche Geist schwebt, hat diesen kräftig benetzt und bis in seine feinsten Verästelungen durchtränkt. Es fällt uns nur seiner Alltäglichkeit wegen nicht auf, ebensowenig wie wir etwa den Umstand, daß wir im Unterschied zu vielen niederen Tieren nach hinten nichts sehen können, als das zu erleben pflegen, was er objektiv ist: eine handfeste Lücke in unserem Gesichtsfeld.

Objektiv, vom individuellen Bewußtsein einmal abgesehen, läßt sich dem »Nichts«, aus dem heraus wir alle geboren werden, bekanntlich noch eine gehörige Zeitspanne abgewinnen. Objektiv hat, wie biologische Forschung herausfand, die eigene Individualität schon rund neun Monate vor der Geburt begonnen in dem Augenblick, in dem eine väterliche und eine mütterliche Zelle miteinander verschmolzen. Beide enthielten eine von vorangehenden wiederholten Zufallsschritten willkürlich vorgenommene Teilauswahl mütterlicher und väterlicher Erbanlagen. Die im Akt der Zellverschmelzung erfolgende Kombination potenzierte den Zufallscharakter des Endergebnisses. Wenn sich rund 50000 einzelne *Strukturgene* und dazu mindestens 500000 *Regulatorgene* unter solchen Umständen zu einem *Genom* zusammenfinden, ist dessen individuelle Zusammensetzung statistisch gesehen von weit überastronomischer Unwahrscheinlichkeit.* Das aus der Verschmelzung hervorgehende individuelle Erbmuster stellt ein im wahrsten Wortsinn historisches Ereignis dar: Es ist einmalig, unwiederholbar und von unwiderruflicher Endgültigkeit.

Seit der Entstehung der ersten zur Vermehrung durch Teilung befähig-

* *Strukturgene* nennt der Genetiker die den Bauplan eines bestimmten Organismus festlegenden Erbmoleküle. Die Beziehungen zwischen ihnen (vereinfacht: die Regeln, nach denen der von ihnen gespeicherte Bauplan abzulesen ist) werden durch *Regulatorgene* festgelegt. Das aus all dem hervorgehende, unendlich komplizierte molekulare Raummuster ist das *Genom*, die »Erbanlage«, eines bestimmten Individuums.

ten Urzelle vor drei oder vier Milliarden Jahren hat es noch niemals auch nur eines dieser Muster zweimal gegeben. Solange die Erde sich dreht, wird es nicht dazu kommen. Dafür ist die Zahl der beteiligten Erbmoleküle und der von ihnen ermöglichten Zufallskombinationen um ein unvorstellbares Vielfaches zu groß. Dieser von dem materiell-molekularen Fundament unserer persönlichen Veranlagung verursachte und mathematisch-statistisch beweisbare Sachverhalt begründet die Einzigartigkeit der individuellen Existenz eines jeden von uns. Er berechtigt jeden von uns, sich für einzigartig zu halten, sich als einmaliges, unaustauschbares und in seiner persönlichen Besonderheit unverwechselbares Individuum anzusehen. Er begründet zugleich die – von so vielen unbelehrbar bestrittene – Tatsache, daß sich alle Menschen voneinander unterscheiden. (Das alles gilt, einzige Ausnahme, selbstredend nicht für »echte«, also eineiige Zwillinge, weil diese aus ein und derselben befruchteten Zelle hervorgegangen sind und identische Genome haben.) Auch die Tatsache, daß die Menschen untereinander nicht gleich sind, ergibt sich aus demselben genetisch-statistischen Argument wie ihre Individualität: Das eine ist – und das ist nun wirklich trivial – nichts als die Kehrseite des anderen.
Diese individuelle Einzigartigkeit schließt Ähnlichkeiten zwischen verschiedenen Menschen keineswegs aus. Total beziehungslos, ohne jeglichen wechselseitigen Zusammenhang, werden die Myriaden einzelner Erbmoleküle bei der Entstehung eines neuen Individuums nicht durcheinandergewürfelt. Das Auftreten von Ähnlichkeiten, nicht nur im Körperbau (Gesicht!), sondern auch hinsichtlich typischer Haltungen und Gesten, ja sogar hinsichtlich einzelner Charakterzüge und Begabungen, läßt uns auch ohne Elektronenmikroskop und diffizile molekularbiologische Analysemethoden erkennen, daß bestimmte Gengruppierungen bei der Zufallsgenese des neuen Genoms erhalten bleiben, daß sie gewissermaßen en bloc weitergegeben werden.
Eine kurze Überlegung erinnert daran, daß das sogar für die weitaus meisten Teile des molekularen Bauplans gelten muß. In einer ganz groben Schätzung (lediglich der Anschaulichkeit halber vorgenommen, nicht etwa wissenschaftlich präzise ableitbar) wird man sagen dürfen, daß unsere individuelle Einzigartigkeit sich lediglich auf etwa 5 Prozent unserer genetischen Veranlagung bezieht. Die übrigen 95 Prozent haben wir mit allen übrigen Mitgliedern der Spezies Homo gemeinsam: den Bau und die Funktion unserer Augen, das komplizierte

Geflecht unseres Leberstoffwechsels, den zellulären Aufbau unserer Muskulatur, Gestalt und Funktion von Händen und Beinen, überhaupt das ganze anatomische Grundgerüst und die endlose Liste aller für die Lebensfähigkeit unseres Körpers unentbehrlichen physiologischen Funktionen. In diesen (mindestens) 95 Prozent unserer erblichen Anlagen, bei denen nicht individuell variiert wird, zeigt sich die eigentliche, die entscheidende biologische Rolle der Vererbung. Sie besteht darin, es der Natur zu ersparen, mit jeder neuen Generation alle die Strukturen und Funktionen in ihrer unabsehbaren Vielfalt von neuem »erfinden« zu müssen, die für den Betrieb eines biologischen Organismus unentbehrlich sind. Das Leben hätte sich auf dieser Erde nicht bis zur Entstehung von Menschen entwickeln können, wenn der Vorgang der Vererbung dieses Problem nicht erledigt hätte durch die Weitergabe aller einmal gefundenen Lösungen.

Deshalb kam auch ich, wie jeder meiner Mitmenschen, an jenem fernen Oktobertag in Charlottenburg mit zwei Armen und zwei Beinen auf die Welt, ausgestattet mit einer Lunge zum Atmen, mit Herz und Kreislauf und all den anderen Organen, ohne deren Besitz ich den Tag meiner Geburt nicht hätte überleben können. Deshalb brauchte ich auch die Methode des Nahrungserwerbs an seiner natürlichen ersten Quelle nicht erst zu lernen und ebensowenig die Notwendigkeit, zwischen Schlucken und Atmen in zweckmäßigen Abständen zu wechseln. Alle diese Lektionen beherrschte ich vom ersten Augenblick an, weil auch sie, die zu lernen mir keine Zeit geblieben wäre, in mein persönliches Genom Eingang gefunden hatten.

Die Liste der in meinen individuellen Bauplan geratenen Ähnlichkeiten mit anderen Lebewesen ist damit nicht annähernd vollständig skizziert. Die Fakten, um die sie hier zu ergänzen wäre, liegen sichtbar auf der Hand. Dennoch müssen sie wenigstens genannt werden, denn die Zahl der Augen, die das, was offen vor ihnen liegt, nicht sehen können oder wollen, ist überraschend groß. Die nur durch genetische Verwandtschaft, nur durch die Zugehörigkeit zum gleichen Stammbaum zu erklärenden Ähnlichkeiten beschränken sich nicht auf Gemeinsamkeiten zwischen meinem mimischen Ausdruck und dem meines Vaters und anderer Vorfahren auf vergilbten Porträtphotos. Auch nicht auf die unübersehbaren Entsprechungen zwischen meinem Körperbau und dem aller übrigen Mitglieder des menschlichen Geschlechts. Sie reichen vielmehr weit über die Grenzen der eigenen Art hinaus. Wir

sollten das, was uns eben noch selbstverständlich schien, nicht sofort wieder vergessen, wenn wir auf ebensolche Ähnlichkeiten stoßen, die wir mit Lebewesen gemein haben, die nicht unserer Art angehören. Wie denn, wenn nicht durch genetische Verwandtschaft, könnte es erklärt werden, daß nicht nur wir Menschen, sondern auch Affen, Hunde und Katzen, ja allem äußeren Anschein zum Trotz selbst der scheinbar halslose Maulwurf und die Giraffe und alle anderen Säugetiere sieben Halswirbel haben, keinen mehr und keinen weniger? Oder daß die anatomische Gliederung der vorderen Extremität eines Säugetiers (also auch die eines menschlichen Arms) bis in die Einzelheiten der eines Vogelflügels gleicht oder der einer Eidechsenpfote? Daß sich diese strukturellen Entsprechungen – oder Homologien, wie der Biologe das Phänomen bezeichnet – selbst am Skelett der Vorderflosse eines Fischs noch nachweisen lassen? Wie sonst als dadurch, daß alle diese Wirbeltiere (und der Mensch) miteinander verwandt sein müssen, daß es, anders gesagt, in einer freilich sehr fernen Vergangenheit ein Lebewesen gegeben haben muß, das ihr gemeinsamer Urahn war?
So kam ich also »zur Welt«, damals in Charlottenburg, als Nachkomme nicht nur meiner Eltern und Großeltern und auch nicht nur der langen, ihnen vorangegangenen Reihe menschlicher Ahnen. Ich kam, wie wir alle, zur Welt auch als später Nachfahre der vormenschlichen Lebewesen unserer Stammeslinie, und diese reicht zurück bis zur ersten lebenden Urzelle. Es gäbe uns nicht, wäre sie ein einziges Mal abgerissen. Die Zeit, die die Natur sich genommen hat, um die Voraussetzungen meiner Existenz zu schaffen, sprengen den Rahmen menschlichen Vorstellungsvermögens. Und der Aufwand, den sie dabei getrieben hat, übersteigt jedes dieser Vorstellung noch vernünftig erscheinende Maß. Schon im Augenblick meiner Geburt stand fest, daß ich nicht die geringste Chance haben würde, ihn zeit meines Lebens auf irgendeine Weise zu rechtfertigen.
Von alldem hatte ich damals so wenig Ahnung wie jeder beliebige andere menschliche Säugling (und daran sollte sich auch in den folgenden Jahrzehnten erst einmal so gut wie nichts ändern). Aber bevor ich zu dem an meine Geburt anschließenden Lebensabschnitt übergehe, muß ich noch etwas zu der Bewußtlosigkeit sagen, in der ich die Monate verbrachte, die zwischen dem Augenblick der Entstehung meines Genoms durch Verschmelzung der elterlichen Zellen und dem 15. Oktober 1921 lagen.

Daß mein Bewußtsein in dieser Zeit »geschlafen« hätte, wie es manchmal heißt, ist eine poetische Metapher, die nicht unbedenklich ist, weil sie irreführende Assoziationen weckt. Schlafen kann nur ein Bewußtsein, das davor wach gewesen ist oder das wenigstens grundsätzlich schon zur Wachheit befähigt ist. Davon aber war für lange Monate keine Rede. Die neuralen Strukturen meines erst allmählich nach Maßgabe des erwähnten genetischen Bauplans entstehenden Zentralnervensystems waren zu einer solchen Leistung noch nicht herangereift. Sie waren es aus guten Gründen – davon im nächsten Kapitel mehr – auch in den auf meine Geburt folgenden Monaten noch nicht.
Aus meiner subjektiven Perspektive gab es mich in dieser meiner menschlichen Existenz vorangehenden – sie quasi vorbereitenden – Phase noch nicht. Von außen, aus objektivem Blickwinkel betrachtet, ist das eine Frage der Definition. Daß die am Anfang meiner individuellen Entwicklung stehende befruchtete Zelle sozusagen das Potential meiner Existenz darstellte, ist unbestreitbar. Daß sie selbst schon als menschliches Wesen anzusehen gewesen wäre, dürfte kaum jemandem in den Sinn kommen. Der Hypothese gar, daß sie, aufgrund welcher Konstruktion auch immer, als mit mir identisch zu gelten hätte, würde ich entschieden widersprechen. Irgendwann zwischen diesem Stadium vor dem ersten Teilungsschritt und der Geburt (*vor* der Geburt, das allerdings ist unstreitig) war das Entwicklungsstadium erreicht, von dem ab die »Menschlichkeit« des selbständig noch immer nicht lebensfähigen Kindes vorauszusetzen war (auch wenn dieses Kind noch kein Bewußtsein, geschweige denn ein Bewußtsein seiner selbst hatte). Eine scharfe, eindeutig bestimmbare Grenze gab es nicht. Der Übergang war fließend.
Man sieht, worauf ich hinauswill: Wenn irgend jemand die Entwicklung an einem Punkt unterbrochen hätte, der eindeutig vor diesem Übergang lag, dann hätte er damit zwar die Möglichkeit meiner personalen Existenz vernichtet, aber nicht diese selbst (die es noch gar nicht gab). Er hätte, noch deutlicher, nicht einen Menschen getötet, sondern die Voraussetzung seiner noch in der Zukunft liegenden Existenz beseitigt. Wohlgemerkt, ich behaupte keineswegs, daß das eine Handlung ohne Belang gewesen wäre. Ich behaupte jedoch, daß es eine unzulässige polemische Aufbauschung ist, die Unterbrechung in dieser frühen Phase allen Ernstes als »Mord« hinzustellen, und ein Beispiel abstoßender Demagogie, ihre unstreitig problematische

Verbreitung in unserer Gesellschaft in die Nähe des Grauens von Auschwitz zu rücken.
Die vatikanische Sprachregelung geht inzwischen darüber noch hinaus: Selbst die bloße Verhütung des Eintritts einer Schwangerschaft wird neuerdings schon einer mörderischen Handlung gleichgesetzt. Ende 1988 erklärte der Leiter des päpstlichen »Instituts für Studien über Ehe und Familie«, Monsignore Caffara: »Wer Verhütungsmittel benutzt, will nicht, daß neues Leben entsteht, weil er ein solches Leben als Übel betrachtet. Das ist dieselbe Einstellung wie die eines Mörders, der es als ein Übel ansieht, daß sein Opfer existiert.« Wer sich zu solch maßlosen Begriffskonstruktionen hinreißen läßt, weckt Zweifel an seinen Motiven. Er muß sich fragen lassen, ob es ihm wirklich allein um eine verantwortungsvolle Klärung des Problems geht. Oder ob sich hinter dieser Tendenz zu hemmungsloser Emotionalisierung nicht vielleicht die listige Absicht verbirgt, die Gesellschaft durch die Mobilisierung kollektiver Schuldgefühle dem eigenen Führungsanspruch gegenüber willfähriger zu machen. Den Schwangeren wird auf diese Weise jedenfalls nicht geholfen, und dem Schutz der Ungeborenen (dem die ganze Kampagne angeblich gilt) ist unter den obwaltenden Bedingungen der sozialen Realität auf diese Weise nicht gedient.
Ein letztes Wort noch zu diesem moralischen Problem. Es steht mir nicht zu, und ich bin auch in keiner Weise qualifiziert, Vorschläge zu seiner Lösung zu machen (wenn es denn eine Lösung gibt, die allen Beteiligten gerecht würde, was mir keineswegs sicher zu sein scheint). Ich erlaube mir jedoch, zu dieser Diskussion wiederum aus eigener, durchaus subjektiver Perspektive einen Gedanken beizusteuern, der dem einen oder anderen vielleicht hilfreich erscheinen könnte: Ich versichere mit Nachdruck und aufgrund reiflicher Überlegung, daß ich aus eigener Sicht, auch nachträglich, keinerlei Interesse am Schutz der vorgeburtlichen Voraussetzungen meiner bürgerlichen Existenz zu erkennen vermag. (Daß ich andererseits ohnehin nicht die Möglichkeit gehabt hätte, ein solches Interesse gegebenenfalls geltend zu machen, kann unberücksichtigt bleiben, da es mir hier um das prinzipielle Argument geht.) Ich möchte nicht mißverstanden werden: Selbstverständlich bestreite ich nicht im mindesten die Schutzbedürftigkeit einer jeden embryonalen Existenz (nicht nur einer menschlichen im übrigen, wenn in diesem Falle auch mit dem größeren Nachdruck). Dieser Anspruch auf Schutz hat viele auf keine Weise wegzudiskutierende

objektive Gründe. (Einer von vielen als Beispiel: Eine Gesellschaft, die für diesen Schutzanspruch blind wäre, befände sich in einer Bewußtseinsverfassung, vor der wir uns zu fürchten hätten.) Subjektive Gründe jedoch kann ich nicht erkennen. Sosehr mir der Gedanke an eine vorzeitige Beendigung meiner bewußten Existenz zuwider sein mag, sowenig erschrecke ich bei dem Gedanken an die Möglichkeit, nicht geboren zu sein. Das »Nichts« gar nicht erst zu verlassen, in das man ohnehin zurückkehren muß, dieser Gedanke enthält für mich weder Schrecken noch ein Bedauern.
Wem das nicht selbstverständlich vorkommen will, der führe sich in einer ruhigen Stunde vor Augen, wie unendlich viele Möglichkeiten seines Lebens unverwirklicht geblieben sind, wie – relativ – winzig die Auswahl der seine Lebenswirklichkeit ausmachenden Erfahrungen ist, wenn man sie an der Zahl der Möglichkeiten mißt, die unrealisiert geblieben sind. Mit vollem Recht verschwenden wir auf sie in aller Regel keinen Gedanken. Es kommt uns nicht in den Sinn, das Nichtvorhandensein von Freundschaften zu bedauern, die wir niemals geschlossen haben, oder das Fehlen von Erinnerungen an berufliche Tätigkeiten, die wir nie ausgeübt haben, weil wir uns für andere Interessen entschieden haben (oder weil eine bestimmte Lebenssituation uns keine andere Wahl ließ). Grundsätzlich anders kann unsere Einstellung auch nicht ausfallen angesichts des völlig irrealen Konzepts eines »nicht gelebten Lebens«.
Man bedenke nur für einen Augenblick die Konsequenzen, die sich andernfalls ergäben, dann nämlich, wenn wir das legitime Interesse von Nichtgeborenen daran zu unterstellen hätten, »auf die Welt zu kommen«. Für uns alle ergäbe sich daraus die moralische Verpflichtung, so viele Kinder wie irgend möglich in die Welt zu setzen, unaufhörlich, mit allen Mitteln, auch mit denen, die die medizinische Technik neuerdings zu diesem Zweck anbietet. Jede andere Aktivität hätten wir dieser Pflicht zuliebe zurückzustellen. Das wäre das – auch in diesem Falle unerfüllbare – moralische Postulat. Zu den vielen Skrupeln unseres Gewissens würde sich die permanente Sorge, ach was: die quälende Gewißheit gesellen, daß es uns ungeachtet aller noch so großen Anstrengungen niemals möglich wäre, allen Ungeborenen, die danach verlangten und Anspruch darauf hätten, zum Leben zu verhelfen.
Dies wären, unwiderlegbar, die abstrusen Konsequenzen, wenn es sich bei der Annahme eines legitimen Anspruchs Ungeborener auf »Ge-

borenwerden« nicht um ein in jeder – logischen, existentiellen und moralischen – Hinsicht fiktives Konstrukt handelte.* Man muß es der Verdeutlichung halber in so zugespitzter Form ausmalen. Der vehementen Polemik mancher, vor allem katholischer, Kreise gegen jegliche Form einer »Familienplanung« scheint dieses irreale und gewaltsame Konstrukt nämlich zugrunde zu liegen. Denn diese streiten gegen die Zulässigkeit der Empfängnisverhütung mit denselben Argumenten, mit der gleichen Unerbittlichkeit wie gegen die Unterbrechung einer Schwangerschaft. Ich kann aber beides nur dann im selben Atemzug, mit denselben Gründen zur Todsünde erklären, wenn ich – ob explizit oder stillschweigend – davon ausgehe, daß es ein Unglück ist, nicht geboren zu werden. Offensichtlich sogar ein durch keine andere Form des Elends überbietbares Unglück. Wie sonst wäre es zu begreifen, daß die aus derselben Ecke zu vernehmenden Bekundungen der Entrüstung soviel leiser ausfallen, wenn es um die Tatsache geht, daß infolge der bestehenden wirtschaftlichen und politischen Weltordnung, also von uns mitzuverantwortenden, in den Armutsregionen der sogenannten Dritten Welt Tag für Tag 40 000 Kinder elendiglich an Hunger sterben (und vierzig Millionen Menschen jährlich insgesamt)? Ist also das Unglück, nicht geboren zu werden, soviel größer, daß unsere Verantwortung den Nichtgeborenen gegenüber noch schwerer wiegt, als sie es gegenüber den Geborenen ist, die, nicht ohne unsere schuldhafte Mitbeteiligung, millionenfach an Hunger zugrunde gehen?
Es wäre hilfreich – nicht zuletzt auch für sie selbst –, wenn die Gegner einer Empfängnisverhütung oder »Geburtenkontrolle« diese ihre unausgesprochene Hypothese als eine der logisch unvermeidlichen Voraussetzungen ihres Widerstandes einmal aus dem Dämmer des Unbewußten emporholten und kritisch betrachteten. (Sie sollten dabei auch auf keinen Fall versäumen, uns darüber aufzuklären, wie wir uns die Wesenheit eigentlich genauer zu denken haben, die im Falle der Verhütung einer Schwangerschaft von diesem Unglück betroffen ist.) Hier gibt es, scheint mir, wahre Berge an archaischen, magisch-mythischen Vorstellungen, die abzutragen wären, bevor das – ich wiederhole: ohne jeden Zweifel gravierende – Problem sinnvoll durchdacht und diskutiert werden könnte.

* Wie hätten wir uns deren Existenz in einem solchen Falle eigentlich vorzustellen? Wie groß wäre ihre Zahl zu veranschlagen?

Die große Pause

Der Mensch kommt bekanntlich unfertig auf die Welt. Zwar ist er nach der strengen begrifflichen Systematik eines Biologen kein echter Nesthocker (bei diesen sind Augen und Gehörgänge nach der Geburt noch mehr oder weniger lange verschlossen). Aber hilflos und in vieler Hinsicht unreif ist er wie diese. Als »physiologische Frühgeburt« haben manche Biologen den menschlichen Säugling bezeichnet, und der Basler Zoologe Adolf Portmann insbesondere hat die Bedeutung der Tatsache betont, daß der Mensch die letzte Phase seiner embryonalen Entwicklung nicht im Mutterleib, sondern unter vielfältigen Einflüssen der Umwelt zu absolvieren habe.
Wissenschaftliche Forschung hat diese Bedeutung in neuerer Zeit durch eine Fülle eindrucksvoller und meist überraschender Befunde untermauert. Aus der Vielzahl der Beispiele soll hier nur eines der neuesten und wichtigsten zur Sprache kommen. Anknüpfen will ich dabei – dem Charakter dieses Buchs entsprechend – wieder an einem persönlichen Datum: an meinen ersten Erinnerungen.
Weil diese noch in die Berliner Zeit fallen, bevor meine Eltern mit mir und einer 1922 geborenen Schwester nach Holstein zogen, kann ich sie datieren. Ich kann nicht älter als zwei Jahre gewesen sein, als die wenigen Szenen sich abspielten, an die ich mich als erste Augenblicke in meinem Leben bewußt erinnere. Es sind kaum mehr als Momentaufnahmen. Bis auf eine sind sie alle von völliger Belanglosigkeit, was die Frage aufwirft, warum gerade sie sich eingeprägt haben mögen. Das eine sind einige Sekunden eines Ganges über einen Etagenflur zu einem offenstehenden Aufzug, an dessen Türrand genug Platz war, um erkennen zu lassen, daß der Fahrstuhlschacht aus einer gitterartigen Eisenkonstruktion bestand, die von außen an die Hausfassade angesetzt war (nachträglich, wie bei älteren Etagenbauten damals üblich). Dieses Detail, das Jahre später von den Eltern bestätigt wurde, überzeugte sie davon, daß ich tatsächlich so frühe Erinnerungen hatte, was sie zunächst nicht hatten glauben wollen. Dann gibt es noch die Erinnerung an ein Kinderzimmer mit Wickelkommode, dessen partiellen Grundriß ich beweiseshalber später aufzeichnen konnte. An einen Augenblick, in dem ich neben einem Kinderwagen herlief, in dem meine Schwester lag und an den ich mich klammerte, während ich eine den

Wagen schiebende Frau (Kinderfrau?) anquengelte, mich auch in den Wagen zu setzen, was diese mit der vorwurfsvollen Bemerkung ablehnte: »Aber so ein großer Junge!«
Das einzige Erlebnis, dessen Existenz in meiner Erinnerung psychologisch begründbar erscheint, ist ein kleiner Unfall: In einem Garten, der übrigens von unserer Wohnung getrennt lag, spielte ich in einem Sandkasten mit blechernen roten und blauen Sandformen. Dabei fiel ich hin und zog mir an dem scharfen Rand einer solchen Form einen leicht blutenden Schnitt am rechten Handgelenk zu, was mich veranlaßte, laut brüllend zu der auf einer Bank sitzenden weiblichen Aufsichtsperson (Kinderfrau?) zu laufen. Daß ich bei ihr anlangte, verrät dieser Erinnerungsfetzen nicht mehr.
In den zwei Jahren, die zwischen meiner Geburt und diesen ersten Erinnerungen liegen, hatte ich, wie das ja als normal gilt, offensichtlich Laufen gelernt. So sagt man, und meine Eltern haben das sicher auch geglaubt. Der Mensch »lernt« aber das Laufen ebensowenig wie ein Vogel das Fliegen. Wer die ersten Flugversuche junger Amseln oder Schwalben beobachtet, kann sich in der Tat nicht dem Eindruck entziehen, daß da die für Vögel charakteristische Fortbewegung Flügelschlag für Flügelschlag »geübt« wird, bis das Jungtier sie endlich nach mehreren Tagen beherrscht. Erst das zoologische Experiment – und der ihm vorangehende Verdacht des wissenschaftlich geschulten Tierbeobachters, der auf den Gedanken verfiel, daß das Experiment überhaupt nötig sein könnte – haben gezeigt, wie falsch dieser Eindruck ist.
Wenn man einem Teil der Nestbesatzung junger, noch nicht flugfähiger Schwalben die Möglichkeit zum »Üben« nimmt (zum Beispiel indem man sie in kleine Pappröhren steckt, die ihre Flügel bewegungsunfähig machen) entdeckt man erst, was man wirklich zu Gesicht bekommen hat: nämlich die Wirkungen der Ausreifung jener Partien des Vogelgehirns, deren Nervenzellverdrahtung in der Gestalt eines spezifischen Schaltmusters das Steuerungsprogramm für die komplizierte Abfolge von Muskelinnervationen enthält, die einen Vogel zum Fliegen befähigen. Wenn man die in das Experiment einbezogenen Jungschwalben nämlich an dem Tag von den bewußten Pappröhrchen befreit, an dem ihre unbehindert gebliebenen Geschwister das Fliegen nach tagelangem Herumgeflattere schließlich perfekt beherrschen, stellt man fest, daß es all des – eben nur scheinbaren – Übens nicht be-

durft hätte. Sie fliegen vom Augenblick ihrer Befreiung an sofort mit dem gleichen Geschick wie ihre Geschwister. Nicht anders verhält es sich mit dem »Laufenlernen« eines Kleinkindes.

Komplizierter – und trotz vieler Untersuchungen noch immer nicht restlos aufgeklärt – sind die Verhältnisse beim »Sprechenlernen« in derselben Lebensphase. Die vor allem von dem amerikanischen Linguisten Noam Chomsky und seiner Schule durchgeführten vergleichenden Sprachuntersuchungen haben kaum widerlegbare Indizien für angeborene Komponenten der menschlichen Sprachfähigkeit zutage gefördert. So finden sich in allen bisher untersuchten Sprachen bestimmte gemeinsame grammatische Strukturen. Chomsky spricht anschaulich von einer allen Menschen angeborenen »Tiefengrammatik«.*

Daß am frühkindlichen Spracherwerb Umwelteinflüsse und Lernvorgänge entscheidend mitbeteiligt sind, liegt ohne alle spezielle Untersuchung auf der Hand: Ich habe seinerzeit Deutsch gelernt und nicht irgendeine beliebige andere Sprache, weil in meiner Umgebung deutsch gesprochen wurde.

Die erst in neuerer Zeit entdeckte eigentümliche Verschränkung angeborener Voraussetzungen mit Lernprozessen beim Spracherwerb (nicht nur für diesen Fall geltend und erstmals wohl in Gestalt des Phänomens der bekannten frühkindlichen »Prägung« entdeckt) gibt sich noch in einer weiteren Erfahrung zu erkennen, die ich mit allen meinen Mitmenschen teile und die zu bedauern aus vielfachen Gründen aller Anlaß besteht. Die Fähigkeit der angeborenen und zunächst abstrakten »Tiefengrammatik«, sich mit den konkreten Wortsymbolen einer ganz bestimmten Sprache zu verknüpfen, nimmt im Laufe des Lebens rasch ab. Vergleichbar – und wohl auch übereinstimmend – mit der für das Phänomen der Prägung kennzeichnenden »sensiblen Phase« ist auch die für das Erlernen einer bestimmten Sprache optimale

* Deren Vorhandensein allein schon läßt die Unsinnigkeit der angeblich immer wieder einmal angestellten Bemühungen erkennen, Menschenaffen menschliche Wörter beizubringen. Aus demselben Grunde sind auch die von einigen amerikanischen Primatenforschern unternommenen Versuche gescheitert, sich mit ihren Zöglingen mit Hilfe von der Taubstummensprache entlehnten Gesten oder graphischer Symbole quasisprachlich zu verständigen. Es hat sich in allen Fällen bestätigt, was die Kritiker von Anfang an behauptet hatten: Die Ergebnisse, die man mit solchen Versuchen erzielen kann, sind das Resultat gewöhnlicher »Dressur« und nicht Ausdruck von Sprach- oder Symbolverständnis seitens der Versuchstiere. Sprachvermögen setzt mehr voraus als ein Training des Kehlkopfes.

Lebensphase zeitlich begrenzt. Am leichtesten fällt es bekanntlich in den ersten Jugendjahren. Schon zu Beginn der Pubertät wird die Sache schwieriger. Und mit deren Abschluß sind auch die Chancen, eine bis dahin unbekannte Sprache noch »wie ein Einheimischer« beherrschen zu lernen, für die meisten Menschen so gut wie dahin. Allerdings verrät sich die Rolle der angeborenen Voraussetzungen auch in diesem Alter noch durch offenkundige Unterschiede der individuellen »Sprachbegabung«.

Die in unserer Zeit so reichlich vorliegenden Erfahrungen von und mit Emigrantenschicksalen belegen die Regel: Wen es erst im Alter von zwanzig oder mehr Jahren in einen ihm bis dahin fremden Sprachraum verschlägt, der mag zwar den dort geltenden Wortschatz und die formalen Nuancen seiner Anwendung noch lernen können. In Ausnahmefällen sogar in solchem Maße, daß er sich, wie berühmte Beispiele gezeigt haben, als Schriftsteller zu behaupten vermag. Seinen fremdländischen »Akzent« aber, der ihn sofort als Newcomer verrät, verliert so jemand bis zum Ende seines Lebens nicht mehr.

Ich habe die Auswirkungen dieses Schwundes der angeborenen Fähigkeit zum Erlernen einer Sprache am eigenen Leibe schmerzlich zu spüren bekommen. Da mein Vater wie einem unverrückbaren Dogma der Überzeugung anhing, daß Bildung sowie jedwede geistige Entwicklung von nennenswertem Belang ausschließlich durch eine intensive Beschäftigung mit der griechischen und lateinischen Sprache zu erlangen seien, wurde ich, als es soweit war, in ein humanistisches Gymnasium strengster Observanz geschickt. Das Viktoria-Gymnasium in Potsdam, um das es sich handelte, hatte zwar auch einen »realen« Zweig, für den man sich ab Quarta entscheiden konnte. Der aber wurde bei uns zu Hause zu keiner Zeit ernstlich in Erwägung gezogen, allenfalls in spöttisch-scherzhafter Form, wenn nicht als Drohung in Zeiten, in denen mein Vater von Zweifeln befallen wurde hinsichtlich meines Lerneifers.

Zu diesem Punkt noch eine kleine, die Situation der zwanziger Jahre auf kuriose Weise erhellende Episode. Unter dem beherrschenden Einfluß meines Vaters hatte ich mir dessen Überzeugung von der unbezweifelbaren Überlegenheit einer humanistischen Schulbildung von Anfang an als unbefragbare Wahrheit zu eigen gemacht. Nicht gering war mein Erschrecken daher, als mir – wenige Wochen vor dem Übergang von der Volksschule auf das Gymnasium – ein Klassenkamerad wichtigtuerisch erzählte, daß Hindenburg höchstselbst soeben in der Zeitung Zweifel geäußert habe an der Unverzichtbarkeit einer humanistischen Erziehung. Um die Wirkung dieser Mitteilung auf meinen Seelenzustand ermessen zu können, muß man wissen, daß das Umfeld, in dem ich meine Kindheit verbrachte, weit über das Elternhaus hinaus und seit Generationen bis ins Mark nationalistisch-konservativ geprägt war.

In den Jahren der verhaßten Weimarer Republik trieb diese Haltung die seltsamsten Blüten. Meine Großmutter väterlicherseits war eine ihrer Güte und Bescheidenheit wegen allseits, auch bei den sogenannten »einfachen Leuten«, als »Tante Martha« beliebte, wenn nicht wahrhaft geliebte Frau. In ihrer an Einfalt grenzenden Schlichtheit war sie auch für heutige Ansprüche der Inbegriff einer unpolitischen Existenz, aber sie klebte, vermutlich ohne sich viel dabei zu denken – wenn sie sich überhaupt etwas dabei dachte –, die damals mit dem Porträt des ersten republikanischen Reichspräsidenten gezierten Briefmarken grundsätzlich und mit Sorgfalt verkehrt herum auf ihre Briefe, so daß der arme Friedrich Ebert auf dem Kopf stand. »Man« machte das so, jedenfalls »in unseren Kreisen«. Es war eine jener längst zur gedankenlosen Gewohnheit gewordenen Demonstrationen, mit denen diese Kreise zeigen wollten, daß sie mit dem »ganzen roten Pack, das uns heute regiert«, nichts zu tun haben wollten, schon gar nicht mit dem »Sattlergesellen Ebert«, den eine für das ganze Elend des Vaterlandes verantwortliche sozialistische Revolution groteskerweise auf den Präsidentenstuhl verschlagen hatte. (So, wie man auch davon absah, seine Kinder weiterhin in die zuvor so beliebten »Matrosenanzüge« zu stekken, weil die nationale Schande 1918 ja mit der Meuterei bei der Hochseeflotte angefangen hatte.)

Dieser Geistesverfassung erschien nun der nach dem Tode Eberts 1925 von den vereinigten Rechtsparteien auf den Stuhl des Reichspräsidenten gewählte kaiserliche Feldmarschall Paul von Hindenburg als letzter nationaler Hoffnungsträger. Auf ihn, den »Sieger von Tannenberg«, richtete sich eine geradezu grenzenlose und die wirklichen Fähigkeiten dieses gewiß rechtschaffenen, aber doch auch schlichten Mannes weit überschätzende Verehrung. Er galt in den Kreisen jener, die an der Niederlage wie an ihrer persönlichen Erniedrigung schwer trugen, als einzig gleichgesinnter Repräsentant eines Gemeinwesens, dessen republikanische Strukturen sie nicht verstanden und dessen

Werte sie a priori ablehnten. Er war für sie in allen nationalen Belangen der letzte vertrauenswürdige Gewährsmann und für nicht wenige darüber hinaus eine auch in allen übrigen öffentlichen Fragen den Ausschlag gebende Autorität.

Diese menschgewordene Institution hatte nun in einer mich betreffenden Angelegenheit der Auffassung meines Vaters widersprochen! Beklommen nutzte ich die erste sich bietende Gelegenheit, die beunruhigende, unerhörte Information mit allem einem Neunjährigen zu Gebote stehenden diplomatischen Takt meinem Vater zur Kenntnis zu bringen. Er brauchte, wie mir nicht entging und wofür ich größtes Verständnis empfand, einige Sekunden, um die Nachricht zu verdauen. Dann aber teilte er mir in wohlgesetzten, mit Bedacht ausgewählten Worten und in halblaut-diskretem Tonfall mit, daß der »hochzuverehrende Reichspräsident von Hindenburg« zwar unstreitig eine überragende Autorität auf vielen Gebieten sei, daß man es an dem diesem Manne gegenüber angebrachten Respekt andererseits aber nicht fehlen lasse, wenn man die Möglichkeit in Betracht ziehe, daß er sich in der Frage der humanistischen Schulbildung irren könnte. Natürlich kann ich mich an den genauen Wortlaut der väterlichen Lösung des Problems nach so langer Zeit nicht mehr erinnern. Dies aber war ihr Kern, und dies war die Atmosphäre, in der sie mir eröffnet wurde.

An der väterlichen Entscheidung für einen humanistischen Bildungsweg wurden folglich ungeachtet der Bedenken Hindenburgs keine Abstriche vorgenommen. Ich bin meinem Vater zwar heute noch dankbar dafür. Die Geisteswelt der griechischen Antike und des Roms der klassischen Epoche bildet die vielzitierte Wurzel unserer Kultur. Wer in seinem späteren Leben auf den Gedanken kommt, unsere heutige Gesellschaft verstehen zu wollen, ihre Wertvorstellungen und die eigenen Lebensziele, hat es leichter, wenn er von deren historischem Hintergrund etwas weiß, weil man ihm in seiner Schulzeit davon erzählt hat. Wer davon nie etwas hörte, ist ärmer dran.

Nachträglich nehme ich mir allerdings die Frage heraus, ob dieses erstrebenswerte Bildungsziel wirklich vom Schulbeginn an bis zum Abitur sieben Wochenstunden Latein unverzichtbar macht und dazu dann von der Untertertia (viertes Gymnasialschuljahr) ab die gleiche Dosis Griechisch – auf Kosten einer nicht geringen Zahl anderer nicht ganz unnützer Wissensgebiete. Ich hege die Vermutung, daß sich der Verstand eines Heranwachsenden mit Hilfe der Mathematik ganz vorzüglich und sehr sinnvoll trainieren läßt. Auf die Bekanntschaft mit den höheren Stufen dieser geistigen Disziplin mußten wir damals in Potsdam jedoch notgedrungen verzichten. Auf dem humanistischen Zweig reichte die Zahl der zumutbaren Wochenstunden nicht auch noch dafür.

Es läßt sich kaum bestreiten, daß die damals den Gymnasialunterricht bestimmenden Bildungsideale unter dem Einfluß eines tiefsitzenden Winckelmann-Komplexes an einer gewissen Schräglage litten. Griechisch und Latein, das ist gut und sicher richtig. Aber müssen diese zwar klassischen, aber auch toten Sprachen darum gleich mit einem Übergewicht gepflegt werden, das alle anderen Bildungsziele (außer Deutsch und Geschichte) auf den Rang von Nebenfächern verweist? Ich habe an den Folgen dieser Einseitigkeit lebenslang leiden müssen. Während der ganzen Schulzeit gab es für uns keinen Englischunterricht. Sehr viel später erst habe ich mir, genötigt durch meine wissenschaftliche Tätigkeit, diese Sprache im Selbststudium und auf vielen Reisen in englischsprachige Länder angeeignet. Aber ich habe dabei die Erfahrung machen müssen, daß die Fähigkeit zum Spracherwerb in späteren Lebensjahren nicht mehr optimal ausgebildet ist. Zwar kann ich englische Texte heute so mühelos lesen wie deutsche. Mit dem Sprechen und akustischen Verstehen hapert es aber beklagenswerterweise beträchtlich. Als besonders schmerzliches Handicap empfinde ich das Unvermögen, mich bei Diskussionen und als Vortragender im Ausland auf englisch hinreichend differenziert ausdrücken zu können. Auch darin bestehen die Konsequenzen einer humanistischen Erziehung, wenn sie allzu rigoros betrieben wird.

»Was Hänschen nicht lernt, lernt Hans nimmermehr.« Das alte Sprichwort faßt die Erfahrung knapp und treffend zusammen. *Warum* Hänschen aber so sehr viel leichter lernt als Hans, davon konnten jene noch nichts wissen, die sich der Regel in der Vergangenheit zum Zwekke pädagogischer Ermahnung bedienten. Was ist das für eine Änderung, die sich in unserem Zentralnervensystem am Anfang unserer irdischen Existenz abspielt, und was ist ihr tieferer Sinn? Oder, transponiert wiederum in das autobiographische Gerüst dieses Buches: Was hat sich in meinem Gehirn abgespielt zwischen meiner Geburt und den ersten Erinnerungen, in der Zeitspanne also, die sich in meinem Bewußtsein im Rückblick nur als schwarzes Loch darstellt? Die neurobiologische Erforschung des Aufbaus und der funktionellen Organisation der Großhirnrinde beim Menschen und bei höheren Tieren hat auf diese Frage in den letzten Jahren Antworten zutage gefördert, die bei aller Unvollständigkeit atemberaubende Einsichten vermitteln: in die Grundlagen unseres Bewußtseins, in die Bedingungen der Art und Weise, wie wir die Welt erleben, und damit in das Wesen dessen, was wir die »Realität« oder die außerhalb unseres Kopfes existierende »Außenwelt« zu nennen pflegen.

Hirn und Wirklichkeit

Die menschliche Großhirnrinde ist die bei weitem am komplexesten organisierte materielle Struktur auf diesem Planeten. Das gilt auch für das räumliche Ordnungsmuster, als das sie sich dem Hirnanatomen unter dem Mikroskop präsentiert. In der durchschnittlich vier Millimeter dicken, eine Fläche von nahezu einem viertel Quadratmeter aufweisenden (und daher stark gefältelt in unserem Schädel untergebrachten) Hirnrinde sind mindestens zehn, nach manchen Schätzungen bis zu fünfzehn Milliarden Nervenzellen (Neuronen) konzentriert. Das wären zwei- bis dreimal so viele in jedem einzelnen Schädel, wie es Menschen auf der Erde gibt. Alle Neuronen sind grundsätzlich miteinander identisch, sie sind so etwas wie die Einheitsbauelemente des ganzen komplizierten Spezialorgans. Nicht nur das: Sie sind in den Einzelheiten ihrer Struktur und ihrer Funktionsweise nicht von den Nervenzellen zu unterscheiden, aus denen das Hirn eines Affen aufgebaut ist oder das eines Hundes oder eines anderen Warmblüters. Beim Kaltblüter sieht die Sache aus gutem Grunde etwas anders aus: Seine Nervenzellen kommunizieren ausschließlich mit Hilfe elektrischer Signale, der einzigen Übertragungsart, deren Zuverlässigkeit von den Schwankungen der Körpertemperatur dieser »wechselwarmen« Organismen nicht spürbar beeinträchtigt wird. Erst der seine Körpertemperatur aktiv regelnde Warmblüter kann sich zur Nachrichtenverarbeitung in seinem Gehirn zusätzlich auch noch chemischer Überträgerstoffe bedienen – Neurotransmitter genannt –, und sie bereichern die funktionelle Vielseitigkeit seiner Nervenzellen um eine ganz neue Dimension. (Einer der Gründe, weshalb ein Karpfen dümmer ist als ein Delphin.)

Grundsätzlich identische Bauelemente also. Aus dieser Tatsache ergibt sich, daß die im Vergleich zu aller übrigen irdischen Kreatur konkurrenzlose Überlegenheit des menschlichen Gehirns seine Ursache in der *Zahl* dieser Elemente und in der von dieser Zahl ermöglichten *Komplexität des von ihnen realisierten Schaltmusters* haben muß. Diese ist unvorstellbar groß. Eine kleine Ahnung davon verschafft die begründete Schätzung der Hirnforscher, daß jede Hirnrindenzelle mit mehreren tausend, wahrscheinlich bis zu zehntausend anderen Zellen Kontakt hat. Der von ihnen insgesamt gebildete Schaltplan ist für uns damit definitiv unentwirrbar. Selbst wenn er uns vom Himmel geschenkt würde, könnten wir nichts mit ihm anfangen: Er würde, mit einem spitzen Silberstift eben noch für scharfe Augen lesbar gezeichnet, eine Fläche von mehreren Quadratkilometern einnehmen.*

Die durch dieses Gedankenexperiment veranschaulichte Kompliziertheit des räumlichen Ordnungsmusters wird noch potenziert durch die Vielfalt der unterschiedlichen Funktionszustände jedes einzelnen Neurons und der Möglichkeiten seines – hemmenden oder aktivierenden – Einflusses auf die Zellen, zu denen es Kontakt hat. Und schließlich: Selbst wenn es – eine, wie mir scheint, für alle Zukunft (Gott sei Dank?) unerreichbare Utopie – jemals gelänge, alle Abläufe in diesem aus zehn bis fünfzehn Milliarden Elementen zusammengefügten Nervennetz zu entwirren, hätten wir das eigentliche Geheimnis nicht einmal angekratzt. Denn selbst dann bliebe es unerklärt, wie es zugeht, daß die in diesem Netzwerk umherlichternden elektrischen und chemischen Impulse zu »Gedanken« werden, in welcher Weise dieses materielle Signalfeuerwerk vor unseren Augen eine reale Außenwelt entstehen läßt, uns zu alltäglichen, abstrakten oder kreativen »Einfällen« befähigt und dann zuletzt sogar noch dazu, über die Rätselhaftigkeit aller dieser Voraussetzungen unserer geistigen Existenz reflektieren zu können. Ernst Bloch hat das Rätsel in die großartige Formulierung gefaßt, daß wir selbst dann, »wenn wir in einem Gehirn umhergehen könnten wie in einer Mühle«, nicht leicht auf den Gedanken kommen würden, daß dort »Gedanken erzeugt« werden.

Es darf als ein besonders eindrucksvolles Beispiel für die Hartnäckigkeit menschlicher Wißbegier gelten, daß sich die Hirnforscher von der

* Die Schätzung stammt von Karl Steinbuch, siehe: »Automat und Mensch«, Berlin [3]1965, S. 17.

mit diesen wenigen Anmerkungen gekennzeichneten grundsätzlichen Hoffnungslosigkeit ihrer Aufgabe keineswegs haben einschüchtern lassen. Sie haben zwar nicht die geringste Chance, dem Kern des eigentlichen Rätsels auch nur um ein Jota näherzukommen. Aber auch die Teileinsichten, die sie mit immer neuen Einfällen und Methoden in den letzten Jahrzehnten Stückchen für Stückchen zutage förderten, haben es in sich.
Was spielt sich im Gehirn eines Warmblüters, hier also in dem eines menschlichen Kleinkindes, in den ersten beiden Lebensjahren eigentlich ab? Auf diese Frage gibt es inzwischen einige handfeste Antworten. Die ersten ergaben sich aus Untersuchungen, die der australische Hirnforscher und Nobelpreisträger John C. Eccles in den fünfziger Jahren durchführte. Mit Hilfe komplizierter Experimente gelang es ihm nachzuweisen, daß bestimmte psychische Leistungen elementarer Art, zum Beispiel Wahrnehmungsprozesse, in diesem frühen Lebensalter im Mikroskop sichtbare anatomische Veränderungen an den für diese Leistungen »zuständigen« Nervenzellen bewirken. Vereinfacht gesagt: Eccles fand heraus – was niemand bis dahin für möglich gehalten hatte –, daß sich das jugendliche Gehirn in dieser Lebensphase mit psychischen Anforderungen so ähnlich »trainieren« läßt wie die Körpermuskulatur durch ein sportliches Übungsprogramm. Aber nur so ähnlich: Ein besonders auffälliger (und praktisch sehr bedeutsamer) Aspekt der Befunde von Eccles besteht darin, daß sich diese Veränderungen nur während einer mehr oder weniger scharf umschriebenen Frist in diesem ersten Lebensabschnitt »durch Training« hervorrufen lassen und daß sie offenbar bleibender Natur sind. Und ebenso gilt umgekehrt: Wenn die »sensible Frist« zur Erzeugung dieser Trainingseffekte im Gehirn einmal verpaßt und ungenützt verstrichen war (etwa indem man den Versuchstieren die entsprechenden Sinneseindrücke vorenthielt), dann ließen sie sich nicht mehr erzeugen.
Eccles hatte seine Experimente relativ praxisfern, im Laboratorium, angestellt. Er hatte bestimmte Nervenbahnen im Gehirn seiner Versuchstiere elektrisch gereizt, mit Strömen, die den natürlichen Nervenimpulsen entsprachen, und ihnen auf diese Weise »möglichst viel zu tun« gegeben. Bei der anschließenden mikroskopischen Untersuchung der »Zielgebiete« der gereizten Bahnen im Gehirn zählte er darauf die Zahl der »Synapsen«, das heißt der spezifischen Fortsätze, mit denen Nervenzellen untereinander Verbindung aufnehmen können.

In langwierigen Untersuchungsreihen zeigte sich, daß die Zahl dieser Kontakte, also die Perfektion des von den Zellen realisierten Schaltmusters, regelmäßig zugenommen hatte in Abhängigkeit davon, wie intensiv die vorangegangene Reizung der zugehörigen Leitungsbahnen gewesen war. Damit war erstmals bewiesen worden, daß anatomische Veränderungen im jugendlichen Gehirn als Folge von Nervenreizen auftreten.

Angeregt von diesen Befunden des berühmten australischen Hirnforschers, setzte einige Jahre später ein kanadischer Hirnanatom dessen Untersuchungsansatz unter »natürlichen« Bedingungen fort. Er begann damit, daß er frisch geborene Katzen für einige Wochen, etwa für den Zeitraum der »sensiblen Phase«, teils im Dunkeln und teils im Hellen aufwachsen ließ. Als er danach die Zahl der Synapsen in den Sehzentren der Gehirne seiner Versuchskatzen auszählte, fand er dramatische Unterschiede: In den Gehirnen der unter normalen Umständen, im Hellen, aufgewachsenen Tiere gab es bis zu hundertmal mehr Kreuz- und Querverbindungen zwischen den einzelnen Sehzellen als in den Hirnen der Tiere, denen er die zur Ausreifung dieses Hirnteils offensichtlich unentbehrlichen Wahrnehmungsreize durch den Aufenthalt im Dunkeln während der entscheidenden Entwicklungsphase vorenthalten hatte.

Daß dieser quantitative Unterschied mit einem entsprechend einschneidenden qualitativen Unterschied hinsichtlich der Leistungsfähigkeit des jeweiligen Nervenschaltmusters einhergeht, konnten andere Forscher inzwischen mit ebenso dramatischen wie anschaulichen Experimenten nachweisen. Bei ihnen griff man nicht mehr zurück auf den groben Unterschied zwischen dem Einfluß einer normalen »Sehwelt« und deren Gegensatz, völliger Dunkelheit. Jetzt bot man den beiden Versuchsgruppen neugeborener Katzen eine von subtileren Unterschieden bestimmte optische Diät an. Die Kätzchen wuchsen zum Beispiel während der entscheidenden Phase in Räumen auf, deren sonst völlig weißen Wände im Falle der einen Gruppe mit senkrechten, bei der anderen Gruppe dagegen ausschließlich mit waagerechten Strichen versehen waren. Vereinfacht gesagt: Die Tiere wuchsen während der ersten Wochen nach der Geburt in einer Umgebung auf, in der es nur querverlaufende oder aber nur horizontale Konturen gab.

Anschließend wurde das Verhalten der Tiere in einer normalen Umwelt genau beobachtet. Es zeigte sich, daß die Prägung durch den Ein-

fluß der optischen Kunstwelten einschneidende und hochspezifische Konsequenzen hatte. Die Kätzchen, deren frühkindliche Welt keine waagerechten Konturen enthalten hatte, erwiesen sich als nahezu unfähig, eine gewöhnliche Treppe herauf- oder herunterzulaufen (weil sie offensichtlich blind waren für die querverlaufenden Kanten der einzelnen Stufen). Die Kätzchen der anderen Gruppe versagten dafür bei einem Spiel, das ihre normalen Geschwister mit Lust betreiben. Sie erwiesen sich als außerstande zu begreifen, daß man als Katze einen senkrechten Baumstamm ohne sonderliche Mühe hinaufklettern kann. Wenn ihre Altersgenosen ihnen beim Spiel auf diesem Wege davoneilten, blieben sie reglos am Fuß des Stammes sitzen und sahen ihnen verständnislos nach, unfähig, es ihnen gleichzutun.
Das ganze Gewicht dieser Untersuchungsergebnisse geht daraus hervor, daß die experimentell erzeugten Unterschiede sich in allen Fällen als im nachhinein absolut unkorrigierbar erwiesen haben. Wenn die abnorme Prägung einmal erfolgt ist, wenn die optischen Umweltreize einen ihren Besonderheiten angepaßten Schaltplan im Sehzentrum des Gehirns erst einmal haben entstehen lassen, bleibt dieser unwiderruflich lebenslang unverändert bestehen. »Was das Kätzchen nicht gelernt hat, lernt die Katze nimmermehr.« Diese Versuche liefern mit anderen Worten also die Grundlage für ein genaueres Verständnis der Unterschiede zwischen dem Grad der Lernfähigkeit eines jungen und der eines älteren Gehirns. Wir dürfen sie schließlich auch betrachten als unübersehbare Hinweise auf die außerordentliche, die wahrhaft lebensentscheidende Bedeutung, die bestimmten frühkindlichen Umwelteinflüssen auch im Falle eines menschlichen Neugeborenen zukommen dürfte.
Eine Schwester meiner Frau heiratete in eine seit Generationen streng anthroposophisch orientierte Familie. Ohne daß die neue Verwandtschaft erkennbare Bekehrungsversuche angestellt hätte, nahm meine Schwägerin den ihr bis dahin fremden Glauben zu unserer Überraschung bedingungslos an. Zu den uns als Außenstehenden befremdlich erscheinenden Riten, die wir als Folge davon beobachteten, gehörte die Gepflogenheit, im Gesichtsfeld eines neugeborenen Kindes eine Blume oder einen kleinen Ast mit grünen Blättern anzubringen. Ich erkundigte mich nach dem Grund für den Brauch. Es sei wichtig, daß das Kind von Anfang an Verbindung mit der Natur habe, so etwa lautete die mich wenig überzeugende Auskunft. Mein Hinweis darauf,

daß ein wenige Tage alter Säugling nachweislich noch gar nichts sehen könne, machte keinen Eindruck.
Wir haben meine Schwägerin wegen ihres »offenkundigen Aberglaubens« damals weidlich aufgezogen. (Aufgrund eines besonders herzlichen Verhältnisses war die notwendige Toleranz beiderseits vorhanden.) Heute bin ich meiner Sache nicht mehr so sicher. Damals kannte ich die Untersuchungen über die Bedeutung von Sinneswahrnehmungen für die Reifung des frühkindlichen Gehirns noch nicht. Aber meine Schwägerin und ihre anthroposophische Verwandtschaft hatten davon ebensowenig eine Ahnung. Wahrscheinlich ist sogar, daß sie bis heute nichts darüber »wissen«. Das erscheint mir als das eigentlich Merkwürdige an dieser Episode: daß hier Menschen das – möglicherweise – Richtige (und Wichtige) taten, ohne über die rationale Begründbarkeit ihres Tuns etwas gewußt zu haben und wissen zu können. Diese Erfahrung ist für mich – neben vielen anderen von der gleichen Art – ein Indiz für die in bestimmten Überlieferungen und kulturellen Traditionen enthaltene Weisheit. Ein Beispiel für die Weitergabe einer Form von Wissen, das nicht individuellen Gehirnen entsprungen ist, das uns vielmehr zur Verfügung steht aufgrund unserer Zugehörigkeit zu einer kulturellen Gemeinschaft, in deren Überlieferung es sich als die Quintessenz der Erfahrungen vieler Generationen herauskristallisiert hat. Als das Ergebnis einer Form des Wissenserwerbs folglich, die dem einzelnen gar nicht offensteht. Der österreichische Ökonom und Staatsphilosoph Friedrich-August von Hayek hat den Sachverhalt in seinem – was diesen Punkt betrifft – bewundernswerten Aufsatz »Die drei Quellen der menschlichen Werte« (Tübingen 1979) analysiert und belegt. Die gleiche Erfahrung läßt es auch als besorgniserregend erscheinen, mit welcher Selbstverständlichkeit heute so manche überlieferten Bräuche und Riten allein deshalb verworfen werden, »weil sie nicht rationalisierbar«, sprich: rational begründbar, sind.
Damit zurück zum roten (biographischen) Faden dieses Berichts. Wir bekommen sein loses Ende sofort wieder in die Hand, wenn wir danach fragen, was alle diese Untersuchungen und Erfahrungen nun hinsichtlich der ersten Weltkontakte des frühkindlichen, noch unreifen Menschenhirns bedeuten mögen. Denn diese Kontakte stellen sich ja nicht etwa nur im Laboratorium ein, unter den vom Experimentator zur Beantwortung ausgeklügelter Fragen kunstvoll hergestellten unnatürlichen Bedingungen. Es ist rückblickend einigermaßen erstaunlich,

wie spät die Hirnforscher begannen, der naheliegenden Frage nachzugehen, welche Vorgänge sich aufgrund der erstaunlichen und unerwarteten Beziehungen, die sie mit ihren Experimenten entdeckt hatten, unter normalen Umständen in einem heranwachsenden Gehirn abspielen.

Das ist zum Teil durch die enormen Schwierigkeiten zu erklären, die sich bei der Untersuchung eines Organs ergeben, mit dessen Besitzer man nicht unbekümmert experimentieren kann. Es dürfte aber zu einem weiteren, nicht geringen Teil auch damit zusammenhängen, daß der Fragestellung ein uns allen gemeinsames Vorurteil im Wege stand. Für uns alle ist das Gehirn, insbesondere unser eigenes Gehirn, doch so etwas wie das oberste aller Sinnesorgane: eine Art Spiegel, mit dem wir die Welt in unseren Kopf holen, um sie dort nach allen Regeln der Verstandeskunst zu analysieren und zu bewerten. Diese Modellvorstellung aber enthält stillschweigend zwei Grundannahmen, die beide total falsch sind. Ein Spiegel bleibt unverändert, während er die vor ihm liegenden Objekte wiedergibt. Und er ist leer, wenn nichts in seinem Gesichtsfeld liegt. Wie gänzlich falsch wir gewöhnlich das Verhältnis zwischen unserem Gehirn und der Welt beurteilen, läßt sich daraus ersehen, daß beide Sachverhalte im Falle unseres Denkorgans und seiner Beziehung zur Welt nicht zutreffen. Die Befunde der kurz geschilderten Tierversuche wirken auf uns deshalb so verblüffend, weil sie dem von uns favorisierten Spiegelmodell in diesen beiden Punkten diametral widersprechen. Daß wir in dieser Hinsicht auch in puncto unseres eigenen Gehirns von Grund auf umlernen müssen, haben aktuelle neurobiologische Untersuchungen in jüngster Zeit gezeigt.*

Auch unser Gehirn ist alles andere als ein Spiegel, der unberührt bleibt von dem, was ihm begegnet. Dem wahren Sachverhalt kommt man mit einer anderen Modellvorstellung näher: Während der allerersten Lebensphase »erkundigt« sich unser noch erfahrungsloses Gehirn schrittweise nach den in der Außenwelt vorliegenden Strukturen und

* Die hier kurz wiedergegebenen Tierversuche habe ich ausführlicher bereits in meinem Buch »Der Geist fiel nicht vom Himmel« (Hamburg 1976) beschrieben, auf das ich die Leser verweisen möchte, die sich für nähere Einzelheiten der Entwicklungsgeschichte unseres Gehirns interessieren. Bei den folgenden Textabschnitten stütze ich mich vor allem auf neuere Arbeiten des namhaften Hirnforschers Otto D. Creutzfeldt (»Cortex cerebri. Leistung, strukturelle und funktionelle Organisation der Hirnrinde«, Berlin 1983).

Bedingungen, soweit sie die Überlebenschancen seines Besitzers berühren. Weit davon entfernt, sich auf die passiv-statische Rolle eines »Spiegels der Welt« zu beschränken, organisiert das Gehirn vielmehr die Muster unerwartet vieler seiner Schaltpläne (die man noch vor wenigen Jahren sämtlich als erblich vorgegeben angesehen hatte) in dieser für alle spätere Erfahrung entscheidenden Entwicklungsphase nach Maßgabe der Eigenschaften der Welt, mit der es sich konfrontiert sieht.
Die Konsequenzen sind beträchtlich: Wir erleben die Welt keineswegs etwa so, wie sie »ist«, sondern so, wie ein Gehirn sie uns sehen läßt, das sich gleichsam opportunistisch an bestimmte, nach biologischen Kriterien ausgewählte Eigenschaften der Welt angepaßt hat. Als legalem Sproß einer nach biologischen Kriterien wertenden Evolution geht es diesem Gehirn keineswegs etwa um »Wahrheit«, ja nicht einmal um objektiv gültige Erkenntnis der Welt, sondern vor allem anderen um das Überleben des Individuums, in dessen Schädel es steckt – ein Faktum, das all unser Wissen-Können im voraus und unwiderruflich begrenzt.
Schon bei der Maus gebe es etwa 30000 hirnspezifische Gene, lese ich bei Creutzfeldt, und weiter: Es sei unwahrscheinlich, daß ihre Zahl beim Menschen wesentlich größer sei. (Größer ist sie sicher, nur eben nicht annähernd so viel größer, wie man es angesichts des Rangunterschieds zwischen Menschen und Mäusen erwarten würde.) Wie kann das zugehen? Der Befund entspricht der Tatsache, daß beim neugeborenen Menschen wesentliche Teile der den höheren Hirnfunktionen zugrundeliegenden Schaltmuster auf Jahre hinaus nicht festgelegt sind (weshalb es keiner Gene für diesen Zweck bedarf) im Unterschied zu allen ihm unterlegenen Kreaturen. Die Überlegenheit der von diesen Schaltmustern ermöglichten Funktionen beruht nicht zuletzt darauf, daß sie ihre endgültige Ausreifung erst erfahren im aktuellen Kontakt mit den Umweltbedingungen, mit denen das Individuum im weiteren Verlaufe seines Lebens dann zurechtzukommen hat.
In diesen Zusammenhang gehört eine weitere höchst überraschende Entdeckung, nämlich die, daß der Embryo vor der Geburt Nervenzellen im Überschuß produziert. Vergleichende anatomische Untersuchungen haben die eigentümliche Tatsache ans Licht gebracht, daß im menschlichen Gehirn vom Augenblick der Geburt an Nervenzellen en masse zugrunde gehen. Mindestens dreißig, nach manchen Schätzun-

gen sogar bis zu fünfzig Prozent der im Augenblick der Geburt im Kopf eines Säuglings vorhandenen Gehirnzellen sterben in den folgenden Monaten und Jahren ab und lösen sich auf. Am raschesten verschwinden sie in den ersten zwei bis drei Lebensjahren. Danach verlangsamt sich der Prozeß. Verschiedene Indizien sprechen dafür, daß er sich mindestens bis in die beginnende Pubertät hinein fortsetzt. Das bemerkenswerte an der Sache ist der Umstand, daß es sich dabei um einen völlig normalen Vorgang zu handeln scheint. Um einen Vorgang zudem, der paradox erscheint, denn: Während gegen Ende des Lebens, in höherem Alter, der Schwund von Gehirnzellen erwartungsgemäß einhergeht mit einem Nachlassen des Gedächtnisses und anderer psychischer Leistungen, wird der gleiche Vorgang in der Frühzeit des individuellen Lebens bekanntlich begleitet von dem Gewinn eben dieser Fähigkeiten und ihrer stetigen Vervollkommnung. Welchen Vers könnte man sich darauf machen?
Es sieht so aus, als ob das Säuglingsgehirn der Außenwelt, mit der es fertig werden muß, zunächst ein »Angebot« macht: in Gestalt des erwähnten beträchtlichen Überschusses an Zellen, dem eine entsprechende Vielfalt beliebiger Verknüpfungsmöglichkeiten entspricht. Aus diesem Angebot wird bei der Begegnung mit der Welt dann in der Weise ausgewählt, daß jene Zellen und Zellverbindungen gleichsam bestätigt werden und erhalten bleiben, die durch die Verarbeitung regelmäßig auftretender (also für die Außenwelt offenbar typischer) Umweltreize und Signalkonstellationen wieder und wieder beansprucht werden. Nervenzellen, für die das nicht zutrifft, verkümmern dagegen allmählich und sterben ab. Man könnte diesen Prozeß anschaulich mit der Entstehung eines Scherenschnitts vergleichen. Aus der einheitlich schwarz gefärbten Fläche des Papiers tritt eine Silhouette dadurch hervor, daß Schnitt für Schnitt alles entfernt wird, was zu dem angestrebten Muster nicht paßt.
Prozesse dieser Art dürften es folglich gewesen sein, die sich in meinem Gehirn in den beiden Jahren abspielten, die vor dem Beginn meiner im eigentlichen Sinne bewußten Existenz liegen. Erst mit dieser beginnt im üblichen Verständnis ein Lebenslauf. Ich hoffe jedoch, daß es mir gelungen ist, begreifbar zu machen, warum mir das als eine unzulässige Verkürzung des Tatbestandes erscheint. Wie auch immer: Auf den skizzierten – und sicher vielen anderen, uns noch unbekannten – Wegen fanden die für meine Lebensfähigkeit wesentlichen Eigen-

schaften der Welt Eingang in meinen Kopf, um mir fortan als Modelle der Außenwelt zur Orientierung auf dem Schauplatz der Realität zu dienen. Der Rahmen, innerhalb dessen ich mich zukünftig frei würde bewegen können, war damit definitiv abgesteckt. Angeborene Denk- und Verhaltensmuster gewährleisteten seine Unübersteigbarkeit mit der gleichen Zuverlässigkeit wie die in diesen frühen Jahren von meinem Gehirn in der Auseinandersetzung mit der Welt erworbenen Modellvorstellungen. Von jetzt ab kam es darauf an, wie ich diesen Rahmen ausfüllen würde – mit der Unterstützung meiner Umwelt, aber ebenso auch in der Behauptung gegen sie.

Die Welt der Eltern

Der inneren Zäsur entsprach eine äußere. Die Kontinuität meiner Erinnerungen setzt ein mit einem Wechsel des Schauplatzes: Im Sommer 1924 zogen meine Eltern mit uns nach Lensahn in Holstein. Mein Vater trat in die Dienste des dort residierenden Erbgroßherzogs von Oldenburg. Es wird sogleich zu erläutern sein, warum man sich die Umstände dieses beruflichen Wechsels keinesfalls pompös-feudalistisch vorstellen darf. Zuvor aber einige Anmerkungen zur Vorgeschichte und zu unserer damaligen familiären Situation.
Mein Vater, Jahrgang 1893, war aktiver Offizier gewesen, so wie sein Vater, sein Großvater und alle seine anderen männlichen Vorfahren auch. Ohne Ausnahme, soweit sich die Sache in die Vergangenheit zurückverfolgen läßt (und die dokumentierte Familiengeschichte reicht immerhin bis ins 13. Jahrhundert zurück), hatten sie ihren jeweiligen Lehnsherren, ihrem König und zuletzt ihrem Kaiser loyal gedient. Mein Vater war, mit anderen Worten, Sproß einer »Offiziersfamilie«, worauf man sich selbst noch in der Weimarer Zeit nicht wenig zugute hielt und wie es für die meisten Adelsfamilien der damaligen Zeit (jedenfalls in Norddeutschland) galt. Eine andere Berufswahl kam vor dem Hintergrund einer solchen Tradition überhaupt nicht in Betracht. Genauer: Eine Wahl gab es in Wirklichkeit gar nicht.
Zwar war gerüchteweise, hinter vorgehaltener Hand, gelegentlich die Rede davon, daß es auch »in bekannten Familien« hin und wieder geschehen sei, daß Söhne ausbrachen. Sei es, daß sie zur Universität gin-

gen (was als nicht gerade ehrenrührige, aber doch einigermaßen exotische Alternative angesehen wurde), sei es, daß sie gar Kaufleute wurden und als solche womöglich »ins Ausland gingen« (ein schon zu wesentlich maliziöseren Spekulationen Anlaß gebender Casus: Was mochte der Betreffende wohl für »Dreck am Stecken« haben?). Die eiserne Regel aber war, daß man nach dem Abitur – und das hieß damals im Alter von durchschnittlich achtzehn Jahren – als Offiziersanwärter in das vom Vater ausgewählte Regiment eintrat. Sie wurde keineswegs als Zwang erlebt, sondern als Selbstverständlichkeit mit jugendlicher Begeisterung akzeptiert. Manchmal hatte das Elternhaus den Sohn schon vorher, mit vierzehn oder gar mit zwölf Jahren (wie man es mit meinem Großvater gemacht hatte) in Uniform gesteckt, indem es ihn in einer Kadettenanstalt ablieferte, wo dem Knaben bereits im zartesten Jugendalter neben dem Schulunterricht die karrierefördernden Segnungen einer vormilitärischen Ausbildung zuteil wurden.
Ich kann nicht umhin, ein Gefühl der Trauer zu empfinden bei dem Gedanken an die Fülle der Begabungen, die dieser Tradition im Laufe der Jahrhunderte zum Opfer gefallen sind. An all die ungenutzten Talente und geistigen Anlagen, die keine Chance bekamen, sich auch nur zu erkennen zu geben, weil ihre Besitzer sich schon als Heranwachsende einer Lebensweise unterwarfen, die intellektuellen Neigungen keine Spielräume ließ. Wir haben es hier mit einer nicht geringen Zahl von Fällen zu tun, die in die Kategorie des »nicht gelebten Lebens« hineingehören. Zwar gab es unstreitig von Zeit zu Zeit überdurchschnittliche Köpfe, deren Talent sich selbst unter so ungünstigen Umständen zu entfalten und durchzusetzen vermochte. Tradition und soziales Umfeld aber haben auch diese Ausnahmen unvermeidlich standesspezifisch kanalisiert. Was herauskam, waren nicht Philosophen, Wissenschaftler oder Künstler, sondern unvermeidlich Strategen, und sei es vom Range eines Moltke oder Clausewitz.
Begabungen unterhalb der Schwelle des Genies hatten nicht die geringste Chance. Dafür sorgte die Präokkupation mit den facettenreichen Varianten dienstlicher Verpflichtungen, zu denen nicht zuletzt ein strikt einzuhaltendes gesellschaftliches Rollenspiel gehörte, das weder durch »Feierabende« noch durch »freie Wochenenden« auch nur die kürzeste Unterbrechung erfuhr. Und dafür sorgten auch aktiv immunisierende Tendenzen innerhalb des beruflichen Umfeldes. Das Faktum wird durch eine Fülle verräterischer Witze belegt und ebenso

durch die bekannten Karikaturen etwa in den zeitgenössischen Jahrgängen des »Simplicissimus«: Wer von seinen Offizierskameraden beim Kauf oder gar der Lektüre anspruchsvoller Literatur oder bei anderen Regungen geistiger Interessen ertappt wurde, setzte sich unweigerlich dem allgemeinen Spott aus. Die Reaktion erfolgte so unfehlbar, daß der Verdacht naheliegt, hier habe man durch ironische Abwehr instinktiv der Wahrnehmung eines Verzichts vorbeugen wollen, die eine schmerzliche Stelle getroffen hätte. Böse gesagt und in aller Deutlichkeit: Bordellbesuche oder Spielschulden, selbst Alkoholismus (in der kaiserlichen Armee wenig verbreitet) oder notorische »Weibergeschichten« (einzige Einschränkung: »Bitte nicht mit den Damen vom eigenen Regiment!«) wurden in diesem Milieu eher toleriert als Ansätze zu geistigen Interessen. Mein Vater hat mir später, sehr viel später, aus eigener Erfahrung bestätigt, daß dieses Bild nicht überzeichnet ist. Er räumte es übrigens auch im Abstand von Jahrzehnten nur mit merklicher Überwindung ein, obwohl sein späterer Lebenslauf längst unübersehbar deutlich gemacht hatte, daß er selbst zu den Opfern gezählt werden mußte. Von den Einflüssen seiner Jugend bis ins Mark geprägt, hat er noch als Altphilologe nie gänzlich aufgehört, ein kaiserlicher Offizier zu sein.
1911, noch siebzehn Jahre alt, trat mein Vater bei den Oldenburger Dragonern in die Fußstapfen seiner Vorfahren. Die Uniform dieses Regiments (»Nr. 15«) war hellblau, abgesetzt mit schmalem schwarzen Samtkragen. Sie soll bildschön ausgesehen haben. Zwar habe ich den Anblick nur nachträglich auf alten Schwarzweißphotographien genießen können. An die Farbe habe ich dennoch eine lebhafte Erinnerung, da ich als Volksschüler jahrelang mit einem hellblauen Wintermantel herumgelaufen bin, der, ersparnishalber, aus einem alten Uniformrock meines Vaters zusammengeschneidert worden war. Mit neunzehn Jahren wurde er zum Leutnant befördert. Er besaß nun drei eigene Reitpferde (mein Großvater war, was man damals »gutsituiert« nannte, und stattete den einzigen Sohn entsprechend aus), mit denen er der einem Kavallerieoffizier wohl anstehenden Passion des Turniersports oblag – nicht ohne Erfolg, davon zeugen einige »Silberpötte«. Als der jubelnd begrüßte – da Ehre und Auszeichnungen verheißende – Krieg ausbrach, den man später den »Ersten Weltkrieg« nannte, war er knapp einundzwanzig Jahre alt.
Acht Wochen später war die ganze Herrlichkeit dahin. Alle Aussichten

auf Ehre, Auszeichnungen und gesellschaftliches Renommee verflogen zu nichts. Schon Ende September 1914 geriet mein Vater in französische Kriegsgefangenschaft. Als er über vier Jahre später aus ihr entlassen wurde, gab es die Welt nicht mehr, für die man ihn erzogen hatte. Mein Großvater war gestorben, das Vermögen von Kriegsanleihen aufgezehrt.

Das war noch lange nicht alles. Darüber hinaus litt er, wie alle ehemaligen Offiziere seiner Generation, unter der Niederlage wie unter einer persönlichen Schmach. Er trug an ihr wie an dem Stigma eines seinen Stand desavouierenden Versagens. Und etwas noch Gravierenderes hatte sich ereignet. Das Fundament, auf dem er wie alle seine Ahnen Sinn und Inhalt seines Lebens gegründet hatte, war verschwunden. Die heute kaum mehr vorstellbare, geschweige denn verständlich zu machende Bedingungslosigkeit der Bereitschaft »zu dienen«, die wie selbstverständlich auch den Einsatz des eigenen Lebens einschloß als jederzeit durch Befehl abrufbare Möglichkeit, sie hatte ihren Bezugs- und Angelpunkt verloren. Die Monarchie existierte nicht mehr. Jetzt wurde in aller Deutlichkeit offenbar, daß die Loyalität dieser Offizierskaste in Wirklichkeit nicht etwa dem Staat, nicht einmal in erster Linie der Nation und auch nur in einem durchaus eingeschränkten Sinne dem »Vaterland« gegolten hatte. Sie war auf den jeweiligen Monarchen fixiert wie davor auf den Lehnsherrn. Daß Wilhelm II. als Regent eine alles andere als überzeugende Figur abgegeben hatte, war den intelligenteren unter ihnen keineswegs verborgen geblieben. Es hatte sie aber nicht im geringsten gestört. Denn nicht auf die Person des Herrschers kam es für sie an, sondern allein auf die Institution, die er verkörperte. (So, wie sich auch ein guter Katholik nicht irritieren läßt, wenn vorübergehend einmal ein »schwacher« Papst auf dem Stuhle Petri Platz nimmt.)

Nun aber gab es beides nicht mehr, weder die Person noch die Institution. Damit lag die in Jahrhunderten kultivierte Vasallentreue dieser Männer, die ihnen längst zum existentiellen Bedürfnis geworden war, mit einem Male brach. Es muß ein Gefühl gewesen sein vergleichbar dem, das einen Artisten hoch oben in der Zirkuskuppel befiele, wenn man ihm bei dem Gang über das Drahtseil auf halbem Wege seine Balancierstange wegnähme. Die Verachtung und Ablehnung der neuen Republik gegenüber entsprang zuerst dem die Gemüter dieser Kaste dumpf beherrschenden Gefühl, daß »Rote« und andere der Plebs zuzu-

rechnende »Kreaturen« nunmehr den Platz usurpierten, der in ihrem Verständnis nach wie vor allein ihrem »obersten Kriegsherrn« zustand. (Obwohl diese »Kerle« sich nicht einmal richtig bei Tisch benehmen konnten, wie man hinzuzufügen pflegte, weil die mangelhafte Ausbildung der Fähigkeit zu einer selbstkritisch-analytischen Betrachtung der Situation auch in diesem Falle die Neigung förderte, den Kontrahenten persönlich zu verunglimpfen.)
Ich rekonstruiere das alles aus der Erinnerung des kindlichen Ohrenzeugen, für den es nichts Spannenderes gab, als den ständig um dieses Thema kreisenden politischen Diskussionen der Erwachsenen zuzuhören (auch wenn ich das meiste damals natürlich nicht oder nur halb verstand). Ich erinnere mich noch gut daran, wie ich mich bei solchen Gelegenheiten auf dem Fußboden still in den Schatten eines Sessels verkroch in der Hoffnung, »vergessen« zu werden, damit man mich nicht ins Bett schickte. Viel später ging mir dann in Bitterkeit auf, warum es mit Notwendigkeit verheerende Folgen haben mußte, als diese gleichen Männer zwei Jahrzehnte später noch einmal zu Macht und Einfluß kamen. In der Erinnerung an unzählige derartige Gespräche kann ich nachträglich sogar verstehen (nicht entschuldigen!), wie es zuging, daß so viele von ihnen, die sich auf ihre Ehre und Würde doch so viel zugute hielten, ihre Ehre und ihre Würde alsbald in den Wind schlugen, als sie bloß mit dem Teufel ein Bündnis einzugehen brauchten, um wieder in den Besitz der Droge zu gelangen, die man ihnen in den erniedrigenden Jahren des republikanischen Zwischenspiels vorenthalten hatte.

Jahre der Geborgenheit

Als mein Vater aus der Gefangenschaft entlassen wurde, stand er vor dem Nichts. Er war 25 Jahre alt, praktisch mittellos und hatte keinerlei Ausbildung oder berufliche Erfahrungen vorzuweisen. Genauer: lediglich die Qualifikationen eines Berufs, der nicht mehr gefragt war. Natürlich hätte er versuchen können, als Rittmeister – zu dem man ihn anläßlich der Entlassung schnell noch befördert hatte – im 100 000-Mann-Heer der Republik unterzukommen. Aber auch da waren die Chancen nicht sonderlich groß. Als er im Frühjahr 1919 endlich zurückkam, waren die wenigen Planstellen längst vergeben.

Er machte auch gar nicht erst den Versuch, sich »reaktivieren« zu lassen, wie man das nannte. Die Vorstellung, Offizier in einer republikanischen Armee zu werden, dürfte dem ehemaligen kaiserlichen Kavalleristen ähnlich unakzeptabel erschienen sein wie einem ehemaligen Berliner Philharmoniker der Eintritt in ein Kurhausorchester. Nach einem Jahr des Suchens und des Nichtstuns (»eine furchtbare Zeit«, wie er mit später sagte) fand er durch die Vermittlung eines Vetters eine Stelle als Banklehrling in Berlin. Vor dem Umzug heiratete er noch meine Mutter, Tochter einer Offiziersfamilie und arm wie eine Kirchenmaus.

Vier Jahre später, nach Abschluß der Ausbildung, brach er die Banklaufbahn ab. Die Aussicht auf eine feste Anstellung und (bescheidene) Karriere, die man ihm an der Bank offerierte, konnte für ihn selbst in dieser Epoche allgemeiner Unsicherheit und Arbeitslosigkeit nicht mit einem Angebot ganz anderer Art konkurrieren: Der Erbgroßherzog von Oldenburg, einst Ehrenkommandeur der »Oldenburger Dragoner«, fragte ihn, ob er Lust habe, als Beamter in seine Vermögensverwaltung einzutreten. Den alten Stallgeruch noch in der Nase, sagte mein Vater augenblicklich zu – eine »Riesendummheit«, wie er Jahrzehnte später zutreffend befand. Den Ausschlag gaben die Möglichkeit, den ungeliebten Beruf mit einer Position vertauschen zu können, deren Rahmen dem der zugrunde gegangenen Welt seiner Jugend wenigstens äußerlich glich, und nicht zuletzt die Tatsache, wiederum einem »Landesherrn« dienen zu können, und wenn es bloß ein ehemaliger war.

Wir Kinder – ein Jahr nach mir war eine Schwester geboren worden – hatten den Gewinn. Anstatt einer Berliner Etagenwohnung bewohnten wir jetzt ein Stockwerk in einem der Verwaltungsgebäude, die auf dem weitläufigen Gelände des herzoglichen Schloßguts verstreut waren. Vor unserer Haustür lag der langgestreckte Pferdestall, aus dem sich auch mein Vater bedienen konnte. Hinter dem Hause dehnte sich eine große Entenwiese, der offizielle Spielplatz für uns Kinder. (Als eine der ganz wenigen unerfreulichen Erfahrungen aus diesen Jahren in Lensahn habe ich noch das unangenehme Gefühl in lebhafter Erinnerung, das vom frischen Entenschiet hervorgerufen wird, wenn er, weil man beim Rennen nicht aufgepaßt hat, zwischen den nackten Zehen nach oben hindurchquillt.) Auf der einen Schmalseite des Hauses begann der von uns als inoffizielles Spielrevier angesehene Schloßpark.

Auf der anderen lag ein Reitplatz mit buntbemalten Hindernissen. Dazwischen gab es reichlich Buschwerk und Gestrüpp, in dem man sich verstecken und vor den Erwachsenen unsichtbar machen konnte, wenn die Situation es erforderte.
Lensahn war das Paradies meiner Kindheit. Niemals mehr in allen Zeiten danach schien die Sonne so hell, rochen die Äpfel so verlockend, waren die Blumen so bunt und die Tage so fröhlich wie in dieser kurzen Zeitspanne zwischen meinem dritten und meinem sechsten Lebensjahr. Selbstverständlich kamen auch danach noch »schöne« Jugendjahre. Aber das Paradies totaler Sorglosigkeit und ungetrübter alltäglicher Lebenslust, das gab es nur in den Jahren in Lensahn.
Für meine Eltern sah die gleiche Szenerie bald schon anders aus. Wir Kinder ahnten davon nichts. Aber selbst dann, wenn seine Tätigkeit im Dienste des »Herrn Erbsgroßherzogs«, wie wir Kinder ihn unbefangen nannten – und Hoheit ließ sich die Anrede gnädigst gefallen –, für meinen Vater ersprießlicher gewesen wäre, als sie sich tatsächlich entwickelte, wäre das von uns am selben Ort und zu derselben Zeit erlebte Paradies den Eltern unzugänglich geblieben. In seinem Falle verhelfen weder räumliche noch zeitliche Koinzidenz zum Einlaß. Die entscheidende Voraussetzung seiner Wahrnehmbarkeit ist jene die ersten Lebensjahre nicht überdauernde psychische Verfassung, in der wir noch unfähig sind zum Zweifel oder zur Nachdenklichkeit.
Der Charme, den ein kleines Kind in seiner noch ungebrochenen Lebensfreude ausstrahlt, wirkt auf uns als Erwachsene so unwiderstehlich, weil sein Anblick uns daran erinnert, daß auch wir im Paradies einmal zu Hause gewesen sind. Erst im Rückblick erkennen wir seine Einzigartigkeit und Unwiederbringlichkeit. Seine Gegenwart zu genießen sind wir so unfähig, wie eine Schwalbe unfähig ist, die von uns neidvoll beobachtete Eleganz ihrer Flugmanöver bewußt auszukosten. Auch mischt sich in unsere Freude angesichts eines sorglos spielenden Kindes immer schon das Wissen darum, wie wenig diese Welt ein so grenzenloses Vertrauen rechtfertigt, der Gedanke an die Gnadenlosigkeit, mit der das Vertrauen schon wenig später enttäuscht werden wird.
Bevor es dazu kommt, bleibt für das Kind viel zu tun. Denn sosehr angeborener Spieltrieb und der ebenfalls angeborene Trieb zur Befriedigung seiner unersättlich scheinenden Neugier subjektiv auch auf wahrhaft paradiesische Weise darüber hinwegtäuschen mögen, objek-

tiv, »von außen« betrachtet, dient die Unermüdlichkeit des kindlichen Spiels der Aneignung eines gewaltigen Lernpensums. Es genügt nämlich zum erfolgreichen Umgang mit der Welt nicht, daß in den Jahren zuvor eine an existentiellen Prioritäten orientierte Auswahl der grundlegenden Strukturen und Modelle der Außenwelt Eingang in den kindlichen Schädel gefunden hat.
Die dem kindlichen Gehirn angeborenen und die in den anschließenden »Jahren der Bewußtlosigkeit« dauerhaft eingeprägten Denkstrategien (von Algorithmen zur Weltbewältigung ist man in unserem Computerzeitalter zu sprechen versucht) ersparen es dem Individuum, zu Beginn seiner Existenz die Auseinandersetzung mit der Welt ohne jegliche Erfahrung aufnehmen zu müssen. Schon wenn das kindliche Bewußtsein zum erstenmal der Welt ansichtig wird, geht es wie selbstverständlich davon aus, daß sich alle Vorgänge in einem dreidimensional strukturierten Raum abspielen, daß sie in zeitlichem Nacheinander aufeinanderfolgen und daß es kausale Zusammenhänge zwischen ihnen gibt (um nur die wichtigsten Fälle zu nennen). Darin liegt eine ungeheure natürliche Ökonomie. Und darin liegt ebenso eine phantastische Minderung des Lebensrisikos in einer von Gefahren strotzenden Umwelt.
Auch dieser Sachverhalt trägt – was meist ignoriert wird – seinen entscheidenden Anteil bei zu der Geborgenheit, in der das Kleinkind seine Lebenslust ohne allzu große Irritationen entfalten kann. Daß für eine auf solche Weise erworbene existentielle Bequemlichkeit der entsprechende Preis zu entrichten ist, sei hier vorerst nur am Rande notiert. Erfahrungen, die man nicht – unter Inkaufnahme der mit ihrem Erwerb verbundenen Risiken – selbst zu machen braucht, die einem vielmehr mit Hilfe des Vererbungsprozesses als Quintessenz der Erfahrungen zahlloser Vorfahrengenerationen von der Evolution buchstäblich geschenkt werden, sind nur in Form generalisierter Abstraktionen zu haben. Quasi als »existentielle Faustregeln«, die auf alle »typischen« Fälle passen – auf die meisten der Fälle also, mit denen ein einer bestimmten Art angehörendes Individuum es im Verlaufe seiner individuellen Lebensgeschichte aller Wahrscheinlichkeit nach immer wieder zu tun bekommen wird.
Nicht nur aus biologischen, auch aus einsichtigen logischen Gründen ist eine »Vererbung von Welterfahrung« anders gar nicht möglich. Das hat unvermeidlich zur Folge, daß, wie es der Wiener Evolutionsfor-

scher Rupert Riedl formulierte, in allen nichttypischen Fällen aus dem Sinn der angeborenen Standardantwort rasch angeborener Unsinn werden kann. Es schließt, mit anderen Worten, die beunruhigende Möglichkeit ein, daß das Individuum auch dann noch den »angeborenen Ratgebern« (Konrad Lorenz) blindlings folgt, wenn von der Evolution nicht vorgesehene – etwa zivilisatorisch entstandene – Bedingungen ganz andere Reaktionen notwendig machen.

Daß ein beträchtlicher Teil der Probleme, mit denen sich unsere fortgeschrittene Industriegesellschaft seit einigen Jahrzehnten herumzuschlagen hat, auf diesen Umstand zurückzuführen sein dürfte, kann im einzelnen erst zur Sprache kommen, wenn die Chronologie dieser »objektiven Biographie« bis zu dem entsprechenden Zeitabschnitt gediehen ist. Noch befassen wir uns mit den »Jahren der Geborgenheit«. Unter ihren Bedingungen funktioniert der angeborene Sinn ganz vorzüglich. (Wie könnte sonst von Geborgenheit die Rede sein?) Aber er allein genügt eben nicht. Das angeborene Wissen um zeitliche und kausale Strukturen in der Welt bleibt, für sich genommen, leer. Seine Anwendung auf isolierte Fakten und Objekte würde zu grotesken Mißverständnissen führen. Nutzbar machen läßt die angeborene Erfahrung sich erst in Verbindung mit einem möglichst vollständigen Inventar aller in Frage kommenden Sachen und Sachverhalte. Benötigt wird, anders gesagt, so etwas wie ein umfassendes Vokabularium der in der Welt konkret vorkommenden Dinge.

Ein Vergleich – es ist in Wahrheit sogar mehr als das – mit einem typischen Problem, das den Informationstheoretikern die Entwicklung sogenannter »künstlicher (technischer) Intelligenz« soviel schwerer macht, als sie ursprünglich erwartet hatten, läßt sofort verstehen, worum es geht. (Wie denn die bisherige Arbeit auf diesem Gebiet der Forschung uns alles in allem viel mehr über die Besonderheiten unserer natürlichen Intelligenz verraten hat als über die Möglichkeiten, Computern Intelligenz einzubleuen.)

Der namhafte englische Kybernetiker Christopher Evans hat die Angelegenheit in einem sehr witzigen Gedankenexperiment (mit ernstem Hintergrund) auf den Punkt gebracht. (Daß ernst zu nehmende wissenschaftliche Argumentation strikte Humorlosigkeit voraussetze, ist ein teutonischer Gelehrsamkeit vorbehaltener Irrtum.) Stellen wir uns doch einmal vor, sagte Evans, wir hätten einen menschenähnlichen (»androiden«) Roboter konstruiert, der über ein prinzipiell vollständiges Sprachverständnis verfügte, im übrigen hinsichtlich der konkreten Welt aber gänzlich erfahrungslos wäre. Wie würde ein derart einseitig begabtes Kunstwesen mit der Welt wohl zu Rande kommen? Ganz miserabel, antwortete Evans auf die selbstgestellte Frage, und belegte das mit einer ebenfalls erdachten alltäglichen Situation. Stellen wir uns vor, unser Androide gerät auf eine Baustelle und liest dort ein Schild mit der Aufschrift: »Auf dieser Baustelle sind Helme zu tragen«. Gestehen wir ihm großzügig zu, daß er die Aufforderung nach einigen Erkundigungen versteht und schließlich sogar korrekt befolgt. Gerade dieser Erfolg wird ihn im weiteren Verlauf nun unvermeidlich in hoffnungslose Mißverständnisse verstricken. Nehmen wir an, er steht anschließend unversehens vor einer Rolltreppe und liest dort ein Schild: »Auf dieser Rolltreppe sind Hunde zu tragen.« Gerade *weil* er den wörtlichen Sinn der ersten Inschrift auf der Baustelle zu guter Letzt herausbekommen hat (ohne deren Hintergründe begreifen zu können!), ist mit Sicherheit davon auszugehen, daß er jetzt so lange vor der Rolltreppe suchend hin- und herlaufen wird, bis er eine Frau entdeckt, die ein Schoßhündchen auf dem Arm hat. Diese wird er dann mit aller einem Androiden zu Gebote stehenden Höflichkeit bitten, ihm den Hund für einen Augenblick zu leihen, um durch dessen Besitz die Befugnis zu erwerben, die Rolltreppe zu benutzen. Und je genauer er seine erste Erfahrung in Erinnerung behalten hat, um so größer ist die Wahrscheinlichkeit, daß er während seiner Fahrt mit der Rolltreppe auch noch versuchen wird, sich den geliehenen Hund auf den Kopf zu setzen.

Die »Moral von der Geschicht« liegt auf der Hand: Um auch nur die einfachsten sprachlichen Aussagen richtig verstehen – und das heißt eben auch: über die bloße Wortbedeutung hinaus in ihrem vollen Sinn erfassen – zu können, muß man weit mehr über die Welt wissen, als »gesunder Menschenverstand« sich träumen läßt. Um wirklich verstehen zu können, weshalb beim Betreten einer Baustelle das »Tragen« von Helmen verlangt wird, muß man neben vielem anderen wissen, daß fallende Gegenstände bei ihrem Auftreffen mechanische Energie übertragen, die eine Verformung oder Zerstörung der Objekte bewirkt, die den Fall abbremsen. Man muß ferner wissen, daß Baustellen Plätze sind, in deren Bereich mit dem Fallen von Gegenständen häufiger zu rechnen ist als anderenorts. Man muß weiter wissen, daß die menschliche Schädeldecke verhältnismäßig leicht zerbricht und

daß unter ihr ein Organ steckt, dessen Schutz absolut vordringlich ist. Und um verstehen zu können, weshalb Hunde auf Rolltreppen »zu tragen« sind, muß man eine Vorstellung von der Mechanik einer solchen Treppe haben und davon, daß Hundepfoten Krallen haben, daß diese leicht eingeklemmt werden können in den sich öffnenden und schließenden Ritzen zwischen den Stufen einer solchen Treppe, daß dies wahrscheinlich schlimme Folgen hat für den Hund und so weiter und so fort. Und man muß eine Vorstellung haben von den je nach den Umständen höchst verschiedenen Bedeutungen des Wortes »tragen« und so weiter in nahezu unabschließbarer Reihe. Kurzum: Zum Verständnis auch der einfachsten sprachlichen Aussagen ist eine erstaunlich umfangreiche, eine in allen praktischen Belangen nahezu vollständige Kenntnis der menschlichen Umwelt notwendig.
Die um die Entwicklung »intelligenter Maschinen« bemühten Kybernetiker haben diese Barriere bisher nicht nehmen können. Es ist ihnen aus leicht einsehbaren Gründen bis auf den heutigen Tag nicht gelungen, ein mehr oder weniger vollständiges Inventar aller weltlichen Sachverhalte in den Speicher eines elektronischen Geräts zu praktizieren. Lösbar wird die Aufgabe wahrscheinlich erst dann – und so weit sind die Experten noch lange nicht –, wenn Computer existieren, die selbsttätig Erfahrungen zu machen in der Lage sind, indem sie sich mit ihren Sensoren aktiv der Umwelt zuwenden, um sie nach und nach, in unzähligen einzelnen Erkundungsschritten, kennenzulernen. Das jedenfalls ist die Methode, mit der die Natur das Problem gelöst hat. Das ist der Weg, auf dem wir alle in unserer frühkindlichen Entwicklung mit der gleichen Aufgabe fertig geworden sind.
Eine kleine Episode aus den Lensahner Jahren kann das belegen, wie mir scheint. Es handelt sich um ein im Grunde banales Erlebnis, das mir lebhaft in Erinnerung geblieben ist, weil ich in diesem Falle ebenso grotesk scheiterte wie der Androide in dem Gedankenversuch von Christopher Evans, und das aus den gleichen Gründen.
Eines Morgens beobachteten wir beim Frühstück, daß Arbeiter einen hohen Holzmast auf »unserer« Entenwiese aufzurichten begannen. Die Eltern äußerten Ärger über die Verschandelung der Aussicht. Vor allem aber wußte niemand von uns, sich einen Reim auf den Sinn des Unternehmens zu machen. Bis dann, nachdem der Mast einen festen Stand gefunden hatte, einer der Arbeiter mit Steigeisen an ihm hochkletterte, um an der Spitze das eine Ende eines gut zehn Meter langen

Kupferseils zu befestigen, dessen anderes Ende anschließend an der Schloßfassade verankert wurde. Ein dünnerer Draht wurde dann von dort zu einem der Fenster des herzoglichen Wohnzimmers verlegt.
Jetzt durchschaute mein Vater den Fall. Er erklärte uns, daß es sich um eine neue Erfindung handele, mit der man »durch die Luft« über große Entfernungen hinweg Musik hören könne. Uns Kindern erschien das einigermaßen unvorstellbar. Einige Tage später bekamen wir jedoch Gelegenheit, uns aus eigener Anschauung von der Richtigkeit der väterlichen Auskunft zu überzeugen. Der »Erbsgroßherzog« lud uns zu Kaffee und Kuchen ein. Das geschah zwar des öfteren. Diesmal aber lieferte die neumodische Erfindung den Anlaß. Hoheit bereitete es offensichtlich Vergnügen, uns seine Neuerwerbung vorzuführen.
Der erste Anblick enttäuschte sehr: Auf einem kleinen Tischchen stand ein braunes Holzkästchen mit ein paar Knöpfen, daneben ein großer Trichter. Dann aber drückte unser Gastgeber auf einen Hebel und begann, an den Knöpfen zu drehen. Zunächst gab die geheimnisvolle Apparatur jaulende und quietschende Töne von sich. Plötzlich jedoch geschah ein Wunder: Laut und deutlich ertönte aus dem Trichter eine menschliche Stimme. Wir waren überwältigt. Unser kindliches Geschnatter wurde jedoch sofort unterbrochen. Mit erhobenem Zeigefinger gebot der Erbgroßherzog mit der knappen Begründung Stillschweigen: »Ruhe, Tauber singt!«
Mein Respekt vor dem Gastgeber genügte, um mich verstummen zu lassen. Was die kurze Aussage allerdings bedeuten sollte, blieb mir unklar. Ich glaubte, sie als »Tauber sinkt« verstehen zu sollen, aber ich war meiner Sache nicht sicher. Ein halblauter Kommentar der Herzogin beseitigte meine Zweifel: Es handele sich um etwas Trauriges, ergänzte sie die knappe Verlautbarung ihres Gemahls. Jetzt schien mir der Fall klar. Und während die Runde der Erwachsenen in andächtigem Schweigen dem nun einsetzenden Gesang lauschte, sah ich vor meinem geistigen Auge ein Schiff, das den Namen »Tauber« trug, mit Mann und Maus langsam in den Fluten versinken, begleitet von dem traurigen Gesang eines Mannes, der offensichtlich Augenzeuge der Katastrophe war.
Ganz geheuer war mir die Sache dennoch nicht – sicher der Grund, weshalb ich sie im Gedächtnis behielt, bis ich Jahre später endlich begriff, wie groß mein Mißverständnis gewesen war. Ich hätte, um den Vorfall verstehen zu können, eben schon im Alter von vier oder fünf

Jahren wissen müssen, daß es einen Tenor mit Namen Richard Tauber gab, dessen Berühmtheit so groß war, daß alle Welt in andächtiges Schweigen verfiel, wenn er sang. Und ich hätte, neben anderem, außerdem auch noch wissen müssen, daß Erwachsene dazu fähig sind, sich an »etwas Traurigem« musisch zu delektieren.

Der sich in diesen Jahren in der Verkleidung permanenter spielerischer Erkundigungen über die Welt vollziehende Lernprozeß – dessen ich so wenig bewußt war wie irgendein anderes Kind im gleichen Alter – wurde von meinem Vater tatkräftig unterstützt. Er hatte zu unserem Glück in den Lensahner Jahren viel Zeit für uns, und er benutzte sie dazu, uns stundenlang vorzulesen und Geschichten zu erzählen. Schier unerschöpflich war seine Geduld, vor allem bei der Beantwortung unserer Fragen. Ich erinnere mich noch heute an lange Spaziergänge, während deren er mir auf meine Bitten das Funktionieren eines Fernglases erklärte – oder das einer Kanone, eines Automotors oder des Telephons. Seine Erläuterungen waren selbstverständlich auf das Fassungsvermögen eines Fünfjährigen zurechtgeschnitten. Aber ich erinnere mich an manche von ihnen bis auf den heutigen Tag, weil ich sie in späteren Jahren niemals gänzlich zu verwerfen brauchte – sie gaben das Wesentliche ungeachtet aller Vereinfachungen fast immer treffend wieder.

Eine der Ausnahmen betraf seine Auskunft auf meine Frage, wie es denn komme, daß die in Australien lebenden Menschen, die doch »auf dem Kopf stehen«, nicht von der Erde herunterfielen. (Ein Globus im Wohnzimmer führte mir die »unmögliche« Position der unglücklichen Bewohner dieses Erdteils anschaulich genug vor Augen, um die Frage zu provozieren.) In diesem Falle wußte mein Vater sich nicht anders zu helfen als durch eine kleine Schummelei. Er besorgte sich eigens zu diesem Zweck einen Magneten und beantwortete die schwierige Frage durch die Demonstration von dessen Anziehungskraft auf Nägel und seinen Hausschlüssel.

Mir scheint dieser kleine Betrug verzeihlich. Selbst wenn mein Vater die aktuelle wissenschaftliche Erklärung für die Erdanziehung gekannt hätte – was damals, gerade ein Jahrzehnt nach der Veröffentlichung der »allgemeinen« Relativitätstheorie durch Albert Einstein, ganz sicher nicht der Fall war –, hätte er etwa den Versuch machen sollen, seinem fünfjährigen Sohn etwas von der nichteuklidischen Natur des Raumes zu erzählen oder von der »Verbiegung« der Struktur dieses

Raumes in der Nähe von Massezentren? Auch die Möglichkeit, die Frage durch den Hinweis auf den bedeutsamen Kern der Einsteinschen Entdeckung zu beantworten, schied aus. Sie hätte nämlich in der Vermittlung der Einsicht bestanden, daß wir in einer Welt existieren, deren fundamentale Eigenschaften unserem Vorstellungsvermögen entzogen sind.
Das ist wahrhaftig eine Erkenntnis moderner naturwissenschaftlicher Forschung, die das menschliche Selbstverständnis und das Verständnis von unserer Rolle im Kosmos und damit die uralte Frage nach den Grundlagen unserer Existenz im Kern berührt. Aber was soll ein Kind im Vorschulalter mit ihr anfangen? Haben wir uns doch mit der desillusionierenden Tatsache abzufinden, daß die Mehrzahl selbst der sich als gebildet ansehenden Erwachsenen an diesen fundamentalen Aspekten unseres irdischen Daseins gänzlich, mitunter gar demonstrativ uninteressiert ist.

»Schwarz-Rot-Mostrich«

Der paradiesische Frieden der Welt von Lensahn schloß die Eltern nicht mit ein. Die möglicherweise ein wenig branchenfremden Auffassungen meines Vaters über den speziellen Charakter seiner Pflichten wären von seinem herzoglichen Dienstherrn vielleicht hingenommen worden. Mit diesem jedoch hatte er es bei der Erledigung seiner täglichen Aufgaben gar nicht zu tun. Der Großherzog war kein Finanzgenie. Er war aber klug genug gewesen, zur Verwaltung seines über Krieg und Inflation hinübergeretteten – da vor allem aus großen Ländereien bestehenden – Vermögens Männer zu engagieren, die auf diesem Felde mit allen Wassern gewaschen waren. In deren Kreis hatte mein Vater sich zu behaupten. Und dabei zog er im Laufe weniger Jahre den kürzeren.
Von Anfang an hatte er gegen den Geruch des Außenseiters zu kämpfen, der nicht wegen einschlägiger Erfahrungen berufen worden war, sondern lediglich aufgrund einer nostalgischen Regung seines ehemaligen Kommandeurs. Den Männern, auf deren Ablehnung er stieß (und deren Ablehnung er seinerseits von Herzen erwiderte), waren die von allerlei Ehrenstandpunkten bestimmten Grenzen unbekannt, die

meinem Vater unsichtbar die Hände banden. Er versuchte wohl, den Großherzog, mit dem er persönlich gut auskam, als Vermittler anzurufen. Dieser aber zeigte sich entschlossen, die Querelen nicht zur Kenntnis zu nehmen. Seine Finanzbeamten bewältigten die an sie delegierte Aufgabe zu seiner Zufriedenheit. Sein Vermögen mehrte sich von Jahr zu Jahr. Warum hätte er die Laune dieser Männer trüben sollen aus Gründen, die neben der Sache lagen?

So nahm die Auseinandersetzung, hinter der Fassade korrekter Kollegialität mit Hilfe permanenter kleiner Intrigen verbissen geführt, rasch Formen an, die meinem Vater widerlich und schließlich unerträglich erschienen. Im Spätsommer 1927 »warf er das Handtuch«, kündigte und saß jetzt mit seiner inzwischen auf fünf Köpfe angewachsenen Familie – 1925 war eine zweite Schwester geboren worden – auf der Straße. Auch in dieser Situation fand sich eine Lösung, welche wenigstens uns Kindern die vollen Auswirkungen der Misere ersparte. Meine Eltern nahmen das Opfer auf sich, sich zu trennen. Wir zogen mit meiner Mutter nach Bückeburg, in das Elternhaus meines Vaters, zu meiner dort noch lebenden Großmutter (»Tante Martha«). Mein Vater überwand sich und kehrte nach Berlin, in die von ihm aufrichtig gehaßte Großstadt, zurück, nahm sich dort ein winziges Zimmer und begann mit der Suche nach Arbeit.

Für uns Kinder fügte sich abermals alles zum besten – wenn man einmal davon absieht, daß wir unseren Vater jetzt nur noch höchstens einmal im Monat für ein kurzes Wochenende zu sehen bekamen. (Häufigere Reisen scheiterten an den Kosten.) Ich vermißte den einzigen Gesprächspartner, der auf meine Fragen ernsthaft einzugehen pflegte. Immer, wenn er wieder abgereist war, verfiel ich für mehrere Tage in regelrechte Depressionen, während deren ich schlecht schlief und kaum etwas aß. Auch in der übrigen Zeit führten wir mit unserer Mutter verständlicherweise immer von neuem Gespräche über die Gründe der väterlichen Abwesenheit, deren Abnormität wir stark empfanden und deren vorübergehende Natur wir uns fast täglich bestätigen ließen. Immerhin währte die Trennung länger als drei Jahre.

Sonst fehlte es uns Kindern an nichts. An nichts von alledem jedenfalls, was Kinder unseres Alters zum Glücklichsein brauchten. Geld war nicht vorhanden, oder doch nur so viel, daß es mit Mühe und Not für das tägliche Brot reichte. Schuhe und Kleidung »erbten« wir von älteren Vettern und Cousinen. Süßigkeiten vermißt man nicht, wenn man sie nicht gewohnt ist. Ich erinnere mich noch, wie mir meine Schwester einmal erzählte, die Mutter einer Schulfreundin habe sie zu einem »Eis« eingeladen, und welche Schwierigkeiten es meiner Schwester bereitete, mir zu erklären, worum es sich dabei handelte. Es gab nur zwei Dinge, deren Unerreichbarkeit ich in den Bückeburger Jahren schmerzlich empfunden habe: Das eine war ein großer roter Dampfer mit Aufziehmotor und abnehmbaren (!) Rettungsbooten, den ich hinter der Schaufensterscheibe des Spielwarenladens Hespe entdeckt hatte und wochenlang bewunderte, bis er eines Tages verschwunden war. Das zweite war ein Kinderfahrrad.

Meine Großmutter wohnte mit einer unverheirateten Schwester allein in der Villa, die mein Großvater noch vor dem Ersten Weltkrieg gebaut hatte – zusammen mit einer auf dem Nachbargrundstück gelegenen Villa für eine seiner Schwägerinnen – und die viel zu groß war für die beiden alten Damen. Ein riesiger Dachboden und unbenutzte Zimmer mit geheimnisvoll riechenden alten Schränken und Kommoden, in denen es verstaubte »Klamotten« gab, mit denen man sich kostümieren konnte, und eine Fülle uns zum Teil rätselhafter Gegenstände – darunter exotische Souvenirs von einer Weltreise, die ein Großonkel um die Jahrhundertwende unternommen hatte – machten das Haus für uns zu einer Art Märchenschloß.

Man male sich die Faszination aus, die mich ergriff, als ich eines Tages auf dem Dachboden in einer sicher seit Wilhelminischen Zeiten nicht mehr geöffneten Kiste ein Stereoskop entdeckte! Zunächst wußte ich mit dem braunen, polierten Holzkasten nichts anzufangen. Die beiden mit Linsen bewehrten Okulare und ein dicker Packen vergilbter Zwillingsphotos, die man durch einen Schlitz an der Rückseite in das Gerät schieben konnte, ließen mich schnell hinter sein Geheimnis kommen. Ich erinnere mich noch sehr lebhaft des überwältigenden Gefühls, das ich empfand, als die auf den Photos dargestellten Szenen plötzlich plastisch vor meinen Augen frei im Raum zu schweben schienen: Reiter auf Elefanten, Negerinnen mit Lasten auf dem Kopf, eine öffentliche Hinrichtung in einer chinesischen Stadt (der Kopf des einen Delinquenten lag schon auf dem Straßenpflaster, gegen den zweiten holte der Scharfrichter gerade mit einem gewaltigen Schwert aus) und andere Motive, die der längst verstorbene Großonkel während seiner Reise eigenhändig photographiert hatte, um sie nach seiner Rückkehr den staunenden Angehörigen vorführen zu können.

Mit gesteigerter Ungeduld sah ich dem nächsten Besuch meines Vaters entgegen, beseelt von dem Wunsch, mir das optische Wunder erklären zu lassen. Als es endlich soweit war, wurde mir jedoch nicht nur der Gewinn entsprechender Informationen zuteil. Mir widerfuhr bei dieser so sehr herbeigesehnten Gelegenheit auch der schmerzlich empfundene Verlust eines nicht kleinen Teils der mir zur stereoskopischen Betrachtung verfügbaren Photographien. Der väterlichen Zensur nämlich fiel nicht nur die chinesische Hinrichtung zum Opfer, sondern zu meinem Kummer auch eine Reihe weiterer Aufnahmen, die mir recht attraktiv erschienen waren. Im Rückblick muß ich allerdings einräumen, daß es sich dabei um Motive handelte, die zu betrachten zwar auch dem Großonkel sicher kein geringes Vergnügen bereitet hatte, deren Vorführung im Familienkreise er allerdings kaum ernstlich erwogen haben dürfte.

Unter dem Einfluß der Kreise, in denen Großmutter und Eltern verkehrten, wurde in diesen Jahren auch mein Bild von der empörenden Lage des Vaterlandes geprägt. Zu seiner Entstehung trugen vor allem die nicht enden wollenden Gespräche der Erwachsenen bei über die entwürdigenden Folgen des Friedensvertrags oder vielmehr des »Schanddiktats von Versailles«.

Das Schändliche dieses Vertragswerks bestand in ihren Augen schon in der Art und Weise seines Zustandekommens: Es handele sich um das Resultat eines schnöden Betrugs, bei dem die wie immer viel zu gutgläubigen Deutschen von ihren Feinden hinterlistig hereingelegt worden seien. Erst habe der amerikanische Präsident Wilson dem Deutschen Reich zu Anfang des Jahres 1918 nämlich indirekt eine Art Friedensvorschlag unterbreitet, indem er seine Vorstellungen über eine gerechte Nachkriegsordnung in einer vierzehn Punkte* umfassen-

* Hier einige der Punkte, die meine Verwandtschaft übersah: Woodrow Wilson hatte seine in den deutschnationalen Kreisen der Weimarer Republik ständig voller Empörung zitierten »Vierzehn Punkte« keineswegs als Offerte an das kaiserliche Deutschland adressiert, sondern als eine ihm für spätere Friedensverhandlungen wünschenswert erscheinende Orientierung unverbindlich bekanntgegeben. (Übrigens forderte auch diese Proklamation schon die Rückkehr von Elsaß-Lothringen zu Frankreich sowie den »Zugang zum Meer« für ein wiederzuerrichtendes Polen.) Ferner hatte das Reich auf die Initiative des amerikanischen Präsidenten im Januar 1918 noch nicht reagieren zu müssen geglaubt, da eine Frühjahrsoffensive vorbereitet wurde, von der man sich einen entscheidenden Erfolg versprach. Als man sich nach dessen Ausbleiben eines Besseren besann, versuchte Wilson (wenn auch erfolglos), seine »Punkte« bei den Friedensverhandlungen durchzusetzen.

den Erklärung vor aller Welt bekanntgegeben habe. Als Deutschland sich dann »einige Monate später« (Ende Oktober 1918) bei seinem Waffenstillstandsersuchen in gutem Glauben auf diesen Vorschlag berufen habe, seien aber statt dessen die schmachvollen Bestimmungen von Versailles auf den Verhandlungstisch gelegt worden.

Eine ihrer folgenschwersten Konsequenzen kam mir auf den Straßen Bückeburgs regelmäßig vor Augen. In der idyllischen ehemaligen Residenz der Fürsten von Schaumburg-Lippe (wenig mehr als 6000 Menschen lebten damals in dem verträumten Städtchen) hatten bis zum Kriegsende die durch ein damals vielgesungenes Soldatenlied bekannt gewordenen »Bückeburger Jäger« in Garnison gestanden. Jetzt lag ein Infanteriebataillon in dem roten Backsteinbau. Die Soldaten betrieben ihr Handwerk mit entsagungsvollem Fleiß. Von morgens bis abends (und oft genug auch noch während der Nacht) war aus allen Himmelsrichtungen das Knallen von Platzpatronen zu hören. Hinterher sah ich die Männer dann oft verschwitzt und erschöpft durch die Straßen in die Kaserne zurückmarschieren. Bei diesen Gelegenheiten wurde ich nun wiederholt einer bizarren Konstruktion ansichtig, deren wahrhaft lächerlicher Kontrast zu dem martialischen Aussehen der mit Stahlhelm und Gewehr daherkommenden Männer die ihnen von unseren Kriegsgegnern zugefügte Erniedrigung augenfällig werden ließ: Einer aus ihren Reihen mußte hinter der Kolonne ein kastenartiges Gebilde aus Pappe und Sperrholz auf einem Fahrradgestell mitschieben, das mit Tarnfarben bemalt war und in dessen Vorderwand ein Papprohr steckte, das eine Kanone darstellen sollte. Es handelte sich um die Attrappe eines »Tanks« (wie man Panzer damals noch nannte). Ich schämte mich für den Bedauernswerten, dem diese genierliche Aufgabe zufiel, so sehr, daß ich jedesmal kaum hinzusehen wagte.

Aber so war es eben: Unsere Feinde – deren niederträchtigster Frankreich war, soviel hatte ich inzwischen begriffen – hatten »uns« den Besitz echter Tanks verboten, so daß unsere Soldaten mit derartig kindischem Ersatz üben mußten. Und das war keineswegs alles. Auch Kriegsflugzeuge waren den Deutschen nicht erlaubt, keine U-Boote und keine »Linienschiffe«. Nicht, daß irgend jemand in meiner Umgebung sich dieses Mangels wegen bedroht gefühlt hätte. Davon war meiner Erinnerung nach niemals die Rede. Nicht zum Schutz fehlten uns Flugzeuge, U-Boote und Tanks. Sie fehlten uns als vorzeigbare Symbole unserer nationalen Ehre.

Ich hätte diese Interpretation im Volksschulalter selbstverständlich nicht formulieren können. Die tiefe Scham, die man mich als »deutsches Kind« angesichts dieser Fakten zu empfinden lehrte, speiste sich aber aus dieser Wurzel. Unseren Feinden war es gelungen, uns zum Gespött der Welt zu machen, das war das einen echten Patrioten damals bis in den Schlaf verfolgende Gefühl. Das Ganze war um so schändlicher, als unsere Soldaten mit einem Heldenmut gekämpft hatten, zu dem Franzosen oder Engländer nicht fähig gewesen wären.
Natürlich wurde nicht nur darüber gesprochen. Insbesondere wir Kinder tobten mit unseren Freunden im Garten oder auf dem damals noch an ihn angrenzenden freien Gelände. Wir spielten Indianer und Verstecken, prügelten uns und heckten mehr oder weniger törichte Streiche aus, wie Kinder das immer getan haben. Es ist aber nicht übertrieben zu sagen, daß die »nationale Schmach« das Leitthema dieser Jahre bildete und daß das Gefühl einer »Erniedrigung des Vaterlandes« (Formulierungen dieser Art wurden mit der größten Selbstverständlichkeit gebraucht) die alltägliche Atmosphäre beherrschte. Jedenfalls »in unseren Kreisen« war das so. Und was man außerhalb dieser Kreise dachte, zählte, soweit es nationale Fragen betraf, ohnehin nicht.
Es verging längere Zeit, bevor ich überhaupt darauf gestoßen wurde, daß es außerhalb der Welt, in der ich aufwuchs, noch eine andere Welt gab. Eine Welt mit Menschen, die, obwohl auch sie Deutsche waren, die Dinge auf eine sehr irritierende Weise anders sahen. Ein Erlebnis während des Schulunterrichts gab den Anstoß. Ein Lehrer, den wir sehr mochten – schon deshalb, weil er nicht, wie sein weniger geschätzter Kollege, ständig mit dem schlagbereiten Rohrstock durch die Bankreihen lief –, hatte uns die Aufgabe gestellt, eine Burg zu malen und deren Turm »mit der deutschen Fahne« zu schmücken. Es muß im zweiten Volksschuljahr gewesen sein, denn wir machten uns mit Buntstiften an die Arbeit (und nicht, wie während des ersten Jahres, mit Griffeln auf unseren Schiefertafeln).
Als ich das Ergebnis nicht ohne Stolz und in der sicheren Erwartung auf ein Lob vorwies, wurde zu meiner größten Überraschung meine Fahne kritisiert. Das sei nicht die deutsche Fahne, behauptete der Lehrer. Dabei hatte ich doch nach bestem Wissen und Gewissen eine schwarzweißrote Fahne auf den Turm meiner Burg gepflanzt. Die deutschen Farben seien aber »Schwarz-Rot-Gold«, ob ich das denn nicht wüßte. Ich wußte es nicht. Zwar war mir nicht verborgen geblie-

ben, daß an manchen Tagen vor der Kaserne, am Rathaus und sogar aus den Fenstern einiger Privathäuser gelegentlich Fahnen in den von meinem Lehrer genannten Farben hingen. Das war aber, soweit ich das zu Hause mitbekommen hatte, nur die Fahne »der Republik«, beileibe nicht die des Vaterlandes. Und die republikanischen Farben wurden, wenn überhaupt, nur als »Schwarz-Rot-Mostrich« zitiert, wobei das Wort »Mostrich« mit erkennbarer Verachtung auszusprechen war.

Als mich der Lehrer behutsam aufzuklären versuchte, kamen wir gleich noch zu einem zweiten kritischen Punkt – ganz unvermeidlich bei der Natur des Geländes, das wir da unversehens betreten hatten. In Wirklichkeit, nämlich militärisch gesehen, hätten wir den Krieg doch überhaupt nicht verloren, erwähnte ich. Das war für den Mann denn doch zuviel. Aber auf dem Bückeburger Gefallenendenkmal, an dem wir so oft der schönsten Militärmusik zuhören durften, stand doch auch: »Im Felde unbesiegt!« Wir hätten den Krieg verloren, beharrte der Lehrer kopfschüttelnd, und einige Klassenkameraden pflichteten ihm sogar noch bei. Es waren alles Kinder, mit denen ich noch nie gespielt hatte.

Einigermaßen konsterniert, brachte ich die Angelegenheit zu Hause zur Sprache. Dort fiel es den für mich maßgeblichen Autoritäten glücklicherweise nicht schwer, mein für den Augenblick doch etwas ins Wanken geratenes Weltbild alsbald wieder zu stabilisieren. Bei dem Lehrer, um dessen geradezu unerhörte Äußerungen es ging, handele es sich um einen »Sozi«, erfuhr ich als erstes. (In Bückeburg wußte jeder über jeden Bescheid.) Damit war in den Augen meiner Angehörigen im Grunde schon alles gesagt. Denn die »Roten« – und zu diesem »Gesindel« gehörten eben auch die Sozialdemokraten – waren es ja gewesen, die 1918 die Revolution angezettelt hatten, mit der man unseren tief in Feindesland kämpfenden Armeen feige in den Rücken gefallen war. Die »Roten« waren es gewesen, die den Kaiser aus dem Lande getrieben, die Republik eingeführt und das »Schanddiktat von Versailles« unterschrieben hatten. Und rote »Verzichtspolitiker« biederten sich jetzt bei »unseren Feinden« mit unpatriotischen Zugeständnissen an in dem würdelosen Versuch, durch die Preisgabe nationaler Interessen »um gut Wetter zu bitten«.

Wenn ich die wahre Natur der hinter diesen Anschauungen steckenden nationalistischen, friedensunfähigen Wahnwelt hätte erkennen können, hätte mich schon damals die blanke Angst packen müssen. So

aber beruhigten mich diese Auskünfte ungemein. Denn nur die Wahrheit macht angst. Dagegen gibt es fast nichts auf der Welt, was einen Menschen so sehr zu beruhigen imstande ist wie eine möglichst eindringliche Bestätigung seiner Vorurteile.
Wie sehr das Gift meinen Kinderkopf durchtränkt hatte, läßt sich an einem Tagtraum ablesen, dessen ich mich heute nur noch betroffen und mit Widerwillen erinnere, den ich damals jedoch ganz und gar als Wunschtraum auskostete. Kinder des Alters, in dem ich mich befand – sieben oder acht Jahre alt –, träumen sich gelegentlich in Rollen hinein, die ihnen in der Erwachsenenwelt Bedeutung verschaffen würden: als berühmte Fußballspieler, internationale Schlagerstars oder auch – wenn es sich um Mädchen handelt – als umschwärmte Filmschauspielerinnen. In einem von mir damals ausgesponnenen Tagtraum erlebte ich mich nun als der von ganz Deutschland bejubelte Retter des Vaterlandes. Diese Heldenrolle schusterte ich mir in meiner Phantasie auf folgende skurrile Weise zu: Ich lag in unserem Kinderzimmer auf dem Bauch, mit einem auf die geöffnete Tür gerichteten Gewehr im Anschlag. Draußen auf dem Flur paradierte die ganze französische Armee im Gänsemarsch, ein Soldat nach dem anderen, an der Tür vorbei, und jedesmal, wenn einer von ihnen in der Öffnung auftauchte, drückte ich ab und schoß ihn tot. So würde ich selbst als Kind in der Lage sein, die gesamte französische Militärmacht zu besiegen – wenn immer nur hübsch ein Franzose nach dem anderen vor meiner Kinderzimmertür vorbeidefilierte. Ein Wunschtraum, wie gesagt.
Man kann diese Kindheitsphantasie albern finden. Über sie lachen kann man nicht. Wenn ein Junge im Alter von acht Jahren die Gelegenheit herbeiträumt, Menschen in Serie totschießen zu können, bloß weil sie in der Uniform »des Erbfeindes« stecken, besteht aller Grund, an der psychischen Gesundheit der Umgebung zu zweifeln, in der er aufwächst. Wie aber hätte ich, von meiner kindlichen Unreife einmal abgesehen, jemals zu dieser Einsicht kommen können? Angesichts der liebevollen Zuneigung meiner Mutter, von der ich mit Haut und Haaren abhing? Angesichts der erdrückenden Autorität eines Vaters, der nicht nur wußte, wie ein Zeppelinluftschiff funktioniert oder ein Telephon, sondern der aus der Erfahrung einer mit Erbitterung ertragenen mehrjährigen Kriegsgefangenschaft, also aus erster Hand, auch mit beliebigen Beispielen für die Perfidie und Minderwertigkeit des französischen Volkscharakters aufwarten konnte?

Ein kleines Detail meines Wunschtraumes scheint mir noch erwähnenswert: Die Franzosen, die totschießen zu können ich mir so sehr wünschte, steckten nicht etwa in den feldgrauen Uniformen des zurückliegenden Weltkrieges. Ich stellte sie mir vielmehr in den blauen Waffenröcken und den roten Hosen vor, die sie während des Krieges von 1870/71 getragen hatten. Dafür gab es, wie ich nachträglich weiß, konkrete Gründe. Die Bilderbücher nämlich, mit denen man mich versorgte und aus denen ich meine Anschauungen bezog, waren nicht nur überwiegend kriegerischen Inhalts. Sie stellten auch ausschließlich Szenen aus Kriegen dar, die wir eindeutig, mit »Glanz und Gloria«, gewonnen hatten. Und deshalb kam der Krieg von 1914/18 in ihnen nicht vor. Den hatten wir zwar nicht wirklich verloren, aber richtig gewonnen hatten wir ihn auch nicht.
Meine Großmutter und die Eltern, Tante Margret Wedel und Tante Lene, Onkel Hans in Dankersen und Onkel Wilhelm in Lemmie (den beiden einzigen Gütern, die noch in Familienbesitz waren), Tante Elisabeth oder Onkel Gerhard, der als aktiver Offizier im benachbarten Minden diente und mir zum Geburtstag ein Jahresabonnement der fesselnden Zeitschrift »Kriegskunst in Wort und Bild« schenkte, und wie sie noch hießen, alle jene, die in dieser Phase meiner Kindheit um mich waren: sie alle waren Menschen mit gutem Herzen und ausgezeichneten Manieren. Sie gingen an jedem Sonntag in die Kirche und versuchten aufrichtig, nach Gottes Geboten zu leben. Sie waren freundlich zu mir und bemühten sich nach Kräften, mich für die Welt so gut zu erziehen, wie es ihnen nur möglich war. Die Welt aber, die sie dabei im Sinn hatten, war nicht die reale Welt. Sie alle lebten in einer schwarzweißroten Wahnwelt. Niemand von ihnen wußte das. Bewohner von Wahnwelten wissen das nie. Sie alle sind sich ihrer Sache stets völlig sicher, denn sie teilen alle die gleichen Vorurteile. Ich konnte es auch nicht wissen, denn ihrer aller Übereinstimmung ließ keinerlei Raum für irgendwelche Zweifel. In dieser Atmosphäre bereitete sich der Nährboden vor für die kommenden Katastrophen, in aller Öffentlichkeit und dennoch von den meisten unbemerkt.

Schwere Zeiten

Wie arm meine Eltern tatsächlich waren, das bekamen wir Kinder, so paradox es klingt, erst zu spüren, als es meinem Vater etwas besser zu gehen begann. Um soviel besser wenigstens, daß die Familie nach jahrelanger Trennung endlich wieder zusammenziehen konnte, weil es für eine bescheidene Miete reichte und der Unterhalt ohne die Ressourcen des ansehnlichen großmütterlichen Obst- und Gemüsegartens (und vermutlich auch diskrete Abzweigungen von der großmütterlichen Pension) möglich erschien.

Wir zogen, es muß Ende 1930 gewesen sein, abermals um. Diesmal ging es an den Böttcherberg in Klein-Glienicke bei Potsdam. Mein Vater hatte bis dahin als Vertreter für Siemens Telephonanlagen verkauft. Eine Tätigkeit, die er als erniedrigend empfand, der er trotzdem aber, wie bei ihm nicht anders denkbar, mit größter Gewissenhaftigkeit nachging. Die Belohnung war nach drei Jahren eine Festanstellung als kaufmännischer Angestellter im Innendienst des Unternehmens. Sie ging mit einer bescheidenen Einkommensverbesserung einher und machte es so möglich, die Familie zusammenzuführen.

Der Wechsel versetzte uns aus der altmodisch-üppigen Atmosphäre einer weitläufigen Gründerzeitvilla in die ärmlich ausgestatteten dreieinhalb Zimmer des Erdgeschosses eines Arbeiterhauses. Ich erinnere mich noch daran, daß ich bei der ersten Inspektion des uns (immerhin) zur Verfügung stehenden Badezimmers angesichts der frei in dem engen Raum stehenden Badewanne mit angeschlossenem Kohleofen und der in häßlicher dunkelgrüner Ölfarbe gestrichenen Wände kategorisch erklärte: »Hier werde ich nie baden!« Meine Mutter, spürbar betroffen von dieser Reaktion auf die neuen Umstände, versuchte mich zu beschwichtigen, wobei ich ihr anmerkte, wie sehr sie mich verstand.

Sie hätte sich keine Sorgen zu machen brauchen. Kinder gewöhnen sich rasch. Natürlich badete ich dann doch einmal wöchentlich in dem Raum, dessen erster Anblick mich so erschreckt hatte. An den übrigen Tagen wuschen wir uns kalt. Im Winter bedeutete das nicht selten, daß in der Waschschüssel morgens erst eine dünne Eisschicht zerbrochen werden mußte. Die Öfen – in Bückeburg hatte es Zentralheizung gegeben – wurden spät angeheizt, um Kohlen zu sparen. Uns Kin-

dern machte das nichts aus. Wir empfanden es nicht als unzumutbar. Auch diesmal hatten die Eltern das Kunststück fertiggebracht, ein Domizil zu finden, das ungeachtet unvermeidlicher Einschränkungen alle Kinderwünsche erfüllte. Das Haus war häßlich und ärmlich wie die proletarische Nachbarschaft auch. Aber es stand inmitten eines großen Gartens mit einer Wiese zum Ballspielen. Daneben lag »die Wüste«: ein gänzlich verwildertes unbebautes Grundstück, auf dem wir mit offizieller elterlicher Erlaubnis machen durften, was wir wollten, solange es nicht lebensgefährlich war. Von mir dort mit Hilfe von Bierflaschen (die damals noch einen fest verriegelbaren Verschluß hatten), Karbid und Wasser angestellte Sprengversuche mußten unter diesen Umständen als inoffizielle Unternehmungen gelten, die deshalb auch nur in Abwesenheit der Eltern stattfanden.
Mein Vater hätte es nicht über sich gebracht, uns in die Enge eines Berliner Mietshauses zu pferchen. Auch ihn grauste es bei der Vorstellung, in dem »Sündenbabel« der Millionenstadt zu wohnen, in der er, schlimm genug, arbeiten mußte. Daher kam nur eine Randgemeinde, »ganz weit draußen«, in Betracht, wo die Häuser auch der kleinen Leute noch Gärten hatten und die Mieten niedrig waren. Warum er ausgerechnet auf Klein-Glienicke verfiel, weiß ich nicht. Von seiner Arbeitsstätte in Lichtenberg aus gesehen, lag der Ort denkbar ungünstig, genau auf der anderen Seite von Berlin, so daß er, um zu Siemens zu gelangen, zu Fuß, mit dem Bus und dann mit der Stadtbahn eine Reise von fast zwei Stunden quer durch die ganze Metropole zu absolvieren hatte. Zweimal am Tag und sechsmal in der Woche, denn damals wurde auch am Sonnabend noch bis mittags gearbeitet.
Er hat das fünfzehn Jahre lang durchgehalten, bis zum Ende des letzten Krieges. Wurde er von Bekannten darauf angesprochen, so stellte er es als Gewinn, ja geradezu als Privileg dar. »Wer hat denn Tag für Tag so viel Zeit zum Lesen wie ich«, pflegte er zu sagen. Das war mehr als eine bloße Beschönigung. Denn er hatte tatsächlich systematisch und mit eiserner Konsequenz während dieser Fahrten zu lesen begonnen. Mit Geschichte fing er an, dann kam die griechische Sprache an die Reihe, Altgriechisch selbstverständlich, »die Sprache Homers«, und nebenher auch noch Latein. Am Ende dieser langen Jahre stellte sich zur allgemeinen Überraschung der Familie – und vielleicht ein bißchen auch zu seiner eigenen – heraus, daß die tägliche Reiselektüre offen-

sichtlich mehr gewesen war als nur der Zeitvertreib eines Amateurs. Denn ihre Folgen sollten das Leben meines Vaters, als er schon mehr als fünfzig Jahre alt war, noch einmal von Grund auf ändern.
Soviel zu den Gründen, die uns nach Klein-Glienicke verschlugen. Wir Kinder hatten abermals den besseren Teil erwischt (und so war es ohne jede Frage auch beabsichtigt). Allerdings bekamen hier erstmals auch wir die wirtschaftliche Misere unübersehbar zu spüren. Daß an Urlaubsreisen während der Ferien nicht zu denken war, störte uns noch am wenigsten. Das hatte es auch in den Jahren zuvor nicht gegeben, und den Nachbarkindern, mit denen wir spielten, ging es nicht anders. Ärgerlicher war es schon, daß jetzt gegen unseren anfänglichen Protest zum Frühstück das Prinzip »Butter oder Marmelade« eingeführt wurde. Die Zeiten, in denen wir Großmutters herrliche Zwetschgen- oder Himbeermarmelade nach Belieben auf mit Butter bestrichene Brötchen auftragen durften, waren endgültig vorbei. »Entweder Butter oder Marmelade« hieß es nun, und statt Butter gab es sehr bald Margarine, und diese wurde auch nicht mehr auf Brötchen, sondern auf gewöhnliches Schwarzbrot geschmiert. Bei Schulausflügen sahen wir anderen Kindern doch ein wenig neidisch zu, wenn die sich von mitgegebenen Groschen Bonbons kaufen und giftgrüne oder knallrote Brause trinken konnten. »Wenn ihr wirklich Durst habt, könnt ihr ja Wasser trinken«, hieß es bei uns.
Aber das alles war nicht wirklich schlimm. Als schlimm empfanden wir ganz andere Dinge, Kleinigkeiten meist. So spüre ich in der Erinnerung immer noch das tiefe Erschrecken, das sich mir auf den Magen legte, wenn ich so ungeschickt gewesen war, etwas kaputtzumachen: ein Stück Geschirr, eine Fensterscheibe. Eines Tages kam ich glücklich und erschöpft von einem Rodelnachmittag auf dem »Plateau« (so hieß der kleine Hang wirklich) des Böttcherbergs nach Hause. Glücksgefühl und gute Laune machten abrupt tiefer Niedergeschlagenheit und Schuldgefühlen Platz, als meine Mutter mich erschrocken auf einen langen Riß in meiner Hose hinwies, den ich mir an irgendeinem Ast geholt hatte, ohne es zu merken. Wir wußten, was wir unseren Eltern mit derartigen Vorfällen antaten, und konnten ihre Wiederholung, Kinder, die wir waren, trotz aller guten Vorsätze und Versprechungen niemals vermeiden. Am unangenehmsten aus dieser Zeit ist die Erinnerung an abgetragene schwarze Lackschuhe, die mit einer schmalen Knopfspange zu schließen waren, was den Spielkameraden ihren Cha-

rakter als Damenstiefel unübersehbar signalisierte. Eine Großtante hatte sie abgelegt – ihr Lack begann bereits in scharfkantigen Schuppen abzublättern –, und ich mußte sie wohl oder übel auftragen und konnte nicht umhin, mich auch in der Schule mit ihnen zu zeigen. Es liegt auf der Hand, was das mit sich brachte.
Die Zeiten waren schwer, selbst einem Kind blieb das nicht mehr verborgen. Ich lernte aber bald, daß es Leute gab, denen es noch viel schlechter ging als uns. Mein Freund Heinz Lehmann wohnte unter dem Dach eines Mietshauses in derselben Straße in zwei dunklen, nur behelfsmäßig ausgebauten Bodenräumen mit Eltern, Großmutter und mehreren Geschwistern. Der Vater war arbeitslos, wie die meisten Väter am Böttcherberg. Heinz führte mir seine Weihnachtsgeschenke vor: zwei Haveldampfer, von seinem Vater aus Schuhkartons gebastelt. Mit ungläubigem Staunen ging mir auf, daß Heinz mich und unsere Familie für reich hielt.
Aber Heinz und seine Angehörigen verkörperten ihrerseits bei weitem noch nicht die unterste Stufe der damaligen Gesellschaft. Diese wurde von den täglich oft mehrmals an unserer Haustür auftauchenden Bettlern repräsentiert, abgehärmten Gestalten in zerschlissener Kleidung, die bescheiden, oft geradezu peinlich unterwürfig, nur um eines baten: etwas zu essen. Sie bekamen von meiner Mutter immer etwas zugesteckt, und wenn es nur ein Margarinebrot war, für das sie sich wortreich bedankten.
Es klingt zunächst absurd, aber wir bekamen in dieser Zeit ein leibhaftiges »Hausmädchen«. In Wirklichkeit liefert der Umstand aber nur ein weiteres Beispiel für die Not dieser Jahre. Hertha Mehling – sie stammte aus Schwiebus, ein Name, der uns Kinder seiner Fremdartigkeit wegen sehr beeindruckte – kam im Alter von etwa sechzehn Jahren zu uns, schüchtern, ärmlich und ohne ein Lächeln im Gesicht. Ihre Eltern konnten sie nicht mehr unterhalten, und Arbeit hatte sie nicht finden können. Ich habe keine Ahnung mehr, wie der Kontakt zu uns zustande kam. Jedenfalls war Hertha eines Tages plötzlich da. Sie wurde in einem winzigen, muffig riechenden Kellerraum notdürftig untergebracht. Etwas anderes konnten meine Eltern ihr nicht anbieten, und Hertha war es zufrieden.
Was meine Eltern ihr aber zu bieten hatten, das ließ Hertha innerhalb weniger Wochen aufleben. Sie aß mit uns bei Tisch und wurde von nun an regelmäßig satt. Sie wurde völlig in die Familie integriert, wenn sie

auch – so sehr waren die Sitten denn trotz aller Armut doch noch nicht ramponiert – meinen Vater selbstverständlich mit »Herr Rittmeister« anredete und meine Mutter mit »gnädige Frau«. Aber sie gehörte dazu, eine Rolle, die sie sichtlich glücklich machte. Sie ging mit uns spazieren, begleitete uns bei den von den Eltern erbettelten – und ihrer Seltenheit wegen als festliche Unternehmungen genossenen – Kinobesuchen und lernte, nachdem meine Mutter ihr einen gelben Badeanzug gekauft hatte, bei unseren sommerlichen Badeausflügen zum Griebnitzsee unter Anleitung meines Vaters sogar schwimmen.
Natürlich hatten beide Seiten ihren Vorteil davon. Hertha half meiner Mutter von morgens bis abends bei allem, was anfiel. Und außer Kost und Logis bekam sie nur ein höchst bescheidenes Taschengeld (und zu Weihnachten Bettwäsche für ihre Aussteuer). In meinen Augen wäre es jedoch eine totale Verkennung der Situation, wollte jemand heute behaupten, Hertha sei von meinen Eltern »ausgebeutet« worden. Sie hatte eine Zuflucht gefunden, in der sie sich geborgen fühlte. In kurzer Zeit schloß sie die ganze Familie in ihr Herz, und wir hingen an ihr wie an einer zweiten Mutter.
So blieb sie auch bei uns, als die Zeiten sich zu bessern begannen, was ihr zu Erlebnissen verhalf, von denen sie ihren ungläubig staunenden Eltern in überschwenglichen Briefen nach Schwiebus berichtete: Sie verbrachte einen Sommerurlaub an der Ostsee mit uns (»am Meer«, schrieb Hertha nach Hause). Sie erlebte ihren ersten Theaterbesuch (und heulte nächtelang, weil es »etwas Trauriges« gegeben hatte), und sie begleitete uns bei Wochenendausflügen mit dem Auto. Als Hertha uns kurz vor dem letzten Krieg dann doch verließ – weil sie heiratete und mit dem Mann in ihre Heimatstadt zurückging –, flossen die Tränen auf beiden Seiten. Brieflich blieb die Verbindung bis Ende 1944 erhalten. Dann riß sie ab, und wir haben nie wieder etwas von Hertha gehört. Ich fürchte, daß sie mit ihrer Familie umgekommen ist, als der Krieg über Schwiebus hinwegzog.
1930 aber schien uns am Böttcherberg schon ein Tiefpunkt erreicht. Keine Besserung war in Sicht. Wir waren vergleichsweise noch gut dran, weil mein Vater wenigstens nicht arbeitslos war. Bisher jedenfalls nicht. Aber wer konnte wissen, wie lange das so bleiben würde? Hiobsbotschaften, die uns in der Schule über das Schicksal der Familien von Klassenkameraden zu Ohren kamen, sorgten dafür, daß auch wir Kinder nicht im unklaren blieben über die Ungewißheit der allge-

meinen Situation. Die bedrückte Stimmung der Eltern tat ein übriges. »Wie soll das nur weitergehen?« fragte mein Vater immer häufiger, wenn er sonntags die Zeitung las. Er schüttelte dabei den Kopf und erwartete von niemandem eine Antwort.

Welten hinter der Wirklichkeit

In diese Jahre – es wird 1932 gewesen sein – fällt eine Episode, die mir wie in einer Offenbarung eine gänzlich neue Welt erschloß. Eine Welt, von deren Existenz ich bis dahin nichts geahnt hatte und von der eine Faszination auf mich ausging, die mich mein ganzes Leben nicht mehr losgelassen hat. Es begann mit einem Zufallsgeschenk. Von irgendwoher – aus einer der alten Kisten auf dem Bückeburger Dachboden? – kam ich unversehens in den Besitz eines uralten, primitiven Mikroskops. Sein stark zerkratzter Messingtubus wurde durch bloße Reibung von einem Eisenring festgehalten, in dem man ihn mit vorsichtig drehenden Bewegungen auf und ab zu schieben hatte, um die Schärfe einzustellen.

Mein Interesse an dem neuen Spielzeug drohte mangels geeigneter Beobachtungsobjekte schon zu erlahmen, als – zweiter Glücksfall – eine im Obergeschoß unseres Hauses wohnende Biologielehrerin sich die Mühe machte, mir ein Einmachglas mit dem Bodensatz aus einem Aquarium und ein paar Objektträger zu beschaffen. Fräulein Gaßner – mein Gedächtnis hat den Namen in unauslöschlicher Dankbarkeit bewahrt – weihte mich auch in den richtigen Umgang mit den Utensilien ein. Und dann hatte ich plötzlich die Welt des belebten Mikrokosmos leibhaftig vor Augen: Glockentierchen, die mit ihren feinen Wimpern Wasser in sich hineinstrudelten, um sich bei der leisesten Erschütterung der Tischplatte durch das spiralige Einrollen des lebendigen »Seils«, mit dem sie sich festhielten, blitzartig aus dem Gesichtsfeld in Sicherheit zu bringen. Pantoffeltierchen, die wie kleine Boote im Zickzack durch den Wassertropfen unter dem Mikroskop kreuzten. Gefräßige Rädertierchen und wieselflinke Schwimmalgen. Wann immer ich ein neues Mikrowesen entdeckte, zeichnete ich es sorgfältig auf Papier, um mir von Fräulein Gaßner seinen Namen sagen zu lassen.

Am meisten angetan hatten es mir die »Wechseltierchen«, die Amö-

ben. Wie kleine Schleimtröpfchen flossen sie unter ständigem Wechsel ihrer Form träge mal in diese, dann wiederum scheinbar ziellos in eine andere Richtung. Gestaltlose Winzlinge aus Eiweiß und doch ohne jeden Zweifel »lebendig«. Ihr Anblick konfrontierte mich zwingend und unmittelbar mit der Frage, wie sie das eigentlich machten, worin das Geheimnis bestand, durch welches sie sich von »normalen« (toten) Eiweißtropfen unterschieden. Ich hatte diese Fragen natürlich nicht in dieser Eindeutigkeit und klar formuliert in meinem Kopf. Aber die Existenz des Geheimnisses, das sich hinter den mikroskopischen Lebewesen in meinem unscheinbaren Wassertropfen verbarg, die ahnte ich mit einer Intensität, die meine Finger beim Umgang mit dem Objektträger zittern ließ. Während der unzähligen Stunden, die ich den folgenden Winter hindurch über meinem Mikroskop saß, hob ich in unregelmäßigen Abständen immer wieder den Kopf, um mich meiner Umgebung zu vergewissern. Es erschien mir nahezu unglaublich, daß die Welt meines Kinderzimmers und die Mikrowelt auf meinem Objektträger zur selben Zeit nebeneinander existierten.
Heute bin ich davon überzeugt, daß dieser durch mancherlei Zufälle zustande gekommene Einblick in die Welt der Mikroorganismen vor allem deshalb eine so starke und bleibende Wirkung auf mich ausgeübt hat, weil er mir – glücklichster Zufall von allen – im »richtigen« Alter zuteil wurde. Wäre ich einige Jahre jünger gewesen, hätte mein Aufnahmevermögen mir wohl keine noch so vage Ahnung davon vermitteln können, daß ich etwas Staunenswertes vor Augen hatte. Und nur wenige Jahre später hätte die Gefahr bestehen können, daß die Gewöhnung an die Welt der alltäglichen menschlichen Begebenheiten mich schon so weit mit Beschlag belegt hätte, daß ich den Anlaß zu wirklichem Staunen nicht mehr zu erkennen vermocht hätte. Denn wenn man es sich abgewöhnt hat, Wunder für möglich zu halten, sieht man sie selbst dann nicht mehr, wenn man mit der Nase auf sie stößt.
Ich kann mich irren. Verallgemeinerungen sind immer gefährlich. Trotzdem kann ich den Gedanken nicht verdrängen, daß das für alle Kinder gilt. Es ist die geläufige Erkenntnis der Entwicklungspsychologen und selbstverständlich auch aller Eltern, welche die Entwicklung ihrer Kinder mit offenen Augen verfolgen, daß wir alle in unserer Kindheit phantasievoller, aufgeschlossener, neugieriger und schöpferischer sind als in späteren Jahren. Es ist, salopp formuliert, ziemlich deprimierend zu beobachten, mit welch trauriger Regelmäßigkeit aus in-

teressierten und einfallsreichen Kindern Erwachsene mit einem ziemlich langweiligen Innenleben zu werden pflegen. Vielleicht muß ein derartiger Verlauf aber nicht als unabwendbar hingenommen werden? Ist es nicht denkbar, daß die Chance einer rechtzeitigen (zur rechten Zeit erfolgenden) Entdeckung der außerhalb des Horizontes der eigenen Alltagsexistenz gelegenen Wirklichkeiten immunisieren könnte gegen die abtötende Wirkung lebenslanger Gewöhnungsprozesse?
Zeit meines Lebens hat mich der Gedanke an die bedrückend große Zahl der Menschen verfolgt, die – ohne es zu wissen – niemals wirklich zum vollen Leben erwachen. Die den Rahmen ihrer geistigen Existenz während der uns zugemessenen knappen Zeitspanne zwischen Geburt und Tod nicht annähernd auszufüllen imstande sind, weil sie dem seelischen Abnutzungsprozeß alltäglicher Gewöhnung erliegen, ohne der Weite des ihnen grundsätzlich offenstehenden Welthorizonts überhaupt gewahr zu werden. Auch bei ihnen handelt es sich um Fälle »nicht gelebten Lebens«, so lebhaft sie in ihrer Alltagswelt äußerlich auch zu agieren scheinen.
Haben wir einen solchen Zustand womöglich als eine Art partielle seelische Blindheit aufzufassen, die sich infolge des Ausbleibens eines stimulierenden Schlüsselerlebnisses in einer »sensiblen Phase« während der Entwicklungsjahre einstellt? Vieles spricht dagegen, daß es so simpel zugeht. Auf der anderen Seite aber ist die Verantwortung der Umgebung unübersehbar. Erschreckend deutlich wird sie in den Fällen, in denen extreme äußere Not keine Chancen läßt, über die Zwänge nackten Lebenserhalts hinaus zur Besinnung kommen zu können. In die Schuld, die wir gegenüber den am Rande des Hungertodes dahinvegetierenden Millionen in den sogenannten Entwicklungsländern auf uns laden, haben wir auch diesen Aspekt einzubeziehen. Die Menschen dort hungern nicht bloß, was allein sie qualvoll genug leiden ließe. Die bestehende politische Weltordnung, für die wir die Verantwortung mitzutragen haben, beraubt sie a priori zugleich aller Chancen, die in jedem von ihnen angelegten Möglichkeiten eigentlicher Menschwerdung verwirklichen zu können: ein Tatbestand millionenfachen Seelenmordes, der zum Himmel schreit.
Auch oberhalb der Grenzen minimaler Existenzsicherung aber, und, aus anderer Ursache, gerade in den Sphären satter Wohlhabenheit, sind, was diese Fragen angeht, schuldhafte Einflüsse der Gesellschaft anzuerkennen und heute im Prinzip auch allgemein bekannt (ohne

daß sich dadurch an der Situation das geringste änderte). In unserer Wohlstandsgesellschaft handelt es sich nicht um seelischen Mord, sondern eher um eine Art psychische Selbstverstümmelung. Man rennt bei den meisten Zeitgenossen schon offene Türen ein, wenn man auf die geist- und phantasietötenden Effekte einer alle Lebensbereiche, gerade die der Heranwachsenden, erfassenden Werbetechnik hinweist. Auf eine mit Hilfe wissenschaftlicher Strategien synthetisch konstruierte »Jugendkultur«, welche den einzelnen seiner persönlichen Individualität beraubt, indem sie ihn unmerklich in das reibungslos funktionierende Objekt eines anonym bleibenden Systems kommerzieller Interessen verwandelt.

Denn die seelische Blindheit für die Faszination der hinter dem alltäglichen Augenschein gelegenen Wirklichkeiten tritt nicht nur als Folge abstumpfender Gewöhnung auf. In unserer Gesellschaft ist sie meist das Resultat einer schon in früher Jugend einsetzenden Blockierung der seelischen Aufnahmefähigkeit durch das von unserer zivilisatorisch organisierten Kunstwelt ausgehende Trommelfeuer belangloser Reize und Informationen. Die Kinder und Jugendliche mit gnadenloser Unwiderstehlichkeit in ihren Bann ziehende Attraktivität der realitätsfernen Videoscheinwelten stellt dafür nur ein (besonders perniziöses) Beispiel dar. Die weltweit zu beobachtenden »alternativen« Protestbewegungen erscheinen mir in diesem Zusammenhang primär als Symptome einer gesunden Abwehr, die auf diese seelenzerstörenden Zwänge unserer Zivilisation mit bemerkenswerter Instinktsicherheit reagiert. Diese Behauptung behält ihre Gültigkeit als Diagnose auch dann, wenn bedauerlicherweise zuzugeben ist, daß sich solche Bewegungen durch den aggressiven Überschwang ihres Protestes im konkreten Einzelfall unnötig oft ins Unrecht setzen.

Wie immer man die Frage der Ursachen auch beurteilen mag, das Phänomen der seelischen Blindheit besteht, und es ist bedrückend. Die Möglichkeit, daß eine individuelle Lebensspanne verstreichen kann, ohne daß der diese unwiederholbare Zeitstrecke durchlebende Mensch sich im Rahmen der ihm grundsätzlich gegebenen Möglichkeiten »zur Eigentlichkeit seiner Existenz aufschwingt« (wie ein Existenzphilosoph es formulieren würde), ist unüberbietbar tragisch. Ein Mensch, der zeit seines Lebens auf den engen Rahmen unmittelbarer sinnlicher Anschauung beschränkt bleibt, fristet ein Kümmerdasein gemessen an dem, was menschliche Existenz sein kann.

Ob er sich von der Beschränkung auf solche geistige Enge nun durch philosophische Besinnung befreit oder durch die Hinwendung zu den uns von der Naturwissenschaft erschlossenen Hintergründen unserer Alltagswelt, macht letztlich keinen Unterschied. Auf beiden Wegen kann man die Grenzen naiven Welterlebens hinter sich lassen und den Horizont seiner unmittelbaren Erfahrung überschreiten (»transzendieren«). In beiden Fällen legt dieser Schritt die Sicht frei auf die Voraussetzungen und das Geheimnis unserer Existenz. Wer ihn einmal getan hat, der wird von da ab – auch wenn er zum philosophischen »Räsonieren« gar nicht neigt – sein Dasein und das seiner Mitmenschen mit anderen, neuen Augen sehen.
Die Welt der Protozoen ist ja nur ein konkretes Einzelbeispiel. Der Wege, die über die Grenzen des vom alltäglichen Welterleben ausgefüllten Horizonts hinausführen, gibt es viele.* Durch Fräulein Gaßner lernte ich einen zweiten, vielleicht noch grundsätzlicheren kennen. Allerdings muß hier verdienstes- und dankbarkeitshalber eingeschoben werden, daß der erste Anstoß, ihn zu betreten, wieder von meinem Vater ausging. Ich erinnere mich noch gut eines gemeinsamen Spazierganges im Harrl, dem fast am Rande unseres Bückeburger Gartens beginnenden Bergwald, während eines seiner sporadischen Wochenendbesuche. Auf irgendeine Weise waren wir, oder vielmehr war ich, nachdem ich mir einige in der Zwischenzeit angesammelte Fragen hatte beantworten lassen, darauf verfallen, ihm die Frage zu stellen, ob es eigentlich Dinge gebe, die man *nicht* erklären könne. Ich habe das damals ganz sicher nicht so präzise ausgedrückt, aber das war der Kern meiner Frage, und mein Vater verstand sofort, was ich meinte. Seine Antwort bestand in einem Benehmen, das auf einen zufälligen Beob-

* In unserer ein wenig einseitig »geisteswissenschaftlich« geprägten Kulturlandschaft grassiert mancherorts noch immer die Meinung, daß naturwissenschaftliche Einsichten zur Erhellung menschlicher Existenz nichts beizutragen vermöchten. Ich habe in früheren Publikationen wiederholt ausführlich auseinandergesetzt, warum es sich bei dieser Ansicht um ein widerlegbares Vorurteil handelt, und möchte das hier nicht wiederholen. In Wirklichkeit ist naturwissenschaftliche Grundlagenforschung (*nicht* freilich die technische Ausnutzung des dabei gewonnenen Wissens, was noch immer erstaunlich selten unterschieden wird!) als eine »Fortführung der Metaphysik mit anderen Mitteln« anzusehen, wie ich es schon vor Jahrzehnten formuliert habe. Wer sich für die nähere Begründung dieser Auffassung interessiert, sei zum Beispiel auf meinen Aufsatz »Naturwissenschaft und menschliches Selbstverständnis« (1973) verwiesen (abgedruckt in: »Unbegreifliche Realität«, Hamburg 1987) oder auf mein Buch »Wir sind nicht nur von dieser Welt« (Hamburg 1981).

achter recht seltsam gewirkt hätte: »Jetzt will ich nach links gehen«, sagte er laut in den Wald hinein – und tat es im nächsten Augenblick. »Und jetzt will ich meinen rechten Arm heben«, lautete das nächste Kommando, das er sich selbst gab und ebenso prompt ausführte. Während ich ihm etwas erstaunt zusah, begann er, mir den Zusammenhang zwischen seinen in ähnlicher Weise noch für einige Augenblicke fortgesetzten »Übungen« und meiner Frage zu erläutern. Obwohl er, so etwa lautete seine Erklärung sinngemäß, sich nach Belieben entscheiden könne, diese oder jene Bewegung auszuführen, und das dann auch tun könne (oder auch nicht, wenn er es sich anders überlege), sei er völlig außerstande, mir zu erklären, wie er das mache. Er glaube auch nicht, so fügte er hinzu, daß es irgendeinen Menschen gebe, der das wisse.

Selbstverständlich begann ich im nächsten Augenblick, die bei meinem Vater beobachteten »Übungen« nachzumachen, um auszuprobieren, ob es mir genauso ging. Es ging mir genauso, stellte ich fest, was mich offengestanden mehr befriedigte als beeindruckte, weil mir die Hintergründigkeit des Sachverhalts damals noch verschlossen blieb. Der Fall erschien mir aber doch anregend genug, um die Frage anzuschließen, ob es noch andere solche Unerklärlichkeiten gebe. Nach kurzem Nachdenken konnte mein Vater tatsächlich mit einem weiteren Beispiel aufwarten, das seiner sinnlichen Anschaulichkeit halber meinem Begriffsvermögen sehr viel angemessener war als der abstrakte Fall einer »bewußten Willensentscheidung«. Er verwies mich auf den blauen Himmel über uns und forderte mich auf, einmal zu überlegen, wie weit es da wohl hinaufgehe. In kürzester Zeit waren wir uns einig darüber, daß es sehr schwer war, sich vorzustellen, daß es dort oben »unaufhörlich weiterging«, aber gleichzeitig auch gänzlich unmöglich, sich eine Grenze auszudenken, die dieser Unaufhörlichkeit irgendwo ein Ende setzte.

Ich weiß noch, daß ich versuchte, mir eine riesige Kugel vorzustellen, die den Raum des Himmels über mir irgendwo ganz weit entfernt abschloß. Als ich meinem Vater diese »Lösung« unterbreitete, war es ihm natürlich ein leichtes, mich mit der einfachen Gegenfrage, wie es denn meiner Ansicht nach hinter dieser kugelförmigen Grenze weitergehe, aufs neue in Ratlosigkeit zu versetzen. Auch daß das für jede andere ausdenkbare Grenze ebenso gelte, leuchtete mir unmittelbar ein. Die Angelegenheit beschäftigte mich eine ganze Weile. Noch abends im Bett, als ich nicht einschlafen konnte, weil ich meinen Vater schon wieder auf der Rückreise nach Berlin wußte, zerbrach ich mir den Kopf vergeblich über das seltsame Geheimnis.

Der Boden war also vorbereitet, als Fräulein Gaßner Jahre später anfing, mir den Sternhimmel zu erklären. Ich erinnere mich der ersten Lektion noch in allen Einzelheiten. Wir gingen ein Stückchen die nächtliche Straße hinunter bis zu einer Stelle, an der keine Straßenlampe mehr blendete. Angesichts eines winterlich strahlenden Sternhimmels hörte ich dann zum ersten Male davon, daß alle Sterne, die ich da sah, Sonnen waren wie unsere eigene, nur eben »unendlich weit« entfernt. Meine Mentorin versuchte sogar, mir eine Vorstellung zu vermitteln von den Entfernungen, die im Spiele waren. Zum ersten Male hörte ich den Ausdruck »Lichtjahr« und hatte, wie es anfangs allen geht, Schwierigkeiten zu begreifen, daß es sich dabei um eine Entfernungsangabe handelt (»um die Strecke, die ein Lichtstrahl zurücklegt, während ein ganzes Jahr vergeht«).

Natürlich kam auch die Grenzenlosigkeit des Raumes wieder zur Sprache, den ich da leibhaftig vor Augen hatte. Und wieder wurde mir gesagt, daß es sich um eine Frage handele, auf die kein Mensch eine Antwort geben könne. Ich war elf Jahre alt, und mir schwindelte der Kopf. Abermals spürte ich geradezu körperlich die Begegnung mit einem überwältigenden Geheimnis. Die Faszination seines Anblicks ist für mich heute noch so frisch wie damals. Dabei wäre ich gänzlich außerstande gewesen, jemandem zu erklären, was es eigentlich war, das mich so in seinen Bann schlug. Noch Jahrzehnte später, als Erwachsener, empfand ich resignierend diese Unfähigkeit, sobald ich versuchte, anderen meine Faszination verständlich zu machen, um auch ihnen möglichst die Augen zu öffnen für ein Wunder, das sie nicht zu sehen schienen, obwohl sie nur den Kopf hätten zu heben brauchen, um seiner ansichtig zu werden.

Bis ich dann, noch später, auf eine Erklärung stieß, die mich endlich im tiefsten Herzen befriedigte. Karl Popper hat, wie es für seine besten Texte so charakteristisch ist, mit ganz einfachen Worten klar ausgesprochen, worauf die Erschütterung beruht, die vom Anblick des Sternhimmels ausgeht: Er führe uns das ganze Ausmaß unserer Unwissenheit konkret vor Augen. Denn unser Wissen könne immer nur begrenzt sein, während unsere Unwissenheit notwendigerweise grenzenlos sei. Und er fährt fort: »Wir ahnen die Unermeßlichkeit unserer

Unwissenheit, wenn wir die Unermeßlichkeit des Sternhimmels betrachten. Die Größe des Weltalls ist zwar nicht der tiefste Grund unserer Unwissenheit; aber sie ist doch einer ihrer Gründe.«*

Post von Adolf Hitler

Während ich meine Abende über dem Mikroskop verbrachte oder mich nachts vom Wecker aus dem Schlaf reißen ließ, um mit einem von Fräulein Gaßner gebastelten Primitivfernrohr den Umlauf der Jupitermonde zu verfolgen, beschäftigten andere sich mit ernsteren Dingen. Am Böttcherberg bekamen wir davon nicht viel mit. Manchmal fuhren Lastwagen an unserem Hause vorbei, auf denen Männer saßen, die Fahnen schwenkten und sangen oder laut brüllten, daß man diese oder jene »Liste« wählen solle. Ich konnte damit nicht viel anfangen, erkundigte mich aber auch nicht bei den Eltern, weil es mich nicht interessierte.
Meine »politische Einstellung« – soweit man von einer solchen überhaupt reden konnte – war, wie nicht anders denkbar, das Echo dessen, was ich seit eh und je von den Erwachsenen zu hören bekam. Ich hatte einen »Stahlhelm«-Wimpel über dem Bett hängen – ein Geburtstagsgeschenk von Onkel Gerhard – und war im übrigen, wie mein Vater auch, von der Hoffnung erfüllt, daß irgendwann die »nationalen Kräfte« die Geschicke des Vaterlandes wieder in die Hand nehmen würden. Wenn es soweit war, das stand fest, würde es uns endlich wieder gutgehen, wenn vielleicht auch nicht wieder ganz so gut wie vor 1914. Denn das waren eben »goldene Zeiten« gewesen, wie ich den Schilderungen meines Vaters entnehmen konnte, und so etwas war selten.
Von den »nationalen Kräften«, auf die alle Hoffnungen sich richteten, hatte ich nur eine höchst nebelhafte Vorstellung. Vor meinem geistigen Auge wurde, wenn ich diesen Begriff hörte, aber jedenfalls marschiert. Auf Plakaten und Anstecknadeln war neuerdings häufig der Aufruf »Deutschland erwache!« zu lesen. Ein Schlagwort, das in jedem national gesinnten Herzen eine Saite zum Klingen brachte.

* Karl R. Popper, »Von den Quellen unseres Wissens und unserer Unwissenheit«, in: Mannheimer Forum 75/76 (1975), S. 50

Deutschland müsse sich endlich wieder auf seine Kraft besinnen, so ging die Rede. Ich verstand das als den Wunsch nach einer größeren Armee als jenem lächerlichen 100000-Mann-Heer, das unsere Feinde uns gnädigst zugestanden hatten, nach Tanks und Militärflugzeugen. Nicht zum Kriegführen etwa, Gott bewahre! Nur als Beweis deutscher Gleichberechtigung mit den anderen Staaten.
Aber auch, damit endlich Schluß gemacht werden konnte mit der schikanösen Unterdrückungspolitik der ehemaligen Kriegsgegner, allen voran der Franzosen, die uns immer tiefer ins Elend trieb und die wir uns gefallen lassen mußten, weil wir wehrlos waren. Zur nationalen Schande kam jetzt noch eine sich rasch ausbreitende, Hoffnungslosigkeit auslösende Not. Äußerungen eines erbitterten Hasses auf die Franzosen hörte ich jetzt gelegentlich auch von den Eltern meines proletarischen Spielkameraden Heinz Lehmann. *
Aber wir Deutschen trügen durch unsere »gottverdammte Zwietracht« ja selbst bei zu dem ganzen Elend, erklärte mein Vater. Mehrmals habe ich erlebt, wie er seine Zeitung – welche es war, weiß ich nicht mehr, aber deutschnational wird sie schon gewesen sein – nach der sonntäglichen Frühstückslektüre voller Zorn auf den Eßtisch warf, angewidert »von dem ekelhaften Parteiengezänk«, bei dem jeder nur seine eigenen Interessen verfolge, anstatt auch einmal »an das Vaterland« zu denken. Aber das »System«, das in Deutschland herrsche, hätten eben nicht Patrioten in der Hand, sondern Sozialdemokraten, Kommunisten und anderes »Pack«. Da sehe man, wohin es führe,

* Dies etwa war, soweit ich mich daran erinnere, damals die Stimmung in meiner Umgebung. Rückblickend wird man sagen können, daß sie nicht allein als Ausgeburt der nationalen Neurose konservativer Kreise anzusehen war. Ein so unverdächtiger Zeuge wie der englische Historiker Alan Bullock berichtet unter anderem, daß der Versuch der Regierung Brüning, die schlimmsten Auswirkungen des Zusammenbruchs einiger der größten Banken in Deutschland und Österreich im Sommer 1931 durch eine Zollunion zwischen den beiden Ländern abzufangen, auf französischen Druck hin aufgegeben werden mußte. Infolgedessen vertiefte sich die wirtschaftliche Notlage noch mehr: Die Zahl der Arbeitslosen stieg von drei Millionen im September 1930 auf über fünf Millionen im Dezember 1931. (Alan Bullock, »Hitler. Eine Studie über Tyrannei«, Düsseldorf [2]1953, S. 173 ff.). Gleichzeitig aber hatte das Reich auch noch Reparationen an die ehemaligen Gegner zu leisten, deren Weiterzahlung unter anderem durch den Druck der zwölf Jahre nach Kriegsende noch andauernden Besetzung des Rheinlandes durch französische Truppen erzwungen wurde. Man machte es Hitler wahrhaftig leicht, die nationalen Emotionen aufzuputschen!

wenn man sich auf eine Republik einlasse. In einer Monarchie wäre es niemals so weit gekommen.
Er hat es nie gesagt, jedenfalls kann ich mich nicht daran erinnern, aber ich habe keinen Zweifel, daß er damals die Ansicht vieler aus »unseren Kreisen« teilte, die ganz offen davon sprachen, daß eine Abschaffung des parlamentarischen Systems, in dem immer nur geredet und nie etwas getan werde, und die Rückkehr von Wilhelm II. aus dem holländischen Exil die einzige Lösung darstelle. Daß »demokratische Gleichmacherei« und »parlamentarische Uneinigkeit« ein Ende haben müßten, wenn Deutschland jemals wieder »gesunden« und sich auf seine wahre Stärke besinnen solle, das erschien mir ebenso einleuchtend wie meinem Vater. Das war nach eigenem Bekunden auch die Ansicht derer, die jetzt auf der Straße immer lauter »Deutschland erwache!« schrien. Die hatten zwar keineswegs Kaiser Wilhelm im Sinn. Aber in dem Haß auf das bestehende »System« war man sich in beiden Lagern einig.
Seit Ostern 1931 besuchte ich das Viktoria-Gymnasium in Potsdam. Ich hatte schon einmal während eines Klassenausfluges der Klein-Glienicker Volksschule vor dem häßlichen roten Backsteinbau gestanden, den ich, wie ich bereits wußte, bald darauf täglich aufsuchen würde. Herr Vetter, unser Klassenlehrer, erklärte uns im Verlauf seiner Stadtführung die Bedeutung auch dieses Gebäudes mit Gewissenhaftigkeit. Als er fertig war, fügte er mit halblauter Stimme in einem Ton, in dem sich Neid und andächtige Hochachtung unüberhörbar mischten, noch einen Schlußsatz hinzu. »Ja«, sagte er, den Blick sehnsüchtig auf die Gründerzeitfassade gerichtet, »wer auf diese Schule gehen darf, der bringt es zu etwas!« Wie sehr es ihn in diesem Augenblick schmerzte, selbst nicht zu den Auserwählten gehört zu haben, war mir so sehr bewußt, daß ich mich intuitiv hütete, meinen privilegierten Status zu offenbaren.
Mein Eintritt in diese »Höhere Lehranstalt für Knaben«* vollzog sich unter wenig rühmlichen Umständen. Nach der einen ganzen Tag währenden Aufnahmeprüfung stand ich mit mehr als hundert gleichaltrigen Bewerbern und einer gleichen Zahl erwachsener Begleitpersonen in Erwartung der Urteilsverkündung auf dem Schulhof. Ein Lehrer be-

* Die getrennte Schulausbildung der Geschlechter war aus Gründen, die bei der offiziellen Prüderie (und uneingestandenen Sexualangst) der damaligen Gesellschaft auf der Hand liegen, eine schiere Selbstverständlichkeit.

gann, mit lauter Stimme die Namen der Jungen vorzulesen, die das Gymnasium aufgrund ihrer Leistungen bei der Prüfung von nun an würden besuchen dürfen. In alphabetischer Reihenfolge. Als er mit dem Buchstaben »D« fertig war und sich den mit »E« beginnenden Familiennamen zuwendete, ohne daß mein Name gefallen war, bemächtigte sich meiner neben mir stehenden Mutter eine gewisse Unruhe. Schließlich war der Lehrer am Ende der Verlesung angekommen. Während er seine Liste wieder zusammenfaltete, sagte er, mit wesentlich leiserer Stimme, den Blick zu Boden gesenkt, schließlich noch: »Mit Bedenken aufgenommen: Hoimar v. Ditfurth.«

Mehrere Gesichter drehten sich in unsere Richtung, und meine Mutter bekam einen roten Kopf. Mich selbst ließ der Vorfall völlig kalt. Das hing mit der gleichen Ursache zusammen, die sich zur Erklärung meiner offensichtlich mangelhaften Prüfungsergebnisse anführen läßt. Mein Vater hatte seit so langer Zeit schon mit der unbefragbaren Selbstverständlichkeit seiner Autorität davon gesprochen, daß ich nach der Volksschule das Viktoria-Gymnasium besuchen würde, daß der Fall für mich längst ausgemacht war, als die Lehrer damit anfingen, sich nach meiner Eignung zu erkundigen. Die Aufnahmeprüfung war für mich unter diesen Umständen nur noch eine im Grunde überflüssige Formalität, bei der sich anzustrengen pure Kraftvergeudung gewesen wäre.

Das Viktoria-Gymnasium lag am entgegengesetzten Ende Potsdams, neben dem Nauener Tor. Der tägliche Schulweg warf damit einige Probleme auf. Die Monatskarte für den Klein-Glienicke mit der Potsdamer Innenstadt verbindenden Postomnibus war zu teuer. Seine Benutzung blieb meinen im Babelsberger Prominentenviertel am Ufer des Griebnitzsees wohnenden Schulkameraden vorbehalten. Zu teuer war auch ein Fahrrad (dessen Benutzung für mich nach Ansicht meiner Eltern außerdem viel zu gefährlich gewesen wäre). So tippelte ich an jedem Morgen in aller Frühe in einem Fußmarsch von etwa zwanzig Minuten zur Glienicker Brücke, an deren anderer Seite die Linie 1 der Potsdamer Straßenbahnen ihre Endhaltestelle hatte. (Es war die Brükke, die heute, sonst für jederart Verkehr gesperrt, dazu dient, von Zeit zu Zeit Agenten oder freigekaufte Dissidenten zwischen den beiden Supermächten auszutauschen.) Begleitet wurde ich dabei auf Anweisung der besorgten Eltern von Hertha. Wir unterhielten uns immer lebhaft.

Auf einem dieser Wege zeigte ich Hertha meine erste Mickymaus, in Gestalt einer Anstecknadel, die ich am Vortage in der Schule gegen Zigarettenbilder eingetauscht hatte. Zu meiner Genugtuung war Hertha das ulkige Wesen auch neu. Einige Zeit später hörte ich von Hertha erstmals von einem anderen Wesen, bei dem es sich allerdings nicht um eine Witzfigur handelte. Hertha erzählte mir zum erstenmal von Adolf Hitler. Es ist zwar nicht völlig ausgeschlossen, daß ich diesen Namen bei den Unterhaltungen der Erwachsenen in unserem Hause vorher noch nie gehört haben sollte. Aber er war bei mir nicht hängengeblieben, war in der Fülle der Politikernamen als einer unter vielen untergegangen. Seine Nennung aus dem Munde von Hertha ist mir jedenfalls als die erste in Erinnerung geblieben. Zweifellos deshalb, weil sein Träger bei dieser Gelegenheit als konkrete Person in Erscheinung trat. Hitler hatte Hertha nämlich einen Brief geschrieben.
Wie ich an diesem Morgen auf halbem Wege zwischen Böttcherberg und Glienicker Brücke erfuhr, handelte es sich um einen Antwortbrief, gänzlich unerwartet und die Empfängerin dementsprechend beeindruckend. In einer Aufwallung nationaler Gefühle hatte Hertha dem Führer der »nationalsozialistischen Bewegung« Wochen vorher brieflich ihre Zustimmung zu seiner Absicht mitgeteilt, Deutschland wieder groß und stark zu machen und die Arbeitslosigkeit abzuschaffen. Darauf hatte sie nun eine dankende Antwort bekommen. Es dürfte sich um einen gedruckten Standardtext gehandelt haben, eine Möglichkeit, die wir damals gar nicht in Betracht zogen. Hertha hätte sich vermutlich auch daran nicht gestört, denn zu ihrem Entzücken begann der Brief mit einer persönlichen Anrede. »Wertes Fräulein Mehling«, so habe der Brief angefangen, versicherte sie mir mehrmals mit Nachdruck.
Das aber war ein Punkt, der mich stutzig machte. Ich verschwieg es Hertha, um ihre offensichtliche Freude nicht zu trüben. Der Eindruck jedoch, den ich bei dieser ersten Gelegenheit von Hitler gewann, war, ich kann es nicht anders sagen, ausgesprochen ungünstig. »Wertes Fräulein...«, das schrieb ein Herr einfach nicht. »Sehr geehrtes...« oder einfach »Geehrtes...«, das wäre in Ordnung gewesen, ebenso auch »Verehrtes...«, meinetwegen auch noch »Liebes Fräulein Mehling«. Aber »Wertes...«, das war spießig und unmöglich. Soviel war auch mir als Elfjährigem mit absoluter Gewißheit klar. Denn mochten wir auch noch so arm sein, die vielfältigen kleinen sprachlichen und

Verhaltensmerkmale, die dem Eingeweihten die Zugehörigkeit zu einer bestimmten Klasse signalisieren und die jemand, der nicht dazugehört, in aller Regel nicht registriert, die hatte man uns so eingedrillt, daß sie uns in Fleisch und Blut übergegangen waren.

Auch wir selbst bemerkten sie nicht, weil sie uns längst selbstverständlich waren. Was uns auffiel, war ihr Fehlen. Was uns peinlich berührte, war, wenn jemand gegen sie verstieß. So jemand war in unseren Augen »erledigt« – aus dem gleichen Grunde, aus dem in den Augen eines passionierten Fußballfans etwa eine Fernsehmoderatorin »erledigt« ist, die einen traditionsreichen Fußballklub versehentlich als »Schalke 05« ankündigt (anstatt als »Schalke 04«, wie es jeder Kenner noch im Schlaf herbeten würde): Weil sie damit verrät, daß sie nicht sattelfest ist und daher dem engeren Kreise der Fußballfreunde nicht zugehörig. Scheinbar nur ein winziger Lapsus. Aber, wie sich gezeigt hat, genug, um eine Karriere zu beenden.

Nun ist bekannt, daß der Stellenwert dieser sozialen Signale, soweit sie sich auf die Zugehörigkeit zu einer bestimmten »Klasse« beziehen, seit dem totalen Zusammenbruch der deutschen Vorkriegsgesellschaft in dem Maße abgenommen hat, in dem sich die ehemaligen Klassengrenzen aufgelöst haben – was zweifellos als Fortschritt anzusehen ist. Ich verstehe deshalb gut die Motive vieler heutiger Jugendlicher, die es mitunter bewußt darauf anlegen, gegen manche ihnen übertrieben (und vor allem »sinnlos«) erscheinende Tischsitten und andere Formen der »Etikette« im sozialen Umgang zu verstoßen. (Wenn auch die meisten von ihnen dabei übersehen, daß viele dieser von ihnen abgelehnten »Rituale« so sinnlos nicht sind, weil sie, unter anderem, dazu dienen, mögliche Reibungsflächen im mitmenschlichen Umgang zu glätten.)

Aber in früher Jugend erworbene Verhaltensweisen sind tief eingewurzelt. Ich muß daher, auch auf die vorhersehbare Gefahr hin, daß mancher mich deshalb für ein Fossil halten wird, bekennen, daß es mich noch heute außerordentlich stört, wenn jemand beim Essen den Ellenbogen aufstützt oder die Kartoffeln mit dem Messer schneidet, wenn jemand am kleinen Finger einen Ring trägt oder einem das Streichholz nicht abnimmt, mit dem man ihm Feuer für seine Zigarette anbietet. Ich würde auch beschwören können, daß der Rücken meiner Mutter, bevor sie ins Greisenalter kam, bei Tische niemals eine Stuhllehne berührt hat. Und daher irritierte es mich damals als Elfjäh-

rigen unvermeidlich, daß Hitler seinen Brief an Hertha mit der Anrede »Wertes Fräulein« eingeleitet hatte. Ein »Herr« war Hitler also nicht. Soviel stand damit für mich fest. Was aber war Hitler dann?
En miniature waren das die Fragen, die auch die deutschnational gesinnte Gesprächsrunde zu beschäftigen begannen, die sich in unserem Hause gelegentlich zusammenfand. Bei den Gesprächen, die mein Vater an den Wochenenden – wochentags war er abends zu müde – mit Verwandten und mit Offizieren der Potsdamer Garnison führte, ging es bald immer häufiger um diesen Punkt. Was war »von dem Kerl« eigentlich zu halten? Die Meinungen waren zwiespältig. Sympathisch war Hitler zweifellos nicht. Sein Auftreten war unmöglich. Bei einem ehemaligen Anstreicher, der es in vier Kriegsjahren bloß bis zum Gefreiten gebracht hatte, war das auch nicht anders zu erwarten. Und das Benehmen seiner SA im nahe gelegenen Berlin war abstoßend vulgär. Die verprügelten ihre politischen Gegner neuerdings unter den Augen der Polizei. Dabei gab es sogar Tote. Andererseits waren das in aller Regel Kommunisten oder »Sozis«. Und daß die endlich mal »einen auf den Hut« bekamen, war so schade nicht. Schön war die Art und Weise gewiß nicht, aber »wo gehobelt wird, da fallen Späne«. War es eigentlich ein Nachteil, wenn »der Pöbel sich gegenseitig in Schach hielt?« Vielleicht sollte man als Offizier froh sein, wenn Hitlers Privatarmee einem »die Dreckarbeit abnahm«?
Und das, was »der Kerl« bei seinen vielen, immer ausführlicher in den Zeitungen abgedruckten Reden so von sich gab, das ließ sich doch hören. Dem konnte man im Grunde nur beipflichten. Seine Empörung über die ungerechten Bestimmungen des »Versailler Diktats« und die offenkundigen Mißstände des republikanischen »Systems«, die Anprangerung der Ungeheuerlichkeit, daß das Ausland dem Deutschen Reich mehr als zehn Jahre nach Kriegsende immer noch die Gleichberechtigung unter den Nationen versagte, das war jedem echten Patrioten aus dem Herzen gesprochen. Daß sich der Mann außerdem stets entschieden für eine Vergrößerung des Heeres und den Abbau der Deutschland auferlegten Rüstungsbeschränkungen ins Zeug legte, war ein weiterer Punkt, den man anerkennen mußte. Dies wurde verständlicherweise vor allem von den Offizieren in der Runde beifällig zur Kenntnis genommen, nicht zuletzt von den ehemaligen Offizieren, die jetzt arbeitslos oder (wie mein Vater) in Stellungen tätig waren, die sie als unter ihrer Würde empfanden.

Eines Tages verkündete mein Vater beim Frühstück beiläufig, daß er in die Partei Hitlers eingetreten sei, in die Nationalsozialistische Deutsche Arbeiterpartei, wie sie hieß – zungenbrecherisch und schwer zu behalten. Meine Mutter, offensichtlich informiert, gab keinen Kommentar dazu ab. Mein Vater jedoch fühlte sich bemüßigt, uns Kindern seinen Entschluß zu erklären, wozu er sonst bei seiner unbefangen »autoritären« Einstellung wie man das heute nennt) nicht neigte. Aber dieser Schritt war für ihn ungewöhnlich. Er hatte bis dahin, ungeachtet seines nationalen Engagements, nie einer Partei angehört. Auch nicht der Deutschnationalen Volkspartei Hugenbergs, der er, wie ich vermute, bei den Wahlen seine Stimme gab. Jetzt aber war er über seinen Schatten gesprungen. Daß es ihm nicht leichtgefallen war, entnahm ich der etwas gewundenen und wenig Überzeugungskraft ausstrahlenden Art und Weise seiner Begründung.
Zwar sei dieser Hitler ein unangenehmer Parvenü, so etwa bekamen wir an diesem Sonntagmorgen im Herbst 1932 zu hören, und seine SA sei, was er, mein Vater, gar nicht bestreiten wolle, ein ordinärer Trupp proletarischer Schläger. Aber man müsse doch auch die andere Seite einmal bedenken: die Tatsache vor allem, daß es so wie bisher nicht weitergehen könne. Irgend jemand müsse dieser korrupten, nur mit Postenschacher beschäftigten Bande linker Systempolitiker endlich das Handwerk legen, wenn es mit Deutschland jemals wieder aufwärts gehen solle. Und da sei weit und breit niemand zu sehen, dem man das zutrauen könne, außer diesem Hitler. Wenn aber die Clique der »Verzichtspolitiker« erst einmal zum Teufel gejagt worden sei, dann würden die »nationalen Kräfte« (zu denen in den Augen meines Vaters Hitler nicht zählte) endlich die Möglichkeit haben, die Zügel in die Hand zu nehmen, um das Vaterland aus dem Elend herauszuführen. Denn die Regierung dürfe man Hitler und seinen Kumpanen selbstverständlich nicht überlassen. Dazu fehle es dieser »Bewegung« an allen Voraussetzungen.
So (sinngemäß) der Kommentar meines Vaters, abgegeben zur Begründung seiner Entscheidung, Hitler »im Augenblick« durch den Eintritt in dessen Partei zu unterstützen. Bei den Voraussetzungen zur Übernahme der Regierung, an denen es dieser Partei nach Ansicht meines Vaters und seiner nationalkonservativen Gesinnungsgenossen so total fehlte, dachten sie alle unglücklicherweise, in (nachträglich!) überwältigend realitätsfern erscheinender Naivität, in erster Linie an

die »schlechten Manieren« dieser Leute. Nicht nur bei Tisch. (War es nicht einfach grotesk, sich die Männer im Umkreis Hitlers etwa bei einem diplomatischen Empfang vorzustellen?) Es wurde keineswegs übersehen, daß die Manieren der Nazis, wie man sie abkürzungshalber (und damals noch keineswegs unbedingt abschätzig) zu nennen begann, auch im Umgang etwa mit der Rechtsstaatlichkeit einiges zu wünschen übrigließen.

Aber abgesehen davon, daß Zimperlichkeit nicht die Parole sein konnte, wenn sich eine Chance bot, den Klüngel der »Systempolitiker« in die Wüste zu schicken: Vor den Nazis brauchte man sich nicht zu fürchten. Von denen drohte keine Gefahr. Denn da gab es den Feldmarschall Paul von Hindenburg, den von allen Parteien seines Ansehens wegen respektierten Reichspräsidenten. Und wenn es tatsächlich einmal hart auf hart gehen sollte, gab es schließlich auch noch die Reichswehr, auf die absoluter Verlaß sein würde, wenn es wirklich – was ganz unwahrscheinlich war – notwendig werden sollte, Hitler und seine Sturmtruppen in ihre Schranken zu verweisen. Aber Hitler würde sich ja ohnehin nur wenige Monate an der Regierung halten können – und dann schlug die Stunde »der nationalen Kräfte«!

So begann man »in unseren Kreisen« mehr oder weniger unverblümt mit dem Gedanken zu spielen, daß es möglich sein müsse, diese etwas obskure Hitler-Bewegung für die eigenen Interessen einzuspannen: dafür, das verhaßte »System« wegzufegen, womit der Platz frei würde, das Ruder des Schiffes »Deutschland« endlich selbst wieder in die Hand zu nehmen.* Daß es allerdings eine spezielle Voraussetzung bei diesem Wettlauf zur Machtübernahme gab, hinsichtlich deren sie Hitler und seinen Gefolgsleuten hoffnungslos unterlegen waren, das kam nicht einem dieser nationalistischen Träumer in den Sinn: Auf die brutale Rücksichtslosigkeit, mit der die Nationalsozialisten nach Hitlers Ernennung zum Reichskanzler innerhalb weniger Monate alle Schlüsselpositionen bis hinab zu den kommunalen Behörden mit »ihren Leuten« besetzten (zu welchem Behufe sie die legalen Amtsinhaber ein-

* Die Metapher vom Vaterland als »Schiff« war seit Wilhelminischer Zeit im Schwange, selbst bei linken Kritikern, wie ein satirischer Vers belegt, der den Mitgliedern der kaiserlichen Familie entsprechende Funktionen zuweist: »Prinz Wilhelm steht am Steuerrad / Prinz Heinrich heizt den Schlot / Prinz Adalbert zieht hinten hoch / die Fahne Schwarz-Weiß-Rot.«

fach verhafteten oder notfalls mit Prügeln und Morddrohungen einschüchterten), war niemand von ihnen gefaßt gewesen.
Es ist einfach, ihnen das nachträglich als schuldhaftes Versäumnis anzukreiden. Natürlich war es ihre historische Schuld. Aber post festum übersieht man auch leicht die wenigstens diesen Teil ihrer Schuld subjektiv mildernden Faktoren: Mörderische Skrupellosigkeit in dem von den Nazis praktizierten Ausmaß war damals nicht nur ihnen unvorstellbar. Sie war neu, auch im historischen Vergleich. Nicht zuletzt deshalb verlief der nationalsozialistische Staatsstreich ja so glatt. Er überrumpelte seine Gegner. Der eigentliche Vorwurf, den »unsere Kreise« sich ohne Einspruchsmöglichkeit und mildernde Umstände gefallen lassen müssen, ist, daß sie aufgrund ihrer klassenegoistischen Borniertheit Republikfeinde, Antidemokraten gewesen sind.
Einige Wochen nachdem mein Vater aus der Partei Hitlers wieder ausgetreten war – weil das Benehmen dieser Leute ihm schließlich doch zu weit ging –, lasen wir eines Morgens in der Zeitung, daß Reichspräsident von Hindenburg Hitler zum Reichskanzler ernannt habe. Die Reaktion bei uns zu Hause und bei Nachbarn und Bekannten war eine erwartungsvolle Spannung. Hitlers Vorgänger auf diesem Posten – Brüning, von Papen und von Schleicher – hatten sich jeweils nur kurze Zeit behaupten können. »Jetzt werden wir ja sehen«, sagte mein Vater. Seine Stimme hatte dabei den leicht spöttischen Unterton vorweggenommener Schadenfreude.

Naziregime
Weltbilder
Neandertaler

Das Debüt der neuen Herren

Die Begeisterung des deutschen Volkes über Hitlers »Machtergreifung« war unbeschreiblich – so jedenfalls stand es in den Zeitungen, die mein Vater jetzt nach dem Sonntagsfrühstück las. Er hielt das in dieser Ausschließlichkeit zwar für übertrieben, räumte aber ein, daß es nicht schade, den Leuten endlich wieder einmal etwas Mut zu machen. Der weitere Verlauf schien ihm ohnehin vorgezeichnet: Hitler und seine Kumpane würden innerhalb weniger Monate »am Ende sein«, weil sie »vom Regieren nun wirklich nicht das geringste verstehen«. Nachdem ihnen so Gelegenheit gegeben worden sei, sich vor aller Augen unsterblich zu blamieren – womit sie ihre Rolle als mit den »nationalen Kräften« konkurrierende »Bewegung« ein für alle Male ausgespielt hätten –, komme es zu dem entscheidenden Schritt: Der »greise Reichspräsident« von Hindenburg werde Hitlers Regierung wieder absetzen. Damit aber rückte endlich die Erfüllung des Wunschtraums in greifbare Nähe, dem mein Vater und seine deutschnationalen Freunde über all die Jahre hinweg so unbeirrt angehangen hatten. Denn dann würde der Platz frei sein – das republikanische »System« war von den Nazis ja beseitigt worden – für die Bildung einer Regierung der »nationalen Kräfte«. Wie diese Regierung im einzelnen aussehen sollte und wie die politische Ordnung, der sie vorstehen würde, darüber allerdings ist mir niemals etwas auch nur einigermaßen Konkretes zu Ohren gekommen.
Daß die Deutschnationalen und der »Stahlhelm« eine führende Rolle spielen würden, war selbstverständlich. Auf irgendeine nicht näher bestimmte Weise würde auch die Führung der Reichswehr der neuen Regierung des Reiches angehören. Eine Beteiligung der »unteren Schichten« dagegen wurde selbstverständlich nicht erwogen. Auch denen sollte es und würde es, sozusagen automatisch, bessergehen als in den zurückliegenden Jahren des »Systems«. Aber abgesehen davon, daß die meisten Angehörigen des Proletariats Kommunisten oder Sozialdemokraten waren, »vaterlandslose Gesellen« also, die es streng im Auge zu behalten galt, waren Arbeiter bekanntlich schon intellektuell meist gar nicht in der Lage, sich ein selbständiges politisches Urteil zu bilden. (Das war es, was sie, obwohl in der Mehrzahl sicher rechtschaf-

fene und fleißige Menschen, so anfällig machte für die Hetzparolen linker Agitatoren.) Wie auch immer aber die neue Ordnung aussehen würde, parlamentarisch und demokratisch würde sie mit Sicherheit nicht sein. Vom ständigen »Parteienzwist« und dem »parlamentarischen Hader« im Reichstag – dieser würdelosen »Quatschbude« – hatte man die Nase voll.
Innerhalb weniger Wochen jedoch änderte sich die Atmosphäre auf eindrucksvolle Weise. Am 21. März 1933 stand ich mit meinen Klassenkameraden (und Hunderten anderer Jungen und Mädchen, von denen einige in der uns noch neuen Uniform der »Hitlerjugend« steckten) am Rande des Wilhelmplatzes (heute »Platz der Einheit«) in Potsdam Spalier. Wir standen uns »die Beine in den Bauch«. Es störte uns nicht. Das Wetter war herrlich und unsere Stimmung auch, denn wir hatten, für uns überraschend, schulfrei bekommen. Allerdings durften wir nicht nach Hause gehen, sondern mußten stundenlang am Rande des erwähnten Platzes ausharren, um Zeugen eines offenbar wichtigen Ereignisses zu werden, dessen Natur uns näher zu erläutern sich niemand die Mühe gemacht hatte. Wir hatten nur verstanden, daß Hindenburg und Hitler nach Potsdam kämen und daß wir eine Menge berühmter Leute sehen würden. So waren wir voller Erwartung. Vor allem aber, und das war das wichtigste, brauchten wir uns nicht mit dem »Ludus latinus« herumzuärgern, sondern durften den Vormittag im Freien zubringen.
Der »Tag von Potsdam«, wie er nachträglich genannt wurde, verlief am Wilhelmplatz dann aber recht enttäuschend. Die uns versprochenen berühmten Leute müssen die Garnisonkirche, den Ort des Geschehens, auf anderen Wegen erreicht haben. Die Kirche war von unserer Position aus nicht zu sehen. So war die einzige Attraktion, die mir im Gedächtnis geblieben ist, das Defilee einer zwischen einer SA-Kolonne und einer Gruppe unbekannter Zivilisten eingeschobenen Abordnung katholischer Würdenträger. Ich habe das Bild noch deutlich vor Augen: direkt vor mir die Hauptpost, schräg links davon die Synagoge und davor drei Reihen katholischer Kirchenfürsten. Ihre schwarzen, kleiderähnlichen Soutanen, die mit lila leuchtenden Aufschlägen und Schärpen kontrastierten, und ihre breitkrempigen Hüte ließen sie in dieser Umgebung seltsam fehl am Platze erscheinen. Sie hätten diesen Eindruck in dem erzprotestantischen Potsdam in jedem Falle hervorgerufen. Ich habe jedoch den Verdacht, daß sie mir nicht zuletzt deshalb

so fremdartig, ja suspekt erschienen, weil ich über ihr Aussehen und die Tatsache einer gewissen »ultramontanen« Fragwürdigkeit ihrer Aktivität bisher lediglich – sicher ein wenig einseitig – durch Wilhelm Buschs Bildergeschichte vom »Pater Filuzius« informiert war.
In den anschließenden Tagen und Wochen kam es zu einem allmählichen, auch für mich als Kind spürbaren Wandel der Atmosphäre. Selbst mein Vater zeigte sich von den Berichten und Bildern beeindruckt, die in allen Zeitungen über die Zeremonie in der Garnisonkirche erschienen. Man denke nur: Hitler hatte dem greisen Feldmarschall und Reichspräsidenten von Hindenburg an diesem Ort, Symbol aller preußischen Traditionen und Grabstätte des großen Friedrich, vor den wichtigsten Repräsentanten von Staat und Reichswehr als Zeugen, in die Hand versprochen, daß er sich den Idealen und Werten der preußischen Geschichte verpflichtet fühle. Und noch ein Detail gab es, das man keinesfalls unterschätzen durfte: Hitler hatte sich für den feierlichen Anlaß einen »Stresemann« (schwarzer Frack, gestreifte Hosen) angezogen und war nicht in der gewohnten Parteiuniform erschienen. Hatte dieser Mann, den seine Anhänger ihren »Führer« nannten, damit etwa nicht schon äußerlich demonstrieren wollen, daß er jetzt, da auf ihm die Verantwortung lastete, entschlossen sei, sich den Traditionen unterzuordnen, die mit seinem hohen Staatsamt verbunden waren?
Noch eine weitere Änderung war in »vaterländisch gesinnten Kreisen« mit Aufmerksamkeit registriert worden. Auch sie hatte Vertrauen aufkeimen lassen, sofern sie nicht sogar unverhohlene Begeisterung auslöste. Das Fahnenmeer, mit dem die neuen Herren die Straßen und Fassaden Potsdams festlich hatten schmücken lassen, war ein Meer von schwarzweißroten Fahnen gewesen. Natürlich, und dafür brachte jedermann Verständnis auf, kam auf jede von ihnen auch eine Hakenkreuzfahne. Aber das »Schwarz-Rot-Mostrich« des verhaßten »Systems« war endlich in der verdienten Versenkung verschwunden, zusammen mit allem, was es symbolisierte. Mit einem ihrer ersten Gesetze hatte die neue Regierung die altehrwürdige schwarzweißrote Fahne wieder zur offiziellen Nationalflagge Deutschlands bestimmt. Eine Entscheidung, der kein echter Patriot seine dankbare Zustimmung versagen konnte, auch wenn er im gleichen Zuge die Hakenkreuzfahne als gleichrangige zweite Nationalflagge zu akzeptieren hatte.

Der Eindruck, der von der Zeremonie in der Garnisonkirche ausging, war so stark, daß er für längere Zeit alles andere in den Hintergrund treten ließ. So wurde bei uns meines Wissens auch keine Notiz davon genommen, daß nur zwei Tage später, am 23. März, im Berliner Reichstag eine Veranstaltung gänzlich anderen Charakters ablief, mit der Hitler sich »für den Zeitraum von vier Jahren« uneingeschränkte Regierungsvollmachten verschaffte. Er konnte von nun an nach Gutdünken, unabhängig vom Votum des Reichstages oder einer Opposition, Gesetze erlassen, die sofort in Kraft traten. Was eine solche Ermächtigung in den Händen eines Diktators bedeutet, braucht man nicht zu erläutern.

Der 23. März 1933 zerschlug den Parlamentarismus in Deutschland und jedwede andere Möglichkeit einer demokratischen Willensbildung. Ob das »in unseren Kreisen« aufrichtig bedauert wurde, wage ich zu bezweifeln. Wir bekamen, bei uns zu Hause jedenfalls, dieses wichtige Ereignis meiner Erinnerung nach ohnehin gar nicht mit. Selbstredend muß darüber etwas in den Zeitungen gestanden haben. Dies jedoch fraglos in einer Form, die niemanden vor den Kopf stoßen konnte, der sich der »typischen deutschen Zerrissenheit und Streitsucht« während der vierzehn Weimarer Jahre noch verbittert erinnerte. Hatte nicht sogar Hindenburg in der Garnisonkirche seine Hoffnung ausgedrückt, daß »der Geist dieser alten, ehrwürdigen Stätte uns von Selbstsucht und Parteihader befreien« möge?*

Und ebenso fraglos blieb in den Zeitungen unerwähnt, wie das scheinbar ganz legale Abstimmungsergebnis zustande gekommen war, mit dem der Reichstag Hitler seinen Blankoscheck ausfertigte. Fast die gesamte Opposition hatte man vorher verhaftet. Dennoch: 441 Stimmen für den Antrag der Nationalsozialisten – die über 288 von 647 Reichstagsabgeordneten verfügten – konnten nur zusammengekommen sein, weil auch andere Fraktionen der Ansicht zuneigten, daß es nach vierzehn Jahren »Systemzeit« angemessen sei, Hitlers »nationaler Bewegung« eine auf vier Jahre befristete Chance einzuräumen. Das alles aber sind, wie ich hinzufügen muß, nachträgliche Überlegungen. Ich habe das Wort »Ermächtigungsgesetz« erst mehrere Jahre nach dem Krieg zum erstenmal gehört, und ich mußte mir erklären lassen, was es damit auf sich hatte.

* Zitiert nach: Alan Bullock, a.a.O., S. 268.

»Gebt mir vier Jahre Zeit«, das allerdings ist ein »Führerwort«, an das ich mich lebhaft erinnere. »Gebt mir vier Jahre Zeit, und ihr werdet Deutschland nicht wiedererkennen«, so stand es auf den damals in Mode kommenden Spruchbändern. So zitierten wir es auch zehn Jahre später, als es längst zu spät war, in billiger Ironie angesichts unserer zerbombten Städte. 1933 aber klang der Spruch noch hoffnungsvoll in unseren Ohren. Überall, in der Schule, bei Freunden und Bekannten, bei uns zu Hause, selbst in der Familie von Heinz Lehmann, sprach man davon, daß jetzt vielleicht wirklich »eine neue Zeit« anbreche. Optimismus wurde spürbar, wo bisher fatalistische Resignation oder zornige Verbitterung geherrscht hatten.
Psychologisch gab es damals tatsächlich so etwas wie eine »nationale Erhebung«. Ich erinnere mich noch gut an die Ergriffenheit, mit der uns Dr. Fricke, heißgeliebter Klassenlehrer in der Quinta (und ganz gewiß kein »Nazi« im heutigen Sinne des Wortes) auseinandersetzte, wie großartig es doch sei, daß jetzt die Klassenschranken im deutschen Volk fielen. Er tat es im Zusammenhang mit einem Aufruf, mit dem an alle Schüler appelliert wurde, sich an der Sammlung für das neu ins Leben gerufene Winterhilfswerk zu beteiligen. »Keiner soll hungern oder frieren«, hieß die Parole, der niemand seine Zustimmung versagen konnte.
Und so klapperten wir denn mit unseren Sammelbüchsen die Straßen ab, wobei wir nicht nur Geld einheimsten (in bescheidenster Münze), sondern auch so manchen anerkennenden Klaps auf die Schulter von wildfremden Passanten. Denn Hungernde und Frierende gab es im Winter 1933/34 noch reichlich in Deutschland. »Gemeinnutz geht vor Eigennutz«, das war eine weitere Formel, die von der Regierung damals in Umlauf gesetzt wurde. Sie übte in diesen Anfangsjahren des Naziregimes psychologisch einen nicht zu unterschätzenden Solidarisierungseffekt aus. Vergleichbar dem Effekt des Jahrzehnte später von John F. Kennedy geprägten Slogans: »Fragt nicht nur, was der Staat für euch tun kann, sondern fragt auch einmal danach, was ihr für den Staat tun könnt!«
Heute weiß jeder, wie tief der Abgrund ist, der die Motive voneinander trennt, die sich hinter diesen äußerlich so ähnlichen Formulierungen verbergen. Auch für unsere Ohren bekam der Appell an die völkische Solidarität bald einen neuen, weniger erhebenden Klang, als die Berufung auf den »Gemeinnutz« dazu diente, die totale Verfügung über

den einzelnen zu rechtfertigen. Zunächst aber sprach das Schlagwort mit schlafwandlerischer Sicherheit ein in der Bevölkerung weitverbreitetes, tiefes Bedürfnis an. Solidarität, das war es doch, woran es den Deutschen in den Jahren der Republik so gefehlt hatte. Nicht nur die Niedertracht seiner Feinde, auch die eigene Zerstrittenheit, die »typische deutsche Uneinigkeit«, war schuld an der zuletzt hoffnungslos erscheinenden Situation des Deutschen Reiches. Wenn damit jetzt Schluß sein sollte, wenn von nun an alle zusammenhielten und am selben Strick zögen, dann würde »alles anders werden«, wie die Nationalsozialisten es versprachen.
Es kostet, aus nachträglicher Sicht, in Kenntnis all dessen, was die Folgen gewesen sind, Überwindung, es hinzuschreiben. Aber kein Zweifel ist daran möglich, daß Hitler damals aussprach, was fast alle fühlten. Zum Beleg nur ein einziges kurzes Zitat: »Einmal muß wiederkommen ein deutsches Volk, dem man sagen kann: Volk, trage dein Haupt jetzt wieder hoch und stolz. Nun bist du nicht mehr versklavt und unfrei, du bist nun wieder frei, du kannst nun wieder mit Recht sagen: Wir alle sind stolz, daß wir durch Gottes gnädige Hilfe wieder zu wahrhaften Deutschen geworden sind.«* Dieser Ton entspricht haargenau der Stimmung, an die ich mich erinnere – einschließlich des auf uns Heutige penetrant wirkenden Pathos.
Natürlich gab es Warner. Es waren zu wenige. Soweit sie nicht im Gefängnis saßen oder in »Schutzhaft« genommen worden waren, mußten sie so leise sprechen, daß niemand sie hörte außer ihren engsten Freunden und Verwandten. Mich erfüllte eine ungetrübte nationale Euphorie. Immer, wenn ich die schwarzweißroten Fahnen erblickte – und dazu gab es oft Gelegenheit, dafür wurde Sorge getragen –, gedachte ich der jahrelangen väterlichen Klagen über das elende republikanische System. Damit war es nun aus und vorbei. Ich zweifelte nicht daran, daß es jetzt aufwärtsgehen würde mit Deutschland, und sammelte, wie meine Mitschüler im Viktoria-Gymnasium auch, mit Passion Bildpostkarten von Horst Wessel, Hermann Göring (mit dem Pour le mérite aus dem Weltkrieg als Geschwaderkamerad des Fliegerhelden Manfred von Richthofen) und anderen Nazigrößen.
Was mich zunehmend irritierte – und schließlich zu ärgern begann –, war lediglich die Tatsache, daß ich meinen Vater mit meiner Begeiste-

* Rede in Königsberg, 4. März 1933; zitiert nach: Alan Bullock, a.a.O., S. 263.

rung unerwarteterweise nicht anzustecken vermochte. Zwar lehnte er die Nationalsozialisten keineswegs rundheraus ab. Er war auch nicht ohne Anerkennung für ihr nationales Engagement. Sie hätten einige im Interesse des Vaterlandes liegende Entscheidungen getroffen, das wolle er gar nicht in Abrede stellen. Zu meiner Enttäuschung blieb er jedoch kühl und skeptisch zurückhaltend. Ich versuchte, ihn durch Schilderungen der Heldentaten Görings während des Krieges für meinen Standpunkt zu erwärmen. Ein probates Mittel bei einem alten Soldaten, wie mir schien. Er jedoch reagierte mit völliger Verständnislosigkeit. Ich spürte Zorn in mir aufsteigen gegen den »sturen Alten«, der nicht begriff – und offenbar auch nicht begreifen wollte –, was mich erfüllte. Zum erstenmal kam mir mein Vater entsetzlich alt vor mit seinen vierzig Jahren.
Was wollte der Mann eigentlich? Jahrelang hatte er uns eingetrichtert, daß es ein Ende haben müsse mit »dem System« und seinen roten Vertretern. Das hatte Hitler geschafft, und nun war er immer noch nicht zufrieden. Seit eh und je hatten die Eltern mir damit in den Ohren gelegen, daß die soldatischen Tugenden wieder zu Ehren kommen müßten, wenn es mit dem Vaterland wieder aufwärtsgehen solle. Auch in dieser Hinsicht berechtigten die Absichtserklärungen der Nationalsozialisten zu den kühnsten Hoffnungen. Wieso blieb die väterliche Anerkennung dann aus? Warum widersprach er mir und meiner patriotischen Begeisterung? Sah er wirklich nicht, daß diese Begeisterung von eben der Entwicklung entfacht wurde, die sehnlichst herbeizuwünschen er mich gelehrt hatte, solange ich zurückdenken konnte?

Wie ich zu einem Paddelboot kam

Das Jahr 1934 zog ins Land, und Hitlers Männer saßen immer noch im Sattel. Es war nicht zu übersehen, daß die Verhältnisse sich allmählich zu bessern begannen. Meine Eltern konnten jetzt die obere Etage unseres Hauses dazumieten. Mir bescherte das den Luxus eines eigenen Zimmers, und Hertha konnte endlich ihr dunkles Kellerloch verlassen und nach oben ziehen. Dann brach der Sommer an, und es kam der 30. Juni 1934. Im Unterschied zum »Tag von Potsdam« sollte ich von

den Geschehnissen, die diesen heißen Tag für einen Zeitgeschichtler zum historischen Datum gemacht haben, ein wenig mitbekommen.
Es war ein Sonnabend, und wir spielten im Garten. Kurz nach dem Mittagessen breitete sich, über die Gartenzäune hinweg, eine mit der üblichen Sensationslust durchmischte Aufregung in der Nachbarschaft aus. Der General von Schleicher sei am hellichten Tage von Einbrechern überfallen und erschossen worden, hieß es. Kurze Zeit später wurde die Schreckensmeldung durch die Nachricht ergänzt, daß auch seine Frau tot sei. Die Polizei sei bereits am Tatort eingetroffen und habe mit ihren Untersuchungen begonnen. Die Aufregung war verständlich, denn der Doppelmord hatte sich in nächster Nähe abgespielt. Wir alle kannten den General und seine Frau vom Sehen. Mein Vater grüßte ihn, wenn er ihm zufällig auf der Straße begegnete. Es gab aber keinerlei persönliche Kontakte. Kurt von Schleicher, 1932/33 für einige Wochen Reichskanzler, der letzte vor Hitlers »Machtergreifung«, wohnte inmitten anderer Prominenz (seine Nachbarin war die Filmschauspielerin Lilian Harvey) in der Griebnitzstraße, am diesseitigen Ufer des Griebnitzsees, nur durch zwei Querstraßen von uns getrennt. Wir Kinder äußerten die Befürchtung, daß die Einbrecher vielleicht auch bei uns auftauchen und unsere Eltern ebenfalls erschießen könnten. Mein Vater beruhigte uns mit der einleuchtenden Erklärung, daß es bei uns nichts Lohnendes zu stehlen gebe.
Am Abend desselben Tages passierte erneut Ungewöhnliches. Es klingelte an der Haustür, anschließend hörte ich hastiges Getuschel unten im Treppenhaus. Als ich mich, neugierig geworden, über das Treppengeländer beugte, wurde ich von meinem Vater, der im unteren Flur mit einem mir unbekannten Mann in langen weißen Hosen aufgeregt verhandelte, barsch zurückbeordert. Kurze Zeit später erschien mein Vater in meinem Zimmer mit der seltsamen Aufforderung, ich möge es sogleich räumen und vorübergehend wieder zu meinen beiden Schwestern ziehen, da der abendliche Besucher für kurze Zeit bei uns wohnen werde. Nach einigem Hin und Her bekam ich wenigstens die halbe Wahrheit zu hören: Es handele sich um einen entfernten Verwandten, den wir »Onkelchen« nennen dürften und der sich bei uns verstecken müsse, weil er in Gefahr sei. Mehr erfuhr ich zunächst nicht, wurde aber zu strengstem Stillschweigen verpflichtet, insbesondere meinen Spielkameraden gegenüber. Das Schweigegebot wurde mit der furchtbaren Drohung begründet, daß Vater und Mutter ins Gefängnis ver-

schwinden würden, wenn die Sache herauskomme. Die Aussicht auf diese beängstigende Möglichkeit verschloß mir wirksam den Mund.
In den nächsten Tagen, als die erste Aufregung sich gelegt hatte, wurde ich ins Vertrauen gezogen. Bei dem geheimnisvollen Besucher handelte es sich um Gottfried Treviranus, einen ehemaligen Minister der Regierung Brüning. In dieser Eigenschaft hatte er sich seinerzeit mit Göring angelegt, was der, wie sich jetzt herausstellte, nicht vergessen hatte. Kurz nachdem er von einem seiner alten politischen Freunde telephonisch über die Ermordung Schleichers informiert worden war, fuhr bei ihm in Wannsee ein Auto mit bewaffneten Zivilisten vor, die sofort in sein Haus stürmten. Zu seinem Glück war er in diesem Augenblick auf einem benachbarten Tennisplatz, wo es seiner Tochter gelang, ihn zu warnen. Im Tennisdreß sprang er über den Zaun und in sein Auto. Eine halbe Stunde später stand er vor unserer Haustür am Böttcherberg.
Treviranus hatte eine entfernte Cousine meines Vaters geheiratet und kannte zufällig unsere Adresse. Die beiden Männer waren sich zuvor nie begegnet, was jetzt natürlich von Vorteil war. Wer würde auf den Gedanken kommen, ihn bei uns zu suchen? Der Name Treviranus fiel im übrigen in der folgenden Zeit niemals. Unser unfreiwilliger Gast blieb während seines ganzen Aufenthaltes das »Onkelchen«, damit wir Kinder uns nicht verplapperten. Und daß Hertha »dichthielt«, wenn es um das Wohlergehen meiner Eltern ging, stand fest. »Onkelchen« wurde zunächst einmal von oben bis unten ausstaffiert – außer seinem Tenniszeug hatte er nichts mitgebracht. Dann stand mein Vater vor der sehr viel schwierigeren Aufgabe, Kontakte herzustellen, die eine Flucht ins Ausland ermöglichten.
Die Lösung kam über eine alte Bückeburger Verbindung zustande. Mein Vater war dort einst mit dem Sohn eines Schuhmachers namens Muckermann in die Schule gegangen, dessen Bruder Hermann inzwischen dem Jesuitenorden angehörte und sich am Kaiser-Wilhelm-Institut in Berlin als Professor für Eugenik einen Namen gemacht hatte. Ihm vertraute mein Vater sich an, und alsbald betrieben der ehemalige kaiserliche Offizier und der angesehene Jesuit gemeinsam das allen beiden ungewohnte Geschäft illegaler Aktivität. Ein englischer Paß wurde beschafft, danach mit der Hilfe von Behördenkollegen in seinem ehemaligen (Verkehrs-)Ministerium ein Paßbild von »Onkelchen« aus seinen dort noch archivierten Personalpapieren besorgt –

der kitzligste Teil der Unternehmung –, und schließlich wurde auch noch ein vertrauenswürdiger Fachmann aufgetrieben, der beides professionell zusammenfügte.

In diese insgesamt nur etwa zwei Wochen dauernde Episode fällt eine kleine Begebenheit, die meinem Vater Gelegenheit gab, mir sein Mißtrauen gegenüber den Nationalsozialisten auf die denkbar überzeugendste Weise plausibel zu machen. Die Tatsache allein, daß im Zusammenhang mit dem sogenannten »Röhm-Putsch« am 30. Juni bei einer vor allem gegen die SA gerichteten »Säuberungsaktion« insgesamt an die hundert Menschen erschossen worden waren, genügte dazu keineswegs.* Das hatte sogar in der Zeitung gestanden. Denn es war angeblich aus Gründen des Staatsschutzes unumgänglich gewesen, weil Röhm, »Stabschef« und damit oberster Befehlshaber der SA, mit Unterstützung »einiger abgehalfterter Systempolitiker« einen Staatsstreich geplant habe. Diese Version konnte auch den Tod von Schleicher erklären (der, wie wir inzwischen wußten, nicht »normalen« Verbrechern zum Opfer gefallen war, jedoch landesverräterische Beziehungen zu französischen Politikern unterhalten haben sollte). Meinem kindlichen Verstand leuchtete das ein. Mein Vater aber glaubte von alledem kein Wort. Und diesmal konnte er mir sogar ad oculos demonstrieren, wie gut seine Zweifel begründet waren.

Eines Tages hielt er mir triumphierend einen Zeitungsartikel vor die Nase. »Hier«, sagte er bloß, »lies das mal.« Und ich las (sinngemäß): »Wie sehr die Auslandspresse auch in diesem Falle wieder gegen Deutschland und seine neue nationale Regierung hetzt, wobei sie vor keiner Lüge zurückschreckt, ergibt sich unter anderem aus der Behauptung, daß auch der ehemalige Minister Treviranus erschossen worden sei.« Und dann folgte ein Satz, den ich bis heute praktisch wörtlich in Erinnerung behalten habe, so groß war der Eindruck, den er auf mich machte: »Wie wir aus amtlicher Quelle erfahren, weilt der Herr Reichsminister a.D. Gottfried Treviranus zur Zeit in Wirklichkeit bei Freunden in England.« Der kurze Satz wirkte überwältigend auf mich. Ich las ihn mehrmals. Eine schwarz auf weiß in der Zeitung abgedruckte offenkundige Unwahrheit, das hatte ich bis dahin nicht für möglich gehalten. Die Lektüre dieser Mitteilung »aus amtlicher

* In dieser Größenordnung bewegte sich meiner Erinnerung nach die damals offiziell zugegebene Zahl der Opfer. Die Historiker gehen heute meines Wissens von 200 Toten aus.

Quelle« (während in demselben Augenblick, nur ein Stockwerk über mir, »Onkelchen« an meinem Schülerschreibtisch saß und geduldig die in seinem englischen Paß stehende Unterschrift übte) vermittelte mir eine gänzlich neue Erfahrung. »Nur, damit du weißt, wie die Kerle lügen«, war der einzige Kommentar, den mein Vater dazu abgab. Die Lektion saß.
Eines Morgens war »Onkelchen« verschwunden. Pater Muckermann hatte ihn in aller Frühe mit seinem Auto abgeholt und an die holländische Grenze gebracht, die er mit seinem offenbar tatsächlich fachmännisch gefälschten Paß ohne Schwierigkeiten passierte. Mir hatte er einen Brief hinterlassen, in dem ein Hundertmarkschein steckte – ein Vermögen in meinen Augen! – als »Miete« für mein Zimmer, aus dem er mich für zwei Wochen vertrieben habe, wie er dazuschrieb. Ich solle mir dafür ein Paddelboot kaufen. Ich mußte mich setzen, meine Knie gaben nach. Natürlich hatte ich »Onkelchen«, der vor lauter Langeweile stundenlang mit mir Karten spielte, auch von meinem Traum erzählt, einmal ein Paddelboot zu besitzen, mit dem ich auf Griebnitzsee und Havel herumfahren wollte. Aber das war ein Traum gewesen, an dessen Erfüllbarkeit ich nicht geglaubt hatte. Und nun hatte ich hundert Mark in der Hand für ein Paddelboot! Nachdem ich mich erholt hatte, rannte ich als erstes zu meinen Eltern – die Faust fest um das kostbare Geschenk geballt: Träume verflüchtigen sich ja so leicht! –, um, ihnen von dem Wunder zu berichten.
Auch sie staunten nicht schlecht über die großzügige Gabe. Vorübergehend wurde mir bänglich zumute, als sie darüber zu diskutieren begannen, ob es vernünftig sei, so viel Geld für ein Spielzeug auszugeben. Ich wäre nicht überrascht gewesen, wenn sie sich dagegen entschieden hätten. Denn Träume solcher Größenordnung erfüllen sich normalerweise nicht, soviel wußte ich. Zu meiner unaussprechlichen Freude sagten sie dann aber, ich solle mir das Paddelboot kaufen.
Beraten von Freunden, die sachkundiger waren als ich, kaufte ich mir ein funkelnagelneues zweisitziges Paddelboot aus Holz. Hundert Mark genügten damals für diesen Zweck. Ich taufte es – wie denn sonst? – auf den Namen »Onkelchen« und konnte nun in den großen Sommerferien auf Havel und Griebnitzsee mit meinen Freunden spazierenfahren, ganz so, wie ich es mir jahrelang in meinen Träumen ausgemalt hatte.
Erst viele Jahre später kam ich darauf, wer mir das Boot in Wirklichkeit

geschenkt hatte: meine Eltern natürlich! Denn »Onkelchen« muß die Kaufsumme in großzügiger Geste von dem Betrag abgezweigt haben, den meine Eltern für seine Flucht aufgetrieben hatten – woher sonst hätte er sie nehmen sollen? Als er schwitzend vor Hitze und Todesangst bei uns auftauchte, hatte er nicht einmal ein Portemonnaie bei sich, so daß mein Vater, so schwer es ihm fiel, alles Bargeld für ihn zusammenkratzen mußte, das er flüssig machen konnte. Er hat davon nie einen Pfennig wiedergesehen. Auch nach dem Kriege nicht, etwa in der Form eines Lebensmittel- oder Care-Pakets in der Zeit, als meine Eltern in Potsdam fast verhungerten. Obwohl »Onkelchen« in Kanada längst wieder zu ansehnlichem Wohlstand gekommen war, wie sich über die Verwandtschaft herumsprach. Aber ihm, der nie wieder etwas von sich hatte hören lassen, zu schreiben und ihn womöglich gar um Hilfe zu bitten, dazu hätte sich mein Vater unter keinen Umständen überwunden.
Ich habe »Onkelchen« dann kurz vor seinem Tode, Ende der sechziger Jahre, noch einmal getroffen, durch reinen Zufall, anläßlich einer Geburtstagsfeier bei gemeinsamen Verwandten in Dankersen an der Weser. Das Wiedersehen verlief wenig ergiebig. Nachdem er mich identifiziert hatte, wich »Onkelchen« der Möglichkeit eines Gesprächs mit mir mit diplomatischem Geschick konsequent aus und verabschiedete sich, bevor die anderen Gäste aufzubrechen begannen. Ich konnte es ihm nachfühlen.

Die »Deutschen« und die »Nazis«

Viele Jahre später wurde ich von meinen Kindern gelegentlich gefragt, wie das war, »als die Nazis damals an die Macht kamen«. Ob wir Angst gehabt hätten, und warum wir uns nicht gewehrt hätten. So kann man nur fragen, wenn man schon weiß, wozu diese Machtergreifung binnen kurzem führen sollte. Wir aber wußten davon nichts, überhaupt nichts. Auf die Frage, wie ich damals, als zwölfjähriger und langsam die Pubertät absolvierender Gymnasiast, die auf 1933 folgenden Jahre erlebt habe, kann ich wahrheitsgemäß nur antworten: Der vorherrschende Eindruck war der, daß es uns besserzugehen begann.

Soweit ich zurückdenken konnte, waren wir arm gewesen. Nach 1934 aber begann sich das spürbar zu ändern. Ich bekam endlich das ersehnte Fahrrad, mit dem ich jetzt auch zur Schule fahren durfte. Meine Mutter ging mit uns zu Wertheim nach Potsdam, wenn eine neue Hose fällig war. 1936 wurde sogar ein Auto angeschafft, ein »Adler Trumpf junior« zum Neupreis von immerhin 2700 Reichsmark. Es bürgerte sich ein, daß die ganze Familie im Sommer nach Binz auf Rügen fuhr, »zur Erholung«. Ich ging mit meiner älteren Schwester in die Tanzstunde bei Herrn von Löbenstein in der Großen Weinmeisterstraße, und im anschließenden Sommer erhielt ich Tennisunterricht bei »Blau-Weiß«. Im Jahre darauf zogen wir in ein hübsches kleines Einfamilienhaus, das meine Eltern in Potsdam gemietet hatten. 1938 machte ich als erst Sechzehnjähriger den Führerschein und durfte von da an gelegentlich sogar meine Tanzstundenfreundin mit dem Auto besuchen.

Es läßt sich denken, daß diese Entwicklung einen gehörigen Einfluß auf das Selbstwertgefühl des Sechzehnjährigen ausübte. Daß es die von ihr bewirkte Änderung der alltäglichen Atmosphäre ist, die meine Erinnerung an die Potsdamer Schuljahre bis heute bestimmt, mag der eine oder andere für unentschuldbar halten. Objektiv ist es das sicher auch. Denn diese Jahre stehen unwiderruflich unter dem Verdikt Bertolt Brechts, daß in solchen Zeiten schon ein Gespräch über Bäume ein Verbrechen ist, weil es das Schweigen über so viele Untaten einschließt. Wenn auch grundsätzlich in der Tat unentschuldbar, psychologisch verständlich erscheint es mir heute noch.

Es ging uns nicht deshalb besser, weil mein Vater sich auf irgendeine der mannigfaltigen Formen eines Zusammenspiels mit »der Partei« der neuen Herren eingelassen hätte, wie es viele jetzt taten. Der bloße Gedanke daran widerte ihn an. Nein: Allen ging es mit einemmal besser. Der Aufschwung war allgemein. Innerhalb weniger Jahre waren die meisten der über sechs Millionen Arbeitslosen, die es in der »Systemzeit« zuletzt gegeben hatte, wieder in Arbeit und Brot, und das Heer der Bettler war von den Straßen verschwunden. Die Zeiten hatten sich gebessert, wirtschaftlich, für fast alle. Auch für Heinz Lehmann und seinen seit Jahren arbeitslosen Vater.

Darüber, daß das nicht als ein Argument zur nachträglichen Rechtfertigung nationalsozialistischer Politik herangezogen werden kann, bin ich mir heute so gut im klaren wie andere auch. Aber, um es noch einmal zu unterstreichen, damals wußten wir noch nicht, was wir für die Jahre des Aufschwunges von 1933 bis 1939 zu zahlen haben würden. Schwer zu sagen, ob wir es hätten wissen müssen. Was wir aber hätten wissen müssen, war etwas ganz anderes.

Eigentlich hätten schon die Ereignisse des 30. Juni 1934 »unseren Kreisen« (und nicht nur ihnen) die Augen dafür öffnen müssen, in wessen Hände das Reich gefallen war. Aber der Tag war schnell vorübergegangen, und längst lief alles wieder in gewohnten Geleisen. Gründgens inszenierte in Berlin, Furtwängler dirigierte die Symphoniker, und in Bayreuth wurde in Anwesenheit ausländischer Diplomaten und eines im Frack angeregt mit ihnen plaudernden »Führers« Wagner zelebriert. Wer hätte es unter diesen Umständen vermocht, eine Irritation zum Anlaß einer grundsätzlichen Verurteilung zu nehmen?

Es gab noch einen anderen Grund. Ich erinnere mich an einige der sonnabendlichen Runden, in denen er zur Sprache kam, ohne daß ich die moralischen Weiterungen damals schon begriff. Gewiß war es in den Augen des väterlichen Gesprächskreises »eine fürchterliche Schweinerei«, wenn da ohne ordentlichen Gerichtsbeschluß einfach Menschen erschossen worden waren. Aber man müsse, so etwa lief die Diskussion nach dieser prinzipiellen Feststellung weiter, doch auch einmal die andere Seite bedenken. Waren in der deutschen Geschichte Versuche einer gewaltsamen Bereinigung politischer Krisen nicht fast regelmäßig an der zimperlichen Gefühlsduselei der Verantwortlichen gescheitert? In bezeichnendem Unterschied zu vergleichbaren Situationen in England oder in Frankreich etwa, wo man – siehe Oliver Cromwell oder Französische Revolution – keineswegs davor zurückgeschreckt war, notfalls auch einmal ein blutiges Exempel zu statuieren? Kursierte nicht im Ausland, wo man uns ohnehin verachtete, die höhnische – leider aber treffende – Bemerkung, daß Deutsche, wenn sie bei einer Revolution einen Bahnhof zu erstürmen gedächten, erst einmal eine Bahnsteigkarte lösen würden? Die alten »Offizierskameraden«, die an diesen Gesprächen teilnahmen, verfehlten an dieser Stelle nicht, in ohnmächtigem Zorn daran zu erinnern, daß man auch bei der Meuterei des Jahres 1918 aus »Humanitätsduselei« den unverzeihlichen Fehler begangen habe, nicht, »wie es jede andere Nation in der gleichen Lage ohne mit der Wimper zu zucken getan hätte, kurzerhand jeden zehnten Mann an die Wand zu stellen«. Nicht wenige von ihnen glaubten allen Ernstes, daß sich die »Schande der Niederlage« durch solch »hartes Durchgreifen« hätte abwenden lassen.*

Daß die Nationalsozialisten sich frei gezeigt hatten von dieser typisch deutschen Schlappheit, war imponierend, wie man widerwillig zugeben mußte. Und gerade als Militärperson dürfe man schließlich nicht vergessen, wer den Schaden bei der ganzen Abrechnung davongetragen habe: die SA, die Privatarmee Hitlers aus der »Kampfzeit«. Daß er sie so energisch in ihre Schranken verwiesen und damit klargestellt habe, daß er neben der Reichswehr keine pseudomilitärische Konkurrenz dulde, sei ebenso zu begrüßen wie der Umstand, daß seine Leute diese Klärung selbst besorgt hätten. Der eigene Stand habe sich die Finger bei dieser Geschichte nicht schmutzig gemacht. Dies etwa war die Version, mit der man sich »in unseren Kreisen« gegen Skrupel immunisierte. Daß sie meinem Vater nicht so recht schmecken wollte, lag wahrscheinlich daran, daß er von der »Säuberungsaktion« dank der Treviranus-Affäre – über die allen Außenstehenden gegenüber weiterhin absolutes Stillschweigen bewahrt wurde – eine etwas konkretere Vorstellung hatte als seine Gesprächspartner.

Natürlich gab es noch andere Symptome, Anzeichen, die uns aus dem verführerischen Rausch nationaler Euphorie und neugewonnener wirtschaftlicher Zuversicht hätten aufschrecken müssen. Unser Hausarzt, Dr. Michaelis aus Neubabelsberg, war Jude. Anläßlich seiner Hausbesuche, bei denen er dann mit meiner Mutter meist auch eine Tasse Kaffee zu trinken pflegte, wurde darüber ganz unbefangen gesprochen. Ebenso über seine preußisch-patriotische Einstellung und die Tatsache, daß er als Offizier im Weltkrieg das Eiserne Kreuz I. Klasse bekommen hatte. Aus seiner Abneigung und seinem Mißtrauen Hitler gegenüber machte Dr. Michaelis keinen Hehl. Ich erinnere mich noch, daß er Hitler einen unberechenbaren Neurotiker nannte, der hoffentlich bald abgewirtschaftet haben werde, und daß meine Mutter diesem Wunsch – den ich auch von meinem Vater schon gehört hatte – beipflichtete. Eines Tages aber mußten wir uns nach einem

* Ganz abgesehen von der moralischen Qualität dieses Vorschlags, stellt er ein überwältigendes Beispiel für den alle Diskussionen der damaligen Zeit kennzeichnenden Realitätsverlust dar: Der Waffenstillstand war keineswegs unter dem Einfluß meuternder Einheiten, sondern auf den ausdrücklichen Wunsch der Obersten Heeresleitung abgeschlossen worden, die Ende September 1918 endgültig zu der verspäteten, aber richtigen Überzeugung gekommen war, daß der Krieg militärisch nicht mehr zu gewinnen sei.

neuen Hausarzt umsehen, weil Dr. Michaelis ziemlich plötzlich »ins Ausland gegangen war«. Meine Eltern bedauerten das, fanden es aber »sehr vernünftig«.
In der Wannseestraße, einen Block vor der Straße, in der Schleicher erschossen worden war, wohnten Herr Hirschfeld und seine Frau in einer uns luxuriös erscheinenden Villa mit großem Garten. Beide waren, wie jedermann wußte, ebenfalls Juden. Sie kauften häufig in Potsdam ein, wobei sie meist nicht mit dem eigenen Auto fuhren (das sie selbstverständlich hatten), sondern mit dem Bus, was damals noch nicht als Armutszeugnis galt, sondern als Ausdruck eines preußisch-zurückhaltenden Lebensstils. Daher fuhr ich oft mit ihnen zusammen, wobei sie sich lebhaft mit mir unterhielten. Das kinderlose Ehepaar lud mich und andere Kinder mehrmals zu Gartenfesten mit Kaffee und Kuchen zu sich ein, einfach so, aus purer Freundlichkeit. Auch Hirschfelds waren eines Tages verschwunden, und ihr Haus stand monatelang leer mit der ganzen Einrichtung, Möbeln und allem. Sie seien nach England gezogen, hieß es im Ort. Auch unser Musiklehrer Huldschinsky trat seine Stelle im Viktoria-Gymnasium ein wenig unvermittelt an einen Nachfolger ab, den wir nicht mochten. Sie alle sind damals, in den ersten Jahren nach 1933, gewiß mit dem Leben davongekommen, wenn auch nicht mit ihrer Habe. Man fand das bei uns zu Hause zwar »nicht in Ordnung«, regte sich aber nicht sonderlich darüber auf.
Es hilft nichts, selbst wenn es schwerfällt, darf ich nicht verschweigen, daß der »in unseren Kreisen« damals wie selbstverständlich grassierende latente Antisemitismus es auch meinen Eltern erleichtert haben dürfte, über derartige Vorkommnisse hinwegzusehen. Die Eltern fanden Dr. Michaelis und Hirschfelds zwar sympathisch und unterhielten sich gern mit ihnen. Sie wären als Augenzeugen irgendwelcher konkreten Schikanen ihnen gegenüber ehrlich entrüstet gewesen. Andererseits aber fand mein Vater überhaupt nichts dabei, in geselliger Runde »Judenwitze« mit deftig antisemitischer Tendenz zu erzählen und sich köstlich darüber zu amüsieren. Nicht die wenigsten aus seinem Repertoire stammten noch aus kaiserlicher Zeit. Eine typische Kostprobe: »Zwei Juden fielen in den Rhein / man hörte sie entsetzlich schrei'n / ob sie wohl ersoffen? / Wir woll'n das Beste hoffen!« Die Doppeldeutigkeit der Schlußzeile erheiterte meinen Vater ungemein. Gleichzeitig galt einer meiner besten Schulfreunde im damaligen Sprachgebrauch als Mischling 2. Grades. Er besuchte wie wir alle das

Viktoria-Gymnasium bis zum Abitur. Er meldete sich dann allerdings, als wir anfingen, zu studieren, »freiwillig« zum Militär, weil er sich davon einen gewissen Schutz für seinen als Landrat schon 1933 »aus dem Amt entfernten« Vater versprach. Ich würde niemandem widersprechen, der mir vorhielte, mit diesen Stichworten hätte ich eine Situation beschrieben, die als schizophren anzusehen sei.
Alle diese Indizien bröckelnder Rechtsstaatlichkeit und Humanität wurden von uns hingenommen – ein beschämendes und daher wenigstens heute einzugestehendes Versagen. Sie gingen unter in der Euphorie allgemeiner nationaler Begeisterung. Die deutschen Patrioten hatten jahrzehntelang so sehr unter der Erniedrigung des Vaterlandes gelitten, daß sie sich jetzt kaum zu lassen wußten vor Freude über die rasch und mit geradezu befreiender Entschiedenheit von der neuen Regierung unternommenen Schritte zur Wiedererlangung der nationalen Würde. An der Spitze stand dabei die in direktem Widerspruch zu den Bestimmungen des »Schanddiktats von Versailles« eingeleitete Wiederaufrüstung – endlich brachte jemand den Mut auf dazu!
In dieser Phase des Ablaufs, in der die Katastrophe heranreifte, konnte von einer »Machtergreifung durch die Nazis« keine Rede mehr sein. Die Formel unterstellt ja – und manchem ist das nachträglich vermutlich nicht unlieb –, daß die Nazis wie Fremdlinge, quasi wie eine von außen kommende Besatzungsmacht, den Staat in ihren Besitz gebracht hätten, gegen den »Willen der Deutschen«, um mit ihm nach Gutdünken zu verfahren. Diese aus naheliegenden Gründen heute bevorzugte Sprachgewohnheit weist implizit »den Nazis« die alleinige Verantwortung für alles Unrecht zu, während sie zugleich »die Deutschen« als von den braunen Usurpatoren erkennbar zu unterscheidende überrumpelte Opfer erscheinen läßt. So habe ich das aber keineswegs in Erinnerung.* Für das erste Jahr nach Hitlers Ernennung zum

* Am 2. August 1934 starb Reichspräsident von Hindenburg. Noch am selben Tage ernannte Hitler sich zum »Führer und Reichskanzler«. Er war damit offiziell alleiniges Staatsoberhaupt und Oberbefehlshaber der Wehrmacht, wobei er, um dem verstorbenen Hindenburg »seinen besonderen Respekt zu erweisen«, auf den Titel »Reichspräsident« ostentativ verzichtete (was ihn nichts kostete). Zwei Wochen später wurde eine Volksabstimmung durchgeführt, bei der die Wähler sich durch ein »Ja« mit Hitlers Ernennung einverstanden erklären oder ihr durch Ankreuzung eines »Neins« widersprechen konnten. Nach Ansicht maßgeblicher Historiker hat es sich noch um eine (die letzte) freie und geheime Wahl gehandelt. Bei dieser Gelegenheit stimmten nun fast neunzig Prozent aller Wähler mit »Ja«.

Reichskanzler mag das Szenario eine gewisse Berechtigung haben, für die Zeit also, in der Göring als preußischer Ministerpräsident unter Mitwirkung der braunen Statthalter in den Ländern des Reiches rücksichtslos für die Besetzung aller Behördenpositionen mit Gesinnungsgenossen sorgte. Es gelingt mir rückblickend jedoch immer schwerer, auch in den anschließenden Jahren noch mit solcher Eindeutigkeit zwischen »den Deutschen« und »den Nazis« zu unterscheiden.

Was ist unter einem Nazi zu verstehen? In brauner Uniform liefen von den Erwachsenen unter unseren Nachbarn und Bekannten die wenigsten herum. Es waren fast ausnahmslos die Primitivsten und Vulgärsten ihrer jeweiligen Umgebung, die es taten. So in unserer Schule, an der es nur zwei Lehrer gab – Pietsch und Soroker –, die in SA-Uniform zum Unterricht erschienen. Der eine war in unseren Schüleraugen ein ordinärer Spießer, der andere, Hilfsturnlehrer, ein dümmlicher Kraftprotz. Respekt hatten wir vor keinem von beiden. Aber Nazi seiner Gesinnung nach konnte man auch ohne Uniform sein und ohne die bewußte oder bekundete Bereitschaft, sich über Recht und Moral hinwegzusetzen.

Da war etwa unser langjähriger hochgeachteter Klassenlehrer Dr. Catholy, »Cato« genannt, Altphilologe und begnadeter Pädagoge. Keiner von uns hat ihn je in brauner Uniform gesehen. Als Nazi aber würde ich ihn aus der Erinnerung, aller menschlichen Zuneigung ungeachtet, auch dann noch diagnostizieren, wenn er niemals ein Hakenkreuz am Revers getragen hätte. Der Typ des Nazis, den er verkörperte, ist aus ebenso verständlichen wie dubiosen Gründen von den meisten freilich längst vergessen worden. Man stellt sich die Nazis heute lieber martialisch und unverhüllt brutal vor – nicht so normal und scheinbar harmlos liebenswert, wie »Cato« es war –, ein zierliches Männlein, das uns kaum bis zur Schulter reichte. Er erhängte sich nach Kriegsende in russischer Haft, und ich gedenke seiner heute noch mit mitleidiger Anhänglichkeit. Aber Leute wie er, da gibt es für mich keinen Zweifel mehr, bildeten die wirkliche Gefahr. Mit der Hilfe ihrer braun- oder schwarzuniformierten Gesinnungsgenossen allein hätten Hitler und seine Komplizen es niemals geschafft, ganz Europa zu verwüsten.

Mit leuchtenden Augen und fast religiöser Inbrunst stimmte »Cato« uns darauf ein, das »Dulce et decorum est, pro patria mori« als Glaubensinhalt zu verinnerlichen: »Süß und ehrenvoll ist es, für das Vaterland zu sterben« – wenn er das in seinem geliebten Latein deklamierte,

bebte seine Stimme vor Ergriffenheit. Er lehrte uns das antike Rom in solcher Anschaulichkeit kennen, daß ich seine Überreste bei einem späteren Besuch ohne Stadtplan aufzufinden in der Lage war. Aber mit der gleichen Inbrunst und Suggestivität pries er auch die Spartaner dafür, daß sie ihre schwachsinnigen und mißgebildeten Kinder auszusetzen pflegten, anstatt das Gemeinwesen in falsch angebrachter Sentimentalität mit ihrer Pflege zu belasten.
Die Repräsentanten völkischer Begeisterung und chauvinistischen Überschwangs pflasterten dem Unheil nicht weniger gründlich die Aufmarschstraßen als die primitiven oder auch zynisch-opportunistischen Nachbeter der braunen Ideologie. Beides ging nahtlos, ohne definierbare Trennungslinie, ineinander über. Den offiziellen Mythos, demzufolge unter anderem unsere germanischen Vorfahren samt und sonders heldische Übermenschen voller Edelmut gewesen seien, fanden die meisten von uns komisch. Aber daß es auf der ganzen Erde kein einziges Volk gab, das es an Tüchtigkeit, Mut und Seelengröße mit uns Deutschen aufnehmen konnte, das hielt die gleiche Mehrheit für glaubhaft. Ich muß an meine Patentante Elisabeth denken, unverheiratete Schwester meines Vaters. Sie haßte und verachtete die »braunen Kerle« von ganzem Herzen. Aber sie brachte es auch fertig, am Heiligen Abend, den sie regelmäßig bei uns verbrachte, nach einem langen verträumten Blick auf den brennenden Tannenbaum mit umflorter Stimme zu erklären, daß die Innigkeit, die ein deutsches Weihnachtsfest auszeichne, keinem anderen Volk auf der Welt gegeben sei.
Ich muß in diesem Zusammenhang sogar an meinen Vater denken, der doch als erster in der Verwandtschaft klar erkannte, wohin die Reise ging, und an seinen Kommentar zu einer kleinen Episode in unserer Schule. Wir hatten einen Französischlehrer, der im Auftrag des V. d. A., des »Vereins für das Deutschtum im Ausland«, mehrere Jahre in Ostasien gewesen war (was ihm in unserer Klasse prompt den Spitznamen »Erwin aus Japan« eingetragen hatte). Dieser brave Mann schilderte uns eines Tages in strahlendem Stolz die Bewunderung der Japaner für die Qualität deutscher Produkte, die denen aller anderen Länder haushoch überlegen seien. Ich erzählte das zu Hause und fügte hinzu, es komme mir einfach unwahrscheinlich vor, daß die Deutschen auf schlechterdings allen Gebieten führend seien. Die prinzipielle Unwahrscheinlichkeit des Sachverhalts stritt mein Vater gar nicht

ab, gleichzeitig setzte er aber hinzu, so sei es erwiesenermaßen nun einmal.
Man macht es sich zu leicht und das, was nach 1933 in Deutschland geschah, wird unerklärlich, wenn man es nur als Folge des Einbruchs einer speziellen Ideologie zu verstehen versucht, die damals unversehens vom Himmel fiel. Ob jemand Nazi gewesen ist oder nicht, darüber entscheidet nicht allein die Mitgliedschaft in der NSDAP, der Nationalsozialistischen Deutschen Arbeiterpartei. Auch wer damals an keiner einzigen verbrecherischen Handlung teilnahm, hat in meinen Augen nicht schon deshalb das Recht, heute zu behaupten, er sei »nie Nazi gewesen«. Der sozusagen normale Nazi der Vorkriegsjahre war im juristischen Sinne keineswegs ein Verbrecher. Er war nur jemand, dessen Kopf von Idealen und Vorurteilen beherrscht wurde, deren kollektive Vervielfältigung zu jener gespenstischen Atmosphäre beitrug, der die Greuel und Abstrusitäten des Dritten Reichs entsprangen.
Der Vater meiner damaligen Tanzstundenflamme, ein überkorrekter preußischer Beamter höheren Ranges, von schüchternem Wesen, ein regelrechter »Spitzweg-Charakter«, erläuterte mir bei einem meiner Besuche in seinem Hause leuchtenden Auges, warum die Einrichtung der Arbeitsdienstpflicht für alle deutschen Jugendlichen eine so herrliche Sache sei. Er glaubte fest daran, daß die Verpflichtung aller jungen deutschen Menschen zu einem halben Jahr anstrengender körperlicher Arbeit in »frischer freier Luft« unweigerlich dazu führen müsse, daß die Deutschen von nun ab von Generation zu Generation immer schöner würden, von »edlem Körperbau, der sich immer mehr dem griechisch-klassischen Ideal annähern« werde. Auch er war mit Sicherheit nicht das, was man sich heute unter einem Nazi vorzustellen pflegt. Die schwärmerische Entschiedenheit jedoch, mit der er sich auf seine naive Weise für eine Unterordnung des Individuums unter das »völkische Gemeinwohl« aussprach, förderte ebenfalls die Entwicklung des kollektiven Wahnsinns um ein winziges Quentchen.
In diesem weiteren Sinne waren selbstverständlich auch die meisten von uns Schülern damals Nazis, nämlich Unterstützer und Träger des Systems. Wir mochten noch so sehr über die Partei lästern (das war in den Klassen des Potsdamer Viktoria-Gymnasiums an der Tagesordnung und wurde auch von den meisten Lehrern geflissentlich überhört). Nur die allerwenigsten von uns widerstanden jedoch der Versuchung, sich für die Panzer, Kriegsschiffe und Flugzeuge zu begeistern,

die man jetzt in Deutschland, nach »Wiedergewinnung der Wehrhoheit«, zu bauen begann. Im Gegenteil, wir waren stolz darauf.
Ich erinnere mich gut der erwartungsvollen Aufmerksamkeit, mit der ich eines Sonntags im Park von Sanssouci eine Gruppe englischer Touristen beobachtete, als zufällig eine Staffel der neuen Messerschmitt-Jagdflugzeuge über unsere Köpfe hinwegdonnerte. (Eine Me 109 hatte kurz zuvor gerade mit über 700 Stundenkilometern einen sagenhaften neuen Geschwindigkeitsweltrekord aufgestellt!) Ich hoffte, daß die unüberhörbare Demonstration überlegener deutscher Technik einen mimisch erkennbaren Ausdruck des Erstaunens auf die Gesichter dieser Ausländer zaubern werde, die bisher über Deutschland immer nur verächtlich gelächelt hatten, wie ich sicher zu wissen glaubte. Damit war jetzt Schluß! Kein Zweifel, die Zeiten hatten sich gebessert, ganz entscheidend sogar.

Was Weltbilder vermögen

Was uns in diesen Vorkriegsjahren so sicher und optimistisch stimmte, war nicht allein die unübersehbare Besserung der materiellen Situation, die sich freilich dramatisch genug abhob vor dem Hintergrund der Not und Hoffnungslosigkeit, die in aller Gedächtnis noch lebhaft gegenwärtig waren. Unsere Zuversicht wurde noch von einem anderen Gefühl bestärkt, das die meisten von uns gegen alle Zweifel und Bedenken abschirmte. Das war die instinktive Gewißheit, daß unser Vaterland, das »neue Deutschland«, im Recht war und sich sieghaft durchsetzen würde, wenn wir sein Schicksal von jetzt ab entschlossen unserer neu gewonnenen Kraft anvertrauten.
In unseren Köpfen begann der Gedanke Fuß zu fassen, daß das Recht eines Staates letztlich eine Frage seiner Stärke sei. Die Deutschen waren, jedenfalls in unseren Augen, von jeher gottesfürchtig und rechtschaffen gewesen, fleißig und beseelt von den besten Absichten, gutmütig und stets darauf bedacht, mit ihren Nachbarn in Frieden auszukommen. Und was hatte ihnen das eingebracht? Erst war Ludwig XIV. bei uns eingefallen – die Ruine des Heidelberger Schlosses zeugte davon –, dann waren wir von Napoleon unterjocht worden. Und während die deutschen Duodezfürsten in weltfremder Schwärmerei Kün-

ste und Wissenschaften kultivierten und ihre braven Untertanen betulich die Vorgärten pflegen ließen, hatten die Engländer ein koloniales Imperium zusammengerafft, auf das gestützt sie die Welt und ihre Märkte zu beherrschen gedachten. Deutschland dagegen hatte sich kleinstaatlicher Selbstgenügsamkeit hingegeben und alle Chancen verschlafen. Als sich das Bismarck-Reich dann endlich, spät genug, seiner legitimen Ansprüche als gleichberechtigte Großmacht entsann, war eine von Mißgunst und Neid beseelte »Welt von Feinden« über das Vaterland hergefallen. Die Überhand gewonnen hatte diese Übermacht, weil man 1918 nicht entschlossen reagiert und die Flinte zu früh ins Korn geworfen hatte. Nach dem Krieg hatte sich das nationale Trauerspiel im gleichen Stil fortgesetzt: Deutschland hatte die Bestimmungen des Versailler Diktats folgsam wie ein Musterschüler erfüllt und total abgerüstet. Die ehemaligen Feindnationen dagegen hatten sich, während sie im Völkerbund alle Welt mit heuchlerischen Bekundungen ihrer angeblichen Verständigungsbereitschaft einlullten, bis an die Zähne bewaffnet und ihre Überlegenheit skrupellos dazu benutzt, Deutschland wirtschaftlich nach Herzenslust auszuplündern.
Was folgte aus alledem? Welche Lehre war es, die man aus diesen Erfahrungen zu ziehen hatte? Die Frage ließ nur eine Antwort zu: »Hilf dir selbst, dann hilft dir Gott.« Nun ist gegen diese Maxime grundsätzlich nichts einzuwenden. Das deutsche Selbstverständnis der postweimarer Epoche ergänzte den Spruch jedoch stillschweigend zu dem Gebot: »Hilf dir selbst – und zwar mit allen Mitteln.« Offensichtlich genügte es nicht, wenn man legitime Ansprüche vorweisen konnte. Es kam darauf an, sie durchzusetzen. Und das mußte man selbst besorgen (geschenkt wurde einem in dieser Welt nichts), und dies »mit rücksichtsloser Entschlossenheit«, wie eine Lieblingswendung der Nazis es ausdrückte.
Rücksichtslosigkeit war eine positive Eigenschaft, das galt es endlich zu begreifen. Sie war in Wahrheit so etwas wie das Gütezeichen offener, ehrlicher Stärke, letztlich also eine »germanische Tugend«. Wer zuließ, daß seine Tatkraft durch moralische Skrupel gehindert wurde, den vollen Umfang ihrer Möglichkeiten auszuschöpfen, der war nicht etwa, wie sentimentale Kritiker es einem weismachen wollten, ein »besserer Mensch«. Der war bloß ein Schwächling, nichts anderes. Und ein Dummkopf obendrein, denn er war damit auf einen Trick seiner Widersacher hereingefallen, die ihn daran hindern wollten, sich

sein Recht zu nehmen (was sie ihrerseits keinen Augenblick zögern würden zu tun, sobald man ihnen die Möglichkeit dazu lieferte). Auf die kürzeste Formel gebracht: Wenn man bei der Durchsetzung seiner legitimen Ansprüche nur rücksichtslos genug vorging, konnte der Erfolg nicht ausbleiben.

Das alles ließ sich sogar beweisen. Indem der »deutsche Mensch« sich – spät genug – auf das »Recht des Stärkeren« besann, übernahm er nämlich bloß das Gesetz der seit Ewigkeit siegreichen Natur, so lehrte man es uns jetzt im Biologieunterricht. Diese verdankte die Unerschöpflichkeit der Kraft, mit der sie alles Leben hervorgebracht hatte und erhielt, allein der Tatsache, daß sie dieses Prinzip seit dem Anfang der Zeiten zur obersten Richtschnur ihres Wirkens gemacht hatte. Gnadenlos hatte sie ausgemerzt, was schwach war. Überlebt hatte unter ihrem »ehernen Gesetz« nur das Starke. Alles, was der Mensch an Lebenswertem in der Natur vorfand, existierte allein deshalb, weil es den niemals endenden »Kampf ums Dasein« erfolgreich bestanden hatte, der unerbittlich nur die »Tüchtigsten« überleben ließ. Alles, was sich schwächlich oder krank gezeigt hatte, war als lebensunwert auf der Strecke geblieben. Diesem Gesetz zuwiderzuhandeln war reine Dummheit. Ihm zu gehorchen bedeutete, sich einem Prinzip anzuvertrauen, das den Erfolg garantierte.

Nun vermag nichts ein menschliches Kollektiv stärker zu beflügeln als die berauschende Überzeugung, im Einklang zu sein mit einem übergeordneten Gesetz, das über alle Fallstricke menschlicher Fehlbarkeit erhaben ist – sei es nun das Gesetz der Geschichte oder eines der Natur. Ein solcher Rausch hatte eine Mehrheit von uns damals erfaßt (ohne daß wir uns unserer psychischen Verfassung bewußt gewesen wären). Er erfüllte uns mit einer Sicherheit, vor der alle Realitäten und Zweifel verblaßten. Das Rezept schien ebenso einfach wie unwiderlegbar: Der Entschluß, die »völkischen Interessen« mit allen Mitteln durchzusetzen, ohne sich durch irgendwelche neben der Sache liegenden Skrupel oder Einwände beirren zu lassen, war nicht nur legitim, nämlich im buchstäblichsten Wortsinn »die natürlichste Sache der Welt«, sondern deshalb auch das Erfolgsrezept schlechthin.

Räusche sind immer gefährlich, weil sie die Realität – scheinbar – außer Kraft setzen. Das zieht früher oder später unvermeidlich schmerzhafte Erfahrungen nach sich, ob nun im Straßenverkehr oder bei der Bestimmung des gesellschaftlichen Kurses. Unser damaliger Rausch erwies sich bekanntlich als tödlich. Wie ist es zu erklären, daß ein ganzes Volk ihm anheimfiel? Der Hinweis auf den tiefsitzenden nationalen Minderwertigkeitskomplex, der ihm fraglos mit den Boden bereitete, genügt allein nicht. Die unheimliche, intuitive Sicherheit, mit der dieser Mann namens Adolf Hitler seine kollektive Wucherung vorantrieb – von »nachtwandlerischer Sicherheit« hat er selbst gesprochen –, setzt die besondere Virulenz dieses Wahns voraus.

Mir scheint, daß zum Verständnis des Phänomens politisch-historische Erklärungen allein – und ihrer gibt es mehr als genug – nicht ausreichen. Sie bedürfen der Ergänzung durch eine wissenschaftsgeschichtliche Erfahrung. Gemeint ist hier die fast immer ignorierte Tatsache, daß das von der Summe naturwissenschaftlicher Einzelerkenntnisse gebildete Wissen einer bestimmten Epoche ohne jegliches Zutun der Zeitgenossen seinen Niederschlag in einem »Weltbild« findet, das als unbewußte Handlungsanleitung wirksam wird. Dieser Zusammenhang zwischen dem Stand unseres Wissens über die Welt und der Beschaffenheit der Maßstäbe, mit deren Hilfe wir uns in dieser Welt zurechtzufinden versuchen, wird nicht nur meist ignoriert. Er wird auch heute noch nicht selten rundheraus bestritten.

Wer versucht, seinen Mitmenschen die fundamentale Bedeutung naturwissenschaftlicher Erkenntnisse nahezubringen – für das Selbstverständnis eines Wesens, das sich in diesem Kosmos vorfindet und nach dem Sinn der eigenen Existenz zu fragen begonnen hat –, wird diese Erfahrung immer wieder machen. »Das mag ja alles recht interessant sein«, so etwa bekommt er dann zu hören, »aber was hat das mit meinen persönlichen Sorgen zu tun, was nützt mir dieses Wissen im Umgang mit meinen Kindern oder bei der Lösung gesellschaftlicher Probleme?« Ob und auf welche Weise dieses Wissen im Alltag »helfen« kann, sei hier nicht erörtert. Wer so fragt, ist offensichtlich blind für das Ausmaß, in dem seine alltäglichen Ansichten und Entscheidungen vom Stand und von der Qualität dieses Wissens beeinflußt sind, und zwar gänzlich unabhängig davon, ob er dieses Wissen bewußt zur Kenntnis genommen hat oder nicht – und das ist das eigentlich Bedeutsame daran.

Das anschaulichste Beispiel für diesen Sachverhalt bietet in meinen Augen nach wie vor der gewöhnliche Blitzableiter. Seine Erfindung setzte die Entdeckung elektrischer Felder in der Atmosphäre voraus und die Einsicht, daß Blitze nichts anderes sind als der bei ihrer Entla-

dung auftretende Funkenschlag. Der Blitzableiter ist lediglich die technische Nutzanwendung dieses Resultats naturwissenschaftlicher Grundlagenforschung und keineswegs etwa die wichtigste Neuerung in ihrem Gefolge. Die wirklich revolutionierende Veränderung hat sich in diesem Falle nicht auf den Dächern unserer Häuser abgespielt, sondern in den Köpfen ihrer Bewohner: Sie hat im Bewußtsein der Menschen den Dämon, der aus den Wolken auf sie zielte und vor dem ihre Vorväter sich seit unvordenklicher Zeit gefürchtet hatten, auf ein Naturgesetz reduziert, das nichts von ihnen weiß.
So ist es in allen Fällen naturwissenschaftlicher Entdeckungen: Sie verändern die Art und Weise, in der die Welt sich in unseren Köpfen spiegelt. Und mit einer solchen Veränderung ändern sich auch die Maßstäbe und Vorstellungen, die wir unserem Umgang mit der Welt zugrunde legen. Die Folgen sind mitunter dramatisch und beeinflussen den Gang der Geschichte. Ein Beispiel dafür – das von den Historikern gleichwohl ignoriert wird – liefern die gesellschaftlichen Konsequenzen der eben in mehr als einem Sinne revolutionierenden Entdekkungen der Astronomie im 16. und 17. Jahrhundert. Es ist keine Übertreibung, sie »weltbewegend« zu nennen.
Das wird in manchen Ohren unglaublich klingen, denn die Astronomie gilt zu Recht als Schulbeispiel »zweckfreier« Grundlagenforschung. Also bewirkt sie auch nichts, folgern viele daraus. Das Gegenteil ist der Fall. Auch die Astronomie kann, *weil* sie naturwissenschaftliche Grundlagenforschung betreibt, auf eine alle technischen Konsequenzen an Radikalität weit übertreffende Weise die Welt verändern: in den Köpfen der Menschen nämlich. Ich denke an die Tatsache, daß die Entdeckung der »Revolutionen« (Umläufe) der altbekannten Planeten um die erst damals als Zentralgestirn erkannte Sonne soziale Revolutionen in der auf der Oberfläche der Erde hausenden menschlichen Gesellschaft nach sich zog.*
Man braucht sich bloß klarzumachen, daß der scheinbar hierarchische Aufbau des Kosmos für die Menschen bis dahin die hierarchische Struktur der Feudalgesellschaft, in die sie hineingeboren wurden, ge-

* »De revolutionibus orbium coelestium« (»Über die Umläufe der Himmelskörper«) hatte Nikolaus Kopernikus sein 1543 erschienenes sechsbändiges Hauptwerk genannt. – Das im Text gewählte Beispiel habe ich schon mehrfach behandelt, unter anderem in: »Evolutionäres Weltbild und theologische Verkündigung« (1983); abgedruckt in: »Unbegreifliche Realität«, Hamburg 1987.

treulich widerspiegelte. So, wie sie durch den Zufall ihrer Geburt ihren festen Platz in dieser Gesellschaft gefunden hatten, irgendwo innerhalb der ständischen Ordnung, die sich vom Bettler und Leibeigenen als niedrigsten Mitgliedern über Handwerker, freie Bürger und den niederen Adel bis zum regierenden Fürsten als krönender Spitze des Systems spannte, so schien auch der Himmel über ihren Köpfen in einer festen Rangordnung organisiert: In der sublunaren Sphäre, »unter dem Mond«, hatte die Erde ihren Platz, niedrigstes Element der kosmischen Ordnung, immerhin aber im Mittelpunkt der Universums und damit im Zentrum der göttlichen Aufmerksamkeit gelegen. Über ihr erhoben sich die Sphären der Wandelsterne, dann die der unbeweglich am Firmament angehefteten Fixsterne, hinter denen erst das eigentliche himmlische Reich begann. Auch dieses war in der Vorstellung der Menschen hierarchisch aufgebaut, beginnend mit den Gefilden der Seligen über die der Heiligen, der Engel und Erzengel bis hin zu Gottvater selbst als oberstem Herrscher an der Spitze des Ganzen.
Die Menschen des Mittelalters verstanden die ihr Leben bestimmende Gesellschaftsordnung als eine Abbildung der Ordnung, die am Himmel herrschte. Sie wurde in ihren Augen damit – auch wenn sie sich dessen kaum bewußt gewesen sein dürften – als selbstverständliche, da naturgegebene, ja »gottgewollte« Ordnung legitimiert. Diese scheinbare Legitimation aber verlor ihre Grundlage, als kluge Köpfe mit wissenschaftlichen Argumenten nachzuweisen begannen, daß die himmlische Hierarchie in Wirklichkeit nicht existierte. Daß es sich bei ihr um eine perspektivische Illusion handelte.
Auch auf einem anderen Stern würden wir uns im Mittelpunkt des Universums glauben und von dort aus den Eindruck gewinnen, daß nunmehr die Erde an seinem Rande stände, lehrte der abtrünnige Dominikanermönch Giordano Bruno 1586 in Paris.* Er war auch der erste, der in einem genialen Akt der Abstraktion den Gedanken faßte, daß die Sterne am Himmel nichts anderes seien als ungeheuer weit entfernte Sonnen von der Art unserer eigenen. Das ganze Universum war, soweit der Mensch blicken konnte, gleichmäßig von ihnen erfüllt,

* Die Argumente Brunos und seine bis heute unterschätzte geistesgeschichtliche Rolle (auf ihn geht die revolutionäre »Wende« in Wahrheit zurück, die wir mit dem Namen des Kopernikus zu verbinden pflegen) habe ich ausführlicher in dem Aufsatz »Giordano Bruno – der unbekannte Revolutionär« abgehandelt; abgedruckt in: »Unbegreifliche Realität«, Hamburg 1987.

verkündete Bruno, und sie würden vermutlich ebenfalls von Planeten umkreist, so daß »mit einer Unendlichkeit bewohnter Welten« zu rechnen sei.
Als »Homogenität des Universums« bezeichnet die moderne Kosmologie diese Einsicht: Kein Punkt (oder Ort) im Weltall ist vor den anderen ausgezeichnet, und überall im Kosmos sind die grundsätzlich gleichen astronomischen Objekte statistisch gleichmäßig verteilt. Wir halten das längst für selbstverständlich. Vor 400 Jahren aber wurde man für solche Aussagen von der weltlichen Obrigkeit noch mit Billigung der Kirche verbrannt. Man darf sich den Schock nicht zu gering vorstellen: Mit der hierarchischen Ordnung am Firmament brach ein scheinbar sichtbarer Beweis für die himmlische Ordnung in sich zusammen und mit ihm die am Himmel »sichtbare« Legitimation der feudalen Struktur der menschlichen Gesellschaft.
Kein Zeitgenosse dürfte das seinerzeit so klar gesehen haben, wie es sich uns heute im historischen Rückblick zu erkennen gibt. Aber nachträglich ist kaum ein Zweifel daran möglich, daß die in den folgenden Jahrhunderten auf der Erde ablaufenden sozialen Revolutionen auch durch die damals am Himmel der Astronomen erfolgten Revolutionen ausgelöst worden sind. Die Demokratisierung des Himmels zog ganz unvermeidlich die Demokratisierung auch der gesellschaftlichen Verhältnisse auf der Erde nach sich. Die Erkenntnis der Gleichheit aller Himmelskörper erweist sich im nachhinein als Voraussetzung der Möglichkeit, den bis dahin unerhörten Gedanken von der Gleichheit aller Menschen fassen zu können. Ein Fortschritt naturwissenschaftlicher Grundlagenforschung hatte das Bild der Welt in den Köpfen der Menschen verändert. Entsprechende Veränderungen innerhalb der Welt der Menschen waren die unausbleibliche Folge.
Wenn man sich darüber klargeworden ist, erhebt sich natürlich sofort die Frage, in welcher konkreten Weise unser modernes Lebensgefühl, die Voraussetzungen der Art und Weise, in der wir mit der Welt und unseren Mitmenschen umgehen, von dem Weltbild beeinflußt sein mögen, das sich als Reflex des heutigen Erkenntnisstandes der Wissenschaft in unseren Köpfen niedergeschlagen hat. Ich will den Versuch einer Beantwortung am Schluß dieses Buches unternehmen. Hier kommt es nur darauf an festzustellen, daß der Zusammenhang besteht und welche Konsequenzen er haben kann. Nachträglich, im Rückblick, ist die Antwort immer relativ leicht. Und so liegt auch offen zutage,

welche naturwissenschaftliche Lehre es war, die dem Weltbild der Nationalsozialisten zugrunde lag und damit die Skala ihrer Wertvorstellungen bestimmte: Es war die Lehre Darwins.
Diese Feststellung erfordert einen ergänzenden Zusatz: Es ist ein total verballhornter »Darwinismus« gewesen, der als vermeintlich gültige wissenschaftliche Erkenntnis Eingang in die nazistische Ideologie fand und zu ihrer Legitimation herhalten mußte. Eine »sozialdarwinistisch« verkommene Variante der ursprünglichen wissenschaftlichen Theorie auf einem Niveau, das der Halbbildung der braunen Ideologen würdig war. Weltbilder haben beklagenswerterweise auch dann den Charakter von Handlungsanleitungen, wenn sie auf noch so falschen Annahmen beruhen.

Vom »Recht des Stärkeren«: Darwin und der »Darwinismus«

Der deutsche Nobelpreisträger Manfred Eigen hat darauf aufmerksam gemacht, wie falsch und irreführend der – auch von Biologen gedankenlos gebrauchte – Terminus »Darwinismus« ist, wenn von Darwins Theorie der Artentstehung die Rede sein soll: Wir sprächen ja auch nicht von »Einsteinismus«, wenn wir die Relativitätstheorie meinten, oder von »Kopernikanismus« im Falle des heliozentrischen, von der Sonne als Mittelpunkt beherrschten Planetensystems. Ein Ismus ist immer eine Ideologie, das Gegenteil einer wissenschaftlichen Theorie, die natürlich ebenfalls falsch (oder richtig) sein kann, jedoch in keinem Falle primär auf Überzeugungen aufbaut, sondern – in der Intention ihrer Urheber zumindest – auf Beobachtungsdaten.
Wer von »Darwinismus« redet – anstatt von Darwins Theorie –, benutzt also entweder ein irreführendes Wort, oder er meint eine sich auf Darwins Lehre (zu Recht oder zu Unrecht) berufende Ideologie. Das gibt es natürlich auch, und dann paßt der Ismus. Da beides in der Literatur bedauerlicherweise nur selten auseinandergehalten wird – ich bin mir keineswegs sicher, ob ich den Fehler aus Gedankenlosigkeit bei früheren Gelegenheiten nicht selbst schon begangen habe –, ist die Verwirrung beträchtlich. Deshalb müssen hier einige Erläuterungen gegeben werden. Denn die Nationalsozialisten haben sich bekanntlich

zwar auf Darwin berufen. Aber das, was sie seiner Theorie an Argumenten entnehmen zu können glaubten, waren in Wirklichkeit Schlagworte. Da die Pseudophilosophen vom Schlage eines Alfred Rosenberg (»Der Mythus des 20. Jahrhunderts«*), die sich berufen fühlten, der nationalsozialistischen »Bewegung« zu dem Anschein eines ideologischen Überbaus zu verhelfen, Darwin nicht begriffen hatten, wurde daraus nur eine grausliche Mixtur halbverstandener Begriffe.

Im Biologieunterricht wurden uns in diesen Jahren Lehrfilme gezeigt, die uns vor Augen führen sollten, wie es in der Natur angeblich zuging, welche Lebensgesetze die Welt beherrschten. Im nachhinein kann ich über die Verdrehungen, mit denen sie aufwarteten, und das Ausmaß an Ignoranz, das sich in ihnen ausdrückte, nur mit dem Kopf schütteln. Ich erinnere mich noch anschaulich zweier Szenen. Die erste zeigte ein schlichtes Haushuhn, das mit erkennbarem Appetit Regenwürmer fraß, die jemand ihm in größeren Mengen vor den Schnabel geschüttet hatte. Der zugehörige Kommentar besagte etwa: So sei es nun einmal, die Stärkeren fräßen die Schwachen, dieses Gesetz regiere die ganze belebte Natur und gelte selbstverständlich auch für die Konkurrenz zwischen den verschiedenen Völkern und Rassen.

Die andere Szene, die mir im Gedächtnis geblieben ist, war etwas aufwendiger gestaltet, in ihrem Gehalt aber auch nicht intelligenter. In ihr erläuterte ein würdiger deutscher Professor – Typ Heinrich George in der Rolle von Robert Koch – einem naiven Blondchen die Auseinandersetzung zwischen zwei Hirschkäfern, die sich in einem Terrarium vor ihnen abspielte. In den Großeinstellungen nahm sich der Zweikampf höchst dramatisch aus. Mit Grabesstimme erklärte der »Professor«, daß es sich um ein typisches Beispiel für jenen »Kampf ums Dasein« handele, der sich in der Natur fortwährend abspiele und durch den dafür gesorgt werde, daß jeweils nur die Tüchtigsten überlebten. Als einer der beiden Käfer schließlich den Kampf abbrach und schlau genug war, von der Bildfläche zu verschwinden (weil er seinem Kontrahenten offensichtlich nicht standhalten konnte), fügte der wür-

* Mein Vater, zu dessen Steckenpferden die alten Sprachen gehörten, konnte sich königlich amüsieren über die in der Tat verräterische Schreibweise (Mythus statt Mythos), in welcher der braune »Hofphilosoph« das griechische Wort in den Titel seines Buches gesetzt hatte.

dige alte Herr seiner Erklärung mit deutlichem Bedauern in der Stimme noch den abschließenden Satz hinzu, daß der Verlierer »mit Sicherheit getötet worden wäre, wenn er nicht die Flucht ergriffen hätte«, ein Kommentar, mit dem der angebliche Wissenschaftler sich als nachweislich dümmer erwies als das Insekt, dessen Verhalten er kommentierte.

Das Haushuhnexempel ist schwachsinnig und zugleich perfide. Schwachsinnig ist es, weil es den Unterschied zwischen *intra*spezifischer Aggression (Auseinandersetzung zwischen Lebewesen der gleichen Art) und *inter*spezifischer Aggression (Auseinandersetzung zwischen Lebewesen verschiedener Arten) ignoriert. Dieser Unterschied ist jedoch von entscheidender Bedeutung – es handelt sich um völlig verschiedene Dinge. Das Regenwürmer fressende Huhn demonstriert in unübersehbarer Deutlichkeit einen Fall von *inter*spezifischer Aggression, denn Regenwürmer und Hühner gehören bekanntlich verschiedenen Arten an.

Einer filmischen Erläuterung dieses Sachverhalts bedarf es natürlich nicht, denn er ist trivial. Daß in der Natur zwischen den Lebewesen verschiedener Arten kein Friede herrscht, weiß jedes Kind. Ausnahmslos alle Organismen spielen dort je nach ihrer Artzugehörigkeit in wechselnder Verteilung die Rollen von Jäger oder Beute (wobei es in der natürlichen Situation notabene nirgendwo so brutal zugeht wie bei den intraspezifischen Auseinandersetzungen innerhalb der Welt des Menschen). Wir selbst machen keine Ausnahme: Während wir mit der größten Selbstverständlichkeit (Vegetarier ausgenommen) das Fleisch von Hühnern, Schweinen und Rindern verzehren, haben wir uns damit abzufinden, daß große Raubkatzen oder (in der Zivilisationsgesellschaft aktueller) gewisse Parasiten und krank machende Bakterien uns ihrerseits als legitime Beute »betrachten«. Ganz andere Regeln gelten dagegen (wohlgemerkt: auch »von Natur aus«) für den Umgang mit Lebewesen, die der eigenen Art angehören.

Auf geradezu gespenstische Weise perfide ist das Hühnerbeispiel insofern, als es den (interspezifischen) Umgang des Huhns mit den Regenwürmern wie selbstverständlich als natürliche Analogie des (intraspezifischen) Umgangs zwischen verschiedenen Völkern und Menschenrassen hinstellt. Im Klartext impliziert das nichts anderes als die Behauptung, daß es nur natürlich sei, wenn ein »stärkeres« Volk (eine »überlegene« Rasse) mit einem schwächeren Volk so verfahre wie das

Huhn mit den Würmern. Das ist die Aussage, die der Schulfilm in die Köpfe seiner jugendlichen Betrachter transportieren sollte. Es ist ein Stück nazistischer Welt- und Lebensauffassung reinsten Wassers.
Darum ist es auch nur konsequent, wenn die nationalsozialistische Propaganda unermüdlich bestrebt war, uns davon zu überzeugen, daß die Mitglieder nichtgermanischer Völker und Rassen, insbesondere Juden und Slawen, nicht in dem gleichen vollgültigen Sinne als »Menschen« angesehen werden könnten wie wir (sondern nur als »Untermenschen«, sozusagen als Mitglieder degenerierter Nebenlinien unserer Art). Denn selbst die braunen Fanatiker spürten intuitiv, daß der von ihnen vorgesehene rücksichtslose Umgang mit diesen anderen Völkern und Rassen nur dann als legitim ausgegeben werden konnte, wenn es gelang, sie in die Perspektive zu rücken, aus der ein Huhn einen Regenwurm betrachtet.
So fürchterlich das klingt, es läßt sich nicht bestreiten, daß es genauso gemeint war. Zu bestreiten ist aus vielerlei Gründen jedoch die Behauptung, daß eine solcherart inhumane Betrachtungsweise sich aus der Beobachtung der Verhältnisse in der Natur oder einer bestimmten biologischen Theorie (Stichwort: Darwins Theorie) ableiten lasse. Nicht wenige Menschen unterliegen diesem Irrtum bis auf den heutigen Tag, mit der psychologisch einleuchtenden Konsequenz, daß sie die Evolutionstheorie verdammen (ohne sie wirklich zur Kenntnis genommen zu haben), sofern ihr Irrtum sie nicht sogar in dem Vorurteil bestärkt, alle Naturwissenschaft sei letztlich menschenfeindlich. Diese noch heute wirksame Konsequenz des sozialdarwinistischen Unverständnisses stellt einen tragischen Fall dar, in dem eine der wichtigsten menschlichen Einsichten diskreditiert wird durch die Rückprojektion eines Vorurteils.*
So spukt in den Köpfen allzu vieler Menschen bis heute der Darwinsche Begriff vom »Kampf ums Dasein« herum als Bestätigung ihres Verdachts, daß in der belebten Natur ein unerbittlicher Kampf aller gegen alle stattfinde. Selbst überdurchschnittliche Köpfe – so Friedrich

* Der »Sozialdarwinist« projiziert seine Vorurteile (Chauvinismus, Überfremdungsängste, Abscheu gegenüber Behinderten usw.) auf die Natur, um seine Einstellung durch die in ihr angeblich herrschenden Gesetze vor seinem Gewissen rechtfertigen zu können. Sofern er seine Einstellung später korrigiert, unterliegt er der Gefahr, der Natur oder einer bestimmten naturwissenschaftlichen Lehre die nunmehr von ihm abgelehnten »Gesetze« anzukreiden, die er in Wirklichkeit zuvor selbst in sie hineinprojiziert hat (»Rückprojektion«).

Nietzsche – sind diesem Irrtum erlegen. Gemeint aber ist mit dem – zugegeben mißverständlich-martialischen – Terminus eine Form natürlicher Auslese, in welcher der »Tüchtigste« in aller Regel keineswegs deshalb »überlebt«, weil er seine Konkurrenten umbringt. Entscheidend ist auch gar nicht die Frage seines Überlebens als Individuum. Was die Artentwicklung vorantreibt, ist die Entscheidung darüber, wessen Erbanlagen mit der größeren Wahrscheinlichkeit an die nachfolgende Generation weitergegeben werden.
Dabei kann ein Lebewesen den kürzeren ziehen, das als Individuum womöglich unbehelligt steinalt wird, das aber seine »Erbanlagen« (in Gestalt einer entsprechenden Zahl direkter Nachkommen) nicht mit der gleichen Häufigkeit an die nächste Generation weitergeben kann wie seine Konkurrenten – vielleicht, weil es bei der Werbung um einen Sexualpartner nicht geschickt genug vorgeht oder nicht findig genug bei der Nahrungsbeschaffung für seinen Nachwuchs oder nicht wachsam genug bei dessen Sicherung gegen natürliche Feinde oder aus einem Dutzend anderer denkbarer Gründe. Das Übergewicht der Erbanlagen bestimmt in erster Linie die Eigenschaften der Nachkommengeneration, und das Erbgut der Konkurrenten hat sich in unserem Fall als das der »Tüchtigeren« im »Kampf ums Dasein« durchgesetzt, ohne daß in diesem »Kampf« ein einziger Tropfen Blut geflossen zu sein braucht. Das unterlegene Lebewesen aber ist der »natürlichen Auslese« *als Träger seiner Gene* zum Opfer gefallen, auch wenn es *als konkretes Individuum* möglicherweise alle »Sieger« überlebt.
Der »Kampf ums Dasein«, den wir als Motor der Artentstehung und -weiterbildung anzusehen haben, spielt sich praktisch ausschließlich intraspezifisch, also unter den Angehörigen der Art ab, um deren sich weiterentwickelnde Anpassungsformen es geht. Insofern stimmt es wenigstens, wenn der anfangs beschriebene Hirschkäferfilm von einer Auseinandersetzung zwischen zwei Individuen derselben Art ausgeht. Das, was die Kamera zeigt, ist selbstverständlich ebenfalls »wahr«. Total blödsinnig ist aber auch in diesem Fall der Kommentar. Die Feststellung des »Professors«, daß der unterlegene Käfer sicher getötet worden wäre, wenn er nicht das Weite gesucht hätte, ist zunächst einmal von valentinischer Qualität: Aus keinem anderen Grunde als dem der Vermeidung einer Tötung befiehlt ihm sein angeborenes Verhaltensprogramm ja die Flucht, sobald seine relative Unterlegenheit sich herausgestellt hat – und verbietet das gleiche Verhaltensprogramm dem

Sieger die Fortsetzung des Kampfes bis zum Tode seines Widersachers. Denn der Zweck des »Kampfes ums Dasein« ist mit der Flucht eines der beiden Konkurrenten erfüllt. Danach steht fest, wer »der Stärkere« ist (der das umkämpfte Weibchen für sich mit Beschlag belegen kann oder die umkämpfte Nahrungsquelle, das umstrittene Revier usw.). Eine zusätzliche Tötung ist überflüssig. So dumm ist die Natur nicht, daß sie Leben (und mit ihm unter anderen Verhältnissen, bei einem Wechsel der Überlebensbedingungen, vielleicht einmal nutzbringende Erbanlagen) mutwillig vergeudet, wenn sich das Ziel auch auf schonendere Weise erreichen läßt. Die Natur ist weiser, als ein Sozialdarwinist es sich träumen läßt. Aber das ist natürlich ein Gedanke, der in den Kopf eines Nationalsozialisten nicht hineingeht.
So bemühte man sich also auch am Viktoria-Gymnasium, uns die »allgemeingültigen« Lebensgesetze einzubleuen, die ich erst viele Jahre später als die Ausgeburten eines Sozialdarwinismus krudester Machart zu durchschauen lernte. In der Oberstufe erschien uns das einleuchtend. Nun ist dem allerdings hinzuzufügen, daß niemand von uns, unser Biologielehrer eingeschlossen, auch nur im Traum auf den Gedanken gekommen wäre, von diesem angeblich objektiv legitimierten »Recht des Stärkeren« etwa die Erlaubnis zum Umbringen anderer Menschen abzuleiten, und seien das nun Juden oder Slawen oder Angehörige anderer »nichtgermanischer« oder »nichtarischer« Völker oder Rassen. Konkrete Unmenschlichkeit solch kriminellen Kalibers war uns damals (und war den meisten von uns bis zum bitteren Ende) unvorstellbar.
Was diese pädagogischen Anstrengungen im Rahmen des staatlichen Programms zur Eliminierung humaner Skrupel bei uns anrichteten, bleibt erschreckend genug. Ich kann mich nachträglich des Eindrucks nicht erwehren, daß sie es immerhin vermochten, unsere Selbstsicherheit als moralische Personen zu beschädigen. Zwar wurden wir unter ihrem Einfluß nicht zu potentiellen Mördern. Davon kann mit Sicherheit nicht die Rede sein. Sie dürften uns jedoch, schlimm genug, im voraus einen mehr oder weniger großen Teil des Schneids abgekauft haben, den wir später in jenen Situationen gebraucht hätten, in denen es darauf angekommen wäre, der »Stimme des Gewissens« hörbar Geltung zu verschaffen. Wir schwiegen später bei all den Gelegenheiten, bei denen wir laut hätten protestieren müssen, daher nicht nur aus Angst vor der Geheimen Staatspolizei (deshalb natürlich auch), son-

dern, das ist mein Verdacht, zu einem gewissen Teil auch deswegen, weil man es fertiggebracht hatte, in uns den Zweifel zu säen an der unbefragbaren Authentizität moralischer Regungen. Vielleicht waren diese (»vor dem Richterstuhl der Geschichte«) wirklich nur Ausdruck der beginnenden Dekadenz einer Spätkultur? Kaum jemand von uns glaubte das wörtlich. Aber tief in den Unterschichten unseres Bewußtseins nagte der Zweifel. Das hatte man geschafft.

Eine Konsequenz, die wir aus den uns vorgetragenen »Lehren der Natur« dagegen ganz unbekümmert zogen, war die Überzeugung, daß Mäßigung und Vertragstreue sich im zwischenstaatlichen Umgang nicht auszahlten. Auf diesem Felde war der Stärkere letzten Endes unfehlbar und immer »im Recht«, und ebenso offensichtlich war es der Schwache, der ebenso regelmäßig auf der Strecke blieb. Alles Gefasel im Völkerbund diente, soviel hatten wir inzwischen begriffen, nur dem Zweck, dieses simple Gesetz zu verschleiern.

In dieser Hinsicht hatten die Nationalsozialisten dem ganzen Volk eine Lektion erteilt, die fast alle überzeugte. Während die »Erfüllungspolitik« des Weimarer »Systems« mit all ihren Beschwichtigungsgesten an der Unterdrückung Deutschlands angeblich nicht das geringste hatte ändern können, hatte sich die Situation auch in diesem Bereich mit dem Antritt der Nationalsozialisten schlagartig zum Besseren gewendet. Statt berechtigte nationale Ansprüche in umständlichen Verhandlungen aus einer Position der Schwäche heraus unterwürfig zu reklamieren, hatten die neuen Herren sie, ohne groß herumzufackeln, im Namen Deutschlands kurzentschlossen durchgesetzt. Und das Ergebnis war nicht der Einmarsch ausländischer Truppen oder gar der Ausbruch eines Krieges gewesen, wovor so viele »alte Hasen« im Außenministerium und in der Reichswehrführung gewarnt hatten (die jetzt blamiert als Hasenfüße dastanden). Im Gegenteil: Der neue außenpolitische Stil hatte nicht nur überwältigenden Erfolg gehabt, sondern dem neuen Deutschland auch die so lange herbeigesehnte Anerkennung des Auslands verschafft. So oder ähnlich dachten die meisten Deutschen in diesen Jahren.

Als die deutsche Regierung im Frühjahr 1935 die Wiedereinführung der allgemeinen Wehrpflicht verkündete, womit sie erstmals unverhohlen und offiziell gegen eine wesentliche Bestimmung des »Versailler Diktats« verstieß, war ihr der Beifall nahezu des ganzen Volkes sicher. Das Ausland begnügte sich mit einem kraftlosen Protest. Die

anschließend zügig einsetzende deutsche Wiederaufrüstung löste bei allen Patrioten nationale Begeisterung aus. Im Widerspruch zu allen Befürchtungen bürgerlicher »Kritikaster« (ein Lieblingsausdruck des neuen Propagandaministers Joseph Goebbels für alle, die an dem Genie des Führers immer noch zu zweifeln wagten) war das Ausland auch diesmal nicht marschiert, wie Hitler es wieder einmal richtig vorhergesagt hatte. England erklärte sich vielmehr in einem bereits 1935 vereinbarten Flottenabkommen damit einverstanden, daß Deutschland – dem im Versailler Vertrag U-Boote gänzlich verboten worden waren – seine U-Boot-Flotte bis zur Stärke der englischen wiederaufbaute. Wenige in Deutschland hatten gegen diese Erfolge auf dem Wege zur Wiedererlangung der nationalen Ehre und Gleichberechtigung etwas einzuwenden. Daß niemand den Krieg wollte, niemand ihn als Gefahr ernstlich überhaupt in Erwägung zog – abermals mit der alleinigen Ausnahme einiger weniger »hasenfüßiger Kritikaster« –, widerspricht dem nicht. Denn auch Hitler sagte ja, daß er den Krieg nicht wolle, wie er mit Argumenten glaubhaft zu machen suchte, die ihm nicht nur die Deutschen bereitwillig abnahmen. »Wer in Europa die Brandfackel des Krieges erhebt, kann nur das Chaos wünschen«, erklärte er in öffentlicher Rede, und: »Fast alle Führer der nationalsozialistischen Bewegung waren Frontkämpfer. Ich möchte den Frontkämpfer sehen, der eine Wiederholung der Schrecken jener viereinhalb Jahre wünscht.«*
Ist ein Grund erkennbar, aus dem wir ihm das weniger hätten glauben sollen, als Daladier oder – bis zuletzt – Chamberlain es taten?

Neuer Glanz und erste Kratzer

1936 fanden in Berlin die Olympischen Spiele statt. Meine alten Freunde in Bückeburg beneideten mich nicht wenig, weil ich so dicht am Ort des Geschehens wohnte. Ein ganzes Jahr lang hatten Zeitungen und Rundfunk unsere Erwartungen angeheizt. An allen Schulen waren »Reichsjugendwettkämpfe« durchgeführt worden, mit denen nach offizieller Version bisher unentdeckte sportliche Talente (»Olym-

* Am 21. Mai 1935 vor dem Reichstag und am 19. Oktober 1933 in einem Interview für die »Daily Mail«, zitiert nach: Alan Bullock, a.a.O., S. 335 und 322.

piaverdächtige«) zur Verstärkung der deutschen Olympiamannschaft aufgespürt werden sollten. »Olympiaverdächtig« wurde (neben »pfundig« und »knorke«) zum Ausdruck höchster Anerkennung unter uns Jugendlichen.
Der Neid der Bückeburger Freunde erwies sich als unbegründet. Ich bekam von dem Großereignis bis auf die fieberhaft verfolgten Rundfunkübertragungen (die in Bückeburg genauso empfangen werden konnten) so gut wie nichts mit. Die Eltern waren gänzlich desinteressiert. Und Onkel Gerhard, Bruder meiner Mutter, inzwischen von der Mindener Garnison als Waffenlehrer an die Potsdamer Kriegsschule versetzt, interessierte sich bloß fürs Reiten. In seiner Begleitung durfte ich daher mehrere Dressurwettbewerbe besuchen, bei denen ich mich, was ich selbstverständlich für mich behielt, unsäglich langweilte. Von den Leichtathletikwettbewerben, die mich in erster Linie interessierten, sah ich keinen. Was ich bei den Fahrten ins neuerbaute, riesige Olympiastadion jedoch mitbekam, war die auch mich beeindrukkende Atmosphäre in der Stadt. Berlin war damals – in einem für einen alten Berliner schmerzlichen Unterschied zu heute – wirklich eine »Metropole«, eine Weltstadt. Auch in den heute langsam verkommenden Nebenstraßen herrschte großstädtisches Leben, hatten die Läden einen gewissen »Pfiff«. Auf Ausländer stieß man in fast jedem Restaurant. Während der Olympiade beherrschten fremde Sprachen akustisch das Straßenbild. Und alle, ausnahmslos alle Besucher zeigten sich beeindruckt, ja sogar begeistert von dieser Hauptstadt des neuen Deutschlands, von seiner quirligen Lebendigkeit, seiner Eleganz und der phantastischen Organisation beim Ablauf der Spiele. Die täglichen Interviews legten dafür mit einer Einhelligkeit Zeugnis ab, die unsere vaterländische Brust schwellen ließ.
Die Presse sorgte auch dafür, daß niemandem von uns die Photographien entgingen, auf denen die französische – die französische! – Olympiamannschaft bei der Eröffnungsfeier im Stadion mit zum Gruß ausgestrecktem rechten Arm an der Loge des »Führers« vorbeimarschierte. Und dann wurden wir von ihr (und vom Rundfunk) Tag um Tag von den Siegen unserer Sportler über die Elite der Welt unterrichtet. Zum Schluß stand Deutschland sogar als Siegernation fest mit fast doppelt so vielen Goldmedaillen, wie sie die USA mit ihren berühmten Athleten, darunter vielen Schwarzen, hatten gewinnen können. Der Star der Amerikaner übrigens, Jesse Owens, hatte die Herzen

des Berliner Publikums gewonnen, und deren Jubel erfüllte das Stadion, als der schwarze Supersprinter von Adolf Hitler persönlich in der »Führerloge« empfangen wurde.
Ich will es gar nicht entschuldigen, daß wir bei alledem so vieles übersahen und verdrängten, was uns hätte beunruhigen und empören müssen. Ich versuche hier bloß zu beschreiben, wie es in unseren Köpfen damals aussah. Daß unzählige Auslandskorrespondenten anläßlich der Olympischen Spiele anerkennende, ja mitunter begeisterte Berichte an ihre Heimatpresse schickten, bewiesen uns wörtliche Auszüge in unseren eigenen Zeitungen. Und was war denn, 1936, auch passiert?
Im September 1935 waren die »Nürnberger Gesetze« erlassen worden. Mit ihnen wurden Eheschließungen zwischen »Ariern« und Juden verboten und allen jüdischen Mitbürgern die deutsche Staatsangehörigkeit aberkannt. Für einige der Betroffenen möglicherweise unangenehm, so dachten wir, aber schließlich »kein Beinbruch«, wie mein Vater befand. Daß mit der Aberkennung der Staatsangehörigkeit der Schutz vor rechtlicher Willkür aufgehoben wurde und welche langfristigen Absichten unsere Obrigkeit mit diesem gesetzlichen Schritt verband, das wollte uns noch nicht in den Kopf. Niemandem konnte entgangen sein, daß das neue Gesetz einer bestimmten Gruppe von Mitbürgern ein Unrecht antat. Aber seine konkreten Auswirkungen erschienen uns nicht als Katastrophe.
In einem Punkt schrieb das neue Gesetz ohnehin nur fest, was uns vorher schon als selbstverständlich gegolten hatte (wobei ich mit »uns« auch diesmal wieder nicht nur die eigene Familie, sondern auch den ganzen Stand, »unsere Kaste«, meine). Kein Offizier eines der kaiserlichen Garderegimenter hätte ernstlich erwogen, eine Tochter aus jüdischem Hause zu heiraten – es sei denn, sie wäre wirklich ungewöhnlich vermögend gewesen und seine Schulden exorbitant. Dann aber hätte er gut daran getan, zugleich um einen vorzeitigen Abschied aus der Armee einzukommen. In bürgerlichen und akademischen Kreisen waren die ungeschriebenen Gesetze nicht so streng. Die schriftliche Satzung des offiziellen Verbandes unserer eigenen Familie aber enthielt zum Beispiel auch nach dem Krieg noch einen Passus, der die Mitglieder »zur rechten Gattenwahl« anhielt, womit, wie ich eines Tages zu meiner Verblüffung herausfand, tatsächlich nichts anderes gemeint war, als vor der Heirat jüdischer Partner zu warnen. Einzelne

unter den älteren Vettern fanden das übrigens auch in den fünfziger Jahren noch vernünftig und begründbar. Sie wurden ausgelacht, und der diskriminierende Paragraph wurde gelöscht. 1935 brachten die Rassengesetze für die meisten im Umfeld unserer Familie nichts wesentlich Neues. (Die Aberkennung der Staatsangehörigkeit erschien uns als rein formales Problem ohne nennenswerte praktische Bedeutung.)
Ganz anders reagierte mein Vater auf eine Rechtsverletzung, die nur einen Menschen betraf, aber einen herausragende Repräsentanten des eigenen Standes. Wobei allerdings hinzuzufügen ist, daß auch hier der Schaden sich mittelbar auf das ganze Volk auswirken sollte. Ich meine die sogenannte Fritsch-Affäre. Im Januar 1938 mußte der Oberbefehlshaber der Wehrmacht und Reichskriegsminister, Generalfeldmarschall Werner von Blomberg, den Abschied nehmen, weil er nicht standesgemäß geheiratet hatte. Göring wollte seine Nachfolge antreten, aber dazu glaubte er sich zuerst seines wichtigsten Konkurrenten entledigen zu müssen, und dies war der Oberbefehlshaber des Heeres Werner Freiherr von Fritsch. Mit Hilfe eines falschen Zeugen wurde Fritsch der Homosexualität bezichtigt und sofort entlassen, bevor ein Ehrengericht sich von der Haltlosigkeit des Vorwurfs überzeugen konnte. Als Fritsch schließlich von der Anklage freigesprochen werden mußte, konnte es ihm nichts mehr nützen: Hitler nahm die Chance wahr, die Göring ihm unwillentlich zugespielt hatte, und wurde nun auch noch Oberbefehlshaber der Wehrmacht. Binnen weniger Wochen hatte er sich zweier führender Militärs entledigen können, die seine wahnwitzigen Expansionspläne aus rein fachlichen Gründen kritisiert hatten. Als Heereschef setzte er Generaloberst von Brauchitsch ein, und Görings Eitelkeit wurde mit dem Titel eines Generalfeldmarschalls befriedigt. Fritsch wurde zwar offiziell rehabilitiert, aber er mußte sich die Demütigung gefallen lassen, zum Chef eines Artillerieregiments ernannt zu werden.
Die Fritsch-Affäre wurde unter Ausschluß der Öffentlichkeit abgehandelt, um das Ehrgefühl des Offizierskorps nicht unnötig zu strapazieren. Im Kreise der Kameraden, auch der ehemaligen, aber kursierten die wichtigsten Informationen, so daß mein Vater auf dem laufenden war. Ich erinnere mich noch, daß er mir den Auszug mit den wichtigsten Absätzen des entlastenden Ehrengerichtsurteils zeigte, und daran, daß dieses unter anderen die Unterschrift des Generalfeldmar-

schalls August von Mackensen trug (einer Hindenburg vergleichbaren Symbolgestalt aus kaiserlicher Zeit).
Mein Vater kochte. Dies in erster Linie nicht deshalb, weil man Fritsch so übel mitgespielt hatte. Was seinen Zorn vor allem erregte, war die Tatsache, daß die Wehrmacht es schluckte, wie die Nazis mit einem ihrer obersten Chefs umgesprungen waren. Hinter den Kulissen gab es zwar wütende Beschwerden. Sonst aber geschah nichts. Hitler hatte seine Pappenheimer wieder einmal richtig eingeschätzt. Für meinen Vater jedoch war endgültig und unwiderruflich ein kritischer Punkt überschritten. Von da an hatte er mit dem neuen Staat, dem »Dritten Reich«, wie es hieß,* nichts mehr im Sinn. Daran, daß dessen Herren in Wirklichkeit »skrupellose Burschen« waren, hatte er zwar schon seit den Vorfällen vom 30. Juni 1934 nicht mehr gezweifelt. Diese »Schweinerei« hatte sich aber, womit er sich bis dahin zu beruhigen suchte, wenigstens auf den engeren Kreis der»braunen Proleten« beschränkt, die er, wie das ganze Offizierskorps es tat, ohnehin aus tiefstem Herzen verachtete. Die Ehre der Armee jedoch war weitgehend unberührt geblieben, das war für ihn der entscheidende Punkt gewesen.** Die Armee konnte daher, erhaben über das schmutzige Geschäft der Politik, weiterhin als verläßliche Kraft zur Bewahrung gesitteter Verhältnisse und staatlicher Ehrenhaftigkeit gelten. Wenn es tatsächlich einmal »dicke kommen« sollte und die Nazis den Bogen überspannten, gab es immer noch sie, die dann für den Fall der Fälle bereitstand, mit eiserner Faust auf den Tisch zu hauen und »Remedur zu schaffen«. Ihre bloße Existenz bedeutete für meinen Vater die Gewähr, daß man sich – trotz einiger unbestreitbar skandalöser Vorkommnisse – noch immer keine großen Sorgen zu machen brauchte.
Nun aber war dieses Bollwerk wie ein Kartenhaus zusammengeklappt. Die Enttäuschung meines Vaters war abgrundtief. »Jetzt haben die Kerle ihnen das Genick gebrochen«, klagte er in bitterem Zorn. »Die Kerle« waren die Nazis, und den moralischen Genickbruch hatte die

* Das erste Reich war in der Zählweise der Nationalsozialisten das auf die Karolinger zurückgehende »Heilige Römische Reich Deutscher Nation«, das offiziell bis 1806 existierte, das zweite Reich das Bismarcksche und das dritte das von ihnen begründete. Die dazwischenliegenden Zeiten, so die der Weimarer Republik, zählten in ihren Augen nicht.

** Daß auch der General von Schleicher ermordet worden war, ging die Armee in gewissem Sinne nichts an, denn Schleicher war lange davor in das Lager der Berufspolitiker hinübergewechselt und gehörte daher nicht mehr wirklich »dazu«.

deutsche Generalität davongetragen, deren Mitglieder in seinem Weltbild bis dahin die Rolle makelloser Übermenschen gespielt hatten. Seine Erschütterung war total und seine Schlußfolgerung kompromißlos. Diese Armee, die es sich hatte gefallen lassen, daß die politische Führung einen ihrer obersten Chefs mit einer ehrabschneidenden Verleumdung »in die Wüste schickte«, verfiel ab sofort seiner bodenlosen Verachtung. Deutschlands Zukunft präsentierte sich ihm von da an hoffnungslos und rabenschwarz. Denn nun gab es niemanden mehr, der Hitler und seinen »Kumpanen« hätte Paroli bieten können.

Wer sich von der Aussicht auf eine rasche Karriere wegen beschleunigter Aufrüstung so weit korrumpieren ließ, daß er seine Offiziersehre darüber vergaß, der steckte seinen Hals freiwillig in eine Schlinge, die andere zuziehen konnten. Das stand für meinen Vater fest, und von dieser Überzeugung ließ er sich auch in seiner sonnabendlichen Gesprächsrunde kein Jota abhandeln. Dabei erlebte er dann gleich die nächste Erschütterung: Er mußte feststellen, daß er mit seiner Auffassung mutterseelenallein dastand. Nach einigen hitzigen Auseinandersetzungen fanden die gewohnten Zusammenkünfte daher ein abruptes Ende. Mein Vater konnte seine kunstvoll gebrauten Bowlen nun meist alleine trinken. Nur wenige waren es, die ihm weiterhin die Treue hielten.

Die nächste Verwandtschaft gehörte – mit nur zwei Ausnahmen – nicht dazu. Über »Hans-Ottos pessimistische Ansichten« schüttelte man in der ganzen Familie den Kopf. Mit mitleidiger Herablassung sprach man von der seltsam negativen Einstellung dieses Vetters, der offensichtlich nicht mitbekommen hatte, wie groß die Zeiten waren, deren Zeuge man sein durfte. Und der nicht einsehen wollte, daß hier andere Maßstäbe anzulegen waren als in der Vergangenheit. Immerhin aber hat niemand aus dem Kreise der Verwandten und Bekannten meinen Vater angezeigt, bis zum Kriegsende nicht, obwohl sein Temperament es ihm in all den Jahren unmöglich machte, doch »endlich zu lernen, etwas vorsichtiger zu sein«, wie man es ihm allseits gönnerhaft nahelegte. Daß er – wenn man von ein paar Verhören absieht – ungeschoren davonkam, stellt der Familie ein schönes Zeugnis aus. Das war nämlich unter den Verhältnissen, die noch kommen sollten, insbesondere während des Krieges, nicht so selbstverständlich, wie mancher heute vielleicht glaubt. Später stellte sich dann übrigens heraus, daß alles sowieso nur ein gewaltiges Mißverständnis gewesen war. Denn

nach dem Kriege klärte die Verwandtschaft meinen Vater darüber auf, daß man immer schon seiner Ansicht gewesen sei.
Die Fritsch-Affäre blieb nicht der einzige Warnschuß. Als wir an einem Novembermorgen desselben Jahres auf dem Wilhelmplatz in Potsdam aus unserem Schulbus stiegen, stellten wir fest, daß es in der Synagoge gebrannt hatte. Die bunten Scherben ihrer zersplitterten Fenster waren über das Pflaster verstreut. Aus den Öffnungen rauchte es noch. Vor der Fassade standen einige Polizisten und SA-Leute und einige Gruppen von Passanten. Obwohl Brände uns, wie alle Sensationen, sehr interessierten, konnten wir nicht stehenbleiben, sondern mußten zusehen, daß wir rechtzeitig in die Schule kamen. Erst während der Pausen auf dem Schulhof erfuhren wir nach und nach, daß in der Nacht etwas »losgewesen« sein mußte. Bei Wertheim waren Scheiben eingeworfen worden. Vor den Schaufenstern anderer jüdischer Geschäfte hingen Plakate mit der Aufschrift »Juda verrecke« und ähnlichen Parolen. Wir waren beklommen. Ich muß, wenn ich meine Erinnerung präzise befrage, gestehen, daß ich in diesem Augenblick nicht an das Schicksal und die Angst der verfolgten Menschen dachte. Mein Unbehagen hatte einen unbestimmteren und viel mehr ichbezogenen Ursprung. Ich hätte ihn damals nicht beschreiben können. Heute würde ich sagen, daß ich zum erstenmal einen Hauch von Chaos spürte.
Daß es sich um eine »spontane« antijüdische Aktion gehandelt habe, die in dieser Nacht gleichzeitig in ganz Deutschland abgelaufen sei, lasen wir dann erst in der Zeitung. Es habe sich um einen »Racheakt des Volkes« gehandelt, stand da, ausgelöst durch den »heimtückischen Mord« eines Juden an einem deutschen Botschaftsangestellten in Paris einige Tage zuvor. Unsere Zeitungen schäumten über vor Entrüstung und erklärten das Ganze als den Beginn einer »haßerfüllten Kampagne des Weltjudentums« gegen Deutschland.
Wir glaubten davon kein Wort. »Wie die Kerle logen« und wie wenig man das für bare Münze nehmen durfte, was in den Zeitungen stand, das hatte sich inzwischen herumgesprochen. Wir beruhigten unser Gewissen notdürftig mit der hanebüchenen Theorie, daß es sich um eine Entgleisung »niederer Dienststellen« gehandelt haben müsse, und vertrauten in unüberbietbarer Naivität darauf, daß die preußische Polizei, durch die Vorkommnisse gewarnt, schon dafür sorgen werde, daß sich so etwas nicht wiederholte. Es ist mir auch nachträglich gänzlich

unmöglich zu unterscheiden, wo unsere Dummheit (die man sich allerdings als atemberaubend vorzustellen hat) aufhörte und in die vom Gefühl eines schlechten Gewissens (das sich anläßlich dieser »Reichskristallnacht« bei uns Schülern erstmals regte) motivierte Verdrängungsbereitschaft überging. Wenn ich mich recht erinnere, habe ich damals zum erstenmal die abwiegelnd-entschuldigende Redensart gehört: »Wenn das der Führer wüßte!« Natürlich wußte er. Wir wollten es nur nicht wahrhaben.

Von diesem »Wir« ist von jetzt an mein Vater allerdings auszunehmen. Er hielt inzwischen das Schlimmste für möglich (und unterschätzte doch das Ausmaß der Katastrophe, wie im Laufe der Jahre in quälendem Maße offenbar wurde). Wenn ich versuchte, ihn an die vielen positiven Erscheinungen zu erinnern, die er in den Anfangsjahren noch begrüßt hatte, schüttelte er nur abwehrend den Kopf. Wenn ich in ihn drang, schwieg er mit düsterer Miene. Damals machte mich das wütend. Nachträglich muß ich ihm Abbitte leisten: Er wußte im voraus mit deprimierender Gewißheit, daß seine Argumente keine Chancen hatten, meine naiv-optimistische Gläubigkeit zu erschüttern.

So trug uns vorerst noch der nationale Rausch. Wir waren jetzt, nach dem Anschluß Österreichs im Frühjahr 1938, Angehörige eines »Großdeutschen Reiches«, das von aller Welt respektiert wurde. Wir gingen weiter zur Schule, genossen einen meist hervorragenden Unterricht bei Lehrern, die es verstanden, uns unreife Bürschchen für den Stoff zu interessieren, und erfreuten uns im übrigen ebenso sorgenwie gedankenlos der unbestreitbaren Vorzüge, die es mit sich bringt, wenn man jung ist. In der reichlichen Freizeit spielten wir Tennis, segelten wir auf der Havel oder trafen uns, während des Winters, mit unseren Freundinnen zum Schlittschuhlaufen auf dem Heiligensee. An seinem nördlichen Ufer liegt das Schloß Cäcilienhof. Wenn uns damals jemand erzählt hätte, daß dort wenige Jahre später der amerikanische Präsident zusammen mit dem britischen Premierminister und dem sowjetischen Parteichef über die Zukunft Deutschlands entscheiden würde, wir hätten ihn für verrückt erklärt.

Das letzte Schuljahr – und Wilhelm Stumpf

Noch aber tat die Welt so, als ob sie uns gehörte. Meine Erinnerung an das letzte Friedensjahr in Potsdam gaukelt mir lauter sonnendurchflutete Sommertage vor. Der Name »Potsdam« ist inzwischen für viele, vielleicht die meisten Menschen, zum Synonym für ein militaristisch heruntergekommenes Preußentum geworden. Gewiß nicht ohne Grund. 1938 galt das Urteil ohne Einschränkung.* Uns Halbwüchsigen aber zeigte die Stadt ein ganz anderes Gesicht.

Mein Vater war einige Jahre zuvor zu Siemens-Plania in Berlin-Lichtenberg versetzt worden, wo ihn größere Aufgaben erwarteten. Der nicht unbeträchtliche Karrieresprung war auf äußere Umstände ebenso wie auf eigenes Verdienst zurückzuführen. Allen ehemaligen Offizieren wurde damals die »Reaktivierung« angeboten. Die meisten von ihnen machten begeistert von der Möglichkeit Gebrauch, den ungeliebten Zivilanzug wieder mit dem militärischen »Ehrenkleid« vertauschen zu können. Nicht so mein Vater, der sich von seinen ehemaligen Kameraden inzwischen durch einen tiefen Graben getrennt fühlte. Als Folge der Reaktivierungswelle leerten sich in Industrie und Verwaltung Führungspositionen in großer Zahl. Die große Sprachbegabung meines Vaters – er war sattelfest nicht nur in den alten Sprachen, sondern beherrschte fließend auch Englisch und Französisch – führte dazu, daß man ihm bei Plania die Betreuung der Auslandsmärkte in Belgien, den Niederlanden und Skandinavien anvertraute. Es drehte sich fast ausschließlich um den Einkauf von Graphitelektroden zur Stahlerzeugung, also, wie sich denken läßt, um einen Wirtschaftszweig, dem höchste Priorität eingeräumt wurde.

* Wer vergessen haben sollte (oder nicht wahrhaben will), daß es auch ein anderes Preußen gab, sollte einmal Fontane lesen, den »Stechlin« etwa oder die »Wanderungen durch die Mark Brandenburg«. Oder, wenn er eine historische Dokumentation vorzieht, das kürzlich erschienene Buch »Jeder nach seiner Façon. Berliner Geistesleben 1700–1810« von Herbert Meschkowski (München 1986). Zwar lassen gerade die bei aller Sympathie doch immer kritischen Schilderungen Fontanes deutlich erkennen, daß der Keim der späteren Katastrophe schon sehr früh angelegt war – aber eben doch nur als Möglichkeit, keineswegs als von vornherein unabwendbare »historische Notwendigkeit«. Dafür, daß dieser Keim, alle anderen Möglichkeiten überwuchernd, zu einem tödlichen Giftgewächs heranreifte, haben spätere Generationen die Verantwortung zu übernehmen und nicht die Zeitgenossen Lessings oder der Brüder Humboldt.

Uns beschäftigte der Gedanke an derlei Zusammenhänge keinen Augenblick. In totaler, rückblickend sträflicher Unbekümmertheit genossen wir Kinder die Annehmlichkeiten des unerwartet eingetretenen Wohlstands. Die größten Gefahren gehen bekanntlich immer von den Risiken aus, die man nicht wahrhaben will. An die Möglichkeit eines Krieges dachte niemand im Kreise unserer Freunde und Freundinnen. Ich weiß noch, wie erstaunt und ohne alles Verständnis ich reagierte, als einer unserer Lehrer das Thema mir gegenüber ansprach. Es geschah anläßlich meiner offiziellen »Abschiedsvisite« nach dem frisch bestandenen Abitur Ostern 1939.

Leidlich feierlich aufgeputzt (lange Hosen!), machten wir, jeder für sich, bei unseren Lehrern die Runde, um uns zu verabschieden. Erst heute fällt es mir ein, die geplagten Pädagogen dafür zu bedauern, daß ihre Hausklingel sie in diesen Wochen Nachmittag um Nachmittag nicht zur Ruhe kommen ließ. Sie ertrugen den Brauch mit der in langen Berufsjahren notgedrungen erworbenen Geduld und widmeten jedem von uns ein freundliches Gespräch. Beim Abschied an der Haustür fragte mich unser alter Mathematiklehrer Dr. Wylach – wir nannten ihn liebevoll »Oppa« –, wann ich denn aus dem (uns allen als Pflichtdienst bevorstehenden) Arbeitsdienst zum Studium wieder zurückkommen würde. »Im September«, sagte ich. »Na«, war die trokkene und unverkennbar traurige Antwort von Oppa, »dann kommen Sie man ohne Krieg nach Hause!« Ich verstand den Zusammenhang beim besten Willen nicht.

Ein Drittel des Potsdamer Stadtgebiets entfiel auf Parks und Wälder, in denen wir mit unseren Freundinnen flanierten. Ein weiteres Drittel waren Seen zum Baden und Segeln (und zum Schlittschuhlaufen im Winter). Die Stadt selbst bestand für uns aus den Wohnungen und Gärten unserer Freundinnen und Freunde, aus Kinos, Eisdielen (»Quapis« in der Brandenburger Straße, das, wie ich 1975 zu meiner Genugtuung feststellte, heute noch als Schülertreffpunkt existiert, wenn schändlicherweise auch unter einem anderen Namen) und aus Sportplätzen, auf denen wir Fußball spielten. Natürlich gab es auch Kasernen und Soldaten, die laut singend von ihren Übungen zurückkehrten. Ich erinnere mich, daß manche von uns die verschwitzten Männer beneideten, weil sie nicht von Abitursorgen geplagt wurden.

Die Hitlerjugend war vorübergehend ein Problem. Mein Vater erklärte kategorisch, daß er mich nicht mit einer Hakenkreuzarmbinde zu se-

hen wünsche. Auf die war ich auch nicht erpicht (wenn sie mich, ehrlich gesagt, auch überhaupt nicht gestört hätte). Mir kam es auf etwas ganz anderes an: Mir war der Gedanke höchst zuwider, im Kreise meiner Altersgenossen »aus der Reihe zu tanzen«. Ungeachtet aller im Einzelfall womöglich bestehender Tendenzen zu antikonformistischer Selbstdarstellung erscheint die Rolle des »Außenseiters« wohl den wenigsten Menschen attraktiv. Die Sorge, in sie hineinzugeraten, ist bei einem Heranwachsenden mit noch unterentwickeltem Selbstgefühl verständlicherweise besonders stark ausgeprägt. Fast alle meine Kameraden waren »organisiert«. (Ein offizieller Zwang dazu bestand übrigens keineswegs, den erlegten wir uns ganz von selbst auf.) Wie konnte ich zu Hause herumsitzen, wenn sie am schulfreien Sonnabend – dem »Staatsjugendtag« – mit Zelt und Kochgeschirr zum Übernachten (und zum Zwecke paramilitärischer Übungen) in die Wälder zogen?
Es fand sich eine elegante Lösung. In der Schwanenallee, am Ufer des Jungfernsees neben der Glienicker Brücke (heute Sperrgebiet, da das andere Ufer bereits zu West-Berlin gehört), gab es den »Kaiserlichen Yacht-Club«. Das war eine Adresse nach dem Herzen meines Vaters. Die in diesem feudalen Club segelnden Junioren waren – wie die Pfadfinder und alle anderen Jugendorganisationen auch – von der Hitlerjugend »übernommen« worden. Man hatte ihnen aus diesem Anlaß auch eine Uniform verpaßt, jedoch eine Matrosenuniform, die bei meinen Eltern zwar wieder Erinnerungen an die Meuterei des Jahres 1918 wachrief, ihnen aber immer noch eher erträglich schien als die übliche nazibraune Tracht der HJ.
Dort also trat ich ein, und dort fand ich dann auch nicht wenige meiner Schulkameraden wieder. Zwar mußten auch wir »exerzieren« und allerlei anderen pseudomilitärischen Unsinn treiben. Unter anderem waren wir gehalten, uns die Umrißlinien (Silhouetten) der wichtigsten feindlichen (englischen) Kriegsschifftypen einzuprägen, eine Aufgabe, auf die wir uns mit dem gleichen Eifer stürzten, mit dem wir Autotypen auswendig zu lernen pflegten. Die meiste Zeit aber verbrachten wir rudernd und segelnd auf dem Wasser. Es war ein Kompromiß, der die Wünsche des Sohnes mit den Abneigungen der Eltern auf geradezu ideale Weise versöhnte und auf beiden Seiten der unbewußten Wunschvorstellung Vorschub leistete, daß es mit einigem Erfindungsreichtum möglich sei, sich in dem dichter werdenden Geflecht staatlicher Ansprüche ein privates Reservat zu erhalten.

Nur ausnahmsweise und nur für Augenblicke wurde ich mit der Nase darauf gestoßen, wie illusionär meine Einstellung war, durch und durch nichts als aus Wirklichkeitsangst geborener Selbstbetrug. Zu einem solchen Augenblick kam es in meinen letzten sorgenlosen Ferien, während einer Fahrt an die Ostsee. Seit die Eltern es sich leisten konnten, fuhr die Familie im Sommer nach Binz auf Rügen. Da unser Adler Trumpf junior für Eltern plus vier Kinder (1933 war noch ein Bruder zur Welt gekommen) plus Hertha plus Gepäck viel zu klein war, pflegte meine Mutter mit mir und den Koffern im Auto nach Binz zu fahren, während die übrige Familie mit der Bahn und, ab Stettin, mit dem Schiff anreiste.
So auch im Juli 1938. Es war ein strahlender Sommertag. Wir fuhren im offenen Auto. Ich war voller Vorfreude: auf vier unbeschwerte Wochen an der See ohne Schulaufgaben und Stundenpläne, auf Freunde, die ich dort wiedersehen würde, und auf die Flirts auf der Strandpromenade. Wir umgingen den Berliner Verkehr in einem großen Bogen im Westen und stießen erst nördlich des Stadtgebiets, in Oranienburg, auf die direkte Straße nach Stralsund, wo es die einzige Landverbindung nach Rügen gab. Kurz nachdem wir Oranienburg passiert hatten, machte meine Mutter eine unbestimmte Handbewegung zur Seite. »Dort drüben muß irgendwo das Lager sein«, sagte sie. Ich wußte sofort, wovon sie sprach. Mein Vater hatte uns in düsteren Andeutungen davon erzählt. Die dort Eingesperrten würden fürchterlich schikaniert, hatte er behauptet. Sie müßten schwer arbeiten und würden verprügelt. Sogar Tote solle es schon gegeben haben. Beklommen fragte ich meine Mutter: »Glaubst du, daß es wirklich so schlimm ist?« Nach einer kurzen Pause antwortete sie, den Blick konzentriert nach vorn auf die Straße gerichtet: »Ich fürchte, Vati hat recht.« Schweigend fuhren wir weiter. Alle Ferienstimmung war verflogen. Aber nur vorübergehend, für die nächsten zwanzig oder dreißig Kilometer. Dann löste sich der Druck allmählich. Als wir in Stralsund ankamen, hatte ich den Vorfall schon wieder vergessen. Ich habe auch während der ganzen anschließenden Ferien nicht an ihn gedacht. Aber viele Jahre später ist er mir wieder eingefallen.
Einen einzigen Mitschüler gab es in unserer Klasse, der sich nichts vormachen ließ und der sich auch selbst nichts vormachte. Das war Wilhelm Stumpf »aus Derwitz bei Groß-Kreutz«, wo er täglich um sechs Uhr morgens aufstehen mußte, um rechtzeitig zum Schulbeginn in

Potsdam zu sein. Stumpf war der Sohn eines Landpfarrers, der zur »Bekennenden Kirche« gehörte. Diese war ursprünglich als eine Art Erneuerungsbewegung innerhalb der evangelischen Kirche schon in den Jahren nach dem Ersten Weltkrieg entstanden. Seit dem demonstrativen Auftreten der nationalsozialistisch gesonnenen »Deutschen Christen« (die zum Beispiel das Alte Testament als »jüdische Schrift« ablehnten und den Ausschluß aller getauften Juden aus den Gemeinden forderten) hatte sich die BK, wie sie allgemein genannt wurde, zu einer innerkirchlichen Protestbewegung entwickelt, die ganz unverhohlen im Widerspruch stand zu allem nationalsozialistischen Gedankengut. Ihr damals schon bekanntester Repräsentant war Martin Niemöller, Gemeindepfarrer an der »Dorfkirche« in Berlin-Dahlem. Niemöller hatte, wie jedermann wußte, in der kaiserlichen Marine als Offizier gedient und im Weltkrieg als U-Boot-Kommandant den höchsten Tapferkeitsorden, den Pour le mérite, erhalten. 1938 kam er ins KZ, weil er trotz aller Verbote und Drohungen nicht davon abgelassen hatte, in öffentlichen Predigten gegen staatliches Unrecht zu protestieren. Er hatte nicht nur in seiner eigenen Gemeinde gepredigt. Zumindest einmal trat er vor seiner Verhaftung auch in der Arbeitervorstadt Nowawes bei Potsdam auf, in einem beängstigend überfüllten Gemeindesaal, in dem auch unsere Familie, einschließlich Hertha, seinen Worten lauschte. Ich erinnere mich noch daran, mit welcher Bewunderung mein Vater auf dem Heimweg über den Mut dieses Mannes sprach.
Nun war Niemöller als prominenter Kriegsheld in der offiziell angeheizten Stimmung vaterländischer Begeisterung einigermaßen geschützt, wenigstens für begrenzte Zeit, wie sich herausstellte. Aber auch sonst gab es in den Jahren vor dem Krieg noch Freiheitsräume, die mancher heute kaum für möglich hält. Dies galt, wenn ich meine Erinnerungen aus diesen Jahren mit denen späterer Freunde aus anderen deutschen Städten vergleiche, offensichtlich speziell für die Potsdamer Gesellschaft. Die preußisch-korrekte Beamtenmentalität ihrer bürgerlichen und die ehrpusselig-überhebliche Offiziersgesinnung ihrer soldatischen Vertreter mag zum Spott herausfordern. Tatsache aber ist, daß in ihrem Umkreis erstaunlich lange ein Rest von Anständigkeit bewahrt blieb. Es war kein Zufall, daß sich der seiner »nichtarischen Abstammung« wegen als ostpreußischer Landrat amtsenthobene Vater des erwähnten Schulfreundes nach einem unbefriedigend verlaufenen Versuch in einer sächsischen Großstadt für Potsdam als Ruhesitz

entschied. Und sei es nur deshalb, weil es ihm nach nicht ganz einfachen Verhandlungen gelungen war, hier Schuldirektoren zu finden, die den Mut besaßen, seine Kinder als Schüler aufzunehmen.
Wilhelm Stumpf rettete dieses spezifische Potsdamer Milieu das Leben – zunächst jedenfalls. Denn dieser Junge nahm kein Blatt vor den Mund. Er provozierte nicht etwa. Er trat auch nicht als »Bekenner« auf. Das war nicht seine Art. Groß und knochig, mit breitem Gesicht, das sich leicht zu einem verlegenen Lächeln verzog, mit linkischen Bewegungen, machte er den Eindruck eines unbeholfenen Landkindes. Er war einsilbig und gänzlich außerstande, sich auch nur den Anschein gewinnender Verbindlichkeit zu geben. Auf unseren Schulfesten stand er meist hölzern herum. Dennoch wäre niemand von uns, auch nicht das loseste Schandmaul, jemals auf den Gedanken gekommen, ihn seiner Eigenart wegen aufzuziehen. Denn ganz abgesehen davon, daß er der hilfsbereiteste und verläßlichste Mitschüler war, der sich denken läßt, überragte er uns alle turmhoch mit einer erstaunlichen Vielfalt von Begabungen. Im Griechisch- und Lateinunterricht wurde er von unseren Lehrern fast wie ein Kollege behandelt. Beizubringen war ihm da nichts mehr. Auch in Mathematik lag er vorn. Beim Geräteturnen stand ihm bei aller Kraft seine eigentümlich steife Ungelenkigkeit im Wege. Im Boxen aber (damals Pflichtdisziplin) und in der Leichtathletik rechnete er zur Spitzengruppe. Damit nicht genug: Wir wußten zwar vom Hörensagen, daß er ein hochbegabter Organist sein sollte. Trotzdem waren wir zutiefst erstaunt, als unser Musiklehrer uns eines Tages am Flügel eine Motette vorspielte, die unser noch fünfzehnjähriger Klassenkamerad komponiert hatte und die, wie wir bezeichnenderweise erst bei dieser Gelegenheit erfuhren, kurz zuvor anläßlich des Neujahrsgottesdienstes in der Potsdamer Nikolaikirche uraufgeführt worden war.
Das war Wilhelm Stumpf, der keine Feinde hatte und keine Neider, der sich immer bescheiden im Hintergrund hielt und der jeden abschreiben ließ, der von ihm abschreiben wollte. Er hatte als einziger von uns schon mit fünfzehn Jahren die Kriminalität unserer neuen »nationalen Obrigkeit« ohne Wenn und Aber durchschaut und erwies sich als immun gegenüber allen nationalen Aufwallungen und demagogischen Argumenten. Auch wenn man in Rechnung zu stellen hat, daß er seine Klarsicht wesentlich dem Einfluß seines ebenso unbeugsamen Vaters verdankt haben dürfte, war die Reife und Unbeirrbarkeit dieses

Jungen imponierend. Wir alle spürten das, und ebenso spürten es auch unsere Lehrer.
Es charakterisiert die eigentümlich zwiespältige Atmosphäre der letzten Vorkriegsjahre, jedenfalls in Potsdam und jedenfalls in unserem Gymnasium, daß jemand wie Wilhelm Stumpf diese Zeit überleben konnte. Wenn man die hemmungslose Brutalität der Nazis rückblikkend bedenkt, ist diese Tatsache bemerkenswert. Sie bleibt es auch dann, wenn hinzuzusetzen ist, daß dieser ungewöhnliche Junge nicht als protestierender Aufklärer oder Widerständler auftrat. Auch in dieser Hinsicht hielt er sich zurück. Ganz sicher nicht aus Vorsicht oder taktischem Kalkül. Es war ganz einfach nicht seine Art, ungefragt irgendwelche Ansichten von sich zu geben. Fragte man ihn jedoch, so machte er aus seinem Herzen keine Mördergrube. Niemand daher an der ganzen Schule, der nicht genau gewußt hätte, was Wilhelm Stumpf vom nationalsozialistischen Regime hielt. Auch die wenigen überzeugten Nationalsozialisten unter unseren Lehrern waren sich darüber nicht im Zweifel. Das Problem wurde in stillschweigender Übereinkunft dadurch umgangen, daß niemand den schweigsamen Schüler nach seinen politischen Ansichten fragte.
Bezeichnend ein kleiner Vorfall im letzten Jahr vor dem Abitur. Eine staatliche Auflage nötigte den Schüler Stumpf zu einer politischen Stellungnahme, ohne daß seine Lehrer ihn davor hätten bewahren können. Wir hatten im Deutschunterricht einen Aufsatz zu schreiben, in dem die »Nürnberger Gesetze zum Schutz des deutschen Blutes und der deutschen Ehre« zu kommentieren waren. Die Aufforderung nahm den Schüler Stumpf selbstredend nicht aus, und dieser zögerte nicht im mindesten, den verlangten Kommentar abzufassen. Während wir anderen aber in der vage ausweichenden Weise, die wir uns in diesen Jahren unmerklich anzugewöhnen begannen, wortreich um den heißen Brei herumzureden bemüht waren, kam unser Klassenkamerad Stumpf ohne große Umschweife oder andere Fisimatenten sogleich zur Sache. Sein Kommentar fiel ebenso intelligent wie schonungslos aus.
Als unser Deutschlehrer Dr. Stechele (»Jimmy«) die zensierten Aufsätze einige Tage später wieder in die Klasse mitbrachte, begann er, wie es seiner Gewohnheit entsprach, die Zensuren in alphabetischer Reihenfolge bekanntzugeben und jeweils mit einigen Sätzen zu begründen. Wer an die Reihe kam, ging nach vorn und nahm sein Heft per-

sönlich in Empfang. Stumpfs Name fiel nicht. Als »Jimmy« am Ende seiner Verlesung angekommen war, lag noch ein einzelnes Heft vor ihm. Er nahm es, stand nun seinerseits auf, ging zu Stumpfs Platz und sah diesen einige Sekunden mit einem verständnisinnigen Lächeln an. Dann sagte er leise: »Nicht zensiert«, überreichte das Heft seinem Eigentümer und ging schweigend zurück an sein Pult. In der Klasse war es mucksmäuschenstill. Alle wußten, was los war. Der Fall aber war damit erledigt.*

Schweigen und wegsehen, die »heißen Eisen« nur ja nicht anfassen, es sei denn im engsten Kreis der Freunde oder der Familie, das war die Maxime, die uns, ohne daß wir uns dessen deutlich bewußt gewesen wären, in diesen Jahren langsamen Erwachsenwerdens schleichend in Fleisch und Blut überging. Ich erinnere mich noch des jähen Erschrekkens, das mich packte, als mein Freund Günther Ahlefeldt auf einer gemeinsamen Fahrt mit dem Paddelboot »Onkelchen« plötzlich lauthals über das Wasser schrie: »Wir wollen keinen Führer mehr!« Mir gefror, wie man so sagt, das Blut in den Adern. Bis ich registrierte, daß wir uns mutterseelenallein mitten auf dem Jungfernsee befanden. Günther lachte sich halbtot über den gelungenen Scherz. An die Situation, die seine Pointe überhaupt erst ermöglichte, hatten wir uns bereits gewöhnt.

Wegzusehen und an die unübersehbaren Warnsignale nicht zu denken, das war das Mittel, dessen wir uns instinktiv bedienten, um unsere sorglose Lebenslust über diese letzten Schuljahre hinwegzuretten. Daß wir uns damit nur selbst betrogen und überdies zum Anwachsen

* In unübersehbarem Kontrast zu Wilhelm Stumpfs Aufsatz steht ein vielhundertseitiger Kommentar, den etwa in derselben Zeit der Jurist Hans Globke als Ministerialrat im Reichsinnenministerium zum gleichen Thema ausarbeitete. Dieser enthielt »alles, was man in der Praxis benötigt«, wie Roland Freisler, berüchtigter Vorsitzender des späteren »Volksgerichtshofs«, anerkennend feststellte. Freisler hatte in der Tat Grund, sich so zu äußern, denn Globkes Kommentar hat unter anderem die völkischen Großgruppen »artfremden Blutes« exakt definiert, an deren »Ausscheidung aus dem deutschen Volkskörper« der nationalsozialistischen Rassenpolitik so entscheidend gelegen war, und dadurch mitgeholfen, die ersten Stufen der Treppe zu zimmern, die schließlich in die Gaskammern führte (Siehe dazu: Ralph Giordano, »Die zweite Schuld, oder von der Last Deutscher zu sein«, Hamburg 1987, S. 107f.). In weiterem Unterschied zu meinem Mitschüler Wilhelm Stumpf überlebte Hans Globke bis in die Nachkriegsjahre, in denen ihm, dessen Verwaltungserfahrung als unentbehrlich angesehen wurde, die Aufgabe zufiel, Konrad Adenauers Bundeskanzleramt aufzubauen und zu organisieren (einschließlich der damit einhergehenden Personalentscheidungen).

der Gefahr auch noch unseren Teil beitrugen, kam uns nicht in den Sinn. Wer sich von meiner Generation dieser psychischen Verfassung heute noch deutlich genug erinnert, kann sich einer gewissen Resignation nicht erwehren angesichts des verständnislosen Hasses, der die meisten Bürger unserer Nachkriegsgesellschaft beim Anblick steinewerfender Chaoten erfüllt. Kein Zweifel: Wer seinem Protest auf so primitiv aggressive Weise Ausdruck verleiht, setzt sich uneingeschränkt ins Unrecht, gleich welche Motive ihn erfüllen mögen. Es gibt kein Recht, das sich durch das Werfen von Steinen herbeiführen ließe. Und es gibt in unserer Gesellschaft auch kein Übel, das mit denen der Naziherrschaft ernstlich verglichen werden dürfte. Trotzdem krankt unsere Gesellschaft, wie sie ihrerseits durch ihre Überreaktion verrät, an der Unfähigkeit, den Akt des Steinewerfens auch als Geste einer Verzweiflung erkennen zu können, für die es in unserer entwickelten Industriegesellschaft wahrhaftig hinreichende Anlässe gibt.*
Wir haben damals nicht nur nicht mit Steinen um uns geworfen, wir haben auch sonst auf keine Weise protestiert. Wir waren die adrett gekleideten, wohlerzogenen jungen Leute mit kurzgeschnittenen Haaren, an denen jeder Bundesbürger seine helle Freude hätte. Wir haben geglaubt, uns der Probleme auf billigere Weise entledigen zu können, indem wir uns bemühten, sie zu übersehen. Das mag »menschlich« sein, und es wäre, wenn nicht die eine Ausnahme in unserer Klasse diese Ausflucht widerlegte, aufgrund unserer Jugend – ich war, wie die meisten von uns, zum Zeitpunkt des Abiturs siebzehn Jahre alt – vielleicht sogar entschuldbar. Desungeachtet aber ist es in jedem Falle kritikwürdig, und es führte denn am letzten Tage unserer Schulzeit auch noch zu einem Vorkommnis, dessen ich mich bis auf den heutigen Tag schäme.

* Bei Jean Paul gibt es eine Stelle, die verrät, daß frühere Generationen in dieser Hinsicht sensibler waren. Der Dichter läßt dort einen fiktiven Luftschiffer namens Giannozzo über ein Schlachtfeld treiben und beim Anblick des grausamen Gemetzels in Verzweiflung geraten. Als alle seine Versuche fehlschlagen, die streitenden Parteien zur Vernunft zu bringen, beginnt Giannozzo in aus ohnmächtigem Mitleid geborenem Zorn, die Steine, die er als Ballast mit sich führt, »auf die ringende, vom Erdbeben eines bösen Geistes (...) geschüttelte Masse« zu schleudern. Wie verfehlt diese aggressive Reaktion auf das wahrgenommene Elend jedoch ist, hält auch Jean Paul seinem Helden sogleich vor: »O Giannozzo, der Wahnsinn, womit du verwunden hilfst, ist eben der gräuliche, der die Völker gegeneinander treibt!« (»Des Luftschiffers Giannozzo Seebuch«, Sämtliche Werke, Berlin 1841, Bd. 17, S. 213f.).

Im letzten Augenblick nämlich, bei der Ausstellung der »Reifezeugnisse«, raffte sich der gekränkte, ergo: der nationalsozialistisch gesonnene, Teil unserer Lehrerschaft doch noch dazu auf, sich an Wilhelm Stumpf zu rächen, dem offen entgegenzutreten in all den Jahren davor niemand von ihnen sich getraut hatte. Entsprechend schäbig fiel die Rache aus: Stumpf, am Viktoria-Gymnasium vermutlich der mit Abstand begabteste Absolvent des ganzen Vorkriegsjahrzehnts, bekam die Durchschnittsnote 3 in sein Abiturzeugnis hineingeschrieben.
Zur Ehrenrettung unserer ganz überwiegend – Parteiabzeichen am Revers hin oder her (»Cato«!) – anständigen Lehrer sei nachgetragen, daß man unserem Schulleiter Dr. Diehl seitens des Kultusministeriums im Jahre zuvor einen Oberstudienrat beigegeben hatte, der »Alter Kämpfer« war und mit dem »Goldenen Parteiabzeichen« herumlief – als »Aufpasser«, wie gemunkelt wurde, was nicht so ganz falsch gewesen sein dürfte. Dieser versuchte alsbald, politisch einen schärferen Kurs einzuführen, womit er jedoch bis zu unserem Abitur wenig Erfolg hatte. Er war aber ohne Zweifel »linientreu« genug, um sich verpflichtet zu fühlen, es dem notorisch antinationalsozialistisch eingestellten Wilhelm Stumpf endlich heimzuzahlen. Ich vermute daher, daß die groteske Abiturnote einen faulen Kompromiß darstellte, zu dem sich der übrige Lehrkörper herbeiließ, um das Schlimmste abzuwenden.
Zur abschließenden Abiturfeier erschien der auf so miese Weise Gemaßregelte nicht – jeder von uns hatte dafür größtes Verständnis. Was aber kaum weniger mies war, ist die Tatsache, daß wir anderen alle pünktlich zur Stelle waren, um uns als Abiturienten feiern zu lassen. Ich widersprach nicht, als der Direktor mich vor der versammelten Elternschaft als »besten Abiturienten des Jahrgangs« apostrophierte. (Das einzige Fach, in dem ich besser gewesen war als Wilhelm Stumpf, war Biologie.) Ich empfand in diesem Augenblick, wie ich zu meiner Schande gestehen muß, sogar Stolz. Schwacher Trost, daß die anderen auch keine größere Solidarität bewiesen, daß auch sie nur an sich dachten und befriedigt ihre Buchpreise und Zeugnisse in Empfang nahmen. Wilhelm Stumpf wäre das, bei umgekehrt verteilten Rollen, nicht passiert, soviel ist sicher. Ein Jahr später war er tot. Er fiel als erster aus unserer Klasse gleich zu Anfang des »Frankreichfeldzuges«.

Das Ende der Illusionen

Einen kurzen, schrecklichen Augenblick hatte es gegeben, in dem mich die ungeschminkte Erkenntnis dessen, was vor mir lag, ohne Vorwarnung überfallen hatte wie ein Blitz. Kurz vor dem Abitur wachte ich eines Nachts auf und wurde, aufrecht im Bett sitzend, von Panik körperlich buchstäblich durchgeschüttelt. Von einer Sekunde zur anderen, mitten aus dem Schlaf heraus, stand mir plötzlich klar und in unverhüllter Deutlichkeit vor Augen, daß es in wenigen Wochen unwiderruflich vorbei sein würde mit aller fröhlichen Unbeschwertheit. Daß ich binnen kurzem ohne all die freundlich gewährten Annehmlichkeiten und Privilegien würde auskommen müssen, die ich bislang als »höherer Schüler« im Schutz eines bürgerlichen Elternhauses wie selbstverständlich genossen hatte.
Der nächtliche Angstanfall übertrieb keineswegs den Schock, der mir bevorstand. Zum Verständnis ist daran zu erinnern, daß Schulentlassung damals nicht, wie heute, gleichbedeutend war mit größerer individueller Freiheit, mit der Erlösung von schulischen Leistungszwängen und der Entlassung aus der Aufsicht der Erwachsenen. Nach dem Abitur hatte man vor allem anderen zunächst seine Arbeitsdienstpflicht abzuleisten. Sie dauerte zwar nur sechs Monate – ein Faktum, an das einen alle Welt »zum Mutmachen« immer von neuem erinnerte –, die aber hatten es in sich. Die lebhaften Schilderungen älterer Leidensgenossen, die die Sache schon hinter sich gebracht hatten, ließen daran keinen Zweifel. Und außerdem erwartete einen nach der Entlassung aus dem Arbeitsdienst noch der zweijährige Wehrdienst. Das Ende der Schulzeit war folglich gleichbedeutend mit dem Anfang eines Lebensabschnitts, in dem man mindestens zweieinhalb Jahre lang uneingeschränkt der Herrschaft einer von Befehl und Gehorsam reglementierten Welt unterworfen sein würde – aus der Sicht eines Siebzehnjährigen eine schier endlose Zeitspanne.
Was den Arbeitsdienst betraf, zu dem ich mich am 1. April 1939 im RAD*-Lager Lanke bei Bernau im Norden Berlins weisungsgemäß einfand, wurden meine Befürchtungen denn auch keineswegs enttäuscht. Die Begrüßungsansprache enthielt die Aufforderung, den das

* RAD: Reichsarbeitsdienst

Lager umgebenden Stacheldrahtzaun so zu respektieren, »als ob er elektrisch geladen sei«. In den ersten vier Wochen durfte keiner von uns das Lager verlassen. Die zwischen uns »Arbeitsmännern« und den Vorgesetzten herrschende Atmosphäre war nicht bloß unfreundlich, sie war, von wenigen Ausnahmen abgesehen, unverhohlen und, wie mir schien, bewußt feindselig.
Kein Wunder: Sie war das unausbleibliche Resultat der sozialen Extreme, die in diesem wie von einem elektrischen Zaun eingegrenzten Lager aufeinanderprallten. Alles, was sich auch nur im entferntesten zum militärischen Vorgesetzten eignete, war von der sich explosionsartig aufblähenden Wehrmacht längst vereinnahmt worden. Für den Arbeitsdienst blieb nur noch der soziale Bodensatz. Die meisten unserer Truppführer waren in ihren Berufen gescheiterte Existenzen, einige wegen kleinerer Delikte vorbestrafte Kriminelle. Innerhalb des Lagers verfügten sie über eine praktisch unbegrenzte Macht. Diese gedachten sie während der wenigen Monate, die wir ihnen ausgeliefert waren, gebührend auszukosten. Denn uns gegenüber – nicht nur uns Abiturienten gegenüber, wenn dies auch mit besonderer Inbrunst – empfanden sie vor allem Neid und den Haß der Zukurzgekommenen.
Auf die Gefahr hin, mißverstanden zu werden: Ich gewann in dieser Zeit den Eindruck – und ich halte ihn noch heute nicht für falsch –, daß mit diesen Sätzen auch die psychologische Ausgangssituation in den damals neu entstehenden Konzentrationslagern zutreffend charakterisiert ist. Sie war dort von Anfang an auch deshalb weitaus gemeiner und unvergleichlich gefährlicher, weil die sozialen Kontraste noch extremer waren. In den neuen »Schutzhaftlagern«, wie sie anfangs hießen, stießen ja nicht bloß »verwöhnte dumme Schnösel«, wie wir es waren, auf verkrachte Existenzen (denen man, so grotesk es klingt, offiziell die Aufgabe überantwortet hatte, uns zu »nützlichen Mitgliedern der nationalsozialistischen Volksgemeinschaft zu erziehen«). In den KZs waren es in aller Regel ja sozial erfolgreiche Persönlichkeiten, die sich plötzlich rechtlos und unbefristet dem Mob ausgeliefert sahen.
Ich will mit alldem nur die Vermutung begründen, daß in den Schutzhaftlagern der Anfangsjahre des SS-Staates die Hölle »ganz von selbst« ausbrechen mußte, ohne daß es dazu einer ausdrücklichen Anweisung von oben bedurft hätte. Sie entsprang mit tödlicher Unausweichlichkeit einer a priori unheilträchtigen psychosozialen Konstella-

tion. Und selbstverständlich auch dem prinzipiellen Unterschied, daß ein KZ-Wächter im Gegensatz zu einem noch so sadistischen Arbeitsdienstführer seinen Haß bis zum Totschlag ausleben konnte, ohne befürchten zu müssen, dafür zur Rechenschaft gezogen zu werden.
Aber diesen und anderen unüberschätzbaren Unterschieden zum Trotz war die Mentalität, darauf will ich mit dieser Abschweifung hinaus, in beiden Lagerkategorien wesensverwandt. In beiden versteckte sie sich hinter der Maske einer unsinnig überzogenen und pseudomilitärischen Härte, die darauf angelegt war, ein strafbares Verhalten aufzuspüren, das zu Schikanen Anlaß geben konnte. (In Lanke riskierten wir zum Beispiel bereits einen »Strafdienst«, wenn wir uns im Lager anders als im Laufschritt bewegten.) Diese Mentalität darf als Markenzeichen einer totalitär und militaristisch organisierten Gesellschaft gelten.
Die ersten Monate im RAD-Lager Lanke belasteten mich psychisch bis an die Toleranzgrenze. Zugegeben, deren Schwelle dürfte in meinem Falle, dem eines verwöhnten Musterschülers, niedrig gewesen sein. Aber der Kontrast zwischen der von zu Hause gewohnten Welt und der, in die mich der Arbeitsdienst verschlug, hätte genügt, auch anderen einen Schock zu versetzen.
Ich kam aus einem Hause, das kultiviert genannt werden konnte. Unter dem Einfluß meines Vaters pflegten sich die Tischgespräche um Themen aus der Geschichte (meist) oder der Wissenschaft zu drehen. Meine Jugenderinnerungen sind von allem Anfang an mitgeprägt von den von meinen Eltern – Vater am Flügel, die Mutter mit der Geige – und deren musikalischen Freunden veranstalteten Hauskonzerten. Von den Sonaten, Trios und Streichquartetten Haydns und Mozarts, Beethovens und Schuberts, zu deren Melodien ich schon in meinem Kinderbett an so vielen Abenden einschlief. (Auch in die Dreieinhalbzimmerwohnung der ersten ärmlichen Jahre am Böttcherberg war noch ein alter Flügel aus Bückeburg hineingequetscht worden.) Bei unseren kleinen Festen nach der Tanzstundenzeit wurden Obstsäfte gereicht. Was sich zwischen uns und unseren Freundinnen damals alles nicht abgespielt hat, wage ich meinen Kindern gar nicht zu erzählen, weil sie mich vermutlich auslachen würden. Wir machten damals, als Siebzehnjährige, noch keine »Erfahrungen«. Wir hatten Herzklopfen. Auch nachträglich noch erscheint mir diese heute meist ungeduldig überschlagene Phase als besonders kostbar.

Und jetzt, im April des Jahres 1939, sah ich mich unvermittelt in eine Welt versetzt, in der man erotische Themen in einem Jargon abhandelte, dessen bewußt herausgekehrte Vulgarität mich anekelte. In eine Welt, in der die, denen ich als meinen Vorgesetzten Gehorsam schuldete, ein schadenfrohes Vergnügen daran fanden, mich nach Kräften zu demütigen und zu schikanieren. In der man auf Argumente bestenfalls höhnisches Gelächter erntete und Prügel riskierte, wenn man auf ihnen beharrte. In der wir bei schwerer körperlicher Arbeit (»im Moor«, wie das Klischee es verlangte) mittags mit einer rosa gefärbten Buttermilchsuppe und einem Kanten Brot abgespeist wurden, während unsere Vorgesetzten auf der Baustelle und im Lager getrennt von uns aßen (weil ihre Suppe, wie wir ironisch kommentierten, wohl eine andere Farbe hatte). Körperlich konnten sie mich nicht fertigmachen. Dazu war ich sportlich zu gut durchtrainiert. Aber seelisch hätten sie es fast geschafft.
Bis auch ich dann im Laufe der Monate schließlich doch die notwendige psychische Robustheit erwarb, deren es in dem neuen Milieu bedurfte. Natürlich ließe sich hier anmerken, daß ich eben zu dünnhäutig gewesen sei und daß die während der Monate in Lanke erfolgte Abhärtung mir nicht geschadet habe. Ich würde dem nicht einmal widersprechen, diesem Zugeständnis allerdings die Vermutung hinzusetzen, daß auch weniger widerwärtige Formen einer seelischen Abhärtung das wünschenswerte Ergebnis hätten herbeiführen können. Daß mir die Zeit blieb, den Gewöhnungsprozeß überhaupt durchstehen zu können, verdankte ich der Solidarität einiger Kameraden.
In Erinnerung geblieben ist mir von ihnen insbesondere Erich Stahl. Er war mindestens zehn Jahre älter als ich, stammte aus dem Arbeiternorden Berlins und hatte bereits eine Schlosserlehre hinter sich. Hinsichtlich Alter und sozialer Herkunft hätten die Unterschiede zwischen uns kaum größer sein können. Sie wurden auch niemals überbrückt. Ich war mit Stahl auch keineswegs etwa befreundet. Er imponierte mir, ohne daß ich ihm das jemals gesagt hätte, durch seine Reife und Selbstsicherheit, die so spürbar waren, daß selbst unsere Vorgesetzten nie auf den Gedanken gekommen wären, sich mit ihm anzulegen. Auch in seinen Augen war ich nur das verwöhnte Muttersöhnchen aus »gutem Hause«, das nicht für voll zu nehmen war und dessen Ungeschicklichkeit bei den Arbeitseinsätzen und beim »Stubendienst« gen Himmel schrie. Auch er registrierte mein häufiges Versagen ange-

sichts der mir ungewohnten Anforderungen schonungslos. Aber anstatt mich bloß hämisch zu verspotten, worauf die meisten anderen sich beschränkten, gab er mir Tips und zeigte mir, wie ich es anstellen mußte. Dabei ging es nicht immer ohne einen kräftigen Anpfiff ab. Aber ich spürte, innerlich voller Dankbarkeit, daß da jemand war, der mir auf seine Weise beistand. Die anderen spürten es auch, mit der Folge, daß sie mich weniger drangsalierten.
Allmählich stellte sich bei mir das Gefühl ein dazuzugehören. Ich war nicht länger bloß der Außenseiter, der den Lagerbetrieb verbiestert über sich ergehen ließ. Zum erstenmal in meinem Leben erfuhr ich, was es bedeutet, in die Solidarität einer Gemeinschaft einbezogen zu sein, die von einem übergeordneten Interesse zusammengehalten wird. Viel war es nicht, was uns im Lager menschlich miteinander verband. Uns allen gemeinsam aber war das Interesse, uns »nicht unterkriegen zu lassen«, und das nicht minder große Bestreben, die von allen gehaßten Vorgesetzten bei jeder sich bietenden Gelegenheit zu ärgern.
Eine beliebte – ihrer Gefährlichkeit wegen gleichwohl nur selten praktizierte – Methode bestand darin, sich nachts in das Zimmer eines Truppführers zu schleichen und ihn mit Tinte zu übergießen. Um in dem anschließend unweigerlich anhebenden Tumult – der Betroffene schrie natürlich Zeter und Mordio – unerkannt entkommen zu können, waren einige Regeln zu beachten. So durfte der Attentäter auf keinen Fall direkt in seine eigene Stube zurückflüchten, weil das seine Identifizierung erleichtert und die ganze Stubenbelegschaft in Gefahr gebracht hätte. Um den Verfolgern andererseits die Möglichkeit zu nehmen, dem Übeltäter durch eine sofortige Stubenkontrolle mit der Suche nach einem unbelegten Bett auf die Spur zu kommen, mußten möglichst viele Kameraden eingeweiht sein. Ihre Aufgabe war es, sofort nach dem Einsetzen des nächtlichen Lärms auf die Flure zu stürzen und unter dem unwiderlegbaren Vorwand, sie hätten lediglich versucht, die Ursache der Ruhestörung herauszufinden, das Durcheinander entstehen zu lassen, in dem der Täter untertauchen konnte.
In unserem Lager wurde die riskante Aktion zweimal durchgeführt. Beide Male entkam der Täter. Es wäre ihm schlimm ergangen. Denn unter Lagerbedingungen galt das nicht als Dummejungenstreich, sondern als »tätlicher Angriff auf einen Vorgesetzten«. So aber endeten die Versuche, seiner habhaft zu werden, mit dem von uns voller Span-

nung erwarteten Abschlußritual: Beim Morgenappell trat der diensthabende Obertruppführer vor die Front und forderte mit markiger Stimme dazu auf, »den Schuldigen zu melden«. Die Antwort war ein mühsam gedämpftes Hohngelächter der angetretenen Belegschaft, das durch wütend gebrüllte Befehle erstickt werden mußte – für uns der eigentliche Höhepunkt der Aktion. Noch wenige Monate zuvor hatte ich keine Ahnung gehabt, wie erhebend es sein kann, mit einzustimmen in ein solches Hohngelächter, das mehr als hundert junge Rabauken, die sonst fast nichts gemeinsam haben, für einen kurzen hochgemuten Augenblick miteinander verbindet. Das ließ sogar die unweigerlich folgende Kollektivstrafe verschmerzen (die erwartungsgemäß in einer Urlaubssperre für das nachfolgende Wochenende bestand).
Ende August kam es erneut zu einem nächtlichen Tumult. Diesmal wurde er jedoch nicht von uns ausgelöst, sondern von den Vorgesetzten. Nicht in unserem Lager, vielmehr »von höherer Stelle« im nahe gelegenen Berlin. Es muß am 26. August 1939 gewesen sein, als uns die sattsam bekannten Trillerpfeifen nicht erst morgens um fünf Uhr, sondern mitten in der Nacht aus dem Tiefschlaf rissen. Noch im Nachthemd erhielten wir den Befehl, Kleidung und Ausrüstung zusammenzupacken und uns abmarschfertig zu machen. Während wir, kaum eine Stunde später, zum nächstgelegenen Bahnhof marschierten, waren die meisten von uns immer noch nicht richtig wach. Was eigentlich los war, wußten wir nicht. Uns zu informieren hielt niemand für notwendig. Es kursierten vage Gerüchte über ein Manöver, an dem wir teilnehmen sollten. Das tägliche Einerlei des Lagerlebens war jedenfalls unterbrochen, soviel stand fest. Unsere Stimmung war daher ausgezeichnet.
Nach einer nächtlichen Bahnfahrt in überfüllten Waggons stiegen wir schließlich in Oberschlesien in einem Nest mit dem ulkigen Namen Gogolin wieder aus. Von dort wurden wir in kleinen Gruppen auf die Scheunen und Stallungen der benachbarten Dörfer verteilt. Was wir dort zu suchen hatten, blieb, wie in den folgenden Jahren noch so oft, unerklärt. Es interessierte uns in Wirklichkeit auch überhaupt nicht. Selbständiges Nachdenken hatten wir uns bereits weitgehend abgewöhnt. Es brachte einen doch nicht weiter. Eine Ecke zu finden, in der man unbehelligt ein paar Stunden pennen konnte, sich »unsichtbar« zu machen, wenn lästige Arbeiten anstanden, dafür aber rechtzeitig zur Stelle zu sein, wenn Post, Zigaretten oder Brot ausgegeben wur-

den, vor allem aber die Einhaltung der Grundregel »Niemals auffallen« – das war es, worauf man sich zu konzentrieren hatte. Alles andere blieb dem eigenen Einfluß ohnehin entzogen.
Die Möglichkeit, den Gedanken fassen zu können, daß es nur noch wenige Tage dauern würde, bis ein Weltkrieg ausbrach, lag jenseits dieses Horizonts. Die Welt außerhalb des Lagerzauns hatte für uns längst eine eigentümlich blasse, unwirkliche Qualität angenommen. Potsdam und das Viktoria-Gymnasium schienen in einer fernen Vergangenheit und auf einem anderen Planeten zu liegen. Ich wußte, daß Eltern und Geschwister auch in diesem Sommer wieder an die Ostsee gefahren waren, nach Binz. Ich bekam von dort selbstverständlich auch Post. Sie hätte genausogut vom Mond kommen können.
Die erste Mahnung, daß die Vorgänge in der Welt dort draußen auch uns betrafen, erging am Abend nach unserem Ankunftstag. »Unser« Bauer – kaum mehr als ein Tagelöhner mit zwei oder drei Schweinen und ein paar Hühnern – lud uns nach dem Abendessen in seine ärmliche Wohnküche ein. Dort lief ein Volksempfänger mit Nachrichten in deutscher Sprache. Der Tenor des vom Sprecher verlesenen Textes erschien uns seltsam, bis wir kapierten, daß es sich um eine polnische Propagandasendung handelte. Von da ab hörten wir aufmerksam zu. Zuerst aus purer Neugier, bald aber mit zunehmender Betroffenheit. Selbstverständlich wußten wir, daß es seit Monaten Spannungen mit Polen gab – wegen Danzig und weil, wie unsere Zeitungen behaupteten, Volksdeutsche im Nachbarland verfolgt würden. Das kannten wir aber nun schon zur Genüge. Die Sudetenkrise war schließlich nach dem gleichen Schema abgelaufen. Ebenso die Besetzung der »Rest-Tschechei« und der »Anschluß« Österreichs. Immer war auch bei diesen Gelegenheiten zunächst von »drohender Kriegsgefahr« die Rede gewesen. Und noch jedesmal hatte die andere Seite zu guter Letzt eingelenkt und sich den deutschen Forderungen gefügt, weil diese berechtigt und moralisch legitimiert waren, wie man uns versicherte und wie wir nur allzugern glaubten. Schließlich handelte es sich immer noch darum, die letzten Überreste des »Versailler Diktats« zu tilgen. In diesem Fall ging es vor allem um die Existenz des »Korridors«, der Polen mit der Ostsee verband und dadurch Ostpreußen vom übrigen Reich trennte. Ein Reich, das in zwei Teile zerfiel – eine wahrhaft groteske Zumutung. Wann hatte es jemals in der Geschichte dergleichen gegeben?

Aber als wir da an einem der letzten Augustabende des Jahres 1939 in einer oberschlesischen Wohnküche der Stimme des polnischen Sprechers lauschten, beschlichen uns Zweifel, ob auch die polnische Regierung sich nach einigem Zieren der deutschen Betrachtungsweise anschließen würde. Der unsichtbare Redner versicherte mit nachdrücklichem Ernst das Gegenteil. Die Polen seien ein stolzes Volk, bekamen wir zu hören, das sich in seiner langen Geschichte wiederholt für seine Rechte geschlagen habe. Die Polen dächten auch jetzt nicht daran, sich äußerem Druck zu beugen. Wenn Hitler nicht einlenke, dann werde es eben Krieg geben. England und Frankreich, Polen durch Verträge zum Beistand verpflichtet, würden Deutschland dann ebenfalls den Krieg erklären. »Wollt ihr wirklich« – an diese nicht ohne beschwörendes Pathos vorgetragene Frage erinnere ich mich noch wörtlich –, »daß eure Frauen wieder um ihre Männer weinen müssen und eure Mütter um ihre gefallenen Söhne?« Nachdenklich und schweigend verkrochen wir uns anschließend zum Schlafen in unser Stroh. So ernst hatte uns bis dahin niemand die Situation vor Augen gehalten. Wir versuchten, uns mit dem Hinweis darauf zu beruhigen, daß es sich schließlich um eine Propagandasendung gehandelt habe. Aber es blieben doch nagende Zweifel.

Drei Tage später wurden wir kurz nach Sonnenaufgang von einem gewaltigen Dröhnen aufgeweckt, das die Luft erfüllte. Als wir die Köpfe aus der Stalltür steckten, sahen wir am klaren Himmel – es versprach, ein strahlender Spätsommertag zu werden – eine Bomberstaffel nach der anderen über uns hinweg nach Osten ziehen. Es war ein großartiger Anblick. Uns aber flößte er Angst ein. Denn seine Bedeutung brauchte uns niemand zu erklären. Ich war siebzehn Jahre alt und dachte zum erstenmal daran, daß ich totgeschossen werden könnte in dem Krieg, der sich da hoch über unseren Köpfen so unüberhörbar ankündigte.

Die Paläontologie des Gehirns

In seiner ersten Phase war dieser Krieg jedoch noch so großherzig, mich zu übersehen. In Polen hatte man uns nicht eingesetzt (wir hatten die wenigen Wochen, die der Feldzug dauerte, im schlesischen Hinterland Munitionslager bewachen müssen). Nach dem Ablauf der halbjährigen Dienstpflicht war ich pünktlich aus dem Arbeitsdienst entlassen und auf meinen Antrag – mit der Begründung, daß ich Medizin studieren wolle – bereitwillig bis zum ersten Examen (Physikum) vom Heeresdienst zurückgestellt worden. Ich war heilfroh über diese unerwartet frühe Rückkehr in die schon verloren geglaubte Welt des Zivils und genoß mein Dasein als Medizinstudent in dem bis auf einige Versorgungsengpässe vom Krieg noch unberührten Berlin relativ unbeschwerten Herzens.

Eines Nachmittags im Oktober 1939 saß ich als frischgebackener Medizinstudent mit einem Kommilitonen in einem Café am Kurfürstendamm, als sich die Eingangstür öffnete und ein junger Leutnant den Gastraum betrat. Die ordensgeschmückte Feldbluse des Mannes stand offen, da sein linker Arm, dick weiß verbunden in der Schlinge, nicht in den Ärmel paßte. Es war der erste Verwundete, den ich zu sehen bekam. An den vollbesetzten Tischen verstummten die Gespräche. In ehrfürchtigem Schweigen wandten sich alle Gesichter zur Tür. Ich wäre nicht überrascht gewesen, wenn die Anwesenden sich von ihren Plätzen erhoben hätten. Es war, als hätte Gott Ares höchstpersönlich die Szene betreten.

Der Mann an der Tür benahm sich, als bemerkte er die Bewunderung gar nicht, die er auf sich zog. Scheinbar selbstvergessen blieb er breitbeinig am Eingang stehen, während er den kühn erhobenen Kopf langsam von der einen Seite des Raumes zur anderen wendete, als ob er jemanden suchte. Offenbar ohne Erfolg, denn nach einigen Augenblikken machte er auf dem Absatz kehrt und verließ das Lokal schweigend, wie er gekommen war. Während an den übrigen Tischen halblautes Gemurmel einsetzte, zerstörte mein Tischnachbar die weihevolle Stimmung mit der trockenen Bemerkung: »So klappert der jetzt den ganzen Kudamm ab!«

Was hatte sich abgespielt? Was war das für eine Kraft, welche die Psyche einiger Dutzend vom Zufall zusammengewürfelter Kaffeehausgäste im Handumdrehen zu dem gemeinsamen Erlebnis weihevoller Andacht synchronisiert hatte? Was für eine Kraft, die auch den Auslöser der kurzen Episode einbezog, den jungen Offizier, der unter ihrem Einfluß der Versuchung erlag, die sich auf ihn konzentrierende Devotion durch eine Wanderung von Lokal zu Lokal auszukosten?

Wie die meisten meiner Altersgenossen fürchtete ich mich vor dem

Krieg (wenn wir das auch um keinen Preis zugegeben hätten, weil es ehrenrührig war). Ich war erschrocken darüber, daß es nun doch passiert war. Der rasche, siegreiche Verlauf des »Polenfeldzuges« hatte uns andererseits ein wenig beruhigt. England und Frankreich würden nun einsehen, daß der Anlaß ihres Kriegseintritts durch den »Blitzkrieg« im Osten sozusagen überholt war. Nachdem sie ihrer Bündnisverpflichtung Polen gegenüber durch ihre Kriegserklärung korrekt entsprochen hätten, gab es für sie, so meinten wir (und so suggerierte es uns die Propaganda) jetzt eigentlich keinen Grund und kein Motiv mehr, sich in einen ungewissen und für alle Beteiligten verlustreichen Krieg mit Großdeutschland einzulassen. Wenn wir Glück hatten, so stellten wir erleichtert fest, war der Krieg für uns also schon vorbei.
Und dennoch: Als der verwundete junge Krieger das Berliner Café betrat, konnte auch ich mich der strahlenden Aura, die von ihm auszugehen schien, nicht entziehen. In meinem Kopf tauchten ganz von selbst Redewendungen und Sprachchiffren auf, die ich in meiner Kindheit gelernt hatte: Der Mann da vorn mit dem verbundenen Arm hatte »sein Blut für das Vaterland vergossen«, er hatte – im Gegensatz zu mir und den anderen Anwesenden – »dem Tod ins Auge gesehen«. Seine Bereitschaft, sein Leben »für uns zum Opfer zu bringen«, verpflichtete mich zu einer Dankesschuld, die niemals wirklich abgetragen werden konnte. Und während ich wahrhaftig alles andere ersehnte, als wieder in Uniform zu stecken, genierte ich mich jetzt plötzlich meiner Zivilkleider. Ja, ich beneidete den Mann da vorn an der Tür und hätte in diesem Augenblick liebend gern mit ihm getauscht.
Ich habe die gleiche Erfahrung wiederholt gemacht während der Anfangsjahre des Krieges – in dessen weiterem Verlauf ich dann ebenfalls eingezogen wurde, womit andere Empfindungen die Oberhand gewannen. Ich hatte nicht das geringste Interesse daran, früher als notwendig Soldat zu werden. Aber wenn ich, was in Potsdam immer wieder einmal vorkam, ehemaligen Schulkameraden in Uniform begegnete, die womöglich noch verwundet waren und mit Orden geschmückt, überfiel mich jedesmal ein erdrückendes Minderwertigkeitsgefühl. Ihr Anblick löste bei mir unweigerlich ein schlechtes Gewissen aus – so sehr sich meine Einsicht dagegen sträubte.
Im ersten Augenblick könnte mancher das für leicht erklärlich halten. (»Während sie sich dem Vaterland zur Verfügung stellten, bist du weiter deinen privaten Berufsinteressen nachgegangen!«) Schon dem

zweiten Blick aber hält die Begründung nicht mehr stand. Denn das Gefühl gesellschaftlicher Minderwertigkeit stellte sich auch dann mit der gleichen Intensität ein, wenn es sich um das Wiedersehen mit einem Bekannten handelte, der aktiver Offizier geworden war. Obwohl auch er in seiner Uniform doch nichts anderes tat, als seine berufliche Karriere zu befördern.*

Nein, die Sache mußte andere Gründe haben. Über diese habe ich mir damals weidlich den Kopf zerbrochen. Ohne jeden Erfolg übrigens, denn mangels ausreichender Kenntnisse über die angeborenen Grundlagen menschlicher Erfahrung suchte ich in der falschen Richtung. Ich erlag dem grundsätzlichen Irrtum, daß der Angelegenheit mit einer rationalen Selbstanalyse beizukommen sein müsse. Es handelt sich jedoch, wie ich heute einzusehen in der Lage bin, um eine ihrem Wesen nach ausgesprochen irrationale psychische Erfahrung, zu deren Verständnis eine noch so gewissenhafte Introspektion, so oft sie auch angestellt werden mag, nichts beitragen kann. Denn nicht nur der Hinweis auf die egoistische Natur des Verfolgens privater Interessen trifft nur einen Teil der Fälle (und also nicht den Kern der Sache). Auch die moralisch überlegene Rolle des opferbereiten »Vaterlandsverteidigers« läßt sich, wenn man sich nichts vormachen will, für den deutschen Soldaten des letzten Krieges nicht mit gutem Gewissen reklamieren. Opfer haben sie gebracht, im Übermaß sogar. Und weniger tapfer als ihre Väter im Ersten Weltkrieg haben sie ganz gewiß auch nicht gekämpft (wenn ihr oberster Kriegsherr Adolf Hitler ihnen das auch im letzten Augenblick noch hat absprechen wollen). Aber »Verteidiger« im klassischen Sinne des Wortes sind wir alle, die wir damals Militäruniform getragen haben, nicht gewesen. Wir spielten, von allem Anfang an, die Rolle des Angreifers. Nicht aus eigenem Entschluß, das ist richtig. Insofern wird die Feststellung hier auch ohne jegliche moralische Bewer-

* Schopenhauer hat das herausgehobene, auch seiner Ansicht nach rational nicht begründbare Ansehen des Militärstandes als die Folge eines in der feudalen Gesellschaft künstlich geschaffenen klassenspezifischen Ehrbegriffs erklärt. Da es dem Staat nicht möglich sei, die Bereitschaft seiner Offiziere, für ihn notfalls das eigene Leben hinzugeben, materiell zu kompensieren, entschädige er sie durch die Zuerkennung einer besonderen »Offiziersehre«. Was unter anderem dazu führe, daß ein Offizier diese Ehre unter besonderen Umständen auch zu verteidigen gezwungen sei. Mit dem ihm eigenen Sarkasmus folgert Schopenhauer daraus weiter, daß ein Offizier, der im Duell verwundet werde, mit seinem Blut daher letztlich das Defizit seines Gehaltes bezahle (»Parerga und Paralipomena I/2, Aphorismen zur Lebensweisheit«, Zürich 1977, S. 426).

tung getroffen. Aber an der Tatsachenfeststellung selbst ist nicht zu rütteln.
Auch die Berufung auf den respektheischenden Begriff des »Vaterlandsverteidigers« hilft daher nicht weiter, wenn man nach einer Erklärung dafür sucht, weshalb sich in der Brust eines Zivilisten damals beim Anblick soldatischer Uniformen ein »schlechtes Gewissen« rührte. Eine noch so energische Inanspruchnahme der zwölf Milliarden Hirnrindenzellen, mit deren Hilfe unser Gehirn uns das Erlebnis selbstbewußter Existenz verschafft, bleibt vergeblich, solange die Suche sich auf diesen obersten und jüngsten Hirnteil allein beschränkt. Die wahren Gründe liegen viel tiefer, und ihre Wurzeln reichen bis in eine Vergangenheit zurück, in der es noch keine vollentwickelte Großhirnrinde gab. Wir erleben die Welt nicht nur vermittels dieses jüngsten Teils unseres Denkapparats.
Wie alles, was die biologische Evolution im Ablauf der Stammesgeschichte hervorgebracht hat, ist auch das menschliche Gehirn das (vorläufige) Endprodukt einer Entwicklung, die Jahrmillionen umspannt. Von den Spuren dieser Geschichte ist unser Denkorgan bis auf den heutigen Tag geprägt. Um das erkennen und die konkreten Folgen dieses Umstandes ermessen zu können, muß man die speziellen Bedingungen berücksichtigen, denen alle biologischen Evolutionsprozesse unterliegen.
Zu nennen ist da an erster Stelle eine Aufgabe, vor der jeder menschliche Konstrukteur resigniert kapitulieren würde. Jeder Ingenieur, der ein bestimmtes Produkt weiterentwickelt und dabei zu verbessern sich bemüht, hält es für selbstverständlich, daß er die Chance hat, bei jedem Entwicklungsschritt von neuem anfangen zu können: Er verwirft das, was es bisher gab, und beginnt auf dem Boden der ihm vorliegenden Erfahrungen und gelenkt von dem ihm vorschwebenden geistigen Konzept mit einem neuen Ansatz. Diese Freiheit hat es für die Evolution nie gegeben. Sie durfte das jeweils Vorliegende zu keiner Zeit total abreißen. Ein Neuanfang ist ihr niemals möglich gewesen. Wenn uns mit der ersten lebendigen Urzelle nicht eine ununterbrochene Kette ineinander übergehender Entwicklungsschritte verbände, wäre das Leben auf der Erde erloschen, bevor wir hätten entstehen können. Während noch so fortschrittlicher Umbauten durften die lebensnotwendigen Funktionen der jeweils vorliegenden biologischen Konstruktion, um deren Verbesserung es ging, nie unterbrochen werden.

Der geradezu unglaubliche Einfallsreichtum, mit dem die Evolution sich in dieser Zwangslage immer von neuem zu helfen wußte, ist über alle Maßen staunenswert.* Da wurde die dem notwendigen Auftrieb dienende Schwimmblase meeresbewohnender Vorfahren zu einer Lunge umgebaut, welche die Aufgabe übernahm, die auf dem trockenen Land lebenden Organismen mit Sauerstoff zu versorgen. Da wurden entbehrlich gewordene Kiemenöffnungen zu Eintrittspforten für akustische Umweltsignale (»Gehörgänge«) umfunktioniert. Da wurden aus Flossen tragfähige Extremitäten und aus Teilen des Unterkiefergelenks Gehörknöchelchen. In allen diesen und zahllosen vergleichbaren Fällen aber war das stets nur mit Hilfe anatomischer und physiologischer Kompromisse zu bewerkstelligen, denen unter einem rein funktionellen, quasi technischen Aspekt deutliche Mängel anhafteten. Der in Wien lehrende Evolutionsforscher Rupert Riedl hat einmal eine kleine Auswahl typischer Beispiele in einer Art »Mängelliste« zusammengestellt. In ihr monierte er unter anderem, daß die Geburt eines Menschen ausgerechnet durch den einzigen nicht erweiterbaren Knochenring des weiblichen Körpers erfolge, daß beim Manne Urin- und Samenwege zusammenliefen und daß wir alle ständig von der Gefahr bedroht seien, uns zu verschlucken, weil unser Nahrungsweg sich mit dem Atemweg überkreuze. Auch an der Grundkonzeption unseres Körperbaus fand Riedl Wesentliches auszusetzen. Auch sie krankt in der Tat an den Spuren des Entwicklungsweges, auf dem allein sie sich realisieren ließ: Sie leitet sich noch heute erkennbar von der Torpedoform des Meeresbewohners ab, die dann später auf dem Festland zunächst als bedenklich durchhängende Brücke von zwei Extremitätenpaaren zu tragen war, bis sie sich schließlich auf den Hinterbeinen turmartig zur Vertikalen aufrichtete.

Einem menschlichen Ingenieur, der auf diese Weise einen Turm zu bauen gedächte, würde man seine Pläne um die Ohren schlagen. Der Evolution jedoch blieb gar nichts anderes übrig als dieses Vorgehen, bei dem fortwährend obsolet gewordene Konstruktionsmerkmale mitge-

* Darauf, daß es sich bei einer solchen Formulierung nicht um eine unzulässige »Personalisierung« der Evolution handelt (sondern nur um die angesichts bestimmter Eigentümlichkeiten der Struktur menschlicher Sprache relativ einfachste Zusammenfassung des Sachverhalts), hat kein Geringerer als Kant hingewiesen: »Daher spricht man (...) ganz recht von der Weisheit, der Sparsamkeit, der Vorsorge (...) der Natur, ohne dadurch aus ihr ein verständiges Wesen zu machen« (»Kritik der Urteilskraft«, § 68).

schleppt werden. Die Folgen sind die jedermann bekannten »konstitutionellen Schwächen« des auf solche Weise zustande gekommenen biologischen Endprodukts, als da sind: die Neigung zu Plattfüßen, Krampfadern und Lendenwirbelsäulenbeschwerden, zu orthostatischen Schwindelzuständen und Blutdruckproblemen.

Hält man sich das vor Augen, so muß man es ungeachtet aller fraglos berechtigten Beanstandungen erstaunlich finden, daß die Evolution uns so schlau hat machen können, wie wir es immerhin geworden sind. Denn auch die stammesgeschichtliche Entwicklung unseres Gehirns – als eines körperlichen Organs – unterlag selbstverständlich allen diesen Erschwernissen. Auch bei seiner Entstehung hatte sich die Evolution opportunistisch von Kompromiß zu Kompromiß weiterzuhangeln. Und auch in seinem Falle sind die bei solchen Entwicklungsbedingungen unausbleiblichen Mängel nachzuweisen.

Daß es uns in aller Regel nicht ganz leichtfällt, sie zu entdecken und als Beschränkungen unserer Einsichtsfähigkeit anzuerkennen, liegt einfach daran, daß wir uns mangels alternativer Möglichkeiten der Weltwahrnehmung längst an sie gewöhnt haben. Auch ein farbenblinder Mensch erfährt von seinem Wahrnehmungsdefizit ja erst durch die ihm von seinen »normal« sehenden Mitmenschen mit einiger Mühe vermittelte Information, daß die Welt auf eine ihm unvorstellbar bleibende Weise anders aussehen muß, als sie sich ihm darbietet.

Die – aus stammesgeschichtlicher Perspektive – erste Aufgabe, die ein den Organismus eines Vielzellers zu einer funktionellen Einheit integrierendes Zentralnervensystem zu bewältigen hat, ist die Gewährleistung konstanter Binnenbedingungen bei wechselnden äußeren Einflüssen: also die Regulation der Stoffwechselbilanz, die Steuerung von Herzschlag und Atmung, beim Warmblüter die Konstanthaltung der Körpertemperatur bei wechselnden Umgebungstemperaturen und die Überwachung aller weiteren »vegetativen« Funktionen, welche zur Aufrechterhaltung der Lebensfähigkeit unerläßlich sind. Es liegt auf der Hand, daß insbesondere sie im Verlauf der weiteren Entwicklung ununterbrochen gewährleistet sein müssen. Ihnen dient auch in unserem Kopf noch der älteste, zuunterst gelegene Hirnteil, das sogenannte »Stammhirn«. (Ein Genickschuß ist – im Unterschied etwa zu einer Zerstörung des Stirnhirns – unbedingt tödlich, weil er diese elementaren Funktionen aufhebt.)

Darüber, also zwischen der Großhirnrinde und dem Stammhirn, liegt das sogenannte Zwischenhirn, das uralte, angeborene Verhaltensstereotype (sogenannte »Instinkte«) als Standardantworten auf artspezifisch regelmäßig wiederkehrende Situationen bereitstellt: Sexualverhalten, Flucht- und Verteidigungsdispositionen und andere Triebregungen, deren unterschiedliche Aktivierungszustände wir in der Regel als unsere wechselnden »Stimmungen« erleben. Das Zwischenhirn konnte logischerweise erst nach dem Stammhirn entstehen – etwa hundert Millionen Jahre später – und sitzt diesem auf. Darüber wölbt sich bei den höheren Tieren, mit Abstand am stärksten ausgedehnt beim Menschen, die Großhirnrinde als körperliche Grundlage bewußter Reflexion und Vorausplanung individuellen Verhaltens.*

Man kann diesen Aufbau unseres Zentralnervensystems in Gestalt einer Übereinanderschichtung dreier aus ganz unterschiedlich alten Epochen der Erdgeschichte stammender »Teilhirne« unter einem quasi stratigraphischen Aspekt betrachten, also so, wie ein Geologe oder Paläontologe es mit der obersten Erdkruste macht und ihren unterschiedlich alten »Horizonten«. Wie in der Erdkruste, so liegt auch in unserem Gehirn »Schicht auf Schicht« in einer Reihenfolge, die ihrem jeweiligen Alter entspricht: das Älteste zuunterst, das Jüngere jeweils darüber. Einen ganz entscheidenden Unterschied gibt es allerdings, wenn er auch von den wenigsten registriert wird: Im Gegensatz zu den Verhältnissen in der Paläontologie sind die in den älteren Schichten unseres Gehirns steckenden »Fossilien« alle noch am Leben. Da sie aus uralter Vergangenheit stammen, heißt das nichts anderes, als daß sie auch unser Verhalten und Urteilen nach Maßstäben zu lenken bestrebt sind, die ursprünglich zur Bewältigung der Lebensaufgaben entwickelt wurden, die sich unseren längst ausgestorbenen biologischen Urahnen einst stellten: Sie sind grundsätzlich anachronistisch.

Das ist nicht nur und nicht einmal in erster Linie als Handicap anzusehen. Vor allem anderen ist es ein Schutz, den uns die um ihre Geschöpfe und daher auch um uns besorgte Natur angedeihen läßt. Denn die von diesen in der Tiefe unseres Kopfes gelegenen archaischen Hirnteilen ohne unser Zutun ständig in uns wachgerufenen Empfindungen,

* Wer sich für die Entwicklungsgeschichte des menschlichen Gehirns und des von ihm ermöglichten psychischen Erlebens näher interessiert, sei auf mein Buch »Der Geist fiel nicht vom Himmel« (Hamburg 1976) verwiesen, das die Einzelheiten dieser Geschichte ausführlich und allgemeinverständlich wiedergibt.

Stimmungen und Antriebe legen die Welt in einer unserem Wohlergehen bekömmlichen Weise aus. Noch bevor wir die einschlägigen Erfahrungen in der konkreten Auseinandersetzung mit der Welt zu machen brauchen, werden wir durch sie in bestimmten, für unsere Überlebenschancen elementar wichtigen Bereichen durch angeborene (das heißt: von den uns vorangegangenen Generationen ererbte) Erfahrungen belehrt.
Was uns in dieser Welt frommt und was nicht, was uns guttut und was uns gefährden könnte, das wird vorsorglich nicht allein unserem Urteil überlassen. Darüber wird durch die erwähnten emotionalen Reaktionen vorab entschieden. Wir haben nicht die Freiheit, darüber zu befinden, was uns angenehm und was uns widerwärtig schmeckt, und ebensowenig darüber, was uns Anlaß zur Freude ist oder Anlaß zur Angst. Unsere intellektuelle Einsichtsfähigkeit hat uns hoch über das Niveau aller anderen irdischen Lebensformen emporgehoben. Aber zu wirklich freier Urteilsfähigkeit hat auch uns die Evolution noch nicht entlassen.
So präsentiert sich uns die Welt im ständigen Auf und Ab unserer Stimmungen nacheinander mit all ihren verschiedenen Gesichtern: als attraktives Spielfeld der Bewährung oder aber als beängstigende Quelle lauernder Risiken und Gefahren. Wir können solchen Stimmungen zwar zu widerstehen versuchen – oder uns ihnen bereitwillig überlassen. Sie absichtlich zu erzeugen oder nach Wunsch verschwinden zu lassen sind wir jedoch nicht in der Lage. Individuelle Freiheit gibt es nicht auf der Ebene, die von den archaischen Hirnteilen repräsentiert wird, die psychischen Erlebnissen solcher Art zugrunde liegen.
Nur aus Gewohnheit stoßen wir uns nicht an der Konsequenz, die unserer intellektuellen Einsicht doch als unüberbietbares Paradoxon erscheinen müßte: daß es nämlich ein und dieselbe Welt ist, die uns in unseren wechselnden Stimmungen – oft nur getrennt durch die Zeitspanne einer einzigen gut durchschlafenen Nacht – einen immer neuen Anblick bietet. Denn auch Identität, eine im wahren Wortsinn objektiv feststehende Wirklichkeit (»Realität«), gibt es nicht unter dem Einfluß dieser archaischen Hirnteile – und also nicht für uns Menschen auf der heutigen Stufe der Entwicklung unserer Spezies.
Aber die in Wahrheit folglich noch immer weit unterhalb der Möglichkeit wirklicher Erkenntnis (»Einsicht«) gelegene Art und Weise, in der

wir der Welt auf dieser archaischen Ebene begegnen, vermittelt nicht nur jeweils die der eigenen Befindlichkeit entsprechende und mit ihr wechselnde Anmutungsqualitäten der Außenwelt. Sie erfaßt auch in dieser Welt konkret auftauchende physiognomische Signale. Auch sie erkennen und deuten wir kraft angeborener Erfahrung und keineswegs aufgrund individuell erworbenen Wissens. Niemand von uns braucht als Säugling erst zu lernen, was ein Lächeln im Gesicht der Mutter »bedeutet« oder, im späteren Leben, der Ausdruck von Skepsis, Wut oder Anteilnahme im Gesicht irgendeines anderen Mitglieds unserer Art. Wäre es anders, die menschliche Gesellschaft zerfiele schon im nächsten Augenblick.

Wir können in den Kopf keines uns noch so nahestehenden Menschen direkt hineinschauen. Gegenseitiges Vertrauen aber, Sympathie und das jegliche menschliche Gemeinschaft begründende Gefühl der Zusammengehörigkeit lassen sich auf dem blassen Wege sprachlicher Mitteilung über den eigenen psychischen Zustand allein nicht stiften, nicht durch bloße Verabredung oder durch die gegenseitige Beschreibung der eigenen inneren Einstellung. Ihr Fundament ist die Möglichkeit vorsprachlicher Verständigung mit einem Vokabular, einem Zeichen- oder Signalvorrat, der allen Menschen gemeinsam ist und der von jedem von uns von Geburt an verstanden wird. Neben der nuancenreichen Vielfalt mimischer Ausdrucksmöglichkeiten gehört dazu die Sprache der Gesten, der Klang der Stimme und schließlich auch – sehr viel später und nun allerdings individuell erlernt, wenn auch immer noch nicht individuell oder gar bewußt geschaffen! – der unerschöpfliche Reichtum komplexer Riten und Sitten und vergleichbarer kultureller Ausdrucksmittel, die nun freilich auch nicht frei im Raume schweben, sondern sich mit intuitiver Sicherheit des vorliegenden archaischen Vokabulars bedienen.

Die angeborene Fähigkeit, den jeweiligen Ausdruck zu verstehen, hat auf dieser archaischen Ebene nun ganz unvermeidlich immer auch Aufforderungscharakter. Ich kann die »Stimmung« – eines anderen Menschen, einer Landschaft oder Situation – nicht verstehen, ohne mich von ihr, und sei es in noch so geringem Grade, »anstecken« zu lassen. Das Begreifen der Bedrohlichkeit einer Geste ist nur die eine Seite der Medaille. Ihre andere ist das Aufkeimen der Furcht, welche die angemessene Antwort auf die Gefahr darstellt. In dem gleichen Sinne »fordert« mich auch Freude – oder Panik – in meiner Umgebung

zur Teilnahme auf, zum »Mitmachen«, dazu, mich anstecken und mitreißen zu lassen, um so unwiderstehlicher, je intensiver die Emotion ist, von der das Signal getragen wird.
Das alles ist völlig normal und darüber hinaus grundsätzlich positiv zu sehen. Es handelt sich zwar um Tatbestände, die unsere so häufig voller Stolz beschworene geistige Freiheit nicht unwesentlich und auf eine von vielen bis heute ignorierte Weise beschneiden. Weshalb die »Liebe zur Weisheit« bei vielen Philosophen traditioneller Observanz bis heute noch nicht so weit geht, das Faktum gefaßt zu akzeptieren. Aber ob der Gedanke nun gefällt oder nicht (warum eigentlich sollte er uns stören?), ohne diese ihren Mitgliedern eigene Fähigkeit zu einer vor aller Sprache gelegenen Möglichkeit der Herstellung von Übereinstimmung mit Hilfe angeborener Signale würde die menschliche Gesellschaft sich in ein chaotisches Ensemble schizoider und von wechselseitigen phobischen Ängsten verfolgter Einzelgänger auflösen.
Jedoch hat auch dieser Nutzen seine Schattenseite. Die als elementares Bindemittel menschlicher Gemeinschaftsfähigkeit durch nichts zu ersetzende Möglichkeit einer »präverbalen Kommunikation« weist die Nachteile auf, die für einen archaischen Erbteil typisch sind: Sie funktioniert mit verführerischer Suggestivität vor allem bei urtümlichen (primitiven!) Formen sozialer Beziehungen, und sie ist selbst gänzlich unbelehrbar. Beides ist die Folge des Umstands, daß sie nicht eine Funktion der Großhirnrinde darstellt, sondern der älteren, darunter gelegenen Hirnteile. Für diese nämlich gelten grundsätzlich andere Regeln als jene, nach denen sich unser bewußtes, reflektierendes Denken vollzieht. Damit aber sind wir wieder bei dem Ausgangspunkt dieses hirnphysiologisch-ethologischen (verhaltensphysiologischen) Exkurses angelangt: bei dem Auftritt des verwundeten Leutnants in dem Café am Kurfürstendamm.

Der Neandertaler und der Demagoge

Verstehen läßt sich das Erlebnis nur, wenn man weiß, wie lebendig unterhalb der menschlichen Großhirnrinde noch immer die Erinnerungen unserer vormenschlichen Ahnenreihe herumgeistern. Ihr Einfluß bewirkte, daß der blessierte Uniformträger jenes Oktobernachmittags unseren Augen als verehrungswürdiger Held erschien. Man tut dem

Mann kein Unrecht, wenn man die ihm zuerkannte Rolle nachträglich als das Resultat eines archaischen Mißverständnisses durchschaut. Ganz im Gegenteil. Denn tatsächlich hätten wir ihm ja nur dann Gerechtigkeit zuteil werden lassen, wenn wir ihn bedauert hätten, weil er zum willfährigen, sich selbst verleugnenden Opfer einer verbrecherischen Politik geworden war.
Eine objektive, allein um Wahrhaftigkeit bemühte Analyse der Rolle dieses Soldaten kann nur zu dem Urteil kommen, daß die von ihm an den Tag gelegte Opferbereitschaft das Ergebnis eines erfolgreich durchgeführten Betruges war. Man hatte es fertiggebracht, ihn von der Gültigkeit einer Weltsicht zu überzeugen, in der alle moralischen Begriffe auf dem Kopf standen. Während er sich, objektiv, an dem räuberischen Überfall auf ein Nachbarland und dessen Bewohner beteiligt hatte, war er subjektiv überzeugt gewesen – wie hätte er sonst bereit sein können, sein Leben aufs Spiel zu setzen! –, sich in selbstloser Pflichttreue für gerechte nationale Belange zu schlagen. Und wir, die wir ihn andächtig bestaunten, trugen als bewunderndes Publikum zu dem Betrug auch noch nach Kräften bei. In unserer nur scheinbar passiven Zuschauerrolle wurden wir so mitschuldig an seiner Verblendung.
Erfahrungsgemäß riskiert man bis auf den heutigen Tag empörten Widerspruch (oder noch drastischere Reaktionen), wenn man, um Wahrheit bemüht, die Rolle der deutschen Soldaten im letzten Krieg in dieser Weise erörtert. Die Verblendung beherrscht noch heute viele Köpfe. Das liegt auch daran, daß sie kein spezifisches Phänomen der Naziepoche darstellt. Sie ist viel älter.
Es ist nun gänzlich unmöglich, hier das aus traditionellen, massenpsychologischen und gesellschaftlichen Faktoren kompliziert gewirkte Ursachenbündel aufzudröseln, das sonst normale Menschen in einen psychischen Zustand zu versetzen vermag, in dem sie bereit sind, über ihnen unbekannte Artgenossen herzufallen mit Hingabe und Begeisterung und in mörderischer Absicht. Wie die in den letzten Jahrzehnten schier unübersehbar gewordene Zahl der einschlägigen Veröffentlichungen zeigt, beißen sich auch viel kompetentere Autoren an dem Problem die Zähne aus. Eines aber kann trotzdem gesagt werden: Alle diese gesellschaftlichen, ökonomischen und kulturellen Faktoren bilden letztlich nur die äußere Fassade des Problems. Denn kein noch so begabter Demagoge und keine noch so skrupellose imperialistische Politik im Dienste ökonomischer Herrschaftsinteressen hätte jemals ei-

nen Krieg zu entfesseln vermocht, wenn da nicht in den dunkleren Tiefen unserer Gehirne jene Anlagen schlummerten, die uns alle überhaupt erst zu den potentiellen Opfern von Demagogen und Imperialisten werden lassen: die Neigung, auf unbekannte, womöglich »fremdartige« Artgenossen mit Angst und Mißtrauen zu reagieren, und die Tendenz dieser Angst, in blinde Angriffswut bis hin zum Brudermord umzuschlagen.

Alle diese Veranlagungen sind unserem Geschlecht von der Evolution während unvorstellbar langer Epochen unserer Vorgeschichte angezüchtet worden, weil sie damals zum Überleben notwendig waren. Der Freiburger Biologe Hans Mohr hat darauf aufmerksam gemacht, daß die Entstehung der beim heutigen Menschen festzustellenden angeborenen Verhaltensweisen und emotionalen Reaktionstendenzen spätestens im Pleistozän abgeschlossen gewesen sein dürfte.* Unsere heutige Instinktausstattung entspricht damit im wesentlichen der Anpassung an die Bedingungen einer Welt, die einige hunderttausend Jahre zurückliegt. An eine Urwelt, in der unsere vormenschlichen Ahnen es nicht nur mit körperlich weit überlegenen Raubtieren zu tun hatten, sondern in der sie sich vor allem auch gegen fremde Stämme eigener Artgenossen behaupten mußten, mit denen sie um die gleichen kärglichen Nahrungsquellen konkurrierten.

Während dieser langen Epochen unserer Vorgeschichte stand das Überleben unserer Art auf des Messers Schneide. Die Lebenslinie von Homo sapiens brach damals nicht ab, weil die Mitglieder der Art die notwendigen Eigenschaften entwickelten, um die genannten Gefahren zu bewältigen (dadurch, daß sich nur die Artgenossen behaupten und eigene Nachkommen aufziehen konnten, die diese Eigenschaften an den Tag legten): Fremdenangst (»Xenophobie«), die Bereitschaft zum intraspezifischen Totschlag und Hand in Hand damit die bedingungslose Unterordnung unter die Interessen der eigenen Gemeinschaft, deren Wert und Lebensberechtigung denen aller Konkurrenten in blindem Stammeschauvinismus überzuordnen waren. Dies sind die vier Gebote, in denen sich der Moralkodex der Steinzeit zusammenfassen läßt. Er markiert den Anspruch der steinzeitlichen Gesellschaft an ihre Mitglieder mit der gleichen, auch nachträglich unbestreitbaren Legiti-

* Hans Mohr, »Biologische Grenzen des Menschen«, in: Zeitwende, 56. Jahrgang, Januar 1985.

mität, wie jedes spätere Sittengesetz es unter gewandelten Umständen auf seine Weise getan hat.
Dem Neandertaler und seinen frühmenschlichen Zeitgenossen waren die von diesen vier Geboten formulierten Verhaltensnormen angemessen. Es wäre unbillig, unseren Ahnen ihretwegen nachträglich mangelhafte Moral vorzuwerfen. Anders liegen die Dinge selbstverständlich in unserem Falle. Den Zeitgenossen einer vom Menschen mit zunehmender Geschwindigkeit umgestalteten Zivilisationswelt sollte der steinzeitliche Moralkodex überholt und anachronistisch erscheinen. Dies jedenfalls lehren uns seit nunmehr zwei Jahrtausenden Priester und Philosophen. Theoretisch ist der Konsens einhellig. Unser gesellschaftliches Verhalten hinkt dieser Einsicht bekanntlich aber nicht unbeträchtlich hinterher.
Schon zu den Lebzeiten des Moses haben unsere Vorfahren den vier Geboten des Dschungels die Zehn Gebote des Alten Testaments entgegengestellt. Und doch ist das Gesetz der Urzeit nicht gänzlich außer Kraft gesetzt. Immerhin, nationaler Chauvinismus ist, wenn auch erst seit ein oder zwei Generationen, anrüchig geworden. Das gleiche gilt hinsichtlich der Einschätzung des gegenseitigen Umbringens unterschiedlich uniformierter Artgenossen bei »kriegerischen« Auseinandersetzungen. Die Auffassung, daß die Tötung von Artgenossen, die nicht der eigenen Gemeinschaft angehören, auch dann ein Verbrechen darstellen kann, wenn sie im Kriege erfolgt – nämlich dann, wenn es sich um einen »Angriffskrieg« handelt –, ist offiziell erstmals 1946 im Rahmen der Nürnberger Prozesse gegen NS-Kriegsverbrecher vertreten worden. Am schwersten tun wir uns, wie die tägliche Erfahrung zeigt, bis auf den heutigen Tag mit der uns innewohnenden Neigung zu Fremdenhaß und Rassismus, wenn auch sie sich neuerdings zunehmender Kritik ausgesetzt sieht.
Mehr als zwei Jahrtausende nach der Kodifizierung der auf seine Gesellschaft zugeschnittenen moralischen Normen hat der neuzeitliche Mensch also noch immer die größten Schwierigkeiten, sein Verhalten an dem von seiner Vernunft längst akzeptierten Sittengesetz zu orientieren. Das Problem ist trivial und seit dem Beginn menschlicher Geschichte bekannt. (»Der Geist ist willig, das Fleisch ist schwach.«) Viel weniger bekannt dagegen ist sein eigentlicher Grund. Die Formulierung der Zehn Gebote liefert vielleicht einen Hinweis. Die nähere Betrachtung ergibt nämlich, daß diese Gebote, die das Gesetz des

Dschungels außer Kraft setzen sollten, mit einer Ausnahme (»Du sollst deinen Vater und deine Mutter ehren...«), soweit sie sich auf gesellschaftliches Verhalten beziehen, eigentlich sämtlich *Ver*bote sind: »Du sollst *nicht*...« (nicht töten, nicht stehlen, nicht ehebrechen, nicht begehren usw.). Es hat folglich den Anschein, daß die Autoren des Textes von der Voraussetzung ausgegangen sind, es komme viel mehr darauf an, bestimmte, für alle Menschen charakteristische, inzwischen jedoch als »unmoralisch« beurteilte Neigungen zu *unterdrücken*, als darauf, den Menschen bestimmte »moralische« Leistungen positiv abzuverlangen. In dieser Einstellung dokumentiert sich, wie mir scheint, eine bemerkenswerte Sensibilität für die Wirksamkeit archaischer Antriebe in der menschlichen Psyche. Der Neandertaler spukt, so kann man ohne Übertreibung sagen, in den Tiefen unserer Seele auch heute noch herum. Letztlich deshalb, weil die Abänderung biologischer Anpassungen unvergleichlich viel langsamer erfolgt als der Ablauf kultureller Entwicklungsprozesse.* Die Autoren des mosaischen Gesetzestextes haben das offensichtlich gewußt.

Nun ist es ja nicht so, daß wir den aus dieser Vorzeit auf uns überkommenen Antrieben ohnmächtig ausgeliefert wären. Andernfalls hätte die Aufstellung der Zehn Gebote getrost unterbleiben können. Wir können uns dieser Antriebe zwar auf keiner Weise entledigen, sowenig wie es in unser Belieben gestellt ist, ein bestimmtes Gefühl – Zorn, Freude oder Trauer – gleichsam auf Befehl entstehen oder verschwinden zu lassen. Wir haben aber die Freiheit zu entscheiden, ob wir uns den Stimmungen des Neandertalers hingeben oder ob wir ihnen widerstehen wollen – so, wie es jedem einzelnen auch anheimgestellt ist, sich von einem Affekt »hinreißen« zu lassen oder den Versuch zu machen, seine Freude oder seinen Zorn »zu beherrschen«.

Diese »Selbstbeherrschung« erfordert jeweils eine spürbare Anstrengung (ein weiteres Indiz für die Vitalität des überkommenen Seelenerbes!). Die Frage, ob und mit welcher Ausdauer ein Mensch diese An-

* Auf das Problem der sich daraus ergebenden Inkongruenz zwischen den uns angeborenen »Ratgebern« (Konrad Lorenz) und der realen Beschaffenheit der von uns hervorgebrachten Zivilisationswelt ist in den letzten Jahren oft hingewiesen worden. Lorenz selbst hat das Problem auf die treffende Formel gebracht, daß der heutige Mensch in den Händen die Atombombe halte, während in seiner Brust immer noch die Instinkte seiner steinzeitlichen Urahnen herrschten (siehe auch mein Buch »So laßt uns denn ein Apfelbäumchen pflanzen«, Hamburg 1985, S. 312ff.; dort auch weitere Literatur).

strengung auf sich nimmt, entscheidet demzufolge über seinen sittlichen Rang. Andererseits gibt es, wiederum eine triviale Feststellung, kaum einen Menschen (Heilige sind die Ausnahme), der nicht mit der größten Aufgeschlossenheit bereit wäre, jeglichen Vorwand in Betracht zu ziehen, der ihn von einer Anstrengung zu entbinden scheint. Wenn das auf eine Weise geschieht, die dem von der Anstrengung Befreiten sein »gutes Gewissen« läßt, ja, womöglich sogar die Illusion eines besonders guten Gewissens verschafft, dann wird die Versuchung unwiderstehlich. Dann geht die Befreiung von der Bürde der moralischen Anstrengung einher mit einer geradezu als Erlösung empfundenen Euphorie, bei der die subjektive Rechtfertigung psychologisch gleich mitgeliefert wird.

Wir sind damit mitten in der Schilderung der engen Beziehungen zwischen Demagogie und dem unter unserer Großhirnrinde herumgeisternden Neandertaler. Demagogen verstehen zwar in aller Regel nicht viel vom Aufbau und der Entwicklung des menschlichen Gehirns. Der sich aus deren Besonderheiten für sie ergebenden einzigartigen Möglichkeiten aber haben sie sich von alters her mit intuitiver Sicherheit bedient. Das in uns allen steckende Erbe des durch sein steinzeitliches Dschungelmilieu geprägten Frühmenschen ist ihr Tummelfeld. Bei dem Umgang mit dem urtümlichen Arbeitsmaterial haben sie meist ein deprimierend leichtes Spiel.

Der Demagoge füllt eine Rolle aus, die der des Moralisten polar entgegengesetzt ist. Während dieser sich müht, uns zur Disziplinierung des archaischen Erbteils (des »alten Adams«) anzuspornen, setzt jener alles daran, der ohnehin in jedem von uns schlummernden Versuchung eine Bresche zu schlagen, dem archaischen Gelüst nachzugeben.* Wirksamstes Mittel der Versuchung ist die Behauptung des Demagogen,

* Die zwischen beiden Alternativen angeblich bestehende Äquivalenz wird vom Demagogen in extremen Fällen sogar mit dem Argument »untermauert«, daß die Notwendigkeit zur »inneren Überwindung« bei einem im nationalen Eigeninteresse erfolgenden Verstoß gegen elementare moralische Gebote den Pflichtcharakter auch der Unrechtshandlung »beweise« (in Analogie zu der Anstrengung, die bei der sittlich motivierten Abweisung einer Versuchung zu leisten ist). Man erinnere sich daran, daß Himmler bei Ansprachen vor Mitgliedern von Einsatzkommandos wiederholt betont hat, daß es ein »Ruhmesblatt« in deren ungeschriebener Geschichte sei, daß sie auch beim Anblick von 500 oder 1000 »daliegenden« Leichen, »abgesehen von Ausnahmen menschlicher Schwächen, anständig (!) geblieben« seien, indem sie »durchgehalten« hätten (in einer Ansprache vor SS-Obergruppenführern am 4. Oktober 1943 in Posen; zitiert nach: Alan Bullock, a.a.O., S. 700).

daß in Wirklichkeit nicht der strapaziöse Widerstand gegen die archaischen Regungen unsere Pflicht sei, sondern im Gegenteil ihre leidenschaftliche (»befreiende«) Bejahung. Sobald es ihm nur gelingt – und es gelingt ihm immer wieder –, uns weiszumachen, es handele sich lediglich um die Entscheidung zwischen zwei quasi gleichberechtigt nebeneinander stehenden Formen der Pflichterfüllung, hat er schon gewonnen. Denn sobald wir ihm das abnehmen, tritt der alte Spruch in Kraft: »Dem Teufel fällt's von selber zu, der liebe Gott muß zieh'n«, und wir werfen uns erleichtert dem Neandertaler an den Hals.
Stolz und Schamgefühl hätten die Erinnerung längst verdrängt, wenn es nicht die alten, furchtbaren Dokumente gäbe, die Wochenschauen und Propagandafilme aus den Jahren der Naziherrschaft, die sie unerbittlich festgehalten haben: die verzückten, in ekstatischer Verehrung leuchtenden Gesichter der Menschen, die ihrem Führer wie einem Erlöser zujubeln. Und in der Tat, er hatte sie von so mancher Bürde befreit. Nicht nur von der nationalen Schande, unter der sie seit 1918 gelitten hatten. Erlöst hatte sie dieser Adolf Hitler auch von der Last des schlechten Gewissens, das sie bislang daran gehindert hatte, sich zu der von nationalen Minderwertigkeitsgefühlen genährten Ablehnung und Verachtung offen zu bekennen, die alles in ihnen wachrief, was sie ausländisch, abartig oder jüdisch anmutete. Zu dem aus bornierter Verständnislosigkeit geborenen Widerwillen, den eine »schweigende Mehrheit« gegenüber allen Formen der zeitgenössischen, »modernen« Kunst empfand. Zu ihrem dumpfen Haß auf alle Literaten und gesinnungslosen Schreiberlinge, die es nicht nur an dem der Obrigkeit schuldigen Respekt fehlen ließen, sondern die mit beißender Ironie und zersetzendem Spott auch noch über alles herzogen, was einem wahren Patrioten heilig war.
Das nationalsozialistische Regime hatte der bisher zum Schweigen verurteilten Mehrheit ein Geschenk gemacht, das sie mit tiefer Dankbarkeit entgegennahm: Es hatte ihr die Überzeugung vermittelt, daß sie sich aller diese Regungen von Stund an nicht mehr zu schämen brauche. Sie müßten mit ihrem Widerwillen und ihrem Haß nicht länger hinter dem Berge halten, so wurde den Menschen eingeschärft, denn beide Gefühle seien nichts anderes als die Regungen eines »gesunden Volksempfindens«, das sich durch keinerlei »moralinsaure« und intellektualistische Spitzfindigkeiten beirren lassen dürfe. Die angebliche Autorität des Gewissens sei, so erklärte die neue Lehre, nur ei-

ne jüdisch-christliche Erfindung. Sie verfolge einzig und allein den Zweck, Zweifel und Unsicherheit zu säen in der Seele des germanischen Menschen, dessen natürlicher Überlegenheit seine Feinde nichts anderes entgegenzusetzen wüßten.
Und der Neandertaler in den Köpfen der großdeutschen Germanen begann Morgenluft zu wittern. Als man ihm mehr als nur den kleinen Finger bot, nahm er lustvoll das Heft in die Hand. Nachdem der ohnehin mühsame Versuch, ihn durch sittliche Anstrengung zu domestizieren, endlich erfolgreich als »weibische«, ungermanische und sentimentale Schwäche verleumdet war, gab es kein Halten mehr. Rücksichtslosigkeit gegenüber allem, was nicht der eigenen Gemeinschaft angehörte, war von nun an eine Tugend. Das Wort »international« änderte seinen Charakter und wurde zum Schimpfwort. Denn jegliche Form mitmenschlicher Solidarität, die sich nicht auf den Kreis der eigenen »Volksgenossen« beschränkte, galt von nun an als Verrat. Vorbildlich war es dagegen (und Ausdruck einer als »urgermanisch« ausgegebenen Haltung), wenn man die Interessen der »völkischen Schicksalsgemeinschaft« allem anderen überordnete. Worin diese jeweils bestanden, das unmißverständlich, notfalls auch durch entschuldbare Übertreibung, kenntlich zu machen war Aufgabe der von Goebbels' Ministerium für Volksaufklärung und Propaganda täglich neu ausgegebenen offiziellen Sprachregelung.
Gehorsam gegenüber der Obrigkeit war oberstes Gebot. Immer wieder wurde in diesem Zusammenhang die Erinnerung an die »erbärmliche Meuterei« von 1918 beschworen. Sie hatte damals den in greifbare Nähe gerückten Sieg gekostet, davon war eine unbelehrbare Majorität nach wie vor überzeugt. Die Niederlage war gänzlich unnötig natürlich, denn man hätte damals ja bloß »energisch genug durchgreifen« müssen. Der Zorn darüber, daß eine unverzeihlich schlappe Obrigkeit es in »typisch deutscher Humanitätsduselei« daran habe fehlen lassen, ließ eine »bedingungslose Pflicht zum Gehorsam« für viele Patrioten nunmehr zur unverzichtbaren Voraussetzung einer erfolgreichen Behauptung Deutschlands inmitten einer Welt von haßerfüllten Neidern werden.
»Bedingungslose Gefolgschaftstreue« hatte sich nicht zuletzt auch durch die »Härte« zu beweisen, mit der man moralische und andere »bürgerliche Skrupel« zu unterdrücken bereit war, wann immer dadurch die Erringung eines nationalen Vorteils erleichtert wurde. Ober-

stes gesellschaftliches Ziel war es, alle durch ihre germanische Abstammung und Kultur, durch »gemeinsames Blut und Erbe« definierten Deutschen zu einer »verschworenen Schicksalsgemeinschaft zusammenzuschweißen«. Sie würde die Kraft besitzen, die historische Verheißung eines »Tausendjährigen Reiches« zu erfüllen, in dem sich der deutsche Genius dann endlich, unbehelligt von der Mißgunst der übrigen, minderbemittelten Völker dieser Erde, zu seiner wahren Größe entfalten könnte.
Auch wenn es heute so viele nicht mehr wahrhaben wollen: Das genau war der Glaube, dem die Mehrheit des deutschen Volkes damals verfallen war. Der eine mehr, der andere weniger. Ein Glaube, der die Menschen mit einer Euphorie erfüllte, welche die Behauptung von einer »nationalen Erhebung« auch nachträglich gerechtfertigt erscheinen läßt. Der die Vernunft und die sittliche Orientierung der meisten Deutschen in diesen Jahren in Mitleidenschaft zog, wenn er sie nicht in der aus archaischen Abgründen emporquellenden Brühe ertränkte.
Jetzt stellte sich heraus, wie dünn die Wand tatsächlich ist, die den modernen, »aufgeklärten« Menschen von der Geistesverfassung des Neandertalers trennt. Der nationalsozialistischen »Bewegung« gelang es im Handumdrehen, die Brandmauer einzureißen. Unter der jubelnden Zustimmung fast des ganzen Volkes wurden die vier Gebote der Steinzeit in Deutschland wieder in Kraft gesetzt, die man in den vorangegangenen Jahrhunderten mit wechselndem Erfolg in den tiefsten Tiefen der eigenen Seele eingesperrt zu halten sich bemüht hatte. Die Erleichterung war ungeheuer. Ein Gefühl neu gewonnener, nie gekannter Kraft breitete sich aus. Nach Jahrzehnten quälender Selbstzweifel wurde die Gemeinschaft der deutschen Volksgenossen von einer Welle grenzenlosen Selbstvertrauens getragen.

Die siegreichen Jahre

Die Mehrzahl der männlichen Deutschen etwa in meinem Alter steckte längst in Uniform, während ich in Berlin studierte – Medizin, und nebenher, nicht ganz legal in den Augen der Obrigkeit, auch ein wenig Philosophie und Psychologie; unter anderem hörte ich Vorlesungen des berühmten Philosophen Nicolai Hartmann und nahm auch an einem Seminar über Thomas von Aquin teil. Und die Wehrmacht siegte in Polen, danach in Dänemark und Norwegen und im Frühsommer 1940 dann sogar in Frankreich. Es war kaum zu glauben. Insbesondere der innerhalb weniger Wochen mit einem totalen Sieg endende Feldzug gegen Frankreich ließ viele Patrioten, die Hitler bis dahin immer noch mit einer gewissen Reserve gegenübergestanden hatten, als überzeugte Konvertiten in das Lager seiner gläubigen Anhänger überwechseln.

Was die kaiserliche Armee in vier Jahren nicht geschafft hatte, das hatte Hitlers Wehrmacht in kaum mehr als vier Wochen fertiggebracht. Die seit 1918 schwärende Wunde konnte sich endlich schließen. Die Inszenierung des Waffenstillstandes von 1940 lieferte das Tüpfelchen auf dem i: Mit der unfehlbaren Instinktsicherheit des geborenen Demagogen ließ Hitler den Eisenbahnwaggon aus dem Museum wieder in den Wald von Compiègne bei Paris schaffen, in dem der französische Marschall Foch 1918 die Kapitulation Deutschlands am selben Ort entgegengenommen hatte. Jetzt trafen sich die alten Kontrahenten zu der gleichen Zeremonie der Unterwerfung also vor derselben Kulisse wieder – mit vertauschten Rollen, und der Brust der deutschen Patrioten entrang sich ein millionenfacher Seufzer unsäglicher Erleichterung.

In kaum einer anderen Episode dieser Jahre zeigt sich die Tatsache sinnfälliger, daß Hitler keineswegs »aus heiterem Himmel«, wie eine wesensfremde Katastrophe, von außen in den Ablauf der deutschen Geschichte hereingebrochen ist. Ganz im Gegenteil. Sein Erfolg war allein deshalb so überwältigend groß, weil er sich mit nachtwandlerischer Sicherheit der nationalen Komplexe und heimlichen Sehnsüchte anzunehmen verstand, die seit dem Schock von 1918 in der deutschen Seele gärten. Und die notwendige Frage danach, warum dieser Schock so tief saß, daß seine psychischen Folgen auch nach Jahrzehnten noch nicht abgeklungen waren, verweist darauf, daß noch weiter zurück in der Vergangenheit suchen müßte, wer die eigentliche Wurzel der deutschen Anfälligkeit für die nationalsozialistische Verirrung aufspüren wollte. Selbst mein Vater, der die Nationalsozialisten nach wie vor mit einer seiner Umgebung spleenig erscheinenden Hartnäckigkeit ablehnte, erwies sich gegen die bei diesem Anlaß allenthalben spürbare patriotische Genugtuung als nicht immun. Die für einen kaiserlichen Offizier erniedrigende Tatsache fünfjähriger Kriegsgefangenschaft in französischem Gewahrsam und die von ihm als demütigend erlebten

Umstände seiner ersten Nachkriegsjahre als Zivilist in der »roten Republik« hatten ihre Narben auch bei ihm hinterlassen. Während der Anfangsphase des »Frankreichfeldzuges« verzog sich sein Gesicht jedesmal in bekümmerte Falten, wenn man ihn auf die raschen Fortschritte an der Westfront ansprach. »Ihr werdet schon noch sehen«, war sein ganzer Kommentar, wenn man eine Stellungnahme von ihm forderte. In der bedrückenden Erinnerung an das vierjährige vergebliche Anrennen der glorreichen kaiserlichen Armeen erschien ihm ein siegreicher Ausgang des abermaligen Waffenganges gegen den »Erbfeind« ausgeschlossen.

Aber nun war Frankreich geschlagen – nur wenige Wochen nach Beginn des Feldzuges. Die Genugtuung des ehemaligen Kriegsgefangenen war unverkennbar, wenn er auch sofort verstummte, sobald die Frage nach den Gründen zur Sprache kam. Denn daß Hitlers Wehrmacht »besser« sein könnte als die kaiserliche Armee, war für ihn undenkbar. Aber woran hatte es dann gelegen? Für die Mehrheit in seiner Umgebung lag die Antwort auf der Hand: Es war die »Härte« des neuen Deutschlands, der »unerschütterliche Glaube« an die eigene Überlegenheit, der seine Angehörigen »mit rücksichtsloser Entschlossenheit« tun ließ, was den Erfolg verbürgte.

Daran war sogar ein Körnchen Wahrheit. Aber wohl keiner derer, die diese Diagnose damals stellten, rechnete ernstlich damit, daß diese Rücksichtslosigkeit so weit getrieben werden könnte, wie es dann geschah. Und gewiß niemand dachte rechtzeitig an die vernichtenden Konsequenzen, die es unweigerlich haben mußte, wenn dieser Glaube sich jemals zu der wahnhaften Zuversicht versteigen sollte, daß er, wenn er nur stark und blind genug sei, auch die Kraft haben werde, die Realität den eigenen Wünschen entsprechend zu verändern.

Aber jetzt war Frankreich geschlagen. Der Führer ernannte neue Feldmarschälle im Dutzend und verkündete beiläufig, daß er Weisung gegeben habe, die Munitionsproduktion zu drosseln. Die »verschworene Gemeinschaft« der deutschen Volksgenossen verstand die Anordnung als Signal, daß alles schon gelaufen sei. Wahrhaftig: Was hatte England denn jetzt noch für Gründe, den sinnlos gewordenen Krieg fortzusetzen! Soweit noch in Zivil, fuhr man mit siegesgeschwellter Brust in die Sommerferien. In den Restaurants und Cafés wurde das Tanzen wieder erlaubt, das die Behörden während des Westfeldzugs aus Takt gegenüber den an der Front kämpfenden Soldaten untersagt hatten.

Bevor auch unsere Familie in diesem Sommer (1940) wieder nach Binz aufbrach, ergab sich die Gelegenheit, einen der heimgekehrten Kriegshelden zu begrüßen. Es handelte sich um Onkel Gerhard, den Bruder meiner Mutter. Onkel Gerhard, schon 1917 als Kriegsfreiwilliger dabei, hatte den Frankreichfeldzug als Kommandeur eines Artillerieregiments mitgemacht und war soeben voll frischer Eindrücke zurückgekehrt. Er genoß seine Rolle als Mittelpunkt einer Runde ihm andächtig lauschender Zivilisten.
Meine Mutter hatte sich nicht lumpen lassen. Nichts war für den Ehrengast zu schade. In unserem Hause herrschte Festtagsstimmung. Die nachmittägliche Szene ist mir lebendig in Erinnerung. Wir hatten uns im Musikzimmer versammelt. Aus dunklen Quellen war Kaffee beschafft worden (damals für den »Normalverbraucher« längst ein rarer Genuß) und dazu sogar Schlagsahne. Onkel Gerhard saß, die Beine übergeschlagen, in voller Uniform zurückgelehnt im Sessel und sog genüßlich an einer der köstlich riechenden schwarzen Zigarren, die er aus Frankreich mitgebracht hatte. Meinem Vater gab er im Verlaufe des Nachmittags großmütig eine davon ab. (Meine stille Hoffnung, das seltene Kraut ebenfalls genießen zu können, blieb unerfüllt.) Onkel Gerhard erzählte vom Krieg. Lebhaft, voller anschaulicher Dramatik und aus der Perspektive des Siegers. Wir hingen andächtig an seinen Lippen.
Onkel Gerhard erzählte von der Einnahme einer Ortschaft, die er zuvor mit den Geschützen seines Regiments »beharkt« hatte. Sein Blick schweifte langsam über die Gesichter der ihm schweigend zuhörenden Runde und blieb an meinem Gesicht hängen. »Weißt du, Hoimar«, sagte er, während er seine Zigarre mit kultivierter Sorgfalt über dem silbernen Aschenbecher an seiner Seite abklopfte, »das ist schon ein dolles Gefühl, wenn du in einen solchen Ort reinfährst, und da liegen die Trümmer, und alles raucht noch, und du sagst dir: Das warst du!« In mir rührte sich in diesem Augenblick ganz leise ein Widerspruch, ein flüchtiger Impuls zum Protest, den ich jedoch mit Erfolg unterdrückte, da mir sofort bewußt wurde, wie unangebracht die Regung war.
Man sollte Onkel Gerhard Gerechtigkeit widerfahren lassen. Er war kein Unmensch. Wenn man einmal davon absieht, daß er sich gern martialisch gab, war er ein umgänglicher Mann mit viel Mutterwitz und ein hervorragender Doppelkopfspieler. Ich jedenfalls habe nicht

das Recht, ihn wegen seiner Äußerung zu verdammen, denn ich muß, mit nicht geringer Beschämung, hier den Bericht an einen Vorfall anschließen, bei dem ich, nur wenige Jahre später, eine um keinen Deut bessere Rolle gespielt habe.
Es war Ende Juli 1943 in Hamburg. Nach einem schweren Bombenangriff half ich mit anderen Nachbarn den verzweifelten Bewohnern eines lichterloh brennenden Mietshauses, wenigstens einen Teil ihrer Habe zu retten. Der Brand fraß sich vom Dachstuhl aus unaufhaltsam nach unten. Das geschah nicht gleichmäßig, sondern in von längeren Pausen unterbrochenen donnernden Sprüngen. Während eine Etage in einer wahren Höllenglut ausbrannte, räumten wir in größter Hast die darunter gelegene aus, bis es in der Decke über uns vernehmlich zu knistern begann. Das war das Signal zur Flucht. Während wir in die nächsttiefere Etage stürzten, kam die Decke mit einem fürchterlichen Krach herunter, und so wiederholte sich das lebensgefährliche Spiel von einem Stockwerk zum nächsten, bis wir, Stunden später und völlig erschöpft, im Keller angekommen waren.
Bei der Räumungsaktion stand ich auf einmal allein in dem mit allen Accessoires spießbürgerlicher Behaglichkeit überladenen Wohnzimmer einer von den anderen Helfern bereits preisgegebenen Etage. Vom Vertiko mit den knallbunten Sammeltassen hinter staubschützenden Glasscheiben über die vom Sonnenuntergang rosig angehauchte Alpenlandschaft in klobigem Goldrahmen an der Wand bis zum Gummibaum – es fehlte keine der obligaten Zutaten. Vor lauter Nippes konnte man sich in dem Zimmer kaum rühren. Die Mitte des Raumes wurde von einer gewaltigen Stehlampe mit einem riesigen fransenbewehrten Schirm beherrscht, die in einen runden Tisch eingebaut war, auf dessen gläserner Platte allerlei Figurinen aus Majolika posierten. Das verrückteste: Die Lampe brannte noch. Die Szene erschien mir so gespenstisch wie grotesk. Draußen tobte der Feuersturm und schrien die Menschen durcheinander. Und da vor mir stand, als eine idyllische Oase inmitten des Weltuntergangs, die wohlaufgeräumte Inkarnation kleinbürgerlicher Sehnsucht nach Geborgenheit.
Das Knistern über meinem Kopf erinnerte mich daran, daß es Zeit wurde, das Zimmer zu verlassen. In diesem Moment kam mir der Gedanke wie ein Blitz. Die Gelegenheit war einmalig. Ich erlag der Versuchung fast in der gleichen Sekunde. Mit beiden Händen packte ich den Rand des abgetretenen Teppichs, der den Boden bedeckte, und

zog an ihm mit einem einzigen kräftigen Ruck. Die mächtige Stehlampe begann zu taumeln und stürzte mit gewaltigem Getöse auf den Boden, wobei sie den Glastisch splitternd mit sich riß. Innerhalb eines einzigen Augenblicks hatte ich die mit Sorgfalt komponierte Idylle in eine chaotische Trümmerwüste verwandelt. Während ich die Treppe herunterstürzte und ein lautes Krachen hinter meinem Rücken den Einsturz der Etagendecke signalisierte, spürte ich in mir eine tiefe Befriedigung.

Ich kann die Frage bis heute nicht schlüssig beantworten, warum es für mich eine Versuchung bedeutet hat, die Ausnahmesituation als Gelegenheit zu benutzen, den wohlgeordneten Mikrokosmos dieses Wohnzimmers zu zertrümmern. Dem Neandertaler in mir kann ich diesen Antrieb ganz sicher nicht auch noch in die Schuhe schieben. (In seiner Welt wären derartigen Anwandlungen von Zerstörungslust keinerlei positive Anpassungsqualitäten zuzuerkennen gewesen.) Daß ich damals ebensowenig einem krankhaften Impuls erlegen bin, dessen glaube ich mir aber auch sicher zu sein.

Das Erlebnis in dem brennenden Etagenhaus, das mich noch nachträglich beunruhigt, verbindet mich mit dem von der Zerstörungskraft seines Regiments so überaus befriedigten Onkel. Aber nicht nur mit ihm. Wer bestreitet, daß diese Lust an der Zerstörung in den dunkleren Untergeschossen auch seiner Psyche lauert, frage sich doch einmal, worauf seiner Ansicht nach die kommerziell nutzbare Anziehungskraft von Kriminalfilmen beruht. Wie es zu erklären ist, daß das spezifische Genre des Katastrophenfilms in aller Welt riesige Kassenerfolge einspielt – vorausgesetzt, daß die vorgeführten Katastrophen realistisch und angsteinflößend inszeniert sind. Warum die Neugier ganz normaler Menschen (»wie du und ich«) von Brandkatastrophen, Unfällen auf der Autobahn oder Flugzeugabstürzen wie mit magischer Kraft angezogen wird.

Die meisten scheuen sich, diese abgründige Lust am Chaos sich selbst und anderen einzugestehen. Der italienische Filmregisseur Federico Fellini macht da eine Ausnahme. In seinen 1984 erschienenen Lebenserinnerungen schreibt er zum Thema Krieg: »Der Gedanke an den Krieg gibt mir auch ein vielleicht gesundes Gefühl der Nichtverantwortung (...), auch eine unverantwortliche Neugier: alles könnte kaputtgehen (...), und wenn du zufällig überlebst, dann kannst du was zu sehen kriegen!«

Tief in uns gibt es einen Abgrund, das wußte schon der Kirchenvater Augustinus. Deshalb allein aber sind wir nicht schon alle »Faschisten« (wenn auch fehlbare Menschen). Weder Onkel Gerhard noch sein Neffe Hoimar, noch der Zuschauer am Geländer einer Autobahnbrücke, der – bewußt oder unbewußt – die Möglichkeit eines Unfalls einkalkuliert, den er gern »mitbekäme«, unterscheiden sich schon dieser Regungen wegen moralisch von ihren Mitmenschen. Das entscheidende Kriterium für die moralische Beurteilung ergibt sich erst aus der Frage, wie man sich zu diesen abgründigen Regungen verhält. Zum »Faschisten« droht man zu werden, wenn man sie bejaht, wenn man sich gar mit ihnen identifiziert. Zum Wesensmerkmal des Faschismus gehört es, sie als akzeptable, wenn nicht gar als beispielhafte Handlungsimpulse zu propagieren. Ein faschistisches Regime erkennt man daran, daß es die Freisetzung der in uns allen lauernden Bestie betreibt.

Den Nationalsozialisten ist diese Freisetzung seinerzeit bei fast einem ganzen Volk gelungen. Es lassen sich viele Gründe dafür anführen, warum gerade wir es gewesen sind, die der furchtbaren Versuchung erlagen. Einer von ihnen war die Wahnsinnsidee, daß eine alle moralischen Hemmungen abstreifende, im wertneutralen Wortsinn bestialische (nämlich natürliche, urwüchsige, germanische oder wie die Umschreibungen sonst lauteten) Rücksichtslosigkeit eine Kraft verleihen werde, der niemand auf dieser Erde würde widerstehen können – schon gar nicht die »verweichlichten« Nationen an unseren Grenzen. Für das von den Folgen wilhelminischen Übermuts und republikanischer Mißlichkeiten gebeutelte nationale Selbstbewußtsein der Deutschen war die von dieser Vorstellung ausgehende Versuchung übermächtig.

Unbestreitbar ist die Zahl derer, die sich bis zu konkreter Bestialität verführen ließen, bis zuletzt relativ klein geblieben. Aber daraus läßt sich nicht viel Trost schöpfen. Zum einen nicht, weil in den Augen der Dirigenten des Vernichtungsapparats das die Mordmaschinerie bedienende Personal ausreichte und es keinerlei Schwierigkeiten bereitet hätte, seine Zahl »bedarfsentsprechend« zu erhöhen. Und zum anderen nicht, weil der von uns Älteren, der behauptet, niemals Nazi gewesen zu sein, da er sich Folter, Mord oder Denunziation nicht vorzuwerfen habe, verdrängt, was sich abgespielt hat. Die Verstrickung in die Schuld begann lange vor dem juristisch faßbaren Exzeß.

Weil die nach dem »Endsieg« zu erwartende Vergrößerung des Groß-

deutschen Reiches und der Wiedergewinn der Kolonien eine größere Zahl an Ärzten erfordern würde, ließ man mich und viele meiner Altersgenossen vorerst noch Medizin studieren. So fuhr ich also täglich von Potsdam mit der S-Bahn zum Bahnhof Friedrichstraße, in dessen Nähe die Charité und die Institute der vorklinischen Fächer lagen. Die Strecke war weit und kostete – hin und zurück – jedesmal drei Stunden. Aber die Möglichkeit, wieder in Potsdam und im Elternhaus wohnen zu können, überwog in meinen Augen diesen Nachteil.
Anatomie hörten wir bei dem berühmten und gestrengen Professor Stieve (an der Berliner Universität lehrte damals grundsätzlich nur die akademische Crème). Der langaufgeschossene hagere Mann mit dem schmalen Gelehrtenschädel trug bei seiner Vorlesung nicht, wie alle anderen, den standesüblichen weißen Kittel. Stieve erschien zum Kolleg in einem langen, glänzendschwarzen Seidenmantel. Es ging die Rede, daß er »der Partei« nicht sonderlich nahestände. Aus erster Hand wußten wir über seine Einstellung nichts. Immerhin kam es in seiner Vorlesung nicht zu den anbiedernden, etwa die damalige »Rassenbiologie« einbeziehenden Bemerkungen, wie sie bei einigen seiner Kollegen inzwischen an der Tagesordnung waren. Dabei hätte das gerade in seinem Kolleg nahegelegen, denn an den Proportionen der Schädelmaße (dem »Schädelindex«) ließ sich nach offizieller Ansicht zum Beispiel die rassische Zugehörigkeit eines Menschen unfehlbar erkennen.* Auch das von seinen Hörern sehr wohl registrierte säuerliche Gesicht, mit dem Stieve beim Betreten des Hörsaals den rechten Arm wie geistesabwesend hastig zum »Deutschen Gruß« hochriß, um der Vorschrift Genüge zu tun, sprach eher gegen eine tiefsitzende nationalsozialistische Überzeugung. Aber mit »Heil Hitler« grüßte er eben doch, wenn auch in einer nach Lage der Dinge halsbrecherisch zu nennenden Kümmerform des offizielle Rituals. (Der Hamburger Kinderarzt Rudolf Degkwitz, der selbst das konsequent ablehnte, verlor 1943 seinen Lehrstuhl und kam ins Zuchthaus. Er wurde nur aufgrund hartnäckiger Interventionen von Berufskollegen nicht zum Tode verurteilt.)

* Im Biologie-Unterricht am Viktoria-Gymnasium hatte man bei uns schon im Alter von vierzehn Jahren ganz offiziell die relevanten Schädelmaße abgenommen. Dabei wurde mir übrigens anerkennend eröffnet, daß ich »fast reinrassig nordisch« sei, was mich als schwarzhaarigen Jungen mit ausgeprägter Nase außerordentlich erfreute. Mein naiver Stolz über diese total alberne Mitteilung charakterisiert die damalige Atmosphäre auf seine Weise.

Während des Präparierkurses, der an vier Nachmittagen der Woche stattfand, pendelte Stieve unermüdlich auf und ab in den langen Gängen zwischen den Stahltischen, auf deren Marmorplatten die nackten Leichen lagen, deren Anatomie wir mit Skalpell und Pinzette in monatelanger Kleinarbeit freizulegen hatten. Als erstes war die Haut zu entfernen, ohne die daruntergelegenen Muskeln zu verletzen. Dann kamen diese an die Reihe, einer nach dem anderen, am Hals beginnend über Brust und Bauch bis zu den Füßen. Jeder Muskel war bis zu seinen Knochenansätzen sauber zu präparieren und in seiner Situation zu den mit ihm kooperierenden (oder seine Wirkung antagonisierenden) Nachbarmuskeln darzustellen. Wir waren in diese Präzisionsarbeit meist so vertieft, daß es jedesmal einen kleinen Schreck auslöste, wenn Stieve plötzlich neben einem stand, um mit halblauter Stimme nach Namen, Funktionsweise und Innervation der gerade präparierten Muskeln zu fragen. Fiel die Antwort zu seiner Zufriedenheit aus, belohnte er einen mit einem freundlichen Lächeln. Andernfalls wurde man unwirsch auf seine Wissenslücken hingewiesen, bevor der ein wenig gefürchtete Mann sich mit einem hörbaren Seufzer abwandte und seine Wanderung durch die Gänge wieder aufnahm.
Von Medizinstudenten kann man heute häufig die Klage hören, daß es für ihre Präparierkurse an Leichen mangele, so daß zu viele von ihnen sich mit demselben Arm oder demselben Halsmuskel beschäftigen müßten. Diese Kalamität kannten wir nicht. Leichen gab es in Stieves Institut in Hülle und Fülle. Es waren ganz überwiegend die Leichen junger, gesunder Männer. Und noch etwas war der Mehrzahl von ihnen gemeinsam: Ihnen fehlte der Kopf. Knapp über Schulterhöhe war ihr Hals säuberlich durchtrennt.
Der Grund war natürlich für keinen von uns ein Geheimnis. Die Obrigkeit war sogar darauf bedacht, daß auch die Öffentlichkeit außerhalb unseres Präpariersaals über die Zahl und die Ursache dieser Todesfälle nicht im ungewissen blieb. An allen Litfaßsäulen prangten die in auffälligem Signalrot gehaltenen kleinen Plakate, auf denen in trockenem Behördendeutsch mitgeteilt wurde, daß und zu welcher Stunde abermals die Hinrichtung eines Landesverräters, eines Staatsfeindes oder eines »Rassenschänders« vollstreckt worden sei, der dann, um jeden Zweifel an der Realität des Vorgangs auszuschließen, jedesmal mit vollem Namen und Geburtsdatum genannt wurde.
Jedermann also wußte Bescheid – Stieve wußte, woher er die Leichen

für sein Institut bezog, wir Studenten wußten, an wessen Überresten wir das für einen Arzt notwendige anatomische Wissen erwarben, und die Passanten draußen auf der Straße wußten, wie steil die Zahl der von Staats wegen getöteten Mitmenschen neuerdings in die Höhe geschnellt war.* Bedeutet dieses Mitwissen allein, wenn ihm keine Reaktion – weder hörbarer Protest noch gar konkretes Tun – folgte, schon Mitschuld? Es ist nicht leicht, über die Frage mit sich ins reine zu kommen. Ich neige heute dazu, sie zu bejahen.

Zwar erscheint es mir nicht prinzipiell verwerflich, wenn viele damals »gnadenlose Härte« in Kriegszeiten für gerechtfertigt hielten. Manchem geht das wohl auch nachträglich noch so. Aber entlastet dieses Argument auch im Falle eines Angriffskrieges? Andererseits: Der Begriff »Angriffskrieg« wurde erst nach 1945 geläufig. Und daß ein Krieg per se »verbrecherisch« sein kann, ist eine sehr junge Auffassung.

Wieder andererseits: Zwar hatten wir keine zutreffende Vorstellung davon, was sich hinter den offiziell angegebenen Urteilsgründen Landesverrat, Wehrkraftzersetzung oder Plünderung im Einzelfall verbarg. Wer aber hätte sich auf eine solche Unkenntnis in den Fällen be-

* »Rassenschande« im Sinne der Nürnberger Gesetze beging ein Jude, der mit einer »Person deutschen oder artverwandten Blutes« intim verkehrte. Mit der Todesstrafe hatten in diesem Fall aber auch die nichtjüdischen Angehörigen »minderwertiger« Bevölkerungsgruppen zu rechnen (wovon vor allem Polen und später die in der deutschen Rüstungsindustrie und Landwirtschaft als Hilfskräfte eingesetzten russischen Kriegsgefangenen bedroht waren). Hingerichtet wurde außerdem wegen einer Fülle »kriegstypischer Verbrechen«, bei denen es sich oft genug um Bagatelldelikte handelte (etwa um den Diebstahl von Brot oder einer Schachtel Zigaretten durch Kriegsgefangene – wenn diese den sogenannten »Ostvölkern« angehörten!). Mit dem Tode »geahndet« wurden selbstverständlich auch die im weiteren Verlaufe des Krieges zunehmenden Fälle von »Landesverrat« und »Wehrkraftzersetzung«, also Kritik – auch im privatesten Kreis, wenn es ruchbar wurde – am Regime oder Äußerungen des Zweifels am »Endsieg«. Aktiver Widerstand – in welcher Form auch immer – galt vom ersten Tage nach der »Machtergreifung« an als todeswürdiges Verbrechen. Insgesamt sind von der deutschen Justiz von 1933 an bis zum Kriegsende etwa 32000 Todesurteile gefällt worden, davon allein 30000 vom Beginn des Rußlandfeldzuges im Frühjahr 1941 bis zum Kriegsende 1945. Die meisten davon wurden auch vollstreckt. (Quelle: Ralph Giordano, a.a.O., S. 157) Das bedeutet für die Zeit ab 1941 einen Durchschnitt von über zwanzig Hinrichtungen am Tag allein im Bereich der zivilen Gerichtsbarkeit. Fürwahr, das nationalsozialistische Regime hatte nicht übertrieben, als es den Volksgenossen ankündigte, es werde den »Fehler der Humanitätsduselei von 1918« nicht wiederholen, sondern »mit unerbittlicher Härte durchgreifen«. Im Reichsdurchschnitt täglich also zwanzig neue blutrote Zettelchen an allen Litfaßsäulen – ist es denkbar, daß das niemandem von denen aufgefallen sein sollte, die heute so nachdrücklich beteuern, sie hätten »von allem nichts gewußt«?

rufen können, in denen die Hinrichtung ganz unverblümt mit »Blutschande« begründet wurde? Und hätte nicht in jedem Falle allein die erschreckende Zahl der Fälle uns mißtrauisch machen müssen? Heute zweifelt – von ein paar lernunwilligen Köpfen einmal abgesehen – niemand mehr daran, daß es sich damals um ein nur legalistisch verbrämtes staatliches Massenmorden gehandelt hat. Um das Wüten von Juristen, die das ihnen anvertraute Recht verrieten, indem sie ganz offen erklärten, daß sie ihre Aufgabe nicht darin sähen, Recht zu sprechen, sondern darin, »die Feinde des nationalsozialistischen Deutschland zu vernichten« (so Roland Freisler, Präsident des »Volksgerichtshofes«, in zahlreichen seiner Urteilsbegründungen). Die Frage ist, ob wir das nicht schon damals hätten erkennen müssen.

Man mag darüber heute unterschiedliche Auffassungen vertreten. Ich kreide mir mein damaliges Stillschweigen als schuldhaft an. Und sei es nur deswegen, weil die Existenz einer, wenn auch erbarmungswürdig kleinen, Zahl von Widerständlern bewiesen hat, daß wir es hätten wissen können, wenn wir es nur hätten wissen wollen. Wir haben aber weggesehen und uns das Nachdenken verboten, weil wir im Unterschied zu dieser mutigen Minorität Angst hatten vor den Konsequenzen, die es mit sich gebracht hätte, wenn wir den Gegebenheiten ins Auge gesehen hätten. Man mag das mit menschlicher Schwäche entschuldigen. Aber der Abstand, den wir damals aus dieser Schwäche heraus zu der Haltung des Widerstandes wahrten, ist unwiderruflich identisch mit dem moralischen Abstand, der uns heute von der Schuldlosigkeit dieser Männer und Frauen trennt, die sich als einzige nicht verstrickten und dafür einen Preis bezahlten, den zu entrichten wir nicht den Mut fanden.*

Das alles gilt uneingeschränkt, wobei hinzuzusetzen ist, daß das Überlegungen sind, die ich damals ebensowenig bewußt anstellte wie sicher die meisten meiner Kommilitonen. Wir waren im Krieg, und damit hatten sich, nicht nur für uns, die Maßstäbe geändert. Jetzt ging es in unseren Augen vor allem um die Pflicht dem Vaterland gegenüber und nicht um das Verhältnis zum Nationalsozialismus, ganz unabhängig davon, ob dieses im Einzelfall nun problematisch war oder, wie in mei-

* Mit »wir« meine ich an dieser wie an anderen Stellen immer meine unmittelbare Umgebung, hier also die Kommilitonen und Kommilitoninnen, mit denen ich täglich Umgang hatte.

nem Falle, allenfalls lauwarm distanziert. Daß zwischen diesem Krieg und dem Nationalsozialismus in Wirklichkeit gar nicht unterschieden werden konnte – weil er eben nichts anderes darstellte als ein aus nationalsozialistischer Weltanschauung geborenes räuberisches Abenteuer –, war uns in keiner Weise einsichtig.

1940 stand für uns und unsere Eltern (mein Vater mit seiner »verqueren« Weltsicht wieder einmal ausgenommen) auch der neuerliche Krieg noch in der Linie, welche die Kriege von 1870/71 und 1914/18 in unserem Geschichtsverständnis miteinander verband: Der erste hatte die Gründung des Deutschen Reiches gebracht, und der zweite war erzwungen worden von der Notwendigkeit zur Verteidigung dieses neugegründeten Reiches gegen eine Welt mißgünstiger Feinde. Der 1939 ausgebrochene, »von den westlichen Demokratien auf Betreiben des Weltjudentums mutwillig vom Zaun gebrochene Krieg« (was niemand von uns glaubte, wiewohl die amtliche Propaganda und ausnahmslos jede Führerrede die Formel stereotyp wiederholten) setzte diese Linie fort. In unseren Augen war er eine Reaktion der Siegermächte von 1918 auf das unerwünschte Wiedererstarken des Deutschen Reiches.

Jawohl, wir hatten Polen angegriffen. Aber doch nur, weil die Polen es in böswilliger Uneinsichtigkeit abgelehnt hatten, unseren legitimen Anspruch auf die Wiederherstellung der vom »Versailler Diktat« unterbrochenen Landverbindung zu Ostpreußen anzuerkennen. Was, bitte schön, ging das Engländer und Franzosen an? Unter dem Einfluß der Neandertalermoral*, die schon lange vor 1933 in Deutschland grassierte und sich nach diesem Datum endgültig durchgesetzt hatte, hiel-

* Um daran zu erinnern: Mit dem Terminus »Neandertalermoral« ist hier ganz neutral, ohne alle disqualifizierende Absicht, der auf die altsteinzeitlichen Überlebensbedingungen zugeschnittene Verhaltenskodex unserer frühmenschlichen Ahnen gemeint. Anrüchig wird die Sache erst, wenn wir Heutigen eine emotionale Haltung gewähren lassen oder gar fördern, die zu einer unreflektierten (unbewußten) Berufung auf diesen archaischen Kodex tendiert. Aus den angegebenen Gründen sind die ihm entsprechenden Handlungsdispositionen in unserer genetischen Konstitution noch immer präsent. Die historischen Begründer unserer abendländischen Kultur haben daher die vier Gebote des archaischen Kodex mit den Zehn Geboten des mosaischen Sittengesetzes, wie die ganze menschliche Geschichte lehrt, nur höchst unvollkommen zudecken können. Eines dieser niemals gänzlich überwundenen archaischen Gebote wurde von den Nazis mit besonderem Nachdruck (und Erfolg) revitalisiert: das Gebot, demzufolge Rechte und Ansprüche der eigenen Gemeinschaft denen aller fremden Kollektive grundsätzlich (quasi naturrechtlich) übergeordnet sind.

ten die meisten Deutschen es für selbstverständlich, auch auf der internationalen Bühne aus eigenem Blickwinkel darüber befinden zu können, was rechtens war und was nicht. Selbst Nazigegner äußerten damals in vertraulichen Gesprächen mit meinem Vater die heute abstrus anmutende These, daß es erst einmal darauf ankomme, den Krieg zu gewinnen, und daß man die »Abrechnung mit den Nationalsozialisten« auf die Zeit danach zu verschieben habe.

Zwar war auch ich der Meinung, daß die politischen Kontroversen hinter die Erfordernisse des Krieges zurückzutreten hätten. Gleichzeitig aber spürte ich nicht die geringste Neigung, früher als unbedingt notwendig Soldat zu werden. Ich erinnere mich gut, wie peinlich es mir war, wenn Onkel oder Tanten, deren Söhne längst »im Felde standen«, sich ironisch bei mir erkundigten, wann denn auch ich an der Verteidigung des Vaterlandes teilzunehmen gedächte. Meine Kommilitonen kannten das Gefühl ebenfalls. Uns seiner durch eine vorzeitige Meldung zum Wehrdienst zu entledigen, kam trotzdem keinem von uns in den Sinn.

Das Problem erledigte sich im Frühjahr 1941 von selbst. Im März machte ich die ärztliche Vorprüfung, das Physikum. Die Prüfung war, jedenfalls in Berlin, nicht leicht, die Durchfallquote relativ hoch. Da ich mir eine Wiederholung nicht leisten durfte – weil es mehr als fraglich war, ob mich das zuständige Wehrbezirkskommando weiterhin zurückstellen würde –, hatte ich in den mir zur Verfügung stehenden eineinhalb Jahren von Anfang an konzentriert gearbeitet.

Die Konzentration auf das Studium wurde durch die Umstände sehr erleichtert. Alle Freunde waren längst eingezogen. Urlaub gab es praktisch nicht (während der jährlich auf drei bis vier Wochen verkürzten Semesterferien wurden wir zur Hilfe bei der Erntearbeit aufs Land geschickt). Öffentliches Tanzen war ebenso strikt verboten wie englische oder amerikanische »Negermusik« (womit Jazz gemeint war). In den Kinos gab es triviale Komödien und vaterländische Kriegsfilme, alles Ufa-Produktionen (die berühmten Chaplin-Filme, den Schneewittchenfilm von Disney oder auch »Vom Winde verweht« habe ich erst Jahre nach dem Kriege gesehen). Daher hatte ich mich »auf den Hosenboden setzen« können, ohne durch Ablenkungen versucht zu werden.

Es erwies sich als angebracht. Wir hatten alle sieben Fächer (außer den Hauptfächern Anatomie, Physiologie und Physiologische Chemie

noch die Nebenfächer Physik, Chemie, Zoologie und Botanik) innerhalb von knapp zwei Wochen zu absolvieren, was praktisch keine Möglichkeit ließ, sich zwischen den einzelnen Prüfungen jeweils auf das nächstfolgende Fach vorzubereiten. Zu meiner großen Erleichterung bestand ich im ersten Anlauf, sogar mit einer anständigen Note.
Eine Woche nach dem letzten Prüfungstermin fand ich mich als Rekrut in der Potsdamer Jägerkaserne wieder. Man hatte mich, was ungewöhnlich war, zu einem Infanterie-Ersatzbataillon in meiner Heimatstadt eingezogen. Jetzt lernte ich, als Neunzehnjähriger, Potsdam stilgerecht vom Kasernenhof aus kennen.

Das »Feld der Ehre«

Es war nicht annähernd so schlimm, wie ich befürchtet hatte. Meine Erinnerungen an den Reichsarbeitsdienst ließen mich auf alles gefaßt sein. In kurzer Zeit stellte sich heraus, daß die Bedingungen von Grund auf andere waren. Zwar wurden wir nach allen Regeln der Kunst »geschliffen«. Aber man legte Wert darauf, uns wissen zu lassen, daß das seinen Sinn hatte. Unser Kompaniechef persönlich machte sich die Mühe, uns auseinanderzusetzen, daß man auf diese Weise nur versuche, uns auf die Realität der Front vorzubereiten, um damit unsere Überlebenschancen zu erhöhen. »In der Heimat müssen die Ausbilder den Feind ersetzen«, erklärte er und kündigte offen an: »Wir werden Sie bewußt bis zur Verzweiflung treiben.«
Das beim Arbeitsdienst mit seinen sinnlosen täglichen Schikanen erworbene dicke Fell ließ es so weit, jedenfalls bei mir, dann doch nicht kommen. Aber »herangenommen« wurden wir erbarmungslos, Tag für Tag, bis zur totalen Erschöpfung. Es half, daß uns gesagt worden war, warum das geschah. Es half vor allem die Erfahrung, daß es Schikanen um der Schikane willen nicht gab. Die Atmosphäre sportlichen Wetteifers unter uns jungen Burschen tat ein übriges. Hinzu kam, daß der »formale Ordnungsdienst« (Exerzieren) auf ein Minimum reduziert war. Der größte Teil der Zeit entfiel auf Waffenkunde und Gefechtsübungen auf dem Bornstedter Feld und dem Truppenübungsplatz Döberitz. Ich gestehe, daß uns das Spaß machte.
Die Frage, warum man sich eigentlich so sehr beeilte, uns »frontreif«

zu machen, obwohl der Krieg im Augenblick gerade eine Atempause einlegte, stellten wir uns nicht. Zehn Wochen nach meiner Einberufung bekam ich die Antwort. Es war am Morgen des 22. Juni 1941, eines Sonntags. Ich lag gemütlich lesend zu Hause in meinem Bett und genoß einen der ersten Wochenendurlaube, die man uns gewährte, seit die Ausbilder uns endlich für fähig hielten, uns als Uniformierte in der Öffentlichkeit »einigermaßen wie Menschen zu bewegen«. Plötzlich verstummte die Musik in dem Volksempfänger auf meinem Nachttisch. Nach feierlichem Fanfarengeschmetter – wie es den häufigen »Sondermeldungen« voranzugehen pflegte – verkündete eine kernige Männerstimme, daß die Wehrmacht am frühen Morgen »auf breitester Front«, unterstützt von starken Verbänden der Luftwaffe, in die Sowjetunion einmarschiert sei. Obwohl der Angriff erst wenige Stunden alt war, gab es bereits die ersten Erfolgsmeldungen: Von großen Gefangenenzahlen war die Rede und von Hunderten bei Luftangriffen zerstörten Panzern und Flugzeugen des Feindes. Es folgte eine von Motorendröhnen, dem Gerassel von Panzerketten und Geschützdonner dramatisch untermalte Reportage »direkt von der Front«.
Ich war elektrisiert. Bewunderung erfüllte mich für die Kühnheit der deutschen Heeresführung und Stolz über die Unwiderstehlichkeit der deutschen Wehrmacht. Jetzt würden wir es den Sowjetrussen zeigen, die mit ihrer verschlagenen, asiatisch-kommunistischen Mentalität eine permanente Bedrohung unserer Ostgrenze dargestellt hatten. (Ich bildete mir ein, kein Nationalsozialist zu sein, an die russische Bedrohung glaubte aber auch ich.) Damit wurde jetzt Schluß gemacht, was meinen ungeteilten Beifall fand.
Es hielt mich nicht länger im Bett. Ich lief zum Badezimmer, in dem, wie lautes Geplätscher verriet, mein Vater gerade unter der Dusche stand. Ich klopfte. »Was ist los?« kam seine Stimme unwirsch durch die Tür. Ich schrie gegen das Plätschergeräusch an ein paar Stichworte. Im Badezimmer wurde das Wasser abgestellt. »Sag das noch mal«, hieß es dann. Ich wiederholte die Radiomeldung in Kurzfassung. Es folgten einige Sekunden Stille. Danach hörte ich wieder die Stimme meines Vaters, jetzt leise, im Tonfall tiefer Trostlosigkeit: »Das ist das Ende!« Dann wurde das Wasser wieder angestellt. Verärgert von dieser wieder einmal enttäuschend negativen Reaktion – zu Beginn des »Frankreichfeldzuges« hatte der Mann auch schon so getönt –, kehrte ich in mein Zimmer zurück.

Beim späten Sonntagsfrühstück stellte ich meinen Vater und fragte ihn, ob er etwa nicht zugeben wolle, daß ein Sieg über Rußland, an dem ja nicht zu zweifeln sei, das von uns allen erhoffte Ende des Krieges bringen werde, weil die Engländer dann ihren letzten Bundesgenossen auf dem Kontinent verloren hätten. Er hörte mich schweigend an. Als ich fertig war, stellte er mit einer vor verhaltenem Zorn gepreßt klingenden Stimme fest: »Weißt du, wann der Krieg zu Ende sein wird? Erst dann, wenn die letzte Berliner Frau auf dem Dach ihres Hauses steht und hinter ihr ein SS-Mann, der sie mit der Pistole in der Hand zwingt, mit Dachziegeln auf die einmarschierenden Russen zu werfen. Dann ist der Krieg zu Ende – und keinen Tag früher!« Da gab ich es auf, kopfschüttelnd über eine so irrwitzige Vision.
Sechs Wochen nach diesem Sonntagsgespräch war ich unterwegs an die Ostfront. Mit einem Dutzend anderer Medizinstudenten fuhr ich durch Dänemark, Südschweden* und dann von Süden nach Norden durch ganz Norwegen. Von da ging es über die norwegisch-finnische Grenze und dann wieder in Richtung Süden, nach Helsinki. Da unsere Gruppe lächerlich klein war, wurde unser alter Personenwagen an den verschiedenen Zwischenstationen einfach an irgendeinen gerade in der richtigen Richtung fahrenden Güterzug angehängt. So bummelten wir mit mehrtägigen Zwischenstopps bei herrlichem Sommerwetter zwei Wochen lang durch Skandinavien und Finnland und genossen Sonne und Landschaft.
Unsere Stimmung war blendend. Vor uns lagen sechs Monate »Frontbewährung«, die alle Mediziner abzuleisten hatten, bevor sie zur Sanitätstruppe versetzt wurden. Wir freuten uns auf die Front. Das klingt nicht nur idiotisch, das war es auch. Aber wir wußten einfach nicht, was sich hinter diesem für uns romantisch verklärten Wort verbarg. So freuten wir uns also. Nicht auf das Töten, selbstverständlich, und erst recht nicht auf die Möglichkeit, getötet zu werden. Aber auf ein Kriegerdasein weit weg vom Kasernenhof, auf stimmungsvolle Abende am Biwakfeuer, auf spannungsreiche Spähtruppunternehmen und herzhafte Männerkameradschaft.
Von der Frontleitstelle Helsinki aus wurden wir zu unserer neuen Ein-

* Dänemark und Norwegen waren besetzt, Finnland mit uns verbündet. Das neutrale Schweden mußte die Durchfahrt deutscher Truppen dulden. Wir hatten während der Fahrt durch Schweden unsere Waffen abzugeben und durften den plombierten Waggon nicht verlassen.

heit in Marsch gesetzt. Es handelte sich um die 168. Infanteriedivision. Sie lag am Swir, einem Flüßchen am Ufer des Ladogasees. Der Empfang entsprach nicht ganz unseren Erwartungen. Man werde uns »die Hammelbeine schon lang ziehen«, hieß es zur Begrüßung. Ich kam zu einer Maschinengewehrkompanie und wurde sofort als »Schütze 3« eingeteilt. Den unverhohlen schadenfrohen Kommentaren meiner neuen Kameraden durfte ich entnehmen, daß mir damit die allgemein verhaßte Aufgabe zufiel, neben der eigenen Ausrüstung auch noch zwei mit Patronengurten vollgepackte Metallkästen mitzuschleppen, die zusammen einen halben Zentner wogen. Ich habe diese Kästen in den anschließenden Monaten, in denen ich sie auf stundenlangen Märschen durch Wälder und Sümpfe und über schneeverwehte Knüppeldämme zu tragen hatte, buchstäblich hassen gelernt. Kilometer um Kilometer wuchs mein Verständnis für die Leidensgenossen, die einen von ihnen (oder auch alle beide) auf derartigen Märschen »verloren« hatten (womit sie Kriegsgericht riskierten, wenn ihre Ausrede nicht überdurchschnittlich gut ausfiel).

Eine Woche später marschierten wir an den Swir, dessen Ufer die Frontlinie bildete. Das Ganze war ein Nebenkriegsschauplatz, ohne Panzer oder schwere Artillerie, auf finnischer wie auf russischer Seite abenteuerlich dünn besetzt. Um so größer war die – nur allzu berechtigte – Sorge vor dem Eindringen russischer Spähtrupps. Im Zusammenhang mit einer entsprechenden Vorsichtsmaßnahme erlebte ich meine »Feuertaufe«. Eine Einheit mit Fünf-Zentimeter-Panzerabwehrkanonen (Pak) sollte im Morgengrauen einige am anderen Ufer liegende Fischerboote zerstören, und wir sollten »Feuerschutz« geben.

Morgens um vier lagen wir im Ufergebüsch auf dem Bauch, Schütze 1 und Schütze 2 mit dem schweren MG, ich daneben mit meinen Kästen, in der Hand den Karabiner. Uns gegenüber war außer den Booten, um die es ging, nichts zu sehen. Wie auf unserer Seite begann dort gleich hinter dem etwa fünfzig Meter entfernten anderen Ufer dichter Wald. Pünktlich beim ersten Sonnenstrahl fing die Pak irgendwo rechts von uns an zu feuern. Augenblicke später wurde es im Wald drüben lebendig. Zu sehen war weiterhin nichts, aber wir hörten gebrüllte Befehle und dann den uns schon bekannten Mündungsknall von Granatwerfern. Sekunden später schlug es um uns herum ein, zu weit, um uns zu beeindrucken. Prompt aber begann unser MG sein

Dauerfeuer, und ich knallte mit meinem Karabiner in Richtung auf den Wald gegenüber. Ich hatte mir Leuchtspurmunition »organisiert« und verfolgte mit Spannung, wie meine Kugeln einen anmutigen Bogen über die Wasserfläche beschrieben, bevor sie zwischen den Bäumen verschwanden. So etwa hatte ich mir den Krieg vorgestellt.
Kurz darauf war alles vorüber. Die Pak-Bedienung hielt die Boote für hinreichend zerstört und stellte das Feuer ein. Minuten später herrschte wieder morgendliche Stille am Swir. Nach kurzer Vorsichtspause krochen wir aus unserer Deckung. Auf dem Rückweg in unsere Stellung stießen wir auf eine Gruppe Soldaten einer anderen Einheit, die sich um einen auf dem Waldboden liegenden Kameraden bemühte. Wir traten neugierig näher und verschafften uns damit einen gräßlichen Anblick. Dem Mann auf der Erde hatte ein Granatsplitter den Kehlkopf aus dem Hals gerissen. Die blutige Höhle sah entsetzlich aus, noch schlimmer aber war, daß der Mann, mit Armen und Beinen strampelnd, gerade dabei war, zu ersticken, ohne daß irgendeiner von uns ihm helfen konnte. Er hätte sich gerade, neben seinem Erdloch stehend, rasiert, erzählten uns seine Kameraden wütend, als ohne jede Vorwarnung eines der russischen Granatwerfergeschosse neben ihm einschlug. Niemand hatte sich die Mühe gemacht, die Einheit vorsorglich von unserer Aktion zu informieren. Schuldbewußt zogen wir weiter. Für mich bedeutete das Erlebnis einen Schock. So hatte ich mir den Krieg nicht vorgestellt.
In den anschließenden Wochen zerstoben alle romantisch zusammenphantasierten Kriegsabenteuer-Illusionen im Handumdrehen. Der Wirklichkeit des Kriegsalltags hielt keine von ihnen stand. Die Monate vergingen in einem zermürbenden Wechsel von Hunger und Langeweile, totaler Erschöpfung bei immerwährendem Kampf gegen die Kälte und Augenblicken von Todesangst. Einzelheiten zu schildern erübrigt sich. Sie sind unzählige Male beschrieben worden.
Sicher, auch in unserem Falle hatte die Obrigkeit versäumt, daran zu denken, daß es im Winter kalt wird. Winterausrüstung gab es bis in den Dezember hinein nicht. Wir tauschten das Notwendigste bei den Finnen ein. Sie waren glücklicherweise so versessen auf Alkohol, daß sie gelegentlich für eine Flasche billigen Fusels sogar ihre von uns heißbegehrten, bis über die Knie reichenden fellgefütterten Stiefel an Ort und Stelle auszogen, um, die Flasche unter den Arm geklemmt, auf Strümpfen durch den Schnee wieder nach Hause zu marschieren. Da

wir natürlich auch keine einem Winterkrieg angemessene Tarnkleidung bekamen, enthielt der Divisionsbefehl eines Tages die Anweisung, die Stahlhelme mit Zahnpasta einzuschmieren. Einer aus unserer Gruppe lief von da ab mit einem rosa gefärbten Stahlhelm durch die Schneelandschaft, da er eine Zahnpastamarke bevorzugte, die diese Farbe hatte. Niemand nahm daran Anstoß. Der Befehl hatte keine bestimmte Farbe genannt.
Unsere Stellung bestand aus extrem niedrigen Holzbunkern. (Zum Ausheben von Unterständen war der Boden viel zu tief gefroren.) Wir konnten in ihnen zwar nicht einmal aufrecht sitzen. Aber alles andere wurde von der russischen Pak früher oder später »weggeputzt«. Immerhin ließen sich diese »Unterkünfte« mit selbstgebastelten kleinen Öfen ausreichend heizen. Unversehene Stellungswechsel zwangen uns mitunter aber auch, bei zwanzig und mehr Grad Kälte in winzigen Viermannzelten zu übernachten, eng aneinandergepreßt und gegen den Frost des Bodens durch Reisig notdürftig geschützt. An solchen Tagen gab es dann meist nicht einmal eine warme Mahlzeit, weil unsere Feldküche nicht alle im karelischen Wald weit auseinandergezogenen Teile unserer MG-Kompanie immer gleich fand.
Aber all diesen und anderen Unbilden zum Trotz erging es uns – was damals freilich niemand von uns so recht zu würdigen vermochte – vergleichsweise gut. Wir standen bloß im Stellungskrieg auf einer beiderseits äußerst dünn besetzten Nebenfront. Was sich zur selben Zeit im Mittelabschnitt der Ostfront abspielte, der sich ja in voller (Rückzugs-)Bewegung befand, muß alles überboten haben, was wir zu erleiden hatten. Verluste waren bei uns nur zu verzeichnen, wenn in unserem Hinterland wieder einmal ein unbemerkt durchgesickerter russischer Spähtrupp gestellt worden war und »ausgeräuchert« werden sollte.
Unsere Versuche, das zu tun, endeten regelmäßig mit einem schmählichen Fiasko. Wie immer wir es anstellten, jedesmal machten wir die einen »großdeutschen Soldaten« ernüchternde Erfahrung, daß die Russen uns in puncto Nahkampf unter den obwaltenden Bedingungen hoffnungslos überlegen waren. Jede dieser Unternehmungen kostete mehreren von uns das Leben, während wir die perfekt getarnten gegnerischen Scharfschützen zwar meist zu hören, aber in keinem einzigen Falle zu sehen bekamen. Das Ende vom Lied war stets eine kalkulierte Öffnung unseres »Einkesselungsrings« und das tatenlose Ab-

warten der Nacht in der unrühmlichen Hoffnung, daß der Feind die Dunkelheit benutzen und still und heimlich verschwinden würde. Natürlich tat er das in aller Regel auch, und wir hatten dann, letzter Akt, noch die kurze Helligkeit des nordischen Wintertages abzuwarten, um unsere Toten und Verwundeten abtransportieren zu können.
Aber sonst hatten wir Glück. Das galt sogar hinsichtlich unseres obersten Vorgesetzten, des Generalleutnants Engelbrecht, Kommandeur der 168. Infanteriedivision. Dieser ließ sich, was niemanden betrübte, nur selten bei uns sehen. Wenn er kam, genoß er seine Auftritte sichtlich. Die hochgewachsene, sehnige Gestalt in einen elegant geschnittenen Winterpelz gehüllt, die stets brennende Zigarette in einer Silberspitze steckend, mit der er seine Ansprachen energisch gestikulierend zu unterstreichen pflegte, richtete er bei diesen Gelegenheiten Worte an uns: kurze, markig gebellte Sätze, die er aus Begriffen wie »Vaterland«, »preußische Tradition«, »heimtückischer Gegner«, »Soldatenehre« und ähnlichen uns sattsam bekannten Vokabeln mühelos zusammenfügte. Auch liebte er es, dann und wann die Anrede »Kerls!« einfließen zu lassen. Offiziell war diese zwar nicht vorgesehen. Sie schien ihm aber für erhebende Augenblicke das Gefühl einzuflößen, in der unmittelbaren Tradition Friedrichs des Großen zu stehen. Und uns tat es nicht weh. Wir betrachteten derweil mit tiefer Befriedigung das im sorgfältig geöffneten Pelzausschnitt des Generalmantels prangende Ritterkreuz, das kurz zuvor vom Führer zusätzlich sogar noch mit dem Eichenlaub garniert worden war (für Heldentaten, die so manchem in der Division das Leben gekostet hatten). In der Tat, auch damit hatten wir Glück: Der Mann war saturiert. Er litt nicht mehr an »Halsschmerzen«, wie das bei uns hieß. Kommandeure, die in dieser Hinsicht von noch unerfüllten Sehnsüchten geplagt wurden, neigten mitunter zu halsbrecherischen Einsatzbefehlen.
Die Stimmung in unserer Einheit war desungeachtet schlecht. Der schier endlose Rhythmus von einer Stunde Wachestehen draußen am MG (mehr hielten selbst unsere gar nicht zimperlichen Vorgesetzten unter den subarktischen Bedingungen nicht für zumutbar), gefolgt von vier Stunden Schlaf in unseren engen Holzkästen (in voller Montur, mit den Stiefeln an den Füßen, weil wir sonst im Alarmfall zu lange gebraucht hätten, wobei tagsüber während der Wachpausen natürlich gar nicht geschlafen werden durfte), hatte einen chronischen Schlafmangel zur Folge, der Stimmung und Nerven strapazierte. Der

Verkehrston war gereizt. Der Umgang unter den »Kameraden« wurde von Mißgunst und rücksichtslosem Egoismus beherrscht. Streitigkeiten und Prügeleien waren an der Tagesordnung. Die Zeit schien während der endlosen Winternächte stillzustehen. Uns war, als hätte man uns dazu verurteilt, bis an das Ende unserer Tage in der karelischen Schneewüste auszuharren.

Dann aber geschah ein Wunder. Eines Abends, Ende Februar 1942, wurde ich in unseren weiter hinten liegenden Kompaniegefechtsstand befohlen. Ich war schon in meine hölzerne Ruhestätte gekrochen, um die knappe Schlafzeit zu nutzen, und der Melder hatte einige Mühe, mich wachzurütteln. Noch immer schlaftrunken, torkelte ich über den Schnee nach hinten. An Ort und Stelle stieß ich zu einem halben Dutzend Kameraden, die man ebenso wie mich herbefohlen hatte. Niemand wußte, was los war. Schweigend harrten wir der Dinge, die da kommen sollten. Als ich mich in dem Kreis umsah, fiel mir auf, daß alle seinerzeit zusammen mit mir zur selben Einheit versetzten Medizinstudenten dabei waren, die hier ihre halbjährige »Frontbewährung« absolvieren sollten, und ebenso alle Offiziersanwärter, für die das gleiche galt. In mir glomm eine aberwitzige Hoffnung auf, die ich jedoch sofort unterdrückte, weil es mir einfach undenkbar erschien, daß in der Welt, in die es mich verschlagen hatte, noch irgendwelche langfristigen Planungen der Militäradministration ihre Gültigkeit hätten behalten können. Augenblicke später aber wurden meine kühnsten Hoffnungen übertroffen. Aus dem Holzbunker des Gefechtsstandes trat unser »Spieß«, gefolgt vom Kompaniechef. Beide starrten uns schweigend an, als seien wir Wundertiere. Dann sagte der Spieß mit vor Wut gepreßter Stimme: »Ihr habt ein Schwein, das ihr gar nicht verdient!« Pause. Keiner muckste sich. Dann: »Eure Frontbewährung ist beendet. Ihr seid alle nach Deutschland zurückversetzt.« Wir brachten es fertig, keinen Laut von uns zu geben. Im nächsten Augenblick ließ militärische Regie die Szene in die übliche Hektik umschlagen. Innerhalb einer Stunde hatten wir Waffen und Munition abzugeben und abmarschfertig anzutreten. Niemand brauchte uns zur Eile anzutreiben. Als ich in der Enge unseres Holzbunkers hastig meine Siebensachen zusammenpackte, erntete ich zum Abschied noch ein paar Fußtritte von meinen »Kameraden«, die ich beim Schlafen störte. Ich hütete mich wohlweislich, sie über den Grund meiner nächtlichen Aktivität aufzuklären, und empfahl mich »auf französisch«.

Erst später, auf unserem einsamen Marsch durch die nächtliche Winterlandschaft, entlud sich unser Glücksgefühl. Der frostklare Himmel beleuchtete unseren Weg mit einem der häufigen Nordlichter. Plötzlich mischte sich in dessen ruhiges Licht das heftige Flackern weißer und roter Blitze, gefolgt vom prasselnden Geknatter von Leuchtmunition und den Feuerstößen eines MG. An der schon einige Kilometer hinter uns liegenden Front kam es zu einem der sporadischen Feuerüberfälle. Da brüllten wir unisono in den Winterwald: »Ohne uns!« und klopften uns ausgelassen auf die Schultern.

»Was du nicht willst, das man dir tu . . .«

Die Rückreise in die Heimat verlief abwechslungsreich und beanspruchte mehrere Wochen. Unser Marschbefehl gab nicht nur den Zielort an (»Berlin«!), sondern legte auch die Strecke fest. Diese beim »Barras« übliche Gepflogenheit – die unter anderem verhindern sollte, daß man auf Dienstreisen kleine Umwege zum Besuch einer Freundin einbaute – erwies sich in diesem Falle als höchst unpraktisch, was uns aber nicht scherte. Der an irgendeinem fernen Schreibtisch sitzende Planer hatte angeordnet, daß wir von dem finnischen Hafen Hangö aus mit einem deutschen Frachter die Fahrt nach Danzig anzutreten hätten. Nun hätte er eigentlich wissen können, daß die Ostsee im Februar 1942 längst meterdick zugefroren war. Aber was tat's, Befehl ist Befehl. Unser inzwischen auf etwa zwei Dutzend Köpfe angewachsener Trupp schlug sich also in voller Kenntnis der Sinnlosigkeit dieser Zwischenetappe nach Hangö durch und richtete sich dort auf eine längere Wartezeit ein. Denn der deutsche Dampfer war natürlich nicht da, und wenn er dagewesen wäre, hätte er, wie einige andere Schiffe auch, eingefroren im Finnischen Meerbusen festgesessen. Deshalb aber hatten wir als simple Muschkoten natürlich noch keineswegs etwa das Recht, unsere Reiseroute eigenmächtig abzuändern. Mit Hilfe der nächstgelegenen Wehrmachtsleitstelle bemühten wir uns daher um weiterführende Instruktionen aus Berlin. Nach einer Woche erhielten wir die Erlaubnis, mit der Bahn auf dem Wege über Nordfinnland, Schweden und Norwegen auf dem gleichen Weg zurückzukehren, auf dem wir ein halbes Jahr zuvor gekommen waren. Daraufhin saßen wir

aber in Rovaniemi, am nördlichen Polarkreis, nochmals eine gute Woche fest. Jetzt zögerte das neutrale Schweden mit der Durchfahrtgenehmigung, weil unser Trupp nicht, wie üblich, einige Wochen vorher angemeldet worden war.
Rund vier Wochen nach unserem nächtlichen Aufbruch am Swir trudelten wir aber schließlich bester Dinge in Oslo ein und bezogen abermals für einige Tage Quartier in der dortigen Frontleitstelle. In dieser Zeit verfiel ich auf den Gedanken, einen norwegischen Geschäftsfreund meines Vaters aufzusuchen, einen Herrn Bofors, der, wie ich mich plötzlich erinnerte, die Siemens-Niederlassung in Oslo leitete. Er sprach ausgezeichnet deutsch, hatte uns vor dem Kriege wiederholt in Potsdam besucht und wurde von meinem Vater menschlich sehr geschätzt. Vor meinem inneren Auge zeichnete sich die verlockende Aussicht auf eine Nachmittagseinladung zu Kaffee und Kuchen in ziviler Umgebung ab.
Herr Bofors sah die Situation zu meiner Verblüffung aber ganz anders. Als ich sein Büro betrat, prallte er zurück. Nun erfolgte mein Auftritt – ohne daß ich mir dessen sonderlich bewußt gewesen wäre – natürlich in einer Aufmachung, aus der ich ein halbes Jahr lang praktisch nicht herausgekommen war. Ich begriff aber rasch, daß ich Herrn Bofors nicht deshalb Abscheu einflößte, weil ich stank, sondern deshalb, weil ich eine deutsche Uniform trug. Darauf war ich nicht im mindesten gefaßt gewesen. Zwar hatte auch ich meine Zweifel daran gehabt, daß die Norweger uns, weil wir sie, wie es hieß, als ein uns rassisch engverwandtes Volk gerade noch rechtzeitig vor einer Besetzung durch die Engländer bewahrt hatten, wirklich aus so tiefem Herzen dankbar waren, wie unsere Zeitungen behaupteten. Aber diese unverhüllte, ja eisige Ablehnung durch einen Mann, den mein Vater fast als seinen Freund ansah, das machte mich betroffen.
Am Nachmittag kam es zu einem kurzen, verlegenen Treffen in einem Stadtrandcafé, dessen Adresse mir der Norweger hastig auf einen Zettel gekritzelt hatte, bevor er mich aus seinem Büro hinauskomplimentierte. Mit einer gewissen Förmlichkeit erklärte er mir dort, daß er überhaupt nur deshalb mit mir rede, weil ich der Sohn eines Mannes sei, den er schätzen gelernt habe. Solange ich mich in seinem Lande als deutscher Soldat aufhielte, komme ein persönlicher Kontakt für ihn überhaupt nicht in Frage. Um mir die Peinlichkeit des Schweigens, das sich nach dieser Mitteilung zwischen uns ausbreitete, ein wenig zu er-

leichtern, stellte er, bevor er sich etwas übergangslos verabschiedete, noch einige Fragen nach meinen Erfahrungen an der Front. Ich drückte meine Überraschung aus über die Verbissenheit, mit der die Russen kämpften. Fassungslos seinen Kopf schüttelnd, sah Herr Bofors mich an. »Aber, Herr v. Ditfurth«, sagte er, nachdem er sich von seiner Verblüffung erholt hatte, »verstehen Sie denn gar nicht, die verteidigen doch ihre Heimat!«

Ich hatte es wirklich nicht verstanden. Das klingt heute grotesk und für manchen womöglich unglaubhaft. Die nationalsozialistische Propaganda hatte uns die Brutalität der stalinistischen Unterdrückung jedoch viele Jahre lang in so lebhaften Farben ausgemalt – Stalins unleugbarer Terror gegen das eigene Volk lieferte den Mitarbeitern des Goebbelsschen Ministeriums ausschlachtbares Material in Hülle und Fülle –, daß wir eigentlich erwartet hatten, die russischen Soldaten würden sich nicht ernstlich wehren, sondern bei jeder sich bietenden Gelegenheit zu uns überlaufen. Deshalb war mein Erstaunen über die Hartnäckigkeit ihres Widerstandes echt.

Erst Jahrzehnte nach dem Kriegsende – während meines Engagements für die Friedensbewegung im Rahmen der »Nach«-Rüstungsdebatte der frühen achtziger Jahre – ist mir die volle Bedeutung dieser kleinen Episode in einem Café am Stadtrand von Oslo aufgegangen. Erst da begriff ich, daß der wahre Grund (und damit die Erklärung) für die absurde Unwirklichkeit des leidenschaftlichen Streits zwischen den Gegnern und Befürwortern einer »Nach«-Rüstung mit atomaren Mittelstreckenraketen in Westeuropa in eben jener seltsam irrealen Mentalität zu sehen ist, der auch ich 1942 erlegen war. Da erkannte ich, daß zum Beispiel die unkritische Selbstverständlichkeit, mit der ich erwartet hatte, von dem Norweger Bofors zum Nachmittagskaffee eingeladen zu werden, der psychischen Verfassung der »Nach«-Rüstungsbefürworter wesensverwandt ist. Sowenig es mir damals in den Sinn gekommen war, zu bedenken, daß ich in dem besetzten Land als deutscher Soldat die leibhaftige Unterdrückung personifizieren könnte, so unfähig war ein »Nach«-Rüstungsbefürworter, den Gedanken zu fassen, daß »die Russen« sich von der dem Westen auch ohne »Nach«-Rüstung bereits gebotenen Möglichkeit bedroht fühlen könnten, sie fünf- oder sechsmal hintereinander auszulöschen (»Overkill«). »Schon mit unserer zweiten Salve könnten wir drüben eigentlich nur noch die Trümmer tanzen lassen«, konstatierte Henry Kissinger,

gewiß ein unverdächtiger Zeuge, in der damaligen Diskussion ebenso anschaulich wie treffend.
Lassen wir einmal außer Betracht, daß sich über den Akt einmaligen Umbringens hinaus aus naheliegenden Gründen ohnehin auf keine denkbare Weise mehr drohen (oder »abschrecken«) läßt. Daß folglich das von den Befürwortern stillschweigend zugrunde gelegte Axiom – demzufolge eine von einem sechsfachen Overkillpotential gewährleistete Sicherheit durch die Hinzufügung der Fähigkeit zu einer weiteren (siebten) tödlichen Attacke vergrößert werden könne – a priori den Inbegriff eines irrationalen Konzepts darstellt. Beschränken wir uns also darauf, das Reden von einer »Nach«-Rüstung prinzipiell einmal unter die Lupe zu nehmen.
Sobald man dazu ernsthaft ansetzt, sieht man sich wieder mit der Mentalität konfrontiert, die mich 1942 überrascht reagieren ließ, als Herr Bofors mich an die Selbstverständlichkeit erinnerte, daß die russischen Soldaten, deren Verbissenheit mich so verwunderte, ihre Heimat verteidigten. *Ich* war es doch, das schien mir offensichtlich zu sein, der allen Grund hatte, sich vor dem »asiatischen Bolschewismus« zu fürchten. Ich spürte die von ihm ausgehende Bedrohung geradezu körperlich. Um erkennen zu können, daß »die Bolschewisten« sich ihrerseits, und zwar unter anderem von mir als Angehörigem der großdeutschen Wehrmacht, bedroht fühlen könnten, bedurfte es eines gesonderten Hinweises. Und ebenso kann auch von »Nach«-Rüstung ehrlichen Herzens nur sprechen, wer im Gefühl eigenen Bedrohtseins blind ist für die Tatsache, daß sein potentieller Gegner den unter dieser Bezeichnung angekündigten Aufrüstungsschritt zwangsläufig als erhöhte Bedrohung *seiner* Sicherheit empfinden wird, was wiederum ihn unausbleiblich zu einem »Nach«-Rüstungsschritt veranlassen muß, so daß das Wettrüstungskarussell immer in Gang bleibt.
In den Köpfen der meisten Politiker ist für diese Einsicht kein Platz. In ihrem Metier kommt es zuvörderst ja auch nicht darauf an, eine Situation möglichst objektiv (»wahr«) zu schildern, sondern so, daß möglichst viele Wähler in die eigenen Scheuern getrieben werden. Beides geht selten zusammen. Deshalb belobigt sich unsere offizielle Regierungspolitik bis auf den heutigen Tag dafür, daß sie durch ihr »unbeirrtes Festhalten am Nachrüstungs-Doppelbeschluß der NATO« die Russen zum Einlenken gezwungen, gewissermaßen also zur Vernunft gebracht habe. »Wer's glaubt, zahlt 'n Taler«, pflegte mein Vater in sol-

chen Fällen zu sagen. Denn das ist, wie ein kurzer Blick auf die Nachkriegsgeschichte zeigt, selbstverständlich barer Unsinn. Das jahrzehntelange Wettrüsten nach 1945 war nichts anderes als eine fortlaufende Kette kontinuierlich aufeinanderfolgender Schritte von »Nach«-Rüstungen, die von »Nach«-Rüstungen der jeweils anderen Seite beantwortet wurden, um damit nur wieder erneute »Nach«-Rüstungen des Kontrahenten auszulösen.* Daß nun ausgerechnet der »Nach«-Rüstungsschritt des Jahres 1983, der uns die Pershing-2-Raketen und die »Cruise Missiles« bescherte, diesen sich quasi aus eigener Kraft nährenden Eskalationsprozeß, anstatt ihn weiter voranzutreiben, angehalten habe, ist eine tolldreiste Behauptung, für die nicht das geringste Indiz existiert. Weltweit aufgefallen ist dagegen das in diesem Zusammenhang anscheinend lediglich in den Bonner Regierungskanzleien übersehene Faktum, daß im Osten ein neuer Mann namens Gorbatschow auftauchte, der das Steuer in seinem Machtbereich in sensationeller Weise herumriß und dabei auch in der Rüstungspolitik einen radikal neuen Kurs einschlug.**

Anstatt uns auf die Schultern zu klopfen in dem größenwahnsinnigen Anspruch, daß wir diesen Mann durch unser stures Beharren auf der letzten »Nach«-Rüstung zum Einlenken gezwungen hätten, sollten wir uns im stillen Kämmerlein lieber mit der Frage beschäftigen, ob wir nicht womöglich Anlaß haben, beschämt zu sein, weil das östliche Lager es gewesen ist und nicht der »friedliebende Westen«, der durch

* Den objektiven Verlauf dieses permanenten Wettrüstens – der so gar nicht dem Klischee der bis heute bei uns grassierenden Bedrohungsängste entspricht – habe ich in meinem Buch »So laßt uns denn ein Apfelbäumchen pflanzen« (Hamburg 1985, S. 146ff.) eingehend geschildert und anhand ausschließlich westlicher, allseits zugänglicher Quellen dokumentiert. Es stimmt schon, daß »Sowjetrußland seit 1945 immer nur aufgerüstet hat« (Bundeskanzler Helmut Kohl in der »Nach«-Rüstungsdebatte des Deutschen Bundestages Anfang November 1983). Nur: Trotz aller Bemühungen hat Sowjetrußland es in keinem einzigen dieser Jahre geschafft, den Rüstungsvorsprung des Westens aufzuholen, der ihm immer und ausnahmslos um Längen (in Gestalt neuer Waffensysteme und aus ihnen sich ergebender strategischer Optionen) vorauseilte.

** Immer dann, wenn Helmut Kohl sich dessen rühmt, und er tut es gern und oft, daß seine »Standfestigkeit in der Nachrüstungsfrage die Russen, wie ich es stets vorhergesagt habe, an den Verhandlungstisch gebracht hat«, erinnert er mich an die Geschichte von dem kleinen Jungen, dem seine Mutter zu Weihnachten eine Bahnhofsvorsteheruniform schenkte. Mit dieser angetan, steht er dann auf dem Bahnhof der Stadt und trillert auf seiner Pfeife. Plötzlich setzt sich ein Zug dampfend und zischend in Bewegung. Da zupft der kleine Junge seine Mutter am Ärmel und sagt stolz zu ihr: »Guck mal, Mama, das war ich!«

seine mutigen Vorschläge erstmals seit dem Kriegsende konkrete Abrüstungsschritte in Gang gebracht hat.
»Was du nicht willst, das man dir tu, das füg' auch keinem andern zu!« Das Sprichwort formuliert eine Binsenwahrheit. Seine Existenz belegt andererseits, wie notwendig es ist, an diese Wahrheit zu erinnern, weil alle Welt ständig gegen sie verstößt. Denn in der subjektiven Realität des rezenten Homo sapiens – was nichts anderes heißt als: in der von uns allen erlebten Wirklichkeit – gilt diese Wahrheit bedenklicherweise nicht. Hier, im Allerweltslebensgefühl, ist sie durch jene Betrachtungsweise ersetzt, die in dem bekannten alten Text mit den Worten charakterisiert wird, daß wir imstande seien, den Splitter im Auge eines anderen Menschen zu entdecken, während wir den Balken im eigenen Auge zu übersehen pflegten.
Das gilt nicht etwa nur für abstrakte Schuldzuweisungen. Es gilt auch für konkrete Situationen. Die Rakete in der Hand eines potentiellen Widersachers zum Beispiel erscheint uns in furchteinflößender Vergrößerung. Die von ihr ausgehende Bedrohung erleben wir mit nahezu physischer Intensität. Die gleiche Rakete aber nimmt sich, wenn wir selbst sie in der Hand halten, in unseren Augen vergleichsweise harmlos aus. Wir wissen ja, daß wir sie nur zu unserer Verteidigung ergriffen haben, nur für den äußersten Notfall, von dem wir sehnlichst hoffen, daß er niemals eintreten möge. Daß sich im Kopfe des Widersachers, vor dessen Rakete wir uns so sehr fürchten, die gleichen Überlegungen abspielen könnten, bleibt für uns dagegen bloße Hypothese. Eine Hypothese, die wir für um so unwahrscheinlicher halten, je größer unsere Angst ist.
Diese allen Mitgliedern unseres Geschlechts angeborene (und daher nicht aufhebbare, wenn auch einsehbare) Asymmetrie unseres Angsterlebens produziert im mitmenschlichen, erst recht im zwischenstaatlichen Umgang fortwährend verheerende und nicht selten sogar tödliche Mißverständnisse. Sie ist der wahrscheinlich bedenklichste Fall des »Überlebens« archaisch-instinktiver Handlungsanleitungen, die wir als Erbe einer lange zurückliegenden frühmenschlichen Urzeit noch immer mitzuschleppen haben. In jener längst vergangenen Epoche mag das angeborene Verhaltensrezept seinen guten Sinn gehabt haben. In unserer heutigen Welt stellt es nur noch angeborenen Unsinn dar. Da dieser jedoch in unserem Kopf nistet, werden wir seiner immer erst in selbstkritischer Anstrengung gewahr. In der Praxis

heißt das, daß er uns ständig veranlaßt, anderen in ganz unbefangener Gedankenlosigkeit zuzufügen, was wir unter gar keinen Umständen uns selbst angetan sehen möchten.
Er ist der Motor, der den Zyklus aufeinanderfolgender »Nach«-Rüstungs- und »Nach-Nach«-Rüstungsschritte in Schwung hält.* Er allein liefert die Erklärung für den Brief eines Regierungsbeamten, der mich auf dem Höhepunkt des Nachrüstungsstreits von meinem Protest durch die Information abzubringen gedachte, daß die Russen jetzt sogar mit dem Bau von Marschflugkörpern begonnen hätten, woran er die entrüstete Frage anknüpfte, ob wir uns das vielleicht auch noch gefallen lassen sollten. (Auf meine Erwiderung, daß »wir« das gleiche der anderen Seite doch bereits seit einigen Jahren zumuteten, habe ich nie eine Antwort bekommen.) Seine Wirksamkeit erklärt das paradoxe Phänomen, daß ein Buchautor bei uns mit der einhelligen Zustimmung des Publikums rechnen darf, wenn er es unternimmt, das furchtbare Schicksal der deutschen Ostvertriebenen dem drohenden Vergessenwerden zu entreißen (was unstreitig verdienstvoll und angebracht ist), wohingegen sein Kollege, der sich mit den Leiden der Polen während der über fünfjährigen deutschen Besetzung beschäftigt, unfehlbar zu hören bekommt, er solle die alten Geschichten doch endlich ruhen lassen.
Auf dem hintergründigsten Kriegsphoto, das ich kenne, ist das just im Moment der Aufnahme von fassungslosem Erstaunen in blankes Entsetzen übergehende Gesicht eines amerikanischen Marineinfanteristen festgehalten, der auf den blutigen Stumpf seines noch in der Ausholbewegung erhobenen Unterarms starrt. Wo einen Augenblick zuvor noch seine Hand war, hängen jetzt zerfetzte Sehnen herunter, mit deren Hilfe seine plötzlich verschwundenen Finger noch vor dem Bruchteil einer Sekunde die Handgranate umklammert hielten, die er, es liegt erst einen winzigen Augenblick zurück, mit einer von keinerlei Skrupeln getrübten Entschlossenheit auf den Gegner zu schleudern beabsichtigte. Ein Mißgeschick ließ sie vorzeitig explodieren, und auf

* Ich will keineswegs bestreiten, daß das globale Wettrüsten unter anderem auf industrielle und großmachtpolitische (imperialistische) Motive zurückzuführen ist. Ich behaupte jedoch, daß diese Motive nicht zu den aberwitzigen Rüstungsexzessen der vergangenen Jahrzehnte hätten führen können, wenn sie nicht die Möglichkeit gehabt hätten, sich der von der asymmetrischen Struktur des menschlichen Angsterlebens gelieferten Antriebe zu bedienen.

einmal ist das, was er dem anderen anzutun gedachte, ihm selbst zugestoßen. Und sofort macht seine Angriffslust anklagender Verzweiflung Platz. In diesem kurzen Augenblick stoßen in seinem Kopf, ganz ausnahmsweise, die beiden alternativen Bewertungsmaßstäbe zusammen, die in unserem Erleben normalerweise durch die grundverschiedenen Perspektiven von Täter und Opfer fein säuberlich getrennt werden.

Gottfried Benn meinte, daß die menschliche Geschichte sich wie eine psychiatrische Krankengeschichte lese. Man muß ihm beipflichten. Über die Ursachen hat Benn geschwiegen. Im Lichte der Erkenntnisse der modernen Humanethologie – die sich mit den auch beim Menschen noch vorhandenen instinktiven Verhaltensdispositionen beschäftigt – wird man der angeborenen Parteilichkeit unseres moralischen Bewertungsmaßstabs einen Großteil der Schuld geben müssen. Mitglieder einer Spezies, die dazu tendieren, jedweden Anspruch der eigenen Gruppe a priori für besser legitimiert zu halten als die sämtlicher anderer Kollektive, leben zwangsläufig in permanenter Konfliktgefahr.

Das muß nicht in jedem Falle zu konkretem Streit führen. Sonst wäre diese Tendenz von der »natürlichen Auslese« eliminiert worden, bevor sie sich erblich in der Konstitution unserer biologischen Ahnen hätte festsetzen können. Aber während der für ihre Entstehung maßgeblichen vorgeschichtlichen Äonen hatte es auf diesem Planeten noch so viel Platz gegeben, daß man sich zur Vermeidung von Auseinandersetzungen gegenseitig mühelos aus dem Wege gehen konnte. Während dieser (die wenigen Jahrtausende der »zivilisierten« Menschheitsgeschichte an Dauer tausendfach übersteigenden) Vorgeschichte überwogen daher die Vorteile dieser bedingungslos egozentrisch-egoistischen Weltsicht so sehr, daß sie in die vormenschliche Erbausstattung Eingang fanden (indem im Ablauf der Generationenfolge jene, die ihr zuneigten, mehr Nachkommen großziehen und damit entsprechend häufiger ihre Anlagen an die nachfolgende Generation weitergeben konnten).

Aber der Wert einer biologischen Anpassung steht eben niemals absolut fest. Er erweist sich immer erst in der Auseinandersetzung mit der Umwelt, in der das so oder so angepaßte Individuum zu überleben hat. Und diese Umwelt – zu der auch die über längere Zeiträume hinweg ständig sich ändernde Vielfalt der anderen Lebewesen gehört – bleibt niemals konstant. Für unsere Art haben sich nicht zuletzt die räumlichen Bedingungen auf diesem Planeten dramatisch geändert. In einem Zeitraum, der um ein Vielfaches zu kurz gewesen ist, als daß unsere genetische Veranlagung auch nur die geringste Chance gehabt hätte, sich auf die veränderten Bedingungen umzustellen,* führte der Vermehrungserfolg unseres Geschlechts global eine Situation herbei, in der kein menschliches Kollektiv mehr dem anderen auszuweichen vermag. An allen Grenzen, die es auf diesem Planeten gibt, treten sich seitdem, bildlich gesprochen, menschliche Gruppen unterschiedlicher Sprache, Rasse und Wertvorstellungen gegenseitig auf die Füße. Die potentielle Konfliktträchtigkeit der uns angeborenen einäugig-egozentrischen Weltsicht, unsere unausrottbare Neigung, uns selbst zu überschätzen und auf alle anderen herabzusehen, gebiert unter diesen Umständen, wen kann es wundernehmen, Konflikte in nicht enden wollender Zahl.

Das Problem hat in unserer Zeit, seit einigen Jahrzehnten, bekanntlich besondere Beachtung gefunden und Besorgnis ausgelöst. Nicht etwa, weil es neu wäre. Im Gegenteil, es ist uralt. Es ist mindestens so alt wie die menschliche Geschichte. Es hat in aller Vergangenheit die Völker übereinander herfallen und sich gegenseitig mit Lust und Ausdauer zerfleischen lassen, wobei alle Beteiligten mit Gründlichkeit zur Sache gingen, beflügelt von der tief innerlichen Überzeugung, daß es sich um eine »gute Sache« handele.

Selbst ich als passionierter Zivilist (und fraglos unzählige meiner wie ich schamvoll darüber schweigenden Altersgenossen) wurde seit dem Kriegsausbruch 1939 von Minderwertigkeitsgefühlen und Selbstzweifeln geplagt, bis man auch mich schließlich 1941 in Uniform steckte. Es half mir wenig zu *wissen*, daß meine Beteiligung sich rational nicht zwingend begründen ließ. (Von allem anderen einmal abgesehen: In diesen Anfangsjahren war »das Vaterland« ja keineswegs in Not, da fügte es die Not vorerst noch anderen Völkern zu.) Ich hoffte sehnlichst, möglichst spät »zur Fahne gerufen« zu werden. Aber bis es dazu kam, irritierte mich gleichzeitig der Gedanke, ein »Drückeberger« zu

* In unserer etwas einseitig »geisteswissenschaftlich« geprägten Bildungslandschaft ist es vielleicht nicht ganz überflüssig, vorsorglich nochmals darauf hinzuweisen, daß auch psychische Sachverhalte, soweit sie, wie die hier diskutierten Erlebens- und Verhaltenstendenzen, dem Fundament unserer genetisch festgelegten Konstitution entstammen, als *biologische* Anpassungen anzusehen sind.

sein. Mein Verstand mochte daran zweifeln, ob unser Krieg ein »gerechter« Krieg sei. Der Neandertaler in den archaischen Abgründen meiner Psyche war sich seiner Sache sicher. Und so beneidete auch ich die aus Polen heimkehrenden uniformierten Sieger heimlich glühend. »Wenn die Fahnen flattern, ist der Verstand in der Trompete«, sagt ein böhmisches Sprichwort.

Nein, neu ist das Phänomen wahrhaftig nicht. Die menschliche Historie nimmt sich im Rückblick als eine einzige Kette kriegerischer Auseinandersetzungen aus, die von Erschöpfungspausen unterbrochen werden, die wir euphemistisch »Friedenszeiten« nennen, wobei es schwerfällt zu unterscheiden, wann jeweils die letzte »Nachkriegszeit« zu Ende war und die nächste »Vorkriegszeit« begann.* Die Zahl der Opfer ging spätestens seit dem Dreißigjährigen Krieg schon in die Größenordnung von Millionen. Das Entsetzen über die Massaker war stets lebhaft – hinterher. Es hielt jedoch immer nur für kurze Zeit an, allenfalls bis zur nächsten Generation, die das Grauen nicht selbst miterlebt hatte.

Neu ist allein der freilich nicht bedeutungslose Umstand, daß dem in kurzen Abständen die Völker jählings überfallenden Impuls zum kriegerischen Abschlachten seit kurzem »Waffen« zu Gebote stehen, die erstmals in der Geschichte die buchstäbliche »Vernichtung«, die Auslöschung des Widersachers, gestatten. Da endlich begannen sich offizielle Zweifel zu regen an der Vernünftigkeit kriegerischen Massenmordens. (Während in den wilhelminischen Offizierskasinos noch ganz unbefangen von dem »frisch-fröhlichen Krieg« gesprochen werden konnte, dessen Herannahen man herbeisehnte.) Ob die neuerdings sich rührenden Bedenken genügen werden, ein abermaliges Desaster zu verhüten, steht ungeachtet aller für diesen Fall zu gewärtigenden, alle bisherigen Schrecken weit überbietenden Folgen aber keineswegs fest.

* Der Aachener Politologe Winfried Böttcher gibt für den Zeitraum von 650 v. Chr. bis zum Jahre 1975 n. Chr. mehr als 1600 Kriege an.

Das Blatt wendet sich

Nach der Rückkehr aus Finnland wurde ich zur Sanitätsschule in Guben, Schlesien, versetzt und von dort aus einige Monate später zur Spezialausbildung als Narkotiseur an ein Reservelazarett in Antwerpen. Im Sommer 1942 ging es von da aus wieder, quer durch ganz Westeuropa, nach Rußland, an den Nordabschnitt. Jetzt war ich jedoch kein Frontsoldat mehr, sondern ein »Etappenhengst«.

Ich war als Narkotiseur der Operationsabteilung eines Kriegslazaretts zugeteilt worden, das in dem zweistöckigen Holzbau einer russischen Schule untergebracht war. Den Begriff des Anästhesisten gab es noch nicht. Er wäre angesichts meiner Aufgaben und Fertigkeiten auch mehr als hochtrabend gewesen. Wir tropften Äther auf eine mit Mull bespannte kleine Maske, die dem Patienten über Nase und Mund gestülpt wurde, ließen den Mann laut zählen und beobachteten, wenn er damit aufhörte, seine Pupillen, um die Tiefe der Narkose abzuschätzen. Es wurde weder intubiert* noch der Blutdruck oder das EKG (die Herzstromkurve) überwacht. Da wir außerdem, weil die Erfindung muskelentspannender Präparate noch in der Zukunft lag, notgedrungen eine so tiefe Bewußtlosigkeit herbeiführen mußten, daß der Operateur nicht mehr durch reflektorische Muskelspannungen des Patienten behindert wurde, war unser Vorgehen nach heutigen Maßstäben schlicht kriminell.

Aber das war damals die Norm. Sicherheitsansprüche und Risikotoleranz ändern sich im Verlaufe des technischen Fortschritts mit Windeseile. Ich kann aber mit noch heute dankbar empfundener Erleichterung berichten, daß ich von unserem Chirurgen zwar einige Male gröblich beschimpft worden bin, weil ihm meine Narkosen nicht tief genug waren, daß der rüden Äthertropfmethode unter meinen Händen aber niemand zum Opfer gefallen ist. Als ob es letztlich einen großen Unterschied gemacht hätte. Die Mehrzahl unserer Patienten starb ohnehin, qualvoll und langsam, an Wundinfektionen.

Jedes Geschoß und jeder Splitter riß ein kleines Stückchen verdreckten

* Intubation nennt man die Einführung eines elastischen Röhrchens durch Mund und Kehlkopf bis in die Luftröhre, um der Erstickungsgefahr infolge der Erschlaffung von Rachen- und Zungenmuskulatur bei tiefer Bewußtlosigkeit vorzubeugen.

Uniformtuchs in die Tiefe des getroffenen Körperteils. Die darin stekkenden Erreger fanden in dem blutig durchtränkten, zerfetzten Gewebebrei, bei für ihr Wachstum optimaler Körpertemperatur, ideale Vermehrungsbedingungen. Die Folgen waren zum Verzweifeln. Unser junger, glänzend ausgebildeter Chirurg (er kam, wenn ich mich recht erinnere, aus der Berliner Charité, dem besten denkbaren »Stall«) bemühte sich Tag und Nacht, von Kaffee und Pervitin wachgehalten, mit unermüdlicher Gewissenhaftigkeit um die ihm (und uns) nach größeren Kampfhandlungen vom nahe gelegenen Frontabschnitt in schier endloser Kette zugelieferten Opfer.
Es waren grauenhafte Verstümmelungen darunter. Der Tod war dann oft eine Erlösung. In diesen Fällen kam es vor allem darauf an, Schmerzen zu lindern, zu verhindern, daß Männer, denen ein Granatsplitter den ganzen Gesichtsschädel zertrümmert hatte, qualvoll erstickten, oder daß Unterleibsverletzte Koliken bekamen, weil sie nicht mehr Wasser lassen konnten. In mir steigt Zorn auf, wenn ich daran denke, daß auch das, was diese jungen Männer, oft noch halbe Kinder, in den letzten Stunden oder Tagen ihres Lebens durchgemacht haben, von unserer Gesellschaft versteckt wird hinter der feige verschleiernden Formel, sie seien »gefallen«. Aber noch zermürbender war, was sich abspielte, wenn jemand an einer Wundinfektion erkrankte, wozu es bei größeren Gewebezertrümmerungen, insbesondere nach Schußfrakturen, fast unweigerlich kam. Es kann sich schon heute kaum noch jemand vorstellen, was das in einer Zeit bedeutete, in der es noch keine wirksamen Antibiotika gab.
Da kam dann ein junger Mann etwa mit einem Schulterschuß auf unseren Operationstisch, in seiner verdreckten Uniform, das zerschossene Gelenk notdürftig mit blutverkrusteten Binden umwickelt, die ihm der »Sani« in der vordersten Linie angelegt hatte. Sonst ging es dem Mann eigentlich gut. Diese Verwundeten waren fast immer bei klarem Bewußtsein und voll ansprechbar. Einige von ihnen brachten es sogar fertig, nachdem man ihnen eine schmerzstillende Injektion gemacht hatte, den fünf oder sechs Kilometer langen Weg von der Front bis zu unserem Lazarett aus eigener Kraft zurückzulegen. In tiefer Narkose entfernte unser Chirurg im Bereich der Einschußöffnungen und, so gut es ging, auch in der Tiefe der Wunde möglichst viel des zertrümmerten Gewebes, streute reichlich Sulfonamidpuder in die blutige Höhle und gipste dann die Schulter ein. Die Wunde wurde offengelas-

sen, damit »Licht und Luft« die zu erwartende Infektion hintanhalten konnten. Außer Licht und einigen ihrer geringen Wirksamkeit wegen heute längst vergessenen Sulfonamiden (Prontosil, Albuzid) verfügten wir zu deren Bekämpfung über nichts. Es genügte in den seltensten Fällen.
In den ersten Tagen ging es diesen Männern ausgezeichnet. Sie waren guter Dinge, dankbar für unsere Pflege und warteten voller Hoffnung auf den Termin des Heimtransports. Am dritten oder vierten Tag aber bekamen sie Fieber. Ihre Wunde schwoll an. Sie begann von neuem zu schmerzen und ein übelriechendes, trüb-wäßriges Sekret abzusondern. Mit Nachoperationen, schließlich mit ausgedehnten Amputationen versuchte unser Chirurg, ihr Schicksal noch zu wenden – so gut wie immer vergeblich. Glatte Durchschüsse, auch durch den Brustkorb, wurden meist überlebt. Sogar Männer mit Bauchschüssen haben wir, nach penibler chirurgischer Versorgung, in vielen Fällen durchbekommen. Verwundete mit Schußfrakturen, bei denen die Wucht des Geschosses einen Knochen in Hunderte von winzigen Splittern hatte zerplatzen lassen, die das Gewebe weiträumig zertrümmerten und mit Erregern regelrecht impften, schafften es fast nie.
Viele Jahre nach dem Kriege sah ich in einer Badeanstalt einen Mann den Beckenrand entlanghumpeln, dessen einer Oberschenkel von mehreren großen, tief eingezogenen Narben verunstaltet war. Ich sprach ihn an und gab mich als Arzt zu erkennen. Er bestätigte meine ungläubige Vermutung und erzählte mir in beiläufigem Ton, daß er in Rußland eine Oberschenkelschußfraktur erlitten habe. »Sehen Sie nur«, sagte er, während er auf sein verkürztes Bein zeigte, »da bin ich damals einem Stümper in die Hände gefallen«. Ich ließ mich nicht auf eine Diskussion mit ihm ein. Aber unter allen Menschen, die ich jemals getroffen habe, war er der einzige, der eine Oberschenkelschußfraktur in Rußland überlebt hatte.
Im November 1942 zog ich mir eine schwere, damals im Osten grassierende Hepatitis* zu, die mich für mehrere Monate dienstunfähig machte. Ich wurde in Etappen in die Heimat zurückverlegt und landete zu guter Letzt – nicht ohne diskrete Mitwirkung alter Verbindungen meines Vaters – im Reservelazarett Potsdam. So kam es, daß ich die Weihnachtstage zu Hause verbringen konnte.

* Infektiöse Lebererkrankung mit Gelbsucht.

Es war kein frohes Fest. Auch mir hatte inzwischen zu dämmern begonnen, daß wir alle auf eine Katastrophe zusteuerten, der niemand mehr Einhalt zu gebieten vermochte und deren Ausmaße man sich lieber nicht ausmalte. In den Monaten der Bettlägerigkeit hatte sich in meinem Kopf einiges bewegt. Nicht die ungewohnte Muße allein hatte das bewirkt. Sie fiel in eine Zeit, die auch ich vage als eine entscheidende Wende des Krieges empfand. Ende Oktober 1942 hatte der britische General Montgomery Rommel nahe der ägyptischen Grenze eine schwere Niederlage zugefügt. Anfang November war eine englisch-amerikanische Armee im Rücken des deutschen Afrikakorps gelandet. In der zweiten Hälfte des gleichen Monats hatten die Russen die 6. Armee – über zwanzig deutsche Divisionen! – bei Stalingrad eingekesselt. Ich erinnere mich noch des unguten Gefühls, das mich beschlich, als ich in der Wochenschau zum erstenmal den ominösen Begriff »siegreiche Abwehrschlacht« hörte. Es stand offensichtlich keineswegs mehr fest – sozusagen kraft einer Zusage der »Vorsehung« –, daß Deutschland siegen würde. (Die Frage, ob das grundsätzlich überhaupt wünschenswert gewesen wäre, lag noch jenseits meines Horizonts.) Aber wenn wir – im Grunde nach wie vor gänzlich unvorstellbar – tatsächlich verlieren sollten, was war dann eigentlich?
Mich irritierte diese Frage auch deshalb, weil mir die Risiken klar vor Augen standen, die jeder Versuch mit sich brachte, sie mit jemandem zu erörtern. Das Problem, das mich zu beunruhigen begann, richtete zwischen mir und meinen Kameraden eine Schranke auf. Um mich herum wurde mit stumpfsinniger Ausdauer Skat gespielt (natürlich um Geld, obwohl das bei Strafe verboten war) und stundenlang das unerschöpfliche »Thema Nr. 1« erörtert (wahre und phantasiereich ausgeschmückte sexuelle Erlebnisse). Die Atmosphäre war geisttötend. Von Zeit zu Zeit tauchte in der ständig wechselnden Belegschaft ein Biologielehrer oder Geistlicher auf, was die ersehnte Gelegenheit zu ernsthafteren Gesprächen gab. Im übrigen nutzte ich die Zeit nach Möglichkeit zum Lesen. Ich erinnere mich, daß ich in diesen Wochen Arthur Eddingtons »Weltbild der Physik« (mit dem verheißungsvollen Untertitel »Ein Versuch seiner philosophischen Deutung«) durchackerte, ein Buch, das einen unauslöschlichen Eindruck auf mich machte.
Die politischen Probleme aber, die mich zunehmend beschäftigten, konnte ich in dieser Umgebung, in der man niemanden lange genug

kennenlernte, nicht zur Sprache bringen. Man riskierte den Kopf, wenn man an den Falschen geriet. Zweifel am »Endsieg« fielen unter die Rubrik »Wehrkraftzersetzung«. Diese aber galt als Ausdruck niedriger, verräterischer Gesinnung, die um so erbarmungsloser »gesühnt« wurde, wenn sie sich in der Heimat regte, »hinter dem Rücken der kämpfenden Front«. Man werde auf keinen Fall, so hämmerte es uns die nationalsozialistische Obrigkeit unablässig und absolut glaubhaft ein, den Fehler des Wilhelminischen Reiches wiederholen, das den Sieg verschenkt habe, weil es zu schwach gewesen sei, mit der erforderlichen Härte durchzugreifen. Verständlicherweise war ich nicht im mindesten darauf erpicht, dieser Obrigkeit die Gelegenheit zu bieten, dem Publikum zum Zwecke der Warnung auch meinen Namen auf einem der bewußten roten Zettel zu präsentieren.
Zu gewinnen war der Krieg also nicht mehr. Es gab die ersten, denen das zu dämmern begann. Wie lange er noch dauern mochte, war nicht abzusehen. Was bis dahin noch alles zu erwarten war, stand in den Sternen. Es fiel schwer, sich die näheren Umstände seines Endes vorzustellen. Die Aussicht war unersprießlich, daß man jahrelang darauf zu warten haben würde, in der Gewißheit, daß die Zeiten nur schlechter werden konnten, bis die abschließende Katastrophe über einen hereinbrach. Das galt natürlich vor allem für jene Altersgenossen, die diese Wartezeit unter ständiger Lebensgefahr zu absolvieren hatten, jene, von denen nach wie vor verlangt wurde, daß sie bereit seien, ihr Leben für einen »Endsieg« zu riskieren, an den zu glauben jemandem, der seine fünf Sinne beieinander hatte, von Monat zu Monat schwerer fallen mußte.
Aus diesem Grunde schrumpfte die Zahl derer, die in Deutschland ihre fünf Sinne beieinander hatten, in diesen Jahren so sehr, wie man es heute kaum noch für möglich hält. In jedem Lehrbuch der medizinischen Psychologie kann man nachlesen, daß der Mensch in ausweglosen Situationen die Fähigkeit an den Tag legt, die Realität zu verdrängen und sich in Wunschwelten zu flüchten. Die Gültigkeit dieser psychologischen Grundregel erwies sich damals an einem ganzen Volk. Es ist nachträglich schier unfaßbar, mit welcher Ernsthaftigkeit sich die Menschen – intelligente und gebildete »Volksgenossen« keineswegs ausgenommen – damals über die Wolkenkuckucksheime unterhielten, in denen sie sich häuslich eingerichtet hatten.
Ich erinnere mich eines Hauptmanns, der in Hamburg während eines

Heimaturlaubs von den schweren englischen Bombenangriffen Anfang August 1943 überrascht worden war. Der Zufall fügte es, daß wir in trauter Zweisamkeit, in für die großdeutsche Wehrmacht absolut unüblicher Nichtbeachtung des zwischen uns klaffenden Rangunterschieds – ich war damals noch Sanitätsgefreiter – eine Nacht hindurch damit beschäftigt waren, den erstaunlich üppig assortierten Weinkeller einer lichterloh brennenden Villa zu bergen, deren Besitzer aufs Land geflohen waren. Als wir uns nach getaner Arbeit den »Finderlohn« in Gestalt einer oder auch zweier mit Sorgfalt ausgewählter Flaschen gleich an Ort und Stelle zuführten, vertraute mir mein Trinkkumpan mit bereits schwerer Zunge leutselig ein Geheimnis an. Während um uns herum Hamburg brannte und der Boden unter uns von gelegentlichen Nachzüglerexplosionen erschüttert wurde, erfuhr ich unter dem Siegel strengster Verschwiegenheit, daß der Führer mit den Japanern ein Abkommen getroffen habe, das diese verpflichte, in den nächsten beiden Wochen London Tag und Nacht zu bombardieren. (Notabene: Selbst in diesen hirnrissigen Wahneinfall hatte sich insofern noch ein winziges Quentchen Einsicht in die wahre Lage hineingemogelt, als nicht einmal er die Vergeltung noch der eigenen Kraft zutraute!)
Beklemmender und folgenschwerer als solche fast schon komischen akuten Fälle wahnhafter Wunscherfüllung war aber eine in fast allen Köpfen um sich greifende alltägliche Tendenz zur Verleugnung der Realität. Die Propaganda hegte sie mit Sorgfalt. Sie kam ihr zupaß, weil sie Menschen, die sonst verzweifelt hätten, aushalten und ein beispielloses Stehvermögen entfalten ließ (mit dem sie ihr Unglück nur vergrößerten). Alle, auch die äußersten Opfer, so hämmerte sie es den in ihrer Angst pathologisch glaubensbereiten Volksgenossen unaufhörlich ein, seien berechtigt und notwendig, denn eben die rückhaltlose Bereitschaft, sie zu bringen, werde den »Endsieg« aller »vorübergehenden Rückschläge« ungeachtet unfehlbar herbeizwingen.
Viele pflegten damals ganz ernsthaft die Marotte, in Zeitungen und Rundfunkkommentaren nach »zwischen den Zeilen« versteckten hoffnungsträchtigen Andeutungen und Botschaften zu fahnden. Die zentrale Steuerung der Presse durch Goebbels' Ministerium für Volksaufklärung und Propaganda trug dafür Sorge, daß ihre Suche nicht vergeblich blieb. Es erschienen Artikel, die in dunklen Andeutungen von einer entscheidenden Wende raunten, die unmittelbar bevorstehe. Fa-

beln wurden abgedruckt, deren Inhalt sich als Hinweise auf ermutigende Entwicklungen interpretieren ließ. Die Dunkelheit aller dieser Andeutungen leuchtete jedermann ein: Gerade weil es um »kriegsentscheidende« Sachverhalte ging, war strikte Geheimhaltung selbstverständlich. Aber im Laufe der Zeit ließ sich, wie es bei der Anwendung psychisch wirksamer Drogen immer der Fall ist, eine allmähliche Steigerung der verabfolgten Dosen nicht vermeiden. Jetzt war im Klartext von »Wunderwaffen« die Rede, deren furchtbare Wirkung den Krieg beenden werde. »V-Waffen« wurden sie auch genannt, Waffen der Vergeltung für das, was der Feind mit seinen Bombergeschwadern in den deutschen Städten anrichtete. Eines Tages äußerte sich gar Goebbels höchstselbst zu dem Thema. Selbstredend war auch aus seinem Munde nichts Konkretes zu erfahren. In der eigens für Intellektuelle eingeführten Wochenzeitung »Das Reich« ließ er immerhin aber wissen, daß ihm »das Herz stehengeblieben sei«, als man ihm kürzlich einige der geheimnisumwitterten »V-Waffen« gezeigt habe. »Leider nur vorübergehend«, kommentierte mein Studienkumpel die Meldung trokken. Millionen von Lesern aber genügten derartige »offiziöse Mitteilungen«, um sie an ihrem Durchhaltewahn unbeirrt festhalten zu lassen, all dem zum Trotz, was um sie herum geschah.

»Wir werden siegen, weil wir siegen müssen!« Dieser damals mit gebetsmühlenhafter Hartnäckigkeit wiederholte, auf Hauswänden und Spruchbändern prangende Slogan charakterisiert die Atmosphäre ebenso treffend wie verräterisch. Er suggerierte die Möglichkeit, die Realität durch Entschlossenheit wenden zu können. Er enthielt den leisen Wink auf die Greuel, die sich auf den Hals ziehen werde, wer es an dieser Entschlossenheit fehlen lassen sollte. Zugleich jedoch verriet die Palmströmsche Qualität seiner Logik jedem, der sich noch einen Rest klaren Denkvermögens bewahrt hatte, überdeutlich, wie es um das Vaterland in Wirklichkeit bereits stand.

Aber auch die Obrigkeit selbst wurde unvermeidlich zur Gefangenen der eigenen Propaganda. Die von ihr konsequent vertretene These von der Unzulässigkeit, ja der verbrecherischen Qualität des geringsten Zweifels an der Gewißheit des »Endsiegs« trieb am Rande des Geschehens absonderliche Blüten. Sie eröffnete gelegentlich auch mit List nutzbar zu machende Schlupflöcher. Es war ja nicht nur so, daß auf dem riesigen Filmgelände in Babelsberg-Ufastadt Techniker, Komparsen und Bühnenbildner in Regimentsstärke vom Einsatz an der Front verschont blieben. Daß Goebbels sich ihrer bediente, um den Deutschen mit läppischen Komödien und aufwendigen historischen Schinken (»Rembrandt«) Normalität vorzugaukeln in einer Zeit, in der ihre Welt in Wirklichkeit schon zum Untergang verdammt war, hatte ja noch einen (perfiden) Sinn. Aber in Berlin waren, wie man nachträglich erfuhr, in dieser Zeit unter der Aufsicht des Führers und seines obersten Architekten Speer auch ganze Stäbe von Zeichnern und anderen Hilfskräften damit befaßt, die einem siegreichen Nachkriegsdeutschland angemessenen Monumentalbauten und Stadtzentren zu konzipieren. Einige meiner Kameraden entgingen damals einer erneuten Versetzung an die Ostfront, indem sie sich zu einer Spezialausbildung für Tropenmedizin meldeten. Diese Kurse wurden vorübergehend mit der offiziellen Begründung angeboten, daß Großdeutschland nach dem Kriege für die dann wiedergewonnenen Kolonien in Übersee eine hinreichende Zahl ausgebildeter Tropenmediziner benötigen werde. Wer bei derartigen Verlautbarungen seine Mundwinkel nicht im Zaum zu halten verstand, hatte sich schon als »Defätist« entlarvt. Aber die Fertigkeit, mit unseren wahren Gefühlen hinter dem Berge zu halten, beherrschten wir Zeitgenossen des »späten Dritten Reichs« längst in Perfektion.

Ich kann mir nicht helfen: Diese und vergleichbare Absurditäten werden heute von den meisten Zeitzeugen lediglich als Beispiele für die wahnhafte Realitätsferne der damaligen Gesellschaft angeführt. Daran, daß es diese gegeben hat, besteht gewiß nicht der geringste Zweifel. Aber ich werde den Verdacht nicht los, daß so mancher sich damals dieser wahnhaften Verbohrtheit seiner Umwelt in schwejkscher Manier durchaus realitätsbewußt bediente, um die eigenen Überlebenschancen und manchmal auch die seiner Untergebenen zu verbessern.

Zusammen mit insgesamt wohl einigen tausend deutschen Medizinstudenten hat mich diese Variante des großdeutschen Wahns als eine Art Kriegsgewinnler die Katastrophe unbeschadet überstehen lassen. Anfang 1943 – die 6. Armee hatte bei Stalingrad gerade kapituliert – wurden wir in »Studentenkompanien« zusammengefaßt und zur Fortsetzung unseres Studiums zurück auf die Universitäten geschickt. Wir galten weiterhin als »Wehrmachtsangehörige«, mußten Uniform tragen, uns einmal in der Woche auf einer Kompaniegeschäftsstelle melden, auch ein- oder zweimal pro Woche auf irgendeinem Fußballplatz

exerzieren, konnten (mußten!) sonst aber die vorgeschriebenen Vorlesungen und Kurse besuchen. Wir waren gehalten, uns selbst ein Zimmer zu besorgen, und wir lebten auch sonst »wie richtige Studenten«. Großdeutschland würde nach dem Kriege für die riesigen neugewonnenen Siedlungsgebiete im Osten jede Menge an Ärzten brauchen.
Ich wurde, um meinen Teil zu der Deckung des vorhersehbaren gewaltigen Nachkriegsbedarfs beitragen zu können, zur Studentenkompanie Hamburg versetzt. Da ich viel lieber in Berlin geblieben wäre, mit Potsdam in S-Bahn-Entfernung, wehrte ich mich mit Händen und Füßen. Aber alle Bemühungen und kunstvoll eingefädelten Intrigen blieben vergeblich. Zu meinem Glück, wie sich später herausstellte, denn die Berliner Studentenkompanien wurden in den letzten Kriegswochen schließlich doch noch eingesetzt und weitgehend aufgerieben.
Während dies geschah und auch der »Führer« in seinem Berliner Bunker endlich, sehr verspätet und begleitet von einem nicht unbeträchtlichen Teil der Berliner Einwohnerschaft, das Zeitliche segnete, beschäftigten wir uns in Hamburg unbeirrt mit der Histopathologie der Nierenerkrankungen und anderen medizinischen Kopfnüssen. Und während die für die »Festung Berlin« zuständige militärische Instanz es für angebracht hielt, Rentner und fünfzehnjährige Hitlerjungen an der Panzerfaust auszubilden, übten wir auf einem neben der Universitätsklinik Hamburg-Eppendorf gelegenen Sportplatz zweimal wöchentlich die »Ehrenbezeugung ohne Kopfbedeckung durch Vorbeigehen in gerader Haltung«.
Daß wir uns dabei höchst albern vorkamen, versteht sich. Daß es andererseits unseren Chancen, »übrigzubleiben«,* zuträglicher war, wenn wir in der vom Exerzierreglement vorgeschriebenen Manier hölzerner Kasperlepuppen über den Fußballplatz stelzten, anstatt in Berlin das Leben des »Führers« um einige Tage verlängern zu helfen, war ebenso offensichtlich. Wir hatten schon mehr – und weitaus Schlimmeres als bloße Lächerlichkeit – auf uns genommen, um davonzukommen. Einige von uns, denen das jetzt doch zuviel wurde, meldeten sich freiwillig an die Front. (Es gab auch im April 1945 noch unrettbare »Idealisten«.) Sie wurden schroff zurechtgewiesen. Sie hätten, so hieß es, »das Ethos des Befehls« auch in diesem ihnen unverständlichen Fall wider-

* »Bleib übrig«, lautete ein sich in der Endphase des Krieges einbürgernder Abschiedsgruß.

spruchslos zu respektieren. Das erschien nun mir als zuviel des Absurden.
Ich habe bis heute den Verdacht, daß es damals in dem für uns zuständigen »Generalkommando IV« in Berlin jemanden gegeben hat, der inmitten des kompletten Wahnsinns dieser letzten Phase einen klaren Kopf behielt. Was ihn die im Rahmen der offiziellen Sprachregelung unwiderlegbare Wolkenkuckucksthese von der gewaltigen Ärztereserve, die zur Versorgung des im Osten neugewonnenen »Lebensraums« unverzichtbar sein würde, als Vorwand benutzen ließ, um ein paar hundert junge Männer in Hamburg davor zu bewahren, sinnlos »verheizt« zu werden.

Der »Zusammenbruch«

Schließlich, Anfang Mai 1945, war es dann soweit. Das Ende des großdeutschen Imperiums, das sich eine tausendjährige Dauer zugemessen und auf dem Höhepunkt seiner Macht fast ganz Europa unterworfen hatte, war gekommen. Die Ahnung von der Unabwendbarkeit seines Untergangs hatte so nach und nach dann doch fast allen Köpfen gedämmert. In den wenigsten Fällen freilich als klare Einsicht. Bei den meisten »Volksgenossen« vielmehr in Gestalt einer diffusen, sich im Laufe der Zeit steigernden Angst, über deren wahren Grund man lieber nicht nachdachte.
Nach Möglichkeit ließ niemand sich diese Angst anmerken. Ich bin sicher, daß die meisten Menschen sie nach Kräften und mit einigem Erfolg sogar vor sich selbst zu verleugnen bemüht waren. Denn auch hier erschien ihnen das in langen Jahren ohnehin aus vielerlei Gründen eingeübte »Wegsehen« als bewährter Schutzmechanismus. Hinzu aber kam noch ein weiteres: Diese besondere Angst war, als Ausdruck und Folge mangelnden Glaubens an den »Endsieg«, nicht nur (in den Augen eines wahren Patrioten) eine unverzeihliche Schwäche, sondern (in den Augen der Obrigkeit) zudem ein todeswürdiges Verbrechen.
Man bedenke: Über diese das Denken aller Deutschen in der Schlußphase des Krieges beherrschende Angst durfte folglich kein Sterbenswort verloren werden. Ihr stand nicht einmal das mitmenschliche Ge-

spräch als das natürlichste aller angstmindernden Ventile offen. Vom engsten und vertrautesten Familien- oder Freundeskreis einmal abgesehen. Aber selbst dort kam es – und das allerdings sprach sich dann im Flüsterton herum – in gar nicht so seltenen Fällen zu schrecklichen Überraschungen mit grauenhaften Konsequenzen. Denn wenn zwischenmenschliche Solidarität erst einmal über Jahre hinweg dem Zersetzungsprozeß relativierender Einschränkungen ausgesetzt wird – wie wir es seit der nationalsozialistischen »Machtergreifung« immer von neuem allzu willfährig hatten geschehen lassen (erst den Kommunisten und Juden, dann den KZlern und Polen gegenüber) –, dann gibt es schließlich kein Halten mehr. Dann darf sich niemand wundern, wenn Treu und Glauben früher oder später auch in allen anderen Bereichen nicht mehr als absolut gültige, sondern nur noch als relative Werte gelten. Dann ist es nur eine Frage der Zeit, bis ihre Verleugnung sich unter bestimmten Voraussetzungen gar als »patriotisches Opfer« und damit als vaterländische Pflicht hinstellen läßt.
Äußerlich also war den Deutschen von ihrer Angst auch in der letzten Kriegsphase nichts anzumerken. Im Gegenteil, die Menschen waren womöglich noch disziplinierter und fügsamer als zuvor. Nazistische und nationalchauvinistische Zwangsvorstellungen, längst zu einem untrennbaren Amalgam verschmolzen, forderten ihre letzten Opfer. Daß Heldenmut und soldatische Opferbereitschaft, in diesem Kriege ohnehin von allem Anfang an irregeleitet und zynisch ausgenutzt, jetzt nur noch dem durchaus unheroischen Zweck dienten, das überfällige Ende einer Herrschaft von Verbrechern um Wochen oder Tage hinauszuschieben (und die Qualen der Verfolgten und Unterdrückten um das gleiche unnötige Maß zu verlängern), begriff fast niemand. Der Verstand verkroch sich bis zum allerletzten Augenblick in der Trompete.
Da konnte es nicht ausbleiben, daß einige ihre Zuflucht, wie um ihre Köpfe zu benebeln, in dem Genuß einer Überdosis der von »vaterländischen« Phrasen und Ewigkeitsmythen triefenden offiziellen Durchhaltepropaganda suchten. So tauchte im Frühjahr 1944 bei meinen Eltern überraschend ein Offizier auf, der die Absicht bekundete, eine meiner Schwestern zu heiraten, die er kurz zuvor bei einer Familienfeier kennengelernt hatte. Da die Zutaten stimmten – alte Offiziersfamilie, vorzügliche Manieren –, fand mein Vater, obwohl aus allen Wolken fallend, kein rechtes Gegenargument. Dies um so weniger, als die erst

achtzehnjährige prospektive Braut von der Aussicht schier überwältigt war, als Ehefrau eines fast doppelt so alten Mannes aus der Rolle des Schulmädchens im Handumdrehen in die von ihren Altersgenossinnen neidvoll respektierte Position einer »Dame der Gesellschaft« schlüpfen zu können. Welche Rolle der so plötzlich aufgetauchte Bewerber ihr in Wirklichkeit zugedacht hatte, dürfte ihr, wenn überhaupt, erst viele Jahre später aufgegangen sein.

Von da an ging alles sehr schnell. Der neue Schwager hatte als Universitätsdozent für Geschichte eigentlich einen recht vernünftigen Zivilberuf, den er, wie die Dinge standen, schon Monate später unbehelligt hätte wiederaufnehmen können. Aber danach stand ihm nicht der Sinn. Er heiratete und meldete sich – bis dahin als Reservist unangefochten in rückwärtigen Stabsfunktionen – anschließend sogleich an die Front. (Nicht ohne seine Frau zuvor rasch noch als Rüstungsarbeiterin in einer Fabrik in Nowawes untergebracht zu haben.) Wenige Monate später war er tot, »gefallen für Führer, Volk und Vaterland«, und meine Schwester war »Kriegerwitwe«. Aber Helden brauchen auf die Menschen ihrer Umgebung bekanntlich keine Rücksicht zu nehmen, weil, so Erich Kästner, »im Bereich der Helden und der Sagen die Überlebenden nicht wichtig sind«.*

In einem entscheidenden Punkt jedoch war das heroische Crash-Programm des toten Schwagers nicht aufgegangen: Meine Schwester hatte es versäumt, in der kurzen Zeit ihrer Ehe pflichtgemäß schwanger zu werden und dadurch dem »Bluterbe« ihres Mannes in einem Kind zum Weiterleben zu verhelfen. Daß dieser Gesichtspunkt bei dem ganzen Trauerspiel eine zentrale Rolle gespielt haben mußte, schloß ich aus der Tatsache, daß meine Schwester wegen der »Kinderlosigkeit« ihrer nur wenige Monate währenden Ehe vorübergehend – und sicher nicht aus eigenem Antrieb – schwere und gänzlich unsinnige Schuldgefühle entwickelte.

Andere verfielen der verhängnisvollen Versuchung, sich durch exzessive »Härte« – sich selbst und anderen gegenüber – aus der seelischen Zwickmühle zu befreien. Die grauenhafte Zahl standrechtlicher Er-

* Das Kästner-Gedicht »Loreley« (das von dem tödlichen Absturz eines Meisterturners handelt, der die »Heldentat« eines Handstands auf dem Rheinfelsen vollbrachte) endet mit den Zeilen: »Eins wäre hier noch nachzutragen / der Turner hinterließ uns Weib und Kind. / Hinwiederum, man soll sie nicht beklagen / weil im Bereich der Helden und der Sagen / die Überlebenden nicht wichtig sind.«

schießungen in den letzten Kriegsmonaten (in einigen Fällen sogar noch nach dem offiziellen Kriegsende und keineswegs nur bei der Marine und nicht nur in Norwegen, wie das viele Jahre später ruchbar gewordene Filbinger-Urteil manchen glauben zu lassen scheint) belegt die Tendenz.
Aber auch wenn man von derartigen, heute kaum noch einfühlbaren Exzessen einmal ganz absieht: Alle gaben wir uns damals wohlweislich diszipliniert und gefügig. Bis zum letzten Tag nämlich war die Angst vor der eigenen Obrigkeit aus guten Gründen immer noch größer als der Horror vor dem »Ende«, vor der Rache der überfallenen Völker. Wenn jemals ein ganzes Land zum Irrenhaus wurde, dann das »Großdeutsche Reich« in der über quälende Jahre sich hinziehenden Phase seines Untergangs. Bis wenige Wochen vor dem Ende faselten Rundfunk und Zeitungen, phantasierte eine Obrigkeit, die es selbst längst besser wußte, und predigten in deren Auftrag zur Festigung des Durchhaltewillens eigens ernannte »nationalsozialistische Führungsoffiziere« vom unmittelbar bevorstehenden »Endsieg«. Es überraschte mich schon damals, wie viele meiner Studienkollegen diese windigen Phantastereien begierig als bare Münze zu nehmen schienen.
Aber auch wir anderen, denen es widerstrebte, diesen Realitätsflüchtlingen auf ihren scheinbar bequemen Traumpfaden zu folgen, wechselten allenfalls ein paar flüchtige Blicke und hüteten uns, auch nur einen Mucks von uns zu geben. Die Gespräche, die damals bei »offiziellen Anlässen« in kultivierter, wohlgesetzter Rede über die »ungeachtet aller vorübergehenden Rückschläge« grandiose Zukunft des Dritten Reiches zwischen Menschen geführt wurden, die in Wirklichkeit ganz genau wußten, was die Stunde geschlagen hatte, waren von erlesener surrealistischer Qualität. Komisch aber kann ich diese wahrhaft grotesken Situationen auch nachträglich nicht finden. Denn an den psychischen Verrenkungen und Deformationen, den Verdrängungen und Lebenslügen, mit deren Hilfe die Menschen es damals fertiggebracht haben, an der braunen Herrschaft mit ungetrübtem Gewissen zu partizipieren (oder auch: diese Herrschaft als passive Mitläufer zu überstehen), krankt unsere Gesellschaft bis auf den heutigen Tag.
Als der »Zusammenbruch« endlich eintrat, ereignete er sich, jedenfalls in Hamburg, ganz unerwarteterweise höchst undramatisch. In den letzten Kriegstagen kam es vor, daß ein schaulustiges Publikum mit der S-Bahn nach Blankenese aufbrach, um dort bei strahlendem Früh-

lingswetter ein Spektakel besonderer Art zu genießen. Mit leichtem Gruseln, aber eben auch aus sicherer Distanz, sahen sie zu, wie englischer Panzer vom anderen Elbufer aus auf alles schossen, was sich – ob Lastkahn oder Fischkutter – auf dem Wasser bewegte. »Krieg live« sozusagen.
Ich selbst übrigens mußte auf jegliche Ausflüge verzichten, ebenso wie alle anderen Angehörigen unserer Studentenkompanie, soweit sie sich noch in Hamburg aufhielten. Für uns wäre es lebensgefährlich gewesen, auf der Straße gesehen zu werden. Nicht wegen der Engländer, die vorerst am Stadtrand halt gemacht hatten, sondern wegen der »eigenen Leute«. Denn in den letzten Tagen war unser Aufenthalt in der Stadt für die Militärjustiz gleichbedeutend mit Fahnenflucht. Wir hatten den Befehl bekommen, Hamburg sofort zu verlassen und uns nach Schleswig-Holstein zur »Gruppe Dönitz« durchzuschlagen, der wir uns »für den Endkampf« zur Verfügung stellen sollten.
Da wir diesem Gedanken keinen rechten Sinn abgewannen und da wir außerdem wußten, daß es nur noch Tage dauern konnte, bis die Engländer ihren Ring um Hamburg lückenlos geschlossen haben würden, ignorierten wir den Befehl, verzogen uns in unsere »Buden« und warteten ab. Einige von uns haben sich damals, brav bis zum letzten Moment, tatsächlich zu Dönitz durchgeschlagen, was sie den Engländern nur um so rascher als Gefangene in die Arme trieb. Wir anderen aber mußten noch ein paar Tage Vorsicht walten lassen. Auf den Straßen Hamburgs patrouillierten nach wie vor die Wehrmachtstreifen, und mit den Kameraden war nicht gut Kirschen essen.
Dann ging es sehr schnell. Der ganze Spuk zerstob in einer einzigen Nacht. Am Vorabend des englischen Einmarsches verlas der Gauleiter von Hamburg eine aufsehenerregende Erklärung im Radio. In einem anerkennenswerten, wenn auch reichlich verspäteten Anflug von Vernunft erklärte er Hamburg im Widerspruch (!) zu den ihm erteilten Befehlen zur »offenen Stadt«. Die Vielzahl der Lazarette im Stadtgebiet und die vielen Frauen und Kinder unter den Bewohnern machten es ihm unmöglich, so etwa sagte er (als ob hier eine Begründung notwendig gewesen wäre), Hamburg zur »Festung« zu erklären und den Befehl zur militärischen Verteidigung der Stadt zu geben. Es folgte der denkwürdige Satz: »Wem seine soldatische Ehre gebietet weiterzukämpfen, der hat dazu hinreichend Gelegenheit außerhalb der Stadt.«
Es ist heute kaum noch möglich, glaubhaft zu machen, daß das tod-

ernst gemeint war. Und ebensowenig, daß es tatsächlich Fanatiker gab, die sich daraufhin in die Heide verzogen, um dort auf vorbeikommende englische Kolonnen zu schießen, was sie zu den letzten Kriegstoten im Hamburger Raum werden ließ.
Als wir am nächsten Morgen vorsichtig durch die Gardinen äugten, fuhren draußen englische Panzer vorbei. Das war's dann schon. Es fiel kein einziger Schuß. Und von dem gleichen Augenblick an gab es in ganz Hamburg keinen einzigen Nazi mehr. Die Engländer benahmen sich uns Besiegten gegenüber herausfordernd arrogant. Sie ließen Häuser, die ihnen für ihre Zwecke geeignet erschienen, in Stundenfrist räumen. Über gravierendere Kriegsgreuel aber verlautete nichts. Keine Plünderungen, keine Gewalttätigkeiten. Im Stadtgebiet verzichteten die Sieger überdies darauf, die hier hängengebliebenen deutschen Soldaten gefangenzunehmen.
Wir durften sogar weiter in unseren Uniformen mit allen Rangabzeichen herumlaufen (viele von uns besaßen gar keine Zivilkleidung) und mußten lediglich die Hakenkreuzembleme von den Kopfbedeckungen und Feldblusen abtrennen. Alle Wehrmachtdienststellen arbeiteten, jedenfalls im Hamburger Stadtgebiet, noch über Monate hinweg weiter. Vor dem Wehrbezirkskommando in der General-Knochenhauer-Straße (heute: Sophienterrasse), in dem inzwischen das Kreiswehrersatzamt der Bundeswehr residiert, standen bis mindestens Ende August 1945 deutsche Soldaten mit Stahlhelm und Karabiner Posten. Wir konnten uns diese »Großzügigkeit« damals nicht recht erklären. Heute glaube ich, daß die kolonialerfahrenen Briten ganz einfach die organisatorisch wie finanziell wirksamste Methode angewendet haben, die darin besteht, die eroberten Eingeborenen sich so weit wie möglich selbst verwalten zu lassen.
Gemessen an dem, womit zu rechnen gewesen war, kamen wir also unverdient glimpflich davon. Kein Vergleich mit dem Grauen, das den Einmarsch der siegreichen Roten Armee in den ersten Wochen begleitete, dessen entsetzliche Realität von Lew Kopelew, dem Grafen Lehndorff und anderen unverdächtigen Augenzeugen so erschütternd beschrieben worden ist. Aber in England hatten wir auch nicht vier endlose Jahre lang in der Weise gewütet, wie wir es in Rußland getan hatten (und in Polen: Dort waren es sogar fast sechs Jahre gewesen).
Man sieht sich im Bannkreis dieses Themas heute oft gezwungen, auf Offenkundiges hinzuweisen: Die zwischen Deutschen und Russen

vorgefallenen Greueltaten haben ja nicht, wie mancher im Rückblick zu unterstellen scheint, erst 1945 begonnen. Den abgrundtiefen Haß, der sich bei Kriegsende im deutschen Osten auf fürchterliche Weise Luft machte, hatten wir in den vorangegangenen Jahren selbst auf das äußerste geschürt: Wir hatten geglaubt, als »überlegene Rasse« die Völker jenseits unserer östlichen Grenzen als »Untermenschen«, als Sklavenreservoir und wie Ungeziefer behandeln zu dürfen. So entsetzlich die Menschen im Einmarschgebiet der Roten Armee auch gelitten haben, wir alle, die wir damals besiegt worden sind, können von Glück sagen, daß keine der einmarschierenden Armeen, die russische eingeschlossen, die ungehemmte Vernichtungsbereitschaft an den Tag gelegt hat, die wir selbst während der langen Jahre auslebten, in denen wir im Osten als Besatzer ohne die geringsten Skrupel die Rolle von Herren über Leben und Tod spielten.

Zur Erinnerung ein Zitat aus dem Diensttagebuch des deutschen Generalgouverneurs in Polen, Hans Frank: »Der Führer hat mir gesagt: Die Frage der Behandlung und Sicherstellung der deutschen Politik im Generalgouvernement ist eine ureigene Sache der verantwortlichen Männer des Generalgouvernements. Er drückte sich so aus: Was wir jetzt als Führerschicht in Polen festgestellt haben, das ist zu liquidieren, was wieder nachwächst, ist von uns sicherzustellen und in einem entsprechenden Zeitraum wieder wegzuschaffen. (...) Wir brauchen diese Elemente nicht erst in Konzentrationslager des Reiches abzuschleppen, denn dann hätten wir nur Scherereien und einen unnötigen Briefwechsel mit den Familienangehörigen, sondern wir liquidieren die Dinge im Lande.«*

Gleichfalls zur Erinnerung: Von den zwanzig Millionen sowjetischen Menschen, die im letzten Kriege umkamen, sind die meisten *nicht* im Kampf getötet worden. Ein einziges Beispiel sei hier genannt für die Motive, aus denen die damalige deutsche Obrigkeit, einschließlich des Oberkommandos der Wehrmacht, den Krieg in Rußland führte. Im Sommer 1942 wurde an die Soldaten der in die Ukraine vorrückenden Armee (also reguläre Wehrmacht, nicht Waffen-SS oder »Einsatzgruppen«) eine »Sonderschrift des Oberkommandos der Wehrmacht, Abt. Inland« ausgegeben mit dem Titel »Bereitschaft«. Neben Abbil-

* Das Diensttagebuch des deutschen Generalgouverneurs in Polen 1939–1945, Veröffentlichungen des Instituts für Zeitgeschichte, Quellen, Bd. 20, Stuttgart 1975, Eintragung vom 6. Februar 1940, S. 104.

dungen von Skulpturen des wegen seines »heroischen Stils« damals offiziell protegierten Bildhauers Arno Breker enthielt die Schrift unter anderem ein Gedicht, das den »toten Feind« ansprach:

> »Dein Tod gibt Land für Deutschlands Söhne
> und Raum für deutscher Bauern Treck,
> aufblüht unser Volk zu herrlicher Schöne,
> unsrer Jugend Trommeln dumpfes Gedröhne,
> geht über die sterbenden Völker hinweg.«*

Man muß das heute wieder deutlich in Erinnerung rufen. Nicht, um »das eigene Nest zu beschmutzen«, aber immer dann, wenn von den Greueltaten die Rede ist, zu denen es bei Kriegsende im Osten kam. Wer über sie urteilt und die aus dem hier auszugsweise zitierten Gedicht sprechende Gesinnung verdrängt, verliert den Kontakt mit der Realität und verfällt einer verlogenen Weltsicht.

Nicht allen freilich, das wäre noch zu ergänzen, ist der Einmarsch der englischen Sieger seinerzeit so undramatisch erschienen wie mir und meinen Studienkollegen. Erst Jahrzehnte nach dem Kriegsende erfuhr ich durch die Lektüre der »Bertinis«, daß der Lärm der Panzermotoren nur wenige hundert Meter Luftlinie von mir entfernt eine Szene auslöste, die mich heute noch erschüttert, wenn ich sie mir vor Augen führe.** Das akustische Signal vom definitiven Ende der Naziherrschaft ließ den mir heute freundschaftlich verbundenen Autorenkollegen Ralph Giordano damals mit Eltern und zwei Brüdern aus dem fensterlosen, unter Wasser stehenden Kellerloch eines Trümmergrundstücks ans Tageslicht kriechen. Nach jahrelanger Drangsal und Todesangst hatte sich die Familie mehrere Wochen zuvor unter seiner Anführung dort versteckt, um dem Abtransport der Mutter in ein »Lager« zuvorzukommen. Als die Engländer endlich einrückten, war die Familie fast verhungert. Nur noch auf dem Bauche kriechend, konnte sie ihren Befreiern zuwinken.

Da hatten wir es entschieden leichter, die wir die Ereignisse auf der anderen Seite miterlebten, an der Seite jener nämlich, die für die Leiden der Verfolgten und Untergetauchten die Verantwortung trugen. Im

* Zitiert nach: »Die Zeit« vom 12. August 1988, S. 13.

** Ralph Giordano, Die Bertinis, Frankfurt am Main 1982. (Der zum Teil an autobiographische Daten anknüpfende Roman schildert das Schicksal einer wegen eines jüdischen Elternteils verfolgten Hamburger Familie.)

Leben geht es wahrhaftig nicht gerecht zu. Als Befreiung, regelrecht als psychische Erlösung, empfanden aber auch wir das Ende des Krieges und der nächtlichen Bombenangriffe, vor allem aber die Beseitigung des Alptraums der Naziherrschaft.
Ein wenig ratlos mußten wir – ich und der Kreis meiner engeren Studienfreunde – allerdings die Erfahrung machen, daß unsere Erleichterung keineswegs von allen Menschen in unserer Umgebung mit gleich uneingeschränkter Euphorie geteilt wurde. Die Zahl derer, welche die »Niederlage« in erster Linie als »nationale Schmach« empfanden, erwies sich als überraschend groß. In diesen Kreisen, die sich bald recht lautstark rührten, schimpfte man auf die Engländer und nicht etwa auf die Nazis. Noch so taktvoll formulierte Hinweise auf einen inneren Zusammenhang zwischen der Naziherrschaft und dem Einmarsch der alliierten Truppen, die ja nicht aus purem Übermut bei uns aufgetaucht seien, lösten pikierte Widerreden aus. Sehr rasch sah sich, wer so argumentierte, dem Vorwurf »typisch deutscher Anbiederung« ausgesetzt, dem schmählichen Verdacht eines Mangels an nationalem Stolz und einer beklagenswert geringen Bereitschaft, sich »zur deutschen Sache zu bekennen, gerade in Zeiten schwerer Not«.
Immer wieder fühlte ich mich bei diesen Gelegenheiten zurückversetzt in das elterliche Wohnzimmer meiner Kinderzeit, in der Anfang der zwanziger Jahre enttäuschte Patrioten mit so endloser Ausdauer über die »Schmach des Versailler Diktats« gejammert hatten. Auch nach dem »Zusammenbruch von 1945« überwog im Bewußtsein der sich gern »vaterländisch« nennenden Kreise ein Gefühl der Schande. Nicht deshalb, weil man sich mit den Nazis eingelassen und mit ihnen gemeinsame Sache gemacht hatte, Gott bewahre! Die Sicht auf diese reale Quelle der nationalen Katastrophe wurde in der Welt eines wahren Konservativen von einem an der richtigen Stelle seines Gesichtsfelds angebrachten »blinden Fleck« zuverlässig abgedeckt. Schuld am deutschen Unglück war abermals die »Welt voller Feinde«. Die quasi den Regeln sportlicher Fairneß Hohn sprechende zahlenmäßige und materielle Überlegenheit unserer Gegner (»die Amerikaner hätten sich aus der ganzen Sache im Grunde heraushalten müssen«). Die Frage, wie es eigentlich zugegangen war, daß wir uns wieder einmal die ganze Welt als »unsere Feinde« auf den Hals gezogen hatten, tauchte im Bewußtsein der beleidigten Patrioten auch diesmal gar nicht erst auf.

Bei einigen von ihnen, häufig bei aus den lichten Höhen ihres anbetungswürdigen Heldendaseins urplötzlich abgestürzten Offizieren, die sich ganz persönlich beleidigt fühlten, gebar diese Stimmung unverhohlenen Haß gegen »den Feind«. Auf einem Gut entfernter Verwandter, zu dem ich mich auf einer »Hamsterfahrt« mit dem Fahrrad durchgeschlagen hatte, geriet ich in einen Kreis internierter Offiziere und Deutschnationaler, in dem es von engstirnigen nationalistischen Klischees förmlich brodelte. Ich hörte mit eigenen Ohren, wie einer der Anwesenden, ein Oberst, der schon zu Kaisers Zeiten gedient hatte, mit grollender Stimme verkündete: »Wißt ihr, was ich jetzt am liebsten täte? Mich in die Wälder zurückziehen und Engländer umlegen!«
Niemand der erwachsenen Männer in der Runde zeigte sich irritiert. Im Gegenteil, alle nickten, in finsterem Schweigen, unisono zustimmend, mit dem Kopf. Ich selbst erschrak sehr, getraute mich aber auch nicht, meinen Protest laut zu äußern. Es wäre ohne allen Zweifel auch aussichtslos gewesen und hätte mir nur Beschimpfungen eingetragen – wenn es dabei geblieben wäre. Natürlich weiß ich, daß mein Schweigen blamabel gewesen ist. Aber nicht nur die alten Herren, die den wahren Patriotismus gepachtet zu haben wähnten, waren von ihrer Vergangenheit unheilbar geprägt. Für mich galt im Grunde das gleiche. Die Erziehung, die ich genossen hatte (»Kinder reden bei Tisch nur, wenn sie gefragt werden«), machte es mir als »jungem Schnösel« schlicht unmöglich, einer Versammlung honoriger Respektspersonen vorlaut zu widersprechen. Außerdem wäre es mir damals auch undenkbar erschienen, daß die absurde Geistesverfassung, von der ich da eine gespenstische Probe mitbekommen hatte, mehr sein könnte als ein bizarres Fossil, das man getrost belächeln dürfte. Nicht im Traum wäre ich darauf verfallen, daß diese wahnähnliche Einstellung Jahrzehnte nach dem Ende des Wilhelminischen Reiches auch den bodenlosen moralischen und materiellen Bankrott des nazistisch-großdeutschen Abenteuers noch virulent genug überstehen könnte, um den Geist des neuen Deutschlands, auf das wir nach 1945 hofften, vom ersten Anbeginn an so zu vergiften, wie es dann geschehen ist.

Restauration
Wissenschaft
Ökonomie

Der Rausch der Freiheit und der große Hunger

Das Gefühl der Befreiung vom äußeren physischen und psychischen Druck war bei uns Jüngeren elementar und von körperlich spürbarer Intensität. Es machte sich gelegentlich auf kindisch ausgelassene Weise Luft. Als einige Tage nach der Kapitulation die Hamburger Hochbahn ihren Betrieb wieder aufnahm, zogen meine Studienkumpel Achim und ich unsere frechsten Zivilklamotten an und bestiegen einen Zug nach Ahrensburg. Dort lag in einem Waldstück – wir hatten an der Endphase der Rodung noch selbst aktiv teilgenommen –, in einem eingezäunten Areal, ein kleiner Barackenkomplex, der unsere Kompaniegeschäftsstelle und andere Dienststellen der großdeutschen Wehrmacht beherbergte.
Wir waren sicher, daß die perfekte Funktion der deutschen Militärverwaltung auch den Zusammenbruch des Reiches überdauert hatte und daß ihr so blinder wie zuverlässiger Automatismus vorschriftengetreu weiterlaufen würde, solange die Engländer dem kein Ende setzten. Diese Gewißheit hatte uns auf den verheißungsvollen Gedanken kommen lassen, bei unserer alten Schreibstube vorzusprechen und in aller Unschuld ein Anfang Mai, wenige Tage vor Kriegsende, fällig gewordenes Kontingent von immerhin vierzig Zigaretten – pro Kopf, wohlgemerkt – nachzufordern, das beizeiten abzuholen wir durch widrige Umstände gehindert worden waren. (Die »widrigen Umstände« bestanden in dem Marschbefehl zur »Kampfgruppe Dönitz«, dessentwegen wir uns auf der Schreibstube natürlich nicht mehr hatten blicken lassen dürfen.)
Am Eingang zum Gelände wurden wir von einem englischen Wachtposten in der uns schon geläufigen ruppigen Manier am Weitergehen gehindert. Als wir artig parierten, verlor der Mann jedes Interesse an uns und schritt auch nicht ein, als wir über den Zaun hinweg auf gut Glück einige Namen brüllten. Nach kurzer Zeit hatten wir Erfolg. Wir staunten nicht schlecht: Wer da, wohl von der Neugier auf den Anlaß des Lärms getrieben, auf uns zukam, war kein anderer als Stabsarzt Dr. Windfuhr, unser Kompaniechef. Als aktiver Offizier (wegen Verwundung nicht mehr fronttauglich) hatten die Engländer ihn gleich an Ort und Stelle interniert. In unserem ausgesucht dandyhaften Zivil er-

kannte er uns erst im letzten Augenblick. Als ihm aufging, wer da vor ihm stand, machte er ein Gesicht, als ob er es mit Gespenstern zu tun hätte. Nach einer längeren Schrecksekunde stotterte er mit sichtlicher Mühe: »Aber ich hatte ihnen doch befohlen, sich zu Admiral Dönitz in Marsch zu setzen.« Gewiß, gewiß, bestätigten wir ihm fröhlich, wir wollten das keineswegs in Abrede stellen. »Nur, wir sind eben einfach nicht gefahren.«
Die Stille, die daraufhin ausbrach, benutzten wir, um höflich und in aller Form den eigentlichen Anlaß unseres Besuches zur Sprache zu bringen: die uns noch zustehende Zigarettenzuteilung. Immer noch schweigend, drehte Stabsarzt Windfuhr sich um und nahm Kurs auf die Schreibstubenbaracke, ein wenig gedankenverloren, wie uns schien. Wenige Minuten später war er wieder zur Stelle, in jeder Hand zwei Päckchen Zigaretten, die er uns aushändigte, aber erst, nachdem wir die vorgeschriebene Empfangsquittung unterschrieben hatten. Während wir damit beschäftigt waren, gewann der Mann auch sein Sprachvermögen zurück, was ihm Gelegenheit bot, sich bitter über die Behandlung durch die Engländer zu beklagen, die es an jeglichem Respekt einem deutschen Offizier gegenüber fehlen ließen. Wir schüttelten mitfühlend den Kopf und beteuerten, daß wir daran zu unserem Bedauern kaum etwas ändern könnten.
Auf dem Rückweg zum S-Bahnhof drehten wir uns, jeder eine der erbeuteten Zigaretten genießerisch im Mund, noch einmal um. Stabsarzt Windfuhr blickte uns, bewegungslos am Zaun stehend, nach. Wir winkten ihm einen Abschiedsgruß zu, auf den er jedoch nicht reagierte. Im Grunde kein wirklich schlechter Kerl. Man muß wissen, daß der Mann uns noch vierzehn Tage zuvor befehlsgemäß mit Endsiegparolen und Durchhaltemythen geelendet hatte. Wenn man das bedachte, sprach es eigentlich sogar für ihn, daß eine Woche ihm noch nicht gereicht hatte, sich völlig auf die neuen Verhältnisse umzustellen.
Auf der Rückfahrt – im Raucherabteil! – juckte uns dann endgültig das Fell. Ich weiß nicht mehr, wer von uns beiden den Einfall hatte. Jedenfalls fingen wir wie auf Verabredung an, mit lauter Bühnenstimme darüber zu schwadronieren, wie froh wir seien, »daß die braune Verbrecherbande« endlich zum Teufel gejagt worden sei, mit dem sogenannten »Führer«, dem »Obergauner Adolf Hitler«, an der Spitze und so weiter in diesem Tenor. Wir erlagen, mit anderen Worten, der unwiderstehlichen Versuchung, in dem vollbesetzten Waggon lauthals her-

auszutrompeten, wovon auch nur im Schlaf zu sprechen uns in allen vergangenen Jahren den Kopf gekostet hätte.
Die Wirkung auf die mitreisenden Fahrgäste war eindrucksvoll. In dem Wagen erstarben alle Gespräche. Alles sah angestrengt aus dem Fenster oder auf den Boden, niemand blickte in unsere Richtung. Man roch förmlich, wie sich Angst um uns herum ausbreitete. In endlosen Jahren der Unterdrückung unter Lebensgefahr antrainierte Reflexe verlangten von diesen Menschen mit triebhafter Gewalt, jetzt wenigstens der Form halber wütend zu protestieren. Die Anstrengung war schier körperlich spürbar, die es sie kostete, den Impuls zu unterdrükken und unsere Lästereien zu ertragen.
Ich war mir auch klar darüber, daß in der anonymen Menge mehr als eine Handvoll Zeitgenossen stecken mußte, die in der gleichen Situation noch vor einer Woche keine Sekunde gezögert hätten, Achim und mich energisch und aus Überzeugung ans Messer zu liefern. Auch sie mußten sich jetzt darauf konzentrieren, nicht die Beherrschung zu verlieren. Es war die gleiche Hochbahn, und es waren die gleichen Menschen. Nur die jahrelang herrschenden Verhältnisse hatten sich über Nacht geändert. Wer kommt da so rasch mit?
Man darf übrigens nicht glauben, daß ich und mein Studienkumpel bei dieser denkwürdigen Hochbahnfahrt das gleiche psychologische Phänomen etwa nicht auch am eigenen Leibe zu spüren bekommen hätten. Ich erinnere mich noch lebhaft an meine Verblüffung über die Willensanstrengung, die ich aufzubieten hatte, um mit meinen »lästerlichen« Reden fortzufahren. Achim und mir stand buchstäblich der Schweiß auf der Stirn, während wir mit den inneren Widerständen kämpften, die uns daran hindern wollten, gegen ein Tabu zu verstoßen, dessen Verletzung fast unser halbes Leben lang hätte mit dem Leben bezahlt werden müssen. Der Mensch besteht nicht nur aus Rationalität und Vernunft allein. In unserer Großhirnrinde war die Information über den radikalen Wechsel der politischen Überlebensbedingungen zwar unverzüglich eingetroffen. Den Neandertaler in uns darüber zu belehren nahm etwas mehr Zeit in Anspruch.
Das Erlebnis der nie gekannten individuellen Freiheit erfüllte uns Jüngere mit einem geradezu rauschhaften Glücksgefühl und läßt den Sommer 1945 in meiner Erinnerung als eine »goldene Zeit« erscheinen. Die Universität war von der Militärregierung geschlossen worden. Die Verfügungsgewalt der allmächtigen Wehrmacht, seit so vie-

len Jahren die unser ganzes Leben bis in den letzten Winkel beherrschende Kraft, hatte sich in Nichts aufgelöst. Wir hatten plötzlich unendlich viel Zeit, und niemand scherte sich darum, wie wir sie nutzten. Wochenlang saß ich damals, so scheint es mir, in der warmen Sommersonne auf der Gartenterrasse und las: die Vorsokratiker, Hemingway (dessen Namen ich bis dahin nie gehört hatte) und astronomische Bücher, die ich mir in der Bergedorfer Sternwarte auslieh.
In uns spürten wir eine unbändige Kraft. Sie ermutigte uns, Projekte in Angriff zu nehmen, die zu bewältigen uns nur die außergewöhnlichen Zeitumstände eine Chance gaben. So gründeten wir einen »Studentischen Konzertzyklus«. Einer aus unserer Clique, ein Sohn des damals berühmten Geigers Georg Kulenkampff, hatte den Einfall. Er sprach die vom Kriege nach Hamburg vertriebene Künstlerprominenz an, die darauf brannte, sich dem verehrten Publikum in Erinnerung zu bringen, und sei es durch kostenlose Auftritte. Das aber war gar nicht so einfach, denn alle Konzertagenturen waren, der Himmel weiß warum, von den Engländern in diesem ersten Sommer wie fast alle anderen Organisationen und Institutionen geschlossen worden.
Das machten wir uns zunutze. Wir waren das erste Gremium, das von der Besatzungsmacht eine Konzertlizenz erhielt, um dringend benötigte Unterstützungsgelder für notleidende Kommilitonen aufzubringen (denn das diesem Zwecke dienende Vermögen des »NS-Studentenbundes« war als das einer nazistischen Organisation selbstverständlich sofort beschlagnahmt worden). Und so spielten sie denn für uns: Detlev Kraus und Conrad Hansen, Ferry Gebhardt und wie sie alle hießen, bekannte Größen damals und für den Kenner zum Teil auch noch heute. Wir begannen, ganz bescheiden, mit einem Kirchenkonzert in der alten Eppendorfer Kirche. Der Andrang der Menschen war – was gab es damals sonst schon für kulturelle Angebote – so überwältigend, daß wir schon unser zweites Konzert in das Eppendorfer Gemeindehaus verlegten und in der letzten Phase unserer nur einige Monate währenden Agenturtätigkeit gar in die Musikhalle am Karl-Muck-Platz zogen.
Entsprechend erfreulich waren unsere Einnahmen. Außer verhältnismäßig bescheidenen Saalmieten hatten wir ja keine Ausgaben. Honorar gab es bei uns grundsätzlich nicht. Kartenverkauf, Garderobenbewachung, Platzanweisung, das alles machten wir selbst, unterstützt von unseren Freundinnen. Nach dem Ende des Konzerts kamen die

Einnahmen in eine mit einem kräftigen Gummiband verschlossene Zigarrenkiste, die sich Cassi Kulenkampff unter den Arm klemmte, um sie die Nacht über neben seinem Bett zu hüten, bevor er sie am nächsten Morgen zur Bank brachte. Im Laufe der Monate kamen so alles in allem über 70 000 Mark zusammen. Es waren bloß Reichsmark, aber sie reichten zum Lebensunterhalt für alle Studenten, die uns davon zu überzeugen vermochten, daß sie durch die Kriegsläufte von den elterlichen Ressourcen abgeschnitten worden waren.
Wir pflegten uns inzwischen regelmäßig an einem bestimmten Wochentag im Wohnzimmer des Hauses Degkwitz in der Hagedornstraße zu treffen. Der »alte Degkwitz« war erst kürzlich aus dem Celler Zuchthaus freigelassen worden, in das ihn die Gestapo Ende 1943 gesperrt hatte. Sein Vergehen bestand nicht nur in der dickköpfigen Weigerung, sein kinderärztliches Kolleg wie vorgeschrieben mit dem »Deutschen Gruß« (»Heil Hitler!«) zu eröffnen – was uns größten Respekt abforderte –, er hatte überdies die Unvorsichtigkeit begangen, seine vehement antinazistische Gesinnung in mehreren Briefen auszudrücken, die der Zensur in die Hände geraten waren. Der berühmte Kinderarzt entging nur deshalb mit knapper Not einem Todesurteil, weil er in den zwanziger Jahren ein Verfahren entwickelt hatte, mit dem es möglich geworden war, Kinder gegen die bis dahin häufig tödlich verlaufenden Masern zu schützen. Dies gab seinen Freunden die Möglichkeit zu einer Eingabe an das zuständige Gericht, in der sie in mit Bedacht gewähltem nationalen Pathos darauf hinwiesen, daß es Professor Rudolph Degkwitz zu verdanken sei, wenn jetzt im Kriege »einige Divisionen mehr an Deutschlands Grenzen kämpfen könnten«, als es ohne seine Entdeckung der Fall gewesen wäre. So etwas machte damals Eindruck.
Der »alte Degkwitz« also, dem von der Militärregierung alsbald die Aufsicht über die Hamburger Gesundheitsbehörde anvertraut wurde (was seine Mitwirkung bei der Säuberung der Medizinischen Fakultät von alten Nazis einschloß), stellte uns in seiner geräumigen Gründerzeitvilla das Wohnzimmer zur Verfügung. Als Empfehlung genügte ihm der uns vorausgehende Ruf, daß man in unserem Kreis sicher davor sei, alten Nazis zu begegnen. Vermittelt hatte die Sache der älteste Sohn, der »junge Degkwitz«, der ebenfalls Rudolph hieß. Ihn hatte die Gestapo wenige Tage vor Kriegsende aus einem Hamburger Gefängnis entlassen, kurz nachdem er vom Volksgerichtshof noch rasch zu

Zuchthaus verurteilt worden war. Grund waren seine freundschaftlichen Beziehungen zu einem studentischen Zirkel gewesen, dessen Mitglieder sich »Candidates of Humanity« nannten und in loser Verbindung zur »Weißen Rose« der Geschwister Scholl standen.
Mehrere »Candidates« wurden noch in den letzten Kriegstagen umgebracht. Auch Rudolph hatte, bevor seine Bewacher ihn schließlich laufenließen, einige alptraumhafte Situationen zu überstehen, in denen die Gefahr bestand, daß man ihn einfach über den Haufen schießen würde. Im Verlaufe der folgenden Wochen stießen noch einige andere Überlebende des Infernos zu uns. So eine Tochter des von den Nazis aus »rassischen Gründen« amtsenthobenen Hamburger Oberlandesgerichtsrats Gerhard Rée, die jetzt – von den Nazis dazu als »nicht würdig« befunden – endlich ihr halblegal absolviertes Jurastudium mit dem Referendarexamen abschließen konnte.
Zwei Jahre zuvor hatte sie dem absolut vertrauenswürdigen Dekan der Juristischen Fakultät, Professor Rudolph Sievert, ihr Dilemma anvertraut und um einen Rat gebeten. Dieser lautete kurz und bündig: »Studieren Sie nur ruhig Jura. Bis Sie Ihr Examen machen können, sind wir die Nazis wieder los.«
Ich erwähne diese Episode hier wegen eines wahrhaft grotesken Begleitumstands: Sievert gab seine beschwichtigende (und hochverräterische) Auskunft im strahlenden Schmuck der Uniform eines Nazifunktionärs. Der berühmte Jugendrechtler hatte es hinnehmen müssen, daß die Obrigkeit ihm einen hohen »Führerrang« in der Hitlerjugend verlieh, in dessen eindrucksvoll blitzender Uniform er wegen eines offiziellen Anlasses steckte, als »Pums« Rée ihn um Rat anging. Bei Kriegsende wurde Sievert seiner HJ-»Karriere« wegen von den Engländern denn auch prompt im ehemaligen KZ Neuengamme interniert. Erst 1946 konnten Vater Rée und der mit ihm befreundete erste Hamburger Nachkriegsbürgermeister Petersen ihn dort auslösen, nachdem es ihnen gelungen war, die Engländer über ihren (verständlichen) Mißgriff aufzuklären.
Mit ausgesprochenem Vergnügen wurde ein weiterer Neuzugang willkommen geheißen: Irmgard Zarden, der es unglaublicherweise gelungen war, ein Jahr im Frauen-KZ Ravensbrück und anschließend eine von dem berüchtigten Roland Freisler geleitete Verhandlung vor dem »Volksgerichtshof« in Berlin zu überstehen. Ihr Vater, Staatssekretär im preußischen Finanzministerium der Weimarer Republik, hatte sich

auf einer privaten Teegesellschaft antinazistisch geäußert und war von einem anwesenden Gestapospitzel namens Reckzeh denunziert worden. Er war zusätzlich durch seine jüdische Abstammung belastet und beging in der Untersuchungshaft angesichts drohender Folter Selbstmord. (Herr Reckzeh seinerseits absolvierte nach dem Kriege übrigens eine recht erfolgreiche Beamtenkarriere in der DDR.) Das Vergehen der Tochter: Sie habe es versäumt, ihren Vater anzuzeigen. Ihre Verteidigung vor dem Volksgerichtshof: Das sei nicht notwendig gewesen, da sie genau gewußt habe, daß der anwesende Herr Reckzeh der Gestapo angehöre (was Freisler erstaunlicherweise gelten und einen seiner seltenen Freisprüche fällen ließ).
Ihr atemberaubendes Temperament (und ihre treffsichere Berliner Diktion) trugen ihr rasch den Spitznamen »die Atombombe« ein, den sie bis auf den heutigen Tag trägt und rechtfertigt. Irmgard wurde für uns, als wir uns mehr oder weniger offiziell in die Reorganisation der Hamburger Universität einzumischen begannen, nun allerdings insofern zum Problemfall, als sie die einzige war, die nicht studierte, also eigentlich gar nicht »dazugehörte«. Da wir auf ihren gesunden Menschenverstand jedoch nicht verzichten mochten, verfielen wir auf den Ausweg, sie als Sekretärin anzustellen, was ihr die weidlich genutzte Gelegenheit gab, bei unseren Diskussionsmarathons, die sie zu protokollieren hatte, nach Herzenslust mitzureden. Bei den Abstimmungen mußten wir ihr jedoch immer sorgsam auf die Finger sehen. Ihr temperamentvolles Engagement verführte sie immer wieder dazu, im Falle ihrer Zustimmung ebenfalls die Hand zu heben. Und das ging ja nun wirklich nicht, sosehr es allseits bedauert wurde.
Außer den (sicher stark überrepräsentierten) Medizinern gab es bei uns auch einige Juristen. So, neben der schon erwähnten »Pums« Rée, den immer fröhlich-schnoddrigen Conny Ahlers, in späteren Jahren lange in der Chefredaktion des »Spiegel« und danach Regierungssprecher unter Willy Brandt. Oder den Kunst- und Mathematikstudenten Markus (»Macke«) Bierich, der Jahrzehnte später dann auf einem Weg, dessen Weichenstellungen ich nie begriffen habe, zu einem der bekanntesten deutschen Wirtschaftskapitäne wurde. Eine seltsam gemischte Runde das Ganze, ein in den Turbulenzen der ersten Nachkriegswochen mehr oder weniger zufällig zusammengelaufener buntscheckiger Haufen. Ein Kreis aber auch, in dem es von Ideen und Einfällen förmlich brodelte und dessen Mitglieder mit Begeisterung die

Chance wahrnahmen, das durch den Zusammenbruch des »Tausendjährigen Reiches« entstandene Vakuum im Rahmen ihrer Möglichkeiten zu nutzen.
Daß dieser Rahmen von uns, jung und unerfahren, wie wir waren, damals in einem mitunter komischen Ausmaß überschätzt wurde, liegt auf der Hand. Wir standen unter dem Eindruck, daß die Welt, die wir gekannt hatten, verschwunden sei und daß wir damit freie Hand hätten, sie von Grund auf neu zu entwerfen. So produzierten wir unverdrossen dicke Papiere für eine »studentische Gerichtsbarkeit«, die – nach politischen Gesichtspunkten – eine strenge Auswahl unter den Studienbewerbern treffen sollte. Wir entwarfen Eingaben an internationale Gremien mit Entwürfen für einen Codex zwischenstaatlichen Verhaltens, der zukünftige Kriege unmöglich machen würde. Selbstverständlich drechselten wir gänzlich ungefragt auch Adressen an Karl Jaspers und Thomas Mann, um sie von unseren Ansichten über die Schuldfrage (im Zusammenhang mit der Unterwerfung der Deutschen unter das Naziregime) in Kenntnis zu setzen.
Jedoch ist festzuhalten, daß wir uns nicht darauf beschränkten, im freien Raum unserer Gedanken zu agieren. Der uns selbst überraschende Erfolg unserer Konzertaktivität ermutigte uns zur Einmischung in die an der Universität schüchtern in Gang kommenden Reformbestrebungen. Eines Tages kam uns die Idee, eine studentische Standesvertretung ins Leben zu rufen. Natürlich wurde das Kind nicht etwa so von uns genannt. Wir waren von allen demokratischen und republikanischen Traditionen so unbeleckt, daß uns nicht einmal deren Terminologie geläufig war. (Ich erinnere mich noch an ein hitziges Streitgespräch über die Frage, was sich eigentlich hinter dem geheimnisvollen Begriff »Gewerkschaft« für eine rätselhafte Organisation verberge.) Bezeichnend auch, daß wir keine Ahnung davon hatten, daß es in der Weimarer Zeit in Gestalt der »Allgemeinen Studenten-Ausschüsse« (AStA genannt) selbstverständlich längst etwas Derartiges gegeben hatte. Wir glaubten, etwas völlig Neues erfunden zu haben, und tauften das, was uns noch recht nebelhaft vorschwebte, unbeholfen »Zentralausschuß der Hamburger Studenten« (ein Bandwurm, den wir später immer zu »ZA« abkürzten).
Auf alle Fälle war uns zu Ohren gekommen, daß die Universitätsgremien – Senat und Fakultäten – während der von den Siegern verordneten Sommerpause unter Aufsicht der Militärregierung damit begon-

nen hatten, die für das akademische Zusammenleben maßgeblichen Spielregeln von totalitären Überlagerungen zu säubern und demokratisch neu zu fassen. Und da verlangte es uns danach, dabei ein Wörtchen mitzureden und unsere Stimme als die der lernenden Majorität an der Alma mater mit in die Waagschale zu werfen.
Nachträglich, angesichts der in späteren Jahren vermittels bitterer Enttäuschungen erworbenen Erfahrungen von der fast unüberwindlichen Trägheit und Starre aller existierenden gesellschaftlichen Strukturen, ist es atemberaubend, mit welcher Geschwindigkeit sich unser nicht ganz unbilliger Wunsch in die Wirklichkeit umsetzen ließ. Die Militärregierung, die als erste gefragt werden mußte, gab rasch ihr Plazet. Der zuständige Kulturoffizier, dem unsere Konzertinitiative gefallen zu haben schien, war offensichtlich von dem Gedanken angetan, daß diese aufmüpfigen jungen Kerle ein bißchen Bewegung in die akademischen Reformbemühungen bringen könnten, die unter dem Einfluß der ihre Privilegien zäh verteidigenden Lehrstuhlinhaber und Institutsdirektoren ein wenig schleppend verliefen. Im Handumdrehen sahen wir uns im Besitz des Rechtes, in Senat und Fakultäten je zwei stimmberechtigte Vertreter zu entsenden. Was uns, umgekehrt, ebenfalls im Handumdrehen dem Zwang aussetzte, uns mit ungewohnter Intensität in die Finessen universitärer Organisationsabläufe und personaler Kompetenzzuweisungen einzuarbeiten. Wir stellten uns der Aufgabe mit Begeisterung.
Gleich in der Anlaufphase kam es zu einem ebenso komischen wie für die damalige Atmosphäre bezeichnenden Zwischenfall. Der Zufall wollte es, daß einer der von uns in die Medizinische Fakultät entsandten Vertreter der Neffe des damaligen Dekans war, des Physiologen Professor Mond. Als sich unser Mann zum erstenmal zu Wort meldete, duzte er daher seinen Onkel, der die Sitzung offiziell leitete, mit der größten Unbefangenheit. Die übrigen Fakultätsmitglieder, die von der Verwandtschaftsbeziehung nichts ahnten, zogen daraufhin sichtlich die Köpfe ein, gaben aber keinen Mucks von sich. Wir haben sehr gelacht, als wir hinterher erfuhren, daß die hohen Herren geglaubt hatten, Zeugen einer Kostprobe des neuen Tons zu sein, in dem die Studenten von jetzt an mit ihnen umzuspringen gedächten. Die Herren waren voller Empörung. Niemand von ihnen aber hatte es gewagt, gegen die vermeintliche Respektlosigkeit zu protestieren. Man war kleinlaut geworden in diesem Kreis, verunsichert durch die Nachfor-

schungen, welche die Militärregierung über die politische Vergangenheit seiner Mitglieder durchführte, und durch deren Ergebnisse, die sich für so überraschend viele der geschätzten Kollegen als überaus peinlich erwiesen hatten. Um es gleich hier vorwegzunehmen: Die Phase der Bescheidenheit war nur von kurzer Dauer. Aber auch sie prägte die Atmosphäre dieser einzigartigen Sommermonate 1945 in Hamburg.

Wir selbst, die Repräsentanten des ZA, waren alles andere als kleinlaut oder bescheiden. Im Gegenteil, im Vollgefühl neuerlebter Einflußmöglichkeiten unterschätzten wir sicher viele der Probleme, um die zu kümmern wir uns bemüßigt fühlten. Immerhin waren darunter Ansätze, die im Rückblick erstaunlich »fortschrittlich« und zukunftsträchtig wirken, auch wenn sie damals fast alle rasch im Sande verliefen. Die »Gleichberechtigung der Frau« war Bestandteil aller unserer Programme. Wir setzten uns – sogar mit vorübergehendem Erfolg – für die Einführung eines »Studium generale« an der Hamburger Universität ein, um der allzu frühen Blickverengung durch berufsbezogene Spezialisierung entgegenzuwirken. Und überhaupt nichts hielten wir von der Alma mater als »politikfreiem Raum«. Im Gegenteil, mit Nachdruck sprachen wir uns für politische Seminare als Pflichtveranstaltungen aller Fakultäten aus, wobei wir in erster Linie naturgemäß an eine gründliche historische und politikwissenschaftliche Aufarbeitung der gerade überstandenen Naziepoche dachten.

Das alles wurde auf unsere Initiative damals – neben anderen, realitätsferneren Vorschlägen wie der Gründung einer am englischen Modell orientierten »College-Universität« im Harz – in den einschlägigen Gremien ernsthaft diskutiert. Allerdings nur, um nach wenigen Monaten wieder in der Versenkung zu verschwinden, als die Universität zu Beginn des Wintersemesters 1945/46 offiziell wiedereröffnet wurde. Da erwachten die altetablierten akademischen Organisationsstrukturen wieder zum Leben und sorgten binnen kürzester Zeit dafür, daß alles erleichtert in den alten Trott zurückfiel.

Wir vom ZA konnten daran nichts ändern. Die Freiräume, die uns in dem Interregnum der ersten Monate nach dem Kriegsende zur Verfügung gestanden hatten, wurden etwa vom Beginn des Herbstes an mit Genehmigung der englischen Militärregierung von den Vorbesitzern, den von allen Nazis nach Möglichkeit (oder auch nur vorgeblich) gereinigten Institutionen, wieder mit Beschlag belegt. Sobald die ersten professionellen Konzertagenturen mit ihrer Arbeit wieder begannen, war das natürliche Ende unseres »Studentischen Konzertzyklus« gekommen. Und sobald die Universität den Lehrbetrieb wiederaufnahm und Tausende von Studenten die Seminare und Hörsäle füllten, traten wir vom ZA als beispielgebende Demokraten das Heft an gewählte studentische Gremien ab. Anders als wir konnten deren Mitglieder sich nur noch quasi nebenberuflich, neben der Belastung durch das laufende Studium, um die reformerischen Ansätze kümmern, die wir in Gang gebracht zu haben glaubten. Daß sie dabei in allen wesentlichen Punkten scheiterten, darf man ihnen, die sich bald nach dem Wechsel in »AStA« umbenannten, nicht ankreiden. Die Ausnahmezeit, in der wir unsere mit solchem Hochgefühl erlebten Träume realisieren zu können meinten, war endgültig vorüber.

Überdies hatten wir uns jetzt unseren Abschlußexamina zu widmen. Die meisten von uns hatten vor der Kapitulation noch eine Art »Notexamen« absolviert, dessen Gültigkeit jedoch bei der Neueröffnung der Universität widerrufen wurde. Ich mußte mich daher schleunigst auf die über ein Dutzend Einzelfächer vorbereiten, aus denen das Medizinische Staatsexamen bestand. Dazu war ich in der jetzt hereinbrechenden kalten Jahreszeit auf ein winziges, unbeheizbares Zimmer angewiesen. Am schlimmsten aber war der Hunger.

Nach dem Verbrauch der knappen Vorräte, die ich im Sommer vorsorglich angelegt hatte, war ich mangels Beziehungen (und in Ermangelung nennenswerter Schwarzmarkttalente) auf die offiziellen Zuteilungen beschränkt, die, wie ebenso offiziell zugegeben wurde, den Bedarf eines Menschen nicht völlig abdeckten. Da unser Körper nun aber, wie jeder andere biologische Organismus, den elementaren thermodynamischen Gesetzen unterworfen ist, gilt für ihn auch die Entropieregel. Sie besagt, daß ein *geschlossenes* biologisches System nur für kurze Zeit überleben kann. Weil sich bei jedem Stoffwechselprozeß ein wesentlicher Teil der umgesetzten Energie in Wärme verwandelt – die nach außen abgestrahlt wird, mit anderen Worten also verlorengeht –, müssen von außen ständig neue Energiequellen in Form von Nahrung zugeführt werden.

Es verschaffte mir keinerlei Vorteile, daß ich diese Zusammenhänge theoretisch durchschaute. Auch auf die Möglichkeit einer Verringerung des Kalorienbedarfs durch Erhöhung der Außentemperatur (Raumheizung = Verminderung des Wärmeverlustes) mußte ich, von

unzureichenden Tricks abgesehen, notgedrungen verzichten. Ich erinnere mich an lange Tage, die ich, in meine Bettdecke gewickelt, am Tisch sitzend zubrachte, zwischen den Beinen eine primitive elektrische Kochplatte als Wärmequelle (mit der mich die Zimmerwirtin nicht erwischen durfte, weil selbstredend auch der elektrische Strom streng rationiert war), mit behandschuhten Fingern unbeholfen in irgendwelchen Lehrbüchern blätternd.
Stundenweise floh ich als »Wärmeasylant« in die geheizte Halle der Hauptpost am Stephansplatz oder zu Freunden, die das Glück hatten, ein Zimmer heizen zu können. Je länger der Winter dauerte, um so mehr übertrieb meine zunehmend labile Verfassung jedoch die Befürchtung, daß meine unerbetenen Stippvisiten als lästig empfunden würden. Chronischer Hunger macht, das habe ich damals unter anderem gelernt, überempfindlich und »soupçonös«. In diesen winterlichen Examensmonaten lebte ich mehr und mehr von der Substanz. Sie reichte, wenn auch bei stetig abnehmender Vitalität, gerade lange genug. Als ich Ende April 1946 glücklich mein letztes Examensfach (Mikrobiologie und Hygiene) hinter mich gebracht hatte, waren meine Kräfte am Ende.
Der Kreis der Freunde hatte sich unter der Belastung des Winters nach und nach aus den Augen verloren. Jeder kämpfte für sich allein um die nackte Existenz. Es ist eine bittere Tatsache, daß mangelhafte Nahrungszufuhr früher oder später auch jene Regungen in uns erlöschen läßt, von denen wir in normalen Zeiten mit unerschütterlicher Selbstsicherheit behaupten, daß sie zu den konstituierenden Merkmalen unseres Wesens als Mitglieder der Art Homo sapiens gehörten.*
In unserem Stolz auf die geistige Hälfte unseres Wesens verdrängen wir fortwährend die unauflösliche Abhängigkeit unserer anderen Hälfte von elementaren materiellen, biologischen Voraussetzungen. Homo sapiens sapiens – ist es nicht zutiefst paradox, wenn wir allen

* Binnen weniger Jahre hat der »innere Kern« des alten Kreises später, obwohl inzwischen über die ganze Bundesrepublik verstreut, wieder zusammengefunden. Alle Freunde, die ich heute noch habe, männliche wie weibliche, stammen – mit einer einzigen Ausnahme – aus dieser Verbindung. Unsere gemeinsamen politischen Aktivitäten haben, genau besehen, nur wenige Monate gedauert: von der Zeit unmittelbar vor Kriegsende bis zur Wiedereröffnung der Hamburger Universität im Herbst 1945. Aber entscheidend ist eben nicht die objektive Länge einer Zeitstrecke, sondern ihr subjektives Gewicht. Wir alle wurden, wie uns heute bewußt ist, von den wenigen Sommermonaten des Jahres 1945 bleibend geprägt.

Ernstes glauben, uns ausgerechnet mit dieser, der biologischen Systematik entlehnten Etikettierung aus dem Reich aller übrigen lebenden Kreaturen als etwas total anderes hinausdefinieren zu können?
»Erst kommt das Fressen und dann die Moral!« Der berühmte und häufig als zynisch mißverstandene Ausspruch Bert Brechts hält in messerscharfer Zuspitzung fest, womit wir es in Wirklichkeit zu tun haben. Genau das gleiche hat Ernst Bloch – weniger drastisch – in die Worte gekleidet: »Der Magen ist die erste Lampe, auf die Öl gegossen werden muß.« Die Extremsituation chronischen Hungers reduziert den Menschen, jeden Menschen, auf eine rein vegetative Existenz. Sie läßt ihn auf eine Stufe des Daseins zurückfallen, auf welcher der Raum für jene Verhaltensweisen rapide schrumpft, die wir als »spezifisch menschlich« ansehen. Tief unterhalb der Bewußtseinsebene funktionierende archaische Reflexe und angeborene Handlungsanleitungen übernehmen nun das Regiment und unterwerfen alle überhaupt vorhandenen und zu mobilisierenden Antriebe immer ausschließlicher dem Ziel der Nahrungsbeschaffung.
Mit dem Überhandnehmen dieser angeborenen biologischen Mechanismen verwandelt sich die Welt im Bewußtsein des Hungernden mehr und mehr in eine Welt, die nur noch aus eßbaren oder ungenießbaren Dingen besteht. Der Kreis des noch für genießbar Erachteten erweitert sich gleichzeitig immer mehr, so daß schließlich auch bis dahin als ekelerregend angesehene Objekte gegessen werden, bis selbst im Inhalt von Mülltonnen gierig nach »Eßbarem« gesucht wird. Jeder, der die damalige Hungerzeit miterlebt hat, wird sich derartiger Szenen erinnern. Brecht plädiert mit seinem berühmten Wort nicht »fürs Fressen« unter Hintansetzung sittlichen Verhaltens. Er erinnert bloß daran, daß es inhuman ist, von einem Verhungernden zu verlangen, er solle sich am Moralkodex satter Mitmenschen orientieren.
Im Frühjahr 1946 hatte ich Hungerödeme und war so apathisch, daß ich mein Zimmer und zuletzt mein Bett kaum noch verließ. Zu meinem Glück tauchte eines Sommertages ein alter Freund aus Kinderzeiten auf, der soeben aus der Gefangenschaft entlassen worden war. Er durchschaute meine Situation auf einen Blick und ging als erstes daran, meine Lebensmittelration für den ganzen Monat einzukaufen. In drei Tagen hatten wir alles »verputzt«. Das genügte, um meine Lebensgeister soweit wieder anzufahren, daß ich den Mut aufbrachte, mit ihm mitzugehen – er wollte nach Berlin zu seinen Eltern – und

mich über die »grüne Grenze« (der »Eiserne Vorhang« war noch nicht erfunden) nach Potsdam durchzuschlagen. Eine Woche später, nach einer einigermaßen aufregenden »Reise« – wir wurden an der Grenze prompt von den Russen geschnappt, die uns glücklicherweise aber nur einen halben Tag festhielten –, war ich nach drei Jahren zum erstenmal wieder zu Hause.

Gespräche über Bäume

Unser Haus stand unbeschädigt, und wie durch ein Wunder hatten auch Eltern und Geschwister den russischen Einmarsch und die anschließenden turbulenten Wochen unbeschadet überlebt. Zwar hatten sich in Potsdam in der ersten Zeit der Besetzung fürchterliche Szenen abgespielt (fürchterlich genug, um einen dienstuntauglich zu Hause gebliebenen Klassenkameraden zu veranlassen, sich mit seiner Familie umzubringen). Jedoch erreichte die Vergeltung auch hier nicht die apokalyptische Totalität, mit der mein Vater fest gerechnet hatte und die er in der Überzeugung, daß unser Volk es nicht anders verdient habe, zwar sicher verzweifelt und mit aller unvermeidbaren Todesangst, aber ebenso gewiß ohne inneren Protest hingenommen hätte.
Ich wußte das seit einem nächtlichen Gespräch, das wir bei meinem letzten Potsdambesuch Weihnachten 1943 geführt hatten. Während die übrige Familie schlief, redeten wir eine ganze Nacht miteinander. Nie davor und, leider, nie wieder danach habe ich mit meinem Vater in so vorbehaltloser Offenheit reden können, nie wieder habe ich mich ihm so nahe gefühlt. Mit unendlicher Erleichterung stellte er damals fest, daß sein Sohn endlich begriffen hatte, was ihn seit Jahren mit Verzweiflung erfüllte: die Tatsache, daß wir von Verbrechern regiert wurden, unter deren Führung wir in den von uns überfallenen Ländern Entsetzliches anrichteten.
»Sie werden, wenn das endlich zu Ende ist, von allen Seiten über uns herfallen und uns mit Zaunlatten totschlagen«, lautete seine Prognose wörtlich. Unsere historisch unüberbietbare Schuld würde sich aber auch durch ein solches gerechtes Ende um kein Jota verringern, dessen war er genauso gewiß. Irgendwelche entlastenden Argumente vermochte er nirgends zu entdecken. Seiner unerbittlichen Meinung

nach waren wir alle schuldig, ausnahmslos mitverantwortlich für die Verbrechen, die in den Jahren nach 1933 geschehen waren und bis zur unabwendbaren Katastrophe noch begangen werden würden. Die nur kurze Zeit später einsetzende, subtil zwischen abgestuften Graden der Schuld differenzierende Nachkriegsdiskussion, die bekanntlich zu der »Einsicht« führte, daß es sich um die Verbrechen einer kleinen Minderheit gehandelt habe, der ein ganzes Volk verführter Mitläufer in blinder Dummerhaftigkeit nachgetrottet sei, erfüllte ihn nur mit Verachtung. Seiner ohne ausweichendes Wenn und Aber operierenden, schmerzhaft harten und dabei höchst simplen Argumentation fand ich nichts entgegenzusetzen. Ich begriff, daß es keinen überzeugenden Einwand gab. Es gab nicht einmal mildernde Umstände. Seit diesem Gespräch im Dezember 1943 ist mir mit unwiderlegbarer Gewißheit klar, daß wir alle, die wir die Zeit der Naziherrschaft überlebt haben, uneingeschränkt mitschuldig geworden sind. Auszunehmen davon ist einzig und allein das winzige Häufchen derer, die aktiv Widerstand geleistet haben. Schuldig sind wir, weil wir unser Leben nicht riskiert haben.

Mein Vater artikulierte den schlichten Tatbestand mit aller Deutlichkeit: Wir wußten, daß die Nazis gegen alle geschriebenen und ungeschriebenen Gesetze des Rechts und der Humanität verstießen. Wir wußten, daß Deutsche ungeheuerliche Verbrechen begingen, Tag für Tag, und daß sie das fortsetzen würden, »solange diese Verbrecher am Ruder sind«. Aus diesem Wissen resultierte unser Dilemma: Es lag auf der Hand, daß Widerstand, zumindest vernehmlicher Protest, moralisch unausweichlich geboten war. Ebenso klar auf der Hand lag aber auch, daß unser individueller Protest nichts ändern würde und wahrscheinlich nur die Folge haben würde, daß wir in irgendeinem Gestapokeller verschwanden, um dort auf qualvolle Weise zu Tode zu kommen.

Das war unsere Wahl: Wir konnten trotz aller voraussehbaren Ergebnislosigkeit protestieren und uns damit, vermutlich um den Preis unseres Lebens, aller Mitschuld entledigen. Oder wir entschieden uns, weiterzuleben (weil wir, wie jeder Mensch, weiterleben wollten und weil, wie wir uns sagten, unser Opfer ohnehin nichts ändern würde), und schlugen uns damit zu der Menge derer, die das öffentliche Verbrechen passiv geschehen ließen, es somit durch schweigende Duldung ermöglichten und daher indirekt an ihm teilhatten. In dem klaren Bewußtsein dieser Alternative haben mein Vater und ich es vorgezogen, uns nicht der Gestapo ans Messer zu liefern, sondern weiterzuleben. Im klaren, offen ausgesprochenen Bewußtsein der Tatsache, daß wir damit eine Mitschuld auf uns luden, die uns niemand jemals wieder würde abnehmen können. Keine Schuld selbstredend, die man juristisch fassen – und sühnen – könnte. Keine Schuld, die wir uns von einem anderen würden vorhalten lassen müssen. Aber eine moralische Last, die wir von da ab zu tragen hätten und die unser Leben, sollten wir jemals der Versuchung erliegen, sie zu vergessen oder zu verdrängen, zu einer realitätsfernen, verlogenen Existenz machen würde.

Der einzige Ausweg aus dieser Zwickmühle hätte in einem Zustand völliger Ahnungslosigkeit hinsichtlich der von unserem Volk damals begangenen oder geduldeten Untaten bestanden. Das ist ohne jeden Zweifel die simple Erklärung dafür, daß die Behauptung: »Aber ich habe von alldem doch überhaupt nichts gewußt« in der Schulddiskussion nach 1945 die Rolle einer Standardentlastungsformel gespielt hat. Die Millionen, die sich dieser jämmerlichen Ausrede damals bedienten (und das heute noch tun), räumen damit indirekt selbst ein, daß sie sich mitschuldig gemacht hätten, wenn sie »es« gewußt hätten. Das aber, so behaupten sie, sei nicht der Fall gewesen.

Ein erbärmlicherer Selbstbetrug läßt sich kaum denken. Wann immer man nachfragt, stellt sich regelmäßig heraus, daß mit dem »Nichts«, von dem man keine Ahnung gehabt habe, allein die Tatsache und die grauenhaften Details des administrativ organisierten Massenmords in den Vernichtungslagern gemeint sind. Nun ist sogar einzuräumen, daß die überwiegende Majorität unseres Volkes von diesen unausdenkbaren Greueln tatsächlich erst durch die entsetzten Berichte der alliierten Soldaten erfahren haben dürfte, die diese Lager befreiten. * Das än-

* Von diesen wußten auch wir in Potsdam nichts, obwohl mein Vater bis zum Kriegsende mehrmals jährlich beruflich ins neutrale Ausland reiste. Selbst in Emigrantenkreisen in den USA scheint ausweislich einschlägiger Berichte das Wissen über diese extremen Greueltaten gering oder sogar nicht vorhanden gewesen zu sein. Siehe zum Beispiel den Bericht von Lotte Paepcke über die Erlebnisse ihres nach New York emigrierten Vaters (»Ein kleiner Händler, der mein Vater war«, Heilbronn 1972, S. 81): »(...) mit der Nachricht, daß seine Kinder lebten (...), kam auch Nachricht aus den geöffneten Toren von Auschwitz, Treblinka, Maidanek. Kam Bestätigung von Gerüchten, denen der Vater nicht geglaubt hatte.« Oder Ralph Giordano in seiner erschütternden Dokumentation »Die zweite Schuld oder Von der Last Deutscher zu sein« (Hamburg 1987, S. 197): »Als sicher kann gelten, daß die Mehrheit der damaligen Deutschen weder vom Umfang noch von den Einzelheiten dieser Politik (gemeint ist die NS-Ausrottungs- und Vernichtungspolitik im Osten) eine deutliche Vorstellung hatte oder haben konnte.«

dert aber nicht das geringste an der abgründigen Verlogenheit der bis auf den heutigen Tag von den Unbelehrten und Unbelehrbaren wiedergekäuten Ausrede. Denn wollen diese etwa allen Ernstes behaupten, daß »nichts« an Schandtaten und Verbrechen übrigbliebe, wenn man von der Barbarei der Nazizeit die extremen Exzesse der Vernichtungslager abzieht?

Wer die Stirn hat, sich hinter dieser jämmerlichen Ausrede zu verkriechen, muß sich fragen lassen, ob ihm wirklich verborgen geblieben ist, daß jüdische Mitbürger nach 1933 menschenrechtswidrigen Schikanen ausgesetzt waren. Daß jüdische Mitschüler seiner Kinder von den Schulen verwiesen wurden. Wem von uns kann entgangen sein, daß man sozialdemokratische und kommunistische Politiker und im Verdacht der Nazigegnerschaft stehende Beamte nach der »Machtergreifung« aus ihren Posten verjagte, daß viele von ihnen in Gefängnissen und Lagern verschwanden, wo man sie ohne ordentliches Gerichtsverfahren in »Schutzhaft« festhielt? Nie etwas gehört von der Zerstörung, der Plünderung, der »Arisierung« jüdischer Geschäfte? Ist die Vermutung aus der Luft gegriffen oder auch nur übertrieben, daß so mancher, der heute vorgibt, »von nichts gewußt zu haben«, diese Maßnahmen unter dem Einfluß antikommunistischer und antisemitischer Vorurteile damals sogar gebilligt hat, keineswegs nur klammheimlich, sondern auch am Stammtisch? Daß gewiß nicht wenige die Beseitigung unliebsamer Konkurrenz in allen gesellschaftlichen Bereichen in erster Linie als Vorteil für die eigene Karriere begriffen? Damals besetzte ein Heer gesinnungstreuer Mittelmäßigkeit über Nacht freigewordene Positionen, die zu erklimmen sie »in normalen Zeiten« nicht die geringste Chance gehabt hätten.

Wer die Behauptung aufstellt, er habe von »nichts« gewußt, müßte glaubhaft erklären können, warum er nicht mitbekommen hat, daß in seiner beruflichen und privaten Umgebung jüdische Mitbürger scharenweise aus dem Lande gejagt und in die Emigration getrieben wurden. »Aber denen ist doch gar nichts passiert«, sagen da welche, denen dieser Satz im Halse steckenbliebe, wenn sie selbst eines Tages gezwungen wären, ihr Haus oder ihre Wohnung mit allem Inventar stehen- und liegenzulassen und mit einem Koffer und zwanzig Mark im Portemonnaie – mehr ließen die Devisenbestimmungen nicht zu – außer Landes zu gehen, um sich und ihren Angehörigen das Schlimmste zu ersparen.

Nie einen auf ein zerschlissenes Revers genähten Judenstern gesehen? Niemals von dem unmenschlichen Druck gehört, der auf die Partner von sogenannten Mischehen ausgeübt wurde? Niemals den besonderen Klang von Ortsnamen wie Oranienburg oder Dachau empfunden, in denen schon Jahre vor dem Kriege Konzentrationslager für »politische Feinde und Volksschädlinge« eingerichtet wurden? Die Unterstellung ist absurd. Wir alle haben das gewußt. Das alles und noch viel mehr. Jeder von uns. Warum haben wir denn alle, sobald der erste Freudentaumel über Deutschlands »Wiedererstarken« abflaute, Angst gehabt, der eine mehr, der andere weniger (oder weniger offen eingestanden), wenn wir daran dachten, was einem widerfahren konnte, wenn man es an uneingeschränkter Zustimmung fehlen ließ?

Nein, wir haben den Mund gehalten und weggesehen. Es fing mit kleinen Schönheitsfehlern an, die wir gern übersahen. »Wo gehobelt wird, da fallen Späne.« Und hatte das neue Regime, das da rigoros seinen Hobel ansetzte, es nicht tatsächlich innerhalb weniger Jahre fertiggebracht, dem geschmähten, geknechteten und von niemandem respektierten Vaterland Ansehen und Geltung bei den ehemaligen Feindmächten zu verschaffen? War 1936 nicht die ganze Welt zu den Olympischen Spielen nach Berlin gekommen und hatte gestaunt darüber, was aus diesem noch vor so kurzer Zeit am Boden liegenden Deutschland inzwischen für ein starker und selbstbewußter Staat geworden war?

Wir sahen weg und schwiegen. Wir zogen die Köpfe ein, wenn die staatliche Willkür jemanden traf, und vermieden es, uns für die näheren Umstände allzusehr zu interessieren, froh darüber, wenn wir selbst ungeschoren blieben. Freude erfüllte uns auch, weil es mit uns allen wirtschaftlich bergauf ging. Wir hielten daher den Mund über die Untaten und zogen es vor, über alles andere zu sprechen. Darin besteht unsere Schuld. »Was sind das für Zeiten«, so hat Bert Brecht in seiner treffsicheren Sprache den Kern der Sache zusammengefaßt, »was sind das für Zeiten, in denen ein Gespräch über Bäume schon ein Verbrechen darstellt, weil es ein Schweigen über so viele Untaten einschließt!«

Wir ließen uns von derlei Skrupeln nicht anfechten und sprachen unbeirrt weiter über »Bäume«: über die neue Gründgens-Inszenierung in Berlin (»Kirschen für Rom«), über den nächsten Termin, an dem Furtwängler »die Philharmoniker« dirigieren sollte, wir machten Urlaubspläne und diskutierten darüber, ob es Max Schmeling gelingen werde, die Weltmeisterschaft zurückzugewinnen. Zwar konnte uns, wenn wir auf der Fahrt in die Ferien den Ort Oranienburg passierten, vorübergehend das unbehagliche Gefühl beschleichen, daß unsere Welt noch eine ganz andere Seite hatte. Wir ließen jedoch nicht von dem Entschluß ab, uns davon möglichst wenig stören zu lassen. Als die Entwicklung schließlich so weit gediehen war, daß alles Verdrängen nicht mehr genügte, um den Blick auf das ganze Ausmaß der eigenen Verstrickung zu verlegen, war es längst zu spät.

Es ist schlimm genug, daß man an derartige Selbstverständlichkeiten heute mit Nachdruck erinnern muß. Eine Gesellschaft, die solcher Nachhilfe bedarf, befindet sich psychisch in einer Verfassung, die zu Besorgnissen Anlaß gibt (und die jedenfalls nicht »normal« genannt werden kann). Denn es geht ja gar nicht darum – dies die nächste von den Unbelehrbaren vorgeschobene Form der Ablehnung –, »in Sack und Asche herumzulaufen« oder sich in dieser Aufmachung vor anderen Völkern in zerknirschter Selbstbezichtigung zu prostituieren. (Wer jemals mit Juden, Russen oder Polen in unbefangener Offenheit über das Thema hat sprechen können, weiß, daß er damit nur Verachtung ernten würde.)

Darum geht es nicht. Was bei Gesprächen über das Thema jedoch zu erwarten wäre – weil es für die Psyche eines gesunden Mitmenschen als »normale« Reaktion gelten muß –, das wäre ein noch spürbarer Nachhall von Entsetzen über das, was seinerzeit »vom eigenen Lager« begangen wurde. Wer zum Zeitgenossen unmenschlicher Greueltaten wurde – in die er auf diese oder jene Weise, und sei es durch duldende Passivität, auch selbst verstrickt ist – und dann hinterher glaubt, weitermachen zu können, als ob nichts geschehen wäre, der muß sich Zweifel an seiner Menschlichkeit gefallen lassen. Wer unberührt bleibt von der konkreten Erfahrung, daß aus den dunklen Untergründen der Seele des Menschen eine Hölle der Unmenschlichkeit freigesetzt werden kann, darf sich nicht wundern, wenn seine Humanitas ins Zwielicht gerät.

Daß von diesem Nachhall des Entsetzens in unserer bundesrepublikanischen Gesellschaft so gut wie nichts zu spüren ist, daß jeder Hinweis auf das nachweislich Geschehene vielmehr fast zwanghaft eine Woge der Entrüstung, den Vorwurf nationaler Nestbeschmutzung und den relativierenden Fingerzeig auf das »von den anderen« begangene Unrecht auslöst, rechtfertigt daher ernste Zweifel an der Menschlichkeit unserer politischen Gemeinschaft insgesamt. Der Neandertaler, der, den Geboten der Steinzeit folgend, die Schuld der eigenen Gruppe mit einem anderen Maßstab mißt als alles selbst erlittene Unrecht, rührt sich in unseren Reihen noch immer.

Die jährlich wiederkehrenden Pflichtrituale und Gedenkreden, etwa zum 20. Juli 1944, liefern kein Gegenargument. Man braucht sich nur daran zu erinnern, mit wie unverblümter Empörung konservative Kreise seinerzeit auf die Rede Richard von Weizsäckers reagierten, in welcher der Bundespräsident am 8. Mai 1985 anläßlich der vierzigsten Wiederkehr des Kriegsendes in wahrhaft befreiender Art aussprach, was über die Themen Verdrängung und Erinnerung, Schuld und Verantwortung in diesem Zusammenhang zu sagen war. Der konservative Protest verstummte erst nach Wochen, als auch die Verbohrtesten erkennen mußten, wie groß der Respekt und die Anerkennung waren, mit denen das Ausland die angebliche Nestbeschmutzung durch den obersten Repräsentanten unseres Staates aufnahm. In konservativer Unbelehrbarkeit erklärte Franz Josef Strauß allerdings noch Ende 1986 markig, daß er es ablehne, »die ewige Vergangenheitsbewältigung als gesellschaftspolitische Dauerbüßeraufgabe« mitzumachen. Denkbar, daß diese befremdliche Äußerung ein Bestandteil der Taktik war, mit der die CSU nach eigenem Bekunden die Wähler am äußersten rechten Rand an sich zu binden versucht. Auch das wäre, da es wieder einmal einen »Appell an den Neandertaler« darstellen würde, schlimm genug.

Die »Staatsverdrossenheit«, das oft geradezu feindselige Mißtrauen der Jüngeren dieser Gesellschaft gegenüber, von den Politikern mit – subjektiv wahrscheinlich ehrlicher – Verständnislosigkeit quittiert, ließe sich aus diesem Punkt unschwer erklären, wenn sicher auch nicht aus ihm allein. Sie empfänden unseren Staat zu Recht als nicht geheuer, wenn sich ihr Verdacht bestätigen sollte, daß die Mehrzahl seiner Bürger unberührt geblieben ist von dem Ungeheuerlichen, das sich aus unserer Mitte heraus ereignete. Wenn die unübersehbare Selbstgerechtigkeit der meisten unserer konservativen Regierungsvertreter als Ausdruck der Verstocktheit gedeutet werden müßte. Der Verdacht aber, daß es so sein könnte, drängt sich bei unzähligen Gelegenheiten auf. Ausgeräumt hat ihn bisher niemand.

Endlich am Anfang

Am 15. Oktober 1948 saß ich in aller Frühe im Treppenhaus der Universitätsnervenklinik Würzburg und wartete auf das Erscheinen des Chefs, um mich ihm als neuer Mitarbeiter vorzustellen. Gefeiert wurde mein Geburtstag, von dem in der neuen Umgebung niemand etwas wußte, an diesem Tage nicht. Trotzdem empfand ich den Tag als herausgehobenes Datum. Es war für mich ein Geburtstag in einem besonderen, höheren Sinn: Kindheit und Schulzeit lagen hinter mir, ich hatte den Krieg überlebt und die Nazizeit, jetzt endlich begann für mich mein eigentliches, eigenes Leben mit einem Schritt, über den ich ganz allein, ohne den Einfluß irgendeiner Autorität oder höheren Gewalt, entschieden hatte. Nach endlosen Warte- und Vorbereitungsjahren konnte ich jetzt einen Entschluß realisieren, den ich schon während der letzten Schuljahre gefaßt hatte: eine Ausbildung und Spezialisierung als Psychiater.
In Potsdam und Berlin hatte ich in den beiden vorhergegangenen Jahren noch die vorgeschriebene Pflichtassistentenzeit absolviert, den kleineren Teil in der Chirurgie, den größeren in der Inneren Medizin. Beides war mehr oder weniger beiläufig, ohne volles Engagement geschehen. Es waren nicht »meine« Fächer. Jetzt, an meinem 27. Geburtstag in Würzburg, war es endlich soweit. Jetzt begann die ungeduldig herbeigewünschte Zeit, in der ich mich ohne Ablenkungen oder andere, störende Verpflichtungen in das Thema vertiefen konnte, das mir wichtiger war als alles andere. Man hatte mir zwar nur eine Volontärstelle – 180 Mark brutto monatlich – anbieten können. Aber das war ein Privileg in einer Zeit, in der die bezahlten Stellen knapp und die Schlangen der Anwärter so lang waren, daß sicher die Hälfte der ärztlichen Mitarbeiter ihren Klinikdienst ohne Bezahlung verrichtete, um ihre Facharztausbildung voranbringen zu können. Außerdem war mir die Frage des Verdienstes in den ersten Jahren völlig gleichgültig.
Mein Vater übrigens muß in dieser Zeit Ähnliches empfunden haben. Zu seinem kaum verhohlenen Entzücken demontierten die Russen Siemens-Plania in Berlin-Lichtenberg, das Werk, in dem er fast zwanzig Jahre lang pflichtgetreu einem ungeliebten Beruf nachgegangen war, wobei er es sogar zu einer bescheidenen Karriere gebracht hatte. Die chaotische Wirrnis der ersten Nachkriegsjahre enthob ihn auf die-

se Weise einer Berufspflicht, der er sich schon aus Rücksicht auf seine Familie aus eigenem Antrieb niemals entzogen hätte. Aber die Verhältnisse, von den meisten anderen als tief deprimierend erlebt, fügten sich auch für ihn jetzt zu einer als befreiend erlebten Situation, in der er endlich doch noch die Chance erhielt, das zu tun, wonach ihm sein Herz stand. Er schrieb sich, kaum daß sie wieder eröffnet war, als Student an der Berliner Universität ein und begann, inzwischen 53 Jahre alt, Griechisch und Latein zu studieren und im Nebenfach noch Englisch dazu. Meine Mutter fügte sich der neuen Situation verständnisvoll und einfallsreich. Sie übernahm ebenfalls eine neue Rolle: die einer »Studentenmutter«, die sich um Kost und Logis auswärtiger Studenten kümmerte, die in großer Zahl auch im elterlichen Hause wohnten und damit den Lebensunterhalt der Eltern sicherten, solange mein Vater studierte.
Nach der zulässigen Mindestzahl von Semestern legte er in Marburg, wohin meine Eltern 1947 übergesiedelt waren, das Staatsexamen ab. Anschließend übernahm er an der dortigen Universität einen Lehrauftrag, der ihm die Ausbildung von Theologen, Archäologen und Medizinern in den alten Sprachen anvertraute. Ich habe meinen Vater nie vorher so glücklich erlebt.
Wenn ich in diesen ersten Jahren meiner klinischen Ausbildung hätte erklären sollen, warum mich die Psychiatrie so mächtig anzog, hätte ich es vermutlich nicht überzeugend fertiggebracht. Heute, rückblikkend, erscheinen mir die Zusammenhänge klar. Seit der frühen Schulzeit hatten mich die Naturwissenschaften gepackt. Nicht als Lehrfächer und ganz gewiß auch nicht unter einem technischen Anwendungsaspekt. Aber ich war, je älter ich wurde und je mehr ich darüber las, erfüllt von staunender Bewunderung für die rätselhafte Ordnung, die wir »die Welt« nennen (oder »die Natur« oder »den Kosmos«) und die den meisten Menschen selbstverständlich vorkommt, weil sie zuwenig darüber wissen und die Dinge einfach so nehmen, wie sie zu sein scheinen.
Die Blindheit dieser Majorität für das Wunder, in dem wir uns zwischen Geburt und Tod vorfinden – und von dem wir selbst ein lebendiger Teil sind –, hat mich zeit meines Lebens nicht zur Ruhe kommen lassen. Wann immer ich auf sie stieß, und dieser Gelegenheiten gab es deprimierend viele, spürte ich jene Art von Verzweiflung und Bedauern, die einen Musikliebhaber erfüllen, der Zeuge wird, wie Menschen

bei einem Mozart-Quartett gelangweilt entschlummern. Da meldet sich nicht snobistische Anmaßung, die von jedermann verlangt, die eigenen Vorlieben zu teilen. Was sich in einem solchen Falle rührt, ist eher einem Schmerz vergleichbar. Dem schmerzlichen Bedauern über einen Verlust, der dem anderen widerfährt und der ihm, vermeidbar, nur deshalb zustößt, weil er gar nichts von ihm weiß. Ich habe nach meiner Zeit an der Universität zwanzig Jahre lang naturwissenschaftliche Fernsehsendungen gemacht, deren einziges Motiv der Versuch gewesen ist, diese die Seele der Menschen verarmende Barriere aus Gleichgültigkeit und Unkenntnis zu überwinden. Darüber, ob mir das, und sei es nur bei einer kleinen Minderheit von Zuschauern, gelungen ist, denke ich lieber nicht allzu häufig nach.
Aber ich muß jetzt wiederum den Versuch machen, die Faszination verständlich werden zu lassen, die von »der Welt« ausgeht, sobald man zu ahnen beginnt, was es mit ihr als unserer »Wirklichkeit« auf sich hat. Erst dann läßt sich auch überzeugend begründen, warum mich ausgerechnet die Psychiatrie schon vor dem Ende der Schulzeit zu beschäftigen begann.

Das Universum als Geschichte

Zu den herausragenden Entdeckungen der Naturwissenschaft unseres Jahrhunderts – es gibt nicht sehr viele vergleichbaren Ranges – gehört die von der Geschichtlichkeit des Kosmos. Das Universum ist nicht, wie der Mensch bis dahin geglaubt hatte, soweit er sich überhaupt sinnvolle Gedanken darüber machte, eine Art Gefäß. Sozusagen das größte existierende Behältnis für die Gesamtheit aller existierenden Dinge. Es ist ein alle andere Geschichte umgreifender und ermöglichender historischer Prozeß. Das Universum hat einen Anfang gehabt (der inzwischen etwa dreizehn Milliarden Jahre zurückliegt), und es wird einmal einen »jüngsten Tag« erleben, in einer Zukunft, die nach bestem heutigem Wissen noch etwa achtzig Milliarden Jahre entfernt ist. (Der Vergleich der beiden Ziffern läßt darauf schließen, daß das Universum, gemessen an seiner Lebenserwartung, noch relativ jung ist, das heißt, daß alles, was bisher geschah, noch immer als eine Art Vorbereitung oder »Anlauf« verstanden werden könnte.)

Vor etwa dreizehn Milliarden Jahren (die Zahlenangaben schwanken je nach den neuesten Beobachtungsdaten der Astrophysiker um einige Jahrmilliarden nach oben) wurde die Welt, in die wir durch unsere Geburt versetzt werden, in einer Art gigantischer Explosion geboren. Für das Ereignis, den dramatischen Beginn von allem, was »die Realität« ausmacht, hat sich bekanntlich der ein wenig saloppe Ausdruck »Urknall« (englisch »Big Bang«) eingebürgert. Auf den Wissenschaftsseiten der Tagespresse wird er bei gegebenem Anlaß wie selbstverständlich gebraucht, und jeder Zeitungsleser weiß ungefähr, was damit gemeint ist. Aber nur ungefähr. Denn die radikale Bedeutung, welche dem Wort »Anfang« in diesem einen, einzigen Fall zukommt, ist den wenigsten jemals aufgegangen.

Das zeigen unter anderem die nicht enden wollenden Zuschriften, in denen man die Frage vorgelegt bekommt, was denn nun »vor« dem Urknall eigentlich gewesen sei. Die Frage liegt so nahe, wie die Antwort schwierig ist. Nahe liegt sie, weil menschlicher Verstand eine zeitliche Grenze ebenso wenig denken kann wie eine Grenze im Raum (»Wie geht es hinter dem Ende des Universums weiter?«). Der erste Schritt der Beantwortung muß daher in dem Hinweis darauf bestehen, daß das »Unendliche« keineswegs eine logisch widerspruchsfreie Denkmöglichkeit darstellt*, geschweige denn eine in der Realität vorkommende Kategorie. Dies ist einer der lehrreichen Fälle, bei denen

* Bei Schopenhauer gibt es eine hochinteressante Stelle, die das beispielhaft belegt. In seinen »Erläuterungen zur Kantischen Philosophie« (Parerga etc. I/1, Zürich 1977) heißt es auf Seite 118ff.: »Die Zeit kann keinen Anfang haben, und keine Ursache kann die erste seyn. Beides ist a priori gewiß, also unbestreitbar.« Und weiter: »Aber nun andererseits: wenn ein erster Anfang nicht gewesen wäre; so könnte die jetzige reale Gegenwart nicht erst jetzt seyn, sondern wäre schon längst gewesen: denn zwischen ihr und dem ersten Anfange müssen wir irgend einen, jedoch bestimmten und begrenzten Zeitraum annehmen, der nun aber, wenn wir den Anfang leugnen, d.h. ihn ins Unendliche hinaufrücken, mit hinaufrückt. (...) Dem widerstreitet nun aber, daß sie (die jetzige Gegenwart) doch jetzt ein Mal da ist und sogar unser einziges Datum zu der Rechnung ausmacht (...) weil nun aber doch die Zeit selbst durchaus keinen Anfang gehabt haben kann; so ist allemal bis zum gegenwärtigen Augenblick eine unendliche Zeit, eine Ewigkeit, abgelaufen: daher ist dann auch das Hinaufschieben des Weltanfangs ein endloses.« (Hervorhebungen im Original) Der Ausweg aus diesem Labyrinth von Antinomien, in dem sich alle (weltlichen!) Philosophen bis vor wenigen Jahrzehnten unweigerlich verfangen mußten, wird noch zur Sprache kommen. Es waren, wie nicht unbeachtet bleiben sollte, zwei naturwissenschaftliche Lehren, die Relativitätstheorie und die evolutionäre Erkenntnistheorie, welche die Philosophen aus der jahrtausendealten Sackgasse befreiten!

wir darauf stoßen, daß die Welt (die Realität, die Wirklichkeit) nicht in allen ihren Eigenschaften deckungsgleich ist mit dem, was wir uns vorzustellen vermögen.

Die Auflösung des berühmten »Olbersschen Paradoxons« durch die moderne Astrophysik hat sogar zu der Erkenntnis geführt, daß die – räumliche und zeitliche – Endlichkeit der Welt für uns alle eine alltäglich erlebbare, sehr handgreifliche Konsequenz hat. Denn wäre die Welt unendlich groß und alt, dann könnte es nachts nicht dunkel werden. Der Bremer Arzt und geniale Amateurastronom, der dem Paradoxon seinen Namen gab, war Anfang des vorigen Jahrhunderts durch Berechnungen und theoretische Überlegungen zu dem Ergebnis gekommen, daß – eine etwa gleichmäßige Verteilung aller Sterne im Weltraum vorausgesetzt – in einem unendlich großen Weltall aus dem Blickwinkel des Betrachters an jedem Punkt der Himmelskugel eine *unendlich große Zahl von Sternen hintereinander* stehen würde. Dadurch aber müßte die durch zunehmende Entfernung bewirkte Helligkeitsabnahme dieser Sterne nicht nur ausgeglichen, sondern sogar »überkompensiert« werden. Das aber müßte, so folgerte Olbers unwiderlegbar weiter, zur Folge haben, daß jeder Punkt der Himmelskugel so hell strahlte wie die Sonne, so daß es auch nachts auf der Erde »taghell« bleiben würde.

Sosehr die Astronomen damals auch rechneten, sie fanden keine Lücke in der Argumentationskette des Bremer Sternliebhabers. Auf der andere Seite aber war ebensowenig zu bestreiten, daß es an jedem Abend dunkel wurde, sobald die Sonne unter dem Horizont verschwand. Wie war der Widerspruch aufzulösen? Olbers selbst behalf sich schließlich mit der Annahme, daß es im Weltall riesige Dunkelwolken geben müsse, die das Licht sehr entfernter Sterne abdeckten. Solche Dunkelwolken wurden später tatsächlich auch nachgewiesen. Sehr schnell aber stellte sich heraus, daß auch ihre Existenz keineswegs genügte, das von Olbers entdeckte Problem aufzulösen. Denn wenn die Welt nicht nur unendlich groß, sondern auch unendlich alt war – was vor Einstein jedermann für selbstverständlich hielt –, dann mußte das Licht auch der entferntesten Sterne diese Dunkelwolken im Ablauf unendlich langer Zeiträume längst so stark aufgeheizt haben, daß auch sie nicht mehr »dunkel« sein konnten, sondern selbst so hell strahlen mußten wie die Sterne hinter ihnen.

Die Auflösung des Rätsels gelang erst der modernen Astrophysik.

Ihre Antwort auf die Frage von Olbers lautet: Die Welt ist nicht unendlich groß, und sie ist nicht unendlich alt. (Es gibt eine ganze Reihe astrophysikalischer Beobachtungsdaten, auf die sich diese Aussage stützen kann.*) An jedem Abend, wenn es dunkel wird (und wir in äonenlanger Anpassung an die stete Wiederholung des Tag-Nacht-Rhythmus müde werden und ins Bett gehen), erleben wir folglich – auch wenn die wenigsten von uns davon jemals erfahren – den handgreiflichen Beweis dafür, daß unsere Welt einen Anfang gehabt haben muß.
In den letzten Jahren haben die Experten – nicht zuletzt mit Hilfe der modernen Großrechner, die ihnen erst eine leidlich verläßliche Auswahl unter der unübersehbaren Vielzahl der verschiedenen in Frage kommenden Modellannahmen ermöglichten – ein erstaunlich detailliertes Bild der Kette von Ereignissen rekonstruieren können, mit denen unserer Welt »aus dem Nichts« in die Erscheinung trat und die im weiteren Verlauf alles aus sich hervorgehen ließen, was es heute gibt.** »Aus dem Nichts« – auch wenn sich das kein Mensch jemals wird vorstellen können: Vorher gab es nichts. Es gab, wenn man es genau betrachtet, nicht einmal ein Vorher, denn auch die Kategorie Zeit entstand erst in diesem Augenblick. Alles in allem also eine empirische Konvergenz von verblüffender Exaktheit mit der von den Weltreligionen seit Jahrtausenden behaupteten »Creatio ex nihilo«. Und nicht zuletzt die einzig sinnvolle (wenn unserem Verstand auch unvorstellbare) Antwort auf die Frage, was vor dem Anfang der Welt war: nichts.
Und zu alledem ein erster Hinweis auf den Ausweg aus dem von Schopenhauer so anschaulich geschilderten logischen Irrgarten: Es gab doch, allen »a priori feststehenden Einsichten« zum Trotz, auch einen »Anfang der Zeit«. Vorstellbarkeit und »gesunder Menschenverstand« sind eben keine wegweisende Kriterien bei der Suche nach der wahren Natur der Welt – das ist eine in aller Schärfe erst von der modernen Naturwissenschaft formulierte Einsicht. Wäre es anders, wäre das Wesen der Welt identisch mit dem Bild, das sich unser Kopf von ihr

* Wer sich für Einzelheiten interessiert, findet sie unter anderem (die Literatur ist riesig) in dem Buch von Rudolf Kippenhahn: »Licht vom Rande der Welt. Das Universum und sein Anfang« (Stuttgart 1984).
** Für Interessierte: Steven Weinberg, »Die ersten drei Minuten. Der Ursprung des Universums«, München 1977.

machen pflegt, dann könnten wir auf alle naturwissenschaftliche rschung getrost verzichten.

Wie es vom Augenblick der Weltentstehung an weiterging, hat sich mit Hilfe der modernen Großrechner bereits skizzenhaft rekonstruieren lassen. Mit diesen Geräten ist es möglich, unzählige alternative Ausgangs-»Modelle« – mit probeweise eingesetzten Anfangstemperaturen, Reaktionshäufigkeiten zwischen den verschiedenen aus dem »Urplasma« hervorgehenden subatomaren Partikeln usw. – durchzurechnen und ihre Ergebnisse mit heutigen Beobachtungsdaten zu vergleichen. Zu erklären war zum Beispiel, warum rund sieben Prozent aller heute im Weltall existierenden Atome Heliumatome sind, während fast der ganze Rest aus Wasserstoff besteht, der lediglich in geringem Grade mit schwereren Elementen (Kohlenstoff, Stickstoff, Sauerstoff, Eisen, Blei bis zum Uran) durchsetzt, man möchte fast sagen, »verschmutzt« ist.

Wir glauben heute zu wissen, wie es dazu kam. Wenige Sekunden nach dem Anfang der Welt muß in dem sich mit Lichtgeschwindigkeit ausdehnenden (und entsprechend schnell abkühlenden) Feuerball ein mehrere Minuten anhaltender thermischer Gleichgewichtszustand entstanden sein, während dessen sich Abkühlung und Aufheizung (durch die jetzt einsetzenden Teilchenprozesse: Umwandlungen von Elektronen, Positronen und anderen Elementarteilchen ineinander oder zurück in Photonenstrahlung) etwa die Waage hielten. Die Temperatur betrug dabei etwas weniger als eine Milliarde Grad. Das war genau die »richtige« Temperatur, bei der Protonen und Neutronen zu Heliumkernen »fusionieren«. Schon einige Minuten später aber war die für derartige Verschmelzungsvorgänge erforderliche Temperatur unter die kritische Grenze auf »nur« noch einige Millionen Grad gefallen. Die Phase hatte, wie die Computer ausrechneten, gerade so lange gedauert, daß etwa sieben Prozent der vorhandenen Protonen sich durch ihre Verbindung mit Neutronen in Heliumkerne umwandeln konnten, während alle übrigen Protonen unverändert blieben und im weiteren Verlauf Elektronen einfingen, was sie zu Wasserstoffatomen werden ließ.

Diese beiden Elemente also waren die einzigen, die aus dem Feuerball des Anfangs hervorgingen. Nach ihrer Entstehung gab es keine Temperaturen mehr, die weitere, schwerere Elemente durch Verschmelzung hätten entstehen lassen können: sieben Prozent Helium, sonst nur Wasserstoff, das war das ganze Material, das für die Erbauung der Welt zur Verfügung stand. Das waren die beiden Elemente, aus denen alles hervorgehen sollte, was es heute gibt. Es gehört zu den größten und ganz und gar unerklärbaren Wundern unserer Existenz, daß das möglich war. Daß ein so unüberbietbar bescheiden wirkendes Ausgangsmaterial genügte, um – unter dem Einfluß der ebenfalls mit dem Urknall wirksam gewordenen Naturgesetze – eine ganze Welt aufzubauen. Aber im weiteren Ablauf des Geschehens zeigte sich, daß die Möglichkeiten, die in der Struktur dieses so simpel erscheinenden Wasserstoffatoms steckten, schier unerschöpflich waren. *

Bis dahin vergingen allerdings gewaltige Zeiträume, während derer sich der Zustand des neugeborenen Kosmos nicht entscheidend änderte, wenn man einmal davon absieht, daß er sich selbstverständlich permanent weiter ausdehnte. Im Laufe der Jahrmilliarden aber wurde diese Expansionsbewegung allmählich langsamer, bis sie schließlich ein Tempo angenommen hatte, das eine andere Naturkraft zur Wirkung kommen ließ: die Schwerkraft. Unter deren Einfluß begannen sich die turbulenten Wasserstoffwolken, von denen der expandierende Kosmos erfüllt war, infolge ihres Gewichts langsam zusammenzuziehen.

Dabei gerieten sie auch noch in zunehmend rasche Rotation (da sie ihres unregelmäßigen Baus wegen nicht auf einen allen ihren Teilen gemeinsamen Schwerpunkt zustürzten). Diese Kreiselbewegung wiederum hatte zur Folge, daß sie sich abflachten, bis zuletzt rotierende flache Scheiben entstanden waren – die Keimzellen der heute im Weltall verstreuten Galaxien (»Milchstraßensysteme«). Noch immer bestanden sie aus reinem Wasserstoffgas, dem der erwähnte geringe Anteil an Helium beigemischt war.

Dann aber bewirkten lokale Schwerkraftzentren in ihrem Inneren die Bildung von immer zahlreicheren »Tochterwolken«, die sich – wiederum unter der Einwirkung ihres Gewichts – so stark zusammenzogen und dabei verdichteten, daß in ihrem Zentrum Drücke von 200 und mehr Milliarden Tonnen und Temperaturen von 15 Millionen Grad auftraten (diese beiden Werte wurden für das Zentrum unserer Sonne berechnet). So, nimmt man heute an, entstanden die Sterne der ersten

* In meinem Buch »Im Anfang war der Wasserstoff« (Hamburg 1972) habe ich diese Geschichte in allen Einzelheiten erzählt.

kosmischen Generation: noch immer Gebilde aus reinem Wasserstoff. Die extremen Bedingungen im Zentrum dieser Protosterne setzten jetzt aber erneut Kernverschmelzungsprozesse in Gang. Sterne sind nicht nur lebenspendende Zentralgestirne (wenn sie von Planeten umkreist werden), ihre erste und noch wichtigere Rolle ist die von »Elementenfabriken«. In der atomar glühenden Hölle ihres Zentrums werden Wasserstoffkerne zu den Atomkernen der übrigen, schwereren Elemente »zusammengebacken« (fusioniert): Hier, und nur hier, konnten die übrigen einundneunzig Elemente entstehen, aus denen die Welt, wie wir sie kennen, sich zusammensetzt.

Dazu aber mußten die in den Zentren dieser frühen Sonnen produzierten Elemente zuerst einmal wieder freigesetzt werden. Dies geschah (und geschieht heute noch) infolge gewaltiger Sternexplosionen (Nova- und Supernovaexplosionen), die sich unter bestimmten Bedingungen ereignen, wenn der Wasserstoffvorrat im Zentrum des Sterns erschöpft ist und das atomare Feuer erlischt. Damit nämlich entfällt der von innen nach außen drängende Druck der atomaren Glut, das Schicksal des Sterns wird jetzt nur noch von der inneren Gravitation seiner gewaltigen Masse bestimmt, und es kommt »implosionsartig« zum »Gravitationskollaps«. Ein Stern kann dabei bis zu zehn Prozent seiner Masse als Explosionswolke an den freien Weltraum verlieren.

Diese Wolken, deren Kontraktion früher oder später zu der Entstehung neuer Sterne (und Planeten) führen kann, enthält nun jene bisher im Kosmos nicht vorhandenen Elemente, die wir in der uns bekannten Welt nachweisen können. Es ist ein seltsamer Gedanke: Alle Materie, die wir um uns vorfinden, alle Objekte, mit denen wir alltäglich umgehen, die Materie unserer eigenen Leiber nicht ausgenommen, besteht aus Atomen, die einst im Zentrum von Sonnen »zusammengebacken« worden sind, die einer Sterngeneration angehörten, die vor unausdenkbar langer Zeit zugrunde gegangen ist. Genauer gesagt: Ohne deren Untergang nichts von alledem hätte entstehen können, was uns täglich umgibt. In der Tat, der Aufwand, den der Kosmos getrieben hat, um die Voraussetzungen unserer Existenz zu schaffen und der unserer Alltagswelt, übersteigt alles unserer Vorstellung zugängliche Maß.

Noch immer aber ist die Zahl der Wunder und ungelösten Rätsel nicht vollständig genannt, welche wir heute, Äonen später, als unabdingbare Voraussetzungen unserer Welt zu entdecken beginnen. In den letzten zehn Jahren fielen den Kosmologen eigenartige Beziehungen auf, die zwischen bestimmten mit dem Urknall verwirklichten »Naturkonstanten« bestehen und der Evolutionspotenz des mit ihnen anhebenden Prozesses der Weltentstehung.

Als erstes stießen sie auf eine bemerkenswerte Besonderheit der »Gravitationskonstante«. Die Schwerkraft wirkt zwar über kosmische Entfernungen hinweg und bündelt ganze Milchstraßenensembles zu Haufen, die sich um ihren gemeinsamen Schwerpunkt drehen. Andererseits aber ist sie im Vergleich zu den das atomare Feuer im Sternzentrum in Gang haltenden – und nur über atomare Distanzen hinweg wirkenden – Kernbindungskräften erstaunlich schwach – etwa um den Faktor 10^{40} (das ist eine Zehn mit vierzig Nullen!) schwächer. Diese Relation erwies sich nun bei näherer Betrachtung als von wahrhaft existentieller Bedeutung für die Lebensdauer eines Sterns und damit für den Kurs, den die weitere kosmische Entwicklung einschlug: Sterne sind letzten Endes frei im Raum schwebende Kernfusionsreaktoren, die von dem Gewicht ihrer Masse zusammengehalten werden. Der im Inneren eines Sterns entstehende Strahlungsdruck würde ihn sofort in einer gewaltigen Explosion auseinanderfliegen lassen, wenn zwischen diesem Druck und der Sternmasse kein Gleichgewicht bestände.

Das in unserem Universum herrschende, durch den Faktor 10^{40} ausgedrückte Verhältnis zwischen Kernbindungskräften und Schwerkraft hat nun zur Folge, daß die Masse eines Sterns vergleichsweise riesig sein muß, damit dieses Gleichgewicht gewährleistet ist. Damit aber ist auch der als atomarer Brennstoff verfügbare Wasserstoffvorrat im Sternzentrum riesig, groß genug jedenfalls, um dem ganzen Gebilde eine nach Jahrmilliarden zählende Lebensdauer zu verleihen. Nur im Lichte von Sonnen aber, deren Strahlung über Zeitspannen dieser Größenordnung konstant bleibt, kann sich die weitere Entwicklung vollziehen: über die Entstehung bewohnbarer Planetenoberflächen bis zum Einsetzen erst einer chemischen und danach einer biologischen Evolution.

Wäre die Gravitation nicht um den Faktor 10^{40}, sondern etwa »nur« um den Faktor 10^{30} schwächer ausgefallen (immer noch ein riesiger Betrag), dann hätte ein typischer Stern nur noch ein Billiardstel (10^{-15}) der Masse unserer Sonne (weil sein Gesamtgewicht schon dann den von innen drängenden Strahlungsdruck ausbalancieren würde). Ein solcher kosmischer Winzling wäre schon nach einem Jahre am Ende sei-

nes Wasserstoffvorrats und damit seiner Lebenszeit angelangt. Daß in einem Universum mit Sonnen dieser Charakteristik niemals Leben hätte entstehen können, bedarf keiner Erläuterung. Aber die Relation beträgt eben nicht 10^{30}, sondern 10^{40} – just der Betrag, der unserem Universum die Fähigkeit verlieh, sich im Laufe langer Zeiträume mit Leben erfüllen zu können. Zufall?
Man beginnt an der Möglichkeit bloßen Zufalls zu zweifeln, wenn man erfährt, daß die Experten in den letzten Jahren einige weitere Koinzidenzen dieser Art entdeckt haben. Beispiele: Auch die Expansionsbewegung des Kosmos (der »Schwung« sozusagen, den er bei der Urexplosion mitbekam, aus der er hervorging) durfte keineswegs beliebig ausfallen. Bei einer geringeren Ausdehnungsgeschwindigkeit als der von den Astronomen heute gemessenen hätte die Gravitation schon früh die Oberhand gewonnen und das Universum kollabieren lassen, bevor sich Nennenswertes in ihm hätte ereignen können. Und eine deutlich schneller ablaufende Expansionsbewegung hätte die Gravitationskräfte überspielt und verhindert, daß sich unter ihrem Einfluß die chaotischen Wasserstoffwolken des Anfangs zu den Keimen von Galaxien und Protosternen zusammenzogen.
Weiter: Würden die Kernbindungskräfte innerhalb des Atoms nur geringfügig neben dem Wert liegen (oberhalb oder unterhalb von ihm), den unsere Physiker heute als feststehende »Naturkonstante« registrieren, niemals hätten die Fusionsprozesse in Gang kommen können, vermittels derer die uns bekannten Elemente in den Zentren der Sonnen produziert wurden. Bis auf den heutigen Tag und bis in alle Zukunft gäbe es dann im Universum nur Wasserstoff und sieben Prozent Helium – zuwenig für eine der tatsächlich abgelaufenen kosmischen Geschichte vergleichbare Entwicklung.
Wie sind alle diese (und noch einige weitere) »Zufälligkeiten« zu erklären, die den Verlauf einer Entwicklung geprägt haben, die bis zu uns führte und zu der Tatsache, daß wir uns über ihre tieferen Gründe heute den Kopf zerbrechen können? Bedingungen, die sich im nachhinein als unerläßliche Voraussetzungen zur Entstehung unserer Welt und unserer Existenz erweisen und die zu diesem Zweck auch noch innerhalb sehr enger Grenzen erfüllt sein mußten? Dem Gläubigen fällt die Antwort leicht: Gott hat es so gefügt. Ein Wissenschaftler aber muß hier passen. Die Frage zielt ja auf die Bedingungen und Regeln, unter denen der Anfang der Welt sich vollzog. Auf sie aber kann kein

Mensch eine rationale Antwort geben. Denn menschlicher Verstand ist auf die Analyse der Realität beschränkt, die aus diesen Anfangsbedingungen hervorging.
Der berühmte Physiker Freeman Dyson hat trotzdem versuchsweise eine wunderschöne Antwort formuliert, die aber natürlich nicht wissenschaftlichen Charakter beansprucht, sondern eher poetisch zu verstehen ist. (Aber auch die Poesie enthält mitunter ja tiefe Einsichten). Dyson sagte: »Es ist fast so, als ob das Universum gewußt hätte, daß es uns eines Tages geben würde.«

Kopf und Kosmos

Am 21. Februar 1901 entdeckten die Astronomen im Sternbild Perseus eine Nova, einen »neuen Stern«. Es handelte sich nicht wirklich um einen plötzlich neu aufgetauchten Stern, den es vorher noch nicht gegeben hatte, sondern um den gewaltigen Lichtblitz einer im Gravitationskollaps zusammenbrechenden überalterten Sonne. Ein solches Ereignis zieht stets die Aufmerksamkeit der Astronomen auf sich, auch wenn es sich um ein nicht allzu seltenes Phänomen handelt. Die »Nova Persei« jedoch rief in Fachkreisen sogar eine gewisse Aufregung hervor. Dies deshalb, weil die Beobachtung des fernen Explosionsverlaufes sehr bald Daten zu liefern begann, die einfach nicht stimmen konnten: Sie waren »physikalisch unmöglich«. Gleichwohl aber wurden sie von mehreren Beobachtern unabhängig voneinander bestätigt: Die Ausbreitung der den »implodierten« Stern umhüllenden Explosionswolke erfolgte mit einer den Gesetzen der Physik widersprechenden Geschwindigkeit.
Die mit spektroskopischen und photometrischen Methoden ermittelte Entfernung der Nova betrug rund 3000 Lichtjahre. Sie war, mit anderen Worten, von der Erde also so weit entfernt, daß das von ihr ausgehende Licht 3000 Jahre benötigte, um die Distanz bis zur Erde zurückzulegen. Für astronomische Maßstäbe ist das nicht einmal besonders viel. Die Nova lag noch immer tief in unserem eigenen Milchstraßensystem (das einen Durchmesser von rund 100 000 Lichtjahren hat), sozusagen in der kosmischen Nachbarschaft der Erde. Nachdem die Entfernung feststand, begannen die Beobachter die »scheinbare« Vergrö-

ßerung der Explosionswolke zu vermessen, also die Geschwindigkeit, mit der sich, von der Erde aus gesehen, ihr Durchmesser vergrößerte. Aus 3000 Lichtjahren Entfernung ist diese scheinbare Geschwindigkeit natürlich minimal (aus dem gleichen Grunde, aus dem sich auch ein Rennwagen am fernen Horizont nur noch »wie eine Schnecke« fortzubewegen scheint). Es erwies sich jedoch als erstaunlich leicht, sie festzustellen. Der Größenunterschied war sogar von Woche zu Woche meßbar.

Zunächst schien daran nichts Besonderes zu sein. Die Himmelsphotographen hatten die Nova sehr bald nach dem Einsetzen der Explosion erwischt, sozusagen in statu nascendi. Was Wunder also, wenn die Ausdehnung der strahlend leuchtenden Wolke sich mit der entsprechenden Geschwindigkeit vollzog. Sobald die Fachleute jedoch anfingen, ihre Meßdaten genauer zu verrechnen, erlebten sie eine Überraschung: Als sie die scheinbare Expansionsgeschwindigkeit in Beziehung zu der Entfernung von 3000 Lichtjahren setzten, ergab sich, daß die Wolke sich mit Lichtgeschwindigkeit nach allen Seiten ausdehnen mußte. Das aber war unmöglich. Materie kann auch im Kosmos nicht bis auf Lichtgeschwindigkeit beschleunigt werden, und das Wasserstoffgas der Explosionshülle war schließlich Materie.

Man gab sich mit der etwas lahmen Erklärung zufrieden, daß doch irgendwo ein Meßfehler stecken müsse, und ließ die Sache auf sich beruhen. Heute weiß man, daß die Meßdaten des Jahres 1901 richtig waren. Heute kennt man auch die Erklärung für das paradox wirkende Phänomen einer sich in den Tiefen des Kosmos scheinbar mit Lichtgeschwindigkeit ausdehnenden Explosionswolke. Inzwischen wurden sogar noch einige gleichartige Fälle beobachtet. Die Lösung des Rätsels: Was sich da vor den Augen der staunenden Astronomen ausbreitete, war eben keine Materie, sondern tatsächlich Licht. Der Zufall hatte es gewollt, daß die »Nova Persei« inmitten einer riesigen Wolke feinst verteilten kosmischen Staubes explodierte, und die Lichtkugel, die man nach ihrem Untergang sich ausbreiten sah, war nichts anderes als der sich in dieser Wolke mit der für Licht charakteristischen Geschwindigkeit ausbreitende Explosionsblitz.

So weit, so gut. Die Astronomen waren mit der Antwort zufrieden. Für den nachdenklichen Zeitgenossen aber enthält die Geschichte noch ein zweites Problem. Wie ist es eigentlich zu erklären, daß wir in einem Augenblick, in dem der Explosionsblitz die Entfernung bis zur Er-

de – immerhin 3000 Lichtjahre – bereits zurückgelegt hat, den Ausbruch der Nova als Licht*punkt* sehen? In ebendiesem Augenblick ist der Blitz doch – aus dem Blickwinkel des irdischen Betrachters – auch nach beiden Seiten, nach rechts und nach links, schon 3000 Lichtjahre weit in den Raum vorgedrungen. Warum also sehen wir in diesem Augenblick noch den *Punkt* des Explosionsanfangs und nicht eine kreisförmige Lichtwolke mit einem Durchmesser, welcher der perspektivischen Projektion einer zweimal 3000 Lichtjahre großen Kugel an den irdischen Nachthimmel entspricht? Die Antwort auf diese Frage fällt noch verzwickter aus als das Problem, mit dem sich die Astronomen angesichts dieser seltsamen Nova herumzuschlagen hatten.
Um das Ganze zu verstehen, müssen wir in Gedanken bis zum Augenblick des Novaausbruchs zurückgehen. Da die ersten Photonen (Licht-»atome«) am Ort des Geschehens logischerweise erst in diesem Moment starten, ist auf der Erde von der Katastrophe natürlich nichts zu sehen. Tausend Jahre später hat sich der Lichtblitz auf eine kugelförmige Photonenwolke mit einem Radius von 1000 Lichtjahren vergrößert. Auf der Erde ist nach wie vor nichts zu sehen, denn in diesem Augenblick haben die auf die irdischen Astronomen zufliegenden Photonen der Wolke noch immer eine Wegstrecke von zusätzlichen 2000 Lichtjahren vor sich. Die gleiche Situation gilt auch nach weiteren 1000 Jahren. Die Photonenwolke ist jetzt auf einen Radius von 2000 Lichtjahren angewachsen. Das heißt aber, daß ihre der Erde zugekehrte Oberfläche von dieser auch jetzt noch immer 1000 Lichtjahre entfernt ist.
Erst 3000 Jahre nach der Sternexplosion ist es endlich soweit (entsprechend der zwischen ihr und der Erde klaffenden Distanz von 3000 Lichtjahren). Die ersten durch die Explosion freigesetzten Photonen treffen auf der Erde ein und werden von den Fernrohrkameras der Astronomen als *punktförmiger* Lichtblitz registriert, der den Beginn der Explosion abbildet. Warum in diesem Moment ein punktförmiges Aufblitzen zu sehen ist und nicht eine Lichtkugel von 3000 Lichtjahren Radius, obwohl die Photonenwolke in diesem Augenblick diese Ausdehnung tatsächlich erreicht hat, dürfte nach der ein wenig umständlichen Schilderung des Ablaufs klar sein: Was auf der Erde eintrifft und als erste Information allein registriert werden kann, ist ja nur der vorderste *Punkt* der der Erde zugekehrten Oberfläche der sich mit Lichtgeschwindigkeit ausdehnenden Photonenkugel! Kein anderer Teil der Kugel, kein einziges der anderen Photonen, aus denen sie besteht, ist

in diesem Augenblick auf der Erde eingetroffen und kann die Netzhaut der Beobachter (oder die lichtempfindliche Schicht ihrer Photoplatten) berühren.
Das ändert sich aber auf der Stelle, sozusagen mit Lichtgeschwindigkeit. Denn mit dieser Geschwindigkeit zieht die Oberfläche der Lichtkugel vom Augenblick des ersten Kontaktes ab über den irdischen Beobachter hinweg weiter in die Tiefe des Weltalls. Der zuerst gesehene Lichtpunkt vergrößert sich infolgedessen zu einer kleinen, rasch wachsenden Scheibe. Diese entspricht den ebenso schnell größer werdenden Segmenten der Photonenkugel, die der Beobachter nach und nach zu Gesicht bekommt, während diese über seinen Standort hinwegzieht. Die Größenzunahme der kleinen Lichtscheibe »rekonstruiert« dabei gleichsam nachträglich den Ablauf der fernen, zeitlich inzwischen schon 3000 Jahre in der Vergangenheit liegenden Katastrophe im Auge des irdischen Beobachters.
So betrachtet, ist an der Angelegenheit nichts Problematisches mehr zu entdecken. Aber warum erschien uns dann die Tatsache, daß eine Tausende von Lichtjahren große Kugel im ersten Augenblick als *punktförmige* Lichtquelle gesehen wird, zunächst als schwerverständlich? Die Antwort legt, wie ich glaube, einen gravierenden Irrtum bloß, der unsere Vorstellung von der Art und Weise, in der wir die Welt erleben, fortwährend verfälscht. Wir erliegen, wenn wir »die Welt sehen«, stets dem vom Augenschein zwingend suggerierten Eindruck, daß wir das Gesehene dort erblicken, wo es sich ereignet – während die Gesichtswahrnehmung (wie alle anderen Wahrnehmungen auch) in Wirklichkeit *in unserem Kopf* stattfindet! Nur weil wir wie selbstverständlich davon ausgehen, daß wir die Explosion der Nova Persei »draußen«, tief im Kosmos, in 3000 Lichtjahren Entfernung *vor* unseren Augen sehen, können wir darüber verwundert sein, daß wir einen Lichtpunkt sehen in einem Augenblick, in dem es sich in Wirklichkeit, »objektiv«, längst um eine riesige Lichtwolke von astronomischen Ausmaßen handelt.
In Wahrheit spielt sich das, was wir sehen – oder auf andere Weise von der Welt wahrnehmen – in unserer Großhirnrinde ab, im Falle unseres Beispiels in der im Hinterkopfbereich gelegenen »Sehrinde«. Rätselhaft ist dabei ein ganz anderer, nämlich der gleichsam umgekehrte Sachverhalt: Es ist ein unerklärbares Geheimnis, wie es kommt, daß wir das, was sich an abstrakten (keineswegs mehr bildähnlichen) Ner-

venimpulsmustern an dieser Stelle unserer Großhirnrinde abspielt, als »vor unseren Augen«, *in einer Außenwelt* gelegene Objekte anschaulich zu sehen vermeinen. Es gebe für dieses Weltall keinen anderen Ort als die menschliche Seele, konstatierte schon im dritten Jahrhundert der griechische Philosoph Plotin. Was in Wahrheit der Erklärung bedürfte (es existiert keine!), ist der Umstand, daß unser Augenschein uns in unserem alltäglichen Welterleben fortwährend das Gegenteil suggeriert.

Es ist natürlich alles andere als ein Zufall, daß es die nähere Betrachtung eines astronomischen Phänomens war, die uns auf das Problem stoßen ließ. Im Bereich irdischer Maßstäbe und Distanzen sind die resultierenden Fehler so unmeßbar gering, daß wir unserem permanenten Irrtum, wir sähen die Welt »vor unseren Augen«, unbeschadet anhängen können. Bei den in unserem alltäglichen Dasein nicht vorkommenden astronomischen Distanzen ist das jedoch anders. Sie vergrößern die Fehler in der Einschätzung unseres Weltbildes unvermeidlich in einem Maße, das uns zu einer genaueren Untersuchung des wahren Sachverhalts zwingt, wenn wir uns nicht in einem Dickicht von Widersprüchen und Scheinproblemen verlaufen wollen. So kann eine eingehendere Beschäftigung mit der Astronomie unter anderem also auch zu der Wiederentdeckung der Tatsache führen, daß die Welt in unserem Kopf stattfindet, oder, besser und genauer gesagt: nicht die Welt, an deren objektiver Existenz außerhalb unseres Kopfes wir nicht zweifeln wollen,* sondern das, was wir gemeinhin gedankenlos für die Welt zu halten pflegen, nämlich das Abbild, das unser Gehirn sich von ihr macht.

So kommt man bei einer einigermaßen gründlichen Beschäftigung mit dem Wissen über das Universum wie von ganz allein darauf, sich auch für die Inneneinrichtung des Kopfes zu interessieren, der uns dieses Wissen vermittelt. Der Schritt von der Astronomie zur Psychiatrie ist, so gesehen, sehr viel kleiner, als mancher im ersten Augenblick glauben mag. Das Interesse an der Arbeitsweise des menschlichen Kopfes wird zusätzlich auch durch die Resultate der philosophischen Disziplin der »Erkenntnistheorie« nahegelegt, die seit Jahrtausenden

* Dies übrigens, wie hier am Rande angemerkt sei, im Gegensatz zu dem erwähnten Philosophen Plotin, der als extremer Idealist (im philosophischen Sinne des Wortes) die Existenz einer außerhalb der menschlichen Seele objektiv existierenden Welt bestritten hat.

den Verdacht genährt und schließlich bewiesen hat, daß niemand von uns »in der Welt« lebt, sondern wir alle nur in dem Bild, das wir uns von der Welt machen. Beides aber sind zweierlei Paar Stiefel.

Die Frage danach, wie getreulich das im Gehirn rekonstruierte Bild der Welt eigentlich der objektiven, außerhalb von uns existierenden realen Welt entspricht, ist das zentrale Thema aller Erkenntnisforschung. Seit Plato, den man als den ersten Erkenntnistheoretiker und Begründer dieses Zweiges der Philosophie anzusehen hat, schlägt sie sich mit dem Problem herum. Seit Plato steht auch fest, daß zwischen beiden – der realen Welt und ihrer von uns erlebten Abbildung – nicht unbeträchtliche Abweichungen bestehen. Dank moderner Naturforschung haben sich einige von ihnen empirisch aufspüren lassen. »Farben« zum Beispiel gibt es in der Realität nicht. Dort existieren nur elektromagnetische Wellen verschiedener Frequenzen, die von den optischen Verarbeitungszentren unseres Gehirns in die uns bekannten Spektralfarben »übersetzt« werden. Aber unser Gehirn fügt bei seiner Rekonstruktion des Bildes der Welt auch ganz fundamentale Kategorien von sich aus hinzu, die wir dann zu Unrecht für charakteristische Eigenschaften der Realität selbst halten.

Dazu gehören, wie Immanuel Kant herausfand, etwa die Kategorie der Zeit und die uns selbstverständlich erscheinende dreidimensionale Struktur des Raumes. Die Relativitätstheorie Albert Einsteins belegte beide Kantsche Behauptungen ein Jahrhundert später bekanntlich durch den Nachweis einer nichteuklidischen (»gekrümmten«) Struktur des realen Raumes und der Abhängigkeit der Zeit vom Bewegungszustand des Beobachters. Beide Sachverhalte sind unserem Kopf gänzlich unvorstellbar. Auch Einstein selbst ging das nicht anders. Seine Genialität erwies sich darin, daß es ihm auf indirektem, mathematischem Wege gelang, den Beweis zu führen (der anschließend durch bestimmte physikalische Beobachtungen bestätigt wurde) und damit die uns allen angeborenen Grenzen unseres Erkenntnishorizonts zu »transzendieren«. Womit – und darin besteht die außerordentliche Bedeutung der Relativitätstheorie – ein für alle Male und unwiderleglich bewiesen war, daß sich »die Welt« und das Bild, das unser Kopf sich von ihr macht, in wesentlichen Punkten unterscheiden.

Auch darauf, wie es zu diesen Abweichungen kommen konnte, gibt es heute schon überzeugende Antworten. Kant hatte noch keine Erklärung dafür, warum die von ihm in scharfsinniger gedanklicher Analyse als angeboren und daher als a priori gültig erkannten Vorstellungskategorien (wie etwa die der Zeit oder des Raumes oder der Kausalität) den Kategorien der realen Welt zumindest ähnlich sind. Denn das sind sie ganz offensichtlich. Wenn es nicht so wäre, wie könnte ich dann mit Hilfe dieser angeborenen Kategorien in der realen Welt auch nur einigermaßen befriedigend zurechtkommen? Wie ist das zu erklären, wenn, wie Kant behauptete, das »Abbild der Welt« in unserem Kopf zu der realen Welt »an sich« (über die wir direkt nicht das mindeste jemals würden erfahren können) in keinerlei unmittelbarer Beziehung steht?

Wenn »Kausalität« nur in meinem Kopf existiert, wieso kollidiere ich dann nicht fortwährend mit der Realität, wenn ich mich in ihr ganz unkantianisch so verhalte, als gäbe es den Zusammenhang zwischen Ursachen und Wirkungen auch in der objektiven Wirklichkeit? Wie ist das anders zu erklären als durch die Annahme, daß zwischen »Denk- und Realkategorien« eben doch irgendeine Beziehung existiert? Wie aber kann diese zustande kommen, wenn wir unsere Denkkategorien fix und fertig auf die Welt mitbringen, sie also nicht erst durch Erfahrung in ihr erwerben? Und warum führt diese geheimnisvolle Beziehung nur zu Ähnlichkeiten zwischen dem subjektiven Bild der Welt und dieser selbst – und nicht zur Deckungsgleichheit?

In diese einigermaßen verwirrende Situation hat erst die neue Disziplin der evolutionären Erkenntnistheorie in den letzten fünfzehn Jahren einiges Licht gebracht. Sie geht aus von dem zentralen Erklärungsmodell aller modernen Naturwissenschaft, dem Konzept der Evolution. Dessen Kern besteht in der Annahme, daß alle heute von uns vorgefundenen Phänomene und Objekte als das Resultat langfristiger Entwicklungsprozesse anzusehen sind, deren konkreter, historischer Ablauf ihre Besonderheiten zu erklären vermag. Das gleiche setzt nun die evolutionäre Erkenntnistheorie auch für unsere Wahrnehmungs- und Denkstrukturen voraus. Auch diese seien nur als das langfristige Ergebnis einer Abertausende von Generationen beanspruchenden Anpassung unserer Hirnfunktion an die von den Strukturen der realen Umwelt gebildeten Bedingungen des Überlebens zu verstehen.

So, wie die menschliche Hand sich im Laufe der Jahrmillionen Schritt für Schritt aus der noch primitiven Vorderpfote eines Amphibiums entwickelt habe, wobei die Entwicklungsstadien eines reptilischen Daseins und der ersten lemurenhaften Warmblüter und zuletzt der Af-

fenartigen zu absolvieren waren, so sei zum Beispiel auch die uns heute angeborene Raumvorstellung das Erbe einer langen vormenschlichen Ahnenreihe. Entstanden sei sie speziell unter dem Anpassungsdruck, dem unsere baumlebenden biologischen Urahnen ausgesetzt waren. Drastisch vereinfacht: Wer in diesem speziellen Milieu keine der Realität wenigstens annähernd nahekommende Raumvorstellung besaß (das heißt, seinerseits von seinen Vorfahren geerbt hatte), stürzte frühzeitig zu Tode und gehört daher nicht zu unseren Vorfahren. Anders gesagt: Eben weil seine Raumvorstellung der Realität nicht hinreichend angepaßt war, vernichtete sie seine Chance, sie an Nachkommen weiterzuvererben.
Diese »natürliche Auslese« (Selektion) genannte Automatik, mit der die Konsequenzen unzulänglich angepaßter Eigenschaften (seien es nun Organe oder Verhaltensweisen) deren genetischen Ausschluß aus dem gemeinsamen Erbe (dem »genetischen Pool«) der Art zur Folge haben, ist in den Augen der Evolutionsforscher ein entscheidender Faktor der Artenbildung und damit der wichtigste Motor der Stammesgeschichte des irdischen Lebens. Das Konzept der evolutionären Erkenntnislehre setzt nun lediglich die Annahme voraus, daß der gleiche Prozeß auch bei der Entstehung und Optimierung von Wahrnehmungsorganen und Denkstrukturen wirksam gewesen ist.*
Die Hypothese erklärt zwanglos auch die Ungereimtheiten der klassischen, rein philosophischen Erkenntnisforschung, die eben zur Sprache kamen: Die Optimierung der Wahrnehmungs- und Orientierungsleistungen erfolgte ebenso wie die aller anderen Eigenschaften des Organismus unter dem Selektionsdruck einer Verbesserung der Überlebenschancen in der realen Welt. Deren objektive Strukturen waren es daher, an die es sich anzupassen galt. Deshalb ist zum Beispiel die uns angeborene Kausalkategorie, wiewohl wir sie fix und fertig mit in die Welt bringen, dennoch ein (annähernd) *gültiges* Abbild der realen Welt. Nicht wir selbst haben sie durch Erfahrung erworben, das ist richtig. Die Beziehung zwischen unseren Denkkategorien und den Strukturen der realen Welt kam in diesem wie in allen anderen Fällen nicht durch individuelle Erfahrung (»Lernen«) zustande, sondern auf

* Einzelheiten in: Gerhard Vollmer, »Evolutionäre Erkenntnistheorie« (Stuttgart 1975), der nach wie vor besten und lesbarsten Einführung in diese aktuelle biologisch-philosophische Disziplin.

eine ganz andere, erst im Lichte des Evolutionskonzepts sichtbar werdende Weise: Ebenso wie unsere übrigen a priori gültigen Denk- und Vorstellungskategorien haben wir sie vielmehr als einen Teil des genetisch verankerten Erfahrungsschatzes unserer Art geerbt.
Verständlich wird mit dieser neuen Theorie ferner der eigenartige Umstand, daß sich die Strukturen der realen Welt in den Strukturen unseres Gehirns (wie der Gehirne aller anderen irdischen Lebewesen) im Ablauf der Stammesgeschichte zwar niedergeschlagen (»abgebildet«) haben, aber doch nicht mit letzter, wahrheitsgetreuer Präzision, sondern gleichsam nur unscharf, »in Annäherung«. Denn der Anpassungszweck bestand ja in der Verbesserung der Überlebenschancen und nicht in der Forderung nach »wahrer Erkenntnis« über die Welt. Beides ist nicht dasselbe. Zum Überleben unserer Vorfahren war die Fähigkeit zur Wahrnehmung der in Wirklichkeit nichteuklidischen (»gekrümmten«) Struktur des Raumes herzlich belanglos. Das gleiche galt für andere »wirkliche« Eigenschaften der realen Welt, die wir daher erst seit neuestem mit gewaltigen Denkanstrengungen und unter Zuhilfenahme des verfeinerten Instrumentariums der modernen Naturwissenschaft zu entdecken begonnen haben. Daß die Zeit bei Annäherung an die Lichtgeschwindigkeit langsamer zu laufen beginnt, ist ein Faktum, das jeden Nachdenklichen zu faszinieren vermag. Ob ein steinzeitlicher Jäger davon etwas wußte oder nicht, spielte dagegen für seine Überlebenschancen nicht die geringste Rolle.
Selbstverständlich ist auch der Raum meines Arbeitszimmers – wie jeder Raum in jeder menschlichen Behausung – in Wirklichkeit nichteuklidisch (relativistisch »gekrümmt«). Jeder von uns aber kann sich in den von ihm benutzten Räumen ungehindert zurechtfinden, ohne davon etwas wissen zu müssen oder es sich auch nur vorstellen zu können. Das ist deshalb unnötig, weil die Abweichungen des uns angeborenen (euklidischen) Raumbegriffs von dem »relativistisch nichteuklidisch« strukturierten Raum der objektiven Wirklichkeit unter irdischen Bedingungen unmeßbar gering bleiben. In der Welt der Menschen mit ihren auf planetare Distanzen und entsprechende Geschwindigkeiten beschränkten Dimensionen fallen die Fehler nicht ins Gewicht. Die Natur aber operiert nicht zuletzt auch nach ökonomischen Prinzipien. Was nicht überlebensnotwendig ist, wird nicht realisiert.
Das »wahre« Gesicht der Welt bleibt daher nicht nur einem Insekt, ei-

nem Reptil und allen vormenschlichen Säugetieren verborgen (was wir für selbstverständlich halten). Es bleibt auch uns, die wir uns zu Unrecht so oft auf dem Gipfel aller überhaupt möglichen Entwicklung angekommen glauben, noch immer vorenthalten. Alles, worüber wir verfügen, ist ein Abbildung der Welt. Dieses aber stellt nur einen Ausschnitt der Wirklichkeit dar, und der ist zu alledem von fragwürdiger Qualität.
Insgesamt läßt sich unsere Situation in die Aussage zusammenfassen, daß unser Gehirn von der Evolution als ein Organ zum Überleben in dieser Welt entwickelt worden ist und nicht, um deren »Wahrheit« zu erkennen. Daß wir dieses Organ heute auf allerlei Umwegen dennoch, wenn auch in zweifellos beschränktem Maße, zum Zwecke reinen Erkenntnisgewinns benutzen können und daß es uns sogar die selbstkritische Einsicht in die grundsätzliche Mangelhaftigkeit unserer Weltsicht erlaubt, das ist in diesem Zusammenhang die eigentlich erklärungsbedürftige Tatsache. Jedenfalls haben wir, in Kenntnis ihrer evolutionären Entstehungsbedingungen, nicht den geringsten Anlaß, uns darüber zu wundern, daß unser Denkapparat und unsere Wahrnehmungsorgane uns nicht das wahrheitsgetreue Bild der Welt liefern, nach dem unser Erkenntnisstreben verlangt.
In den alten biblischen Texten findet sich auch für diese Besonderheit unserer Situation gegenüber der Welt ein hintergründiges, bewegendes Bild. Es ist die Szene, in der Moses auf einen Berg geführt wird, von dem aus ihn der Engel des Herrn einen Blick auf das »Gelobte Land« werfen läßt, das er selbst nicht mehr wird betreten dürfen. Wir sind insofern dem Moses vergleichbar, als wir die einzige irdische Lebensform sind, die entdeckt hat, daß es eine objektive Realität gibt. Diese in ihrer wahren Beschaffenheit zu erkennen bleibt uns aber endgültig und für alle Zeit versagt.

Die Welt ist nach oben »offen«

Es ist wichtig, sich darüber klarzuwerden, daß auch das primitivste Lebewesen bereits etwas von der Welt weiß. Auch die mit bloßem Auge nicht sichtbaren Einzeller, die ich als Schüler in Klein-Glienicke unter meinem Mikroskop beobachtete, verfügen über ein solches Wissen.

Ihr Weltbild ist, auf so primitiver Entwicklungsebene, natürlich unendlich armseliger als das höherer Tiere, von dem des Menschen ganz zu schweigen. Das wenige aber, was sie über die uns allen gemeinsame Welt »wissen«, stimmt. Wie könnten sie sich sonst in der Welt auch nur vorübergehend behaupten?
Wenn ein Pantoffeltierchen bei seiner Reise durch einen Wassertropfen an ein Hindernis stößt, schreibt Konrad Lorenz, und daraufhin nach kurzer Pause in irgendeiner anderen zufallsbestimmten Richtung weiterschwimmt, dann würden wir ihm zwar in den meisten Fällen einen Kurs empfehlen können, der aussichtsreicher wäre als der von ihm nach der Kollision auf gut Glück eingeschlagene. Das jedoch, was der winzige Einzeller »wisse«, sei objektiv richtig: In der ursprünglichen Richtung war tatsächlich kein Weiterkommen. Auch auf dieser Ebene also existieren bereits Übereinstimmungen von Verhaltenskategorien und objektiv zu konstatierenden Umweltbedingungen. Im Grunde ist das eine triviale Feststellung, denn ein Organismus, bei dem das nicht der Fall wäre, könnte in dieser Welt keinen Augenblick überleben.
Es gibt noch einige andere Dinge, die der Einzeller »wissen« muß (was hier nur heißen soll: auf die er zweckmäßig reagieren muß, um weiterleben zu können). Er muß zum Beispiel unterscheiden können zwischen genießbaren, also als Nahrung (Energiequelle) nutzbaren, Substanzen und anderen, denen er auszuweichen hat, weil sie giftig für ihn sind. Damit ist die Liste jedoch schon so gut wie erschöpft. Das Weltbild des Einzellers ist erbärmlich merkmalsarm. Die Eigenschaften der Welt, die es enthält, finden sich allerdings auch in unserer menschlichen Welt wieder. Pantoffeltierchen und Mensch leben in derselben Welt. Von der vergleichsweise unendlich viel größeren Reichhaltigkeit unseres menschlichen Weltbildes hat der einzellige Organismus keinen Begriff. Dennoch ist sein Weltbild, aus seiner Perspektive, vollständig. Was über dessen enge Grenzen hinaus in der Wirklichkeit sonst noch vorkommen mag, existiert für ihn einfach nicht, ohne daß seine Ignoranz ihm zum Nachteil gereichte.
Von hier aus kann man nun die ganze Evolutionsleiter nach oben emporklettern, um nur immer wieder auf den grundsätzlich gleichen Sachverhalt zu stoßen. Schon im Vergleich mit dem Weltbild einer Qualle, erst recht mit dem eines Fisches oder gar dem eines Huhns erscheint das des Pantoffeltierchens (erscheinen jeweils alle unterhalb

der eigenen Entwicklungsebene realisierten Weltbilder) als vergleichsweise ärmlich und unvollständig. Aus der Perspektive eines Huhns präsentiert sich das Weltbild eines Reptils als auf einige wenige Umweltsignale »zusammengeschnurrt«, wie Jakob von Uexküll, legendärer Erstbeschreiber tierischer Umwelten, es einst anschaulich ausdrückte. Auf das Huhn wiederum würde ein Affe, wenn er von dessen Weltbild etwas ahnen könnte, gewiß mitleidig herabsehen. So, wie wir selber der permanenten Versuchung unterliegen, vom Boden unserer, im evolutiven Vergleich zwischen den irdischen Lebensformen konkurrenzlosen Weltsicht aus alle übrige Kreatur geringzuschätzen.
Auf welche der Sprossen dieser evolutiven Stufenleiter man sich in Gedanken nun auch stellt, in den entscheidenden Punkten hat man von jedem Standort aus immer wieder den gleichen Anblick, gänzlich unabhängig von den beträchtlichen Unterschieden in der jeweiligen Entwicklungshöhe. In jedem Falle ist das eigene Weltbild aus subjektiver Perspektive vollständig. (Es enthält für das Erleben des auf der betreffenden Stufe angelangten Lebewesens keine »Lücken«.) Es mag sich ferner »von oben«, von unserem menschlichen evolutiven Standort aus, noch so armselig ausnehmen, zum Überleben reicht es allemal. Und die Eigenschaften und Merkmale der Welt, die es enthält, gibt es auch in unserem Weltbild* (hier freilich neben einer überwältigenden Fülle zusätzlicher Elemente). Alle diese unterhalb unserer Entwicklungsebene existierenden (»subhumanen«) Weltbilder stellen folglich Weltausschnitte dar, die der von uns erlebten Welt »partiell isomorph« sind, wie Gerhard Vollmer es genannt hat, die mit unserem Weltbild also partiell übereinstimmen.
Nun aber zur »Gretchenfrage«: Was ist vor dem Hintergrund dieser evolutionären Rückbesinnung eigentlich von unserem, dem menschlichen Weltbild zu halten? Im alltäglichen Leben gehen wir alle in naiver Gedankenlosigkeit davon aus, daß es mit »der Welt« schlechthin iden-

* Eine Ausnahme bilden die Fälle, in denen tierische Weltbilder Eigenschaften der Realität enthalten, die von uns nicht wahrgenommen werden: irdische Magnetfelder zum Beispiel, wie sie manche Vögel zur Richtungsfindung benutzen, oder für uns unsichtbare Farben wie »Bienenpurpur«, eine im für uns bereits nicht mehr sichtbaren Ultraviolettbereich gelegene Farbe im Zentrum mancher Blüten, deren sich Bienen zur Orientierung bedienen. In allen diesen Fällen ist es dem Menschen allerdings gelungen, mit »künstlichen Sinnesorganen«, technischen Sensoren nämlich, auch diese Eigenschaften der ihn umgebenden Welt wahrzunehmen. (Auch Menschen können sich daher mit Hilfe des Kompasses bekanntlich am irdischen Magnetfeld orientieren.)

tisch sei. Unser erkenntnistheoretischer Exkurs hat uns bereits in Erinnerung gerufen, daß wir damit einem Irrtum erliegen. Was lehrt uns nun über die philosophische Besinnung hinaus der evolutionäre Vergleich?
Der beispiellose Erfolg und das in den letzten Jahrzehnten geradezu beängstigend angewachsene Ausmaß unseres manipulativen Umgangs mit unserer Umwelt könnten dem Gedanken Vorschub leisten, daß die bei der erkenntnistheoretischen Analyse feststellbaren Abbildungsmängel zwar grundsätzlich nicht zu leugnen sind, daß sie alles in allem aber doch relativ geringfügig sein dürften. Denn spricht dieses Übermaß des Erfolges bei dem Versuch, die Umwelt den Bedürfnissen des Menschen entsprechend umzubauen, etwa nicht für die Annahme, daß unsere kognitive Ausstattung uns eben doch ein Abbild der Welt vermittelt, das von deren objektiver Beschaffenheit nicht allzuweit entfernt sein kann? Dies wiederum liefe auf die Vermutung hinaus, daß wir, der Homo sapiens, nach rund vier Milliarden Jahren irdischer Lebensgeschichte heute definitiv die alleroberste Sprosse aller Möglichkeiten der Evolution darstellten. Just in unserer Gegenwart und verkörpert durch uns selbst hätte die Entwicklung demnach den obersten Gipfel erklommen. Und dreizehn Milliarden Jahre kosmischer Geschichte hätten zu nichts anderem gedient, als uns und unsere gegenwärtige Situation hervorzubringen. So gesehen, nimmt die Unterstellung sich bereits einigermaßen lächerlich aus. Unsere evolutionäre Rückbesinnung bestätigt bei näherer Betrachtung, daß sie das in der Tat ist.
Denn worauf allein könnten wir unseren kühnen Anspruch gründen, daß wir als die erste und einzige Lebensform über ein Gehirn verfügen, das die Welt seinem Besitzer endlich in perfekter Abbildung präsentiert? Erstens darauf (und dies ist das vom naiven Realismus jeglicher Couleur unbewußt herangezogene Hauptargument), daß unser Weltbild »geschlossen« ist, daß es keine »weißen Flecken« enthält. Wo könnten sich da denn, so fragt der Alltagsverstand rhetorisch, noch irgendwelche uns unzugänglichen Eigenschaften der objektiven Welt verbergen? Zweitens auf den unbestreitbaren Erfolg, mit dem wir uns mit Hilfe dieses Weltbildes in der Welt behaupten konnten (bis heute jedenfalls, ist man vorsichtshalber gezwungen hinzuzusetzen). Auf den ungeheuren – von nicht wenigen aber auch schon als beänstigend angesehenen – Erfolg, mit dem wir unsere Vernunft zum Zwecke des »Umbaus des Sterns Erde« (Ernst Bloch) einzusetzen vermochten.

Wer jedoch, wie wir es eben getan haben, die evolutionäre Stufenleiter der im Laufe der irdischen Lebensgeschichte aufeinanderfolgenden subhumanen Weltbilder hat Revue passieren lassen, weiß, was alle diese Berufungen und Beweise wert sind: nichts. Keines dieser von uns stammesgeschichtlich noch so weit entfernten Weltbilder, für das sich nicht mit dem gleichen Recht »subjektive Lückenlosigkeit« in Anspruch nehmen ließe. Keines auch, für das nicht mit dem gleichen Recht wie für das unsere der unbestreitbare Überlebenserfolg ins Feld geführt werden könnte, den es seinem Besitzer zuschanzte, was doch nichts anderes heißen kann als: daß es diesem ein Weltbild erschloß, das ihn zum erfolgreichen Umgang mit den ihm offerierten Eigenschaften der Welt befähigte (mochten diese auch bloß eine noch so winzige Auslese aus den Merkmalen darstellen, welche der Realität insgesamt zukommen).
Mit anderen Worten: In Wahrheit existiert nicht der Schimmer eines Beweises, der unseren in anthropozentrischem Übermut gehegten Anspruch stützen könnte, daß wir uns der Realität gegenüber in einer grundsätzlich anderen Situation befänden als irgendein anderes der uns stammesgeschichtlich vorangegangenen Lebewesen, und sei es eine nur unter dem Mikroskop sichtbare Amöbe. Von uns aus gesehen, klafft zwischen deren »Weltverständnis« und dem unseren zwar ein Abgrund. Der Unterschied ist jedoch nur relativ und nicht grundsätzlicher Natur. Anders gesagt: Wir müssen die Möglichkeit einräumen, daß der Unterschied zwischen uns und der Amöbe vor unseren Augen fast zur Bedeutungslosigkeit schrumpfen könnte, wenn wir den noch vielfach gewaltigeren Abgrund zu sehen vermöchten, der auch uns noch immer von der »Wahrheit der Welt« trennt.*
Wir haben es als erste irdische Lebensform fertiggebracht, die Grenzen des uns angeborenen Erkenntnishorizonts zu überschreiten, zu »transzendieren«, wie die Philosophen sagen. Wir haben mit den künstlichen Sinnesorganen der Technik Eigenschaften der Welt aufgespürt, die uns »von Natur aus« verborgen sind: Röntgenstrahlen, magnetische Felder, Ultraschall, elektromagnetische Wellen und anderes. Wir haben es sogar gelernt, uns dieser für uns ohne technische Hilfsmittel

* Ich bediene mich hier einer von Karl Popper stammenden Formulierung. Er hat einmal gesagt, daß der Unterschied zwischen dem dümmsten und dem genialsten Menschen bedeutungslos werde, wenn wir das Ausmaß unserer Ignoranz gegenüber den Rätseln des Kosmos in die Betrachtung einbezögen.

nach wie vor nicht wahrnehmbaren Eigenschaften zur Verbesser unserer Lebenssituation zu bedienen. Darüber hinaus haben die Klug sten unter uns die fast unglaubliche Leistung vollbracht, mit der Hilfe abstrakter mathematischer Formeln, die sie wie immaterielle Raumsonden in uns verschlossene Bereiche der Welt entsandten, Strukturen der Wirklichkeit nachzuweisen, die uns nicht nur nicht wahrnehmbar, sondern auch unvorstellbar sind: die schon erwähnte nichteuklidische Raumstruktur, die immaterielle Natur der Materie unterhalb der Ebene des Atoms, die prinzipielle Identität von Energie und Materie, um nur an einige der wichtigsten Fälle zu erinnern.

Der uns von unserer genetischen Konstitution zugewiesene Erkenntnishorizont ist von uns also in der Tat »transzendiert« worden – eine unbestreitbar atemberaubende, dem Menschen allein vorbehaltene Leistung. Die Frage ist nur, wie weit uns dieser Durchbruch eigentlich hat gelangen lassen. Manche Leute – akademische Philosophen vor allem – neigen dazu, den Durchbruch für total zu halten. Ihrer Ansicht nach hat sich der Mensch vermittels dieser Fähigkeit zur »Selbsttranszendierung« die Welt grundsätzlich ohne bleibenden Rest erschlossen. »Der Mensch ist durch seinen Erkenntnisapparat ins Absolute versetzt«, heißt das in ihren Kreisen. Der Außenstehende hört es mit Verwunderung. Solche Grenzenlosigkeit des Erkenntnisanspruchs riecht vor dem Hintergrund der Erfahrungen aus zweieinhalb Jahrtausenden menschlicher Geistesgeschichte verdächtig nach einem schweren Rückfall in überwunden geglaubte Formen anthropozentrischer Hybris. Mir kommt das so vor, als ob jemand, der gerade schwimmen gelernt hat, daraus die Gewißheit ableiten wollte, daß er nunmehr in der Lage sei, auch einen Ozean schwimmend zu überqueren.*

Wieder ist es das evolutionäre Paradigma (»Erklärungsmodell«), wie mir scheint, das die Maßstäbe am ehesten in die richtigen, objektiv wahrscheinlichsten Proportionen zurechtrücken kann. Die Geschichte des irdischen Lebens ist gerade knapp vier Milliarden Jahre alt. In dieser Zeit hat sich fortwährend und ohne Pause aus dem bereits vorhandenen »Höheres« entwickelt (Organismen mit immer komplexeren

* Eine kleine Kostprobe der Argumentation des diesen Absolutheitsanspruch erhebenden philosophischen Lagers liefert das Korreferat von Günther Schiwy zu dem von mir 1986 auf einem internationalen Symposion in Wien gehaltenen Vortrag »Evolution und Transzendenz«; abgedruckt in: Rupert Riedl/Franz M. Wuketits (Hrsg.), »Die evolutionäre Erkenntnistheorie«, Berlin 1987.

Organen für einen immer differenzierteren Umgang mit der Welt). Die weitere Lebensdauer der Erde (identisch mit dem für die Zukunft der auf ihr sich abspielenden Lebensgeschichte noch zur Verfügung stehenden Zeitraum) wird von den pessimistischsten Astronomen auf mindestens noch einmal die gleiche Dauer geschätzt. (In etwa sechs bis acht Milliarden Jahren könnte unsere Sonne sich zum »roten Riesen« aufblähen und dabei die Erde »verschlucken«.) Es besteht nun nicht der mindeste Grund, aber auch wirklich nicht der leiseste Hinweis, der die Annahme rechtfertigen könnte, daß sich das bisherige Evolutionsspiel in diesem gewaltigen Zeitraum nicht mit der bisherigen Tendenz fortsetzen wird. Mindestens noch einmal vier Milliarden Jahre lang also kann aus dem, was die Lebensgeschichte auf der Erde bisher hervorbrachte, weiterhin Schritt für Schritt »Neues« entstehen, neue Lebensformen mit noch komplexeren Erkenntnisapparaten. Diesen aber wird die Welt sich dann auch in einem viel weiteren Umfange präsentieren als dem, der in unseren heutigen, noch weniger entwickelten Erkenntnishorizont hineinpaßt.
Gegen diese Auffassung sind verschiedentlich Einwände vorgebracht worden. Wiederholt wurde mir, sogar von Genetikern, entgegengehalten, daß die evolutive Entwicklung des zivilisierten Menschen zum Stillstand gekommen und abgeschlossen sei. Ich halte diese häufig zu hörende Behauptung für falsch. Sie wird von den Kritikern vermutlich aus der zutreffenden Feststellung abgeleitet, daß der zivilisierte Mensch die unter natürlichen Bedingungen evolutionsrelevanten Selektionsmechanismen für sich selbst außer Kraft gesetzt hat, zum Beispiel indem er mit medizinischen Methoden sonst nicht überlebensfähigen Mitgliedern seiner Art zum Weiterleben verhilft.
Dies gilt übrigens keineswegs nur für die in diesem Zusammenhang meist tendenziös angeführten relativ seltenen psychischen und körperlichen Abweichungen, sondern für fast jeden von uns. Kaum jemand, der in seinem Leben nicht schon einmal von ärztlicher Kunst vor den ohne diese Hilfe fatalen Konsequenzen »anlagebedingter« Schwächen bewahrt worden wäre: denen eines verlagerten Weisheitszahns, einer »konstitutionellen« Herz- oder Kreislaufschwäche, einem »anlagebedingten« Magenleiden, einer Stoffwechselstörung oder was es sonst noch an nachteiligen genetischen Dispositionen gibt. Außerdem ist hier auch noch die Rolle der von der zivilisierten Gesellschaftsordnung via Sozialgesetzgebung, gesetzlichem Anspruch auf Gleich-

behandlung und anderen Regelungen neu eingeführten Selektionsfaktoren zu berücksichtigen, deren Effekt die von der modernen Medizin bewirkten Änderungen wahrscheinlich sogar übertrifft.
Damit aber geht die genetische »Auslese« auch bei unserer Spezies selbstverständlich ununterbrochen weiter, mit dem einzigen (gravierenden) Unterschied, daß wir die natürlichen Auslesefaktoren durch zivilisatorische Faktoren ersetzt haben. Die genetische Durchschnittsausstattung der Bevölkerung ändert sich folglich weiterhin, jetzt eben nicht mehr nach dem Maßstab physischer Überlebenstüchtigkeit, sondern nach Maßgabe sittlicher, moralischer Wertvorstellungen. Manche fürchten daher sogar, keineswegs ganz unberechtigt, schon das Heraufziehen einer Gesellschaft, in der immer mehr Hilfsbedürftige von einer immer kleiner werdenden Zahl noch voll leistungsfähiger Mitmenschen »mitgeschleppt« werden müßten. Immerhin: Die Zahl der Zuckerkranken hat sich in den entwickelten Industrieländern in den letzten Jahrzehnten bereits fast verdoppelt, und ähnliche Zahlen liegen für die Bluterkrankheit vor.
Gleichviel: Der »Genpool« auch der zivilisierten Menschheit ändert sich also auch nach der Ausschaltung natürlicher Auslesefaktoren weiterhin mit (neu ausgerichteter) systematischer Tendenz, und eine Population, bei der das der Fall ist, evoluiert per definitionem – in welche Richtung auch immer. Es mag ja sein, daß Homo sapiens für die prometheische Anmaßung wird büßen müssen, daß er die Fortsetzung seiner Evolution selbst in die Hand genommen hat. Es mag durchaus sein, daß er aus diesem Grunde im weiteren Verlauf der Erdgeschichte nicht mehr an der Spitze des evolutiven Fortschritts zu finden sein wird. Noch wahrscheinlicher freilich ist es heute, daß man ihn in Zukunft dort deshalb vergeblich suchen wird, weil er seine Umwelt in egozentrischer Maßlosigkeit ruiniert und sich damit selbst aus dem Rennen wirft.
Der Evolution bliebe auch dann noch Zeit genug, ihren weiteren Fortschritt einem vertrauenswürdigeren biologischen Kandidaten anzuvertrauen (auch wenn der dann möglicherweise aus dem Riesenreich der Einzeller ausgelesen werden müßte, weil alle über dieses Stadium heute schon hinausgelangten Lebensformen bereits zu eng spezialisiert sind, um der Aufgabe gerecht werden zu können). Aber auch für einen erneuten Start von dieser Ebene aus beständen gute Aussichten. Immerhin, Zellentstehung und Zellkernteilung, Photosynthese und

enzymatische Aktivitäten wie Atmung und Verdauung brauchten nicht nochmals erfunden zu werden, und allein dafür hatte die Evolution bei ihrem ersten Anlauf schon fast die Hälfte der seit dem Beginn der Lebensentstehung verstrichenen Zeit aufwenden müssen.
Vor allem aber möchte ich unterstreichen, daß mein Argument – die Erschließung neuer Welthorizonte im Falle einer evolutiven Weiterentwicklung über die bis heute biologisch verwirklichten kognitiven Funktionen hinaus – prinzipiellen Charakter hat: Es gilt völlig unabhängig von der Frage, ob es dazu auf diesem Planeten kommen wird. *Wenn*, das ist alles, was ich behaupte, uns haushoch überlegene Lebensformen die Welt betrachteten, dann würden sie mit ihren den unsrigen so weit überlegenen Erkenntnisapparaten jenseits der Grenzen des uns zugänglichen Weltbildes gewiß nicht auf lauter weiße Flecken stoßen, sondern auf Eigenschaften der objektiven Realität, die für uns unwahrnehmbar, unvorstellbar und unausdenkbar sind. *Die Welt ist oberhalb der von uns erreichten Stufe der Erkenntnis nicht zu Ende. Sie ist nach oben offen.* Die gegenteilige Annahme wäre Ausdruck anthropozentrischer Vermessenheit reinsten Wassers, vergleichbar nur mit dem jahrtausendelang die Köpfe der Menschen beherrschenden Wahn, sie befänden sich mit ihrer Erde im Mittelpunkt des ganzen Weltalls.

Zufall und Notwendigkeit

Das Universum also entfaltet sich in der Zeit: Es entwickelt sich. Und alles, was auf Erden kreucht und fleucht, hat daran teil. Alles ist, genauer gesagt, diesem Werdensprozeß des Universums entsprungen. Auch unsere Existenz wurde schon in den ersten Minuten nach dem Weltanfang vorbereitet. Es ist also lediglich ein auf der Unkenntnis dieser erst kürzlich entdeckten Zusammenhänge beruhendes Mißverständnis gewesen, das die Menschen in den letzten vier Jahrhunderten – seit der »kopernikanischen Wende« – der niederschmetternden Ansicht auslieferte, sie trieben auf ihrer winzigen Erde wie auf einem verlorenen Staubkorn beziehungslos durch die leere Wüste eines Weltalls, in dem sie Fremdlinge seien.

Noch 1970 schrieb der französische Biologe Jacques Monod, es sei an der Zeit, daß die Menschheit endlich aus ihrem tausendjährigen Traum erwache und sich der Erkenntnis ihrer totalen Verlassenheit und radikalen Fremdheit in einem Universum stelle, das für unsere Musik taub sei und gleichgültig gegen unsere Hoffnungen, Leiden oder Verbrechen. Es sei nichts als Wunschdenken, wenn wir unsere Existenz in dieser Welt für notwendig hielten. »Alle Religionen, fast alle Philosophien und zum Teil sogar die Wissenschaft zeugen von der unermüdlichen heroischen Anstrengung der Menschheit, verzweifelt ihre eigene Zufälligkeit zu verleugnen.« An anderer Stelle: »Das Universum trug weder das Leben, noch trug die Biosphäre den Menschen in sich. Unsere Losnummer kam beim Glücksspiel heraus.« Und, weil ihm das immer noch nicht genügte, am Schluß des Buches nochmals: »Der Alte Bund ist zerbrochen; der Mensch weiß endlich, daß er in der teilnahmslosen Unermeßlichkeit des Universums allein ist, aus dem er zufällig hervortrat.«*

Das sind niederschmetternde, im Tone endgültiger Wahrheiten formulierte Statements, deren Pathos die sich hinter ihnen verbergende Resignation nur notdürftig verhüllt. Aus ihnen spricht die prätentiös heroische, nichts erhoffende und auf den bloßen Verdacht von Wunschdenken mit geradezu panischer Ablehnung reagierende Attitüde des Existentialismus, speziell jener Variante dieser philosophischen Richtung, die in den Kreisen französischer Intellektueller in den ersten Nachkriegsjahrzehnten *en vogue* war.

Aber schon der zweite Blick läßt, heute jedenfalls, erkennen, daß hier nicht letztgültige Wahrheiten unerschrocken formuliert werden, sondern ideologisch präjudizierte Bekenntnisse. Denn in den Jahren, in denen Monod sein vielbeachtetes philosophisches Glaubensbekenntnis schrieb, waren die ersten Entdeckungen der Astrophysiker schon publiziert worden, die auf das inzwischen »anthrophisches Prinzip« getaufte kosmogonische Phänomen erstmals hinwiesen: auf den allerdings ganz und gar unvorhergesehenen und höchst erstaunlichen Tatbestand, daß das Universum eben doch »das Leben in sich getragen« hat, von allem Anfang an. Daß es mit – scheinbar willkürlichen – Na-

* Jacques Monod, »Zufall und Notwendigkeit. Philosophische Fragen der modernen Biologie«, München 1971 (franz. Originalausgabe Paris 1970). Die angeführten Stellen finden sich in der zitierten Reihenfolge auf folgenden Seiten der deutschen Ausgabe: S. 211, S. 57, S. 179 und S. 219.

turkonstanten und Naturgesetzen antrat, die es zu einem für alles Leben förmlich maßgeschneiderten Universum machten, als »ob es gewußt hätte, daß es uns geben würde«. Befangen in seiner existentialistischen Weltanschauung, hat der geniale Franzose diese Publikationen ganz offensichtlich nicht zur Kenntnis genommen. Ein eindrucksvolles Beispiel ideologischer Voreingenommenheit, vor der auch ein Nobelpreisträger nicht gefeit ist.
Noch eine zweite Lehre läßt sich aus dem Fall ziehen. Monod hat es, wie die Zitate belegen, für selbstverständlich gehalten, daß eine Vermutung als widerlegt gelten könne, wenn ihr Gegenstand einer Wunschvorstellung entspreche. Das Ausmaß der »Verzweiflung«, mit dem die Menschheit sich seit je bemüht habe, die Zufälligkeit ihrer eigenen Existenz »zu verleugnen« (und an der man nicht gut wird zweifeln können), gilt ihm in einer Art reziproker Korrelation als Maß gerade der Wahrscheinlichkeit ebendieser Zufälligkeit (die für ihn in diesem Zusammenhang mit »Sinnlosigkeit« synonym ist). Das aber ist ein logischer Kurzschluß, der in der geistesgeschichtlich-kulturellen Diskussion in unterschiedlichstem Zusammenhang auftaucht und dann mit unschöner Regelmäßigkeit Verwirrung in den Köpfen stiftet.
Eine als geradezu »klassisch« anzusehende Rolle spielt das Argument »Erwünscht und folglich auszuschließen« seit je in der atheistischen Religionskritik. Nicht wenige im Lager der Agnostiker halten es für ausreichend, den Glauben an einen Gott als »Wunschvorstellung« überführen zu können, um die Nichtexistenz Gottes für erwiesen zu halten. Dieser (scheinbar logische) Schluß bildet den Kern des von dem Hegelschüler Ludwig Feuerbach begründeten modernen, sich wissenschaftlich verstehenden Atheismus. Und auch Sigmund Freud erklärte den Gottesglauben bekanntlich als Ausdruck einer »infantilen Wunschprojektion«, mit deren Hilfe der Mensch sich (unbewußt natürlich) das Gefühl metaphysischer Geborgenheit verschaffe – und hielt den Fall damit für erledigt.
In Wirklichkeit stellt das Argument einen unhaltbaren logischen Purzelbaum dar. Es mag zwar unwiderlegbar sein, daß der Mensch sich wünscht, es gebe einen Gott. Und Sigmund Freud dürfte mit seiner psychologischen Erklärung den Nagel auf den Kopf getroffen haben. Sicher richtig ist auch, daß ein Wunsch in diesem wie in jedem anderen Fall die Wahrscheinlichkeit einer Annahme nicht vergrößert. (Unser

Wunsch, daß es Gott geben möge, ist kein Indiz für seine Existenz.) Logisch unhaltbar ist hier aber – wie meist – der Umkehrschluß: *Weil* wir uns einen Gott wünschten, sei davon auszugehen, daß es ihn *nicht* gebe. Deshalb ist die Aussage: »Gott ist eine Wunschvorstellung« richtig, die Aussage jedoch: »Gott ist nichts als eine Wunschvorstellung« eine bloße Behauptung, die, bevor sie als feststehend anerkannt werden könnte, ebenso erst noch bewiesen werden müßte wie ihr Gegenteil freilich auch.

Jacques Monod hat mit seiner auf ebendieses Argument gestützten Behauptung von der Beziehungslosigkeit zwischen Weltall und Leben Schiffbruch erlitten. Er hätte ja auch recht haben können. Er hatte es nicht. Die Dinge lagen, wie sich rasch erwies, umgekehrt: Nachweislich bestehen zwischen unserer Existenz und der Natur des Kosmos Zusammenhänge von genau der Art, wie der Mensch sie sich seit den Anfängen seiner Geschichte vorgestellt und erhofft hatte. Wir existieren nicht als bloße Zufallsprodukte in einem leeren, lebensfeindlichen All ohne Zusammenhang mit dem Ganzen und seiner in einem kosmischen Rahmen ablaufenden Geschichte. Dies ist *unser* Weltall, in einem wahrhaft existentiellen Sinn. Es hat uns hervorgebracht, und es erhält uns durch die Besonderheiten seiner Struktur am Leben.*

Diese Zusammenhänge zwischen dem Größten und dem Kleinsten, zwischen dem kosmischen Rahmen und unserer in ihm sich abspielenden Existenz, könnten nun zu der verführerischen (und aus verschiedenen Gründen ebenfalls als wünschenswert erscheinenden) Hypothese verleiten, unser Auftritt in diesem Universum sei »vorbestimmt« gewesen, also mit Notwendigkeit erfolgt. Mit dieser Annahme wären wir jedoch nur quasi auf der anderen Seite des schmalen Grats abgestürzt, auf dem wir uns zu halten haben (was, zugegeben, intellektuelle Mühe kostet), wenn wir unsere Situation unverfälscht in den Blick bekommen wollen.

Wir sind, wie bereits begründet, *nicht* durch bloßen Zufall in dieses Universum hineingeraten. Daran gibt es nichts zu rütteln. Aber unser

* Wie buchstäblich das zu verstehen ist (daß die Lebensfreundlichkeit der Erde zum Beispiel von der Existenz des Mondes abhängt, daß der Aufbau des Sonnensystems eine der Voraussetzungen unserer Existenz bildet und daß die ganze Weite unseres Milchstraßensystems mitwirkt bei der Aufrechterhaltung der Lebensbedingungen auf unserem Planeten, das habe ich in meinem ersten Buch »Kinder des Weltalls« (Hamburg 1970) eingehend beschrieben.

Aufenthalt hier ist ebensowenig das Ergebnis zwangsläufiger Notwendigkeit (»Vorherbestimmung«). Wie das? fragt erschrocken sogleich unser »gesunder Menschenverstand«, der hier wieder einmal nicht gleich mitkommt (und das, wie stets, in aller Unschuld für ein Gegenargument hält). Es ist in der Tat nicht ganz leicht, sich darüber klarzuwerden, welchen Zugang wir für unseren Auftritt denn benutzt haben könnten, wenn die beiden Türen mit der Aufschrift »Zufall« und »Notwendigkeit« einzeln nicht begehbar waren. Damit ist die seltsame Antwort bereits angedeutet: Wir haben *beide* Türen benutzt, zur gleichen Zeit, vergleichbar dem ebenfalls unvorstellbaren Faktum, daß ein subatomares Teilchen eine punktförmige Öffnung zur gleichen Zeit wie ein Geschoß auf geradem Wege und, wie eine Welle, in der Gestalt eines Interferenzmusters passieren kann.
Ohne jede Frage hat der Zufall bei der Entstehung des Lebens eine sogar entscheidend wichtige Rolle gespielt. Nicht wenige Laien kritisieren die Darwinsche Erklärung der biologischen Stammesgeschichte ja bis auf den heutigen Tag aus ebendiesem Grunde. Wie solle ein vom Zufall beherrschtes Geschehen denn Ordnungsstrukturen von dem komplexen Range eines lebenden Organismus hervorbringen können, lautet ihr Einwand. »Wie lange müßte man denn warten, bis ein Windstoß die auf einzelne Zettel geschriebenen Buchstaben des Alphabets rein zufällig zu einem sinnvollen Satz geordnet hätte?« Das Argument klingt »schlagend«, sogar erschlagend, und beschert daher dem, der es in einer Diskussion vorträgt, unfehlbar lebhaften Applaus. Dabei verrät, wer sich seiner bedient, lediglich, daß er die Darwinsche Erklärung nur zur Hälfte begriffen hat. Daß der Zufall allein nichts zuwege bringt als chaotische Unordnung, braucht ausgerechnet einem Biologen wahrhaftig niemand zu sagen. Auch Darwin bedarf in dieser Hinsicht keines Nachhilfeunterrichts. Die auf dem Argument herumreitenden Kritiker nehmen Anstoß an einer Behauptung, die kein Evolutionsforscher jemals aufgestellt hat. Sie ignorieren geflissentlich und hartnäckig, sooft man es ihnen auch vorsagt (abermals ein eindrucksvolles Beispiel für einen ideologisch bedingten Realitätsverlust!), die Tatsache, daß kein Experte jemals auf den abwegigen Gedanken verfallen ist, den Zufall als *allein* wirksamen Motor der biologischen Evolution hinzustellen. Dabei allerdings hätte nie etwas Vernünftiges herauskommen können. So wenig, wie man darauf hoffen könnte, daß ein Luftwirbel mit Buchstaben bemalte Papiere noch vor dem Ablauf

der Lebensgeschichte des Universums zu einer einzigen Gedichtzeile anordnen würde. Denn daß der Wind nicht schreiben kann, weiß der Fachmann so gut wie der Laie.

Aber der Naturwissenschaftler sieht den Faktor »Zufall« noch unter einem ganz anderen Aspekt. Zufall ist auch eine Voraussetzung von Freiheit. »Zufällig« ist nicht nur ein ungeordnetes Geschehen, sondern auch ein nicht von Naturgesetzen festgelegter, »undeterminierter« Prozeß. Wer den Zufall nur als Unordnung stiftenden Faktor gelten lassen will, vergißt, daß es in diesem Universum ohne ihn keine Freiheit gäbe. Eine Welt, in der er nicht vorkäme, wäre reduziert auf eine nach unwandelbaren Naturgesetzen auf vorbestimmten Bahnen abschnurrende sinnleere Megamaschine. Die Zutat des Zufalls hebt diesen Maschinencharakter auf. Zufall ist daher, was seine Verächter übersehen, auch eine unerläßliche Vorbedingung der Möglichkeit von Willensfreiheit, sittlicher Verantwortung und Sinnhaftigkeit.

Der Zufall war daher als Zutat in der Geschichte der kosmischen Entwicklung von Anfang an unentbehrlich. Von Anfang an aber waren diesem Zufall auch lenkende Zügel angelegt. Entfalten konnte er sich von jeher nur in einer Welt, in der er auf festliegende, vorgegebene Ordnungsstrukturen traf. Vom ersten Augenblick an gab es diese Ordnung in der Gestalt von Naturgesetzen, im weiteren Verlauf in Gestalt der komplexen Ordnung des inneren Aufbaus der verschiedenen Atomarten. Und mit dem Beginn der Evolution des Lebens entfaltete sich dieses Zusammenspiel von Zufall und Notwendigkeit dann bis zur höchsten Vollendung.

Das Phänomen der sogenannten Parallelevolution führt das anschaulich vor Augen. Der stammesgeschichtliche Übergang von den niederen Säugetieren (den noch Eier legenden Kloakentieren: Ameisenigel, Schnabeltier) zu den Plazentaliern (bei denen die Verbindung zwischen Mutter und Embryo durch eine Plazenta, einen »Mutterkuchen«, gebildet wird) scheint erdweit über die Beuteltiere als eine Art Zwischenstufe verlaufen zu sein. Diese bringen sehr kleine, noch relativ unreife Junge zur Welt, die ihre Entwicklung in einem an der Körperoberfläche der Mutter ausgebildeten Beutel abschließen. Das Känguruh ist das bekannteste Beispiel.

Mitglieder dieser stammesgeschichtlichen Zwischenstufe leben heute mit Ausnahme der südamerikanischen Beutelratten nur noch in Australien. Auf allen anderen Kontinenten haben sie der überlegenen

Konkurrenz der späteren Plazentatiere weichen müssen. Daß das so ist, beruht auf einen puren geologischen Zufall. Australien muß sich infolge plattentektonischer Verschiebungen in einem Augenblick der Vorzeit als Kontinent verselbständigt haben, als die ersten Vertreter der »modernen« Säugetiertypen noch nicht entstanden oder jedenfalls im Bereich des neuen Kontinents noch nicht aufgetaucht waren. Von diesem geologischen Augenblick an waren die australischen »Beutler« durch eine sich stetig verbreiternde Wasserbarriere vor den fortschrittlicheren Säugerkonkurrenten geschützt, die ihre Verwandten überall sonst im weiteren Verlauf verdrängten, wo immer auf der Erde beide Familien aufeinandertrafen.
Soweit der Zufall, der es so fügte, daß Australiens höhere Fauna heute von den verschiedenartigsten Typen von Beuteltieren repräsentiert wird. Eben deren spezielle Ausprägung verrät nun aber, daß beim Fortgang der Geschichte auch Notwendigkeit im Spiele war. Denn die meisten dieser australischen Beutlertypen ähneln nun in Aussehen, Körperbau und Lebensweise den auf den übrigen Kontinenten entstandenen höheren Säugern zum Verwechseln. Allein schon die Namen, welche die ersten Beschreiber der australischen Tierwelt ihnen gaben, sprechen für sich. Da gibt es Beutelwölfe, Beuteldachse und Beutelmaulwürfe, Beutelhörnchen und »Bären«, die berühmten Koalas, die in Wirklichkeit eben mit den echten Bären gar nicht verwandt, sondern eigenständige Beuteltiere sind. Aber jeder, der diese Tiere sieht und ihr Verhalten beobachtet, fühlt sich unweigerlich und aus guten Gründen an ihre höherentwickelten Namensvettern erinnert.
Das ist nun kein Zufall mehr. In diesen Ähnlichkeiten drückt sich Notwendigkeit aus, die Notwendigkeit nämlich, sich an die von der Umwelt vorgegebene Ordnung lebenserhaltend anzupassen. Zwar ist jede der im Chromosom, dem Sitz der Erbinformation im Zellkern, erfolgenden Mutationen (»Erbsprünge«) ein absolutes Zufallsgeschehen auf molekularer Ebene. Es ist auf keine Weise vorhersehbar, wann und an welchem Teil des Erbmoleküls ein Austausch bestimmter Glieder der Molekülkette erfolgt, und ebensowenig, welche neue Atomkombination am Ort der Mutation eingefügt werden wird. Diese Unvorhersehbarkeit ist auch nicht etwa lediglich eine Folge unzureichender Möglichkeiten der Messung oder Beobachtung des Geschehens. Sie ist prinzipiell. Hier gelten die stochastischen (Zufalls-)Bedingungen mikrophysikalischer Prozesse. Zwischen ihnen und der Situation in der

Makrowelt gibt es keinerlei Verbindung. Deshalb erfolgt jedwede Mutation auch »in Unkenntnis« der Bedarfslage des Organismus, in dem sie erfolgt, und somit »ohne Rücksicht« auf dessen Situation. Hier herrscht wirklich der »reine Zufall«, im willkürlichsten Sinne des Wortes.

Aber (und dieses Aber ist grundsätzlich immer mit einzubeziehen bei allem, was soeben gesagt wurde): Das »Rauschen« der sich an einem sehr kleinen Bestandteil des individuellen Erbsatzes fortwährend ereignenden Mutationen läßt, wie man bildhaft sagen kann, an der Kontur des festgefügten Bauplans so etwas wie einen plastischen, prägbaren Saum entstehen. Damit aber entsteht, wieder einmal, als Folge des Zufallswirkens ein Freiheitsraum, ein Raum, der einer Art die Möglichkeit eröffnet, sich an spezifische Bedingungen der Umwelt, in der ihre Mitglieder überleben müssen, anzupassen. Denn die Umwelt bringt in dieses (seines Zufallscharakters wegen grundsätzlich beliebig groß zu denkende) Mutationsangebot die Ordnung zweckmäßiger Angepaßtheit, indem es auf die schon erwähnte Weise aus dem Angebot »ausliest«.

Fast alle Mutationen werden als nutzlos oder gar schädlich verworfen. Wie könnte es bei einem Zufallsangebot anders sein. Ihre Träger gehören nicht zu den Eltern der nachfolgenden Generationen. Dann und wann aber (und jedenfalls, wie experimentell erwiesen, häufiger, als unser »gesunder Menschenverstand« es sich träumen läßt) taucht eine Mutation auf, die sich bewährt, weil sie einen vielleicht nur winzigen Überlebensvorteil verschafft. An ihr wird dann festgehalten. Sie geht in den Genpool, den der jeweiligen Population gemeinsam eigenen (da zwischen ihren Mitgliedern durch geschlechtliche Fortpflanzung ausgetauschten und durchmischten) Erbbesitz über. Die Gesamtheit der im Verlaufe stammesgeschichtlich relevanter Epochen in dieser Weise übernommenen Mutationen prägt schließlich das Erscheinungsbild der Mitglieder einer bestimmten Art.

Wer das australische Beispiel durchdenkt (die vergleichende Zoologie hat eine Vielzahl analoger Fälle aufgespürt), erkennt sofort, wie Zufall und Notwendigkeit hier einander in die Hände spielen. Die – zufallsgeborenen – Mutationen schaffen die für jegliche Anpassung unentbehrliche Plastizität, und die durch die Besonderheiten der Umwelt vorgegebene Ordnung spielt die Rolle der prägenden Form. Es war ein Zufall, der die australischen Beutler das Tertiär überleben ließ, nichts als ein geologischer Zufall. Und ihre Weiterentwicklung verdankten sie, wie alle Lebensformen, dem ununterbrochenen Spiel des molekularen Zufalls in ihren Erbträgern. Was die Richtung jedoch anging, in der sie sich weiterentwickelten, hatten sie kaum eine Wahl. Die Erde war schon ziemlich alt und in ihren Eigenschaften festgelegt. In Australien wie auch sonst auf der Erde stellten sich, wenn man überleben wollte, praktisch die gleichen Aufgaben. Gleiche Aufgaben aber erfordern die gleiche »Ausbildung«, auch die gleiche Ausbildung von Körperbau und Verhaltensweisen. Daher entstanden in dem isolierten Australien ohne jegliche Querverbindung zur Evolution auf den übrigen Kontinenten wölfische, dachsartige, maulwurfähnliche und bärenhafte Lebewesen.

Was ergibt sich daraus nun für unsere Existenz? Wie »notwendig« (unausweichlich) war unser Auftritt auf der Erde? Die konkrete Ausbildung unserer heute von uns (sehr zu Unrecht) für selbstverständlich gehaltenen Erscheinungsform? Eine präzise Abschätzung ist nicht möglich. Wir sind außerstande, ein Maß für die Freiheit anzugeben, für den Spielraum an historisch offenstehenden Möglichkeiten, der am Anfang der Entwicklung unseres Geschlechts bestand. Die Schwierigkeit beginnt ja schon bei der Frage, auf welchen Zeitpunkt wir diesen Anfang verlegen wollen. Auf die Zeit vor vielleicht 100 000 Jahren, in der unsere Urahnen sich die Konkurrenz der Neandertaler vom Halse schafften? Oder auf die zwei Millionen Jahre zurückliegende Lebenszeit von Homo habilis, von dem wir wahrscheinlich in direkter Linie abstammen? Aber müssen wir tatsächlich nicht noch viel weiter zurückgehen: bis zu den lemurenartigen Baumbewohnern, die wir als unsere stammesgeschichtlichen Ahnen anzusehen haben, oder bis zu den ersten amphibischen Eroberern des Festlands? Bis zur ersten kerntragenden Urzelle? Oder nicht sogar bis zum Urknall, mit dem, wie zur Sprache kam, bereits die ersten – die weitere Entwicklung einengenden – Voraussetzungen unserer damals noch in einer unendlich fernen Zukunft gelegenen Existenz geschaffen wurden?

Bei allen historischen, allen Entwicklungsprozessen überhaupt, ist das die entscheidende Frage. Wenn ein Dämon die abendländische Geschichte bis zur Regierungszeit des Cheops zurückstellen und von da ab von neuem ablaufen lassen würde, käme gewiß etwas anderes dabei heraus als das, was heute in unseren Geschichtsbüchern steht. Aber wie groß wären die Abweichungen im Wiederholungsfall?

Ganz und gar unwahrscheinlich (»statistisch unmöglich«) ist es, daß auch dann rund zwei Jahrtausende später in einer Stadt, die den Namen »Roma« trüge, ein Diktator namens »Caesar« von einem ehemaligen Freund »Brutus« bei einer Ratssitzung erstochen werden würde. Eine so exakte Wiederholung darf angesichts der »Offenheit« historischer Abläufe (und erst recht Namensgebungen) – was ja nichts anderes heißt als: angesichts der in hohem Maße von Zufällen bestimmten Charakteristik derartiger Abläufe – als ausgeschlossen gelten. Aber daß an den Küsten des Mittelmeeres auch nach einem erneuten zweitausendjährigen Anlauf Großmächte um Einflußsphären miteinander streiten würden, daß eine zunehmende Zentralisierung innerhalb der konkurrierenden Gesellschaften Diktatoren hervorbringen würde und ebenso Bestrebungen, deren Machtansprüchen notfalls mit Mordanschlägen entgegenzutreten, das wiederum wäre zu erwarten. Die vorgegebene Struktur der Kulisse – fruchtbare Küsten eines Meeres, dessen beschränkte Größe seine routinemäßige Durchquerung mit Ruder- und Segeltechniken gestattet – führt (fast) mit Notwendigkeit zu derartigen Konsequenzen.

Wenn wir in Gedanken noch weiter zurückgingen, könnten wir uns bei unseren Spekulationen jedoch nicht einmal mehr an solcherart vorgegebenen geologischen Bedingungen orientieren. Auch das Mittelmeer ist ja in einer bestimmten Phase des Erdaltertums erst entstanden – als Folge zufälliger plattentektonischer Verschiebungen, deren Ergebnis unvorhersehbar war. Bei einer Wiederholung von diesem fernen Punkt der Erdvergangenheit aus wäre der »Trichter« für zukünftige Möglichkeiten daher noch sehr viel weiter geöffnet als aus dem Blickwinkel des Pharao Cheops.

Es ist ein Gesetz: Je weiter man in der Erdgeschichte zurückgeht, um so größer ist die Zahl der noch offenstehenden Möglichkeiten. Und ebenso gilt umgekehrt: Je weiter die Entwicklung – sei es die des Kosmos oder die der Erde oder sei es die der biologischen Stammesgeschichte – bereits gediehen ist, um so mehr hat die Geschichte durch die von ihr hervorgebrachten Fakten ihren weiteren Verlauf selbst »kanalisiert«. Der die Vielfalt noch realisierbarer Möglichkeiten einschränkende Druck der Notwendigkeit nimmt immer weiter zu. Den vom Zufall produzierten Mutationen steht ein immer kleiner werdender Spielraum möglicher Passungen zur Verfügung. Kurz und knapp: Spezialisierung erschwert den Fortschritt.

Deswegen halte ich den Namen, den die Experten dem kürzlich entdeckten Phänomen des für alles Leben anscheinend maßgeschneiderten Universums gegeben haben (»anthropisches Prinzip«) auch für denkbar unglücklich. Hinter diesem Etikett versteckt sich doch wieder nur der seit Kopernikus überwunden geglaubte anthropozentrische Mittelpunktswahn. Denn »Anthropoi«, Menschen in dem uns geläufigen Sinne, waren es ganz sicher nicht, deren zukünftige Entstehung die Gravitationskonstante, die Expansionsgeschwindigkeit des Alls oder der konkrete Wert der Kernbindungskräfte schon in den ersten Sekunden nach dem Beginn der Zeit vorbereiteten. Daß dieses Universum dereinst mit Notwendigkeit Leben hervorbringen würde, das stand mit diesen (und einigen anderen) Naturkonstanten zwar damals schon fest. Soviel werden wir den bemerkenswerten Besonderheiten seines Anfangs mit einem gewissen Recht entnehmen dürfen. Daß wir selbst jedoch es sein würden, die dieses Leben verkörperten, und sei es nur auf der Erde, das war zu diesem Zeitpunkt noch prinzipiell unvorhersehbar. Das Ausmaß der historischen Offenheit für die zukünftige Entwicklung des eben erst geborenen Universums ließ damals noch eine uns unausdenkbare Fülle und Vielfalt möglicher Realisierungen des Lebens zu, auch des seiner selbst bewußten Lebens. »Vorherbestimmt« war unsere Existenz daher zu keiner Zeit.

Leben und Zeit

Wer aber, wie der Mensch, aus einer solchen Geschichte hervorgegangen ist, der ist auch selbst nur als ein sich in der Zeit entfaltendes Wesen zu begreifen. Das klingt einigermaßen hochtrabend und akademisch. Wie konkret die Aussage jedoch zu verstehen ist und um wie viele Dimensionen sie das Verständnis dessen vertieft, was wir »menschliche Existenz« nennen, das habe ich in den Jahren gelernt, die ich als Assistent an der Universitätsnervenklinik Würzburg verbracht habe. Das wieder war kein Zufall. Denn wir sind in die von uns gelebte Zeit so tief eingebettet, daß uns normalerweise das Minimum an Abstand fehlt, das man braucht, um die Bedeutung der »Zeitlichkeit unserer Existenz« entdecken zu können. Erkennbar wird sie erst bei bestimmten psychischen Erkrankungen: Psychosen sind Formen des seelischen Zusammenbruchs, bei denen plötzlich psychische Teilfunk-

tionen und Zusammenhänge freigelegt werden, die der Selbsterfahrung des Gesunden verborgen zu bleiben pflegen. So, wie ein Bauwerk die Strukturen, von denen es getragen wird, erst dann den Blicken preisgibt, wenn es abbrennt.
Es war in anderem Zusammenhang schon davon die Rede, daß unsere Gemütsbewegungen als Wahrnehmungsakte zu verstehen sind, die uns die für unser Leben bedeutsamen Aspekte der Welt vor Augen führen: Während diese sich uns an »schlechten« (depressiven) Tagen als zu Vorsicht und Furcht Anlaß gebende Quelle möglicher Bedrohungen und permanenter Risiken präsentiert, kann uns dieselbe Welt, sobald wir »positiv« (euphorisch) gestimmt sind, wie ein attraktives Tummelfeld zum Ausspielen unserer Fähigkeiten vorkommen. Wie mit einem Suchscheinwerfer tasten unsere Stimmungen so in ihrem ständigen Wechsel die Welt für uns auf ihre Angebote und Gefahren ab – fortwährend, solange wir leben, denn wir sind immer in irgendeiner Weise gestimmt.
Die Sache hat ihren guten Sinn. Denn in aller Regel sind wir an einem »schlechten« Tag tatsächlich nicht auf dem Höhepunkt unserer Leistungsfähigkeit. Wenn wir dann vor einem Problem zurückschrecken, weil es uns in unserer »depressiven« Verfassung unüberwindbar erscheint, sind wir gut beraten und subjektiv im Recht. Mitunter genügt dann eine einzige gut durchschlafene Nacht, um uns die Dinge in einem neuen, ganz anderen Licht sehen zu lassen: Das am Vortag noch entmutigend wirkende Problem scheint jetzt nur noch eine Lappalie darzustellen, und wie eine Lappalie lösen wir es dann auch im Handumdrehen (weil unsere jetzt »gute« Stimmung eben Ausdruck einer entsprechend besseren allgemeinen Verfassung und damit höheren Leistungsfähigkeit ist).
Jeder kennt das. Und jeder weiß auch, daß die Schwingungsbreite und der Schwerpunkt auf der Stimmungsskala bei verschiedenen Menschen konstitutionell recht unterschiedlich sein können. Da gibt es den »geborenen Pessimisten«, dessen Stimmungen vorwiegend um den negativen, depressiven Pol des Spektrums schwingen und der womöglich ein Leben weit unterhalb der Möglichkeiten führt, die ihm sein Verstand und seine Begabungen grundsätzlich eröffnen, weil er alle Hindernisse wie durch ein Vergrößerungsglas zu sehen pflegt. Auf der anderen Seite steht der konstitutionelle Optimist, der sich auf übermäßige Risiken einläßt, weil er alle Gefahren regelmäßig unterschätzt.

Das alles hält jedermann zu Recht für normal. Wir stören uns, so normal erscheint es uns, nicht einmal an der doch eigentlich seltsamen Konsequenz, daß wir infolge dieser Bewegungen unseres Gemüts daran gehindert sind, die Welt in einer objektiv festliegenden Qualität zur Kenntnis zu nehmen, hinsichtlich derer etwa ein allgemeiner Konsens denkbar wäre. Mit welchem Recht kann denn ein Weltbild schon objektiv genannt werden, das seinen Charakter mit der Flüchtigkeit unserer Stimmungen wechselt? Unsere Welterkenntnis wird in der Tat nicht bloß durch den begrenzten Horizont unserer kognitiven Fähigkeiten eingeschränkt. Zwar beschäftigt sich die klassische Erkenntnisforschung allein mit ihnen. Die Qualität unseres Weltbildes – im wahrsten Sinne des Wortes – wird aber nicht minder auch von der in diesem Zusammenhang fast regelmäßig übersehenen Unentrinnbarkeit unserer Stimmungsschwankungen beeinträchtigt.

Wie auch immer: Für den Homo sapiens ist das die normale Situation. Dies zeigt sich mit unüberbietbarer Deutlichkeit dann, wenn der emotionale Gezeitenwechsel der menschlichen Psyche ausnahmsweise angehalten wird. Unsere Seele rastet dann gleichsam an einem der beiden Enden des Stimmungsspektrums ein, um dort für Wochen oder Monate, in ungünstig verlaufenden Fällen auch einmal für Jahre zu verharren. (Andererseits klingt der Zustand bei allen Patienten, auch ohne Behandlung, vollständig wieder ab.) Dieser Ausnahmezustand einer emotional »eingefrorenen« Psyche ist klinisch als Gemütskrankheit bekannt.

Wenn die Erstarrung, wie in den bei weitem meisten Fällen, im unteren, depressiven Bereich der Skala eingetreten ist, spricht der Psychiater von einer »endogenen Depression«. Durch den Zusatz »endogen« wird diese krankhafte psychische Störung terminologisch von allen Formen einer normalen, psychologisch entstandenen Traurigkeit abgegrenzt. Im Unterschied zu dieser gibt es bei der endogenen Depression keinen die Schwere der Verstimmung erklärenden Anlaß. Als ihre (noch immer nicht aufgeklärte) Ursache sind vielmehr krankhafte Funktionsstörungen in bestimmten Hirnregionen anzunehmen, wofür auch ausgedehnte Untersuchungen des Erbgangs sprechen.

Der an einer endogenen Depression leidende Patient befindet sich ausweglos in einer entsetzlichen Situation. Denn der krankhaften Schwere seiner Verstimmung entspricht naturgemäß das Bild, in dem sich die Welt ihm darbietet. Ein Gesunder ist außerstande zu ermessen,

was es heißt, in eine Welt versetzt zu sein, die voll von unfaßbaren Drohungen ist, aus der jede Hoffnung auf ein Entrinnen oder eine Besserung verbannt scheint. Was es heißt, im Zustand permanenter Angst auf ein Ende der Schrecken warten zu müssen, das nur entsetzlich ausfallen kann, während einem Angehörige oder Pflegepersonal ungerührt (und objektiv in bester Absicht) versichern, daß es nicht den geringsten Grund zur Sorge gebe. Kein Wunder, daß die einzige Gefahr, die diesen Patienten wirklich droht, die des Selbstmordes ist. Die meisten Suizide, die »erfolgreich« verlaufen, werden, so schätzen erfahrene Psychiater, von depressiven Patienten begangen, deren Zustand niemand rechtzeitig als krankhaft erkannt hat.
Wenn die Krankheit schwer ist und länger anhält, entwickeln sich bei den Patienten depressive Wahnideen, die ungemein typisch sind und bemerkenswerterweise in nur drei Varianten auftreten. Der depressive Wahn kann sich einmal als wahnhafte (= objektiv unbegründete) Angst um die leibliche Unversehrtheit äußern. Es sind dies die vielfältigen Formen des sogenannten hypochondrischen Wahns: Der Kranke ist – ungeachtet aller seinen Befürchtungen widersprechenden ärztlichen Befunde – davon überzeugt, daß er unheilbar krank ist, daß er an Krebs oder einer anderen noch unentdeckten Krankheit leidet, der er unrettbar zum Opfer fallen werde. Die zweite Variante ist die wahnhafte Angst um die wirtschaftlichen, materiellen Lebensgrundlagen (»Verarmungswahn«). Die wahnhafte Gewißheit des unmittelbar bevorstehenden Ruins kann so weit gehen, daß ein Patient mit üppigem Bankkonto einen Selbstmordversuch unternimmt, weil man ihm die Befürchtung nicht ausreden kann, er sei nicht mehr in der Lage, seine Familie vor dem Verhungern zu bewahren. Die dritte und letzte Form, in welcher der depressive Wahn auftritt, ist die wahnhafte Angst um die eigene moralische Integrität (»Versündigungswahn«). Die Patienten grübeln plötzlich selbstquälerisch wegen belangloser, oft Jahrzehnte zurückliegender Versäumnisse. Sie werden von Schuldgefühlen gepeinigt, für die sie hartnäckig nach Gründen suchen (die sie dann mitunter selbst erfinden, um, wie ein Psychiater treffend gesagt hat, »einen Text zu haben für die Melodie ihrer wahnhaften Verstimmung«). Nicht selten geht mit alldem einher die felsenfeste Überzeugung von der unmittelbar bevorstehenden Bestrafung in Form von Verhaftung, Hinrichtung oder göttlicher Verdammung.
Bevor ich den Versuch mache zu erläutern, wie diese verschiedenen

Wahnformen mit der »zeitlichen« Natur unserer Existenz zusammenhängen (was sie partiell erklärt und andererseits ebendiese Zeitlichkeit unseres Wesens sichtbar werden läßt), eine kurze Zwischenbemerkung. Je schwerer eine depressive Psychose ausfällt, um so mehr verwischt sie alle individuellen Unterschiede. Die Patienten liegen schließlich nur noch reglos erstarrt im Bett oder hocken, apathisch in sich gekehrt, auf dem Stuhl, beherrscht von schwersten Schuldgefühlen, hypochondrischen Todesängsten oder der Gewißheit ihres bevorstehenden wirtschaftlichen Ruins. Immer wieder sind es diese drei Bedrohungen, um die ihre Gedanken unablässig kreisen. Man wird folglich davon ausgehen können, daß diese Wahnthemen Möglichkeiten der Gefährdung ans Licht bringen, die für den Menschen eine zentrale, existentielle Bedeutung haben. Diese Vermutung findet darin eine Stütze, daß die Inhalte des depressiven Wahns nachweislich unabhängig sind von ständischen, kulturellen oder anderen Umwelteinflüssen. Die vergleichende »transkulturelle« Psychiatrie hat herausgefunden, daß jemand, der einen depressiven Wahn entwickelt, stets von einer der genannten drei Ängste erfaßt wird – ob Atheist oder frommer Christ, ob Europäer, Chinese oder Afrikaner. Hier ist demnach von der extremen Belastung der krankhaften Schwermut etwas aufgedeckt worden, was man als anthropologisches Existential bezeichnen könnte, als ein den Menschen in seinem innersten Kern konstituierendes Wesensmerkmal.

Hier wird mit anderen Worten (um nur das eine Beispiel herauszugreifen) sichtbar, daß die Fähigkeit, ein »schlechtes Gewissen« zu bekommen, oder, ins Positive gewendet: der Wunsch nach Freiheit von Schuld doch mehr ist als bloß eine von der kulturellen Umwelt andressierte (und dies womöglich zu reinen Herrschaftszwecken) neurotische Unart, von der es den aufgeklärten Menschen schleunigst zu befreien gelte. (Womit andererseits keineswegs bestritten werden soll, daß sich bestimmte Institutionen dieser menschlichen Eigenschaft, Schuldgefühle entwickeln zu können, immer wieder als Instrument zur Festigung ihrer Herrschaft bedient haben.)

Der depressive Wahn ist nichts anderes als das Resultat einer krankhaften Störung unseres Zeiterlebens, dies sei hier vorwegnehmend schon gesagt. Um nun begreifen zu können, wie die Entstehung dieses Wahns mit der Zeitlichkeit unserer Existenz zusammenhängt, muß man sich den Unterschied zwischen objektiver und gelebter Zeit in

Erinnerung rufen. Er ist fundamental, unbeschadet des Umstands, daß sicher nur wenige sich jemals über ihn den Kopf zerbrechen.
Kennzeichnendes Merkmal der objektiven (physikalischen, astronomischen) Zeit ist ihr gleichmäßiger »Fluß«. Ihr klassisches Eichmaß waren denn auch bestimmte periodisch verlaufende objektive Vorgänge, von deren Gleichmaß man aus guten Gründen überzeugt war. Die klassische Grundlage ihrer Messung war »das ewige Gleichmaß« der Bewegung der Gestirne, etwa der Durchgang der Sonne durch den Meridian (»Mittagskreis«).* Uhren, mit denen dieses Gleichmaß möglichst präzise technisch reproduziert und in eine transportabel-handliche Form gebracht werden konnte, ermöglichten – beginnend vor kaum mehr als einhundertfünfzig Jahren! – schließlich jene nahezu perfekte Synchronisation aller Mitglieder und Abläufe innerhalb unserer heutigen Industriegesellschaft, ohne welche diese Gesellschaft längst in ein funktionelles Chaos versinken würde. Ganz anders die »gelebte« Zeit: Sie wechselt ihr Fließtempo je nachdem, ob sie uns erfüllt oder leer erscheint. Sie kann »wie im Fluge« vergehen, sie kann sich aber auch, etwa in der Langeweile, endlos dehnen.
In unserem Zusammenhang noch wichtiger ist ein zweiter Unterschied. In der objektiven Zeit gibt es eigentlich nur den »Augenblick«. Real ist bei ihr nur der punktförmige Moment eines »Jetzt«, der aber sofort von einem nächsten Augenblick abgelöst wird, der seinerseits wieder nur die gleiche flüchtige Realität aufweist. Vergangenheit und Zukunft sind in dieser objektiven Zeit entweder immer schon vorbei oder noch nicht da und daher eigentlich gar nicht real. Umgekehrt bei der gelebten Zeit. So paradox es zunächst klingt: In sie eingebettet, erleben wir den gegenwärtigen Augenblick genaugenommen niemals als Realität. Was unser Erleben erfüllt und ausschließlich bestimmt, sind vielmehr Vergangenheit und Zukunft.

* Den heute von uns erhobenen Genauigkeitsansprüchen genügt die astronomische Zeitbestimmung bekanntlich nicht mehr. Es wurden Unregelmäßigkeiten der Erdrotation entdeckt, die den von ihr bewirkten scheinbaren Sonnenumlauf am Himmel als Eichmaß für eine wirklich präzise (das heißt Unterschiede von millionstel Sekunden berücksichtigende) Zeitbestimmung obsolet werden ließen. Ein wirklich perfektes Gleichmaß trauen die Experten heute nur noch bestimmten atomaren Schwingungsvorgängen zu. Daher wird die Sekunde heute nicht mehr, wie noch bis zum Ende der fünfziger Jahre, als der 86400. Teil des mittleren Sonnentages definiert, sondern mit Hilfe periodischer Schwingungsvorgänge im Caesiumatom, die als Zeitgeber für sogenannte Atomuhren dienen.

Nehmen wir, um den in der Tat eigentümlichen – und dabei alltäglichen – Sachverhalt anschaulich zu machen, Geld als einfaches Beispiel. Unbestreitbar ist der Besitz von Geld etwas Erfreuliches. Sobald man darüber aber etwas näher nachdenkt, geht einem auf, daß es eigentlich ja gar nicht der (gegenwärtige) Besitz des Geldes ist, der das Erfreuliche an der Sache ausmacht, sondern die Aussicht darauf, es (in Zukunft) ausgeben zu können. Wenn ich mich über den Besitz, den augenblicklichen Besitz von Geld freue, dann deshalb, weil er mir Möglichkeiten verheißt, die naturgemäß in der Zukunft liegen. Ein anderes Beispiel ist die Erfahrung, die man bei einem schweren Verlust, etwa dem Tode eines nahestehenden Menschen, machen kann. In einem solchen Fall kommt es – im Unterschied zu den sonstigen Erfahrungen bei starken Gemütsregungen – häufig vor, daß der Schmerz in der ersten auf den Verlust folgenden Zeit noch zunimmt (um erst dann allmählich abzuklingen). Der volle Umfang des Geschehenen wird hier also auch nicht in dem Augenblick erlebt, in dem der Verlust objektiv eintritt, sondern erst spürbar als Verarmung zukünftiger Möglichkeiten. Was wirklich geschehen ist, erfassen wir in der Trauer meist erst, wenn das Leben »weitergeht« und sich dabei konkret herausstellt, wie sehr sich die Zukunft für alle Zeit verändert hat.
Gegenwärtig sind für jeden von uns, so paradox es klingt, eigentlich nur Zukunft und Vergangenheit. In jedem Augenblick unseres Lebens werden unsere Entscheidungen und Urteile, wird unser ganzes Tun und Lassen nicht vom gegenwärtigen Augenblick bestimmt, sondern von den Folgen, die wir für die Zukunft erwarten, befürchten oder erhoffen. Aber nicht nur Zukunftserwartungen sind es, die in unserem Erleben den gegenwärtigen Augenblick selbst völlig in den Hintergrund treten lassen. Auch die Vergangenheit ist in unserem Kopf ständig präsent. Während bei der objektiven Zeit das Vergangene endgültig verschwunden ist, nimmt die gelebte Vergangenheit in unserem Bewußtsein von Jahr zu Jahr weiter zu. Die gelebte Zeit, so könnte man auch sagen, schwindet nicht, sie sammelt sich, ganz im Gegenteil, im Laufe unseres Lebens als persönliche Vergangenheit in uns an. Was ich als Person bin, wird durch die Fülle meiner vergangenen Erfahrungen, Taten und Erinnerungen festgelegt. Vor dem Hintergrund meiner Erinnerungen und Erfahrungen treffe ich die Entscheidungen, vermittels derer ich von Augenblick zu Augenblick die mir offenstehenden Möglichkeiten der Zukunft in endgültig festliegende, nicht mehr be-

einflußbare, nicht mehr korrigierbare Bestandteile meiner Vergangenheit verwandele.
Erstmals in den zwanziger Jahren kam nun der Verdacht auf, daß es sich bei der krankhaften »endogenen« Depression um eine Störung dieser gelebten Zeit handeln könne. Alle depressiven Patienten klagen in den typischen Fällen über eine als besonders peinigend empfundene Lähmung ihrer Fähigkeit, körperlich oder geistig noch irgend etwas »wollen« zu können. Kernsymptom der klassischen Depression ist eine psychische und körperliche (motorische) Hemmung. Das erinnerte die Psychiater an die Feststellung des Philosophen Max Scheler, daß das Urerlebnis der Zeitlichkeit in dem Erlebnis eigenen Könnens, der eigenen Wirkmöglichkeit bestehe. Je genauer man das Erleben depressiv gehemmter Patienten daraufhin analysierte, um so mehr festigte sich der Eindruck, daß sie an einer »Werdensstörung« litten, einem Verlust der psychischen Fähigkeit, sich lebensgeschichtlich entfalten zu können. Es ist, einfacher ausgedrückt, so, als ob dem Menschen im Zustand extremer Depression die Zukunft abgeschnitten und er endgültig auf seine Vergangenheit festgelegt worden sei.
Die unausbleiblichen psychischen Folgen eines solchen »Herausfallens« aus der gelebten Zeit aber werden durch Erfahrungen aus dem normalpsychologischen (Extrem-)Bereich illustriert, die verständlich machen können, wie es zur Entstehung eines depressiven Wahns kommt. Beim Tode eines nahestehenden Menschen macht fast jeder die Erfahrung, daß sich in den Schmerz über den Verlust noch ein anderes Gefühl mehr oder weniger aufdringlich zu mischen pflegt, und zwar das Gefühl einer Schuld dem Toten gegenüber, für das zunächst gar kein greifbarer Anlaß vorzuliegen scheint. Denn als der Verstorbene noch lebte, hatten wir, wenn wir an ihn dachten, keineswegs ein schlechtes Gewissen. Nun aber, da er tot ist, rührt es sich mit einem Male.
Der Psychiater Victor-Emil von Gebsattel war es, der die Zusammenhänge entschlüsselte. Die Gründe, aus denen sich in der beschriebenen Situation unser Gewissen regt, bestanden objektiv immer auch schon zu Lebzeiten des Verstorbenen: Wir hatten uns nicht genug um ihn gekümmert. Wir hatten es an Anteilnahme ihm gegenüber fehlen lassen. Wir hatten ihm unsere Zuneigung zu selten oder auch gar nicht gezeigt, hatten ihn mit seinen Sorgen allein gelassen und uns nicht genug Zeit für ihn genommen. Jeder von uns läßt es an diesen und ande-

ren Formen der Zuwendung auch all denen gegenüber Tag für Tag fehlen, denen er sich aus Überzeugung verbunden fühlt. Man kümmert sich nie »genug« um den Nächsten.
Solange dieser Nächste lebt, berührt uns unser Versäumnis in der Regel nicht. Deshalb nicht, *weil* er noch lebt. Denn das ist gleichbedeutend mit der Aussicht darauf, daß wir ihn wiedersehen und daß wir folglich noch Gelegenheit haben werden, das Versäumte nachzuholen. Unser Gewissen regt sich deshalb nicht, weil wir unbewußt stets die Möglichkeit einkalkulieren, in Zukunft noch abtragen oder nachholen zu können, was wir bisher schuldig geblieben sind. Auch hier also entscheidet über unser Empfinden nicht die im gegenwärtigen Augenblick objektiv bestehende menschliche Situation. Unsere Beziehung zu einem bestimmten Mitmenschen beurteilen wir vielmehr vor dem Hintergrund der Erfahrungen, die wir in der Vergangenheit mit ihm gemacht haben, nicht weniger aber auch unter dem Einfluß der Erwartungen, die wir an zukünftige Begegnungen mit ihm knüpfen. Unsere Versäumnisse ertragen wir nur angesichts der uns von der Zukunft eingeräumten offenstehenden Möglichkeiten.
Die Beziehung zu einem Verstorbenen ist aber durch dessen Tod dieses in der Zukunft gelegenen Freiheitsraumes unwiederbringlich verlustig gegangen. Das ganze Leben des Toten ist endgültig zu Vergangenheit geronnen, nicht mehr wandelbar und in keinem Punkt durch zukünftiges Geschehen mehr zu korrigieren. Dadurch aber haben auch alle meine menschlichen Versäumnisse diesem einen Menschen gegenüber mit einem Male einen endgültigen Charakter angenommen. Sie sind für alle Zeiten besiegelt und auf keine Weise mehr aus der Welt zu schaffen. *Das* ist der Grund dafür, daß unser Gewissen sich in der Erinnerung an den Toten vernehmlich rührt. (Mit einer Instinktsicherheit, die wahrhaft Staunen erregen muß, denn man bedenke doch: In wessen Bewußtsein sind die hier auseinandergesetzten Zusammenhänge wohl jemals präsent?)
Wenn nun die krankhafte depressive Hemmung den Schwung zum Stillstand bringt, mit dem die gelebte Zeit uns immer schon in die persönliche Zukunft vorauseilen läßt, dann wird auch das Lebensgefühl eines noch lebenden Menschen von dieser Zukunft abgeschnitten. Der depressive Patient befindet sich, mit anderen Worten, in der einzigartigen Lage, schon als Lebender nur noch Vergangenheit zu sein. Sein Dasein stellt sich ihm als erstarrt, als in allen Einzelheiten endgültig fi-

xiert und unabänderlich dar. Das aber ist eine Situation, die ein Mensch offensichtlich nicht ertragen kann, ohne in Entsetzen und Hoffnungslosigkeit zu verfallen. In dieser Verfassung drängen unaufhörlich alle die kleinen, aber doch zahllosen Fehler und Versäumnisse ins Bewußtsein, die wir alle uns unvermeidlich und tagtäglich zuschulden kommen lassen. Ihre in einem Dasein ohne Zukunft nicht mehr abzutragende Summe und Endgültigkeit erweckt in dem auf seine Vergangenheit festgelegten Depressiven jenes abgrundtiefe Schuldgefühl, das der Kliniker dann als »typischen depressiven Wahn« diagnostiziert.

Aber auch hypochondrischer und Verarmungswahn lassen sich aus der gleichen Verfassung ableiten. Auch beim Gemütskranken entspricht das subjektive Bild der Welt der eigenen emotionalen Verfassung. Auch seine Welt enthält daher die Dimension des Zukünftigen nicht mehr. Damit hat sie die Kategorien des Werdens und Wachsens, des Wiederaufbauens und Heilens eingebüßt. Im Erleben des Patienten wird sie einseitig nur noch von den Mächten des Zerfalls und Sichauflösens, von Vergänglichkeit und Verwesung beherrscht. Die zukunftslose, depressive Welt ist daher eine Alptraumwelt totaler Hoffnungslosigkeit.*

In der Tat, die dreizehn Milliarden Jahre währende Vorgeschichte hat – wen darf es wundern – auch in unserer Psyche untilgbare Spuren hinterlassen. Wir sind in die sich in der kosmischen Geschichte entfaltende Zeitlichkeit so tief eingebettet, daß Wahn und Verzweiflung die Folgen sind, wenn eine krankhafte Störung uns von ihr abschneidet.

* Die hier kurz skizzierte psychologisch-anthropologische Analyse der depressiven Verfassung und des depressiven Wahns stammt, wie bereits erwähnt, von Victor-Emil von Gebsattel, von dem in anderem Zusammenhang noch die Rede sein wird. Die Leistung dieses brillanten Psychiaters wird nicht geschmälert durch die Tatsache, daß ein anderer schon vor Jahrhunderten auf den gleichen Gedanken verfallen ist: Der spätantike Philosoph Plotin lehrte, »daß wir in unserem zeitlichen Zustande nicht sind, was wir sein sollen und möchten, daher wir von der Zukunft stets das Bessere erwarten und der Erfüllung unseres Mangels entgegengesehen.« Zitiert nach: Schopenhauer, a.a.O., S. 73.

». . . wenn die Kosaken kommen«

Während ich mich in den zwölf Jahren meiner Tätigkeit an der Universitätsnervenklinik Würzburg, von 1948 bis 1960, tief in die faszinierende Welt der psychischen Störungen vergrub, lief die Welt außerhalb der Krankensäle und Fachbibliotheken weiter. Ich bekam davon nicht allzuviel mit, in des Wortes mehrfacher Bedeutung. Es waren die Jahre des Wiederaufbaus. Wer etwas werden wollte, wer überhaupt noch daran glaubte, daß es mit dem bedrückenden Mangel in der von uns bewohnten Trümmerlandschaft jemals ein Ende haben könnte, sah nicht nach links und nicht nach rechts. Man schuftete, ein jeder auf seine Weise, in der Hoffnung, dadurch dem allgemeinen Schlamassel eines Tages entkommen zu können.
Wenn meine Frau und ich – wir hatten 1949 geheiratet – abends oben im verwilderten Klinikgarten saßen, bot sich die unter uns liegende Stadt bei heraufkommender Dämmerung als ein Lichterkranz dar, in dessen Mitte ein schwarzes Loch gähnte. Es markierte die Lage des Stadtzentrums, in dem kein Stein auf dem anderen geblieben war, in dem niemand mehr wohnte und in dem man vernünftigerweise daher auf die Installation von Straßenlaternen vorerst verzichtet hatte. 1956 konnten wir mit unseren dann schon fast vier Kindern endlich aus der Klinik in die zweieinhalb Zimmer eines Neubaus in der Innenstadt ziehen – der Wiederaufbau vollzog sich in atemberaubendem Tempo.
Hand in Hand mit ihm ging ein sich jäh ausbreitender Wohlstand, der uns im Verlaufe unserer letzten Würzburger Jahre dann um so mehr auffiel, als er um uns einen sorgfältigen Bogen schlug. Mittelständische Händler, Bauunternehmer, Makler und mancherlei andere Selbständige waren die Hauptgewinner in der Lotterie des »Wirtschaftswunders«, von dem jetzt alle Welt sprach. Klinikassistenten und – ab 1958 – Privatdozenten gehörten zu dem Heer derer, die sich zu bescheiden hatten. Wir nahmen, vorerst, keinen Anstoß daran. Es gab Wichtigeres. Ich hatte mich bis über beide Ohren in die Wissenschaft vertieft. Wie selbstverständlich ging ich damals davon aus, daß auch Frau und Kinder sich meiner Prioritätenliste zu fügen hätten. Meine Frau tat das auch, mit einem mich noch heute beschämenden und mit Dankbarkeit erfüllenden Verzicht auf alle Möglichkeiten der »Selbstverwirklichung«. Sie hielt mir die Kinder vom Leib, wenn ich arbeitete,

und duldete es in schweigender Ergebung, wenn ich mich auch abends noch in meine Bücher und Manuskripte vergrub. Was in diesen Jahren außerhalb der Welt der Universität geschah, nahm ich nur mit halbem Ohr wahr. Wie durch psychische Osmose ergriff die geistige Verfassung der Wirtschaftswunderwelt jedoch auch von meinem Bewußtsein Besitz. Jedenfalls erinnere ich mich an Episoden, die beweisen, daß ich angesteckt gewesen sein muß von gewissen Gedankengängen, die damals in der Gesellschaft der erst wenige Jahre alten Bundesrepublik grassierten. So grotesk sie sich im Rückblick ausnehmen, ich hielt sie damals für so evident wie die meisten meiner Mitbürger.

In Würzburg wurden wir gelegentlich von einem Freund besucht, der noch aus dem »harten Kern« unserer ehemaligen Hamburger Clique stammte. Caspar, genannt Cassi, war in meinen Augen das Schulbeispiel dessen, was man ein »Sonntagskind« nennt. Ich bewunderte ihn neidlos nicht nur wegen seiner intellektuellen Gewandtheit, die ihn in meinen Augen in den Rang eines Genies hob. Er imponierte mir auch durch eine überlegene gesellschaftliche Selbstsicherheit. Sein familiärer Hintergrund hatte ihn überdies mit weltlichen Gütern in einem uns märchenhaft erscheinenden Übermaß gesegnet. Als ich mir endlich, im Alter von fast vierzig Jahren, mit stolzgeschwellter Brust einen leicht angerosteten – und daher erschwinglichen – Uralt-VW leisten konnte, fuhr Cassi längst Porsche. Er hatte, wie überraschend viele aus dem alten Kreis, auch zur Psychiatrie gefunden und arbeitete als Privatdozent an der Frankfurter Nervenklinik, deren Chef sein Stiefvater war – ein »Sonntagskind« eben.

Unserer Freundschaft taten diese äußeren Unterschiede keinen Abbruch. Cassi besuchte uns in kurzen Abständen. Eines Tages rückte er bei einem solchen Anlaß mit einem Problem heraus, das ihn offensichtlich schon seit längerem beschäftigte und zu dem er gern meinen Rat gehört hätte. Er ging, wie er mir eröffnete, mit dem Gedanken um, sich im Frankfurter Raum ein eigenes Haus zu bauen, ein Vorhaben, das mich erneut mit ehrfürchtiger Bewunderung erfüllte. Cassi war von meiner Reaktion schmeichelhaft berührt, wie mir nicht verborgen blieb, wobei ich zugeben muß, daß er sich redlich bemühte, mich seine Befriedigung nicht spüren zu lassen. Sie war auch nicht der Grund seiner Mitteilung. Was ihn beschäftigte, war das Problem einer geeigneten Lage für das geplante Heim.

Er würde am liebsten, sagte er mir, auf dem Frankfurt zugewandten

Hang des Taunus bauen. Da gebe es die besten Grundstücke, und auch verkehrstechnisch sei das die günstigste Lage. Warum er dann zögere, fragte ich ihn. Ja, so Cassi, da gebe es schließlich noch das Problem der Atombombe. Einmal angenommen, er baue tatsächlich auf dem stadtwärts gelegenen Hang, müsse er dann nicht für den Fall, daß es zu einem russischen Angriff auf Europa komme, die Möglichkeit des Abwurfs einer Atombombe auf Frankfurt einkalkulieren? Wenn sein Haus dann auf dem erwähnten Hang stehe, würde es von der Druckwelle doch unweigerlich »flachgelegt« werden. Und mit einer seitwärts wischenden Bewegung seiner flachen Hand deutete Cassi an, wie man sich die Wirkung auf ein so unüberlegt plaziertes Gebäude in einem solchen Falle konkret vorzustellen habe.
Die Befürchtung meines Freundes ließ mich in tiefe Nachdenklichkeit versinken. Das war auch in meinen Augen ein fürwahr ernst zu nehmender Einwand. Was sollte ich raten? Schließlich fiel mir ein Gegeneinwand ein, der das einzukalkulierende Risiko vergleichsweise wieder auf Null brachte: Wenn du dein Haus auf der anderen Seite des Taunus baust, so gab ich zu bedenken, dann würde es eine Atomexplosion über Frankfurt zwar überstehen. Aber dafür müßtest du dann natürlich damit rechnen, daß die Russen dich aus dem Haus hinauswürfen, weil sie die wenigen stehengebliebenen Häuser für ihre Stäbe beschlagnahmen würden. Cassi leuchtete das sofort ein, und wir beendeten das Thema mit dem befriedigenden Gefühl, ein äußerst vernünftiges Gespräch geführt und mit einem nützlichen Ergebnis abgeschlossen zu haben. (Das Haus wurde dann aus anderen Gründen übrigens niemals gebaut.)
Wenn meine Erinnerung an solche und ähnliche Gespräche es mir nicht heute noch bewiese, würde ich es selbst nicht glauben. Fester Bestandteil unseres Lebensgefühls in diesen Jahren war die Überzeugung, daß jederzeit mit einem russischen Angriff auf Westeuropa zu rechnen sei. Wir Westdeutschen würden dabei innerhalb von Stunden überrollt werden, soviel stand für uns fest. In Zeitungen und Illustrierten wurde anhand von Zahlen, die angeblich von Militärexperten stammten, diskutiert, wie viele Tage – vier, fünf, vielleicht sogar sechs? – die Panzer der Roten Armee brauchen würden, um bis zur französischen Kanalküste durchzustoßen. Dramatisch aufgemachte Illustriertenserien schilderten den Ablauf des sowjetischen Blitzangriffs mit allem Realismus, den die Alpträume ihrer Autoren herga-

ben. Wer in unserem Bekanntenkreis ein Auto hatte, hortete in Keller oder Garage Kanister mit Benzin. Es galt, mit der Familie im Ernstfall früher am Kanal sein zu können als »der Russe«.

Nun bot das russische Imperium damals gewiß nicht das Bild einer auf Frieden und Entspannung erpichten Großmacht, das ist zuzugeben. Zuzugeben ist desungeachtet aber auch, daß unsere Russenangst damals alle Züge einer krankhaften, paranoischen (»verfolgungswahnsinnigen«) Maßlosigkeit aufwies. Nachträglich glaube ich dafür mehrere Gründe zu erkennen.

Verräterisch scheint mir insbesondere eine Redewendung zu sein, mit der sich die verbreitete Furcht damals häufig artikulierte. Man habe Angst davor, so hieß es, daß »die Russen *wieder* über uns herfallen« könnten. Denn sie hatten es doch wenige Jahre zuvor – gemeint war das Jahr 1945 – schon einmal getan. Äußerte sich da ein schlechtes Gewissen? War die panische Angst vor einem russischen »Überfall« womöglich auch geboren aus dem Gefühl einer Schuld dem östlichen Nachbarn gegenüber, deren Ausmaß die Deutschen aus ihrem Bewußtsein bereits erfolgreich verdrängt zu haben glaubten? Wir waren 1945 nicht, wie mein Vater es Jahre vor dem Kriegsende prophezeit hatte, mit Zaunlatten erschlagen worden wie wildgewordene Hunde. Hatten die Deutschen in der ersten Nachkriegszeit vielleicht unbewußt selbst das Empfinden, in ihrer Majorität unverdient billig davongekommen zu sein, und fürchteten sie deshalb, die Strafe stände ihnen in Wirklichkeit erst noch bevor?

Als Projektion uneingestandener Schuldgefühle hätte die nahezu pathologische Russenphobie der fünfziger Jahre immerhin einen ehrenhaften Kern gehabt. Daß dies ihre Wurzel war, ist aber nicht mehr als eine plausible Vermutung. Leider ist eine viel weniger ehrenhafte Ursache mehr als bloß das. Die Russenparanoia der bundesrepublikanischen Nachkriegsgesellschaft ist nachweislich (auch) bewußt kultiviert und geschürt worden. Offiziell und regierungsamtlich. Es hat, die Zeit des Naziregimes ausgenommen, wohl niemals eine deutsche Obrigkeit gegeben, von der die Pflege eines möglichst furchteinflößenden Feindbildes konsequenter und systematischer betrieben worden wäre, als die christlich-demokratische Regierung Adenauers. Das ist, so sehr mancher über diese Feststellung zu Recht erschrecken mag, leider unbestreitbar und aufgrund der von jedermann nachprüfbaren Zeitdokumente leicht zu beweisen.

Ich erinnere mich an ein Wahlplakat der CDU aus diesen Jahren, auf dem hinter der Silhouette eines deutschen Domes ein Kopf mit unverkennbar asiatischen Gesichtszügen hervorlugt, der von einer Fellmütze mit dem Hammer-und-Sichel-Emblem gekrönt ist. Darunter die beschwörende Zeile: »Wollt Ihr ihn hierhaben?«, gefolgt von der Mahnung, zur Verhinderung des Schlimmsten Adenauers Partei zu wählen. Was andernfalls drohe, dies die stillschweigend unterstellte Voraussetzung des »Arguments«, dürfte ja jedem Deutschen noch in frischer Erinnerung sein. Schließlich hatte die Sowjetunion »1945 Deutschland bestialisch vergewaltigt«, wie es auf der Seite 55 eines Buches hieß, das den Titel »Die Grenzen des Wunders« trug und, 1959 in zweiter Auflage erschienen, in kürzester Zeit zum konkurrenzlosen Politbestseller avancierte.
William S. Schlamm, der Autor, hatte sein demagogisches Pamphlet in einer Geistesverfassung geschrieben, die jeden noch so grotesken Exzeß eines Unterwanderungswahns à la McCarthy weit in den Schatten stellte. Zur Stützung dieser Diagnose ein einziger Beleg: Sogar »die Zeitungen des Hamburger Springer-Verlages« (bei denen er später, als sein Stern erloschen war, als Gelegenheitsschreiber seinen journalistischen Lebensabend fristen durfte) sah Schlamm noch 1959 fest in den Händen raffiniert getarnter »Fellow Travellers« des sowjetischen Propagandaapparats. (S. 134) Der Verkaufserfolg dieses unglaublichen Buches und die Tatsache, daß es in der deutschen Öffentlichkeit seinerzeit lebhaft und überwiegend zustimmend diskutiert wurde, erinnern unabweislich an einen Aspekt der Seelenlandschaft der Adenauerschen Republik, den wir längst vergessen oder schamhaft verdrängt haben.
Das Bild wird dadurch abgerundet, daß William S. Schlamm überdies noch die Gelegenheit bekam, die manischen Thesen seines Buches bei Vortragsreisen zu verbreiten, auf denen er wie ein Wanderprediger durch die Bundesrepublik hetzte. Auch im Würzburger Huttensaal beschwor er sein Publikum eines Winterabends, sich nicht aus schwächlicher »Friedensgier« (S. 185) zum verächtlichen Opfer kommunistischer Welteroberungspläne herabwürdigen zu lassen. Pazifisten und Atomkriegsgegner, so rief er seinem Auditorium mit schneidender Stimme zu, verdienten »nichts als Verachtung und den Sowjetstiefel im Genick«. (S. 184) Und: »Vielleicht wird es sich wirklich für eine christliche Zivilisation als unmöglich erweisen, eine Epoche zu über-

stehen, in der die Bereitschaft, einen Krieg nach dem anderen zu führen, die Voraussetzung des Überlebens ist. In diesem Falle gibt es eben keine Rettung für den Westen.« (S. 185)

Warum erwähne ich das so ausführlich? Nun, der Herr Schlamm war in den fünfziger Jahren keine Randfigur der bundesrepublikanischen Gesellschaft. Seine Vortragsreisen wurden vielmehr offiziell vom Bundespresseamt organisiert, das den Redner für seine Strapazen fürstlich entlohnte. Die Thesen des Politparanoikers waren höherenorts auf wohlwollende Zustimmung gestoßen. Und daher halfen ihm die zuständigen Regierungsstellen nach besten Kräften, sie in der Bevölkerung zu verbreiten.

Die mit zwingender Suggestivität nahegelegte Schlußfolgerung der Schlammschen Botschaft lautete: Um die höchst reale Gefahr einer Wiederholung sowjetischer Bestialitäten vom deutschen Volke abzuwenden, sei äußerste Wachsamkeit am Platze. Sie aber setze vor allem anderen den Erhalt der Regierungsmacht für die einzige Partei voraus, welche das heimtückische Sowjetsystem in all seiner asiatischen Verschlagenheit klar durchschaut habe – im Unterschied zu gewissen anderen Parteien, deren Abwehrkräfte von den weltfremden Utopien wohlmeinender Friedens- und Entspannungsträumer längst ausgehöhlt worden seien. Darum gelte (so der Text eines andere Wahlplakats der Adenauer-Ära): »Alle Wege des Sozialismus führen nach Moskau.«

Die Kampagne war bekanntlich in vielen Wahlen erfolgreich. Auch Parteien neigen dazu, an erfolgreichen Rezepten festzuhalten. Daher kehrte das Motiv in den achtziger Jahren in kaum abgewandelter Gestalt wieder. Jetzt kleidete sich die Drohung (mit welcher die Obrigkeit den »mündigen Bürger« als Stimmvieh in den christlich-demokratischen Stall zu treiben gedachte) in die Formel »Freiheit oder Sozialismus«. Und auch der mahnende Hinweis auf die unvermindert anhaltende russische Bedrohung gehörte bis vor wenigen Jahren zum bewährten Bestand christdemokratischer Argumentation. Noch 1975 benutzte ihn Helmut Kohl, um einen Gesetzentwurf der damaligen sozialliberalen Koalition aus dem einzigen Grunde in Mißkredit zu bringen, weil er »von links« kam. »Was nutzt uns«, so fragte der spätere Bundeskanzler rhetorisch, »was nutzt uns die beste Sozialpolitik, wenn die Kosaken kommen?«

Nun bin ich bereit, die Möglichkeit zuzugestehen, daß sich unter den

damaligen Umständen – an denen die Sowjetunion nicht völlig unbeteiligt war – alle vor den Russen gefürchtet haben, selbst ein Mann wie Adenauer. Was aber wohl ohne die Notwendigkeit weiterer Begründung ausgeschlossen werden kann, ist der Gedanke daran, daß Adenauer sich in dem von William S. Schlamm gepredigten Ausmaß gefürchtet haben könnte. Adenauer und seinen Mitarbeitern kann nicht verborgen geblieben sein, daß es ein demagogisch begabter Fanatiker war, den sie mit staatlichen Mitteln subventionierten. Daß der Mann, den sie auf die von ihnen regierte Gesellschaft losließen, objektiv nichts anderes betrieb als Volksverhetzung. Was aber um alles in der Welt konnte sie, die Mitglieder einer sich bei jeder Gelegenheit auf ihr christliches Fundament berufenden Partei, veranlassen, dazu die Hand zu reichen? Die Antwort ist ebenso einfach, wie das Motiv zynisch war: Adenauers Leute bedienten sich der demagogischen Peitsche deshalb so bedenkenlos, weil die Schürung der Russenangst die einfachste und wirksamste Methode darstellte, den verstörten Haufen der Nachkriegsdeutschen zu einer politisch lenkbaren Gesellschaft zusammenzuschweißen.
Vielleicht sogar die einzige praktikable Methode. Das muß man der Adenauer-Regierung als erster Nachkriegsregierung zugute halten. Denn das Gebiet der späteren Bundesrepublik wurde damals noch nicht von Menschen bewohnt, die eine »Gemeinschaft« oder gar eine Gesellschaft bildeten. Die Bevölkerung von »Trizonesien«* war nichts als ein amorpher Haufen ebenso rücksichtslos wie planlos um ihre Existenz kämpfender Individuen. Diese Bevölkerung war in einem Maße individuell »atomisiert«, das man sich heute kaum mehr vorstellen kann. Ein allen gemeinsames »Vaterland« gab es nicht mehr. Verbindliche Weltanschauungen oder andere die Menschen miteinander verbindende Überzeugungen ebensowenig. Die Verantwortung für die Politik hatten einem die Besatzungsmächte abgenommen. Alle überindividuellen, über den eigenen Lebensbereich hinausgreifenden Wertvorstellungen hatten sich verflüchtigt. Der einzige von allen anerkannte Wert war das Eigeninteresse, der Erfolg privater, ganz ungeniert egoistischer Anstrengungen.

* Dies der vom Volksmund seinerzeit spöttisch geprägte Name für das aus den drei Besatzungszonen der Amerikaner, Engländer und Franzosen gebildete »gemeinsame Wirtschaftsgebiet«, das der Gründung der Bundesrepublik voranging.

»Das Geschäft der Deutschen ist das Geschäft«, das Streben nach dem eigenen Vorteil – das hat William S. Schlamm ganz richtig gesehen. Wie aber soll man einen solchen »Haufen« regieren, das heißt, zu einer gemeinschaftlicher Leistungen fähigen Gesellschaft organisieren? Hier hat Adenauer offensichtlich – gewiß nicht bewußt, aber mit dem untrüglichen Instinkt, der ihn auszeichnete und zum »großen Staatsmann« hat werden lassen – auf die solidarisierende Kraft kollektiver Affekte gesetzt. Darauf, daß in jedem von uns, wenn schon nichts sonst uns miteinander verbindet, noch immer der alte Neandertaler steckt, der jederzeit imstande ist, zumindest eine emotionale Verwandtschaft zwischen uns zu stiften.
Der für das Schicksal Westdeutschlands aus eigenem Entschluß Verantwortliche unternahm es daher, die Eingeborenen Trizonesiens durch eine gemeinsame Angst zu einer politischen Gemeinschaft zusammenzukitten, eine Angst, die naturgemäß groß genug sein mußte, um alle privaten Motive und Bestrebungen als zweitrangig erscheinen zu lassen. Da kam »der Russe« (vor dem die Nachkriegsdeutschen sich – Schuldprojektionen! – ohnehin latent fürchteten) als großer Buhmann gerade recht. Und im weiteren Verlaufe natürlich auch Herr Schlamm, der sich als in so einzigartiger Weise begabt erwies, das emotionale Feuer zu schüren. Das Projekt war erfolgreich. Aber dafür war, wie für jeden Erfolg, ein Preis zu entrichten. In diesem Falle war der Preis so hoch, daß ernste Zweifel angebracht sind angesichts des bis heute nicht abgeebbten offiziellen Applauses über die Adenauersche Leistung.
Niemand kann an den Neandertaler in uns ungestraft appellieren. Auch Adenauer konnte es nicht (wenn er auf die Konsequenzen wohl auch keinen Gedanken verschwendet hat). Wer es unternimmt, einen amorphen Haufen isolierter Individuen mit Hilfe paranoischer Kollektivängste zu konsolidieren und den eigenen politischen Zielvorstellungen verfügbar zu machen, handelt wie ein Arzt, der ein suchtgefährdetes Patientenkollektiv durch die Verteilung von Drogen an sich kettet (anstatt seine Rekonvaleszenz zu befördern). Die Analogie besteht nicht nur formal und sachlich, sie ist auch moralisch gegeben.
Die Deutschen waren damals Rekonvaleszenten. Sie waren gerade dabei, von dem paranoischen Realitätsverlust zu genesen, in den sie sich von der nazistischen Ideologie hatten verstricken lassen. Von dem Rückfall in barbarische Verhaltensweisen zu erholen, der ihnen des-

halb zugestoßen war, weil sie der von demagogischer Verführungskunst suggerierten Versuchung erlegen waren, die durch die Freisetzung des Neandertalers aus dem Käfig ihres Unbewußten mobilisierten archaischen Affekte für einen Gewinn an Kraft und Freiheit zu halten.

Anstatt diesen noch wenig gesicherten Heilungsprozeß verantwortungsbewußt zu fördern, nutzte die Nachkriegsobrigkeit den labilen Zustand des deutschen Rekonvaleszenten bedenkenlos für ihre Zwekke aus. Anstatt jeden erkennbaren Ansatz zu einer sachlichen, selbstkritischen Betrachtung der eigenen Situation und ihrer selbstverschuldeten Ursachen zu unterstützen, wurde erneut die Droge demagogischer Affektmobilisierung verabfolgt. Es war, natürlich, der einfachere und kürzere Weg, wieder eine »deutsche Gesellschaft« zu begründen. Der Kaufpreis bestand jedoch in dem Verzicht auf die Immunität gegen neuerliche Formen der Realitätsverkennung, wie sie nur durch einen ungestörten Prozeß kritischer Selbstbesinnung zu erwerben gewesen wäre.

Die Folgen der aus dieser ideologischen Immunitätsschwäche resultierenden Anfälligkeit stellten sich unverzüglich ein. Je abstoßender das Bild geriet, das die regierungsamtliche Propaganda und die von ihr in Furcht und Schrecken versetzte Seele des neudeutschen Bürgers vom Russen und den in ihm personifizierten Bedrohungen entwarfen, um so blasser erschien im Vergleich dazu das Grauen der nazistischen Ära.* Die von Alexander und Margarete Mitscherlich mit so großem Recht beklagte deutsche Unfähigkeit zu trauern, das heißt, die Verantwortung für das in den Jahren vor 1945 angerichtete Unheil zu übernehmen und im Interesse der eigenen seelischen Gesundheit innerlich zu verarbeiten, hat hier eine ihrer wichtigsten Wurzeln. Schon der erste Ansatz, sich dieser Aufgabe zu stellen, wurde von der sich abermals meldenden Stimme des Neandertalers übertönt. Er flüsterte den Deutschen zu, angesichts der bolschewistischen Gefahr sei es weitaus wichtiger, solidarisch zusammenzustehen, als sich »in typisch deutscher Manier« mit Gewissensbissen selbst zu zerfleischen und in den eigenen Reihen nach Missetätern zu schnüffeln. Im Vergleich zu den im Osten auf das kleinste Zeichen westlicher Schwäche lauernden bol-

* 1983 konnte man in der von dem Vorsitzenden der Konrad-Adenauer-Stiftung Bruno Heck herausgegebenen Zeitschrift »Die politische Meinung« die Behauptung lesen: »Die Rebellion von 1968 hat mehr Werte zerstört als das Dritte Reich.«

schewistischen Horden (und den ihnen mit ihren wühlerischen Umtrieben in die Hände spielenden »Linksradikalen«) nahm sich der Nazi schließlich aus wie ein Biedermann.
So konnte es dazu kommen, daß von den Nazis einst ins KZ gesperrten Widerstandskämpfern von der bundesrepublikanischen Gerichtsbarkeit bis heute der gesetzliche Entschädigungsanspruch versagt wird, wenn es sich bei ihnen um Kommunisten handelt. Und daß demgegenüber der Witwe Roland Freislers zusätzlich zu ihrer Witwenrente noch eine »Schadensausgleichsrente« zugesprochen wurde mit der Begründung, daß der ehemalige Präsident des berüchtigten »Volksgerichtshofes« nach dem Kriege, wenn er ihn überlebt hätte (Freisler kam im Februar 1945 bei einem Luftangriff um), voraussichtlich Karriere gemacht hätte, »da eine Amnestie oder ein zeitlich begrenztes Berufsverbot (...) in Betracht zu ziehen sind« (so der damalige CSU-Sozialminister Fritz Pirkl).*
Während der Bundesgerichtshof 1956 feststellte, daß Widerstand, wie ihn etwa Dietrich Bonhoeffer geleistet habe, nach den damals geltenden Gesetzen unzweifelhaft Hochverrat gewesen sei, weshalb man Bonhoeffer letztlich rechtens zum Tode verurteilt und hingerichtet habe.** Auf den gleichen Haufen deutscher Schande gehört die Tatsache, daß nicht ein einziges Mitglied des nazistischen »Volksgerichtshofes« jemals vor ein bundesdeutsches Gericht gestellt oder gar verurteilt worden ist und daß viele dieser willfährig-beflissenen Gehilfen des Naziterrors, die Todesstrafen auch aus den nichtigsten Anlässen wie am Fließband zu verhängen pflegten, in der Nachkriegsjustiz unbehelligt Karriere gemacht haben.
Mit der in den Gründungsjahren unserer Republik vorgenommenen Weichenstellung allein ist es zu erklären, warum bundesdeutsche Richter den ehemaligen SS-Oberscharführer Wolfgang Otto nach vorangegangener Verurteilung in einem Berufungsverfahren 1988 von der Mittäterschaft an der Ermordung Ernst Thälmanns 1944 im KZ Buchenwald freisprachen mit der Begründung, daß dem Angeklagten eine »direkte Tatbeteiligung« nicht nachzuweisen sei. Während sie den ehemaligen RAF-Terroristen Peter-Jürgen Boock, obwohl dieser zur

* Nachzulesen auf S. 156f. des erschütternden Buches »Die zweite Schuld...«, in dem Ralph Giordano eine bestürzende Vielzahl vergleichbar skandalöser Entscheidungen dokumentiert hat.
** G. Spendel, Rechtsbeugung durch Rechtsprechung, Berlin 1984, S. 89ff.

Tatzeit unwiderlegt in Bagdad war, wegen Mittäterschaft bei der Ermordung Schleyers zu einer lebenslangen Zuchthausstrafe verurteilten mit der Begründung, daß er ein aktives Mitglied der für Schleyers Tod verantwortlichen Terrorgruppe gewesen sei. Otto war ein »rechter« Tatverdächtiger (und das Opfer ein Chef der kommunistischen Partei in der Weimarer Republik). Und Boock war ein der »linken« (sprich: kommunistischen) Ecke zuzurechnender Angeklagter (und das Opfer in seinem Falle ein angesehener Repräsentant der deutschen Industriegesellschaft).
Der gleiche Augenfehler der bundesdeutschen Justitia ist auch der Grund für die Tatsache, daß nicht eine einzige der 454 ihr von der Tschechoslowakei zur Verfügung gestellten Ermittlungsunterlagen gegen NS-Verbrecher zur Einleitung eines gerichtlichen Verfahrens geführt hat, worüber sich ein Mitglied der tschechoslowakischen Regierungskommission zur Verfolgung von NS-Verbrechen kürzlich offiziell beschwerte. Die Beschwerde wird nichts fruchten. Denn die Beschuldigten sind Mitglieder der eigenen Gesellschaft, und der Beschwerdeführer ist Repräsentant eines kommunistischen Staates.
Niemand bestreitet, daß wir Adenauer viel zu verdanken haben. Er hat uns fast über Nacht wieder zu einer festgefügten staatlichen Gemeinschaft zusammenwachsen lassen. Er hat uns unsere nationalen Selbstzweifel genommen und die Energien freigesetzt, die zu dem in ganz Europa als »Wirtschaftswunder« bestaunten Erholungsprozeß führten. Aber die Methoden, deren er sich zu diesem Zweck bediente, haben uns einen hohen Preis gekostet. Wir sind, materiell, sehr schnell sehr reich geworden. In unserem Stolz darüber übersehen wir leicht, wie tief wir dabei zurückgefallen sind in einen Bewußtseinszustand, aus dessen Blickwinkel sich uns die Realität abermals in egozentrischer Verzerrung darbietet. Wieder einmal erscheint uns der Balken im nationalen Auge bedeutungslos im Vergleich zu dem Splitter, den wir im Auge der anderen entdecken.
Über den moralischen Aspekt der Angelegenheit zu reden ist müßig. Wer von ihm nicht von selbst betroffen ist, mit dem kann man ihn ohnehin nicht diskutieren. Aber über die Risiken, die eine Gesellschaft auf sich nimmt, die ihren Bezug zur Wirklichkeit unbelehrt abermals ihren politischen Vorurteilen unterordnet, über die müßte sich eigentlich sachlich reden lassen. Wenn ich außenpolitische Diskussionen verfolge, fühle ich mich erschreckend oft an die Gespräche erinnert, de-

nen ich als Kind im elterlichen Wohnzimmer lauschte. Wir sind wieder da, wo wir waren.
Da ist er wieder, der altbekannte Ton nationalistischer Gekränktheit, die sich blind stellt gegenüber allen selbst zu verantwortenden ursächlichen Zusammenhängen (»geraubte Ostprovinzen – ein schreiendes Unrecht«). Da meldet sich erneut die altvertraute konservative Borniertheit zu Wort (»schließlich hat Willy Brandt alias Frahm Deutschland nach dem Kriege in norwegischer Uniform betreten«). Und da wird die fremde Untat entrüstet angeprangert und die eigene Mitverantwortung ungeniert verschwiegen (schließlich hat die Sowjetunion »1945 Deutschland bestialisch vergewaltigt«). Wir haben nichts dazugelernt, und das, obwohl die Lektion furchtbar war. Die Chance zum Lernen wurde verpaßt, weil auch Adenauer der Versuchung nicht widerstehen konnte, den Neandertaler zu Hilfe zu holen. Umsonst ist dessen Unterstützung nicht zu haben.
Noch einmal: Die Folgen eines Realitätsverlustes sind immer bedenklich, ganz abgesehen von der moralischen Frage. Ende der fünfziger Jahre unternahm Adenauers Außenminister, Heinrich von Brentano, erstmals einen Versuch der Versöhnung in Richtung Osten. Er wandte sich dabei an die Polen. In einer denkwürdigen Bundestagsrede versicherte er diesen nicht ohne ergriffenes Pathos, daß die Westdeutschen aufrichtig entschlossen seien, sich mit ihnen zu versöhnen. Deutschland wolle dazu sogar den ersten Schritt tun. Und deshalb erkläre er ihnen feierlich und mit ausgestreckter Hand, daß das deutsche Volk bereit sei, den Polen zu verzeihen.* Heinrich von Brentano war ohne jeden Zweifel ein redlicher Mann. Ich bin sicher, daß er nicht verstanden hat, warum er auf sein aufrichtig gemeintes Angebot niemals eine Antwort bekam.
Alle diese Zusammenhänge habe ich aber, wie ich zugeben muß, erst nach und nach und viel später durchschaut. Anfangs bin ich den demagogischen Sirenenklängen genauso kritiklos erlegen wie die meisten anderen. Daß wir uns – während wir in höchst vernünftiger Weise die günstigste Lage für Cassis Eigenheim zu erörtern glaubten – in Wirklichkeit wie konditionierte Ratten in einer Pawlowschen Versuchsanordnung in dem von einer fürsorglichen Obrigkeit vorgegebenen Rah-

* Ich zitiere die entscheidenden Sätze dieser Rede, die ich damals mit eigenen Ohren gehört habe (wobei es mir schwerfiel zu glauben, was ich da zu hören bekam), aus dem Gedächtnis.

men einer fiktiv-demagogisch konstruierten Wirklichkeit bewegten, das ist mir (und vermutlich auch Cassi) erst viele Jahre später aufgegangen. Aber wahnhafte Verkennungen der Realität kommen nicht nur im politischen Bereich vor, sondern von Zeit zu Zeit bemerkenswerterweise auch in der Wissenschaft. Hier finden ihre Produkte Unterschlupf, wenn es ihnen gelingt, sich nach dem Prinzip »heiliger Kühe« zu tarnen.

Goethe auf der Couch

»Heilige Kühe« haben eine seltsame, charakteristische Eigenschaft: Im Unterschied zu allen anderen optisch dargebotenen Objekten sind sie um so leichter zu erkennen, je größer ihre Distanz zum Beobachter ist. Sie in Indien zu entdecken, wo sie leibhaftig herumlaufen, macht nicht die geringste Mühe. Aber auch ihre metaphorischen, ideologisch herbeiphantasierten Artgenossen haben wir klar vor Augen, wann immer sie uns nicht zu nah auf den Leib rücken. Voodoozauber und Schamanenfirlefanz gelten bei uns mit Recht als Formen des Aberglaubens, dessen Haltlosigkeit ein Mensch mit Hilfe seiner gesunden fünf Sinne eigentlich durchschauen sollte. Auch die modische Welle der sogenannten »Esoterik« – das bunte Sammelsurium von Psi-, Astro- und anderen Para-Varianten menschlicher Weltbildentwürfe – versetzt auch in unserer Gesellschaft noch eine ansehnliche Minderheit in kopfschüttelndes Erstaunen. Nur wenige kritisch-rationale Zeitgenossen aber nehmen davon Kenntnis, daß sich gutgetarnte ideologische Gespenster auch mitten in der von ihnen bewohnten Zitadelle der aufgeklärten Vernunft tummeln, ja, mitten in den von uns für unanfechtbar gehaltenen Revieren moderner Wissenschaft.
In einem dickleibigen, zweibändigen Werk interpretierte der angesehene deutsch-amerikanische Psychoanalytiker Karl R. Eissler kürzlich Goethes Biographie nach den Regeln der anspruchsvoll so genannten »Psychohistorie«. Die Lektüre des rund eineinhalbtausend Seiten umfassenden Werkes* wird durch die stupende Kenntnis des Verfassers

* Karl R. Eissler, »Goethe. Eine psychoanalytische Studie, 1775–1786«, 2 Bde., TB-Ausgabe München 1987.

von Goethes Leben und Schriften zum intellektuellen und durch die Brillanz seiner sprachlichen und stilistischen Ausdrucksmittel zum ästhetischen Genuß. Hinzu kommt die Tatsache, daß der zeitgenössische Leser den vom Autor benutzten psychoanalytischen Standardmodellen und -erklärungen aufgrund kultureller Prägung a priori eine unbefragbare Autorität bemißt. Wer unter diesen Umständen nicht aufpaßt, liest leicht darüber hinweg, daß es sich bei Eisslers psychoanalytischen Interpretationen der Goetheschen Schriften und Äußerungen um blühenden Unsinn handelt.

Goethes Naturverständnis entsprang mehr einer visionären Schau als dem abstrakt analysierenden Räsonnement eines Wissenschaftlers im heutigen Sinne. Diese Neigung verhalf ihm zu tiefen Einsichten. Eine der bekanntesten ist die von der »Sonnenhaftigkeit« des Auges, ohne welche wir »die Sonne nie erblicken« würden. Die hintergründige Bedeutung der mit diesen berühmten Zeilen angesprochenen Verwandtschaft zwischen Sonne und Auge ist neuerdings von der Evolutionsforschung wiederentdeckt worden. Sie wurde gleichzeitig allerdings korrigiert: Wir erklären die tatsächlich bis in erstaunliche Einzelheiten gehende »Sonnenhaftigkeit« unserer Augen heute nicht mehr als eine auf geheimnisvoll bleibende Weise (durch »Präadaptation«, also etwa durch eine Art »prästabilisierter Harmonie«) *vorgegebene,* sondern als eine *erworbene* Eigenschaft. Sie ergab sich durch die Anpassung des Linsenauges an die auf der Erdoberfläche existierenden physikalischen Bedingungen im Laufe seiner stammesgeschichtlichen Entwicklung.

Goethes visionäre Naturschau verleitete ihn bekanntlich noch zu anderen Irrtümern. So wurde er erst von dem philosophisch offenbar besser gebildeten Schiller darüber aufgeklärt, daß die Suche nach der »Urpflanze« vergebliche Liebesmühe sei, weil es sich bei dieser »Urgestalt« nicht um ein in der Landschaft konkret wachsendes Naturprodukt, sondern um eine abstrakte Idee handele. Der berühmteste und gravierendste Irrtum jedoch, dem Goethe aufgrund seiner Weise der Naturbetrachtung zum Opfer fiel, war seine Reaktion auf die berühmten Prismenversuche des großen Newton. Der Engländer hatte bekanntlich die wissenschaftsgeschichtlich revolutionierende Entdekkung gemacht, daß das unseren Augen »weiß« erscheinende Licht der Sonne »in Wirklichkeit« zusammengesetzt ist, und zwar aus den Regenbogenfarben des Spektrums.

Newtons Entdeckung ist das klassische Schulbeispiel für die schon erwähnte Tatsache, daß die »Welt« und ihre Eigenschaften nicht identisch sind mit der Information, die der alltägliche Augenschein uns über sie liefert. Eben diese Schlußfolgerung erschien Goethe nun aber aus Gründen, die leicht verständlich sind, völlig unannehmbar. Gerade der »Augenschein« galt ihm ja als die reinste Quelle aller Naturerkenntnis. Und »weiß« war für ihn der vor Augen liegende Inbegriff ursprünglichster, weder zerlegbarer noch komponierbarer Qualität. Und deshalb zog er mit einer in seiner Farbenlehre enthaltenen Replik polemisch über die Thesen her, die Newton knapp eineinhalb Jahrhunderte zuvor aufgestellt hatte. Sein Haupteinwand: Newton habe das Sonnenlicht mit seinen Prismen nicht, wie behauptet, zerlegt, sondern »gequält«, und es durch diese Tortur künstlich mit Farben verunreinigt. Wobei der kritisierende Dichterfürst geflissentlich übersah, daß es Newton auch gelungen war, den Vorgang umgekehrt ablaufen zu lassen, die von seinen das Licht zerlegenden Prismen gelieferten Spektralfarben nachträglich also wieder zu dem Gesichtseindruck »weiß« zu vereinigen.
Dies in kurzer Zusammenraffung der allseits bekannte wissenschaftsgeschichtliche (oder auch kulturgeschichtliche) Sachverhalt und die für jeden arglosen Zeitgenossen auf der Hand liegende zwanglose Erklärung für Goethes Ablehnung. Damit aber gibt sich ein orthodoxer Analytiker Freudscher Observanz nun keineswegs zufrieden. Seiner Ansicht nach haben wir mit dieser Darstellung die eigentlichen, weitaus dramatischeren Zusammenhänge und Ursachen überhaupt noch nicht in den Blick bekommen und uns sträflicherweise mit einer Schilderung der bloßen Oberfläche der Angelegenheit begnügt. In dieser einen, aber auch einzigen Hinsicht ist der Freudianer der gleichen Auffassung wie der Naturwissenschaftler: Die bloße Betrachtung eines Sachverhalts, der keine tiefergehende Analyse folgt, stößt nicht bis zu dessen wirklicher Erklärung vor. Die »tiefergehende Analyse« allerdings, die der orthodoxe Psychoanalytiker daraufhin anstellt, verstößt gegen nahezu jede der Regeln, die ein Naturwissenschaftler aus guten Gründen (und aufgrund bitterer wissenschaftsgeschichtlicher Erfahrungen) für unerläßlich hält, wenn ein Untersuchungsergebnis irgendeinen Wert haben soll.
Sehen wir uns, in notgedrungen wiederum gedrängter Zusammenfassung, einmal an, was der Psychoanalytiker Eissler uns zum tieferen

(tiefenpsychologischen) Verständnis von Goethes Ablehnung der Newtonschen Prismenversuche als Erklärung anbietet. »Licht«, so läßt er uns wissen (wobei er ungeachtet aller sonstigen Weitschweifigkeit kein Sterbenswörtlein darüber zu verlieren für notwendig hält, woher er das eigentlich wissen will), habe für Goethe den Charakter des Weiblichen gehabt. Das »Quälen« des Lichtes durch die Prismen habe für ihn daher (tief unbewußt, versteht sich) »die Verunreinigung seiner Mutter durch die geschlechtliche Vereinigung mit dem Vater« symbolisiert, die ihn, Goethe (wiederum unbewußt, selbstverständlich) mit Schuldgefühlen erfüllt habe, da er seine Existenz ja als Konsequenz dieses seine Mutter entwürdigenden und beschmutzenden Kopulationsaktes anzusehen gehabt habe. Die hartnäckige und keinem Argument zugängliche Ablehnung der Newtonschen Farbenlehre stelle unter diesen Umständen nichts anderes dar als den (wiederum selbstverständlich unbewußt bleibenden) Versuch Goethes, den eigenen Anteil seiner Schuld an der vom Vater der Mutter zugefügten Unbill symbolisch wiedergutzumachen. »In der Psychoanalyse ist alles an den Haaren herbeigezogen, meist an den Schamhaaren«, stellte Konrad Rieger, der Gründer der Würzburger Nervenklinik, einst lakonisch fest. Sein Bonmot trifft den Nagel auf den Kopf.

Die Erarbeitung einer »wissenschaftlichen« Erklärung für psychische Vorgänge war das erklärte Ziel Sigmund Freuds gewesen. »Jetzt endlich läuft das Ding wie eine Maschine«, schrieb er triumphierend an seine spätere Frau, als ihm ein bis dahin noch fehlendes Glied seiner sich um den zentralen Begriff der »psychischen Energie« kristallisierenden Theorie eingefallen war (wobei er mit dem »Ding« die menschliche Psyche meinte). Nichts erschien Freud bedeutsamer an seiner Lehre als der Umstand, daß es ihm, wie er glaubte, gelungen war, aus der Psychologie eine den anderen Zweigen der Naturforschung seiner Zeit an Exaktheit ebenbürtige Wissenschaft zu machen.

Diesen Anspruch haben seine Nachfolger schleunigst fallenlassen, weil er die psychoanalytischen Theorien den gleichen unerbittlichen Kriterien der Überprüfung aussetzen würde, der sich alle naturwissenschaftlichen Behauptungen ganz selbstverständlich zu stellen haben. Die Freudschen Thesen nahmen sich bei der Anlegung dieses Maßstabs nun aber – milde formuliert – ausgesprochen windig aus. Am »wissenschaftlichen Charakter« der Psychoanalyse halten die Epigonen Freuds gleichwohl bis heute unerschütterlich fest. Was darunter im speziellen Falle der analytischen Lehre aber zu verstehen sein soll, das bleibt in gnädiges Dunkel gehüllt.*

Auf Nachfragen bekommt man in aller Regel die vielsagend schillernde Auskunft, daß der menschlichen Psyche mit den »objektivierenden, materialistischen Methoden« der Naturwissenschaft selbstredend nicht auf den Grund zu kommen sei (was richtig sein mag, was Freud aber gar nicht gern gehört hätte), sondern allein mit »anderen Formen der Wissenschaft«. Das wiederum hören nun die Vertreter der »offiziellen« Wissenschaften mit Befremden, da ihnen verborgen bleibt, welche »anderen Formen« außer den ihnen bekannten Kriterien denn geistige Aktivitäten definieren könnten, die den Namen »Wissenschaft« verdienen. (Und weil sie die ihnen ebenso ominös wie bezeichnend erscheinende Erfahrung gemacht haben, daß sie mit genau der gleichen Auskunft auch auf ihre Fragen nach der Legitimation von Para- und anderen Afterwissenschaften abgespeist werden.)

Heute hat man sich in den einschlägigen Analytikerkreisen auf die »hermeneutische« Ebene zurückgezogen, auf welcher »Erklärung« (im wissenschaftlich sonst üblichen Sinne) durch den Begriff des »einfühlenden Verstehens« ersetzt wird. Prinzipiell verzichtet wird auf dieser Ebene stillschweigend auf die bei aller wissenschaftlichen Wahrheitssuche sonst für unerläßlich erachteten Kriterien der Reproduzierbarkeit, der nachprüfbaren Begründbarkeit sowie der prinzipiellen Widerlegbarkeit (um nur die wichtigsten »Gütezeichen« stichwortartig anzuführen). Gefordert wird praktisch einzig und allein noch die Plausibilität, die bloße Denkbarkeit, ein »einleuchtender Charakter« aller Behauptungen. Der aber ist psychologischen Aussagen bedauerlicherweise nun in keinem Falle abzusprechen – und er gilt stets auch für die jeweils gegensätzliche Behauptung. Eine simple Anekdote möge veranschaulichen, wie beliebig die »Plausibilität« einer jeden psychologischen Aussage tatsächlich ist: Ein Mann geht zum Psychotherapeuten, um seinen selbstunsicheren, furchtsamen und kontaktschwachen Sohn behandeln zu lassen. Als er gegangen ist, diktiert der Therapeut seiner Sekretärin, die neurotische Unsicherheit des Jungen sei leicht zu erklären, denn sein Vater, der ihm als Vorbild diene, sei genauso veranlagt. Danach kommt ein zweiter Vater mit seinem Sohn aus dem glei-

* Hier und im folgenden Text ist mit Psychoanalyse immer die orthodoxe Freudsche Lehre gemeint.

chen Anlaß. Anschließend an dessen Besuch diktiert der Therapeut mit gleicher Überzeugungskraft, daß die neurotische Unsicherheit auch dieses Jungen eine offenkundige Ursache habe: In diesem Falle sei der Vater nämlich eine brutale, rücksichtslos selbstbewußte Persönlichkeit, die den Sohn total eingeschüchtert habe. – Die Moral von der Geschicht': Es gibt in Wirklichkeit keinen einzigen psychologischen Zusammenhang, der sich nicht plausibel konstruieren ließe. Eine Methode aber, mit deren Hilfe man ausnahmslos alles »erklären« kann, jeden beliebigen psychologischen Zusammenhang genau so einleuchtend wie sein genaues Gegenteil, erklärt in Wirklichkeit natürlich überhaupt nichts.

Was bei der alleinigen Anlegung des Maßstabs der »Plausibilität« herauskommt, dafür liefern die Resultate von Eisslers kühnem Unterfangen, Goethe postum auf die psychoanalytische Couch zu legen, ein in jeder Hinsicht typisches Exempel. Die beiden Bände strotzen von Behauptungen, von als selbstverständlich unterstellten, da einleuchtend anzuhörenden Interpretationen, für die der Autor auch nicht den Schatten eines Beweises vorbringt. Es genügt ihm, daß die biographischen Details sich dem psychoanalytischen Jargon fügen. Und den meisten Lesern genügt es offensichtlich auch. Sie verwechseln, wie der Analytiker, die Plausibilität einer psychologischen Deutung mit ihrer Beweiskraft.

Das allein ist aber noch nicht die ganze Erklärung für den – in einer sich für »aufgeklärt« haltenden Epoche ja einigermaßen verblüffenden – Umstand, daß a) ein hochgebildeter Goethe-Experte in stilistischer Perfektion Blödsinn verzapft und daß b) seine Leser ihm diesen Unfug mit beeindrucktem Interesse bereitwillig abnehmen. In jedem, aber auch jedem anderen Bereich geistiger Tätigkeit würde jemand, der vergleichbare Konstruktionen vortrüge, verdientermaßen mit Hohn und Spott überschüttet. Warum gesteht unsere Gesellschaft dem Psychotherapeuten hier eine Ausnahmestellung zu?

Es ist zunächst vielleicht angebracht, das wirklich haarsträubende Ausmaß der Toleranz, die nicht zuletzt gerade gebildete, »aufgeklärte« Zeitgenossen auch den hirnrissigsten psychologischen Spekulationen entgegenbringen, wenn diese nur im Gewande des psychoanalytischen Jargons daherkommen, mit einigen weiteren Beispielen in Erinnerung zu rufen.

Im Laufe der fünfziger Jahre schwappte die psychoanalytische Welle,

von den Vereinigten Staaten ausgehend, wo sie während der Nazizeit Fuß gefaßt hatte, in alle Länder der westlichen Welt über. Filmdrehbücher kolportierten aufregende Versionen von nach Freudschen Regeln ablaufenden Psychodramen. Die Diskussionen in der gutbürgerlichen Gesellschaft wurden mancherorts weitgehend von psychoanalytischer Terminologie beherrscht. (Diese eröffnete nicht zuletzt die einzigartige Gelegenheit, sexuelle Themen mit einer Ungeniertheit zu erörtern, die in jedem anderen Kontext damals noch völlig undenkbar war.) Aber auch die klinische Psychiatrie wurde – aus mir nicht bekannten Gründen besonders heftig in der Schweiz – von der Woge erfaßt.
Ich erinnere mich noch meiner Verblüffung, als mich Schweizer Kollegen bei einem Kongreßbesuch darüber aufzuklären versuchten, daß die endogene Depression selbstverständlich keine Psychose im klassischen Sinne sei, sondern eine »Kernneurose«, die nur mit analytischen Methoden wirksam behandelt werden könne. Da eine endogene Depression im Durchschnitt etwa neun Monate anhält und eine analytische Psychosetherapie mindestens zwölf Monate dauert, hatten die Kollegen keine Schwierigkeiten, mir als Beleg für ihre Behauptung eine erkleckliche Zahl psychotherapeutisch von ihnen »geheilter« Depressionsfälle auftrumpfend unter die Nase halten. Auch die Schizophrenie, die bösartigste, häufrig chronisch verlaufende Form einer geistigen Erkrankung, wurde damals in vielen Kliniken (übrigens nur in Ausnahmefällen in der Bundesrepublik), unter großzügiger Außerachtlassung aller seit langem bekannten Hinweise auf die ihr zugrundeliegende Erbdisposition, von einer endogenen Psychose zu einer »Kernneurose« umetikettiert und dementsprechend »tiefenpsychologisch« behandelt.
Getragen von dieser Welle, ließ sich auch ein in Fachkreisen nicht ganz unbekannter Psychiater im Großraum Köln dazu herbei, einmal den Versuch einer analytischen Behandlung eines seiner chronisch schizophrenen Patienten zu unternehmen. Ein totaler »personaler Einsatz« des Therapeuten war in solchem Falle unbedingte Voraussetzung. Wer es daran fehlen ließ, wurde in den Augen der analytisch engagierten Kollegen leicht zum moralischen Versager. Diesen Vorwurf wollte sich besagter rheinischer Psychiater keinesfalls machen lassen, und so nahm er den für den Therapieversuch auserwählten Patienten gegen den rasch überwundenden Protest seiner Ehefrau in seine Familie auf.

Das therapeutische Experiment führte innerhalb kürzester Zeit zu bemerkenswerten Komplikationen. Therapeut und Gemahlin waren darauf innerlich vorbereitet und zu selbstloser Toleranz entschlossen.* Diese geriet bei der Hausfrau allerdings ernstlich ins Wanken, als der Patient seinem Therapeuten eines Tages in größter Seelenruhe in die geöffnete Schreibtischschublade kotete. Dem Hausherrn, analytischem Denken verschworen, gelang es dennoch, die Fortsetzung der familiären Therapie durchzusetzen. Ob es ihm auch gelang, die Gattin von seiner Interpretation des Vorfalls zu überzeugen, ist nicht überliefert.

Er selbst jedenfalls gab sich wegen des »therapeutischen Fortschritts« beglückt, den er darin sah, daß der Patient nichts anderes getan habe, als ihm – symbolisch, versteht sich – »ein Geschenk zu machen«, das nun auf gar keinen Fall geringschätzig behandelt werden dürfe, wenn der Behandlungserfolg nicht aufs Spiel gesetzt werden solle. Symbol hin, Symbol her, das Präsent stank, und die Gattin weigerte sich uneinsichtig und standhaft, es innerhalb der Wohnung zu verwahren. Es kam daher zu einem Kompromiß: Der Schreibtisch wurde, mit geöffneter Schublade, auf den Balkon der Etagenwohnung geschoben, der glücklicherweise eine Glastür hatte, so daß dem Kranken die Möglichkeit unbenommen blieb, sich durch Augenschein davon zu überzeugen, wie sehr sein Arzt die symbolische Gabe zu würdigen verstand. Daß der Patient, nachdem er wiederholt Anstalten gemacht hatte, seine Gastgeberin zu vergewaltigen, dann schließlich doch auf die psychiatrische Krankenstation zurückverlegt werden mußte (in ungebesser-

* Der Fall führt einen psychologisch leicht einfühlbaren Strang des vielfältigen Motivbündels vor Augen, der damals die Welle analytischer Behandlungsversuche bei Geisteskranken mit ausgelöst haben dürfte: der Gedanke daran, daß eine moralische Verpflichtung bestehen könnte, sich bei dem Versuch, einem psychotischen Patienten in seiner furchtbaren Situation zu helfen, menschlich »total einzubringen«. Der Gedanke ist zutiefst human und äußerst sympathisch. Objektiv – als Methode zur *Behandlung* eines psychotischen Patienten – bleibt er aber leider völlig vergeblich. Es gibt sicher kaum einen klinisch tätigen Psychiater, der zu Beginn seiner Ausbildung diesen Impuls nicht gespürt und nicht den strapaziösen und regelmäßig frustrierenden Versuch gemacht hätte, einen der ihm anvertrauten Patienten durch intensive menschliche Zuwendung vor dem Versinken in den Abgrund geistiger Umnachtung zu bewahren. Ich verfüge selbst über entsprechende, niederschmetternd deprimierende Erinnerungen. Ein klinisch erfahrener Arzt muß das aber besser wissen, nicht zuletzt im Interesse des Patienten selbst, der Anspruch auf eine Behandlung hat, die *ihm* wirksam hilft und nicht nur moralische Bedürfnisse seines Arztes befriedigt.

tem Zustand), kam für niemanden aus dem Kollegenkreise überraschend.
Ich war Ende der fünfziger Jahre unter den Zuhörern eines namhaften psychiatrischen Kongresses in Baden-Baden, auf dem der von der Kongreßleitung geladene Direktor einer bekannten Schweizer Klinik über seine Versuche zur analytischen Behandlung von Schizophrenen referierte. Auch er stellte den bedingungslosen persönlichen Einsatz als unerläßliche Voraussetzung eines Erfolges in den Vordergrund. Unter anderem empfahl er, dem Patienten anzubieten, »am Penis des Therapeuten zu saugen«, da davon auszugehen sei, daß dem Kranken die Erfüllung dieses Wunsches in seiner frühen Kindheit vom eigenen Vater versagt worden sei, worin eine wesentliche Ursache der jetzt vorliegenden psychischen Krankheit bestehen könnte.
Da saßen sie, nahezu vollzählig, die führenden Repräsentanten der deutschen Psychiatrie, und hörten sich diesen erlesenen Quatsch schweigend an, wenn auch nicht zustimmend, wie zu ihrer Ehrenrettung sofort hinzugefügt sei. Ich würde mich nicht getrauen, von dem Vorfall zu berichten, wenn ich nur von ihm gehört hätte. Aber ich war dabei, als kleiner Privatdozent zum Schweigen verurteilt, und wurde Zeuge der Tatsache, daß kein einziger der anwesenden Halbgötter der Psychiatrie sich ermannte, das laut auszusprechen, was alle sahen: daß sich da vorn am Vortragskatheder ein Kaiser produzierte, der keine Kleider anhatte. Niemand, der an den diesen Blödsinn verzapfenden Gast die doch am nächsten liegende Frage gerichtet hätte: Was ihn eigentlich auf den abstrusen Gedanken gebracht habe, daß das Saugen am väterlichen Penis zu den Voraussetzungen einer ungestörten Kindheitsentwicklung gehöre.*
Der Analytiker aus der Schweiz hätte sich vermutlich auf Sigmund Freuds Dogma berufen, daß jedwede neurotische Störung als Äußerung der »psychischen Energie« tief ins Unbewußte verdrängter sexueller »Traumen« angesehen werden müsse, die in früher Kindheit erlitten worden seien. Daß keiner der Patienten sich ihrer erinnern kann,

* In einer anschließenden Pause traf ich auf einen Kölner Neurologen, der mir mit kummervoller Miene zuflüsterte: »Was für eine Narretei, Herr v. Ditfurth, was für eine Narretei!« Im Saal hatte auch er geschwiegen. – Inzwischen ist die analytische Mode wenigstens in den Kliniken weitgehend überstanden. Die psychotischen Patienten werden (sehr zu ihrem Vorteil) wieder mit »naturwissenschaftlich-materialistischen« Methoden behandelt, und um die seinerzeit weltweit kolportierten Meldungen von analytisch angeblich geheilten psychotischen Patienten ist es still geworden.

ist dieser Auffassung nach einfach zu erklären. Eben ihres sexuellen Charakters wegen würden sie unter dem Einfluß der im späteren Leben erworbenen ethischen Normen als unmoralische und daher inakzeptable Erlebnisse abgewehrt und in die Tiefen des Unbewußten verdrängt. Dort rumorten sie allerdings auch noch beim Erwachsenen, da ihre »psychische Energie« – niemand, Freud eingeschlossen, hat je erklärt, was darunter eigentlich zu verstehen sein soll – dort unten nicht »verbraucht« werden könne. Zutage träten sie, von der moralischen Instanz des »inneren Zensors« (Über-Ich) offiziell aus dem Bewußtsein verbannt, dann nur noch in nicht mehr erkennbarer, symbolisch kunstvoll verwandelter Form in krank machender Weise, eben als Symptome einer »Neurose« oder einer sonstwie gearteten geistigen Erkrankung.

Auch der Hinweis darauf, daß noch kein Vater jemals bekundete, eines seiner Kinder habe den Wunsch erkennen lassen, an seinem Penis zu saugen (und keiner seiner zwei- oder dreijährigen Söhne habe danach verlangt, der eigenen Mutter geschlechtlich beizuwohnen – angebliche Wurzel des legendären »Ödipuskomplexes«), kann einen gutgeschulten Adepten der Freudschen Lehre nicht einen Augenblick in Verlegenheit bringen. Alle derartigen Regungen blieben eben, so werden wir belehrt, im Stadium des bloßen Wunsches stecken, und gerade deshalb würden sie ja zum Quell frühkindlicher Frustrationstraumen. Und warum das? Weil die sittlichen Normen der Gesellschaft ihre Erfüllung versagten. Die naheliegende anschließende Frage, woher ein Dreijähriger das wisse (denn aktiv verweigert kann ihm der sexuelle Wunsch ja kaum werden, wenn dieser von dem ins Auge gefaßten Elternteil – siehe oben – gar nicht erst bemerkt wird), führt dann endgültig in die logische Sackgasse.

Die entscheidende Frage für den unbefangenen Betrachter ist letztlich aber die, woher, wenn das so ist, Freud und die Freudianer eigentlich von allen diesen unbewußt und ohne reale Erfüllung bleibenden frühkindlichen Strebungen etwas wissen können: Die Eltern des Kleinkindes erfahren von ihnen nichts, und der spätere Erwachsene ist außerstande, sich ihrer zu erinnern. Woher, um alles in der Welt, weiß man dann von ihrer Existenz? Für den gelernten Freudianer liegt die Antwort abermals offen auf der Hand: Durch die mit dem kunstvollen Instrumentarium der Psychoanalyse erfolgende Entschlüsselung der neurotischen Symptome lassen sie sich noch Jahrzehnte später rekonstruieren. Und wer bürgt für die Verläßlichkeit dieser Rekonstruktion? Einzig und allein der Psychoanalytiker und die objektiv auf keine Weise irgendwie nachprüfbare »Plausibilität« seiner Deutungen. Da liegt also der Knüppel beim Hund.

Es ist in diesem Zusammenhang aufschlußreich, wie Freud selbst sich zu dem Problem geäußert hat. Seine ersten Publikationen über die Existenz einer frühkindlichen Sexualität entfachten verständlicherweise einen Sturm der Entrüstung. Wie nicht weiter verwunderlich, wurde auch ihm sofort die Frage gestellt, woher er das alles eigentlich wissen wolle. In einer frühen Arbeit mit dem Titel: »Die Widerstände gegen die Psychoanalyse« antwortete er darauf folgendermaßen: »In diesem Lebensabschnitt laufen diese Impulse noch ungehemmt weiter als direkte sexuelle Wünsche. Dies kann so leicht bestätigt werden, daß nur größte Anstrengungen es ermöglichen würden, es zu übersehen.« Und: »(...) je mehr man diese Beobachtungen vertiefte, um so offensichtlicher wurden die Fakten, und um so erstaunlicher war es auch, daß man sich so viel Mühe gab, sie zu übersehen.«

Nun ergab jedoch die von kritischen Nichtfreudianern vorgenommene sorgfältige Beobachtung von Kindern über lange Zeitspannen hinweg nicht ein einziges der vielen von Freud als »offensichtlich« bezeichneten und angeblich »leicht zu bestätigenden« Phänomene frühkindlicher Sexualität. Nachdem sich die negativen Publikationen gehäuft hatten, klang es dann im Vorwort zur vierten Auflage der »Drei Abhandlungen zur Sexualtheorie« plötzlich ganz anders. Jetzt schreibt Freud: »Niemand (...) außer Ärzten, die Psychoanalyse praktizieren, kann überhaupt Zugang zu dieser Wissenssphäre oder irgendeine Möglichkeit zur Bildung eines Urteils haben, das von eigenen Abneigungen oder Vorurteilen unbeeinflußt ist. Wenn die Menschheit fähig gewesen wäre, aus der direkten Beobachtung von Kindern zu lernen, dann hätten diese drei Essays ungeschrieben bleiben können.« Damit hatte der Altmeister höchstselbst den Knüppel fein säuberlich wieder neben dem Hund abgelegt.

Der Wert einer wissenschaftlichen Theorie oder Methode läßt sich letztlich an den Erfolgen ihrer praktischen Anwendung ablesen. Darüber dürfte allgemeines Einverständnis herrschen. Wie steht es in dieser Hinsicht nun um die Freudsche Neurosenlehre? Liefern die Ergebnisse der tiefenpsychologischen Behandlungspraxis Hinweise auf die Richtigkeit der ihr zugrundeliegenden psychoanalytischen Theorie?

Irgendwelche Belege für ihre Gültigkeit, an denen auch ein Kritiker nicht vorbeikommt, weil es an ihnen nichts mehr zu deuteln gibt? Es klingt fast unglaublich, aber es ist nicht übertrieben, wenn man feststellt, daß diese Frage mit »totale Fehlanzeige« beantwortet werden muß.

Man bedenke, was es heißt, wenn der Direktor des Instituts für klinische Psychologie und Psychotherapie an der Universität Heidelberg sich 1987 zu dem Zugeständnis durchrang: »Andererseits scheint der Weg zur Ermittlung empirisch gehaltvoller und insbesondere verallgemeinerbarer Ergebnisse über spezifische Veränderungswirkungen in der Psychotherapie noch sehr weit.«* Wenn man diese kunstvoll verklausulierte Aussage in Klartext überträgt, besagt sie nichts anderes, als daß bis auf den heutigen Tag – ein halbes Jahrhundert nach dem Tode Freuds! – noch völlig offen ist, ob die analytische Psychotherapie überhaupt irgendeinen nur mit ihrem Einsatz erreichbaren Effekt entfaltet. Dies ist die Quintessenz aus den Erfahrungen mit den von Abertausenden von Analytikern im Verlaufe fast eines ganzen Jahrhunderts unternommenen psychotherapeutischen Bemühungen! Eine niederschmetterndere Bankrotterklärung ist kaum vorstellbar.**

Damit wären wir wieder bei unserer Ausgangsfrage angekommen: Wie läßt sich die wahrhaft erstaunliche Tatsache erklären, daß eine sich bei näherer Betrachtung als haltlos entpuppende geistige Konstruktion wie die Freudsche Psychoanalyse seit der Jahrhundertwende in der ganzen westlichen Welt eine direkt oder indirekt das Denken unzähliger Menschen beherrschende Autorität erlangen konnte? Eine Autorität, die einen ausgewachsenen Professor der Psychiatrie dazu bringt, die in die Schublade seines Schreibtisches abgesetzte Kotmasse eines Patienten als »symbolisches Geschenk« zu begrüßen? Die groß genug ist, um ein Ensemble hochkarätiger Experten eine groteske und

* Peter Fiedler, »Paradigmawechsel in der Psychotherapieforschung«, in: Universitas, Nr. 10/1987, S. 1063.

** Ich kann bei meiner hier vorgetragenen Kritik an der Psychoanalyse nur einige der wichtigsten Aspekte herausgreifen. Wer an einer alle in Frage kommenden Argumente berücksichtigenden Widerlegung dieser abstrusen Lehre interessiert ist, sei auf das ausgezeichnete Buch »Tiefenschwindel. Die endlose und die beendbare Psychoanalyse« (Reinbek bei Hamburg 1986) des renommierten Wissenschafts-Journalisten Dieter E. Zimmer verwiesen. Das flüssig geschriebene Buch führt mit klarer, grundsolide dokumentierter Argumentation auch dem Nichtfachmann vor Augen, was von der Freudschen Lehre wissenschaftlich zu halten ist: nichts.

frei aus der Luft gegriffene Darstellung frühkindlicher Entwicklungsbedingungen widerspruchslos anhören zu lassen? Die so groß ist, daß man Menschen allen Ernstes glauben machen kann, mit »analytischer« Deutungskunst sei es möglich, dem Gehirn eines vor einhundertfünfzig Jahren Verstorbenen heute noch »unbewußte Gedanken« zu entnehmen?

Da kommt viel zusammen. Anfangen müssen wir bei dem Versuch einer Erklärung der geistesgeschichtlichen Groteske mit der Erinnerung daran, daß dem Menschen auf seine Frage nach den Ursachen der ihm fortwährend widerfahrenden Übel prinzipiell nur drei Antworten zu Gebote stehen. Er kann, was ihn und die Seinen trifft, als die Schläge eines blind und sinnlos waltenden Schicksals hinnehmen. Er kann versuchen, sie als Ausdruck sinnvoller Absicht einer jenseitigen Instanz (eines ihn prüfenden oder strafenden Gottes) zu ertragen. Oder, dritte und letzte Möglichkeit, er betrachtet sie als die Konsequenzen von ihm selbst begangener Fehler.

Die erste Möglichkeit, die des »blind waltenden Schicksalsschlags«, erscheint dem Menschen als schwer erträgliche Zumutung. Die zweite – Schicksalsschläge als Folge »unerforschlicher« göttlicher Ratschlüsse – wird zwar dem menschlichen Sinnbedürfnis gerecht, hat jedoch im Verlaufe der auf die »Jenseiterei« (Ernst Bloch) vorangegangener Jahrhunderte folgenden neuzeitlichen »Diesseiterei« entscheidend an Glaubwürdigkeit eingebüßt. Bleibt die Erklärung schmerzlicher Erfahrungen als Folgen selbstgemachter (oder jedenfalls von Menschen begangener) Fehler und Versäumnisse. Diese letzte Möglichkeit muß dem heutigen Menschen vergleichsweise am attraktivsten erscheinen.

Sie paßt zu dem Geist der Zeit, in der wir leben. Denn sie enthält im Kern auch bereits den Hinweis auf die Lösung aller Leidensprobleme. Ein Mensch, der selbst die Schuld trägt an dem, was ihm zustößt, braucht sich nicht nur nicht mehr als ohnmächtiges Objekt eines blind wütenden Schicksals zu fühlen, er hält auch den Schlüssel zur Besserung seines Loses selbst in der Hand. Denn wenn Schicksalsschläge die Folge fehlerhaften Verhaltens sind, muß sich ihnen durch die Vermeidung dieser Fehler vorbeugen lassen. Es kommt dann nur noch darauf an herauszufinden, wo die Fehler liegen, und sie, wenn sie schon gemacht wurden, nachträglich zu korrigieren.

Diese moderne Auffassung von der Rolle und den Möglichkeiten des

Menschen in der von ihm geschaffenen Zivilisationswelt hatte sich im »Zeitalter der Naturwissenschaften«, im vergangenen Jahrhundert, zu Lebzeiten Sigmund Freuds also, auf allen Ebenen durchgesetzt. Es galt im Lichte dieser Auffassung, das Bewußtsein der Menschen und die Strukturen der menschlichen Gesellschaft von allen Resten vorrationaler Einflüsse zu säubern und allein der Herrschaft der kalkulierenden Vernunft zu unterwerfen. Wenn das erst einmal vollständig gelungen war, dann gab es, dies die jetzt vorherrschende Meinung, keine Hindernisse mehr auf dem Wege zu einer leidensfreien, von Ungerechtigkeiten und Kriegen befreiten Welt glücklicher Menschen. Das Paradies, bisher bloße Verheißung für einen Sankt-Nimmerleins-Tag, lag als konkret erreichbare Möglichkeit vor aller Augen. Es kam nur noch darauf an, sich mit Hilfe der planenden Vernunft entschlossen genug auf den Weg zu machen.

Die »Machbarkeit aller Dinge«, auch die eines schon im Diesseits existierenden Paradieses, das war die eigentliche Verheißung des neuen, von den atemberaubenden und grenzenlos erscheinenden Fortschritten der Naturwissenschaften ausgelösten Glaubens an die unüberwindliche Stärke der eigenen Vernunft. Es scheint mir offensichtlich zu sein, daß es dieser Aspekt des naturwissenschaftlichen »Zeitgeistes« gewesen ist, der Sigmund Freud die »Verwissenschaftlichung« der Seelenheilkunde als vordringlichstes Ziel aller Psychologie erscheinen ließ, die den Anspruch erheben wollte, als »modern« zu gelten. Das naturwissenschaftliche Erklärungsmodell (»Paradigma« nennt man das heute in der Sprache der Wissenschaftstheorie) war sein Vorbild.

Alle beobachtbaren Erscheinungen haben eine ursächliche Vorgeschichte, aus der sie sich ableiten und verstehen lassen, so lautete das konkurrenzlos erfolgreiche Rezept der Naturwissenschaften. Warum eigentlich sollte das für psychische Phänomene nicht gelten? Nicht nur physikalische Prozesse lassen sich durch eine gezielte Beeinflussung ihrer Ursachen nach Wunsch lenken. Auch gesellschaftliches Leiden in Gestalt von Unfreiheit und Ausbeutung läßt sich durch die Behebung seiner sozialen Ursachen an der Wurzel kurieren. Findet seelisches Leiden etwa nicht auch seine Gründe in der Vorgeschichte der individuellen psychischen Entwicklung? Dort muß man folglich nach ihnen suchen, um sie zu beeinflussen, wobei auch das seelische Leid sich als vermeidbar und nachträglich korrigierbar herausstellen wird.

Freuds Entwurf präsentiert sich im Lichte dieser Zusammenhänge als so etwas wie der Versuch, eine »Planwirtschaft im Bereich der Seele« zu begründen mit dem ihm und seinen Anhängern erreichbar erscheinenden Endziel, psychisches Leiden abzuschaffen. Kein Wunder, daß das Unternehmen Beifall fand. (Wer von uns wünschte denn nicht, daß Freud recht behalten hätte!)
Andere Argumente kamen hinzu. Die Naturwissenschaft hatte ihre eindrucksvollen Erfolgen nicht zuletzt der revolutionierenden Einsicht zu verdanken, daß die Dinge nicht identisch sind mit dem Anblick, den sie dem naiven Betrachter bieten (Beispiel Newton!). Was es mit ihnen wirklich auf sich hat, zeigt sich erst, wenn man die Oberfläche des Augenscheins durchstößt und einen Blick hinter die Kulissen wirft. Auch das Lebensgefühl von Menschen, die sich niemals für Naturwissenschaften interessiert hatten und nichts von ihr zu verstehen glaubten, wurde von dem durch diese wissenschaftliche Erfahrung genährten Mißtrauen dem bloßen Augenschein gegenüber im Laufe der Zeit angesteckt. Erfahrungen wie die, daß die elektrische Ladung, die einem blanken Draht auf keine Weise anzusehen ist, dennoch tödlich wirken kann (erst recht heute die unspürbare Strahlung einer radioaktiven Quelle), haben auch den letzten Zeitgenossen davon überzeugt, daß es ratsamer ist, den Erkenntnissen der Experten zu vertrauen als den eigenen Sinnesorganen.
Wer aber wäre unter diesen Umständen nicht bereit gewesen zu glauben, daß sich auch die »wahre« Bedeutung psychischer Sachverhalte nicht »am bloßen Augenschein« ablesen läßt? Daß auch sie vielmehr von der Kunst des ausgebildeten »Tiefenpsychologen« erst aus den hinter der Kulisse der seelischen Oberfläche verborgenen Tiefen des »Unbewußten« ans Tageslicht gehoben werden muß, um erkennbar zu werden? Eine Gesellschaft, die es immerhin akzeptiert hatte, daß die sie umgebende physische Welt auf der Existenz prinzipiell unsichtbar bleibender Atome beruhte, war auf die Behauptung vorbereitet, daß auch die psychische Wirklichkeit auf die Existenz ungreifbarer Faktoren zurückgeführt werden müsse, auch wenn ihr dabei nur immer wieder die gleichen, von Freud angeblich nachgewiesenen, ins Unbewußte verdrängten »libidinösen« Triebwünsche genannt wurden.
Daher billigt der Außenstehende dem Analytiker bis auf den heutigen Tag von vornherein und unbefragt ein überlegenes Wissen zu, sobald der mit Begriffen wie »Todestrieb«, »Ödipuskomplex«, »Triebabfuhr«

oder »Kastrationsangst« um sich zu werfen beginnt, weil der Mann sich damit ja auf psychische Tatbestände bezieht, die, da sie in den Abgründen des Unbewußten ihr Wesen treiben, dem Laien unfaßbar bleiben. Seine Zustimmung erfolgt nicht zuletzt auch deshalb eilfertig, weil er befürchtet, sich durch Skepsis oder Rückfragen dem Vorwurf mangelhafter Bildung auszusetzen. Wer die anläßlich des Auftritts eines Popidols durch dessen Anhängerschaft bewerkstelligte Zerlegung des Saalgestühls als den vandalischen Akt affektiv enthemmter Halbstarker erklärt, formuliert lediglich eine Trivialität. Auf den andächtigen Beifall seiner Zuhörer kann jedoch verläßlich zählen, wer denselben Vorfall als den Ausfluß destruktiver, dem unbewußten menschlichen »Todestrieb« entspringender Tendenzen bezeichnet.

Unter diesen Umständen konnte es gar nicht ausbleiben, daß der psychoanalytische Jargon auch die Alltagssprache eroberte. »Sublimierung« und »Verdrängung«, »Fehlleistung« (vorzugsweise mit dem voranzustellenden Zusatz »Freudsche«) und »Komplex«, das alles sind Vokabeln, die in dem Wortschatz keines Gebildeten mehr fehlen, auch wenn dieser in Wirklichkeit meist nur eine vage Ahnung davon haben dürfte, was Freud mit ihnen ursprünglich gemeint hat. So beeilte sich auch Rudolf Augstein, der Herausgeber des »Spiegel«, einem völlig banalen Versprecher in einem Fernsehinterview sofort mit einem »Wissen« signalisierenden Lachen die Bemerkung folgen zu lassen: »Ein Freudscher Versprecher!«, ohne zu begründen (und vermutlich auch ohne zu wissen), was an seinem Versehen eigentlich freudianisch gewesen sein sollte.* Aber diese fast reflexhafte Neigung, sich auf das

* Augstein bezeugte die Allgegenwärtigkeit der psychoanalytischen Mode in der beschriebenen Weise, als er Anfang November 1988 als »Zeuge des Jahrhunderts« im ZDF interviewt wurde. – Ein »Freudscher« Versprecher wäre (wie ausnahmslos all und jedes bei Freud) die Folge der Verdrängung eines gesellschaftlich unakzeptablen sexuellen Wunsches. Nach Freud stellt das irrtümlich anstelle des gemeinten verwendete Wort eine symbolisch »verarbeitete« Chiffre des verdrängten Sexualwunsches dar. Dies in seinem Falle zu leugnen würde Augstein nicht das mindeste helfen. Auch gegen seinen noch so heftigen Widerspruch würde ein Psychoanalytiker daran festhalten, daß der Interviewte soeben verdrängte Triebwünsche verraten habe (etwa den »unbewußten« Wunsch, sich der Interviewerin in eindeutiger Absicht zu nähern). Je heftiger einer solchen Unterstellung – objektiv mit völligem Recht – widersprochen wird, um so mehr fühlt der Analytiker sich bestätigt: Der Widerstand beweist nach seiner Ansicht die Intensität der angeblichen unterdrückten Tendenzen. Merke: Der Analytiker hat immer recht, ausnahmslos in allen Fällen. Seine Widerlegung ist nicht einmal theoretisch möglich. Genau das aber macht in den Augen eines kritisch Denkenden die prinzipielle Schwäche seiner Position aus.

psychoanalytische Vokabular zu beziehen, hat im Bildungspublikum in der Art einer »vorauseilenden Beflissenheit« zur Anpassung längst weit um sich gegriffen, ursprünglich wohl deshalb, weil jemandem, der das tat, in den Augen seiner Umgebung der Nimbus des »Eingeweihten« zufiel.

Bei kritischer Betrachtung entpuppt sich die Freudsche Theorie als das Paradoxon einer »wissenschaftlichen« Disziplin, der das sie angeblich begründende Objekt fehlt: die spezifische Art einer psychischen Störung, die Freud meinte, wann immer er von »Neurose« sprach. Natürlich gibt es neurotische Störungen, und selbstredend erfüllen unzählige verantwortungsbewußte Psychotherapeuten (die es unstreitig gibt – neben einer vermutlich noch größeren Zahl wichtigtuerischer Scharlatane) eine wichtige und segensreiche Aufgabe. Unübersehbar ist die Zahl der Menschen, denen sie wirksam beistanden und beistehen bei dem Versuch, sich von übermäßigen psychischen Belastungen wieder zu erholen oder Probleme zu bewältigen, die ihnen in der Auseinandersetzung mit ihrer sozialen Umwelt erwuchsen.

Ohne jeden Zweifel sind unter ihnen Psychotherapeuten, die sich der von Freud entwickelten Begriffe und Regeln bedienen. Nur: Die Wirksamkeit der von ihnen angewendeten »orthodoxen« Methode unterscheidet sich im Vergleich *nachweislich nicht* von den Erfolgen irgendeiner anderen der heute kaum noch übersehbaren Vielzahl psychotherapeutisch vorgehender Behandlungsmethoden. (Während ausgerechnet die sogenannte »Verhaltenstherapie«, die allen freudianischen Grundsätzen zuwiderhandelt, indem sie zum Beispiel an den Symptomen ansetzt, ohne sich um deren Ursachen groß zu kümmern, in der Erfolgsstatistik fast als einzige Methode »eine gewisse Überlegenheit« aufweist.*) Die Erklärung dafür ist sehr einfach. Die wirksamen Effekte sind nämlich – ein Befund, der sich in der Branche seit einigen Jahren herumzusprechen beginnt – bei allen sonst noch so verschiedenen Methoden der Psychotherapie allem Anschein nach die gleichen: Heilkräftig wirksam ist allein schon die Tatsache der anteilnehmenden Zuwendung des Therapeuten und sein aktives Interesse für die Probleme des neurotisch Leidenden, ferner die durch diese Begegnung im Patienten mobilisierte Veränderungsbereitschaft, außerdem die für einen guten (intuitiv begabten) Psychotherapeuten bestehende Möglichkeit,

* Siehe dazu die selbstkritische Bilanz von Peter Fiedler, a.a.O., S. 1057.

die Probleme des Patienten als Außenstehender besser erkennen und durchschauen zu können als der Betroffene selbst. Alles weitere hängt dann von der Persönlichkeitsstruktur der Beteiligten ab und von der Differenziertheit der zwischen ihnen im Verlaufe der Therapie entstehenden zwischenmenschlichen Beziehung. Und alles weitere ist vor allem völlig unabhängig von der Frage, ob der Therapeut Freuds »unbewußte Komplexe« und frühkindliche Sexualtraumen ernst nimmt oder ob diese ihm, frei nach Shakespeare, soviel gelten wie Hekuba.

Von diesen unwiderleglichen, sich gegen den leidenschaftlichen Widerstand der gläubigen Psychoanalytiker seit Jahren durchsetzenden Erfahrungen werden die Dogmen der Freudschen Neurosenlehre in ihren Fundamenten erschüttert. Nichts von dem, was Freud in Hunderten von Schriften, Vorträgen, Briefen und Gesprächen seinem staunenden Publikum als Kern- und Angelpunkte seiner Lehre mit suggestiver Wortmächtigkeit unermüdlich einhämmerte, hat die Probe aufs Exempel bestanden: daß eine Neurose die Folge verdrängter, von der Zensur des »Über-Ich« dem Bewußtsein ferngehaltener sexueller Wünsche (oder auch Traumen) sei und daß allein die Bewußtmachung und anschließende »Verarbeitung« (»Abfuhr«) dieser im Unbewußten des neurotischen Patienten rumorenden »Komplexe« die neurotischen Symptome verschwinden lassen (heilen) könne.

Nicht besser steht es um die für einen Freudianer geradezu als Glaubenssatz geltende Behauptung, daß die für eine erfolgreiche Therapie unabdingbare Ermittlung vom Patienten in frühester Kindheit erlittener und von ihm selbst nicht bewußt erinnerter traumatisierender (krank machender) Erlebnisse die Anwendung des von Freud entwickelten Verfahrens verlange, welches diese Erlebnisse durch eine psychoanalytische »Übersetzung« aus den neurotischen Symptomen und den Träumen des Patienten zu rekonstruieren gestatte, in denen sie sich symbolisch verschlüsselt äußerten.

Nichts von alledem hat sich bewahrheitet. Keines dieser Dogmen findet in der Realität der neurotischen Störungen und ihrer Behandlungsmöglichkeiten auch nur die leiseste Entsprechung: Die orthodoxe Psychotherapie à la Freud ist genau so wirksam oder unwirksam wie jede beliebige andere psychotherapeutische Methode auch, die ohne den Hokuspokus von frühkindlichen Sexualtraumen, Ödipuskomplexen, Penisneid und anderen geheimnisumwitterten, den Laien beeindrukkenden Phantasmen auskommt. Und eine Neurose, die allein auf eine nach den Regeln freudianischer Kunst ablaufende Behandlung angesprochen hätte, hat auch noch niemand zu Gesicht bekommen (wenn die einschlägige Literatur naturgemäß auch von Fällen überquillt, die von gläubigen Adepten nach diesen Regeln beschrieben und »analysiert« worden sind).

Auch das ist keine Überraschung. Denn die Neurose à la Freud, Kernstück und Ausgangspunkt eines üppig wuchernden theoretischen Überbaus, Dreh- und Angelpunkt des gigantischen Konstrukts, das als Psychoanalyse weltweit so viele gescheite und noch viel mehr nicht gescheite Köpfe beherrscht hat, existiert in Wahrheit überhaupt nicht. Sie ist ein bloßes Phantom. Sie ist die Ausgeburt der visionären Phantasie eines Mannes, den seine Mit- und Nachwelt für einen genialen Wissenschaftler gehalten hat, der in Wirklichkeit jedoch ein genialer, sprachmächtiger Schriftsteller gewesen ist. Ein Mann, der seine Eingebungen über die Psyche des Menschen und ihre verborgenen Triebkräfte in so fesselnden Bildern, Metaphern und »Psychodramen« vorzutragen verstand, daß fast alle, die ihm zuhörten, verleitet wurden, seine Schilderungen von den in den unbewußten Tiefen unserer Seele tobenden Auseinandersetzungen für die Beschreibung sich tatsächlich ereignender psychischer Prozesse zu halten, anstatt sie als das zu betrachten, was sie sind: psychologische Mythen.

Eine Disziplin also, deren Objekt nicht existiert. Man bedenke, was das heißt. Da gibt es weltweit stattfindende Fachkongresse, ein ganzes Heer orthodox ausgebildeter Psychoanalytiker, eine Vielzahl spezieller Zeitschriften in allen Kultursprachen der Welt, nur eines gibt es nicht: den Gegenstand, dem der ganze institutionalisierte Aufwand gilt. *Es gibt keine psychische Störung, welche die Auswirkung der nicht verarbeiteten »Energie« von ins Unbewußte verdrängten frühkindlichen Sexualerlebnissen wäre.* Das klingt nicht nur grotesk, das *ist* grotesk. Ich gehe noch weiter. In meinen Augen liegt hier ein kollektives psychisches Phänomen vor, das eine strikte Analogie darstellt zu dem mittelalterlichen kollektiven Phänomen, das wir als »Hexenwahn« bezeichnen.

Zwischen dem 15. und dem 17. Jahrhundert wurden in Europa nach heutigen Schätzungen bekanntlich mehrere hunderttausend, wenn nicht Millionen »Hexen« nach bestialischer Folterung bei lebendigem Leibe verbrannt – darunter nicht nur alte Frauen, sondern auch Mäd-

chen. Aber darin besteht die Parallele natürlich nicht. Sie besteht in der Tatsache, daß damals differenzierte (»wissenschaftliche«) Methoden entwickelt wurden, um hexerische Fähigkeiten nachzuweisen, daß ein spezieller juristischer Kodex ausgearbeitet wurde, der genaue Vorschriften für das prozessuale Vorgehen gegen der Hexerei verdächtige Personen enthielt (der berüchtigte »Hexenhammer«). Sie besteht des weiteren insofern, als sich damals auch altangesehene Institutionen, wie etwa die katholische Kirche mit Hilfe einer von ihr organisierten Inquisitionsbehörde oder die juristischen Fakultäten der meisten westeuropäischen Universitäten, aktiv in die Bekämpfung des von allen kirchlichen und weltlichen Instanzen als ernst zu nehmende Bedrohung beurteilten »Hexenunwesens« einschalteten.
Es gab also einschlägige gerichtliche Verordnungen, offiziell legitimierte Spezialisten und Institute zur Verfolgung der Angelegenheit, hochgelahrte Herren sonder Zahl, die in großem Ernst überzeugt davon waren, es mit einer konkreten Gefahr für ihre Gesellschaft zu tun zu haben, und es gab, nicht zuletzt, Hunderttausende, wenn nicht Millionen Angeklagte, vom Mädchen bis zur Greisin, die aufgrund eigener Geständnisse (abgegeben im Verlauf der vom »Hexenhammer« ausdrücklich empfohlenen »endlosen Folter«) hingerichtet worden sind. Nur eines gab es während dieser ganzen Jahrhunderte nicht: Hexen. Das ist die Parallele.
Deshalb reden wir heute, nachträglich, auch vom Hexenwahn. Wer aber widerlegt nun meinen Verdacht, daß die schon fast ein Jahrhundert lang die Köpfe der Menschen in der westlichen Welt benebelnde Freudsche Tiefenpsychologie nach genau den gleichen Kriterien zu beurteilen ist? Und daß wir sie deshalb als einen in unseren »modernen« Zeiten ausgebrochenen »Hexenwahn« anzusehen haben? Als Beweis dafür, daß die Aufklärung letztlich doch spurlos am Homo sapiens vorübergegangen ist. Daß auch wir, immer noch, anfällig sind für kollektive ideologische Ansteckungen, denen gegenüber unsere seelische Immunität nur allzu leicht versagt, wenn sie sich zwanglos genug in das von uns gerade für wahr gehaltene Weltbild einfügen.
»Heilige Kühe«, wir erinnern uns, entdeckt man immer erst aus gebührendem Abstand. Solange die Popanze in den eigenen Reihen herumlaufen, bleiben sie so gut wie unsichtbar. Wir reden so gern herablassend vom »finsteren Mittelalter«. Wer garantiert uns eigentlich, daß unsere vermeintliche Überlegenheit nicht bloß auf einer optischen

Täuschung beruht, hervorgerufen durch die unaufhebbare Tatsache, daß man bei der Betrachtung des eigenen »Zeitgeistes« naturgemäß niemals auf die für eine objektive Sicht erforderliche Distanz gehen kann?

Menschliches, Allzumenschliches

Während der zwölf Jahre an der Würzburger Universität erlebte ich drei Chefs. Über Nr. 1 ist nicht viel und über Nr. 3 nichts Gutes zu sagen. Nr. 2 aber war ein Glücksfall, der in meiner Erinnerung alle Enttäuschungen mit den beiden anderen Herren überstrahlt.
Nr. 1 (dessentwegen ich ursprünglich an die Würzburger Nervenklinik gegangen war) faszinierte mich nicht nur im voraus mit seinen Publikationen, sondern auch in persona im klinischen Betrieb aufgrund einer außergewöhnlichen intellektuellen Brillanz und Formulierungskunst. Was mich jedoch bald verunsicherte, war eine hinter der Fassade stets gleichbleibender Liebenswürdigkeit nur notdürftig verborgene menschliche Kälte. Schlimmer noch war, jedenfalls in meinen Augen, ein im täglichen Umgang schnell erkennbar werdender, in jedem Augenblick spürbarer Drang zur Selbstdarstellung.
Der Mann posierte. Wo er ging und stand, »spielte« er mit kaum übersehbarer Selbstgefälligkeit die Rolle des elitären Gelehrten: mit einer zu einem amüsierten Dauerlächeln verzogenen Mimik, in Gestik und Tonfall, in der ganzen Art seines Auftretens. Das Ganze hätte sich als bloße Manieriertheit, als unwichtige Äußerlichkeit abtun lassen, wenn nicht der äußeren die innere Haltung nahtlos entsprochen hätte. Der Mann benutzte auch seine wissenschaftliche Tätigkeit in hohem Maße als Vehikel zu genußvoller Selbstdarstellung. Er war nicht in erster Linie von der Wissenschaft in Bann geschlagen, sondern vor allem von sich selbst. Ich war radikal genug in meinen Vorstellungen vom »Dienst an der Wissenschaft«, um das unverzeihlich zu finden. (Während ich in seinen Augen ein linkischer, unreifer Schnösel gewesen sein dürfte.) So war es von vornherein ausgeschlossen, daß wir Gefallen aneinander hätten finden können, weshalb ich es auch nicht als schmerzlich empfand, daß mein erster Chef mich zurückließ, als er nach kaum mehr als einem Jahr dem Ruf an eine Großstadtuniversität folgte.

Den von ihm freigemachten Stuhl besetzte Nr. 2, in der Person des Victor-Emil Freiherr von Gebsattel. Da dieser, Jahrgang 1883, das Pensionsalter schon überschritten hatte, kam er leider nicht als offiziell berufener Nachfolger zu uns, sondern nur als Interimsdirektor für die Zeit, die die Fakultät brauchen würde, um sich auf einen neuen Lehrstuhlinhaber zu einigen. Erfreulicherweise zog sich der Einigungsprozeß in dem erlauchten Gremium über gut zwei Jahre hin. Es war der schönste und geistig anregendste Abschnitt meiner Würzburger Zeit.

Gebsattel ist der geistvollste und gebildetste Wissenschaftler gewesen, dem ich während all der Jahre an der Universität begegnet bin. Kein Geringerer als Karl Jaspers hat ihm in seiner legendären »Allgemeinen Psychopathologie« das bewundernde Zeugnis ausgestellt, er, Jaspers, habe in den Arbeiten Gebsattels erstmals etwas über das innere Wesen psychischer Erkrankungen erfahren, wobei Jaspers sich insbesondere auf die – von mir bereits skizzierte – Gebsattelsche Analyse des depressiven Wahns bezog. Wie bei vielen souveränen Persönlichkeiten verband sich die geistige Überlegenheit bei diesem ungewöhnlichen Mann mit einer gewinnenden Herzlichkeit und Bescheidenheit im Umgang mit seinen Mitarbeitern.

Er lud gern zu sich zum Tee (wie wir alle damals noch, wohnte auch er in einem für ihn freigemachten Zimmer in der Klinik), wobei es völlig ungezwungen zuging, ohne die permanenten Gesten respektvoller Achtungsbezeugung, die jeder von uns im Umgang mit seinem Vorgänger als selbstverständliche Pflichtübung angesehen hatte. Er redete temperamentvoll und gern, immer geistvoll und mit viel Humor, über seine Erinnerungen (er war, neben zahlreichen anderen für uns schon »geschichtlichen« Größen, Freud wiederholt begegnet), aber auch über Literatur, Theaterinszenierungen, über Gott und die Welt. Was er sagte, war originell und pointiert, geboren aus eigenem Urteil und einem jugendlich gebliebenen passionierten Interesse an allen geistigen und kulturellen Dingen.

Der gewinnende Charme, den dieser Mann ausstrahlte, hing nicht zuletzt mit der Tatsache zusammen, daß es sich bei ihm um den Prototyp eines »Kavaliers alter Schule« handelte. Mit Grandezza küßte er im privaten Umgang den weiblichen Mitarbeitern seiner Klinik die Hand. Auch uns Assistenten behandelte er mit ausgesuchter, uns gänzlich ungewohnter Höflichkeit. Nicht ohne Grund trug er, der Psychiater und international renommierte Psychoanalytiker, schon seit Jahrzehnten den Spitznamen »Neurosen-Kavalier«. Niemand von uns aber wäre je auf den Gedanken gekommen, sich über die altmodisch-chevaleske Art des alten Herrn lustig zu machen. Dazu verehrten wir ihn zu sehr, und dazu war unser Respekt vor ihm viel zu groß.

Zwar litt das »große klinische Kolleg«, das Gebsattel pflichtgemäß viermal in der Woche zu halten hatte, ein wenig unter der mangelnden Routine des Mannes, der bis dahin niemals eine Universitätsklinik geleitet hatte (sein gespanntes Verhältnis zu den Nationalsozialisten hatte eine Berufung verhindert). Als klinischen Lehrer und wissenschaftlichen Mentor aber hätten wir uns niemand Besseren wünschen können. Der Mann hatte, den Eindruck gewannen wir immer wieder, praktisch die ganze Fachliteratur im Kopf. Nicht, daß er sie einfach nur jederzeit griffbereit gehabt hätte. Er hatte sie verarbeitet, ihm waren alle wesentlichen Bezüge zwischen den verschiedenen Auffassungen stets präsent, und seine Kenntnisse reichten weit über die eigentlichen Fachgrenzen hinaus in die benachbarten Bereiche der Psychologie und Philosophie.

Es war ein Genuß, mit ihm in kleiner Runde über ein wissenschaftliches (psychiatrisches oder anthropologisches) Problem zu diskutieren. Wir hatten dazu in diesen schönen Würzburger Jahren häufig, oft mehrmals in der Woche, Gelegenheit, denn Gebsattel war auch ein passionierter Disputant, der sich durch einige geschickte Fragen leicht in ein längeres Gespräch ziehen ließ. Jede dieser Diskussionen ging allerdings früher oder später unweigerlich in eine Miniaturvorlesung in kleinstem Kreise (»privatissime sed gratis«*) über, da bei der Weite des fundierten Gedankenfluges unseres Mentors niemand von uns lange mithalten konnte.

Auf diese Weise habe ich von dem alten Herrn von Gebsattel eine Fülle von Anregungen bekommen, von denen ich heute gelegentlich noch zehre. Man konnte nicht zuletzt deshalb so viel bei ihm lernen, weil er im Umgang mit uns Anfängern eine unendliche Geduld und Toleranz an den Tag legte. Wann immer man glaubte, einen Gedanken zu haben, der wichtig genug sei, um ihm vorgetragen zu werden, opferte er die notwendige Zeit, nicht selten mehrere Stunden, und hörte einem in »Privataudienz« auf seinem Zimmer geduldig zu.

* »Im engsten Kreise, aber umsonst«

Wenn sich dabei herausstellte (und das war leider Gottes nicht selten der Fall), daß man sein Thema nicht genügend durchdacht oder daß man die einschlägige Literatur nicht sorgfältig genug durchgearbeitet hatte, warf er das einem niemals brüsk an den Kopf. Selbst wenn man sich in grundfalsche Ideen verrannt hatte, sah er in einer Mischung von pädagogischem Instinkt und anerzogener Höflichkeit von der eigentlich wohlverdienten »geistigen Hinrichtung« ab. Mit behutsamen Fragen steuerte er das Gespräch vielmehr in sokratischem Stil so, daß man ganz von selbst zu begreifen begann, wo man vom rechten Pfad wissenschaftlicher Argumentation abgewichen war. Oft endete eine solche Privataudienz mit einem gemeinsamen Gang zur Klinikbibliothek, wo der alte Herr den Regalen mit sicherem Griff höchst eigenhändig die Bände entnahm, in denen noch einmal gründlich nachzulesen er einem empfahl.

Bei einem dieser Gespräche machte ich die mich bodenlos überraschende Entdeckung, daß die unerschütterlich scheinende Geduld, die dieser Chef seinen Schülern entgegenbrachte, das bewundernswerte Produkt eiserner Selbsterziehung war. Als ich auf eine längere Ausführung seinerseits einmal vorschnell mit einer – wie ich schon in der nächsten Sekunde einsah – besonders naseweisen Widerrede antwortete, sah ich zu meinem Erschrecken, wie der Kopf Gebsattels zornrot anschwoll. Gleichzeitig entrang sich seiner Kehle ein bedrohlich würgendes Geräusch, das sofort durch einige vorgetäuschte Hustenstöße überspielt wurde. Es dauerte wohl eine Minute, bis der Mann seine Fassung wiedergewonnen hatte. Erst dann sprach er weiter, mit der gewohnten geduldigen Höflichkeit, aber noch für einige Augenblicke mit unnatürlich gepreßt klingender Stimme. Von einer Sekunde zur anderen hatte sich mir offenbart, daß dieser uns durch seine geduldige Toleranz so ungeheuer imponierende Mann von Natur aus ein Choleriker sein mußte. Spätere Gespräche mit Familienangehörigen haben diese Diagnose bestätigt.

Jeder Achill aber hat eine Ferse, an der er genauso schwach ist wie jeder Sterbliche. Die Fersenschwäche Gebsattels war sein fester Glaube an die Wahrheit der Freudschen Lehre. Wir haben das damals mangels ausreichenden Überblicks selbstredend nicht annähernd so klar gesehen, wie es sich mir im Rückblick von heute aus darstellt. Aber eine Erfahrung gab es doch, die wir mit dem verehrten Chef Nr. 2 machten und die uns stutzig werden ließ.

Es wäre unverzeihlich gewesen, wenn wir die Gelegenheit nicht am Schopf ergriffen hätten, die sich uns dadurch bot, daß einer der erfahrensten und angesehensten deutschen Psychotherapeuten zu uns gestoßen war. Gebsattel wurde damals von Patienten aus der ganzen Bundesrepublik und der Schweiz aufgesucht, darunter vielen ehemals von den Nazis verfolgten Menschen, deren in Gefängnis oder KZ erlittene psychische Wunden nicht verheilen wollten. Gebsattel nahm sich ihrer an und hat vielen von ihnen entscheidend geholfen. (Wem hätte die anteilnehmende Zuwendung einer Persönlichkeit dieses menschlichen und geistigen Ranges auch nicht helfen sollen.) Wir baten den verehrten Chef, die Situation zu nutzen, um uns in einem geschlossenen kleinen Seminar nur für Mitarbeiter der Klinik näher in die Neurosenlehre einzuführen. Er war sofort einverstanden. Das erbetene Seminar hat dann fast zwei Jahre lang in etwa wöchentlichem Rhythmus stattgefunden. (Ich habe parallel dazu unter Gebsattels Anleitung und »Begleitung« Traumanalysen bei ausgewählten Patienten durchgeführt.)

Beeindruckt verfolgten wir die Interpretationen, mit denen Gebsattel die Schicksale und Symptome der uns vorgestellten neurotischen Patienten kommentierte. Einige Krankheitsverläufe verfolgten wir mit Abständen über längere Zeit hinweg. Im Laufe der Monate aber begannen wir, einen ganz bestimmten Krankheitstyp unter der uns vorgestellten Patientenauswahl zu vermissen. Schließlich sprachen wir das Problem offen an: Unter den vielen Patienten, die er uns gezeigt habe, habe sich, soweit wir das mitbekommen hätten, bisher noch nicht ein einziger »echter« Neurotiker im klassischen Freudschen Sinne befunden. Wir kennten das Krankheitsbild bislang nur aus der psychoanalytischen Literatur, in der es bekanntlich ausführlich beschrieben werde. Ob er uns nicht den Gefallen tun könne, uns auch diese berühmte Form einer Neurose einmal konkret erleben zu lassen.

Unser Wunsch fand volles Verständnis. Seine Erfüllung wurde bereitwillig zugesagt. Wir hatten ihn ohne jeden Arg, aus purer Wißbegier geäußert und waren voller Erwartung. Ich will es kurz machen: Gebsattels Zusage wurde niemals eingelöst. Selbst dieser Mann war, wie uns widerstrebend aufging, außerstande, uns auch nur ein Beispiel des Krankheitsbildes vorzuführen, das von Freud und dem unübersehbaren Heer seiner Anhänger als »die« typische, häufigste Form einer neurotischen Erkrankung, nein: als »die Neurose« schlechthin beschrieben wird. Zwar brachte unser Chef mehrfach, mitunter durch leise Erinnerung aus unserem Kreise gemahnt, Patienten in sein Seminar mit, an deren Beispiel er uns die Struktur einer Freudschen Neurose zu erläutern versprach. Ausnahmslos in jedem Falle endete die Angelegenheit aber mit dem von unseren wißbegierig-bohrenden Fragen schließlich herausgelockten Eingeständnis, daß der soeben durchgesprochene Fall in der Tat in diesem oder jenem Punkt »nicht wirklich typisch« sei, weil ihm dieses oder jenes von Freud als kennzeichnend angesehene Charakteristikum fehle.

Einen Krankheitsfall, dessen Verursachung durch ein frühkindliches Sexualtrauma wenigstens hätte vermutet werden können, haben wir, trotz dringender Wiederholung unseres Wunsches, in den Jahren der Gebsattelschen Klinikleitung nicht zu sehen bekommen. Es spricht für sich, daß selbst dieser bedeutende Psychotherapeut ins Leere griff bei seinem mehr als einjährigen Bemühen, einem aufgeschlossenen Kreis kritischer junger Psychiater eine typische Freudsche Neurose vorzuführen. Und es spricht darüber hinaus Bände, daß selbst ein Mann dieses Ranges nicht auf den Gedanken kam, für diese Vergeblichkeit einen Grund prinzipieller Natur in Erwägung zu ziehen.

Trotzdem war der »Neurosenkavalier« – den wir unter uns, ohne den leisesten Anflug von Respektlosigkeit, liebevoll »Opi« nannten – ein Chef, wie ihn sich ein wißbegieriger junger Assistent erträumt. Er erfüllte alle Erwartungen, fachlich, didaktisch und menschlich, die ein Anfänger sich ausmalen kann. Leider bildete er, wie wir in kürzester Zeit merkten, eine absolute Ausnahme. Die akademischen Lehrer an der damaligen »Ordinarienuniversität« waren, jedenfalls im klinischen Bereich und jedenfalls in Würzburg, in ihrer erdrückenden Majorität nicht so sehr an der Förderung der ihnen anvertrauten Assistenten interessiert als vielmehr an der Mehrung ihrer Geltung und ihres Einflusses innerhalb der Fakultät. Da sie dieser Tendenz nach Herzenslust, von keiner kontrollierenden Instanz behelligt, frönen konnten, war das menschliche Klima an fast allen Würzburger Kliniken miserabel. In den theoretischen Fächern war die Situation wesentlich besser, möglicherweise deshalb, weil es dort nicht neben der Wissenschaft noch um viel Geld ging.

Was wir an »Opi« gehabt hatten, ging uns sehr schnell auf, als der Nachfolger, der nach zweijährigem Hin- und Hergezerre in der Fakultät endlich berufene neue Klinikchef, die Herrschaft übernahm. Bei

Gebsattel hatte man von »Herrschaft« nicht reden können. Er steuerte die Klinik und seine Mitarbeiter geräuschlos kraft der menschlichen Autorität, die er ausstrahlte. Das tägliche Bemühen, seinen Erwartungen und den von seinem Vorbild gesetzten Maßstäben gerecht zu werden, hatte uns ausgesprochenes Vergnügen bereitet. Anders im Falle von Chef Nr. 3. Er entpuppte sich innerhalb weniger Monate als »Herrscher« im unerfreulichsten Sinne des Wortes.

Die folgenden Episoden schildere ich nicht leichten Herzens. Ich hatte Hemmungen zu überwinden, bevor ich mich dazu entschloß. Der Mann ist seit vielen Jahren tot. Wem hilft es da noch, wenn »olle Kamellen« wieder ausgegraben werden? Und: Kann ich wirklich sicher sein, daß ich nicht doch einem Bedürfnis nachgebe, mich nachträglich an dem Toten »zu rächen«? Aber im Unterschied zu vielen meiner damaligen Kollegen habe ich mich dem Herrschaftsbereich von Nr. 3 seinerzeit noch rechtzeitig und psychisch unbeschädigt entzogen, so daß bei mir keine Wunden zurückgeblieben sind. Der Gedanke an »Rache« verliert für mich überdies seinen Sinn angesichts eines Menschen, der sich in meiner rückblickenden Erinnerung längst als eine bemitleidenswerte Persönlichkeit von wahrhaft provinziellem Zuschnitt ausnimmt.

Warum also dann? Warum wärme ich dann hier anhand einiger weniger Beispiele – und wie ich gleich versichern möchte: bei weitem nicht der schlimmsten – die Erinnerung an die Jahre der Klinikherrschaft von Nr. 3 auf? Ich tue es nach reiflicher Überlegung (im Wissen um die unvermeidliche eigene Befangenheit) deshalb, weil es dabei überhaupt nicht um diesen Chef und auch nicht um das berufliche und menschliche Schicksal einer ganzen Reihe seiner ehemaligen Mitarbeiter geht, sondern darum, in dieser Rückschau ein wahrheitsgetreues Bild der Zustände wiederzugeben, die damals, zehn Jahre vor der »Studentenrevolte«, an einer deutschen Universität einreißen konnten.

Der erste Eindruck war gar nicht schlecht. Nr. 3 kam, gab sich wohlwollend und leutselig und war klug genug, während der ersten Monate zunächst einmal das Gelände zu sondieren. Als ich einen seiner ehemaligen Assistenten auf einem Kongreß traf, machte ich daher eine Bemerkung, aus der hervorging, daß ich den neuen Mann für besser hielt als den Ruf, der ihm vorausgeeilt war. »Warten Sie nur ab«, bekam ich trocken zur Antwort, »der zieht die Daumenschrauben ganz langsam an.« In den folgenden neun Jahren, von Ende 1951 bis

Anfang 1960, hatte ich hinreichende Anlässe, mich dieser Auskunft zu erinnern.
Nr. 3 betrachtete die Klinik mit ihrem lebenden und toten Inventar in größter Unbekümmertheit als sein persönliches Reich, in dem er nach Belieben schalten und walten konnte, ohne irgend jemandem Rechenschaft schuldig zu sein (und sei es der Gesellschaft, die ihn mit Steuergeldern erhielt in der Erwartung, er werde sein möglichstes tun, um Forschung und Lehre zu fördern). An der Klinik wurde mit Bienenfleiß gearbeitet, keine Frage. Die Krankengeschichten, die wir zu schreiben hatten, wurden von Jahr zu Jahr dicker, weil Nr. 3 mit unbeugsamer Pedanterie darauf bestand, daß auch die unwesentlichsten Details schriftlich festzuhalten seien. Er selbst konnte sich mit Patienten, deren Symptomatik ihn interessierte (meist handelte es sich um Patienten mit traumatischen oder degenerativen Hirnschädigungen), wochenlang beschäftigen. Tag für Tag stellte er ihnen über Stunden hinweg die immer gleichen Fragen, ließ sie mit Vorliebe auch Postkarten mit Gemäldereproduktionen beschreiben, wobei dem jeweils zuständigen Assistenten die mühselige Aufgabe zufiel, die Äußerungen des Patienten Seite um Seite wörtlich mitzuschreiben und später eigenhändig in die Maschine zu tippen.
Anfangs folgten wir diesen Praktiken mit erwartungsvoller Aufmerksamkeit, davon überzeugt, daß sich hinter dem aufwendigen Langzeitprogramm irgendeine wissenschaftliche Fragestellung verbergen müsse. Wir haben uns lange gegen die Einsicht gewehrt, daß davon nicht die Rede war. Ich habe in den neun Jahren, in denen ich Gelegenheit hatte, die Entstehung dieser Endlosprotokolle zu verfolgen (und mich an ihr zu beteiligen), nicht einen Fall erlebt, in dem Nr. 3 auch nur den Versuch gemacht hätte, aus diesen Niederschriften irgendeine Schlußfolgerung zu ziehen, geschweige denn den Ansatz zu einer wissenschaftlich zu nennenden Fragestellung abzuleiten.
Nun wäre das allein schlimmstenfalls lästig gewesen. Kein Assistent hat schließlich einen Anspruch auf einen wissenschaftlich kreativen und anregenden Chef. Das eigentlich Deprimierende an der Angelegenheit war die Unerbittlichkeit, mit der wir alle, vom jüngsten Volontär bis zum Oberarzt, in dieses Stumpfsinnprogramm eingebunden wurden. Jede noch so vorsichtige kritische Rückfrage führte zum sofortigen Entzug der allerhöchsten Gunst. Dann wurde man, bis zur Aussendung hinreichend starker Signale bußfertiger Unterwer-

fung, nicht nur unglaublich ruppig (bis beleidigend) behandelt, dann wurde einem stillschweigend auch der Geldhahn zurückgedreht: Von Stund an bekam man dann nicht mehr die begehrten berufsgenossenschaftlichen Gutachten, deren Bearbeitung Honorare von über hundert Mark einbrachte, sondern die kilogrammschweren Aktenbündel der Versorgungsämter, deren Bearbeitung ganze Wochenenden verschlang – für ein Pauschalentgelt von dreißig Mark. Daß das menschliche Klima in der Klinik unter dem Einfluß solcher Methoden der Menschenführung (die bei den damaligen Kümmergehältern außerordentlich wirksam waren) rasch degenerierte, liegt auf der Hand.

Diskussionen liebte Nr. 3 auch sonst nicht. Keine einzige der Arbeiten, die ich in diesen Jahren schrieb, ging auf eine Anregung meines Chefs zurück. Hatte ich eine in Nacht- und Wochenendarbeit fertiggestellt, hatte ich vielmehr regelmäßig größte Schwierigkeiten, ihre Freigabe bei Nr. 3 zu erhalten (ohne die ich das Manuskript bei keiner Wissenschaftsredaktion einreichen durfte). Eine meiner größeren Arbeiten verschwand drei Jahre lang in der Schublade des Chefschreibtischs, bevor ich sie mit List und Tücke doch noch zur Veröffentlichung freibekam. Irgendeine Möglichkeit der Berufung oder gar Beschwerde gegen diese Praktiken gab es für uns nicht.

Der Grund war sicher eine tiefsitzende Unsicherheit. Nr. 3 erwies sich als erstaunlich instinktsicherer Diagnostiker, darüber hinaus aber hatte er für den wissenschaftlichen Aspekt der Psychiatrie weder das geringste Interesse noch Gespür. Seine Spezialität war die periphere Neurologie: die Symptomatologie der Störung (Unterbrechung) der vielen kleinen Nervenstränge, welche die Vielzahl der Muskeln, vor allem an Händen und Beinen, versorgen – eine reine Fleißaufgabe, das rechte Metier für einen Pedanten wie ihn. Daher ging er wissenschaftlich-psychiatrischen Diskussionen (nicht dagegen denen über konkrete klinische Fälle) konsequent aus dem Wege. Wer immer auf einem Gebiet, auf dem er sich unsicher fühlte, besondere Kenntnisse hatte und so unvorsichtig war, das zu zeigen, machte sich ihn unfehlbar zum erbarmungslosen Feind. Da das in einem beinahe unglaubhaften Widerspruch zu der Einstellung steht, die wohl jedermann bei einem akademischen Lehrer voraussetzt, will ich das mit einem einzigen Beispiel illustrieren.

An der Würzburger neurologischen Klinik gab es einen Kollegen, der

sich als Spezialist für Thalamuserkrankungen* in Fachkreisen einen Namen gemacht hatte. Dieser unglückliche Kollege war schon von Haus aus ungewöhnlich gehemmt und schüchtern. Seine Eigenheiten hatten sich in letzter Zeit so sehr verstärkt, daß sein Chef mit Recht den Beginn einer psychischen Erkrankung befürchtete. Man war deshalb übereingekommen, besagten Kollegen unter einem Vorwand vorübergehend an unsere Klinik zu versetzen, wo wir ihn im täglichen Betrieb unauffällig beobachten konnten. Daher fand sein Kolleg über die Pathologie des Thalamus von nun an im Hörsaal unserer Klinik statt.
Unglücklicherweise, so muß man sagen, stieß er mit seiner Vorlesung auf große Resonanz. Sein Spezialkolleg wurde nicht nur von Studenten, sondern auch von Mitarbeitern mehrerer Kliniken sowie Mitgliedern des Anatomischen und des Physiologischen Instituts der Universität besucht. Sein Auditorium war klein, aber erlesen. Das aber schmeckte nun der Nr. 3 nicht, dessen Kolleg sich mangels der geringsten Vorbereitung und noch so bescheidener didaktischer Talente des Vortragenden nicht eben des besten Rufes erfreute.
Seine Reaktion war typisch und wirkungsvoll. Mit ausgesuchter Höflichkeit fragte er den Thalamusmann, ob er, nachdem er so ausgezeichnete Berichte darüber gehört habe, an dessen Kolleg wohl auch teilnehmen dürfe. Zutiefst geehrt und mit roten Ohren vor Aufregung, stotterte der Angesprochene seine Zustimmung (der es selbstverständlich gar nicht bedurft hätte). Aber auch wenn er sie, undenkbar, nicht gegeben hätte, hätte er den weiteren Ablauf nicht verhindern können. Nr. 3 platzte mitten hinein in das nächste Thalamuskolleg, leutselig lächelnd – und in Begleitung seiner beiden mächtigen Setter. Und während der Hundebesitzer vorgab, sich voller Erwartung auf die Fortsetzung des durch seinen Auftritt unterbrochenen Kollegs zu konzentrieren, versuchte der Redner an seinem Katheder – der so sensible und zur Beobachtung wegen der krankhaften Zunahme seiner Sensibilität inoffiziell unserer fachlichen Obhut anvertraute Spezialist –, mit zitternden Händen in seinen Papieren blätternd, den Faden wiederzufinden.
Die Setter sprangen derweil, mit der ihrer Rasse eigenen nervösen Unruhe, durch die Sitzreihen, die eingetretene peinliche Stille mit laut

* Thalamus: eine Zusammenballung von Nervenzellen bestimmter Funktion im Bereich des Hirnstamms.

klopfenden Geräuschen skandierend, hervorgerufen von ihren an die hölzernen Bänke schlagenden Schweifen. Als sie schließlich anfingen, den Vortragenden zu beschnuppern, war es mit dessen Fassung endgültig vorbei. Ohne ein weiteres Wort raffte er sein Manuskript an sich und stürzte fluchtartig aus dem Raum. Nr. 3 zuckte wie bedauernd und verständnislos mit den Achseln, rief die Hunde zu sich und verschwand mit ihnen ohne jeden Kommentar. Auch das Auditorium ging schweigend auseinander. Jeder empfand als ekelhaft, was sich da vor aller Augen abgespielt hatte. Aber einen Protest zu äußern, getraute sich niemand.

Das Kolleg fand nicht mehr statt. Wenige Wochen nach dem Vorfall (aber, wie sich angesichts der Art der Erkrankung mit Sicherheit sagen läßt, nicht durch ihn verursacht) mußten wir den zur Beobachtung zu uns gekommenen Kollegen mit einer manifesten psychischen Erkrankung in der geschlossenen Abteilung aufnehmen.

Es versteht sich unter diesen Umständen von selbst, daß Nr. 3 von Anfang an darauf erpicht war, den von uns so verehrten Professor von Gebsattel so rasch loszuwerden, wie es sich machen ließ. Das war deshalb nicht ganz einfach, weil »Opi« Wohnrecht in der Klinik genoß (das übliche Einzelzimmer) und nicht einfach auf die Straße gesetzt werden konnte. (In der damaligen, heute unvorstellbaren Wohnungsnot hätte er lange gebraucht, um eine neue Unterkunft zu finden.) Das Verbleiben dieses Mannes, der den eigenen Ruf so sehr in den Schatten stellte, in der Klinik weiterhin zu dulden, kam für Nr. 3 aber nicht in Frage.

Die Taktik, deren er sich zur Entfernung des unliebsamen Konkurrenten bediente (dem er gleichwohl weiterhin mit der ausgesuchtesten Höflichkeit begegnete), trug die für uns nun schon unverkennbare Handschrift unseres Herrn und Meisters. Zunächst wurde Gebsattels Bewegungsspielraum auf sein Zimmer beschränkt. Mit anderen Worten, er wurde, appellierend an sein Verständnis angesichts der bekannten Raumnöte in der Klinik, gezwungen, die psychotherapeutischen Sitzungen, zu denen ihn Patienten nach wie vor von weit her aufsuchten, in seinem Schlafarbeitszimmer abzuhalten. Leider seien, wie man ihm unter den Bekundungen größten Bedauerns eröffnete, Dienstzimmer in der Klinik zu diesem Zweck nicht mehr verfügbar. Natürlich wurde diese Hiobsbotschaft nicht von Nr. 3 selbst überbracht, sondern von Kolleginnen, deren Loyalität der Chef inzwischen in devoteste Ergebenheit umzuwandeln vermocht hatte. Nr. 3 hörte sich die Beschwerden Gebsattels mit bedauerndem Kopfschütteln an und versicherte, daß er alles versuchen werde, die Entscheidung der Verwaltung rückgängig zu machen. Niemand von uns wunderte sich jedoch, daß ihm das partout nicht gelingen wollte.

Als das erledigt war, folgte die zweite Phase der Kampagne. Nr. 3 begann sich mit anzüglichen Bemerkungen darüber lustig zu machen, daß Gebsattel, der als Psychotherapeut ja gehalten sei, seine Patienten im Liegen zu behandeln, nunmehr unauffällig die Gelegenheit geboten sei, seine jüngeren Patientinnen gleich auf seinem Bett zu placieren. Nr. 3 amüsierte sich köstlich über diese Vorstellung – er konnte, wenn es ihm darauf ankam, sehr witzig formulieren, meist auf Kosten anderer –, die er bei den allmorgendlichen Konferenzen, aber auch während der Visiten in Gegenwart des Pflegepersonals, einfallsreich ausspann. Natürlich, so versicherte er immer wieder, meine er das nicht etwa ernst. Aber die in der Runde seiner Mitarbeiter, die von ihrer Weltklugheit dazu bewogen wurden, sich mit diesem Manne, der nun einmal ihr Chef war, auf Gedeih und Verderb zu arrangieren – es waren glücklicherweise nicht viele, und es waren, ich muß es wiederholen, vor allem solche weiblichen Geschlechts –, hatten den unausgesprochenen allerhöchsten Wunsch sofort verstanden.

Und so entstand in der Klinik alsbald ein Geflüster und Gewisper, das sich um die mit allerlei Anspielungen variierte Frage drehte, was sich hinter der Tür des Gebsattelschen Schlaf- und Arbeitszimmers wohl abspielen möge, wenn dessen Bewohner Patientinnen zur privaten Behandlung empfing, womöglich noch in den Abendstunden. Bis auch der letzte Krankenpfleger kapiert hatte, daß hier ein »Hochgestellter« zu böser Nachrede freigegeben war. Es blieb nicht aus, es war unausgesprochen schließlich der Sinn der Gerüchtekocherei – für die selbstverständlich nirgendwo ein Koch als Verantwortlicher auszumachen war –, daß auch dem so Verleumdeten das Gerede zu Ohren kam. Das Ganze endete damit, daß Gebsattel das Haus angewidert aus eigenem Entschluß verließ, was von Nr. 3 dem Betroffenen und uns Assistenten gegenüber mit bewegten Worten zutiefst bedauert wurde.

Ich will es mit diesen wenigen Beispielen »aus dem eigenen Stall« genug sein lassen (es sind, wie gesagt, keineswegs die schlimmsten). Zur Entlastung des Kritisierten und zur Vervollständigung des Bildes von der Atmosphäre, die jedenfalls in den fünfziger Jahren an den meisten

Kliniken der Würzburger Universität herrschte, muß aber noch klargestellt werden, daß Nr. 3 damals *keine* Ausnahmeerscheinung darstellte. Die Kollegen an den anderen Kliniken hatten genauso wenig zu lachen wie wir.

Der Würzburger Internist vergraulte damals mit dem Wissen der ganzen Fakultät (deren inoffiziellem Wissen selbstverständlich) einen seiner begabtesten Oberärzte von seiner Klinik (und beendete damit dessen aussichtsreiche akademische Karriere definitiv), weil dieser sich erdreistet hatte, sich mit einer Laborantin des Hauses zu verloben, auf die der (verheiratete) Chef selbst ein Auge geworfen hatte (und bei der er mehrfach »abgeblitzt« war). In allen Würzburger Kliniken sprach man darüber, freilich nur hinter vorgehaltener Hand. Und der Chef der Kinderklinik wurde zum Stadtgespräch, weil er sich an heißen Sommertagen einen Spaß daraus machte, Staatsexamenskandidaten im öffentlichen Schwimmbad am Dallenberg zu examinieren: Die vier Kandidaten marschierten dabei im dunklen Anzug in der prallen Sonne schwitzend am Rand des Schwimmbeckens auf und ab, während der Prüfer ihnen vom Wasser aus, seine Bahnen ziehend, die Prüfungsfragen zurief. Drum herum standen feixend Würzburger Bürger in Badekleidung und sparten nicht mit spöttischen Kommentaren. Das mag auf schrullige Weise komisch finden, wer will, die Betroffenen empfanden es mit Recht als entwürdigende Behandlung.

Heute liegt die Frage nahe, warum wir uns das – und noch so vieles mehr – damals gefallen ließen. Die Antwort ist sehr einfach: Weil die Alternative, nämlich Widerspruch oder der Versuch einer Beschwerde bei irgendwelchen Universitätsinstanzen, allein die Folge gehabt hätte, daß uns von unserem Chef fristlos gekündigt worden wäre. Wir hätten dann ohne jeglichen arbeitsrechtlichen oder anderen Schutz auf der Straße gestanden. Nicht nur unsere Fachausbildung oder die Absolvierung einer akademischen Laufbahn wäre damit abrupt unterbrochen worden. Auch wirtschaftlich hätten wir mit unseren Familien vor dem Nichts gestanden, denn – und das war der harte Hintergrund der ganzen Misere – auf jede unserer bezahlten Planstellen lauerte eine Mehrzahl unbezahlt mitarbeitender Klinikangehöriger. Unter diesen Umständen an einer anderen Klinik unterzukommen war so gut wie ausgeschlossen.

Daher herrschten die Klinikdirektoren über die ihnen von der Gesellschaft anvertrauten Kliniken in ihrer Majorität damals mit der Selbst-

herrlichkeit kleiner Duodezfürsten. Ihren Mitarbeitern fiel die Rolle der Leibeigenen zu. Niemand kontrollierte den Chef, niemand verfügte über das Recht einer Berufung gegen seine Entscheidungen, niemandem schuldete er Rechenschaft. Vor der Versuchung, solche Machtmöglichkeiten bis zum Letzten auszukosten, sind nur starke Charaktere gefeit. Starke Charakter aber sind seltene Vögel (so selten, wie der Professor Victor-Emil Freiherr von Gebsattel es als klinischer Lehrer gewesen war).
Unter den damit leidlich anschaulich geschilderten Verhältnissen entschloß ich mich relativ früh zu einer Änderung meines Entschlusses, eine akademische Laufbahn anzustreben. Im akademischen »Reich des Geistes« herrschten andere Sitten, als ich es mir in jugendlicher Naivität ausgemalt hatte. Meine noch intakt gebliebene Selbstachtung ließ es mir zwingend geboten erscheinen, mich dem Herrschaftsbereich von Nr. 3 so bald wie möglich zu entziehen. Vorher aber wollte ich mich auf jeden Fall noch habilitieren. Der Gedanke an einen Abbruch der Universitätsausbildung vor der Ernennung zum Privatdozenten erschien mir nach so vielen Jahren wissenschaftlicher Arbeit unerträglich. Ich verzichte auf die Schilderung der Geduldsprobe und der Listen, mit denen es mir gelang (nicht ohne die Hilfe auswärtiger Lehrstuhlinhaber, die an meinen Veröffentlichungen Gefallen gefunden hatten), die Habilitation bei einem Chef durchzusetzen, der mir, meiner mangelhaften Bereitschaft zur Botmäßigkeit wegen, alles andere als wohlwollend gesonnen war (um es milde auszudrücken). Ein Jahr nach der Ernennung zum Privatdozenten ging ich – mit gemischten Gefühlen – in die Industrie.

Im Reich des Kommerzes

Ein Jahr lang hatte ich gesucht und »meine Fühler ausgestreckt«, um vielleicht an einer anderen Klinik unterzukommen, deren Chef mehr wissenschaftliche Anregungen erwarten ließ und eine etwas weniger geringschätzige Behandlung, als sie bei einem Verbleib in Würzburg unfehlbar auch weiterhin zu erwarten war. Ich stieß bei meinen Sondierungen gelegentlich auf wohlwollendes Interesse, da meine Veröffentlichungen hier und da Aufmerksamkeit gefunden hatten. Aber immer endeten diese Gespräche in der Sackgasse, sobald die Rede auf die Personalsituation in der betreffenden Klinik kam. Da wurde ich stets mit den älteren Rechten qualifizierter Kollegen konfrontiert. Alle Positionen, die für mich in Frage kamen, waren auf Jahre hinaus besetzt. Ich hätte mich in jedem Falle wieder hübsch hinten in der Schlange anstellen müssen. Dafür hatte ich sogar Verständnis. Dazu hatte ich aber keine Lust.

Kurz und gut: Zuletzt blieb allein der Wechsel in die Industrie. Schließlich trug ich bei allem wissenschaftlichen Interesse die Verantwortung für Frau und vier Kinder. Der Entschluß kostete mich große Überwindung. Noch nach seiner Durchführung hatte ich wohl ein Jahr lang mit immer wieder aufkeimenden Minderwertigkeitsgefühlen zu kämpfen, wenn ich früheren Universitätskollegen begegnete. Denn bei aller Kritik und allem Zorn auf die Zustände in der »Alma mater« hatten die Jahre an der Universität auch mich, wie ich erst jetzt zu spüren bekam, doch mit einer gehörigen Portion akademischer Arroganz imprägniert.

An der Universität herrsche der Geist, in der Industrie aber regiere das Geld, das war das Klischee, das auch ich mir zu eigen gemacht hatte. Der Assistent an einer Universitätsklinik mochte bitter arm sein (wenn er »von zu Hause« nichts mitbrachte, war er es damals in aller Regel tatsächlich), er konnte sich dafür aber in dem Gefühl sonnen, daß es ihm, der sich um »rein geistige Dinge« kümmere, auf die materiellen Seiten des Lebens im Grunde gar nicht ankomme. (Eine Fiktion, die sich immer dann als Selbstbetrug entpuppte, wenn wieder mal ein Kind – Kinder wachsen leider ohne Rücksicht auf das elterliche Budget – neu einzukleiden war). Der »wissenschaftliche« Mitarbeiter eines Industriebetriebes, so lief die Litanei weiter, habe seine wissenschaftlichen Fähigkeiten dagegen in den Dienst des Mammons gestellt, was allenfalls darin eine gewisse Entschuldigung finde, daß es mit diesen Fähigkeiten (und den geistigen Voraussetzungen dazu) in seinem Falle ohnehin nicht allzuweit her sei. Niemand war taktlos genug, es in dieser Härte auszusprechen. Das war aber, in Kurzfassung, das seelische Korsett, mit dessen Hilfe ein Klinikassistent sein Selbstbewußtsein aufrechthielt, wenn draußen vor dem Fenster der Kollege von der Industrie seinen funkelnagelneuen Opel Rekord neben dem eigenen altersschwachen Motorroller abstellte.

Ich habe während meiner Tätigkeit in der Forschungsabteilung von

Boehringer Mannheim später registrieren können, daß diese Einschätzung der beiderseitigen sozialen Rollen vom industriellen Gegenspieler durchaus geteilt wurde. Schlichtere Gemüter – und deren gibt es in der Industrie gewiß eine größere Zahl als an der Universität – hatten damit keine Probleme. Von meinen differenzierteren Mitarbeitern habe ich aber gelegentlich die bezeichnende Bemerkung gehört, daß sie bei Klinikbesuchen von dem Gefühl irritiert würden, auf der »falschen Seite des Schreibtisches« Platz nehmen zu müssen, wenn sie mit den Klinikassistenten sprachen.
In den »höheren Rängen« galt diese Rollenverteilung jedoch, hüben wie drüben, allenfalls noch in homöopathischer Verdünnung. Hier wehte, vor allem innerhalb eines größeren Industriebetriebs, eine Aufgeschlossenheit und Gesprächsbereitschaft, wie ich sie an der Universität schmerzlich vermißt hatte. Sehr bald merkte ich, daß der in meiner bisherigen »Welt« stets so abfällig apostrophierte Maßstab des kommerziellen Endeffekts auch seine positiven, von mir Universitätsflüchtling als geradezu befreiend erlebten Seiten hatte. Wichtigtuerische Schwätzer, wie sie sich in nicht wenigen akademischen Positionen ungefährdet und bisweilen bis zur Pensionsgrenze breitmachen konnten, hatten hier keine Chance. Und umgekehrt: Wo immer sich Leistungsbereitschaft zu erkennen gab, wurde sie nach Kräften unterstützt und nicht in der Sorge um eine Minderung eigenen Glanzes scheel ins Visier genommen.
Alles in allem wurden meine anfänglichen Vorurteile und Besorgnisse in einem überraschenden Ausmaß positiv enttäuscht. Ich gestehe ungeniert, daß ich dem Mannheimer Großunternehmen, bei dem ich damals landete, bis heute dankbar bin. Nachträglich ist mir so, als ob ich nach den tief deprimierenden Jahren an der Würzburger Universitätsnervenklinik in ein Sanatorium für psychisch Streßgeschädigte versetzt worden wäre.
Natürlich haben wir in Mannheim hart gearbeitet. Aber wenn wir das taten und, von vernünftigen Fragestellungen ausgehend, interessante Probleme in Angriff nahmen (die keineswegs etwa immer unmittelbare Gewinne verheißen mußten), dann wurde das anerkannt, und zwar auch dann, wenn ein solches Projekt nach Jahresfrist oder noch längerer Zeit wegen unerwarteter Schwierigkeiten abgebrochen werden mußte. Natürlich wurde kritisch, notfalls auch sehr hart diskutiert, wobei sich dann auch Affekte und Aggressionen melden konnten.

Aber alle Aufregung galt primär der Sache, der Suche nach dem besten Weg zur Lösung eines Problems. Sie entfesselte sich nicht, wie ich es in den Würzburger Jahren mit so deprimierender Regelmäßigkeit hatte erleben müssen, an den beteiligten Personen, an der Frage ihrer Motive und ihrer charakterlichen Qualifikation. Niemand in unserer Forschungsabteilung wäre jemals auf die Idee gekommen, einen seiner Mitarbeiter vor den Kollegen »zusammenzustauchen« oder lächerlich zu machen. Jeder war sich, wenn er nicht ohnehin von Haus aus taktvoll genug war, solche Formen der »Menschenführung« abzulehnen, im klaren darüber, daß das dumm gewesen wäre. Er hätte sich als Vorgesetzter vor aller Augen selbst disqualifiziert. Denn es kam darauf an, seine Mitarbeiter zu motivieren, und nicht darauf, ihnen auf Kosten ihrer Arbeitsfreude zu demonstrieren, wer der Chef war und wer zu parieren hatte.
Ich begann meine industrielle Tätigkeit als Leiter des sogenannten »Psycholabors« des Unternehmens. Das bedeutete, daß ich – zusammen mit Chemikern und Pharmakologen – für die interne Entwicklung und die anschließende klinische Erprobung von Psychopharmaka verantwortlich war. Dazu gehörte auch die Aufgabe, sich in weltweitem Rahmen ständig über die Entwicklung auf diesem Gebiet auf dem laufenden zu halten. Ich war daher noch nicht ein ganzes Jahr bei Boehringer Mannheim, als ich 1960 vom Leiter unserer Forschungsabteilung zur Erweiterung meines Informationsstandes auf den Internationalen Psychiatriekongreß in Montreal geschickt wurde. Es war meine erste Überseereise, deren eine Strecke ich auf meinen Wunsch sogar mit dem Schiff zurücklegen durfte. Die ungewohnte Großzügigkeit und der Weitblick, die sich in einer solchen Fortbildungsmaßnahme kundtaten, beeindruckten mich nicht unbeträchtlich, wie ich gern gestehe.
Meine Aufgabe war interessant und machte mir in den ersten beiden Jahren sogar Spaß. Man muß dabei berücksichtigen, daß es damals in meinem Bereich nicht etwa um die heute mit Recht ins Zwielicht geratenen »Tranquilizer« oder andere wissenschaftlich banale Sedativa wie Librium oder Valium ging. Ende der fünfziger, Anfang der sechziger Jahre war die Zeit der Entdeckung der sogenannten Neuroleptika und ihrer Einführung in die Therapie der Geisteskrankheiten, insbesondere der Schizophrenie.
Den Fortschritt, den diese neuartige Wirkstoffgruppe in der Psychia-

trie herbeiführte, kann nur ermessen, wer die Atmosphäre auf einer »Wachstation« – auf der die Patienten Tag und Nacht vom Pflegepersonal beaufsichtigt werden mußten – vor und nach der Einführung der neuroleptischen Behandlung aus eigener Erfahrung vergleichen kann. Ich habe die Jahre noch in lebhafter Erinnerung, in der wir gezwungen waren, akut an einer Schizophrenie Erkrankten die Hände am Bettgestell zu »fixieren« (mit Lederriemen zu fesseln), um sie daran zu hindern, sich Finger abzubeißen oder mit dem Zeigefinger ein Auge herauszureißen. Man konnte diese Unglücklichen auch nicht beliebig lange mit ausreichenden Dosierungen von Schlafmitteln »ruhigstellen«, weil sie dann früher oder später unweigerlich eine Lungenentzündung bekamen und anfingen, sich durchzuliegen. In manchen Wochen war der »Wachsaal« ein wahrer Alptraum, nicht nur für die Patienten.
Der Unterschied zu den Verhältnissen in einer geschlossenen Abteilung nach Einführung der Neuroleptika gleicht dem Unterschied zwischen Nacht und Tag. Unter der Wirkung der neuartigen Mittel waren die Patienten zwar in ihren Bewegungen sichtlich gehemmt (jedenfalls im akuten Stadium ihrer Krankheit, wenn die Dosierung relativ hoch war), sie konnten aber selbständig herumgehen und sich beschäftigen. Entscheidend war der Umstand, daß ihre krankhaften Antriebe fast vollkommen gedämpft waren, ebenfalls ihre wahnhaften Ängste und Aggressionen, ohne daß sie sich im Zustand einer mehr oder weniger tiefen Benommenheit befanden. Das war eine bis dahin vollkommen unbekannte, revolutionär neuartige Wirkungsweise. Bei der Anwendung eines Schlaf- oder Beruhigungsmittels muß man stets eine sich mit der Höhe der Dosierung verstärkende Benommenheit in Kauf nehmen. Ein neuroleptisch behandelter Patient ist dagegen einem Gespräch zugänglich, er bewegt sich außerhalb des Bettes und kann sich, soweit seine psychotische Verfassung ihm das erlaubt, nach eigenem Wunsch beschäftigen.
Wir versuchten damals, die neuen Substanzen nach Möglichkeit zu verbessern, vor allem aber, neue Wirkstoffgruppen vergleichbarer Art zu entdecken. Unsere Chemiker synthetisierten, was das Zeug hielt, und kamen fast jede Woche mit einer neuen Formel angerannt, die, wie sie an deren Struktur ablesen zu können glaubten, zu den größten Hoffnungen berechtige. Sie betrieben, wie die Pharmakologen das spöttisch nannten, »Papierpharmakologie«. Unsere Pharmakologen bemühten sich, zur Erfassung der spezifisch neuroleptischen Wir-

kungsweise neue Tierversuche auszutüfteln – woraufhin wir Kliniker sie damit aufzogen, sie seien dabei, »schizophrene Ratten« zu züchten. Denn das war das Problem, vor dem wir standen: Wie könnte es gelingen, neue Substanzen mit »antipsychotischer« Wirkung zu entdekken, wenn es kein psychotisches Versuchstier gab, an dem man sie hätte ausprobieren können?

Im Unterschied zu allen sonstigen Fällen – Bluthochdruck, Zuckerkrankheit, Infektionen, Herzleiden usw. – ging es bei der Suche nach neuen Neuroleptika um ein Medikament, das gegen eine Krankheit helfen sollte, die *nur* beim Menschen vorkommt. Was tun, da die Möglichkeit, noch so aussichtsreiche Substanzen nach ihrer Synthese im chemischen Labor direkt am schizophrenen Patienten zu testen, aus moralischen Gründen ausscheidet? Unsere Pharmakologen versuchten unter anderem, spezifische Wirkungsprofile herauszuarbeiten: körperliche Symptome, die bei den bereits bekannten Neuroleptika (und möglichst nur bei ihnen) auftraten, in der Hoffnung, daß ihr Nachweis bei neu zu untersuchenden Substanzen dann auf deren neuroleptische Wirkung schließen lasse.

Professor Johann-Daniel Achelis, der ideenreiche Leiter unserer Forschungsabteilung, hatte noch einen anderen, höchst interessanten Einfall. Das Neuartige der Neuroleptika bestehe offenbar doch, so erklärte er mir eines Tages, in der Tatsache, daß diese Stoffgruppe im Unterschied zu allen bis dahin bekannten Narkotika *nicht* zuerst an der Hirnrinde angreife (worauf deren bewußtseinstrübende Wirkung zurückzuführen sei), sondern daß sie, gleichsam »unter Umgehung der Hirnrinde«, direkt auf die daruntergelegenen, tieferen Zentren des Hirnstammes wirkten.* Und da gebe es nun im Max-Planck-Institut Seewiesen, in der Nähe des Starnberger Sees, einen gewissen Professor Lorenz, Konrad mit Vornamen, der die neue Forschungsdisziplin der »tierischen Verhaltensphysiologie« begründet habe. Ich hatte davon 1961 noch nie etwas gehört und glaubte im ersten Augenblick, daß es in Wirklichkeit »Verhaltens*psychologie*« heißen müsse.

Lorenz und seine Mitarbeiter hätten bei verschiedenen Tierarten, Gän-

* Für diese Annahme sprach unter anderem das Auftreten von »extrapyramidalen« Bewegungsstörungen bei Überdosierung, da den Neurologen seit langem geläufig war, daß Bewegungsstörungen dieser Art (es handelte sich vor allem um parkinsonartige Hemmungen der Muskelaktivität) auf eine Störung in diesen tieferen Zentren zurückzuführen sind.

sen vor allem und Hühnervögeln, angeborene Verhaltensprogramme nachgewiesen, die durch bestimmte Umweltsignale ausgelöst würden. Ich fand das alles hochinteressant, verstand aber nicht, worauf mein Chef hinauswollte. Diese angeborenen Verhaltens- oder Instinktprogramme, so fuhr er fort, seien allem Anschein nach im Stammhirn lokalisiert. Daher denke er, Achelis, an die Möglichkeit, daß sich die neuroleptische Wirkung chemischer Substanzen bei Tieren dadurch zu erkennen geben könnte, daß sie die von den Seewiesener Wissenschaftlern genau beschriebenen Verhaltensweisen unterdrückten oder beeinflußten, *ohne die Tiere zu narkotisieren.* Jetzt war ich fasziniert. Der Einfall erscheint mir noch heute hervorragend.

Nachdem Achelis sich von meiner positiven Reaktion überzeugt hatte (!), führte er das gleiche Gespräch in meinem Beisein mit unserem Chefpharmakologen. Auch dieser äußerte größtes Interesse an dem Vorschlag. Konrad Lorenz, telefonisch von Achelis in groben Zügen informiert, stimmte einem gemeinsamen Gespräch sofort zu. So lernte ich, wozu ich von Würzburg aus niemals die Gelegenheit bekommen hätte, durch die besonderen Umstände meines neuen Tätigkeitsfeldes Konrad Lorenz und seine wichtigsten Mitarbeiter in ihrem Seewiesener Institut persönlich kennen. Der erste Kontakt führte zu einer längeren Zusammenarbeit zwischen unserer Forschungsabteilung und »den Seewiesenern«, weshalb ich in den anschließenden beiden Jahren mehrfach, oftmals für eine ganze Woche, an den Starnberger See zog, um an den vereinbarten Versuchen teilzunehmen und Ergebnisprotokolle durchzusprechen. Der persönliche Kontakt zu dem von mir verehrten Lorenz und mehreren seiner Mitarbeiter blieb über die Zeit des dienstlichen Anlasses hinaus bestehen. Er endete erst, als das Institut Anfang der siebziger Jahre neu organisiert wurde, weil sein Leiter (fast gleichzeitig mit der Verleihung des Nobelpreises) das Pensionsalter erreicht hatte. »Konrad«, wie er von allen Seewiesenern angeredet wurde, ging zurück in seine Vaterstadt Altenberg bei Wien, und der Kreis seiner Mitarbeiter verstreute sich nach und nach.

Der Einfall von Achelis hat sich in den beiden Jahren der konkreten Zusammenarbeit übrigens als tragfähig erwiesen. Neuroleptika unterdrücken, wie insbesondere der Lorenz-Mitarbeiter Wolfgang Schleidt an Puten nachweisen konnte, tatsächlich mehr oder weniger isoliert angeborene Verhaltensweisen. Das war wissenschaftlich für alle Beteiligten von Interesse und führte auch zu einer gemeinsamen Publika-

tion. Für das Unternehmen Boehringer in Mannheim kam dennoch nichts Verwertbares dabei heraus. Die Versuche erwiesen sich als viel zu mühsam und zeitraubend, und die Zahl der Versuchstiere blieb dementsprechend zu klein, als daß sich auf diesem Wege in einem praktisch vertretbaren Zeitraum eine für klinische Anwendungen ausreichende, statistisch auswertbare Erfahrungsgrundlage hätte gewinnen lassen. Die Zusammenarbeit schlief daher 1962 wieder ein.
Für mich war damit nicht nur eine meinen Horizont beträchtlich erweiternde Zusammenarbeit zu Ende gegangen. (Mein seit dieser Zeit nie mehr erlahmtes Interesse für Evolutionsforschung und Evolutionstheorie geht auf den persönlichen Kontakt mit Lorenz zurück und die verschwenderische Fülle von Anregungen, die ich diesem geistvollen und liebenswerten Mann verdanke.)
Inzwischen war auch eine Entwicklung innerhalb meines Spezialgebiets erkennbar geworden, die mich abermals vor eine einschneidende berufliche Entscheidung stellte. Es zeigte sich immer deutlicher, daß auf dem Gebiet der Erforschung der Neuroleptika ein Stillstand eingetreten war, der mir prinzipieller Natur zu sein schien. Nach wie vor beherrschten zwei mir inzwischen zur Genüge bekannte Substanzgruppen das Feld. Seit Mitte der fünfziger Jahre, in denen sie mehr oder weniger durch Zufall entdeckt worden waren, hatte es bis auf wissenschaftlich ziemlich uninteressante halbsynthetische Variationen nichts Neues mehr gegeben.
Ich mußte folglich damit rechnen, daß das Terrain, auf dem ich arbeitete, bereits erschöpft war (die weitere Entwicklung hat diese Vermutung im wesentlichen bestätigt). Der Gedanke an die Möglichkeit, in den bevorstehenden Jahren in Routinearbeit zu versacken, behagte mir ganz und gar nicht. Was bot sich an Alternativen, dieser unersprießlichen beruflichen Aussicht zu entgehen? In der Forschungsabteilung gab es für einen Psychiater keine andere Aufgabe als die, der ich bisher nachgegangen war. Zu einer Rückkehr an die Universität verspürte ich nicht die geringste Lust. In dieser Situation unternahm ich einen Schritt, den so mancher Freund für »verrückt« hielt. Ich hatte jedoch erkannt, welche Freiheitsräume die Industrie bot, wenn man nur entschlossen genug war, von ihnen Gebrauch zu machen.
So marschierte ich eines Tages frohgemut quer durch das Firmengelände hinüber zum zentralen Verwaltungsgebäude, in dem unter anderen auch der einflußreiche kaufmännische Leiter des Unternehmens resi-

dierte. Daß ich bei diesem Marsch naturgemäß auch quer durch alle Instanzen und dienstlichen Zuständigkeiten stiefelte, störte mich zwei Jahre nach dem Abschied von der Universität schon nicht mehr. In Würzburg hätte ich meine Habilitation riskiert, wenn Nr. 3 mich ohne Autorisierung im Gespräch mit dem Chef einer anderen Klinik erwischt hätte. Bei Boehringer Mannheim dachte man auf ganz anderen Geleisen.

Ich hatte damals längst meine Passion zum »Schreiben« entdeckt. Schon in den letzten Klinikjahren schrieb ich nebenher und in größeren Abständen, anfangs vorsichtshalber unter einem Pseudonym, allgemeinverständliche Wissenschaftsartikel für die »Zeit«, die damals noch kein Wissenschaftsressort hatte.* Der Umgang mit der Sprache zu – im weitesten Sinne – »aufklärenden« Zwecken wurde für mich rasch zu einer der befriedigendsten geistigen Beschäftigungen, die ich mir denken konnte.

Nun verteilte Boehringer damals eine alle vier Wochen erscheinende Zeitschrift an die Ärzteschaft, die nicht unmittelbarer Werbung diente, sondern versuchte, unterhaltend zu sein: Reisebeschreibungen, exotische Kochrezepte, Antiquitäten, medizinhistorische Betrachtungen waren typische Themen. Mich störte dabei von Anfang an nicht nur das gesichtslose Themenmischmasch, sondern auch die äußere Aufmachung, die mir kleinkariert erschien. Ganz von selbst hatten sich in meinem Kopf Vorstellungen darüber gebildet, wie man es – bei gleichem Aufwand – sehr viel besser machen könnte. Bei meinen Überlegungen, was sich mir nach der Ausschöpfung des Forschungsbereiches Neuroleptika an neuen Betätigungsmöglichkeiten bieten könnte, war ich deshalb auf den Gedanken verfallen, meine Besserungsvorschläge einmal dem für den Etat der Zeitschrift zuständigen Mann, eben dem kaufmännischen Direktor des Hauses, vorzutragen.

Bei diesem erschien also eines Tages zu einem telephonisch kurzfristig vereinbarten Termin der Mitarbeiter einer anderen Abteilung des Hauses, um ihm mitzuteilen, daß er die Zeitschrift, die seine Werbeabteilung produziere, für ziemlichen Mist halte (ich habe es bei unserer Unterredung selbstverständlich etwas diplomatischer formuliert), und

* Auch davor hatte ich schon einiges veröffentlicht. Mein erster Essay überhaupt erschien 1947 in der von Rudolf Pechel herausgegebenen »Deutschen Rundschau«; nachgedruckt in: »Unbegreifliche Realität«, Hamburg 1987.

ihm mit einigen Beispielen anzudeuten, wie man es bei gleichem Aufwand besser machen könne. Der so Angesprochene war über das harsche, sachlich freilich leicht zu begründende Urteil nicht im mindesten pikiert, er warf mich auch nicht kurzerhand hinaus, sondern hörte aufmerksam zu und kommentierte meinen Vortrag, als ich ausgeredet hatte, mit den aufmunternden Worten: »Na, dann machen Sie doch einmal einen Vorschlag, über den wir in größerem Kreise diskutieren können.«

Vierzehn Tage später legte ich mit großen Erwartungen mein Konzept für eine neue Zeitschrift vor. Sie sollte den mit Pflichtlektüre überlasteten Arzt ebenfalls mit jeglicher Werbung nach Möglichkeit verschonen und ihm dafür einen »Blick über den Zaun« eröffnen in den Bereich der zeitgenössischen naturwissenschaftlichen Forschung, wo immer sie zu neuen und interessanten Einsichten gelangt war. Ich behauptete kühn, daß ich namhafte in- und ausländische Wissenschaftler als Autoren würde gewinnen können, was der Zeitschrift ein angemessenes Niveau und entsprechendes Renommee sichern würde. Zusammen mit einem erstklassigen Graphiker, den ich vorsorglich gleich mitgebracht hatte, machte ich auch schon erste Vorschläge zur Verbesserung der äußeren Gestaltung der Hefte.

Der Kreis, in dem dies alles diskutiert wurde, umfaßte etwa ein Dutzend Teilnehmer aus verschiedenen Abteilungen des Hauses, auch der Forschungsabteilung, der ich ja noch immer angehörte. Ich hatte die Sitzung mit einem an alle Geladenen vorab verteilten Memorandum sorgfältig vorbereitet. Die Entscheidung fiel nach wenigen Stunden: Ich bekam den Auftrag, die neue Zeitschrift – »Naturwissenschaft und Medizin«, abgekürzt »n+m«, sollte sie heißen – ins Leben zu rufen, wofür mir eine Redaktionsassistentin und eine Sekretärin bewilligt wurden.

Es gab anschließend dann doch noch einige Turbulenzen, weil mein bisheriger Chef, Professor Achelis, der sich von mir mit Recht »überfahren« fühlen konnte, keine Neigung an den Tag legte, mich für eine »forschungsfremde Aufgabe« freizustellen. Auch dieser Umstand kehrte sich für mich aber insofern ins Positive, als die Geschäftsführung daraufhin entschied, daß ich von nun an keiner bestimmten Abteilung mehr angehören solle, sondern ihr selbst direkt verantwortlich sei. Von größeren Freiheiten beflügelt hätte ich meine neue, selbstgewählte Aufgabe nicht anpacken können. Zwischen meinem Besuch

beim kaufmännischen Direktor und der endgültigen Entscheidung hatten kaum mehr als vier Wochen gelegen.
Die Zeitschrift »n+m« ist von Anfang 1964 bis Ende 1971 in zweimonatigen Abständen erschienen (und wurde dann von der Jahrbuchreihe »Mannheimer Forum« mit gleicher redaktioneller Konzeption abgelöst). Zu meiner großen Befriedigung (und nicht unbeträchtlichen Erleichterung) konnte ich mein Versprechen, prominente Wissenschaftler als Mitarbeiter zu gewinnen, von Anfang an einlösen. Es half sehr, daß Konrad Lorenz für das erste Heft (ich konnte den Autoren für diese Ausgabe ja noch kein sichtbares Beispiel präsentieren!) auf meinen Wunsch einen brillanten Aufsatz »Über die Wahrheit der Abstammungslehre« beisteuerte, der in den folgenden Jahren von den verschiedensten Verlagen (und unter den verschiedensten Titeln) mehrfach nachgedruckt wurde. Für das anschließende Heft gelang es mir, den in Berkeley lehrenden Nobelpreisträger Melvin Calvin als Autor zu gewinnen. Im Laufe der Zeit kamen Wernher von Braun, Theodosius Dobzhansky, die Nobelpreisträger J. H. D. Jensen und A. I. Virtanen, der führende Evolutionstheoretiker George G. Simpson sowie der Basler Zoologe Adolf Portmann und andere prominente Autoren hinzu, und das Eis war gebrochen.
Die Auflage der Hefte mußte wegen zahlreicher Nachfragen laufend erhöht werden. Schon nach kurzer Zeit wurde »n+m« nicht nur von den Ärzten gelesen, sondern auch von Chemikern, Biologen und anderen Naturwissenschaftlern an vielen Universitäten und Instituten. Boehringer konnte mit der Resonanz also zufrieden sein. Für meine berufliche Entwicklung sind die Jahre der redaktionellen Arbeit an dieser Zeitschrift von entscheidender Bedeutung gewesen. Ich mußte jedes einzelne Manuskript gründlich lesen, oft genug auch mehr oder weniger »umschreiben«, und ich habe die englischsprachigen Beiträge fast ausnahmslos selbst übersetzt. Das zwang zu einer Gründlichkeit der Auseinandersetzung mit den naturwissenschaftlichen Themen aus vielen verschiedenen Bereichen, zu der ich mich sonst kaum mit der gleichen Intensität aufgerafft (und für die ich unter anderen Umständen auch kaum die Zeit gehabt) hätte. Die Übersetzung eines Beitrags von Paul Couderc, Paris, über die Relativitätstheorie Einsteins fiel so jämmerlich aus (und der Text war so überreich mit mathematischen Formeln gespickt), daß ich mit der Unterstützung eines älteren Mitarbeiters des Heidelberger Universitätsinstituts für Theoretische

Physik zwei Wochen gebraucht habe, um eine deutsche Fassung zu erarbeiten, die einem Nichtphysiker sinnvoll präsentiert werden konnte. Seitdem weiß ich, was es mit der Relativitätstheorie auf sich hat!

Intern setzte der Erfolg der Zeitschrift eine Bewegung in Gang, die ich weder angestrebt noch zunächst überhaupt registriert habe. In kleineren oder größeren Abständen fielen mir immer neue Aufgaben zu. Es wurde eine Presseabteilung gegründet – ich wurde mit deren Aufbau und Leitung beauftragt. Die Geschäftsleitung war zu ihrer Information an engeren Kontakten zum Bundesverband der pharmazeutischen Industrie interessiert. Daraufhin erging an mich die Order, regelmäßig an bestimmten Sitzungen dieses Gremiums in Frankfurt teilzunehmen. Obwohl offiziell nicht mehr dazugehörig, wurde ich im Laufe der Jahre immer häufiger auch zu wichtigeren Sitzungen in den medizinischen und biochemischen Forschungsabteilungen hinzugezogen.

Es dauerte eine Weile, bis ich den Braten roch. Gewisse Mitglieder der Geschäftsführung des Hauses, darunter der geschäftsführende Teilhaber, waren dazu übergegangen, mich probeweise, »für den Fall der Fälle«, als potentiellen Nachfolger »aufzubauen«. Achelis war, einige Monate vor dem Erreichen der Altersgrenze, auf einer USA-Reise unerwartet an einer Herzattacke gestorben. Der Nachfolger entpuppte sich innerhalb weniger Jahre als Fehlbesetzung, weshalb er schleunigst wieder hinauskomplimentiert wurde. (Eine lebenslängliche Beschäftigungsgarantie gibt es in der Industrie bei nachgewiesener Unfähigkeit nicht.) Man war daher auf der Suche nach einem neuen Forschungsleiter auf der Ebene der Geschäftsführung. Eine neue Enttäuschung wollte man vermeiden, schon in Anbetracht der Unruhe, die ein abermaliger kurzfristiger Wechsel auf dieser Position in den Forschungsabteilungen mit sich gebracht hätte (in denen es damals, wenn ich mich recht erinnere, Hilfspersonal und Reinemachefrauen eingerechnet, immerhin schon um die 600 Mitarbeiter gab). Warum also »in die Ferne schweifen«, wenn eine interne Lösung im Bereich der Möglichkeiten lag?

Als ich merkte, wie der Hase lief, kamen in mir gemischte Gefühle auf. Selbstverständlich schmeichelte mir der Gedanke, daß man mir eine solche Aufgabe zutraute. Und ebenso selbstverständlich stellte die Aussicht darauf, mit den Möglichkeiten eines forschungsintensiven

Unternehmens dieser Größenordnung weltweit operieren zu können, eine Versuchung dar. Auf der anderen Seite war mir bewußt, daß ich meine naturwissenschaftlichen Interessen radikal würde einschränken müssen, von meiner schriftstellerischen Passion einmal ganz zu schweigen. (Die Weiterarbeit an meinem ersten Buch, »Kinder des Weltalls«, das ich gerade etwa zur Hälfte beendet hatte, würde ich mit Sicherheit einstellen müssen.) Die Position verhieß Macht und eine beträchtliche wirtschaftliche Besserstellung. Aber sie würde mich mit Haut und Haaren »fressen«, bis tief hinein in den Bereich der privaten Sphäre. »Sie paßt einfach nicht zu dir«, war der Kommentar meiner Frau. Deshalb reagierte ich, als eines Tages tatsächlich einer der Geschäftsführer bei mir erschien, um sich inoffiziell und »unter vier Augen« zu erkundigen, ob ich nicht Lust hätte, die auch mir zweifellos bekannte Lücke in der Geschäftsführung auszufüllen, mit einem etwas unkonventionellen Vorschlag: Ich erbat mir eine Probezeit von einem Jahr.

Man ging darauf ein, ernannte mich zum Direktor, stellte mir einen prestigeträchtigen Dienstwagen vor die Tür und stockte mein Salär um einen sehr ansehnlichen Betrag auf. Von Stund an nahm ich »kommissarisch« an allen Sitzungen der Geschäftsführung teil und trug die Verantwortung für die Forschungsbereiche Medizin und Biochemie, vorübergehend auch noch für die chemische Forschung, die ihren Leiter durch Tod verloren hatte. Für den Außenstehenden ist das nicht ohne weiteres einzusehen. Von Chemie verstand ich nichts und von Biochemie nicht viel mehr. Aber darauf kommt es in einer solchen Position nicht mehr entscheidend an. Zur Beantwortung aller fachlichen Fragen stehen einem exzellente Spezialisten in den verschiedenen Labors zur Verfügung. Die Aufgabe eines Forschungsleiters ist es, deren Zusammenwirken im Rahmen des ganzen Betriebes und hinsichtlich bestimmter Unternehmensziele zu koordinieren, ihre Etatforderungen und Personalwünsche unter übergeordneten Gesichtspunkten zu beurteilen und ihre Motivation dadurch zu bewahren, daß man allfälligen »Sand im Getriebe« rechtzeitig entdeckt und für seine Entfernung sorgt.

Ich habe das erst während meines Probejahrs begriffen. Eines Tages wurde ich während einer Geschäftsführerbesprechung gefragt, ob mir meine neue Aufgabe denn nun zusage. Im Grunde durchaus, gab ich zur Antwort, nur sei es sehr lästig, daß ich an manchen Tagen kaum zum Arbeiten käme, weil fortwährend irgendwelche Mitarbeiter mich zu sprechen wünschten, die irgend etwas auf dem Herzen hätten: Querelen mit dem Personalbüro wegen Urlaubsvertretungen, Klagen über eine angebliche finanzielle Benachteiligung des eigenen Labors, Gehalts- oder Beförderungswünsche, Krach mit dem unmittelbaren Vorgesetzten und tausend ähnliche Probleme und Problemchen. Ich erinnere mich noch gut des verständnisvollen Gelächters, mit dem die Runde mein Klagelied quittierte. »Aber das *ist* doch Ihre Arbeit, Herr v. Ditfurth!« wurde ich belehrt.

Kurz vor dem Ablauf der Probezeit wurde ich dann vom geschäftsführenden Teilhaber gestellt. Ich sollte Farbe bekennen: »Machen Sie es nun oder nicht?« Nach langen Überlegungen und Diskussionen mit meiner Frau – die von Anfang an konsequent dagegen gewesen war, mir aber die letzte Entscheidung überließ – hatte ich mich dazu durchgerungen, das Angebot abzulehnen. Meine Absage löste im Management des Hauses, vor allem natürlich bei den Mitgliedern, die mich protegiert hatten, Enttäuschung und eine gewisse, mir gut verständliche Gereiztheit aus. (Im Verlaufe der folgenden Jahre stellte sich dann, aus der Distanz, das alte vertrauensvolle Verhältnis zu den meisten wieder ein.) Mir blieb nichts anderes übrig, als zum nächsten möglichen Termin zu kündigen.

Drei Monate später, im Januar 1969, stand ich daher mit Frau und vier Kindern im Wildwuchs der Freiheit einer marktwirtschaftlichen Gesetzen gehorchenden Gesellschaft, allein auf mich selbst gestellt. In den Händen einen verbindlich formulierten Abschiedsbrief meiner ehemaligen Firma, in dem »der guten Ordnung halber festgehalten« wurde, daß »unser Haus Ihnen gegenüber keine Verpflichtungen mehr hat«, eine höfliche Umschreibung der Tatsache, daß ich meinen Pensionsanspruch in den Kamin schreiben konnte. Mir war doch ein wenig blümerant zumute, meiner Frau verständlicherweise auch, wobei diese aber keinen Augenblick in ihrer Ansicht schwankte, daß meine Entscheidung trotz aller Unsicherheiten, denen wir uns nunmehr gegenübersahen, richtig gewesen war.

Es ist gutgegangen, was wir während der ersten Jahre der plötzlich über uns gekommenen Freiheit nicht mit Sicherheit wissen konnten. Rückblickend ist der Entschluß nicht nur richtig gewesen – es war der glücklichste Entschluß, den ich in meinem Leben, wenn auch unter Bangen, getroffen habe. Es erscheint mir noch heute als ein seltsamer

Gedanke, daß ich, wenn ich damals nicht durch das Angebot auf einen Managerposten vor die Entscheidung gestellt worden wäre, möglicherweise niemals den Mut aufgebracht hätte, mich mit Frau und schulpflichtigen Kindern in das kalte Wasser einer selbständigen Schriftstellerexistenz zu begeben.
Wie auch immer, jetzt begann für mich mein eigentliches Leben, relativ spät – ich war schon fast fünfzig Jahre alt –, nach langen Lehr- und Wanderjahren, die aber entscheidende Voraussetzungen geschaffen hatten. Die Zeit, in der ich mich, ohne von irgendwelchen äußeren Faktoren behelligt oder »fremdgesteuert« zu werden, ganz den Themen widmen konnte, die mich seit der frühen Schulzeit geistig in ihren Bann gezogen hatten: der faszinierenden, das Geheimnis unserer Existenz aus immer neuen Blickwinkeln erhellenden naturwissenschaftlichen Grundlagenforschung.
Zunächst aber, 1969, kam es erst einmal darauf an, festen Boden unter die Füße zu bekommen. Als erstes stürzte ich mich auf die Fertigstellung des Buchmanuskripts. Zeit hatte ich jetzt in Hülle und Fülle. Dann aktivierte ich meine noch recht losen Fernsehkontakte. Seit 1964 hatte ich beim Westdeutschen Rundfunk in größeren Abständen, als »Hobby« nebenher, einige populärwissenschaftliche Sendungen produziert, die in den Sendehäusern und bei den Zuschauern ganz gut »angekommen« waren. 1968 hatte es sogar die ersten größeren Preise gegeben. Meine Verhandlungen mit dem WDR zogen sich jedoch von Monat zu Monat in die Länge, ohne daß eine Entscheidung fiel. Man war interessiert, hatte aber Probleme, mir die erbetenen sechs »Programmplätze« pro Jahr ohne Kooperation mit anderen Anstalten der ARD einzuräumen. Diese Arbeitsgemeinschaft aber war damals schon annähernd so unbeweglich wie heute.
Da der beruhigende Rhythmus regelmäßig auf meinem Konto eingehender Monatsgehälter abrupt geendet hatte, konnte ich nicht beliebig lange warten. Kurzentschlossen trug ich meinen Vorschlag einer zweimonatigen Sendereihe mit naturwissenschaftlichen Themen daher auch dem ZDF vor, woraufhin man mir dort innerhalb von vierzehn Tagen einen Vertrag anbot. Selbstverständlich schlug ich sofort zu. (Beim WDR hat man mir das, ohne jedes Verständnis für die Dringlichkeit meiner Lage, entsetzlich übelgenommen.) Es war die Geburtsstunde der Fernsehreihe »Querschnitt«, die bis zum Anfang der achtziger Jahre recht erfolgreich lief.

Weil ich nicht wissen konnte, ob das ZDF meinen vorerst für ein Jahr abgeschlossenen Vertrag verlängern würde, hielt ich Umschau nach einem zweiten Standbein. Dabei beging ich, verleitet von dem Zeitdruck, den ich zu spüren glaubte, einen Fehler, dessen Folgen mich viel Nerven gekostet haben. Ich bot einem großen Hamburger Verlag ein selbstentworfenes Konzept für eine populärwissenschaftliche Monatszeitschrift an. Der Vorschlag wurde akzeptiert, und ich bekam einen Herausgebervertrag. Die erste schmerzliche Ernüchterung traf mich mit der Eröffnung des Verlages, daß ich (im Widerspruch zu einer allerdings nur mündlich vorab gegebenen Zusage) nach Hamburg umziehen müsse. Schweren Herzens (und unter nervenaufreibenden Schwierigkeiten) verkauften wir daraufhin unser eben erst bezogenes Häuschen im Odenwald und zogen nach Ahrensburg am Stadtrand von Hamburg.

Wir haben uns dort rasch eingelebt und wohl gefühlt (die Kinder klagten allerdings mit Recht über den Schulwechsel und den Abbruch bisheriger Freundschaften). Der eigentliche Anlaß des Umzugs jedoch, die Arbeit an der geplanten neuen Zeitschrift, erschien mir sehr bald, und dies mit jedem Monat mehr, als Katastrophe. Ich hatte nicht bedacht, was ich unbedingt hätte voraussehen müssen: Daß ich mit dieser Einbindung in die Redaktion eines großen Verlages die Freiheit, die ich mir durch die Kündigung bei Boehringer Mannheim gerade erst errungen hatte, mit den Arbeitsbedingungen einer Kaserne vertauschen würde, jedenfalls in diesem Bereich meiner beruflichen Tätigkeit.

So wenigstens kam es mir bald vor. Es mag sein, daß die meisten Mitarbeiter unserer neu entstehenden Redaktion das anders erlebt haben. Sie hatten sich vor allem mit der Produktion von Texten, also mit dem Inhalt der Zeitschrift, zu beschäftigen. Ich selbst fand mich dagegen als Herausgeber im Handumdrehen in genau der Rolle wieder, vor der ich gerade erst geflohen war: in einer Managerposition, in der mir die Aufgabe zufiel, zwischen einer Vielzahl verlagsinterner Gruppen mit höchst unterschiedlichen Interessenrichtungen zu vermitteln. Da kämpfte die Anzeigenabteilung (ohne deren Erfolg keine Zeitung oder Zeitschrift lebensfähig wäre) gegen redaktionelle Planungen, die ihrer Ansicht nach potente Werbekunden verprellen könnten. Da gab es zähe Bemühungen des Verlagsleiters, die redaktionelle Themenauswahl zu beeinflussen, die ihm nicht »publikumsnah« genug erscheinen

wollte. Endlose Querelen ergaben sich im Verlauf der sich immer von neuem entzündenden Diskussionen über den Unterschied zwischen wünschbarer und absolut notwendiger personeller Besetzung der Redaktion. Und in fast regelmäßigen Abständen bat mich der Verlagseigner zu sich, um mir mit trauervoller Miene und Grabesstimme lange Zahlenkolonnen vorzulegen, mit denen er mir vor Augen führte, daß ich ohne jeden Zweifel sein Unternehmen zugrunde richten würde, wenn ich mir die Ratschläge, Empfehlungen, Warnungen und Einsprüche seiner vielen Mitarbeiter, die sich ständig in unsere Arbeit einmischten, nicht ab sofort ernstlich zu Herzen nähme.
Es war zum Kotzen. Um dem Ganzen die Krone aufzusetzen, stellte sich dann noch heraus, daß die von mir ursprünglich vorgelegte (und vom Verlag akzeptierte) redaktionelle Konzeption sich unter den von den widerstreitenden internen Interessengruppen ausgeübten Pressionen Schrittchen für Schrittchen zu wandeln begann. Bis sich schließlich das ganze Projekt zu einer in meinen Augen gesichtslosen und banalen Publikumszeitschrift gemausert hatte, mit der endlich alle zufrieden waren außer der Redaktion und mir. Als der Verlag dann auch noch einen Teil der von mir handausgelesen zusammengestellten Redaktion unter verschiedenen Vorwänden hinauswarf (aus »unabdingbaren Ersparnisgründen«, wie man es mir gegenüber nachträglich begründete), während ich im Ausland Urlaub machte, riß mir der Geduldsfaden. Ich schmiß, wie man so sagt, den Krempel hin und nahm mir einen Anwalt.
Der brauchte dann noch ein halbes Jahr, bis er für mich und einige andere Mitglieder der aufgelösten Redaktion, für die ich mich persönlich verantwortlich fühlte, eine Vertragsauflösung zu erträglichen Bedingungen ausgehandelt hatte. Die Abfindungen waren minimal, wogegen sich nichts einwenden ließ, denn das verunglückte Experiment hatte nur zwei Jahre gedauert. Es hatte mich viel Nerven gekostet. Aber man lernt auch aus solchen Erfahrungen. Schließlich hatte ich mir die Sache selbst eingebrockt.
Das Zwischenspiel stellte sich als völlig überflüssig heraus. Aber so etwas weiß man erst hinterher. Inzwischen war nämlich mein erstes Buch erschienen und weit über meine Erwartungen hinaus erfolgreich gewesen. So nahm ich denn – für mich bis heute die befriedigendste Tätigkeit überhaupt – sogleich ein weiteres Buch in Angriff, dessen Konzeption ich seit Jahren mit mir herumgetragen hatte, nunmehr in

der beruhigenden Aussicht darauf, daß ich allein mit Fernsehsendungen und dem Schreiben von Büchern meine Familie würde ernähren können.* Es kehrte wieder Ruhe ein, und der Sorgendruck, der in den vorangegangenen beiden Jahren auf mir und meiner Frau gelegen hatte, wich der normalen Belastung eines normalen menschlichen Lebens.

Rechtshändigkeit und linke Politik

Manchmal dauert es lange, bis einem ein Licht aufgeht. Als Volksschüler, noch in Klein-Glienicke, war ich einmal während eines Winterabends unversehens von einer mir völlig fremden Frau auf offener Straße lautstark beschimpft worden. Ich wußte nicht, wie mir geschah, und begriff erst nach einer Weile, womit ich den Zorn der Frau herausgefordert hatte: Sie hatte beobachtet, daß ich bei einer Schneeballschlacht mit Nachbarkindern meine Geschosse mit der linken Hand warf! Einigermaßen verständnislos nahm ich zur Kenntnis, daß sie meine Linkshändigkeit offensichtlich als tadelnswerte Unart ansah.

Zwar hatte ich in der Volksschule darunter zu leiden gehabt, daß man mich trotz heftigen anfänglichen Sträubens zwang, mit der rechten Hand zu schreiben (was mir im »Schönschreiben«, solange das als gesonderte Disziplin benotet wurde, Zensuren einbrachte, die beklagenswert von meinen übrigen Leistungen abstachen). Auch dauerte es bei mir, wenn ich mich recht erinnere, etwas länger als bei anderen Kindern, bis ich gelernt hatte, bei der Begrüßung von Erwachsenen das »schöne Händchen« zu geben. Daß meine wahrscheinlich erbliche Linkshändigkeit (auch ein Großvater war Linkshänder und eine meiner Töchter ist es ebenfalls) jedoch ein Ausdruck von Minderwertigkeit sein sollte, war mir neu. Mich bedrückte das Urteil nicht, dem ich in meinem Leben auch nur selten begegnet bin. Gelegentlich beschäftigte mich aber die Frage, wie sich die Einschätzung von Linkshändigkeit als einer negativen Eigenschaft eigentlich begründete.

Ich bin ihr, weil ich es mit dringenderen Problemen zu tun bekam,

* »Kinder des Weltalls«, Hamburg 1970. Das nächste Buch, »Im Anfang war der Wasserstoff«, erschien bereits 1972, ebenfalls in Hamburg.

erst Jahrzehnte später, aus zwei zufällig sich ergebenden Anlässen, nachgegangen und habe dabei zum x-ten Male die Erfahrung gemacht, daß man bei der genaueren Untersuchung von scheinbar banalen Sachverhalten auf die erstaunlichsten Zusammenhänge stoßen kann. Beide Anlässe ergaben sich aus unserem 1969 erfolgten Umzug nach Ahrensburg. In den günstig gelegenen ZDF-Studios in Wandsbek hatte ich nach einigen Einzelsendungen mit der Produktion der alle zwei Monate ausgestrahlten Wissenschaftsreihe »Querschnitt« begonnen. Und in Ahrensburg lernte ich Alfred Rust kennen.

Die Themen für die einzelnen »Querschnitt«-Sendungen konnte ich mir selbst ausdenken. Eines Tages verfiel ich darauf, einmal die eigenartige Asymmetrie zu behandeln, die sich in dem Unterschied zwischen »links« und »rechts« ausdrückt. Sie wirft hintergründigere Fragen auf, als die meisten glauben. (Eine Scherzfrage, mit der man seine Bekannten zumindest vorübergehend in Ratlosigkeit versetzen kann: Ein Spiegel vertauscht bekanntlich rechts und links – warum vertauscht er nicht auch oben und unten?)

Die »Händigkeit« – von »Chiralität« (nach griechisch cheira = Hand) spricht der Kernphysiker – reicht bis in die tiefste nachweisbare Ebene des materiellen Details. Die sogenannten »Fermionen« zum Beispiel, eine bestimmte Gruppe von Elementarteilchen, existieren in zwei spiegelbildlich verschiedenen Zuständen. Auch einige Stockwerke darüber, auf der Ebene der biologisch essentiellen Großmoleküle, gibt es eine analoge Asymmetrie: Die zwanzig Aminosäuren, aus deren unterschiedlicher Kombination (praktisch) alle bei lebenden Organismen vorkommenden Eiweißmoleküle bestehen (deren Zahl in die Tausende geht), stellen sämtlich Linksschrauben dar. Sie sind, anschaulicher ausgedrückt, umgekehrt »gewendelt« wie eine normale Schraube.

Warum der »Schraubensinn« bei allen diesen zwanzig als biologische Bausteine dienenden Aminosäuremolekülen der gleiche ist, leuchtet ohne weiteres ein: Der Zusammenbau *unterschiedlich* »drehender« Moleküle hätte, soweit er überhaupt möglich war, die Struktur eines von ihnen gebildeten Großmoleküls wesentlich instabiler (und damit weniger überlebensfähig) werden lassen, als ein Verbund von gleichsinnig gewendelten Bausteinen es ist. Daß es ausgerechnet linksdrehende Moleküle sind, die sich als Eiweißbausteine bei allen heute auf der Erde lebenden Organismen, Tieren wie Pflanzen, finden, dürfte allerdings reiner Zufall sein. Hinsichtlich ihrer biologischen Eignung

unterscheiden sich die beiden Gruppen nämlich nicht im geringsten voneinander.
Vermutlich hat es damals mehrere Anläufe zur Bildung von »Urzellen« gegeben, bei denen ursprünglich sowohl links- als auch rechtsdrehende Aminosäuren Verwendung fanden. (»Razematzellen«, zusammengesetzt aus einer Zufallsmischung beider Gruppen, schieden – sofern es sie überhaupt gegeben hat – bei der sofort anhebenden Überlebenskonkurrenz aus den genannten Gründen rasch aus.) Daß dann die aus linksgewendelten Molekülen bestehenden Urzellen die Oberhand gewannen und als einzige übrigblieben, dürfte irgendwelchen anderen Eigenschaften zuzuschreiben sein, die sie zufällig (das heißt unabhängig von ihrer Chiralität) zu überlegenen Konkurrenten machten.
Auf eine interessante Schlußfolgerung stößt man, wenn man der weiteren Frage nachgeht, warum eigentlich nicht Stammeslinien beider Organismentypen mit jeweils rein links- oder rein rechtsdrehender molekularer Zusammensetzung überlebt und im Verlaufe der weiteren Evolution miteinander konkurriert haben. Wenn, wie gesagt, die biologische Funktionstüchtigkeit von der jeweiligen molekularen Händigkeit gänzlich unabhängig ist, ist dieser Fall denkbar. Wie auch immer: Er liegt nicht vor. Es mag mehrere, vielleicht sogar unzählig viele Anläufe zur Hervorbringung von »lebenden« Strukturen gegeben haben, als die Erdoberfläche vor etwa vier Milliarden Jahren einen Zustand erreicht hatte, der den gewaltigen neuen Schritt möglich werden ließ. Vielleicht haben erste Generationen dieser verschiedenen Ansätze auch mehr oder weniger lange in friedlicher oder weniger friedlicher Koexistenz gleichzeitig um ihr Überleben gekämpft.
Übrig geblieben sind jedenfalls nur die Nachkommen eines einzigen dieser Ansätze. Alle heute die Erde bevölkernden Lebewesen sind »monophyletischen« Ursprungs. Sie sind »eines gemeinsamen Stammes«, Nachkommen einer einzigen Urzelle, die es vor fast vier Jahrmilliarden auf der Erde gegeben haben muß. Auch wir selbst stammen von ihr ab. Daher sind wir, wie auch von anderen Befunden bestätigt wird,* mit allen Lebensformen verwandt, die es heute auf der Erde gibt – von der kleinsten Amöbe bis zum Sequoiabaum.

* Weitere Indizien liefern die Identität des allen irdischen Lebensformen gemeinsamen genetischen Codes sowie Übereinstimmungen der Aminosäuresequenzen in den Enzymen aller bisher untersuchter Arten.

Unausdenkbare Zeiträume später, etwa vor drei Millionen Jahren, entwickelte sich dann an der vordersten Front der sich seit dem ersten Schritt zu immer höheren Formen der Lebensrealisierung aufschwingenden Evolution eine ganz anders geartete Asymmetrie. Bei den damals (im Pliozän) die Erdoberfläche in noch spärlicher Zahl bevölkernden Hominiden oder Frühmenschen entstand jene Händigkeit im wortwörtlichen Sinne, die den vorangegangenen Fällen nachträglich ihren Namen verliehen hat. Unsere Urahnen wurden, ganz langsam, im Ablauf fast der ganzen bis zur Gegenwart führenden Zeit, zu einer Population, in der die Rechtshänder immer mehr überwogen. Vor rund 70000 Jahren war das heute noch geltende Verhältnis erreicht: Etwa siebzig Prozent Rechtshändern standen nur noch dreißig Prozent Linkshänder gegenüber. Die Annahme einer immerhin doch noch so großen Minorität von Linkshändern in der heutigen Gesellschaft ist selbstverständlich eine Schätzung. Die automatisch erfolgende, mitunter »gnadenlose« kulturelle Umdressur von Links- zu Rechtshändern macht eine zuverlässige Auszählung ihrer genuinen Vertreter unmöglich.*
Daß sich damals überhaupt eine derartige funktionelle Asymmetrie, eben eine Händigkeit, bei den höchstentwickelten Primaten, den Hominiden, herausbildete, liegt im Grunde in der Logik der Entwicklung. Jedenfalls dann, wenn man einen »progressiven« Charakter der Evolution voraussetzt (an dem sich rückblickend nicht gut zweifeln läßt). Denn die Entstehung dieser Bevorzugung einer bestimmten Körperseite spiegelt äußerlich nur eine entsprechend fortschrittliche Arbeitsteilung zwischen den beiden Großhirnhälften dieses an der Spitze der Entwicklung stehenden Lebewesens wider.
Arbeitsteilung aber ist stets gleichbedeutend mit Spezialisierung. Sie bedeutet die Zerlegung bislang summarisch in Angriff genommener Aufgabenbereiche in mehr oder weniger zahlreiche Teilaufgaben, deren Erledigung an jeweils speziell angepaßte Funktionen delegiert werden kann. Arbeitsteilung ist folglich identisch mit dem Erwerb diffe-

* Ich kann von ihr auch ein Lied singen: Schreiben kann ich heute nur noch mit der rechten Hand, aber meine Handschrift ist sicher nicht zuletzt aus diesem Grunde immer ziemlich unleserlich gewesen. – Wer häufiger in den USA war, wird bestätigen, daß man dort überraschend häufig auf Menschen trifft, die mit der linken Hand schreiben, eine Folge der im Vergleich zu den Verhältnissen bei uns sehr viel toleranteren amerikanischen Schulerziehung.

renzierter Aktionsmöglichkeiten. Im Falle des Großhirns ist sie identisch mit einer Zunahme der intellektuellen Leistungsfähigkeit.
Schon seit mehr als hundert Jahren ist bekannt, daß die Lokalisation bestimmter Funktionszentren in der menschlichen Großhirnrinde einseitig, also asymmetrisch ist. Die höchsten, nur dem Menschen eigenen Zentren für Sprachvermögen und Sprachverständnis sind immer nur auf einer Seite der Hirnrinde ausgebildet, und von dieser Hirnhälfte wird dann stets auch die »führende« (geschicktere) Hand des betreffenden Menschen gesteuert. Wegen eines »gekreuzten« Verlaufes aller das Gehirn mit der Körperperipherie verbindenden Nervenbahnen ist das im Regelfall, beim Rechtshänder, die linke Hirnrindenhälfte, während beim (echten) Linkshänder die Verhältnisse spiegelbildlich umgekehrt sind: Bei ihm liegen die Sprachzentren in der rechten Hirnhälfte, die auch seine »Führungshand« steuert, in seinem Falle die linke Hand. Bis vor wenigen Jahrzehnten bezeichneten die Neurologen die linke Hirnhälfte daher als die »dominante« Hälfte (und im Ausnahmefall des Linkshänders die rechte), da der jeweils anderen Rindenhälfte in ihren Augen nur eine zweitrangige Bedeutung zuzufallen schien.
Erst in den letzten Jahrzehnten kamen die Hirnforscher langsam darauf, daß diese Sicht der Dinge zu einseitig und daher irreführend ist. Die Rede von »dominanten« Hirnhälften legt letztlich ja den Gedanken nahe, daß diese in ihrer Entwicklung der jeweils gegenüberliegenden Hälfte gleichsam vorausgeeilt seien, was den »nichtdominanten« Hirnhälften die Rolle zurückgebliebener Hirnteile zuwiese. Davon aber kann, wie sich inzwischen ergeben hat, nicht die Rede sein. Die einseitige Lokalisation der Sprachzentren beim Menschen ist nicht Ausdruck oder Folge eines Entwicklungswettlaufs seiner beiden Hirnhälften, den eine der beiden (die angeblich »dominante«) gewonnen hätte. Einfallsreiche und mit Recht berühmt gewordene Untersuchungen, die der amerikanische Neurochirurg Roger Sperry und sein Mitarbeiter Michael Gazzaniga seit Anfang der sechziger Jahre bei Patienten durchgeführt haben, deren beide Hirnhälften wegen Tumoren oder zur Beseitigung lebensbedrohlicher Anfallsattacken chirurgisch getrennt werden mußten, ergaben ein anderes Bild. Die im menschlichen Gehirn nachweisbare Asymmetrie ist das Resultat einer echten Arbeitsteilung im Bereich der obersten, psychischen Hirnfunktionen. Vereinfacht kann man sagen, daß (beim Rechtshänder!) die linke Hirn-

hälfte für den sprachlichen Ausdruck und das Sprachverständnis, für das Rechenvermögen und andere von uns als »rational« charakterisierte Leistungen zuständig ist, während die gegenüberliegende, rechte Hirnhälfte die neurophysiologische Grundlage unserer emotionalen Sensibilität, unserer musischen Erlebnisfähigkeit und Kreativität, aber zum Beispiel auch der außerordentlich komplexen Fähigkeit zur Erfassung »ganzheitlicher« Zusammenhänge darstellt.

Die nähere Betrachtung führt zu der bedeutsamen Erkenntnis, daß uns nichts grundsätzlicher vom Tier unterscheidet als diese Aufteilung der genannten Funktionen auf verschiedene Hirnhälften. Vereinfacht gesagt, verleiht uns unsere eine Hirnhälfte – bei mindestens siebzig Prozent aller Menschen ist es die linke – die Fähigkeit zum intelligent planenden, kalkulierend vorausschauenden Umgang mit der Umwelt. Sie ist, so könnte man sagen, das zerebrale Fundament des Homo faber. Die andere befähigt uns demgegenüber zur Sozialisation, zum Eingehen zwischenmenschlicher Bindungen, aber auch zu musischer Kreativität, zu ästhetischer Sensibilität und zur Intuition.

Unbestreitbar lassen sich nun alle diese Fähigkeiten grundsätzlich auch schon bei Tieren nachweisen. Tiere sind bekanntlich – und das gilt nicht etwa nur für die Vertreter »höherer« Arten – fähig zur Bildung mitunter recht kompliziert organisierter Gesellschaften (Beispiel: Insektenstaaten). Die wiederholt angestellten »Intelligenztests«, bei denen Affen, aber auch Rabenvögel oder Delphine verblüffende Leistungen an den Tag legten, haben das auch für »rationale« psychische Funktionen (Unterscheidung von Mengen gleicher Elemente unterschiedlicher Zahl, vorwegnehmende Erfassung von einfachen Ursache-Wirkungs-Folgen) zweifelsfrei belegt. Hierher gehören ferner die von dem berühmten Zoologen Bernhard Rensch und anderen bei Menschenaffen nachgewiesenen ästhetischen (»künstlerischen«) Anlagen.

Das alles gab es also schon, noch bevor die erwähnte Arbeitsteilung in den Köpfen unserer Urahnen vor fünf Millionen Jahren einsetzte. Deren Gene haben das alles gewiß nicht aus dem Nichts heraus neu erfunden. Nur: Das alles existierte lediglich in Ansätzen, als bloße Andeutung, bis die Evolution das menschliche Gehirn durch die »Erfindung« einer asymmetrischen Funktionsaufteilung in den Stand versetzte, die in diesen Andeutungen schlummernden zukunftsträchtigen Möglichkeiten Schritt für Schritt auszuschöpfen.

Alles, was den Menschen und die menschliche Kultur ausmacht, alles, was uns mehr als alle anderen Besonderheiten von allen übrigen Lebewesen auf dieser Erde unterscheidet, das beruht auf dieser einzigartigen Arbeitsteilung in unserem Kopf. Erst diese Spezialisierung hat uns die Freiheit eröffnet, alle jene Eigenschaften zu entwickeln und die Aktivität zu entfalten, die uns im planetaren Rahmen einzigartig haben werden lassen und durch die wir uns, im Guten wie im Bösen, von allen anderen irdischen Lebewesen unterscheiden.
Daß daraus eine Prävalenz der Rechtshändigkeit resultierte, ist, soweit wir wissen, reinem Zufall zuzuschreiben. Entscheidend war die Aufteilung bestimmter Funktionen und ihre anschließende Delegierung an die eine oder an die andere Hirnhälfte, weil das die Möglichkeit einer gesonderten, ihrer jeweiligen Eigentümlichkeit spezifisch angepaßten Weiterentwicklung eröffnete. Welche Kategorie dabei in die linke und welche in die rechte Kopfhälfte gelangte, war prinzipiell gleichgültig. Heraus kam, wie sich nachträglich zeigte, eine langsame Verschiebung in der Häufigkeitsverteilung in der frühmenschlichen Gesellschaft zugunsten der Rechtshänder, die sich jahrmillionenlang fortsetzte, bis das heute festzustellende Verhältnis von siebzig zu dreißig erreicht war.
Woher wissen wir etwas von dieser Verschiebung und von dem Tempo, in dem sie verlief? Es erscheint zunächst fast unglaubhaft, daß wir über die »Händigkeit« von Frühmenschen und sogar über die Geschwindigkeit, mit der sich die Rechtshändigkeit bei ihnen durchsetzte, noch heute, Jahrmillionen später, konkret etwas in Erfahrung bringen können. Der modernen Vorgeschichtsforschung stehen, was diese Fragen betrifft, heute aber verläßliche Anhaltspunkte zur Verfügung. Sie gehen zum größten Teil auf die Untersuchungen von Alfred Rust zurück, eines Forschers, der die ungewöhnlichste wissenschaftliche Karriere absolviert hat, die sich denken läßt. Rust wohnte bis zu seinem Tode in den siebziger Jahren in Ahrensburg, wo ich ihn kennenlernte und oft zu stundenlangen Gesprächen besuchte. Er war einer der originellsten und erfolgreichsten Spezialisten auf dem Gebiet prähistorischer, vor allem steinzeitlicher Kulturen. Ungewöhnlich war an diesem Mann, zu dessen 65. Geburtstag die Max-Planck-Gesellschaft eine zweibändige Festschrift herausgab und dem der Titel eines Dr. phil. h.c. verliehen worden war, daß er nie studiert, daß er nicht einmal das Abitur gemacht hatte.

Rust war von Haus aus Handwerker. In den zwanziger Jahren war er gleich nach der Gesellenprüfung als Elektroinstallateur arbeitslos geworden. Während er in seiner reichlichen Freizeit als Naturliebhaber die Umgebung Hamburgs auf dem Fahrrad durchstreifte, fand er immer wieder neue steinzeitliche Artefakte, die in der Gegend relativ häufig vorkommen – von Steinzeitmenschen vor 20000 oder mehr Jahren zu Schabern und Messern oder anderen Werkzeugtypen zugehauene steinerne Bruchstücke.
Der gewöhnliche Spaziergänger pflegt die unscheinbaren Objekte zwischen den vielen anderen Steinsplittern auf seinem Wege zu übersehen. Ich habe an mir selbst die Beobachtung gemacht, daß mir, nachdem ich niemals zuvor ein solches Artefakt gefunden hatte, nach längerer Bekanntschaft mit Alfred Rust und seiner nach Tausenden verschiedenster Typen zählenden Sammlung auf Spaziergängen plötzlich auch – an mir gar nicht bewußt werdenden Merkmalen – bestimmte Steine auffielen, von denen sich die meisten dann bei näherer Betrachtung als Produkte steinzeitlicher Werkzeugherstellung erwiesen. Hier macht sich die Wirksamkeit eines dem optischen Gedächtnis eingeprägten unbewußten »Suchbildes« bemerkbar, wie das bei vielen anderen Gelegenheiten auch der Fall ist. (So entdecken erfahrene Jäger zum Beispiel Wild, das zu sehen unerfahrene Begleiter selbst dann noch Mühe haben, wenn ihnen der Standort genau beschrieben wird.)
Rust fand seine ersten Artefakte ohne vorangegangene spezielle Erfahrungen. Dem im Umgang mit verschiedenen Materialien geübten (und zweifellos mit einer überdurchschnittlichen Beobachtungsgabe ausgestatteten) Handwerker dürften bestimmte Bearbeitungsspuren aufgefallen sein, durch welche sich seine Fundobjekte von gewöhnlichen Steinen unterschieden. Jedenfalls war das Interesse des Mannes geweckt, und von da ab verbrachte er einen Großteil der Zeit, über die er als Arbeitsloser in hohem Maße verfügte, in Museen und einschlägigen Universitätsinstituten. Der Rest ist eine Abenteuergeschichte, die ich hier nur andeuten kann. Rust begann gezielt nach Spuren der Erzeuger der Artefakte zu suchen.
Der in der Wissenschaft unbekannte Mann fiel in Fachkreisen erstmals auf, als es ihm, unterstützt von einigen gleichfalls arbeitslosen Helfern, gelang, im Tunneltal bei Ahrensburg die Überreste einer bis dahin unbekannten steinzeitlichen Rentierjägerkultur auszugraben. Mit einer fast unglaublichen Zähigkeit und einer bei einem Autodidakten

nicht ohne weiteres zu erwartenden systematischen Akribie rekonstruierte er diese unbekannte Kultur im Verlaufe vieler Jahre mit Hilfe seiner Fundstücke bis in erstaunliche Details, einschließlich ihrer Opferbräuche.*
In dieser Zeit besuchte Rust auch mehrmals Kleinasien (mangels ausreichender Mittel ebenfalls mit dem Fahrrad), wo er bei Jabrud, einem im libanesisch-syrischen Grenzgebiet liegenden Dorf, die Spuren einer bis dahin ebenfalls unbekannten altsteinzeitlichen Kultur freilegte. Rust verfügte über eine geradezu unglaubliche Intuition hinsichtlich der Grabungschancen an bestimmten Punkten einer Region. Auf meine Frage, wie er es eigentlich fertigbringe, in einer ihm fremden Gegend (Libanon!) seine Grabung an einer erfolgreichen Stelle anzusetzen, gab er mir in seinem anheimelnden, gemilderten Platt einmal die schöne Antwort: »Ich versetze mich einfach in die Seele eines Steinzeitjägers und überlege mir, wo ich aufgrund bestimmter Landschaftsstrukturen meinen Lagerplatz oder eine neue Ansiedlung am liebsten einrichten würde.« Irgendeine Einfühlungsgabe dieser Art muß es gewesen sein. Hinzu kam ein mich immer wieder in Erstaunen versetzendes Kombinationsvermögen, mit dem Rust sein immenses Wissen über vorgeschichtliche Funde und deren mineralogische Besonderheiten zueinander in Beziehung setzte, um dann an geographisch oft weit voneinander entfernten Punkten ganz gezielt nach den Überresten bestimmter Kulturen zu suchen.**
Rusts berühmteste Entdeckung, die ihm die internationale Anerkennung der Fachwelt verschaffte, war die Auffindung 500000 Jahre alter Artefakte des Homo Heidelbergensis, von dem bis dahin nur ein schon 1907 in Mauer bei Heidelberg entdeckter Unterkiefer existierte. Dutzende von Experten hatten vor ihm in derselben Sandgrube vergeblich nach diesen Kulturresten gesucht. Sie waren davon ausgegangen, daß es sich um Artefakte aus »Flint« (Feuerstein) handeln müsse. Damit aber gingen sie mit einem falschen Suchbild ans Werk. Aufgrund bestimmter Überlegungen, zu denen ihn Funde auf Helgoland (!) angeregt hatten, vermutete Rust dagegen, daß es sich um aus Quarzit gear-

* Einzelheiten in: Alfred Rust, »Vor 20000 Jahren. Rentierjäger der Eiszeit«, Neumünster 1972, sowie »Handwerkliches Können und Lebensweise des Steinzeitmenschen«, in: Mannheimer Forum 1973/74 (nur über Bibliotheken).
** Eher beiläufig schildert er einige Beispiele seiner Suchstrategie in der an zweiter Stelle in der oben stehenden Fußnote zitierten Arbeit.

beitete Steinwerkzeuge handeln müsse, womit er recht behielt und fast auf Anhieb fündig wurde. Seine Entdeckung ermöglichte es erstmals, der Verbreitung dieses frühen Menschentyps anhand der von ihm hinterlassenen Kulturreste in Mitteleuropa nachzugehen.
Das Wissen, das dieser passionierte Vorgeschichtsforscher über steinzeitliche Werkzeuge besaß, war, dessen bin ich sicher, dem eines vor zwanzig oder mehr Jahrtausenden lebenden Steinzeitjägers ebenbürtig. Das galt nicht nur für den Umgang mit den Werkzeugen, sondern auch für ihre Herstellung. Wiederholt hat er mir demonstriert, wie sich ein paläolithischer Schaber, ein rasiermesserscharfes Messer oder ein »Faustkeil« unter Originalbedingungen (meist benutzte er Teile von Rengeweihen oder Schlagsteine) aus geeignetem Material (Obsidian, Flint, Jaspis und anderem) innerhalb weniger Minuten herstellen läßt, wenn man die Eigenschaften des Materials (Spaltungslinien!) kennt und die Abschlagtechnik beherrscht. Rusts Produkte glichen den urzeitlichen Originalen in allen Details.
Besonders interessierte ihn der Vergleich identischer Werkzeugtypen aus Fundstätten unterschiedlichen Alters. In mehreren Fällen konnte er dabei eine im Verlaufe langer Zeitabläufe erfolgte stetige Verfeinerung des Produkts, bis zur Berücksichtigung ästhetischer Aspekte, nachweisen, was ihn immer wieder veranlaßt hat, vor einer Unterschätzung des kulturellen Niveaus unserer steinzeitlichen Vorfahren zu warnen. Deren Fähigkeiten, insbesondere beim Zuschlagen der Griffpartien, waren, wie Rust nachweisen konnte, schon vor drei Millionen Jahren erstaunlich weit gediehen. Der Frühmensch wandte zu ihrer Glättung in vielen Fällen mehr als hundert Zuschläge auf. Das läßt nicht nur auf eine entsprechende große Sensibilität der Hand schließen, die diese Werkzeuge vor Jahrmillionen benutzte. Die in dieser Weise bis zur Anpassung an individuelle Ansprüche des Benutzers verfeinerte Ausführung gab Rust auch die Möglichkeit festzustellen, ob ein bestimmtes Artefakt von einem Rechts- oder von einem Linkshänder für den Eigenbedarf maßgearbeitet worden war.
Der Vergleich von Hunderten von Artefakten aus Fundstellen unterschiedlichen Alters verriet in dieser Hinsicht eine eindeutige Entwicklungstendenz. Die ältesten Fundstücke, die eine Beurteilung zulassen, sind vermutlich zwei Millionen Jahre alt. Bei ihnen läßt sich bereits ein geringfügiges, 56 zu 44 Prozent ausmachendes Übergewicht von Rechtshändern nachweisen. Vor 500 000 Jahren war ihr Anteil auf 63

zu 37 Prozent angestiegen. Und bei den »nur« 70000 Jahren alten Artefakten von Jabrud entspricht die Relation schon der heutigen Verteilung von 70 Prozent Rechts- zu 30 Prozent Linkshändern.
Eine Majorität dieses Ausmaßes aber stellt in den Augen einer jeden Gesellschaft mehr als bloß eine quantitativ hervorgehobene Gruppe dar. Unvermeidlich nimmt sie alsbald den Charakter eines auch qualitativ ausgezeichneten Kollektivs an. Dies zunächst einfach als Folge der dem Menschen innewohnenden Neigung, numerische Majoritäten als »Norm« zu betrachten in einem Sinne, der alles andere als wertneutral ist, unter dessen Einfluß vielmehr jegliche Alternative leicht in den Ruf gerät, nicht nur »anders« zu sein, sondern auch »minder«, nicht nur an Zahl, sondern auch an sozialem Wert. Dies ist der Effekt, dessen trügerischen Charakter das bekannte Märchen vom »häßlichen schwarzen Entlein« (aus dem später der prächtige weiße Schwan werden kann) aufklärerisch bloßzustellen versucht: Wer – in welcher Hinsicht auch immer – »anders« ist, erregt bei der Majorität leicht Anstoß.
Dieser psychologische Schwarze-Entlein-Effekt wird fast immer gestützt und scheinbar bestätigt durch Fakten, die sehr handgreiflicher Natur sind. Die kulturelle Organisation oder (hier vielleicht besser) »Zivilisation« einer Gesellschaft ist stets das Abbild der Wünsche, Gewohnheiten und Erwartungen der Majorität ihrer Mitglieder. Eine (in ihrer Mehrheit) rechtshändige Gesellschaft bringt daher von selbst Strukturen hervor, mit deren Besonderheiten ein Linkshänder schlechter umzugehen vermag als sein »normaler«, spiegelbildlich umgekehrt orientierter Mitmensch.
Verhältnismäßig leicht kann ein Linkshänder noch verschmerzen, daß er mit einem »normalen« (rechtsgewendelten) Korkenzieher schlechter zurechtkommt als »ein normaler Mensch«. (Weil die rechte Hand aufgrund der Zugrichtung der sie bewegenden Muskeln eine Drehung im Uhrzeigersinn mit größerer Kraft und Geschicklichkeit zu verrichten imstande ist als eine linke Hand, für die das gleiche im Gegenuhrzeigersinn gilt.) Aber immerhin kann der Anblick eines mit einem »normalen« Korkenzieher hantierenden Linkshänders beim »normalen« Betrachter leicht das Vorurteil verstärken, Linkshänder seien ungeschickt. Und immerhin existieren daher (bezeichnenderweise in dem Minderheiten gegenüber notorisch toleranten England) Spezialgeschäfte, in denen Korkenzieher mit Linksgewinde und zahlreiche

andere den Bedürfnissen linkshändiger Mitmenschen angepaßte Gerätschaften (Scheren, Schrauben usw.) verkauft werden.*
Es gab – vielleicht drückt sich ein gewisser Fortschritt darin aus, daß über sie in der Vergangenheitsform geredet werden kann – weitaus gravierendere Handicaps für Linkshänder in unserer von Rechtshändern geprägten Kultur. Ein eindrucksvolles Beispiel liefert die Schraubenrichtung von Wendeltreppen in alten Schlössern und Burgen. Wer einmal darauf achtet, wird bestätigt finden, daß sie praktisch ausnahmslos – die wenigen Ausnahmen, die es geben mag, müssen von Dummköpfen erbaut worden sein – als Linksschrauben konzipiert sind. Der Grund ist leicht einzusehen: Auf einer solchen Treppe ist der von oben nach unten fechtende Verteidiger erheblich im Vorteil. Er hat – vorausgesetzt, er ist Rechtshänder! – ausreichend Platz, um mit seinem Schwertarm nach rechts über das Geländer hinaus weit auszuholen. Schlecht dran ist dagegen der von unten anstürmende Angreifer, der bei allen Ausholversuchen von der für ihn rechts gelegenen, tragenden Mittelsäule behindert wird. Eine Bauweise, die allen Zeitgenossen sicher aus bloßer Tradition selbstverständlich erschien – und die einen in dieser Kulisse agierenden Linkshänder unweigerlich zum unbeholfenen, für die Verteidigung der eigenen Gemeinschaft ungeeigneten Tölpel werden ließ.
Aber schon lange vor der Erfindung der Wendeltreppe und ihrem Einsatz zur Verbesserung der Verteidigungsmöglichkeiten »fester Häuser« dürften linkshändige Soldaten sich den Ruf eingehandelt haben, schlechte Kämpfer zu sein. Ihre gesellschaftliche Diskriminierung hat vermutlich bereits in der sehr frühen historischen Epoche eingesetzt, in der man dazu überging, Soldaten bei kriegerischen Auseinandersetzungen nicht mehr in losen, ungeordneten Haufen gegeneinander anstürmen zu lassen, sondern in wohlgegliederten Verbänden. In einer solchen Formation jedoch, die zur Erhöhung ihrer Kampfkraft auch als geschlossene Einheit militärisch gedrillt wurde, mußten nun, damit die nebeneinander fechtenden Soldaten sich nicht gegenseitig ins Gehege kamen, auch die Linkshänder, in Anpassung an die von der Majo-

* Wohingegen in unserem weniger für seine Toleranz bekannten Lande, das dafür den ob seiner köstlichen Variationen zum Thema Schadenfreude berühmt gewordenen Wilhelm Busch zu seinem Lieblingshumoristen erkoren hat, linksdrehende Korkenzieher bezeichnenderweise in Scherzartikelgeschäften mit der Anregung feilgeboten werden, seine rechtshändigen Freunde mit ihnen zu foppen.

rität diktierte Norm, ihr Schwert mit der rechten Hand führen. Es konnte nicht ausbleiben, daß sie sich dabei den Ruf erwarben, minderwertige Soldaten zu sein. (Auch dies ist übrigens ein Einfall von Alfred Rust.)

Die Abschätzigkeit, mit der die gesellschaftliche Majorität auf ihre linkshändigen Mitglieder herabzusehen begann, muß sich in jedem Fall früh entwickelt haben. Anders ist es nicht zu erklären, daß sie auch in vielen (den meisten?) abendländischen Sprachen ihren eindeutigen Niederschlag gefunden hat. Im Lateinischen bedeutet *sinister* nicht nur »links«, sondern auch »finster«, »unheildrohend«. Wer in England *left handed compliments* macht, ist ein unaufrichtiger Schmeichler. Umgekehrtes gilt für die andere Seite: Wer, auf französisch, *à droit* ist, darf sich auf deutsch als »adrett« ansehen.

Unverhüllter noch gibt sich die unterschiedliche Wertschätzung in unserer Sprache zu erkennen. Wer aus Höflichkeit auf der linken Seite geht, ist darauf bedacht, seinem rechts gehenden Begleiter sichtbar zu demonstrieren, daß man sich selbst den geringeren Rang beimißt. Und wer es je fertigbringen sollte, ein sündenfreies Leben zu führen, würde als treues Kirchenmitglied einen Anspruch darauf erwerben, nach seinem Tode »zur Rechten Gottes« Platz nehmen zu dürfen. Generell stehen sich im Deutschen die Gleichsetzungen von links = linkisch und rechts = richtig wie selbstverständliche, gleichsam gottgegebene Synonyme auf den beiden Ufern eines tiefen Grabens gegenüber, der das Gute vom Bösen oder doch wenigstens das Tadelnswerte vom Tugendhaften eindeutig voneinander scheidet.

Diese uns längst und unreflektiert in Fleisch und Blut übergegangene semantische Vorbewertung hat eine über den bisher betrachteten kernphysikalischen, molekularbiologischen, stammesgeschichtlichen und kulturellen Ebenen gelegene weitere Asymmetrie entstehen lassen. So einflußreich diese aller Wahrscheinlichkeit nach ist, so sicher scheint es mir, daß sie den wenigsten jemals zum Bewußtsein kommt. Es handelt sich um den semantisch Werturteile präjudizierenden Einfluß des zur Kennzeichnung bestimmter politischer Positionen seit langem eingebürgerten Begriffspaares »links« und »rechts«.

Ein schierer Zufall scheint es gewesen zu sein, der 1814 in der französischen Deputiertenkammer eine Sitzordnung herbeiführte, welche den sogenannten »Bewegungsparteien« (die für einschneidende politische und soziale Veränderungen eintraten) einen Platz zuwies, der, aus dem

Blickwinkel des Präsidenten, auf der linken Seite des Parlaments lag. Ein bloßer Zufall, aber ein Zufall mit, wie mir scheint, nicht unbeträchtlichen Folgen. Er ist die Ursache dafür, daß diese Seite bis auf den heutigen Tag der Stammplatz der jeweils fortschrittliche Veränderungen der Gesellschaft anstrebenden Parlamentsfraktionen geblieben ist, während auf der anderen, der rechten Seite, die Vertreter der konservativen Parteien saßen, denen zuvörderst daran gelegen war, daß am Bestehenden nicht gerüttelt wurde.
Aufgrund dieser eine bloße Sitzordnung bewahrenden Tradition hat sich später dann die Bezeichnung »politische Linke« oder »Linksparteien« für die eine Gruppierung und »Rechte« oder »Rechtsparteien« für die andere eingebürgert. Wegen der semantischen Asymmetrie der die beiden Seiten jeweils bezeichnenden Wörter wird damit jedoch (ungewollt, wenn auch unvermeidlich) viel mehr ausgesagt und an immanenter Bedeutung transportiert, als bei einer reinen Namensgebung legitim der Fall sein dürfte.
Niemand, nicht einmal das Mitglied einer linken Partei selbst, kann verhindern, daß die Verwendung der Wörter»links« und »rechts« im politischen Sprachgebrauch beim Zuhörer Assoziationen weckt, die über das hinausgehen, was er eigentlich sagen will. Wie im Falle eines bedingten Reflexes (aber noch weitaus unentrinnbarer) löst das Reden von linker Politik beim Zuhörer auch eine Assoziationskette aus, die von links über linkisch bis zu »linken« (im Sinne von arglistigem Hereinlegen) reicht, auch wenn ihm das gar nicht zu Bewußtsein kommen mag. Die »Unwucht« dieses von dem Wortpaar »links« und »rechts« unaufhebbar ausgelösten bewertenden Vorurteils wird noch verdoppelt durch den semantischen Bonus, der dem Repräsentanten einer rechten politischen Position ohne Mühe und irgendein Verdienst ebenso selbsttätig in den Schoß fällt wie dem Linken sein Malus. Denn das Wort »rechts« löst atmosphärisch bei jedermann sogleich die Erinnerung an Begriffe wie richtig, rechtschaffen und Recht aus, auch wenn das weder bemerkt wird noch beabsichtigt ist.
Ich weiß nicht, ob die politische Entwicklung in unserem Lande anders verlaufen wäre, wenn die linken Parteien im parlamentarischen Wettstreit nicht fortwährend von dem unfairen Handicap dieser semantischen Asymmetrie behindert worden wären (und die konservative Seite durch den ihnen ebenso regelwidrig in den Schoß fallenden semantischen Bonus bevorteilt). Denkbar scheint mir das durchaus. Ich füh-

re den Fall hier aber vor allem deshalb an, weil er mir ein ungewöhnlich anschauliches Beispiel für den Umstand zu sein scheint, den ich auch in diesem Buch aus dem Orkus der Verdrängung ans Tageslicht zu ziehen versuche: für die Tatsache nämlich, daß unser geistiger Bewegungsspielraum auf Schritt und Tritt – und erst recht da, wo wir glauben, in völliger Freiheit zu handeln und zu urteilen – von den durch die biologische Hälfte unseres Wesens gesetzten Rahmenbedingungen auf einen engen langen Auslauf beschränkt wird (im geschilderten Falle von den Konsequenzen einer asymmetrischen Funktionsaufteilung in unserem Gehirn).

Der große Basar

Adenauers Gesellschaftskitt hat sich als nur vorübergehend haltbar erwiesen. Nachdem die von ihm geschürte antirussische Phobie nach seinem Tode langsam ihre Kraft als nationales Bindemittel verloren hatte, war es dann für ein Jahrzehnt die »neue Ostpolitik« Willy Brandts, die in der Bundesrepublik eine demokratisch legitimierte Majorität vorübergehend im Gefühl politischer Zusammengehörigkeit verband. Von einer irgendwie gearteten »Einheit der bundesrepublikanischen Teilnation« konnte aber in dieser Phase nicht die Rede sein. Im Gegenteil. Brandts Politik der Verständigung mit dem Osten polarisierte die innenpolitische Auseinandersetzung in beispielloser Weise. Sie wurde nicht von politischer Argumentation geprägt, sondern von einem Ausbruch haßerfüllter Ablehnung durch das konservative, rechte Lager. Die ostpolitische Initiative der an die Regierungsmacht gelangten »Roten« löste keine demokratische Auseinandersetzung aus (das hatte man bei Adenauer ja auch nicht gelernt), sondern den verbalen Bürgerkrieg. Jetzt machten sich die Folgen der Tatsache verheerend bemerkbar, daß Adenauer die Bundesrepublik nicht auf dem Boden eines Konsenses über konkrete politische Inhalte errichtet hatte, sondern auf der Grundlage einer gemeinsamen Negation: der Angst vor dem Kommunismus.

Das heute von allen politischen Lagern unisono beklagte Fehlen eines bundesrepublikanischen Staatsgefühls hat gewiß viele Ursachen. Es hängt nicht nur – das natürlich auch – mit der unentwegt beschwore-

nen Teilung zusammen. Es ist auch nicht nur eine unausbleibliche Folge der von Adenauers Politik dem geschlagenen Volke kühl zugespielten Offerte, die eigene Mitverantwortung für die nazistische Vergangenheit unaufgearbeitet ad acta zu legen*: Wer die eigene Vergangenheit verdrängt, verlegt sich den Zugang zu einer eigenen (nicht nur der nationalen) Identität. Wir haben seit einigen Jahren bekanntlich – nie dankbar genug zu rühmende Ausnahme – einen Bundespräsidenten, der seine Mitbürger gelegentlich an diese nach wie vor nicht gern gehörte Binsenwahrheit erinnert und der dafür denn auch (keineswegs zufällig aus dem rechten Lager) kritisch-distanziert beäugt wird.
Nein, die Bundesrepublik hatte auch deshalb von vornherein kaum eine Chance, von der Gesamtheit ihrer Bürger als der allen gemeinsame Staat akzeptiert zu werden, weil Adenauers Politik diese Republik von Anfang an gleichsam »ex negativo« definiert hatte: nicht positiv, als politisches Gebilde mit einer bestimmten politischen und historischen Identität, sondern negativ, als Zweckverband aller antikommunistisch gesonnenen Individuen zur Verteidigung gegen eine aus dem Osten dräuende Gefahr.
Als Willy Brandt, Herbert Wehner und Egon Bahr darangingen, eine neue, auf Verständigung anstatt auf Konfrontation angelegte Ostpolitik in die Wege zu leiten, rührten sie daher unstreitig an den Magneten, der den bundesrepublikanischen Zweckverband bis dahin zusammengehalten hatte. Alsbald erwies sich, daß über den Fall nicht rational, nicht politisch also, diskutiert werden konnte. Die Antwort des konservativen Lagers bestand vielmehr in einem Ausbruch haßerfüllter Ablehnung. Der irrationale Charakter der konservativen Kampa-

* Ein Regierungschef von Adenauers Statur und Autorität, der einen Mann mit der Vergangenheit Hans Globkes (s. dazu die ausführliche Fußnote auf Seite 131) zum Staatssekretär macht und ihm die Organisation und alle Personalentscheidungen im Kanzleramt überträgt, demonstriert damit unverhohlen und aus freien Stücken, daß er administrative Effektivität allen moralischen Kriterien überordnet. Ganz selbstverständlich hatten an höchster Stelle getroffene Entscheidungen wie diese in der Aufbauphase der Nachkriegsjahre immer auch Modell- und Vorbildcharakter und multiplizierten dadurch die Tendenz zu einer zynisch-pragmatischen Haltung in der übrigen Gesellschaft. Apropos: Während der Hamburger Pädiater Rudolph Degkwitz Anfang der fünfziger Jahre in die USA emigrierte (aus familiären Gründen), saßen die von ihm wegen nachweislicher und jedermann bekannter nazistischer Verstrickungen 1945 aus ihren Lehrämtern entfernten akademischen Kollegen (mit vereinzelten Ausnahmen) längst wieder in ihren Sesseln.

gne gegen Brandts Ostpolitik wird durch nichts deutlicher unterstrichen als durch die Tatsache, daß die damalige Opposition diese Politik nahtlos fortsetzte, als sie wieder an die Regierung kam. Sachlich gab es keine Alternative. Groteskerweise neigt die konservative Koalition inzwischen sogar dazu, sich die »Aussöhnung mit dem Osten« als eigenes Verdienst zugute zu halten. Als Kanzler Kohl kurz vor seiner ersten Moskaureise im Oktober 1988 in einem Fernsehinterview gefragt wurde, ob er nicht auch einige Vertreter der SPD mit auf die Reise nehmen wolle, gab er mit spöttisch herablassendem Lächeln die Antwort: »Na, meinetwegen. Das Ganze ist ja ein großer Erfolg unserer Politik. Wenn da jetzt einige Herren von der Opposition auch noch schnell den rollenden Zug besteigen wollen, sollen sie es ruhig tun.«
Die Unterstellungen und Verleumdungen, zu denen sich in den siebziger Jahren Vertreter der sogenannten besseren Kreise, vor allem naturgemäß aber die Mitglieder der damals die Opposition bildenden »christlichen« Parteien, hinreißen ließen, wenn es galt, die führenden sozialdemokratischen Politiker beim Wahlvolk herabzusetzen und anzuschwärzen, finden in der deutschen Nachkriegsgeschichte an Bösartigkeit und Skrupellosigkeit nicht ihresgleichen.
In der Vorstandsetage von Mannesmann wurde wie selbstverständlich darüber geredet, daß Herbert Wehner seine Urlaube »in seiner Datscha bei Moskau« zu verbringen pflege, was ihm die Gelegenheit verschaffe, die Fortsetzung seiner politischen Kampagnen mit »seinen kommunistischen Genossen« abzustimmen. Abermals ein Beispiel für die realitätsblind machenden Wirkungen starker Affekte, denn Wehners Feriendomizil lag, wie alle Welt wissen konnte, in Schweden. Auch der Hinweis, daß der CDU-Kanzler Kiesinger demnach während der Großen Koalition »einen von Moskau abhängigen alten Kommunisten« mit dem Posten eines gesamtdeutschen Ministers betraut hätte, machte in der ansonsten intelligenten Runde niemanden stutzig.
Bundeskanzler Brandt hieß in den mir bekannten konservativen Hamburger Ärztekreisen »Genosse Frahm«. (Die Usance erinnerte mich fatal an »Tante Martha«, meine gute alte Großmutter aus Bückeburger Tagen, die den Reichspräsidenten Ebert stets nur als »den Sattlergesellen« zu apostrophieren pflegte.) Eine abendliche Tischrunde versuchte mich damals, nach Willy Brandts Wahlsieg, allen Ernstes davon zu überzeugen, »daß unser neuer Bundeskanzler zu Hause bekanntlich nur norwegisch spricht«. Und mein Ahrensburger Zahnarzt verriet

mir durch eine unerwartete Frage, welche handfesten Sorgen ihn und seine konservativen Freunde sonst noch plagten.
Wir standen vor unserem Haus, als der Arzt mit diplomatischen Wendungen behutsam vorfühlte, ob er mir einmal eine ganz persönliche Frage stellten dürfe. Ich ermutigte ihn dazu. Ob ich meine Stimme bei der Bundestagswahl wirklich Willy Brandt und der SPD gegeben habe, wollte er wissen. (Ich hatte mich im Wahlkampf zum Befremden meiner Nachbarn öffentlich für »die Sozis« engagiert.) Als ich bejahte, folgte im Tone ratloser Verwunderung die Frage: »Bei *dem* Haus?«, wobei mein Gesprächspartner mit einer beziehungsvollen Kopfwendung auf unser (in der Tat ansehnliches) Domizil wies. Ich verstand im ersten Augenblick nicht recht und wollte es im zweiten Augenblick nicht glauben. Aber der Mann, ebenfalls Hausbesitzer in Ahrensburg, bestätigte mir tiefbesorgt, daß er nunmehr ernstlich mit der Gefahr rechne, als »Kapitalist« von den neuen »sozialistischen Machthabern« enteignet zu werden. Eine Sorge, deren Abstrusität noch heute verräterische Rückschlüsse auf die Qualität der im Bundestagswahlkampf 1972 von der christdemokratischen Union benutzten Munition zuläßt.
Es ist bemerkenswert (und beunruhigend), mit welcher Hartnäckigkeit diese wirklichkeitsferne Sichtweise die Zeiten überdauert. Bei einem Streitgespräch anläßlich der Bundestagswahlen 1987 warnte der CDU-Vertreter vor der Möglichkeit eines Wahlsieges der SPD unter anderem mit dem Argument: »Wenn die ans Ruder kommen, werden sie Deutschland zum dritten Male ruinieren.« Woran dachte der Mann bloß? Er steht mit seiner Auffassung keineswegs allein, was auf die psychische Verfassung unserer politischen Gemeinschaft ein noch beunruhigenderes Licht wirft. Ist das Unglück des Vaterlandes bisher nicht stets aus der entgegengesetzten Ecke gekommen? Säßen wir etwa nicht immer noch in Ostpreußen und Schlesien, wenn die Politik der »vaterlandslosen Gesellen« sich gegen die säbelrasselnde Politik der Kaiserzeit und die auf nackte Eroberung gerichtete Politik der Nationalsozialisten in unserem Volk hätte durchsetzen lassen?
Die Liste vergleichbarer, noch dümmerer und bösartigerer Beispiele, vor allem aus den siebziger Jahren, ließe sich auf eine deprimierende Länge bringen. Mich erfüllt die Erinnerung an das, was ich an dergleichen Kostproben auch im Kreise von Verwandten, Bekannten und Kollegen zu hören bekam, noch heute mit Traurigkeit. Ich habe damals

den Glauben daran verloren, daß man mit dem Menschen in seiner heutigen (»rezenten«) Konstitution das politisch verwirklichen kann, was die meisten von uns bei ruhiger Überlegung unter »Demokratie« verstehen. So, wie ich, auch aus anderen Gründen, überhaupt bezweifle, daß wir das »Tier-Mensch-Übergangsfeld« unserer stammesgeschichtlichen Entwicklung wirklich, wie Philosophen und Anthropologen uns glauben machen wollen, schon ganz durchschritten haben.
»Nicht mehr Tier und noch nicht Engel«, dieser Satz Pascals trifft unser Wesen ganz gewiß präziser und ehrlicher als die verbreitete Ansicht, wir seien schon identisch mit dem Lebewesen, das wir als »Menschen« theoretisch zu beschreiben in der Lage sind. Es ist nicht unsere Schuld, daß wir uns im Ablauf der Zeiten just an jener Stelle der Entwicklung vorfinden, an der wir das Ziel der Menschwerdung schon klar zu erkennen vermögen, dem unsere Art allem Anschein nach zusteuert, an der wir jedoch noch zu sehr unter der Knute des Neandertalers in unserem Hirnstamm stehen, um dem Anspruch gerecht werden zu können, den der Begriff »Mensch« setzt. Die Evolution hat uns bis an den Punkt geführt, von dem aus wir das Ziel sehen können. Aber wie Moses, den der Engel des Herrn auf einen Berg führte, um ihm das »Gelobte Land« zu zeigen, bleibt es auch uns versagt, das Gezeigte schon erreichen zu können. Es ist nicht unsere Schuld. Und wer es tröstlich findet, mag unsere Situation für tragisch halten. Aber wir sollten sie zur Kenntnis nehmen. Anthropologische Bescheidenheit ist geboten.
Ein in der Wolle gefärbter Konservativer lebt in einer Welt, in der er sich auf allen Seiten von Gefahren umstellt sieht: zuvörderst selbstredend von Kommunisten und »Sozis«, deren Ziel es ist, unsere freiheitlich-demokratische Grundordnung zu zerstören. Aber auch von Chaoten und Terroristen, unter deren Umtrieben die Fugen unserer Gesellschaft für seine Ohren bereits hörbar zu knistern begonnen haben. Damit keineswegs genug: Verunsichert wird er auch von modernen Künstlern und Schriftstellern, die sein Kunstverständnis provozieren, von der Popszene, welche »die Jugend verdirbt«, von einer »pornographischen Welle«, die Kultur und Moral unter sich zu begraben droht, und des weiteren von allen möglichen Bürgerinitiativen, die sich unterfangen, die Autorität und Kompetenz der Obrigkeit in Zweifel zu ziehen.
Selbstverständlich verbergen sich hinter diesen Befürchtungen Risi-

ken, die nicht nur aus der Luft gegriffen sind. Gleichwohl ist das Ausmaß der durch sie ausgelösten Bedrohungsängste ohne Zweifel irrational: Wenn die noch so abscheulichen Verbrechen von zehn oder zwanzig Terroristen ein ganzes Land an den Rand der Panik zu treiben vermögen und wenn Briefträger oder Lokomotivführer ihrer kommunistischen Einstellung wegen mit der Begründung aus dem Staatsdienst entlassen werden, sie könnten »im Ernstfall« ein Sicherheitsrisiko darstellen, dann stehen Anlaß und psychologisch ausgelöste Reaktion zueinander in einem grotesken, rational nicht mehr begründbaren Mißverhältnis.

Es ist leicht verständlich zu machen, daß es kein Vergnügen bedeutet, in einer Welt voller Bedrohungen zu leben. Leicht zu begreifen ist ferner, daß viele ihrer Bewohner unter einem emotionalen Druck stehen, der ihre Fähigkeit zur selbstkritischen Überprüfung der eigenen Weltsicht spürbar behindert aufgrund der allseits bekannten reziproken Beziehungen zwischen gedanklicher Schärfe und aktuellen Affekten. Womit die Chancen, jemanden mit der bloßen Kraft rationaler Argumentation von seiner konservativen (oder gar reaktionären) Plattform herunterzuholen, a priori äußerst beschränkt sind. Diese Beschränktheit bildet die eigentliche Erklärung für die Unerschütterlichkeit, mit der die konservativen Bastionen – allen inneren Widersprüchen und objektiven Irrtümern zum Trotz – den kritischen Attacken ihrer politischen Gegner in aller Regel ohne Wackeln und Wanken standhalten.

Ein Konservativer strenger Observanz zählt seinem Wesen nach ungeachtet aller Lippenbekenntnisse nicht gerade zur Kerngruppe demokratisch gesonnener Mitbürger. Wer als rechter Politiker davon ausgeht, daß die Interessen des Vaterlandes letztlich nur in seinen Händen gewährleistet sind, neigt automatisch dazu, diese Interessen für gefährdet zu halten, sobald die Verantwortung für sie dem politischen Gegner zufällt. »Ein Sieg der SPD wäre der Untergang Deutschlands«, lautete folgerichtig ein Wahlslogan der Adenauer-Regierung. Da wird ausgesprochen, was ein Konservativer im tiefsten Herzen von demokratischer Parteienkonkurrenz hält. Sie ist ihm in Wahrheit ein Greuel. Denn er hat sich innerlich längst in solchem Maße mit »seinem« Staat identifiziert – was er in aller Unschuld für einen Ausdruck nationaler Loyalität hält –, daß es ihm nicht als demokratische Normalität erscheint, sondern als ein Akt un»recht«mäßiger (linker) Usurpation,

wenn der politische Gegner ihm in einer demokratischen Wahl die Regierungsmacht aus den Händen nimmt. Folgerichtig und ohne falsche Scham wurde von der Springer-Zeitung »Die Welt« seinerzeit die Bildung der SPD-FDP-Koalition, die eine zur Ablösung des CDU-Kanzlers Kiesinger ausreichende Majorität herstellte, als »Links-Putschismus« qualifiziert.
Auch dieses in seinem Kern undemokratische Selbstverständnis der politischen »Rechten« bildet eine der Ursachen für den unleugbaren und allseits beklagten Vertrauensverlust gegenüber der staatlichen Obrigkeit. Das Gefühl, daß dieser Staat in Wirklichkeit gar nicht mehr »unser« Staat ist, sondern daß er von einer konservativen Regierungskoalition als in deren Verständnis »recht«mäßiger Besitz vereinnahmt worden ist, findet immer neue Nahrung. Insbesondere die Art und Weise, in der die Obrigkeit mit abweichenden Meinungen und Minoritäten umzuspringen sich angewöhnt hat, lähmt die Bereitschaft zum »Staatsvertrauen«.
Die Barschel-Affäre war gewiß ein Exzeß und, hoffen wir es, eine einmalige Ausnahme. Aber selbst in ihrer kriminellen Übersteigerung trug auch sie gleich einer Karikatur noch die unverkennbaren Züge der ultrarechten Weltsicht. Denn wer mit dem Übergehen der Macht »an die Linken« eine Gefährdung nationaler Interessen assoziiert, dem erscheinen konsequenterweise auch kriminelle Methoden noch als Akte patriotischer Notwehr und damit in einem höheren als einem bloß formalen, legalistischen Sinne als »rechtschaffen«.
Alle vier Jahre darf der Bürger an der politischen Willensbildung mitwirken durch die Abgabe seiner Stimme für eine bestimmte Partei. Immer häufiger wird er dabei genötigt, sich auf Kopplungsgeschäfte einzulassen, gegen die er sich im ökonomischen Bereich mit Hilfe einschlägiger Wettbewerbsregeln erfolgreich zur Wehr setzen könnte. In der Politik jedoch bleibt ihm diese Möglichkeit versagt. Denn in der auf seine Stimmabgabe folgenden vierjährigen Legislaturperiode unterliegt diese Willensbildung, unterliegen sämtliche politische Entscheidungen dem Monopol der mit Mehrheit gewählten Partei oder Parteienkoalition. Während dieser vierjährigen Zeitspanne hat der mündige Bürger den Mund zu halten. Auf keine in diesem Zeitraum zu fällende politische Entscheidung hat er den geringsten Einfluß. Den hat er zusammen mit seiner Wählerstimme bis zum nächsten Wahltag unwiderruflich abgegeben.

So ergab sich, um nur ein einziges Beispiel anzuführen, bei der Bundestagswahl 1983 für nicht wenige Wähler eine Zwickmühle aus der Tatsache, daß es ein und dieselbe Partei war, die mit Nachdruck versprach, »die Arbeitslosen durch die Aufhebung des (angeblich bestehenden) Investitionsstaus von der Straße zu holen«, und die außerdem erklärte, daß sie an der Aufstellung neuer Mittelstreckenraketen und ebenso »an dem zügigen weiteren Ausbau der Kernenergie« festhalten werde. Wie sollte da stimmen, wer an das (später uneingelöst gebliebene) Versprechen glaubte und seinen Arbeitsplatz für gefährdet hielt, zugleich aber überzeugt davon war, daß die Durchführung der »Nach«-Rüstung und/oder der Ausbau der Atomenergie Risiken heraufbeschwor, die er ablehnte? Ist der Verdacht etwa von der Hand zu weisen, daß derartige »Kopplungen« von bestimmten Parteien ganz bewußt aus taktischen Gründen hergestellt werden? Auf diese Weise läßt sich immerhin, gestützt auf die Ergebnisse von Meinungsumfragen, durch die Herausstellung eines von einer Mehrheit dringend erwünschten Angebots (zum Beispiel wirkungsvolle Bekämpfung der Arbeitslosigkeit) ein »Stimmensog« schaffen, in dessen Strom dann auch unpopuläre, von derselben Mehrheit in Wirklichkeit womöglich abgelehnte Entscheidungen formal eine demokratische Legitimation erhalten.

Ich möchte nicht mißverstanden werden. Mir ist klar, wie groß der Fortschritt historisch einzuschätzen ist, den die Einführung des allgemeinen Wahlrechts bedeutet hat. Es darf unter keinen Umständen angetastet werden. Jedoch scheint mir fast von Jahr zu Jahr deutlicher zu werden, daß es in unserer fortgeschrittenen Industriegesellschaft nicht mehr genügt, wenn der Bürger von diesem Recht in Abständen von vier Jahren einen jeweils einmaligen Gebrauch machen darf. Die in unserem Grundgesetz vorgesehene *Mit*wirkung der Parteien an der politischen Willensbildung ist infolge dieser Praxis längst zu einem Parteienmonopol entartet.

Fraglich ist dabei vor allem der Umstand, daß die einmalige Stimmabgabe der jeweils als Mehrheit installierten Partei oder Koalition quasi einen für vier Jahre gültigen Blankoscheck ausstellt. Sie erhält das Recht, in den folgenden vier Jahren nach eigenem Ermessen ohne Rücksicht auf abweichende Meinungen und Minderheiten zu schalten und zu walten. Grundsätzlich gehört es zwar zu den demokratischen Tugenden, sich den Entscheidungen einer gewählten Mehrheit zu fügen. Ein durch einen einmaligen Wahlakt erworbenes Entscheidungsmonopol wird jedoch fragwürdig, wenn es Entscheidungen einschließt, die langfristige, über den Zeitraum einer Legislaturperiode weit hinausgehende (oder gar irreversible) Konsequenzen nach sich ziehen.

Die demokratische Verpflichtung einer Minderheit zur Tolerierung von Mehrheitsvoten ist nicht zuletzt durch die Aussicht darauf legitimiert, nach der nächsten Wahl selbst die Rolle des Entscheidungsträgers spielen und vorangegangene Beschlüsse gegebenenfalls aufheben oder korrigieren zu können. Gerade bei den für den zukünftigen Weg unserer Gesellschaft wichtigsten Entscheidungen ist das heute aber nur noch selten möglich. Der Ausbau der Kernenergie zum Beispiel bindet ein so gewaltiges Kapital, daß die festgelegten Summen, die sich ja amortisieren müssen, auf Jahrzehnte hinaus wirksame »Sachzwänge« entstehen lassen. Damit aber wird, im Widerspruch zu dem von den Betreibern selbst eingeräumten Übergangscharakter dieser Art der Energieerzeugung, die Energiepolitik entsprechend lange festgelegt und die wahrscheinlich schon in absehbarer Zeit aktuell werdende Möglichkeit, auf günstigere, zukunftweisende Techniken (Solarenergie, Wasserstofftechnologie) umzusteigen, auf lange Sicht verbaut.

Die mit den Strahlenrisiken der Kerntechnik verbundenen Konsequenzen sind durch keinen zukünftigen Regierungswechsel mehr aus der Welt zu schaffen. Sie erstrecken sich nicht über Zeiträume in der Größenordnung von Legislaturperioden, sondern von Lebensgenerationen. Um derart langfristige Folgen aber geht es heute bei allen Entscheidungen im ökologischen Bereich und oft auch darüber hinaus: Ob Sicherheitspolitik, Verkehrspolitik oder Verbraucherschutz, ob Boden- oder Trinkwasserschutz, ob es sich um Maßnahmen zur Vorbeugung gegen die drohende Klimakatastrophe handelt oder zur Erhaltung einer Luftqualität, die es erlaubt, auch in Zukunft noch ohne Sorgen um seine Gesundheit Atem holen zu können – immer häufiger geht es in unserer Gesellschaft um Entscheidungen, die unseren Kindern und Kindeskindern Lasten und »Sachzwänge« aufbürden, mit denen sie sich abzufinden haben werden, ohne je gefragt worden zu sein.

In einer solchen Lage wären nun äußerste Behutsamkeit und Zurückhaltung bei allen bedeutenden Entscheidungen das vertrauenerwekkende Markenzeichen einer Obrigkeit, die den von ihr geleisteten

Schwur, »Schaden vom Volke abzuwenden«, nicht lediglich als ein zum Ritual der Amtsübernahme gehörendes Lippenbekenntnis betrachtet. Bei so langfristigen Folgen wären ein besonders großer Respekt vor opponierenden Minderheiten und eine besonders große Sensibilität ihren Einwänden und Bedenken gegenüber beruhigende Anzeichen des Obwaltens einer von wahrhaft demokratischem Geist beseelten Regierung. Jedoch haben wir bekanntlich nicht den geringsten Grund zur Beruhigung.
Unsere Obrigkeit läßt vielmehr keinen Zweifel daran, daß sie auch bei existentiellen Zukunftsfragen nicht daran denkt, die von ihr regierten Untertanen an der Entscheidungsfindung – etwa durch die grundgesetzlich zugelassene Möglichkeit einer Volksbefragung – zu beteiligen. Dabei gibt es für die Legitimität des immer deutlicher vernehmbaren Bürgerwunsches nach dieser Form einer Teilhabe an der gesellschaftlichen Kursbestimmung Kronzeugen, die über jeden Zweifel erhaben sind. So legte Ernst-Gottfried Mahrenholz, Richter am Bundesverfassungsgericht in Karlsruhe, »Sieben Thesen zu Fragen der direkten Demokratie« vor.* In der vierten dieser Thesen heißt es: »Es muß ein Wechselspiel möglich sein zwischen der politischen Integration des Gesamtspektrums gesellschaftlicher Fragen in ein politisches Programm, das eine in sich kohärente Politik ermöglicht, *und einer eigenständigen Artikulationsmöglichkeit des Volkes durch die direkte Entscheidung gewichtiger politischer Einzelfragen.* Dies ist auch eine Frage des Freiheitsverständnisses eines freiheitlich-demokratisch verfaßten Gemeinwesens.« (Hervorhebung von mir)
Unsere Obrigkeit jedoch ist auf diesem Ohr stocktaub. Unbeirrt demonstriert sie bei jeder Gelegenheit, daß sie Ansichten und Argumente von außerhalb des Parlaments, die den ihren widersprechen, nicht nur nicht zur Kenntnis zu nehmen gedenkt, sondern sogar als ungehörige Einmischung betrachtet (wenn nicht gar als ein Indiz staatsfeindlicher Gesinnung). Das hinter dieser Verweigerung stehende Freiheitsverständnis kann nur noch in eingeschränktem Sinne als »demokratisch« bezeichnet werden.
Wieder liefert die Auseinandersetzung um die Frage des Ausbaus der

* Ernst-Gottfried Mahrenholz, »Teilhabe, Entscheidungslegitimation und Minderheitenrechte in der repräsentativen Demokratie«, in: Däubler-Gmelin/Adlerstein (Hrsg.), »Menschengerecht, 6. Rechtspolitischer Kongreß der SPD 1986«, Heidelberg 1987, S. 371.

Atomenergiegewinnung die handgreiflichsten Beispiele. Eines davon ist der seit Jahren schwelende Streit um die Wiederaufarbeitungsanlage bei Wackersdorf in Bayern. Zwar ist der ursprüngliche Grund für ihren Bau, nämlich die seinerzeit befürchtete Verknappung von Natururan, inzwischen hinfällig geworden. (Die Erdkruste enthält mehr als genug von dem Teufelszeug.) Zwar läßt sich nach Ansicht der überwiegenden Mehrheit der Experten auch sonst kein überzeugender Grund für die Notwendigkeit einer solchen Anlage nennen. Trotzdem ist die bayerische Landesregierung mit Unterstützung des Bundes entschlossen, das sachlich nicht zwingende und ökologisch mehr als bedenkliche Projekt allen Widerständen und Einwänden zum Trotz auf Biegen und Brechen durchzuziehen.

Der Grund dafür ist nicht mehr rationaler Natur. Es sei notwendig, daß der Staat in Wackersdorf »Flagge zeige«, erklärte Franz Josef Strauß. Die »Staatsräson« also erzwingt hier angeblich ein Projekt, das, wie von allen Seiten inzwischen stillschweigend eingeräumt wurde, weder vernünftig noch zweckmäßig, noch ökologisch unbedenklich ist. Es komme nicht in Frage, sich »dem Druck der Straße zu beugen«, sagte derselbe Ministerpräsident, der bald darauf in offiziellen Nachrufen und Trauerreden auch als »großer Demokrat« apostrophiert wurde. Da scheint mir denn doch eine höchst seltsame Variante von Demokratieverständnis vorzuliegen.

Selbstverständlich hat niemand »von Staats wegen« jemals erklärt, daß ihm Meinungen des regierten Volkes, die von der Regierungsposition abweichen, höchst gleichgültig seien. Die obrigkeitliche Abweisung aufmüpfig protestierender Untertanen (die so naiv sind zu glauben, daß die von ihnen gewählte Regierung sie wirklich als »mündige Bürger« betrachtet) bedient sich einer subtileren und – ich kann das Wort hier nicht vermeiden – perfideren Methode. Die gegen das Wakkersdorfprojekt mit niemals widerlegten Einwänden aufbegehrenden Bürger wurden in die »kriminelle Ecke« gestellt. Ich fürchte, daß hier eine Parallele besteht zu der bis vor kurzem in der Sowjetunion geübten Methode, mißliebige Meinungsabweichler (Dissidenten) dadurch in der Gesellschaft zu diskreditieren, daß man sie für geisteskrank erklärte. Beunruhigenderweise sind Parallelen zu totalitären Gepflogenheiten im Umgang mit oppositionellen Minderheiten auch sonst nicht zu übersehen. So wurde im Dezember 1986 zum Beispiel einer österreichischen Journalistin, die im offiziellen Auftrag des Österreichischen Rundfunks über eine Protestaktion in Wackersdorf berichten wollte, von der bayerischen Grenzpolizei die Einreise mit der vom Münchener Polizeipräsidium telephonisch übermittelten Begründung verweigert, es bestehe »die Gefahr, daß die Journalistin über negative Geschehnisse berichten« werde. So die ungenierte Argumentation eines leitenden Beamten einer Regierung, die bis zur »Glasnost«-Reform keine Gelegenheit versäumte, »die dem Geist von Helsinki widersprechende Behinderung der freien Berichterstattung im Ostblock« mit selbstgerechtem Pathos anzuprangern.

In Wackersdorf und bei anderen Protestaktionen sind es nicht die Steinewerfer und die psychopathischen Berufsrandalierer, welche die Demokratie gefährden. Diese sind »normale« Rechtsbrecher, die mit den für ihre Handlungen vom Gesetz vorgesehenen Strafen zu rechnen haben. Nein, wer in Wackersdorf und anderswo die Demokratie beschädigt, das sind jene, die eine Handvoll von Gewalttätern begierig als Vorwand benutzen, um die Masse der gewaltlos Demonstrierenden zu verleumden, was sie vordergründig der Pflicht enthebt, sich deren Argumente und Einwände auch nur anzuhören.

Wo sonst, wenn nicht unter den gewaltlos Demonstrierenden – und das ist die überwältigende Majorität –, ist der in Wahlreden stereotyp beschworene »mündige Bürger« außerhalb der nur einmal alle vier Jahre wiederkehrenden Wahltage zu finden? Welche Möglichkeit hat er sonst, zwischen den Wahlen kundzutun, was ihm in seiner Mündigkeit nicht behagt? Andere, etwa plebiszitäre Formen der Beteiligung an der politischen Willensbildung (Stichwort: »Volksentscheid«) werden ihm ja unter allerlei Vorwänden vorenthalten. *

Also geht er, was bleibt ihm übrig, auf die Straße und macht den Mund auf: gegen die Aufstellung neuer Raketen, gegen die Vergiftung von

* Einer dieser Vorwände besteht in dem Hinweis auf Gefahren wie die, daß besonders abscheuliche Verbrechen (zum Beispiel Kidnapping mit Ermordung des entführten Kindes) dann auf dem Wege des Plebiszits die Wiedereinführung der Todesstrafe zur Folge haben könnten. Der Einwand ist jedoch nichtig, denn die Abschaffung der Todesstrafe ist grundgesetzlich abgesichert. Plebiszite aber könnten Rechtsänderungen nur innerhalb des grundgesetzlich festliegenden Rahmens herbeiführen. In der Praxis würden sie sich in aller Regel auf ordnungsrechtliche Bestimmungen beziehen, mit denen unterhalb des Schutzes der Verfassung angesiedelte Sachverhalte nach den Gesichtspunkten von Zweckmäßigkeit und gesellschaftlichem Interesse geregelt werden (Wasserschutz, Lebensmittelverordnungen, Verkehrsordnung, Städte- und Landschaftsplanung, Natur- und Artenschutz usw.).

Atemluft und Trinkwasser, gegen den Bau von Kernkraftwerken, gegen den Egoismus, mit dem manche Industriebetriebe einen Teil ihrer internen Kosten in Gestalt von Emissionen, Abwässern oder Verpakkungsmüll auf seine Schultern abwälzen. Notabene haben die in dieser Weise Kritisierten bisher (fast) noch nie den Versuch gemacht, sich mit dem Einwand zu verteidigen, die protestierende Gruppe sei nicht sachverständig, so daß man ihren Widerspruch nicht ernst nehmen könne. Ganz am Anfang der Antikernkraftbewegung hat es diese Defensivstrategie gegeben. Seitdem wird von ihr kein Gebrauch mehr gemacht. Die Betroffenen wissen sehr wohl, wie beachtlich die Einwände sind, die ihnen die glänzend informierten Protestbewegungen entgegenhalten.

Eben deshalb greift man nun als Ultima ratio zum großen Knüppel und spricht den Demonstranten kurzerhand ihre demokratische Gesinnung ab. An die Stelle des Arguments tritt die gezielte Verleumdung und, wo immer es staatliche Institutionen sind, gegen die der Protest sich richtet, der Versuch, durch neue rechtliche Konstruktionen auch die gewaltlosen Protestler zu staatsfeindlichen, kriminellen Elementen zu stempeln.

Am deutlichsten war wieder Franz Josef Strauß. Während Helmut Kohl sich anfangs auf die knappe Formel beschränkte, daß es »der Pöbel« sei, der sich da auf den Straßen äußere, diagnostizierte sein »Männerfreund« in München den Aufmarsch »wandernder Bürgerkriegsarmeen«. Da wollte sich auch Helmut Kohl nicht lumpen lassen und beschuldigte die Grünen im Sommer 1986 bei einer Ansprache vor Grenzschutzeinheiten, sie forderten die Stillegung aller Kernkraftwerke nur, um die Bundesrepublik »sturmreif zu machen«. Der große Demokrat in München respondierte zustimmend und setzte gleich noch einen drauf, indem er die Behauptung aufstellte, daß es das wahre Ziel der Atomkraftgegner sei, das Land »in ein Chaos zu stürzen«, von dem letzten Endes die Sowjetunion profitieren werde, weil sie dann »die Macht in Europa übernehmen könnte«. (Was die Kunst angeht, in einem Satz gleich an mehrere bürgerliche Alpträume zu appellieren, hat Strauß eine Lücke hinterlassen, die auch ein Heiner Geißler trotz unbestreitbarer Talente niemals wird ausfüllen können.)

Es leuchtet ein, daß die Friedfertigkeit protestierender Bürger unter einer solchen Behandlung Schaden nehmen muß. Eine emotionale Eskalation ist unausbleiblich. Die Formen, in denen sich die Entrüstung auf seiten der staatlich geschmähten Protestler äußert, dienen der jedem Widerspruch zunehmend autoritär entgegentretenden Obrigkeit ihrerseits zur Rechtfertigung dafür, die Schraube juristischer und polizeilicher Gegenmaßnahmen weiter anzuziehen. So kommt der alle demokratischen Spielregeln und Freiräume einengende Kreislauf von staatlicher Gewalt und protestierender Gegengewalt in Schwung – und die Demokratie unter die Räder.

Der undemokratische Widersinn, der in unserer Republik inzwischen zum Tagesgeschehen gehört, wird sogleich verständlich und erklärbar, wenn man sich vor Augen führt, welche Kräfte unsere Gesellschaft in Wahrheit regieren. Unser Gemeinwesen ist genaugenommen schon nicht mehr ein »Staat« im konventionellen Sinne. Auch unsere Politiker sind eigentlich nicht mehr »Staatsmänner«, sondern Administratoren innerhalb von Aktionsräumen, die sich unter dem Einfluß wirtschaftlicher Sachzwänge stetig verkleinern. Zugespitzt formuliert, leben wir nicht mehr in einer Republik, sondern in einer Interessengemeinschaft, die mehr von den Regeln der freien Marktwirtschaft gesteuert wird als von demokratischen Gesetzen und die uns alle, die wir einmal Bürger waren, schon längst in Konsumenten verwandelt hat.

Über alle für die langfristige Entwicklung unserer Gemeinschaft wichtigen Fragen wird längst nicht mehr von Politikern, sondern von den Managern der Industrie befunden. Das liegt in der Entwicklungslogik einer fortgeschrittenen Industriegesellschaft: Es ist die Konsequenz des Wissensvorsprungs der in Wirtschaft und Industrie tätigen Experten. Sie verschaffen der Wirtschaft ein Monopol hinsichtlich aller jener Informationen, ohne die sich ein Industrieland heute nicht mehr steuern läßt.

Der Schöpfer des größten europäischen Technologiekonzerns, der Unternehmer Ludwig Bölkow, gehörte einst zu den eifrigsten Fürsprechern eines forcierten Ausbaus der Energiegewinnung durch Kernkraft. Heute räumt er freimütig ein, daß er sich geirrt habe. Auf die Frage eines Reporters, wie ausgerechnet ihm das habe passieren können, gab er zur Antwort: »Was sollte ich denn machen? Bei einer solchen Frage verläßt man sich eben auf die Angaben aus der Stromwirtschaft.« Wenn schon ein »Insider« der Wirtschaft das sagt, wie abhängig muß sich dann der normale Politiker erst fühlen? Wen soll er um die für seine Entscheidung notwendigen Informationen bitten? Den

mit dem erforderlichen Sachverstand ausgestatteten Spezialisten. Und wo findet er den? In dem mit dem jeweiligen Problem beschäftigten Industriezweig.
Nun kann aber der in der betreffenden Branche tätige Spezialist aus auf der Hand liegenden psychologischen Gründen nicht so objektiv und unparteiisch sein, wie eine das Interesse der Allgemeinheit berührende Entscheidung es wünschenswert erscheinen ließe. Er kann es nicht, selbst wenn er es wollte und sich nach besten Kräften darum bemühte. Dies von ihm zu verlangen wäre unbillig. Denn der Mann könnte auch bei bestem Willen nicht ad hoc über den Schatten seiner in vielen Berufsjahren erworbenen Betriebsloyalität springen. Er kann folglich auch bei der Beantwortung einer von der Politik an ihn gerichteten Frage gar nicht umhin, sich mit den Zielen zu identifizieren, die den Zweck des Unternehmens definieren, dem er angehört.
Und so kommt es dann, daß in der offiziellen Diskussion über den weiteren Weg der Energiepolitik mit Strompreisangaben (und Bedarfsprognosen!) taktiert wird, die zugunsten des Atomstroms sprechen und unter deren Einfluß die Politik des »zügigen weiteren Ausbaus der Kernenergie« die in den Augen der Betreiber wünschenswerten Impulse erhält. Bis sich dann Jahre später herausstellt (wenn es zu spät ist, weil die Milliardengräber der Kraftwerksbauten inzwischen »unaufhebbare Sachzwänge« geschaffen haben), daß bei der Kostenkalkulation gravierende Faktoren wie Transportsicherung, Entsorgung und Endlagerung »vergessen« wurden.
Den in einer demokratischen Gesellschaft zur Kursbestimmung berufenen Volksvertretern bleibt dann nur noch »ja und amen« zu sagen übrig. Und, angesichts der sonst einzuräumenden eigenen fachlichen Inkompetenz (die ihnen andererseits niemand würde vorwerfen können), die kühne Behauptung, es habe sich um eine von ihnen aus begründeter Überzeugung getroffene Entscheidung gehandelt, die nach wie vor richtig sei. Denn das Eingeständnis eines Irrtums oder unzureichenden Wissens verträgt sich, so ehrenwert es wäre, nicht mit dem Selbstverständnis eines Berufspolitikers. Eine Einstellung, aus der sich des weiteren dann der Zwang ableitet, widersprechenden Bürgern mit Entschiedenheit und Selbstsicherheit entgegenzutreten und ihnen das Recht auf Gehör abzusprechen.
So kommt es, daß das landschaftszerstörende Milliardenprojekt des Rhein-Main-Donau-Kanals bis zum bitteren Ende fortgeführt werden

wird, obwohl seine verkehrspolitischen Voraussetzungen inzwischen auch nach dem Urteil der Experten hinfällig geworden sind. Nach dem gleichen Muster ist es zu erklären, daß kein Politiker sich dazu aufrafft, den irrwitzigen, beliebig fortsetzbaren Wettlauf zwischen Straßenbau und Automobilproduktion zu beenden durch ein der Vernunft zu ihrem Recht verhelfendes gesetzliches Machtwort. Denn auch die Verkehrspolitik in unserem Lande liegt in Wirklichkeit längst in den fachkundigen Händen der Automobilhersteller. Mit der Folge, daß die Oberfläche unserer Republik weiter mit Asphalt versiegelt wird, daß unsere Luft ungesünder und unsere Wälder kränker werden und daß der autofahrende Bürger für das zweifelhafte Vergnügen, immer häufiger auf verstopften Autobahnen hängenzubleiben, gleich zweimal geschröpft wird: einmal für den Bau von noch mehr Straßen (damit die Autoindustrie ihre Produktion weiterhin absetzen kann) und zum zweiten zur Subventionierung der Bundesbahn, die durch den Irrsinn in die roten Zahlen getrieben wird. Wer als Bürger gegen diese offenkundige Unvernunft aufbegehrt, wird von den Verantwortlichen jedoch, notfalls unter Einsatz aller staatlichen Mittel, in seine Schranken gewiesen – denn die Politiker haben eine heilige Scheu davor, öffentlich zuzugeben, daß sie in ihren Entscheidungen nicht mehr frei sind (vielleicht gestehen sie das nicht einmal sich selbst ein).
Die Effizienz unserer Industrie ist über jeden Zweifel erhaben. Sie ist in unserem Gemeinwesen konkurrenzlos. Nicht zuletzt darum weht in den Chefetagen der großen Werke und der großen Banken ein deutlich wahrnehmbares Lüftchen von Größenwahn. Man weiß dort, wer dieses Land in der Hand hat, und man hat ein gutes Gewissen dabei. Wann immer eine Regierung, sei es in Bund oder Land, ansetzt, eine Regelung auch nur zu diskutieren, die der Industrie im Interesse des Gemeinwohls spürbare Beschränkungen zumuten würde (Verbot ozonzerstörender Treibgase, Einschränkung eines übertriebenen Verpackungsluxus zur Müllreduzierung, dem Stande der Technik wirklich entsprechende Emissionsschutzinstallationen usw.), hört man von »Sorgen um eine Beeinträchtigung des Investitionsklimas«, und schon zuckt der Gesetzgeber furchtsam zurück. Dann erweist sich, wer tatsächlich Herr im Hause unserer Republik ist.
Nun ist nicht zu bestreiten, daß wir unseren beispiellosen Wohlstand der Industrie verdanken. Aber ebensowenig läßt sich bestreiten, daß kaum jemand von uns jemals an den Preis denkt, den wir dafür ent-

richten müssen, daß wir uns der güterspendenden Produktivität der freien Marktwirtschaft anvertraut haben.
Längst hat sich der nach der Währungsreform 1948 einhellig begrüßte Konsumgütersegen in eine Konsumverpflichtung für jeden verwandelt. Die Industrie ist nicht mehr in erster Linie für uns da (zur Erfüllung unserer Bedürfnisse und zur Hebung unseres Wohlstandes). Eher ist es umgekehrt: Wir sind für die Industrie unentbehrlich geworden, weil wir als die Gesamtheit der Konsumenten den Markt bilden, ohne den keine Industrie überleben kann. Es ist daher für den Bestand unserer ökonomistisch orientierten Gesellschaft von existentieller Bedeutung, daß wir nicht einfach nur verbrauchen, sondern daß wir das auch in einem wachsenden Ausmaß tun. Verbrauch ist zur staatsbürgerlichen Pflicht geworden. Bescheidenheit grenzt an Sabotage. Daher fällt ein »Aussteiger«, der »Konsumverzicht« treibt, der sozialen Ächtung anheim, in bezeichnendem Unterschied zum Bankrotteur, der sich beim Konsum übernommen hat.
Aussteiger aber sind die Ausnahmen. Die Werbung hat es mit wissenschaftlich ausgeklügelten Methoden fertiggebracht, fast allen von uns ein konsequentes Verbraucherbewußtsein anzuerziehen. Wir kaufen seit langem nicht mehr nur das, was wir brauchen, sondern wir kaufen vieles, um zu verbrauchen. Die Zahl der Menschen, die sich jahrelang krummlegen, nur um ein Auto fahren zu können, das ihr Haushaltsbudget übersteigt (obwohl sie den Erfordernissen ihrer individuellen Mobilität auch mit einem bescheideneren Erzeugnis gerecht werden könnten), dürfte bei uns (und nicht nur bei uns) in die Millionen gehen. Der Geist des Kommerzes ist in unserer Gesellschaft so stark entwickelt, daß viele von uns, ohne sich darüber klar zu sein, längst zu Wirtschaftssubjekten geworden sind. Sie haben begonnen, alles, was sie umgibt, als potentielle Ware anzusehen und nach Geldeswert einzuschätzen.
Ich erinnere mich noch meiner Verblüffung über die Art und Weise, in der mir ein vermögender Bankier eines Tages voller Stolz seine Gemäldesammlung vorführte. Mein Gastgeber verlor kein Wort über den jeweiligen Künstler, das Entstehungsjahr oder die Geschichte des Bildes. Dafür erfuhr ich in jedem Falle den Preis, für den das Bild erstanden worden war, die Summe, die es dem Besitzer gegenwärtig bei einem Verkauf einbringen würde, und die für die kommenden Jahre zu erwartende Wertsteigerung. Der Mann hatte an der ästhetischen Quali-

tät seiner Bilder nicht das geringste Interesse. Er genoß sie nicht als Kunstwerke, an denen sein Herz hing, sondern als im Kurse steigende, an seiner Wand hängende Aktien.
Für deutsche Börsenmakler und ihre Klienten war die Katastrophe von Tschernobyl in erster Linie eine Chance für rasche Gewinne. »Wir hatten einen schönen kleinen Reaktorunfall mitten in der Kornkammer des Ostens«, erklärte ein Sprecher der Hamburger City-Anlageberatungs-GmbH im Mai 1986 erfreut und erläuterte seinen Kunden, wie sich »aus der Sache« durch den rechtzeitigen Ankauf von billigem amerikanischem Weizen »eine schöne Stange Geld machen« lasse.
Einen besonders überzeugenden Beleg für die Ansteckungskraft kommerzieller Mentalität erlebte ich vor vielen Jahren auf dem römischen Flugplatz Fiumicino. Als ich nach meiner Ankunft fragte, wo ich mein Geld in italienische Währung umtauschen könne, wurde ich an einen Schalter verwiesen, auf dessen Frontseite in großen Buchstaben die Worte »Banco di Santo Spirito« prangten. Auf Nachfrage wurde mir bereitwillig bestätigt, daß es sich um ein Geldinstitut des Vatikans handele. Ich empfand es als einen Schock, auf diese Weise zu erfahren, daß 2000 Jahre, nachdem der Mann, auf den sich diese Kirche gründet, die Geldwechsler aus dem Tempel gejagt hatte, der Heilige Geist höchstselbst unter die Geldwechsler gegangen war. Meines Wissens existiert diese »Bank des Heiligen Geistes« seit einigen Jahren nicht mehr. Ihre Geschäfte wurden von der ebenfalls vatikaneigenen Bank »Instituto per le Opere di Religione« (IOR) übernommen, gegen die Ende der achtziger Jahre wegen des Verdachts der Beteiligung an weltweiten illegalen Devisengeschäften Ermittlungen der römischen Staatsanwaltschaft aufgenommen wurden. Gegen drei der Verantwortlichen des IOR, darunter einen leibhaftigen Erzbischof, ergingen sogar Haftbefehle, die nicht vollstreckt werden konnten, weil sich die Beschuldigten weigerten, den Vatikanstaat zu verlassen. Wer dem »Gott des Geldes« die Finger reicht, riskiert, und wenn es die Kirche selbst ist, sich seine Finger dabei schmutzig zu machen.
Marktwirtschaft funktioniert nur im Umgang mit Dingen und Beziehungen, die sich in Geldeswert ausdrücken lassen. Wer sich ihr so bedingungslos in die Arme wirft, wie wir es getan haben, erliegt leicht der Versuchung, den in Geld ausdrückbaren Handelswert allen anderen Maßstäben vorzuziehen. Eben deshalb, weil sie die Sicherstellung eines anhaltenden Wirtschaftswachstums allen anderen sozialen Zie-

len überordnet, setzt unsere Regierung die ihr zu Gebote stehenden Machtmittel zum Schutz bestimmter wirtschaftlicher Interessengruppen (zum Beispiel Chemieproduzenten) ein und nicht zur Unterstützung jener, die durchzusetzen versuchen, daß der Vergiftung von Luft, Wasser und Böden endlich Einhalt geboten wird.
Eine politisch und psychologisch so total von wirtschaftlichen Faktoren bestimmte Gemeinschaft wie die unsere aber ist nicht fähig, ihren Mitgliedern ein Selbstverständnis zu vermitteln, in dem diese sich als Bürger unter dem Dach eines allen gemeinsamen Staates erleben könnten. Der partikulare Charakter der vielfältigen und spezifischen Wirtschaftszweige, aus denen sie sich zusammensetzt und auf die sich ihre Lebensfähigkeit gründet, läßt diese Gesellschaft vielmehr als ein bunt zusammengewürfeltes Mosaik von Interessengruppen erscheinen, von denen jede egoistisch ihre Ziele verfolgt.
So, wie (einem alten Studentenwitz zufolge) ein Paläontologe aus seinem einseitig professionellen Blickwinkel dazu neigt, uns alle als »zukünftige Fossilien« zu betrachten, so drückt sich in den von der Kompetenz und Wirtschaftskraft etwa der Automobilindustrie durchgesetzten Entscheidungen das Bild einer »automobilen Gesellschaft« aus, deren Mitglieder den Erfolg offizieller Politik an der Zahl der neu zugelassenen Pkw und der neu gebauten Straßenkilometer zu messen pflegen. Analog dazu sieht die Energiewirtschaft uns alle in erster Linie als Stromverbraucher. Die Tourismusbranche wiederum geht von Bürgern aus, für die Bäume in Hanglagen eine potentielle Unfallursache bei Abfahrtsläufen darstellen, und setzt sich damit scharf ab von der Sichtweise der Hersteller (tatsächlich oder auch nur angeblich) umweltfreundlicher Produkte. Und aus der Perspektive der Pharmaindustrie handelt es sich bei uns um vorläufig gesunde Mitmenschen.
Nun kann man die Zahl und Art der Steinchen, aus denen sich unsere Gesellschaft in dieser Weise zusammengesetzt denken läßt, beliebig vergrößern. Das Bild wird dann entsprechend schärfer. Aber so weit man das Spiel auch fortsetzt, niemals erreicht man einen Punkt, an dem das Mosaik zu einem geschlossenen Ganzen zusammenfließt. Die Gesellschaft präsentiert sich stets als ein Sammelsurium verschiedenartigster Interessengruppen, die allein von ihren branchenspezifischen Motiven gesteuert werden und in deren Gesichtsfeld für übergeordnete Begriffe wie etwa den des »Gemeinwohls« kein Platz ist. In ihrer Gesamtheit bietet sie so den Anblick eines riesigen Basars.

Eine Konsequenz dieser Struktur sind die innenpolitischen Spannungen, wie ich sie beschrieben habe. Es erscheint mir möglich, für sie eine letztlich allen Bürgerprotesten zugrundeliegende gemeinsame Wurzel anzugeben: Eine wachsende Zahl von Menschen fühlt sich irritiert von der Tatsache, daß die den Kurs ihres Gemeinwesens bestimmenden Faktoren immer häufiger von Sachzwängen vorgegeben werden, die primär wirtschaftlichen Entscheidungen entsprungen sind. Sie beweisen damit angesichts der aus dieser Tendenz erwachsenden Gefahren eine weitaus größere Sensibilität als die Politiker, die dem Phänomen gegenüber bisher blind zu sein scheinen. Denn es wäre in der Tat ein alarmierendes Symptom beginnenden kulturellen Niedergangs, wenn unsere Gesellschaft die Kraft einbüßen sollte, die ihren zukünftigen Kurs bestimmenden Daten aufgrund eigener, humaner Wertvorstellungen zu definieren und ihren Entscheidungen zugrunde zu legen.

Die Gesellschaft hat das Recht und sogar die Pflicht, die Wirtschaft in ihren Dienst zu nehmen. Nicht umgekehrt. Hinter der Unruhe, die sich seit etlichen Jahren, vor allem unter unseren jüngeren Mitbürgern, rührt, steht ein sicheres Gespür dafür, daß die Dinge im Augenblick eher einer bedenklichen Umkehrung dieser Beziehung zusteuern. Es war ein Wirtschaftswissenschaftler, G. Kirsch, Ordinarius für Finanzwissenschaften an der Universität Fribourg/Schweiz, der mir 1985 im Verlaufe einer gemeinsamen öffentlichen Diskussion sagte, er halte es für möglich, daß wir noch einmal dankbar dafür sein würden, daß 1968 »die Träume einer nicht ausschließlich materiell orientierten Gesellschaft geträumt worden sind«.

In der Tat, wir sollten an die Möglichkeit denken. Eigentlich müßte doch gerade den Parteien, die sich so oft auf das christliche Menschenbild als Grundlage ihrer Politik berufen, die Einsicht leichtfallen, daß uns wenig damit geholfen wäre, wenn wir zwar materiell immer mehr gewönnen, dabei aber Schaden nähmen an unserer Humanität.

Der kosmische Hintergrund
Bilanz

Vor der letzten Grenze

Gelegentlich geht mir die Frage durch den Kopf, welcher Instanz (welchem Gesetz, welchen Zusammenhängen) ich es wohl zuzuschreiben habe, daß der Augenblick meiner Existenz gerade in dieses Jahrhundert und in diese Region Westeuropas gefallen ist. Warum bin ich nicht zur Zeit Napoleons oder Karls des Großen »zur Welt gekommen« oder noch früher, womöglich im Athen der klassischen Antike oder gar in der Steinzeit? Und warum nicht erst in 500 Jahren? Die Zeit, in der man »lebend« existiert, wird nur einmal gewährt und ist zudem (wenn nichts dazwischenkommt) in aller Regel auf siebzig bis achtzig Jahre befristet. Es ist, wenn man den riesigen zeitlichen Raum bedenkt, der in Betracht kommt, nur ein verschwindend kurzer Augenblick, für den man seinen Kopf in die »Welt« genannte Szenerie hineinsteckt. Welcher Ursache verdanke ich es, daß es mir erspart geblieben ist, diese einmalige Frist als halbverhungerter Obdachloser in einem südamerikanischen Slum verbringen zu müssen, in Frankreich während des Hundertjährigen Krieges* oder in einer der anderen trostlosen Situationen, an denen die Historie so reich ist? Warum gerade hier und heute?

Wenn ich den Fall nicht aus subjektiver Perspektive anvisiere (aus der er ein Geheimnis bleibt), sondern naturwissenschaftlich, wenn ich also von mir als bewußt lebender Person abstrahiere und mich gleichsam »von außen« als objektiv existierenden Organismus betrachte, fällt die Antwort auf diese Fragen leicht. Der Leib, den ich als den meinen erlebe, ist, wovon auf den ersten Seiten dieses Buches schon die Rede war, wie jeder biologische Organismus das Produkt einer absolut einmaligen Kombination von einigen hunderttausend Erbmolekülen (Genen). Wann und wo diese besondere, aus rein statistischen Gründen unwiederholbare Kombination von Genen, die ich als die körperliche Grundlage meiner individuellen Existenz anzusehen habe, im Ablauf der Erdgeschichte verwirklicht werden würde, war unvorhersehbar und blieb dem Zufall überlassen. Wie übrigens auch die Frage, ob die-

* Dessen chaotisch-deprimierende Alltagswirklichkeit die amerikanische Historikerin Barbara Tuchman in ihrem berühmten Buch »Der ferne Spiegel. Das dramatische 14. Jahrhundert« (Düsseldorf 1980) mit beklemmender Anschaulichkeit beschrieben hat.

ses spezielle Muster, dessen Wahrscheinlichkeit a priori fast gleich Null war, im Rahmen der kosmischen Zeit überhaupt entstehen würde. Wenn nicht, dann hätte ich, solange die Welt steht, niemals existiert. Der Zufall hat es anders gefügt. Auch in diesem Fall nicht der »reine« Zufall, Gott bewahre! Es mußten vielmehr ganz bestimmte Voraussetzungen erfüllt sein, damit meine Existenz eine Chance bekam.

Die Möglichkeit der Entstehung gerade »meines« genetischen Zufallsmusters war abhängig vom Ergebnis aller vorangegangenen Schritte der letztlich dann zu »mir« führenden Erbgänge in der Vergangenheit. Damit dieses (mein) Muster entstehen konnte, und sei es »aus Zufall«, mußten die Elemente vorhanden sein, deren Kombination es ist. Deren Werdegang unterlag seinerseits den gleichen Zufallsprozessen, so daß auch hier bei jedem Schritt »Zufall und Notwendigkeit« (die zufallsbestimmte Auswahl aus dem jeweils vorliegenden limitierten Angebot) wieder Hand in Hand gingen. Irgendwann passierte es dann, und aus dem äonenlangen Lotteriespiel kam »mein« Muster heraus. In diesem Augenblick war über das Wann und Wo meiner Existenz ein für allemal entschieden. Aus objektiver Sicht also enthält der Fall keine Probleme.

Sobald man die Angelegenheit jedoch aus der uns eigentlich interessierenden subjektiven Perspektive betrachtet, entpuppt sich die statistische Antwort als unbefriedigend. Dann sind nicht mehr lediglich die konkreten Umstände der Existenz eines beliebigen objektiven (austauschbaren) Organismus zu erklären. Dann frage vielmehr *ich* danach, warum *ich* hier und heute lebe. Die statistische Antwort darauf genügt mir nicht mehr, weil sich mir jetzt sofort die Nachfrage aufdrängt, was denn gerade diese eine individuelle Genmusterkombination (und nicht jene oder irgendeine andere aus dem quantitativ nicht mehr überschaubaren historischen Angebot) unwiderruflich zu »meinem« Genom macht. Anders gesagt: Aus subjektiver Perspektive stehe ich nunmehr vor der Frage nach dem Wesen des Zusammenhanges zwischen einem bestimmten Genmuster und dem *Ich*, als das sich sein Besitzer erlebt. Noch anders gefragt: Warum ist mein *Ich*-Erlebnis gerade an dieses eine, hier und jetzt realisierte Genmuster gebunden anstatt an irgendeines der unzähligen anderen historisch verwirklichten Muster? Mit dieser Frage stehen wir wieder da, wo wir waren. Wir sind keinen Schritt weitergekommen. Die Frage, warum meine

Lebensspanne und die aller meiner Zeitgenossen ausgerechnet in diesen von uns gemeinsam erlebten Geschichtsausschnitt fällt, weshalb also gerade er zu unserer Gegenwart geworden ist (und nicht irgendein anderer in Vergangenheit oder Zukunft gelegener historischer Augenblick), erweist sich aus der – uns existentiell allein interessierenden – subjektiven Perspektive als unbeantwortbar. Sie zielt auf ein Geheimnis.

Wie auch immer: Ich hatte mich, wie jeder andere, abzufinden mit den konkreten Lebensumständen, in die ich mit dem Beginn meiner Existenz von Mächten und Zusammenhängen hineinversetzt worden bin, die ich nicht durchschaue und die sich nach meinen Wünschen nicht erkundigt haben. Was das Ergebnis ihres Wirkens anbetrifft, habe ich allerdings keinen Grund, mich zu beklagen. Ich tauchte an einem Oktobertag des Jahres 1921 in der Hauptstadt der Weimarer Republik aus dem »Nichts« auf, überstand eine barbarische Geschichtsepoche, während deren die Gemeinschaft, der ich qua Geburt angehöre, dem nazistischen Wahnsystem verfallen war, und einen mörderischen Krieg, der sie davon gewaltsam – und leider nicht durch Überzeugung – wieder befreite. Anschließend, also während des bei weitem größten Teils meiner Lebenszeit, bekam ich die Gelegenheit, mich den geistigen Aktivitäten hinzugeben, die genetische Mitgift und mitmenschliches Umfeld mir als unstillbare Passion eingepflanzt haben.

Alles in allem also darf ich mich glücklich schätzen. Es hätte, wie Myriaden anderer Schicksale beweisen (an die man in diesem Zusammenhang mit Beklommenheit denken muß), schlimmer kommen können. Ich bin mir darüber im klaren, daß ich mich im Vergleich zu einer bedrückend großen Mehrheit als bevorzugt anzusehen habe. Ich bin nicht, wie mehr als ein Drittel der gleichzeitig mit mir auf der Erde lebenden Menschen, chronisch unterernährt. Ich muß nicht, wie ein noch größerer Anteil der Weltbevölkerung, in Armut am Rande der Elendsgrenze vegetieren. Ich bin in eine Erdregion hineingeboren, in der die Gewährleistung der physischen Existenzgrundlagen als selbstverständlich gilt. Diese Tatsache und der Komfort der äußeren Lebensumstände in einem entwickelten Industrieland haben es meiner Frau und mir erlaubt, unseren Kindern eine für die Entfaltung ihrer Anlagen gedeihliche Kindheit zu verschaffen.

Mir haben sie die Freiheit eröffnet, meine geistigen Bedürfnisse und Interessen in Muße und ohne nennenswerte Störungen pflegen zu können. Das alles ohne irgendeinen Anspruch darauf oder gar eigenes Verdienst. Wiederum lediglich als Zufallsresultat der großen Lotterie, deren Regeln niemand von uns durchschaut. Es sei, obwohl sich das eigentlich von selbst versteht, dennoch ausdrücklich hinzugefügt, daß auch mir die übliche gehörige Portion an Sorgen und Ängsten keineswegs vorenthalten (und dazu mehr als die übliche Portion an Krankheiten und körperlichen Schmerzen zugeteilt) worden ist, damit die Sache sich nicht rosiger ausnimmt, als sie es war. Alles in allem aber Gründe genug, dankbar und beschämt zu sein.

Kein Grund zur Klage auch ergibt sich aus der unabweisbaren Einsicht, daß ich die mir zugemessene Lebenszeit mit Sicherheit schon zum weitaus größten Teil »verbraucht« habe. Natürlich ist mir der Gedanke an deren bevorstehendes Ende so wenig lieb wie jedem anderen Menschen. Aber ich kann mich über diese Tatsache nicht in der Weise entrüsten wie über irgendwelche Schicksalsschläge. Diese wecken ja deshalb Empörung in uns, weil sie die Betroffenen aus der mitmenschlichen Gemeinschaft gleichsam herausgreifen und einer speziellen Behandlung aussetzen. Davon aber kann beim »natürlichen« Tod nicht die Rede sein. Das Problem der Privilegierung oder Benachteiligung existiert ihm gegenüber nicht. Jeder kommt an die Reihe. Natürlich ängstigt mich der Gedanke an mir vielleicht bevorstehende Umstände des Sterbens. Man kann einen leichten Tod haben oder auch nicht. Der Tod selbst, das Aufhören meiner bewußten Existenz, ist für mich jedoch nicht mit Angst verbunden. Die Gewißheit, daß ich in einem der kommenden Jahre in das »Nichts« werde zurückkehren müssen, aus dem ich 1921 plötzlich »in diese Welt kam«, enthält für mich weder Angst noch Schrecken. Auch deshalb nicht, weil über dieses besondere »Nichts« paradoxerweise noch einiges zu sagen sein wird.

Frei von Emotionen bin ich angesichts des Bevorstehenden aber auch nicht. Das Gefühl, das mich angesichts meines in nicht allzu ferner Zukunft zu erwartenden Todes erfüllt, ist eine Mischung aus Ärger und Zorn. Es ist der Zorn über die Zumutung, die ich darin sehe, daß ich in der kurzen mir gewährten Lebenszeit zwar Gelegenheit hatte, die Tiefe des Geheimnisses zu ahnen, das sich hinter der Existenz und der so staunenswert verlaufenden Geschichte des Universums verbirgt, daß ich aber nicht die geringste Chance habe, das jemals zu verstehen, was mich in den wenigen Jahrzehnten meiner Lebenszeit als »Welt« umgab. Es erbost mich mehr, als ich sagen kann, zu wissen, daß ich ster-

ben werde, ohne eine Antwort bekommen zu haben auf meine Fragen nach dem Geheimnis des vor meinen Augen liegenden Kosmos und den Gründen meiner Existenz.
Konrad Lorenz sagte im Verlaufe eines unserer zahlreichen Gespräche einmal, daß er Jahre seines Lebens dafür hergeben würde, um zu erfahren, wie die Lebewesen aussähen und organisiert seien, welche die Evolution auf den Planeten anderer Sonnen hervorgebracht habe. Er hat es bis zu seinem Tode nicht erfahren, was auch immer er für die Antwort einzusetzen bereit gewesen wäre. (Wäre er ein paar Jahrhunderte später auf die Welt gekommen, hätte die Sache vielleicht anders für ihn ausgesehen.) Albert Einsteins größter Wunsch war es nach eigenem Bekenntnis zu wissen, wie Gott die Welt erschaffen habe. »Ich bin nicht an diesem oder jenem Phänomen interessiert oder an dem Spektrum irgendeines chemischen Elements. Ich möchte Seine Gedanken wissen.« Er starb 1955, ohne daß jemand sie ihm offenbart hätte.
Wir haben eine nach Jahrmilliarden zählende Vergangenheit im Rükken, deren Geschichte die moderne Naturwissenschaft wenigstens in ihren wesentlichen Umrissen nachzuzeichnen vermocht hat. Das ist einer der Gründe, aus denen ich tief dankbar dafür bin, nicht schon vor Jahrhunderten auf die Welt gekommen zu sein. Es ist eine erschütternde Vorstellung für mich, daß Männer wie Plato, Galilei oder Kant bereit gewesen sein dürften, Lebensjahre für das Wissen herzugeben, das jedem von uns heute unverdient in den Schoß fällt und das die wenigsten richtig zu würdigen wissen (sofern sie es überhaupt zur Kenntnis nehmen). Ihnen gegenüber sind wir in einem geradezu unglaublichen Maße privilegiert. Aber vor uns liegt eine sich über noch viel größere zeitliche Räume erstreckende kosmische Zukunft, von der wir wissen, daß sie mit Bestimmtheit stattfinden wird, und über die wir dennoch in aller Zeit niemals auch nur das geringste erfahren werden.
Völlig trostlos erscheint mir unsere Lage andererseits aber auch wieder nicht. Vielleicht nämlich enthält der vorletzte Satz ungeachtet seines resignierenden Tenors zugleich auch einen Hinweis auf eine doch noch denkbare Lösung des Problems. Denn indem er die Endgültigkeit unserer Unwissenheit »für alle Zeit« konstatiert, öffnet er unserer Hoffnung ein winziges Schlupfloch. Wenn unsere Ignoranz für »alle Zeit« gilt, könnten wir dann das uns zugewiesene geistige Ghetto vielleicht nicht doch noch im letzten Augenblick verlassen, dann, wenn wir mit unserem Tode aus der Zeitlichkeit dieser Welt herausfallen?

An diesem Punkt der Überlegungen erfolgt in den Köpfen vieler Menschen – zumal, wenn sie naturwissenschaftlich geschult sind – eine Art geistige Notbremsung. Sie reagieren auf das Angebot, einem so spekulativen Gedankengang zu folgen, wie ein routinierter Autofahrer, dessen Fuß reflektorisch das Bremspedal bedient, sobald in seinem Blickfeld ein Verkehrsschild mit der Aufschrift »Einfahrt verboten« erscheint. Spekulationen gelten ihnen per se als wilde und ziellos, unweigerlich in den Morast der Unverbindlichkeit führende geistige Abenteuerreisen. Als von vornherein verfehlte Versuche, über Dinge zu reden, von denen man nichts wissen kann und über die man daher, der bekannten Empfehlung Ludwig Wittgensteins folgend, lieber schweigen sollte.*
Derselbe Wittgenstein aber schrieb auch: »Wir fühlen, daß selbst, wenn alle möglichen wissenschaftlichen Fragen beantwortet sind, unsere Lebensprobleme noch gar nicht berührt sind.« Und kein Geringerer als Werner Heisenberg hat die Forderung, die Welt »einzuteilen in das, was man klar sagen kann, und das, worüber man schweigen muß», als »unsinnig« bezeichnet. Denn wenn man ihr konsequent gehorchte, dann wäre man nicht einmal mehr in der Lage, die moderne Physik zu verstehen, bei der man, etwa in der Quantentheorie, längst darauf angewiesen sei, in Bildern und Metaphern zu reden.**
Sosehr es im ersten Augenblick manchen überraschen mag: Die beiden einander widersprechenden Auffassungen lassen sich miteinander versöhnen. Wittgensteins Diktum untersagt uns nicht, über unsere »Lebensprobleme« zu reden. Nur dürfen wir dabei eben – und allein daran gemahnt uns sein berühmter Satz – keine endgültige (wissenschaftliche) Gewißheit erwarten. Und Heisenbergs Einspruch andererseits dürfen wir mitnichten als Lizenz zu beliebigem Gedankenflug mißverstehen. »Wilde« Spekulation ist wirklich nichts anderes als ein blinder Spurt in gedanklichen Morast. Ausdenken kann man sich ausnahmslos alles. Wer die beliebigen Resultate uferlosen geistigen Schwärmens kritiklos für eine wo auch immer angesiedelte Realität hält, gibt seine Vernunft (und mit ihr seine geistige Mündigkeit) aus freien Stücken an der Garderobe ab. Die modische Woge von Para-,

* »Wovon man nicht reden kann, darüber muß man schweigen«, heißt es im Vorwort des berühmten Hauptwerks Wittgensteins, des »Tractatus logico-philosophicus« (Frankfurt am Main 1979).
** Werner Heisenberg, »Der Teil und das Ganze«, München 1972, S. 279ff.

Psi- und allerlei anderen esoterischen Glaubenswelten erweckt den Eindruck, daß eine betrüblich große Zahl von Zeitgenossen diese Form der geistigen Selbstverstümmelung mit einem oft geradezu süchtig wirkenden Vergnügen zu betreiben scheint.
Nein, wir kommen zwar – und das ist es, woran der zitierte Satz von Heisenberg uns erinnert – bei der Beschreibung unserer Welt nicht ohne bildhafte Analogien und Metaphern aus. Der letzte Grund dafür ist die bereits erörterte, sich aus ihrer evolutionsbiologischen Entstehungsgeschichte ableitende Unzulänglichkeit unserer zerebralen Erkenntnisorgane gegenüber der überwältigenden Komplexität der Welt. Aber wir dürfen uns ihrer nicht in *beliebigem* Umfang und ohne eine möglichst enge Anlehnung an den von uns erkannten Bereich der Realität bedienen. Wenn metaphorisches Reden und dieser Redeweise sich bedienendes intellektuelles Spekulieren irgendeinen Sinn haben sollen (wenn uns daran gelegen ist, unsere Gedanken um den erwähnten Morast herumzusteuern), dann darf vor allem dem, was wir über diese Welt bisher immerhin in Erfahrung gebracht haben – so unzulänglich und vorläufig es auch sein mag –, in keinem Punkt widersprochen werden.
Noch eine andere Regel gibt es, die wir beherzigen müssen, wenn wir auf dem dünnen Eis der Spekulation nicht einbrechen wollen. Ein Psi-Gläubiger hat noch nie von ihr gehört (sonst wäre er keiner mehr), obwohl sie schon vor mehr als 600 Jahren als geistige Richtschnur formuliert wurde. Es handelt sich um »Occam's Razor«, das von dem aus England stammenden Franziskaner und Philosophen Wilhelm von Ockham (er verbrachte das letzte Drittel seines Lebens als Glaubensflüchtling in München, wo er um 1349 starb) aufgestellte »Rasiermesserprinzip«. Es besagt, daß man bei der Suche nach Theorien, die ein bestimmtes Phänomen erklären sollen, alles »wegschneiden« müsse, was überflüssig sei, weil sich die gesuchte Erklärung auch mit weniger Aufwand, mit einfacheren Annahmen und plausibleren Gründen finden lasse. Man kann die Regel auch in den Satz pressen: »Von allen Erklärungen, die in einem bestimmten Falle denkbar sind, ist die einfachste immer die richtige.«
Zur Veranschaulichung ein drastisches Fallbeispiel: Wenn an einem schönen Sommertag unversehens ein Kolibri durch mein geöffnetes Fenster hereinflöge und sich auf meiner Schreibtischlampe niederließe, könnte ich mir auf diesen zweifellos ungewöhnlichen Vorfall auf

verschiedene Weise einen Reim zu machen versuchen. Ich könnte zum Beispiel den Gedanken erwägen, daß im raumzeitlichen Kontinuum soeben eine »relativistische Verwerfung« erfolgt sei, die den unglücklichen Vogel vermittels einer Art quantenphysikalischer »Durchtunnelung« von einem Augenblick zum anderen aus seiner Urwaldheimat in mein Arbeitszimmer verschlagen habe – ein grundsätzlich durchaus statthafter erster Erklärungsversuch.

Allerdings würde ich mich intellektuell disqualifizieren, wenn ich an diese erste »Hypothese« nicht sofort Ockhams Rasiermesser anlegte und nach einfacheren Erklärungen suchte. Dabei würde ich schließlich zu der Annahme kommen, daß einer meiner Nachbarn vermutlich eine Voliere mit Tropenvögeln hat, deren Tür nicht fest genug verschlossen war. Wenn jemals ein Kolibri bei mir erscheinen sollte, würde ich das jedenfalls für die einfachste Erklärung halten – und hätte mit dieser »Theorie« dann auch mit überwältigender Wahrscheinlichkeit den tatsächlichen Sachverhalt getroffen. (Es mag sich jeder selbst ausmalen , was von all den UFO-Gespinsten, »Levitations-Phänomenen« und Gurukräften übrigbliebe, wenn die Fans den Objekten ihrer abergläubischen Verehrung nur einmal mit Ockhams nützlichem Werkzeug zu Leibe rücken würden.)

Was also läßt sich nun unter Respektierung dieser Gebote über das Wesen der »letzten Grenze« sagen, der wir alle von Tag zu Tag um 24 Stunden näherkommen und hinter der das »Nichts« auf uns wartet, aus dem wir, Schopenhauers vorläufiger Auskunft zufolge, mit unserer Geburt gekommen sind? (»Nach deinem Tode wirst du seyn was du vor deiner Geburt warst.«) Das Wichtigste, grundlegend für alle weiteren Überlegungen, zuerst.

Wer sich als »Realist« darauf zurückzuziehen gedenkt, daß für ihn nur existiere, was er sehen, fühlen und auf andere Weise wahrnehmen könne, erliegt einem radikalen Irrtum hinsichtlich der Natur dessen, was er sicher zu wissen glaubt. Die philosophische Erkenntnislehre und neuerdings, noch radikaler, der von der Naturwissenschaft, allen voran von Konrad Lorenz, aufgedeckte evolutionsgeschichtliche Hintergrund unserer Erkenntnismöglichkeiten machen nur eines sicher: die Einsicht, daß die objektiv existierende Welt *nicht* identisch ist mit dem, was wir als unsere Wirklichkeit erleben. Der »Realist« ist insofern naiv, als er nicht zur Kenntnis nimmt, daß wir alle nicht »in der Welt« leben, sondern nur in dem Bild, das wir uns von der Welt machen. Von dem ausschnitthaften Charakter und der äußerst mangelhaften Schärfe dieses Abbildes (und den Ursachen dieser Mängel) war in diesem Buch eingehend die Rede.

Die Gründe, aus denen wir an der objektiven Verläßlichkeit unserer Weltsicht zweifeln müssen, sind in der Tat so gravierend (die naturwissenschaftlichen, evolutionsbiologischen Gründe noch mehr als die klassischen Argumente der philosophischen Erkenntnislehre), daß die heutige Philosophie sich als Quintessenz aller ihrer Erfahrungen zu der Einsicht bequemen mußte, daß die *Realität* der sich in unserer menschlichen Wirklichkeit abbildenden Welt letztlich nur als Hypothese unterstellt werden kann (es könnte ja sein, daß wir sie nur träumen). Die »Realität« also, an der ein eingefleischter »Realist« festen Halt zu finden wähnt – und an der er die Plausibilität aller über diese Realität hinausgehenden Aussagen messen zu können glaubt! –, hat selbst nur hypothetischen Charakter.

Die moderne Erkenntnisforschung bezieht angesichts der Frage nach der objektiven Existenz einer realen Außenwelt (bis zu der selbst unsere Erkenntnis ohnehin nicht zu gelangen vermag) folglich die Position eines »hypothetischen Realismus«. Denn die objektive Existenz einer solchen Welt läßt sich auf keine denkbare Weise verifizieren, wenn es andererseits auch höchst vernünftig ist, von ihr auszugehen, weil für diese Annahme eine Fülle plausibler (nicht: »beweisender«) Gründe ins Feld geführt werden kann. (So etwa formulierte Karl R. Popper schon vor Jahrzehnten unseren heutigen Wissensstand.)

Damit wäre zunächst einmal der verbreitetsten Widerrede gegen die Möglichkeit der Existenz einer jenseits unserer Wirklichkeit gelegenen Realität der Boden entzogen. Der weiland so beliebte Vorhalt einer angeblichen Widervernünftigkeit jeglichen Gedankens an eine jenseitige Dimension ist auf das Maß eines bloßen Einschüchterungsversuches geschrumpft. Die stammesgeschichtliche Betrachtung der Evolution unserer Erkenntnisfähigkeit führt zwingend zu dem Schluß, daß schon ein Teil der diesseitigen Welt (und zwar ein Teil, den für unvorstellbar groß zu halten wir gut beraten wären) jenseits unseres Erkenntnishorizonts liegt (daß er diesen Horizont also »transzendiert«). Hat eigentlich schon einer der Holzköpfe, die noch immer bestreiten, daß Naturwissenschaft zur Erhellung der menschlichen Existenz Wesentliches beitragen könne, hat eigentlich einer von ihnen schon Notiz davon genommen, daß die Naturwissenschaften auf dem hier skizzier-

ten Wege neuerdings die Existenz einer jenseitigen Wirklichkeit *bewiesen* haben?
Auch wenn einzuräumen ist, daß es sich bei diesem naturwissenschaftlich erschließbaren Jenseits nicht um den Himmel der Theologen handelt, so ist hier doch eine gedankliche Grenze definitiv überschritten (»transzendiert«) worden, die aller religionsfeindlichen Kritik seit je als unüberwindliches Bollwerk galt. Als eine Mauer, an der jegliches Reden über transzendente Wirklichkeiten angeblich zuschanden wurde, weil es sich angesichts ihrer Undurchdringlichkeit als sinnleerer Schnickschnack entlarvte. Nichts macht, wie mir scheint, die noch immer nicht überwundene panische Berührungsangst der Kirche (vor allem der katholischen) gegenüber den Naturwissenschaften augenfälliger als die nahezu unglaubliche Tatsache, daß sie die Überwindung dieses für unüberwindlich gehaltenen Hindernisses bisher ignoriert hat. Man hätte doch wirklich erwartet, daß sie diese Bresche im geistigen Mauerwerk ihrer Gegner mit freudiger Erleichterung begrüßen würde.
Ich habe mit alldem in keinem Punkt dem bis heute vorliegenden naturwissenschaftlichen Kenntnisstand widersprochen. Mehr noch: Dieser Kenntnisstand hat die hier vorgetragenen Auffassungen provoziert, hat sie in einem bislang nicht für möglich gehaltenen Maße plausibel werden lassen. Niemand hat heute mehr ein Argument in der Hand, mit dem er einem von uns verbieten könnte, sich legitim Gedanken zu machen über eine jenseits unserer Welt gelegene Wirklichkeit. »Es mag seltsam erscheinen, aber meiner Auffassung nach bietet die Naturwissenschaft einen verläßlicheren Weg zu Gott als die Religion«, schreibt der englische Kernphysiker und Kosmologe Paul Davies im Vorwort seines Buches »Gott und die moderne Physik« (München 1986). Ich zögere, dem in dieser Formulierung vorbehaltlos zuzustimmen. Ich könnte es, wenn Davies »verläßlicher als die Theologie« geschrieben hätte, anstatt »als die Religion«, denn der »Weg zu Gott« ist in jedem Falle Religion, gleich, aus welcher Richtung er kommt. Aber ich weiß, was der Autor sagen will, und ich verstehe ihn gut.
Je eingehender man sich mit den Ergebnissen moderner naturwissenschaftlicher Forschung befaßt, um so klarer wird die Einsicht, daß das, was wir unsere »Welt« nennen, auf einem undurchdringlichen Geheimnis beruht. Daß sie aus sich selbst heraus nicht erklärbar ist. Daß

es »hinter« ihr (also: jenseits von ihr) eine uns verborgene Wirklichkeit gibt, von der wir nur etwas ahnen, aber nichts wissen können. Wird hier durch moderne Forschung etwa nicht bestätigt, was der religiösen Deutung der Welt schon seit je als selbstverständlich galt? »Wir sehen jetzt wie in einem Spiegel in einem dunklen Wort« – eine jenseitige Wirklichkeit nämlich, die in der biblischen Überlieferung als »das Reich Gottes« bezeichnet wird und die wir erst »dann« (nach unserem Tode nämlich) »von Angesicht zu Angesicht« schauen werden. Mir scheint zwar, daß wir den archaischen Text dieser Aussage nicht wörtlich verstehen dürfen, nicht im Sinne der Bedeutungen, die wir heute mit den Wörtern verbinden, aus denen er besteht. (Was etwa unter dem »Reich Gottes« heute zu verstehen sein könnte, bedürfte einer weit ausholenden Erörterung. Das Gesamtregister der dreißigbändigen katholischen Enzyklopädie »Christlicher Glaube in moderner Gesellschaft« enthält zu dem Stichwort eine ganze Seite mit Verweisen auf spezielle Beiträge.) Daß aber die sich in dem zitierten Wort dokumentierende religiöse Einstellung der Welt gegenüber – die in ihrer allgemeinsten Form mit der Überzeugung identisch ist, daß die von uns erlebte Welt nicht »das letzte Wort« sein kann – heute eine Stütze in den Ergebnissen naturwissenschaftlicher Forschung findet, das erscheint mir aufregend und bemerkenswert. Von den meisten übrigens ist auch dieses empirische Indiz für die Berechtigung religiösen Jenseitsglaubens übersehen worden (und von der Kirche allemal).
Insbesondere in der Quantenphysik wird eine Sprache gesprochen, deren Wörter für unseren Verstand dunkel bleiben und in denen wir dennoch »wie in einem Spiegel« den Widerschein einer hinter unserer Welt gelegenen Realität zu erkennen vermögen. In der Welt der Elementarteilchen – die gar keine »Teilchen« in dem uns geläufigen Sinne mehr sind – geht es seltsam zu. Wer den Versuch macht, sie geistig zu betreten, kommt sich rasch vor wie »Alice in Wonderland«. Die »Teilchen«, die diese Welt tief unterhalb unserer Wirklichkeitsebene bevölkern – und deren Fundament sie bilden! –, führen eine Art Schattendasein, aus dem sie erst zu konkreter Existenz auftauchen, wenn ein Physiker sie mit seinem Instrumentarium zu beobachten beginnt.
Die Quantenphysiker haben sich allen Ernstes zu der Ansicht durchgerungen, daß ein Elektron (oder Photon oder Meson oder jedes andere Elementarteilchen) erst in dem Augenblick zu existieren beginnt, in dem ein menschlicher Beobachter nach ihm sucht. Aber der Beobach-

ter entscheidet nicht nur über die »wirkliche« Existenz des Elementarteilchens. Er entscheidet durch die Art seiner Beobachtung auch über die Form, in der es in der realen Welt auftaucht, solange er es im Auge behält. (Entzieht er ihm seine Aufmerksamkeit, so fällt es wieder zurück in ein geheimnisvolles, nur noch mathematisch beschreibbares Zwischenreich, in dem unsere Begriffe von Realität nicht mehr gelten.) Wenn der Beobachter sich eines Instrumentariums bedient, das zur Aufspürung von Wellen (»Interferenzmustern«) dient, treten die Partikel als »Wellen« in Erscheinung: als ohne angebbaren festen Ort nach Wahrscheinlichkeitsregeln im Raum verteilte Schwingungsmuster. Wenn man dagegen mit Methoden nach ihnen fahndet, die zum Nachweis konkreter Korpuskeln geeignet sind, treten sie als solche auf. Den Gipfel der quantenphysikalischen Dunkelheit (für unseren Verstand!) bilden Experimente, in denen die besagten »Teilchen« beide Rollen *gleichzeitig* übernehmen: in denen sie also *sowohl* als feste Partikel *als auch* als immaterielle Wellen in Erscheinung treten.* In der Tat: Das Fundament unserer Wirklichkeit ist aus einem seltsam unwirklichen Stoff gefügt. Armer Realist!

Man kann die Spekulation (ausgehend von empirischen Daten physikalischer Forschung und unter steter Anwendung von »Occam's Razor«!) auch darüber noch hinaustreiben. Einige bekannte Physiker (die sich vor Spekulationen dieser Art längst nicht mehr fürchten) haben das getan. Sie sind dabei zu faszinierenden Denkmöglichkeiten gelangt. Der hochangesehene John Wheeler beschrieb in einem 1979 anläßlich des 100. Geburtstages von Albert Einstein in Princeton gehaltenen Festvortrag ein kernphysikalisches Experiment, bei dem es möglich ist, den über die Frage »Welle« oder »Korpuskel« entscheidenden Meßvorgang erst *nach* dem Durchgang eines Photons durch einen Lochfilter vorzunehmen.**

Das würde auf eine *nachträgliche* Beeinflussung physikalischer Abläufe durch Beobachtung hinauslaufen. Wenn man dann noch die Möglichkeit einbezieht, daß die Abhängigkeit der Realität eines beobachte-

* »Sowohl als auch« (Hamburg 1987) lautet denn auch der Titel eines Buches von Ernst Peter Fischer, das den Nichtfachmann fundiert und didaktisch geschickt in die geheimnisvolle Welt der Quantenphysik einführt, in der die klassischen Regeln unserer (zweiwertigen) Logik außer Kraft gesetzt sind.

** Eine genauere Beschreibung der experimentellen Anordnungen findet sich im achten Kapitel (»Der Quantenbegriff«) des bereits erwähnten Buches von Paul Davies.

ten Objekts von der Tatsache seiner Beobachtung auch auf makrophysikalischer Ebene gelten könnte, werden die Perspektiven endgültig schwindelerregend. John Wheeler entwickelte daraus ein hypothetisches Konzept des Universums als eines sich selbst beobachtenden Systems: Danach hätten die wissenschaftlichen Aktivitäten heutiger Beobachter (auf der Erde – oder sonstwo im Weltraum) erst die bis zum Urknall zurückreichende Vergangenheit des Universums als konkrete Wirklichkeit entstehen lassen, während diese Beobachter dieser (von ihnen selbst »erschaffenen«) kosmischen Geschichte ihre Existenz verdanken. Ein wahrhaft atemberaubendes Konzept wechselseitig-rückbezüglicher Daseinsgarantien.*

Von hier aus ergibt sich nun eine weitere bedenkenswerte Beziehung zur religiösen Dimension. Der Zusammenhang ging mir vor einigen Jahren auf angesichts der Bilder des Fra Angelico im Kloster San Marco in Florenz. Ich hatte gerade Ecos »Der Name der Rose« gelesen und war durch die Lektüre auf deprimierende Weise an die unchristlich mörderischen Einzelheiten der römischen Kirchengeschichte erinnert worden. »Wenn aber das Salz taub wird, womit soll man's salzen?« Wenn die Kirche selbst tief in die Irrtümer und Verbrechen der menschlichen Geschichte verstrickt ist, wenn einen die Erinnerung daran überfällt, daß ihre obersten Repräsentanten es über die Jahrhunderte hinweg für Christenpflicht gehalten haben, Hekatomben von Andersgläubigen mit Feuer, Schwert und Folter zu bekämpfen und notfalls abzuschlachten, dann kann man als religiöser Mensch den Mut verlieren. (In vielen süd- und mittelamerikanischen Städten zählen neben den oft großartigen Kathedralen die palastartigen Residenzen der »Heiligen Inquisition« zu den prachtvollsten architektonischen Zeugnissen der spanisch-katholischen Kolonialepoche.)

Aber als ich da vor den Bildern des florentinischen Dominikanermönches stand, verflog meine Resignation im Nu. Über den Abstand von

* Eine Warnung für Psi-Anfällige: Diese kühne Spekulation berechtigt niemanden zu platt vordergründigen Folgerungen. Die Möbel in meinem Zimmer existieren selbstverständlich weiter, auch wenn ich das Haus hinter mir abgeschlossen habe. Denn auch meine Existenz ist von ihnen ja nicht in der Weise abhängig wie von dem Vorhandensein von Elementarteilchen oder der Realität der kosmischen Geschichte. Auch wäre es unsinnig, angesichts der quantenphysikalischen Erfahrungen die Möglichkeit einer »Materialisierung« beliebiger Objekte durch bloße Aufmerksamkeitszuwendung (»Willenskraft«) zu erwägen. Denn rückbezügliche Abhängigkeiten der von Wheeler diskutierten Art sind nur zwischen ontologisch gleichrangigen Ebenen denkbar.

sechs Jahrhunderten hinweg vermittelten sie mir die Gewißheit, daß es auch damals in einem Meer psychischer Finsternis und alptraumhafter Verirrungen* Menschen gegeben hat, die von einem über alle Zweifel erhabenen, wahrhaftig religiösen Glauben beseelt waren. Die Ausstrahlung dieser Bilder läßt das geradezu körperlich spürbar werden.

Mir scheint, daß das in besonderem Maße für diesen (von seinen Mitbrüdern bezeichnenderweise auch »Fra Beato« genannten) Maler gilt. Seine Vorgänger waren während der »gotischen Epoche« darauf bedacht gewesen, dem spirituellen Aspekt des Dargestellten in mehr oder minder streng ritualisiertem Formalismus gerecht zu werden. Die schon zu Angelicos Lebzeiten sich ankündigende Malerei der Renaissance konzentrierte sich demgegenüber mehr und mehr auf eine realistische, nicht zufällig gerade das Portrait konkreter Individuen favorisierende (und die Details historischer Ereignisse penibel rekonstruierende) Darstellung. Die Malerei des Fra Angelico bildet so etwas wie eine Brücke, einen diese beiden Möglichkeiten in sich vereinenden Höhepunkt. Auch Angelico malt schon »natürlich-realistisch«, und zwar in faszinierender Schönheit. Aber seine Gläubigen und seine Engel strahlen den sie und ihren Maler erfüllenden »göttlichen Geist« immer noch sichtbar aus. Aus diesem Grunde belegen sie auf so überwältigende Weise die Menschenmöglichkeit religiösen Glaubens.

Besonders bemerkenswert ist dabei die Tatsache, daß der Charakter dieser Bilder als unbezweifelbare Zeugnisse religiöser Gläubigkeit auch für uns Heutige nicht im mindesten beeinträchtigt wird von der anrührend kindlich-naiven Darstellung mancher Details, daß diese Eigentümlichkeit vieler Bilder zu diesem Charakter vielmehr noch beiträgt. Ich maße mir nicht an, ein Urteil darüber abzugeben, ob Fra Angelico an die auf der linken Seite seines »Jüngsten Gerichts« dargestellten Szenen von der Freude erlöster Wiederauferstandener über das endliche Treffen mit »ihren« persönlichen Schutzengeln in dieser naturalistisch realen Form geglaubt hat. Ich habe nur nicht den gering-

* Man braucht sich nur einmal ein Herz zu fassen und einen Blick in die von Karlheinz Deschner mit akribischem (verzweifeltem!) Fleiß zusammengetragene Dokumentation »Kriminalgeschichte des Christentums« (Reinbek 1986–88) zu werfen, um mit blankem Entsetzen zu begreifen, wie höllisch sich auch die Bewahrer der »Botschaft der Liebe« über die Jahrhunderte hinweg immer wieder in abgründigem Haß und mörderischer Intoleranz verloren haben. Keinem einzigen der von Deschner reportierten historischen Fakten ist kirchlicherseits bisher widersprochen worden!

sten Zweifel daran, daß für diesen Mann der Himmel wirklich existierte, ganz unabhängig davon, wie er sich ihn in seinem Glauben ausgemalt haben mag.
Wir modernen Agnostiker ziehen es vor, »heroisch« bodenlose Trostlosigkeit auszuhalten, als das zu jeder Hoffnung stets gehörende Quentchen Vertrauen aufzubringen. Wir sind schnell bei der Hand mit dem herablassenden Kommentar, daß dieser mittelalterliche Mönch von San Marco eben das Opfer einer gigantischen Illusion, einer ihn beherrschenden Wunschvorstellung geworden ist. Beneidenswert, gewiß, aber nicht geeignet als Vorbild für kritisch rationale Gemüter. Hier sollten wir vielleicht ein wenig vorsichtiger urteilen. Denn gerade in Würdigung der erwähnten naturwissenschaftlichen Einsichten ist noch eine andere Möglichkeit zu bedenken. Wenn schon die Wirklichkeit der materiellen Bausteine unserer Welt sich als abhängig erweist von der Frage, ob wir sie bewußt zur Kenntnis nehmen, müssen wir dann nicht damit rechnen, daß es einen ähnlichen Zusammenhang »rückbezüglicher Daseinsgarantie« auch in anderen existentiellen Bereichen geben könnte? Womit wir vor der Denkmöglichkeit ständen, daß es den »Himmel« für Fra Angelico deshalb wirklich gab, weil er so fest an ihn geglaubt hat. Oder, auf uns selbst gemünzt: Müssen wir dann nicht auch die beunruhigende Möglichkeit in Betracht ziehen, daß wir den »Himmel« deshalb verspielen könnten, weil wir es nicht fertigbringen, an ihn mit der gleichen Kraft zu glauben?

Tanz auf dem Vulkan

Welchen Eindruck gewinnt man, wenn der rätselhafte Vorgang des Zur-Welt-Kommens einen für eine kosmische Nanosekunde zum Augenzeugen eines Ausschnitts aus einer Jahrmilliarden umspannenden Geschichte hat werden lassen? Es kommt auf den Standort an, den man wählt. Aus nächster Nähe ist der Eindruck nicht übel, wenn auch keineswegs ungetrübt. Aus der biographischen Perspektive habe ich – es war schon davon die Rede – keine ernstlichen Beschwerden vorzubringen.
Ganz anders fällt das Urteil aus, wenn man gewissermaßen einige Schritte zurücktritt und das Gesichtsfeld auf eine historische Perspek-

tive erweitert. Sobald man die Gegenwart vor dem Hintergrund der menschlichen Geschichte mustert, verdüstert sich das Bild beträchtlich. Extrapoliert man, was unserer Art in ihrer nächsten Zukunft bevorsteht, aus dem bisherigen Verlauf ihrer Geschichte, kann einem wahrlich angst und bange werden. Die Menschheit hat schon viele Krisen durchgemacht und viele Katastrophen überlebt. Die Bedrohungen aber, die ihr in den kommenden Jahrzehnten bevorstehen (und die sie sich in diesem Augenblick selbst auf den Hals zu ziehen im Begriff steht), werden alles in den Schatten stellen, was Eiszeiten, chronische Kriege und alle Pestilenzen der Vergangenheit ihr zugemutet haben. Ich habe die wichtigsten Formen dieser Bedrohungen und ihre Ursachen in meinem letzten Buch eingehend beschrieben und analysiert* und will mich hier auf einige Stichworte beschränken.

Das ist mir um so leichter möglich, als die Gefahren, die ich – wie so viele andere Warner zuvor – 1985 einer breiteren Öffentlichkeit vor Augen zu führen mich bemühte, heute in vielerlei Facetten schon jedem Zeitungsleser als alltägliche Nachrichtenkost begegnen: Meldungen über eine fortschreitende Umweltvergiftung (Rückstände in Lebensmitteln, Boden, Wasser und Atemluft, zunehmendes Risiko einer radioaktiven Verseuchung), eine zivilisatorisch ausgelöste Klimaveränderung (Treibhauseffekt durch Kohlendioxidanstieg, Ozonlöcher) und, als primäre Wurzel dieser und aller anderen Symptome einer globalen Störung des lebenserhaltenden ökologischen Systems, die immer spürbarer werdende Überlastung unseres Planeten, weil eine einzige Art ihn für sich in Anspruch nimmt – unsere eigene, die begonnen hat, sich in einer allen biologischen Überlebensbedingungen hohnsprechenden, exponentiellen (»explosionsartigen«) Weise zu vermehren.

* »So laßt uns denn ein Apfelbäumchen pflanzen – Es ist soweit« (Hamburg 1985). Ich habe darin eingehend auch die Gefahren beschrieben und dokumentiert, die aus dem Vernichtungspotential der wissenschaftlich perfektionierten Waffentechnik und den psychologischen Fallgruben der offiziellen »Sicherheitspolitik« erwachsen. So mancher Zeitungsleser hält diese infolge der neuesten, vom sowjetischen Parteichef Gorbatschow in Gang gebrachten politischen Entwicklungen heute allerdings schon für ausgestanden. Dieser Ansicht kann ich mich nicht anschließen. Die bisherigen Abrüstungsmaßnahmen betreffen nur wenige Prozent des vorliegenden Vernichtungspotentials, mit dem sich die Menschheit folglich nach wie vor (theoretisch) bis zu sechsmal hintereinander ausrotten könnte. Und auch die »Proliferation« (die Ausbreitung des Besitzes) nuklearer und nicht zuletzt chemischer »Völkervertilgungsmittel« (Ivan Illich) schreitet global weiter fort.

Ich weiß, so mancher kann das heute schon nicht mehr hören. Das bedenklichste an der Sache ist es eben, daß wir viel zu lange die Augen vor der Entwicklung verschlossen haben und daß die meisten jetzt, da sie von Fakten und hellhörig gewordenen Experten mit der Nase auf sie gestoßen werden, allenfalls kurz irritiert sind, um sich schon im nächsten Augenblick wieder den Tagesgeschäften zu widmen. Als ob sie sich davor fürchteten, der Wahrheit ins Auge zu sehen, wenden sie sich rasch wieder dem Gewohnten zu. Das beruhigt und schont die Nerven, ganz ohne Frage. Aber es ändert nichts an den Tatsachen. Es gehört Mut dazu, sich einer Angst zu stellen und sie auszuhalten, und den bringen die wenigsten auf. Das ist schlimm, denn nur eine dem Ausmaß unserer Bedrohung angemessene Angst könnte uns heute vielleicht noch so beflügeln, daß wir die Kraft aufbrächten, von einem Kurs abzulassen, der unweigerlich in den Abgrund führen wird.
Man bedenke: Wer mir vor dreißig Jahren (ich war damals Privatdozent an der Würzburger Nervenklinik) gesagt hätte, daß ich noch eine Welt erleben würde, in der man in den meisten Flüssen und Seen nicht mehr würde baden können, ohne seine Gesundheit zu gefährden. Eine Zeit, in der davor gewarnt werden müsse, das aus unseren Leitungen fließende Wasser zur Aufbereitung von Babynahrung zu verwenden, weil sein übergroßer Nitratgehalt das Leben Neugeborener durch eine »Blausucht« genannte innere Atemstörung gefährde. In der die Atmosphäre so sehr mit den toxischen Abfallprodukten unserer technischen Zivilisation angereichert sein werde, daß unsere Wälder unter ihrem Einfluß abzusterben begännen und unsere Lungen durch den natürlichen Vorgang der Atmung zu erkranken drohten. Eine Welt, in der unsere tägliche Nahrung zunehmend gesundheitsschädliche chemische »Rückstände« enthalten werde. In der die komplizierte Ausgewogenheit des Klimagleichgewichts durch unsere zivilisatorischen Aktivitäten aus den Fugen zu geraten beginne und in der wir aus dem gleichen Grunde nachweislich angefangen hätten, die stratosphärische Ozonschicht zu ruinieren, die die lebensbedrohenden Anteile der Sonnenstrahlung in aller der unseren vorangegangenen Zeit von der Erdoberfläche abgehalten habe.
Wer mir das vor dreißig Jahren prophezeit hätte, dem hätte ich nicht geglaubt. Ich hätte das alles für unmöglich gehalten. Und wenn ich es geglaubt hätte, dann hätte ich sicher entsetzt erklärt, daß ich in einer solchen Welt nicht würde leben wollen. Aber schon heute ist es soweit.

Wir alle leben in einer sichtlich von uns beschädigten Welt, und jeder Blick in die Zeitung kann einen darüber belehren, daß die Reise in der Richtung auf den Abgrund mit zunehmender Geschwindigkeit fortgesetzt wird. Daher wundere ich mich oft, warum die Menschen nicht schreiend auf die Straße laufen. Und da wundere ich mich überhaupt nicht, wenn in manchen von ihnen die schiere Wut hochkocht und sie in ihrer Ohnmacht keinen anderen Ausweg mehr sehen, als das »kaputtzumachen, was uns kaputtmacht«.
Ich habe größtes Verständnis für diesen Zorn. Obwohl seine Umsetzung in gewalttätige Aktion alles nur viel schlimmer macht: weil nicht blinde Wut gefragt ist, sondern allein die hartnäckige Geduld kühler Argumentation. Und weil Gewalttätigkeit (zu allem sonstigen Übel) noch so gewichtige Argumente in den Augen der Öffentlichkeit, die es wachzurütteln gilt, unvermeidlich unglaubwürdig werden läßt. Aber ich sehe ein, daß die Geduld, die da verlangt wird, fast übermenschlich ist. Denn immer noch entdeckt fast niemand einen Grund zur Beunruhigung. Die verantwortlichen Politiker schon gar nicht. In ihren Augen scheint »eine Gefahr für die Bevölkerung« grundsätzlich aus keinem Anlaß und zu keiner Zeit zu bestehen. Es ist so, als hätte der Kapitän der »Titanic« nach dem Zusammenstoß mit dem Eisberg den Befehl ausgegeben weiterzufeiern, als ob sich nichts geändert hätte – und alle, die behaupteten, daß das Schiff sinke, als Miesmacher anzuschwärzen und ihnen die Megaphone wegzunehmen.
Wir feiern weiter. Vierzig Millionen Menschen sterben jährlich auf der Erde an Hunger und Hungerfolgen (meist in Gestalt von Darmerkrankungen). 40000 Kinder allein sind es an jedem Tag, den Gott werden läßt. Aber unsere Gesellschaft feiert unberührt davon weiterhin jedes einzelne gottverdammte Prozent ihres Bruttosozialprodukts, obwohl dessen Anstieg angesichts des Lebensstandards in dem »entwickelten« Teil der Welt nichts anderes signalisiert als fortschreitende Verschwendung, deutlicher ausgedrückt: nichts anderes als eine Verschleuderung unersetzlicher Reserven an Rohstoffen und natürlichen, ökologischen Regenerationspotenzen und nichts anderes als eine ebenfalls mit selbstmörderischer Indolenz hingenommene galoppierende Verpestung von Luft, Wasser und Boden mit Zivilisationsmüll.
Wir feiern. Am Rande des Vulkans. Die ersten medizinstatistischen Erhebungen weisen bereits auf einen Anstieg der Rate an Hautkrebserkrankungen hin. Niemand zweifelt mehr daran, daß die seit über zwei

Jahrzehnten in diesem Zusammenhang als »Ozonkiller« verdächtigten Fluorchlorkohlenwasserstoffe (unter anderem als Treibgase, Kühlflüssigkeit und zur Herstellung von Schaumstoffen in Gebrauch) zumindest partiell eine ursächliche Rolle spielen. Die Reaktion? Nach endlosem Hin und Her wird eine Vereinbarung mit den Herstellern getroffen, derzufolge die Produktion dieser die Lebensfreundlichkeit unserer irdischen Umwelt gefährdenden Substanzen bis zum Ende des nächsten Jahrzehnts um die Hälfte reduziert werden soll. (Ein Verbot, diese keineswegs lebensnotwendigen, sondern lediglich unserer Bequemlichkeit dienenden Stoffe zu produzieren, könnte ja »das Investitionsklima verschlechtern«.) Ein außerirdischer Beobachter würde angesichts dieser Entscheidung an unserer Zurechnungsfähigkeit zweifeln. Unser Umweltminister aber verkündet sie dem Publikum als Erfolg.

Unsere blinde Entschlossenheit, uns bei unserem Konsumfestival durch nichts und niemanden stören zu lassen, ist jedoch nicht nur selbstmörderisch, ihr fallen auch vierzig Millionen Unbeteiligte zum Opfer. Denn in unserer kurzsichtigen Festesfreude finden wir uns gerade noch zu milden Alibigaben für Wohltätigkeitsorganisationen bereit. Es stört uns nicht, daß sie allenfalls der Betäubung unseres Gewissens dienen können, keineswegs jedoch einer Lösung des Problems. Denn wenn sonst alles so bleibt, wie es ist, vergrößern wir mit dieser Art der Hilfe nur das Elend, weil dann morgen fünf verhungernde Kinder den Platz des einen einnehmen werden, das wir heute vor dem Hungertod bewahren.

Solange wir nur Brot anbieten (und medizinische Versorgung und technische Mittel zum Brunnenbohren und Kunstdünger und womöglich auch noch Geld und dazu noch Beratung durch Entwicklungshelfer), so lange bleiben die Verhältnisse unverändert bestehen, welche die Not der Unterprivilegierten in den Ländern der sogenannten Dritten Welt verewigen werden. So lange doktern wir mit scheinheiligem Eifer lediglich an Symptomen herum, anstatt uns auf die einzig sinnvolle Therapie für das Grundleiden zu besinnen. Wenn es uns wirklich ernstlich darauf ankäme, das Elend der Verdammten dieser Erde an der Wurzel zu packen, dann müßten wir die Weltwirtschaftsordnung ändern, die uns alle Vorteile und jenen fast alle Nachteile bei der Verteilung der Güter dieser Erde zuspielt. Wir müßten folglich unsere Vorzugsstellung preisgeben, aus freien Stücken, und das ist mehr, als wir

für zumutbar halten. Wir verstehen uns zwar als eine christliche Gesellschaft, aber da nehmen wir denn doch lieber vierzig Millionen Tote jährlich in Kauf – fast so viele, wie alle Jahre des Zweiten Weltkrieges vom Atlantik bis zum Pazifik zusammen gefordert haben.
Unser lärmendes Konsumfest ist aber nicht nur mörderisch und selbstmörderisch zugleich. Es kommt noch eine Tötungsvariante hinzu, die historisch neuartig ist: Wir entziehen mit unserer Feier auch kommenden Generationen die Lebensgrundlage. Wir sind dabei, »unsere Enkel zu ermorden«, wie ein französischer Biologe es treffend formuliert hat. Das aber hat in aller Geschichte bisher noch niemand fertiggebracht.
Es ist ja richtig und wird zum Zwecke der Beschwichtigung immer wieder vorgebracht, daß auch zurückliegende historische Epochen ihre selbstverschuldeten Umweltprobleme hatten. Deren Spuren sind in der Tat bis heute nicht beseitigt. Zu ihnen gehört, oft zitiert, das heutige Aussehen der Küsten des Mittelmeeres. Die nicht wieder behebbare Nacktheit des noch zu römischer Zeit bewaldeten Atlasgebirges. Der Wüstencharakter der Sahara, die, wie gelegentlich entdeckte Ruinenstädte bezeugen, einst als fruchtbares Land von Menschen besiedelt war. Zu diesen Spuren gehört auch die Verkarstung der kleinasiatischen, griechischen, italienischen und spanischen Mittelgebirge, deren Aussehen wir romantisch verklären, weil wir es mit Urlaubserinnerungen assoziieren. Tatsächlich haben wir keinen Grund, uns von dieser Hinterlassenschaft unserer europäischen Vorfahren bedroht zu fühlen.
Hier wie in anderen zurückliegenden Fällen handelte es sich um die Folgen übermäßigen Holzeinschlags, um Raubbau an den Wäldern. Die Landschaft hat sich nie vollständig davon erholt. Die Baumlosigkeit Siziliens und die Verkarstung der gegenüberliegenden nordafrikanischen Küste sind Folgen des gewaltigen Holzbedarfs des Römischen Imperiums. Seine Herrscher benötigten das Holz vor allem als Baumaterial, nicht zuletzt für ihre Flotten, auf die das Riesenreich zu seinem Schutz und seiner Versorgung angewiesen war. Während zum Beispiel die Bäume der großen norddeutschen Rodungsfläche, die wir heute als Lüneburger Heide kennen, bei der Salzgewinnung in der ehemaligen Hansestadt verfeuert wurden, die dem Gebiet ihren Namen gab.
In den letzten tausend Jahren ist die Waldbedeckung Mitteleuropas von neunzig auf zwanzig Prozent zurückgegangen. Anlaß waren

Rodungen zum Gewinn neuer Siedlungsflächen für die wachsende Bevölkerung.* An Umweltprobleme dachte während all dieser Jahrhunderte niemand. (Auch wir kennen den Begriff ja erst seit wenigen Jahrzehnten.) Unsere Vorfahren hielten die Quellen der Natur für unerschöpflich. Dabei verschätzten sie sich jedoch auch schon vor 200 Jahren gelegentlich nicht unbeträchtlich. Mitte des 18. Jahrhunderts fragte die königlich-preußische Kammer bei der Menzer Oberförsterei an, wie lange die – 24000 Morgen groß den sagenumwobenen »Großen Stechlin« umgebende – Menzer Forst aushalten werde, wenn die rasch wachsende Großstadt Berlin aus ihr zu heizen anfinge. Die stolze Antwort lautete: »Die Menzer Forst hält alles aus.« Das sei ein schönes Wort gewesen, fügt Theodor Fontane hinzu, der über die Episode in seinen »Wanderungen durch die Mark Brandenburg« berichtet, »aber doch schöner, als sich mit der Wirklichkeit vertrug«. Denn: »Siehe da, ehe dreißig Jahre um waren, war die ganze Menzer Forst durch die Berliner Schornsteine geflogen.«**

In allen diesen vergangenen Fällen aber hat es sich stets um regionale Schäden gehandelt, um lokal begrenzte Zerstörungen einer in Jahrhunderten gewachsenen natürlichen Ordnung, von denen das globale Gleichgewicht nicht berührt wurde. Dadurch unterscheidet sich unsere gegenwärtige Lage prinzipiell von allen Szenarios der Vergangenheit. Heute ist die Zahl der Menschen bis zu einer Größenordnung angewachsen, welche die natürliche Tragfähigkeit des von ihnen bewohnten Planeten mit Sicherheit bereits übersteigt. Noch vor 300 Jahren lebten nur 500 Millionen Menschen auf der Erde; um 1900 war ihre Zahl schon auf 1,5 Milliarden angewachsen, und von da ab stieg sie in zunehmendem Tempo: 1960 gab es bereits drei Milliarden Erdenbürger, 1985 war die fünfte Milliarde erreicht, und im Jahre 2000 werden es mehr als sechs Milliarden sein.

Der von dieser Menschenfülle ausgehenden Belastung wäre die irdische Biosphäre mit absoluter Sicherheit schon heute nicht mehr gewachsen, wenn wir, was unsere moralische Pflicht wäre, uns eines Tages dazu aufraffen sollten, auch der bisher nur unter erbärmlichen Umständen vegetierenden Menschheitshälfte zu einem menschenwürdigen Dasein zu verhelfen. Die Belastung wird gegenüber der Ver-

* Viele Orte, vor allem in der norddeutschen Tiefebene, erinnern mit ihren Namen an diese Art ihrer Entstehung: Walsrode, Osterholz, Osterrode, Altenwalde usw.
** Theodor Fontane, Von Rheinsberg bis zum Müggelsee, Berlin (Ost) 1971, S. 93.

gangenheit auch dadurch beträchtlich erhöht, daß der Rohstoff- und Energiebedarf des heutigen Zivilisationsmenschen ebenso wie seine Abfallproduktion (in Gestalt von Müll, Emissionen, von nicht oder nur unvollständig abbaubaren Chemikalien sowie nicht mehr rückführbarer Wärme) das, was seine Vorfahren ihrer Umwelt entnahmen oder aufhalsten, um ein Mehrfaches übertreffen.
Es ist daher verfehlt, vergangene Umweltsünden als Beweis dafür anzuführen, daß ökologische Schäden (»die es schon immer gegeben hat«) vielleicht bedauerlich seien, aber keine wirkliche Gefahr darstellten. So hat mir kürzlich ein alteingesessener Badener versichert, daß ein totales Absterben des Schwarzwalds diesem doch eigentlich nur das Aussehen des Apeninns oder anderer mediterraner Mittelgebirge verleihen würde, »und da fahren die Leute doch im Urlaub extra hin«. Diese Melodie zu pfeifen kann man höchstens einem Kind durchgehen lassen, das sich damit seine Angst vertreiben will.
Die Menschen waren früher gewiß nicht vernünftiger, als wir es heute sind. Aber die Schäden, die wir heute mit unserer Unvernunft anrichten, sind ungleich größer, als sie es in der Vergangenheit waren. Denn zwar hat die menschliche Unvernunft nicht zugenommen. Ruinös angestiegen ist jedoch die Zahl der Unvernünftigen. Und in einem noch vor kurzem unvorstellbar erscheinenden Ausmaß haben technische Hilfsmittel diesen die Macht in die Hände gegeben, die Folgen ihrer Unvernunft zu multiplizieren.
Wir ruinieren daher heute mit unserer Ausbeutungsmentalität nicht mehr einzelne, begrenzte Regionen, sondern gleich den ganzen Globus. Den Verlust des Schwarzwaldes allein könnten wir zur Not verschmerzen. So, wie die Italiener es schon seit 2000 Jahren gelernt haben, auf größere zusammenhängende Waldgebiete weitgehend zu verzichten. Aber wenn die Waldvernichtung sich zu einem weltweiten Prozeß auswächst, wie es heute der Fall ist (in dem das Absterben des Schwarzwaldes nur noch ein Einzelsymptom darstellt), dann handelt es sich nicht mehr nur um ein ästhetisches oder sentimentales Problem. Dann geht es um die Gefahr eines Zusammenbruchs der irdischen Ökosphäre. Dann steht die Bewohnbarkeit der Erde insgesamt auf dem Spiel.
Daß diese auf irgendeine geheimnisvolle Weise von der Existenz der tropischen Regenwälder abhängen soll, hat jeder schon bis zum Überdruß gehört. Die Zusammenhänge aber dürften noch immer den we-

nigsten geläufig sein. Um sie zu verstehen, ist es notwendig, sich klar darüber zu werden, daß es gar nicht die *tropischen Regenwälder* sind, denen eine für unser Schicksal so entscheidende Rolle zukommt. Anders gesagt: Weder die Tatsache, daß sie in den Tropen stehen, noch die klimatischen Besonderheiten, die sie zu Regenwäldern machen, sind dafür verantwortlich. Ihre Bedeutung ergibt sich vielmehr allein aus der alarmierenden Tatsache, daß es sich bei ihnen um die letzten auf der Erde noch erhaltenen naturbelassenen Wälder kontinentalen Ausmaßes handelt. Allerdings: Im Amazonasbecken, dem größten Regenwaldgebiet der Erde, wurde in den letzten 25 Jahren nicht weniger als ein Drittel des Bestandes vernichtet. In allen anderen Weltregionen sind die Wälder, die einst den größeren Teil der Erde vom Äquator bis zu den gemäßigten Zonen bedeckten, vom Menschen im Laufe der Jahrhunderte vernichtet und die Reste zu forstwirtschaftlich kultivierten »Baumplantagen« denaturiert worden.
Ohne die Existenz hinlänglich großer Waldflächen aber würden sich die Bedingungen auf der Erdoberfläche (in der Biosphäre) grundlegend ändern, und zwar in einer Weise, die mit unserem Überleben, zumindest aber mit dem Überleben unserer Zivilisation, nicht länger vereinbar wäre. Die Lebensnotwendigkeit der Wälder ergibt sich aus ihrer Eigenschaft als unverzichtbarer Kohlenstoffspeicher. Das vor allem durch die industrielle und private Verbrennung von Kohle, Öl und Holz, aber auch durch Vegetationsbrände und biologische Verbrennungsvorgänge (Atmung!) freigesetzte Kohlendioxid (CO_2) würde sich in der Atmosphäre rasch konzentrieren, wenn es nicht irgendwo wieder verbraucht würde. Bekanntlich fällt den Pflanzen der Löwenanteil an dieser Aufgabe zu. Sie nehmen das CO_2 auf und bauen aus ihm Bodenmineralien und Wasser (das sie mit Hilfe ihrer Wurzeln aus dem Erdreich holen) komplexer gebaute organische Moleküle auf, Stärke vor allem, aber auch Zucker und Fette. Als Energiequelle für deren Aufbau dient ihnen das Sonnenlicht. Bei diesem daher Photosynthese (»Lichtsynthese«) genannten Prozeß wird Sauerstoff frei und in die Atmosphäre abgegeben, die so für uns und alle Tiere im Laufe der Erdgeschichte zur Atemluft geworden ist.
Die grünen Pflanzen sind aus diesen beiden Gründen das biologische Fundament allen tierischen (und menschlichen) Lebens auf der Erde: Sie allein können aus anorganischen Bausteinen energiereiche organische Moleküle aufbauen, auf die alle übrigen Lebewesen als Nahrung (und

Baumaterial) angewiesen sind. Und sie allein produzieren den Sauerstoff, mit dessen Hilfe wir und alle Tiere diese Nahrungsmoleküle in unseren Körpern wieder zerlegen, um die in ihnen steckende Bindungsenergie zum Betreiben des eigenen Stoffwechsels verwenden zu können.
Die spezielle Bedeutung der Wälder für die Bewohnbarkeit der Erde hängt nun allerdings mit einem anderen Aspekt der für alle Pflanzen charakteristischen photosynthetischen Aktivität zusammen, der schon kurz erwähnt wurde. Zwar stammt praktisch aller Sauerstoff in der Atmosphäre aus dieser einen unverzichtbaren Quelle. Und zwar haben selbstredend auch die unzähligen grünen Blätter der Wälder daran ihren Anteil. Ihr Beitrag als Sauerstoffproduzenten fällt jedoch im Ensemble der irdischen Vegetation nicht entscheidend ins Gewicht. Er wird zum Beispiel von dem des Phytoplanktons (mikroskopisch kleiner pflanzlicher Einzeller) in den Weltmeeren weit übertroffen.
Die Gewichte kehren sich jedoch um, wenn man nicht die Rolle der Pflanzen als *Sauerstoffspender* ins Auge faßt, sondern ihre Bedeutung als *Kohlenstoffspeicher.* Der in der Atmosphäre als gasförmiges CO_2 enthaltene Kohlenstoff wird von den Pflanzen, wie erwähnt, in die eigene Körpersubstanz eingebaut und damit von ihnen gebunden. Diese »Speicherung« erfolgt natürlich immer nur vorübergehend. Sobald die betreffende Pflanze abstirbt oder von Mensch oder Tier verspeist wird, sobald sie also durch Verwesung oder Verdauung wieder in ihre Bausteine zerlegt wird, gelangt der in ihr enthaltene Kohlenstoff erneut, an Sauerstoff gebunden, als CO_2 in die freie Atmosphäre.
Es ist nun ohne weiteres einzusehen, daß das Ausmaß, in dem Kohlendioxid auf diese Weise der Atmosphäre entzogen wird, entscheidend von der Dauer seiner Speicherung in der Pflanzenmasse abhängt. Und deshalb übertrifft die Bedeutung von Wäldern als »biologischer Kohlenstoffspeicher« die aller anderen Pflanzengesellschaften um ein Vielfaches. Man bedenke aus dieser Perspektive einmal, was der Mensch von jeher angerichtet hat, wann immer er ein Waldstück rodete, um auf der so gewonnenen Fläche »Nutzpflanzen« (Getreide, Gemüse, Früchte) für seinen Bedarf anzubauen. Während er mit seiner Hände Arbeit ein Stück »unnützer Natur« in »wertvolles Kulturland« verwandelte – eine zweifellos einseitig-egozentrische Betrachtungsweise, an der andererseits auch nachträglich vorerst nichts auszusetzen war –, vernichtete er jedesmal zugleich auch ein kleines Stück des natürlichen Kohlenstoffspeichers der Erde.

Das fiel nicht ins Gewicht, solange die Zahl der Menschen, die das taten, klein blieb im Vergleich zu den fruchtbaren Regionen der Erdoberfläche. In unserer Gegenwart jedoch, infolge des etwa seit der letzten Jahrhundertwende zu verzeichnenden »explosionsartigen« Wachstums der Erdbevölkerung, beginnt der Vernichtungsprozeß spürbare Konsequenzen nach sich zu ziehen. Denn die auf den freigerodeten Flächen angebauten Nutzpflanzen können die Rolle des verschwundenen Waldes nicht annähernd übernehmen. Schuld daran ist nicht einmal so sehr ihre pro Flächeneinheit geringere Masse. Viel gravierender in diesem Zusammenhang ist ihre im Vergleich zu einem Baum lächerlich kurze Lebensdauer.
Kulturpflanzen werden zum Zwecke des Verbrauchs, in aller Regel: des Verzehrs durch den Menschen, angebaut. Das setzt ihrer Lebenserwartung naturgemäß sehr enge Grenzen. Eine Kartoffel »lebt« nur wenige Monate. Danach wird sie verspeist – und der in ihr enthaltene Kohlenstoff mit der Atemluft des Essers als CO_2 wieder an die Atmosphäre zurückgegeben. Nicht anders ist es bei Getreide, Gemüse oder Obst (oder auch bei Weidegras). Selbstverständlich sind auch Nutzpflanzen (wie grundsätzlich alle Pflanzen) Kohlenstoffspeicher. Die von ihnen geleistete Speicherung ist aber extrem kurzfristig und wird dazu noch von Generation zu Generation von langen Monaten einer jahreszeitlich wiederkehrenden Vegetationspause unterbrochen. Im Unterschied dazu lebt ein Baum in einem im Naturzustand belassenen Wald Jahrhunderte. Daraus erklärt es sich, daß in den Wäldern der Erde fast neunzig Prozent allen biologisch gespeicherten Kohlenstoffs festgelegt sind. Entsprechend schwer sind die Folgen, wenn man diesen Speicher antastet.
Das ist sehr lange gutgegangen. Heute aber haben wir jene Grenze erreicht, wenn nicht gar schon überschritten, von der ab die von den Wäldern bisher geleistete Entnahme von CO_2 aus der Atmosphäre unter eine kritische Schwelle abzusinken droht. Das Molekül reichert sich in der Atmosphäre an. Absolut genommen, sind die Mengen zwar winzig. Der Kohlendioxidgehalt unserer Atemluft beträgt nur rund 0,03 Prozent. (Das entspricht immerhin einer Kohlenstoffmenge in der gesamten Atmosphäre von etwa 700 Milliarden Tonnen.) Etwa seit 1850 regelmäßig durchgeführte genaue Messungen haben nun jedoch ergeben, daß die Konzentration stetig angestiegen ist. 1850 betrug sie noch 290 ppm (»parts per million«), also erst 0,029 Prozent.

Seitdem ist sie um fast 15 Prozent auf 330 ppm (oder 0,033 Prozent) gestiegen.
Ob nun einige ppm mehr oder weniger, an der Tatsache des Anstiegs gibt es nichts zu rütteln. Verständlicherweise glaubten auch die Experten bis vor kurzem, daß das ausschließlich eine Folge des »Kohlezeitalters« sei, also zunehmender industrieller und privater Verbrennungsprozesse. Daher plädiert so mancher bis auf den heutigen Tag noch für den weiteren Ausbau der Atomenergieerzeugung, mit der so einleuchtend erscheinenden Begründung, daß nur auf diese Weise der mit der Verbrennung von Öl und Kohle einhergehende CO_2-Ausstoß in die Atmosphäre reduziert werden könne.
Das Argument steht in Wirklichkeit jedoch auf schwachen Beinen. Denn der atmosphärische CO_2-Gehalt beruht auf einem »Fließgleichgewicht«. Und bei ihren Messungen und Computersimulationen wurden die Atmosphärenchemiker an die alte Binsenwahrheit erinnert, daß man ein Fließgleichgewicht nicht nur durch vermehrten Zufluß (in unserem Falle: durch vermehrte Verbrennung) aus den Fugen bringen kann, sondern genauso wirksam auch durch eine Verstopfung des Abflusses (in unserem Falle also durch die Verringerung der biologischen Speicherkapazität). Ihre Rechnungen ergaben sogar (und das schon Ende der siebziger Jahre) den alarmierenden Befund, *daß die ungeachtet aller Proteste und Warnungen munter voranschreitende Waldzerstörung heute bereits mehr zum Anstieg des Spurengases Kohlendioxid in der Atmosphäre beiträgt als alle auf der Erde ablaufenden Verbrennungsvorgänge.*
Natürlich müßten wir dazu übergehen, unseren fossilen Energieverbrauch endlich einzuschränken (anstatt davon nur zu reden). Möglichkeiten dazu gibt es genug, vom Tempolimit auf den Straßen bis hin zu einer radikalen Neuordnung der Energiepolitik. Das allein würde uns heute aber schon nicht mehr aus der Patsche helfen. Anstatt unbelehrbar »weiterzufeiern«, müßten wir längst anfangen, auf die Verwendung tropischer Hölzer zu verzichten, und dafür sorgen, daß die Bewohner der Regenwaldgebiete auch ohne ständige Brandrodungen überleben können. Denn die sich in diesem Augenblick abspielende Zerstörung der letzten biologischen Speicherreserven setzt Mengen frei, die den atmosphärischen Kohlenstoffkreislauf endgültig aus dem Gleichgewicht zu bringen beginnen.
Was ist daran eigentlich so furchtbar schlimm? Wen braucht es schon

zu bekümmern, ob unserer Atmosphäre die winzige Menge von 330 ppm des unsichtbaren und geruchlosen Gases CO_2 beigemengt ist oder ein noch winzigerer Bruchteil davon mehr? Der »winzige Bruchteil mehr« droht heute deshalb zu einer tödlichen Gefahr für unsere Zivilisation zu werden, weil gasförmiges Kohlendioxid in seinen physikalischen Eigenschaften einer Fensterscheibe ähnelt. Beide verhalten sich elektromagnetischen Wellen gegenüber je nach deren Frequenz in gleicher Weise unterschiedlich. Glas wie CO_2 lassen die kurzwellige Lichtstrahlung fast ungehindert passieren: Sie sind für Licht durchlässig. Für die im langwelligeren Infrarotbereich des Spektrums gelegene Wärmestrahlung dagegen stellen sie eine wirksame Barriere dar. Wir machen uns diesen Unterschied zunutze, seit es Glasfenster gibt. Mit ihnen können wir uns gegen winterliche Kälte oder sommerliche Hitze schützen, ohne gleichzeitig unsere Zimmer zu verdunkeln. (Allerdings wird hierbei wie auch im Falle des Treibhauses der Effekt dadurch noch erheblich verstärkt, daß die erwärmte Luft am Entweichen und die kalte Luft am Eindringen gehindert wird, was in der Atmosphäre naturgemäß nicht der Fall ist.)

Die gleiche Funktion übt nun das Kohlendioxid in der irdischen Lufthülle aus. Es läßt das Sonnenlicht ungehindert hindurch. Dieses heizt die Erdoberfläche auf, wobei die kurzwellige Lichteinstrahlung sich in längerwellige Wärmestrahlung verwandelt. Diese wird vom Erdboden dann wieder zurückgestrahlt, kann aber, ihres veränderten physikalischen Charakters wegen, auf ihrem Rückweg die kohlendioxidhaltige Atmosphäre nicht mehr mit der gleichen Leichtigkeit passieren wie auf dem Hinweg (auf dem sie noch als kurzwellige Lichtwelle eintraf). Die Wärme wird daher zu einem nennenswerten Teil zurückgehalten. Sie bleibt in der Atmosphäre »gefangen«.

Wir würden auf der Erde erfrieren, wenn das nicht so wäre und wenn sich statt dessen alle einfallende Sonnenenergie sogleich wieder in den kalten Weltraum verflüchtigte. So, wie auch tropische Blumen in der Kühle unseres gemäßigten Klimas zugrunde gehen müßten, wenn der Gärtner ihnen nicht den Schutz eines Treibhauses angedeihen ließe (dessen Glasscheiben ebenfalls das Sonnenlicht hinein-, die von diesem im Inneren erzeugte Wärme aber nicht so ohne weiteres wieder herauslassen). Wie die empfindlichen Blumen durch die Gläser des Treibhauses vor der Kühle ihrer Umgebung, so werden wir durch unsere kohlendioxidhaltige Atmosphäre vor der Kälte des gleich über unse-

ren Köpfen beginnenden Weltraums geschützt. Das ist der heute vielzitierte »Treibhauseffekt« des Kohlendioxids. Wie man sieht, grundsätzlich eine gute Sache. Ein lebensnotwendiger Effekt sogar.
Man muß sich nun des weiteren aber auch vor Augen halten, daß wir und alles andere Leben auf dieser Erde in kürzester Zeit zugrunde gingen, wenn sich die von der Sonne auf die Erde einfallende Strahlungsenergie nicht per saldo exakt die Waage hielte mit der von der Erde in den Weltraum zurückgestrahlten Energiemenge. Das ist letztlich nur eine Binsenwahrheit. Wenn der abgestrahlte Energiebetrag permanent ein noch so kleines bißchen größer wäre als die aufgenommene Energie, würde die Erde sich abkühlen und früher oder später unweigerlich vereisen. Umgekehrt würde die Erde sich über kurz oder lang in einen nicht minder lebensfeindlichen Wüstenplaneten verwandeln, wenn der auf ihr eintreffende Anteil der Sonnenstrahlung den wiederabgestrahlten Betrag, und sei es um einen noch so kleinen Bruchteil, konstant überstiege. Die »Strahlungsbilanz« der Erde muß, mit anderen Worten, präzise ausgeglichen sein, damit wir überleben können.
Offensichtlich ist ein CO_2-Gehalt der Atmosphäre von zirka 0,03 Prozent dafür gerade die richtige Dosis. Ohne ihn (und die Mitwirkung einiger anderer Spurengase) würde die Durchschnittstemperatur der Erde −18 Grad Celsius betragen und nicht +15 Grad, wie es der Fall ist. Die zwischen diesen beiden Werten liegende Differenz von 33 Grad stellt mithin den planetarischen Effekt der Treibhausgase dar.
Welche Faktoren die CO_2-Beimengung auf den lebenswichtigen Wert von 0,03 Prozent eingepegelt und dafür gesorgt haben, daß er innerhalb einer mit dem irdischen Leben zu vereinbarenden Schwankungsbreite eingehalten worden ist, weiß kein Mensch. Teilzusammenhänge sind aufgedeckt worden, und Hypothesen gibt es en masse. Die Ausgeglichenheit der Temperaturbilanz der Erde ist letztlich aber auch heute noch ein undurchschaubares Wunder. Dies gilt um so mehr, als das CO_2 keineswegs der einzige Faktor ist, von dem das planetare Strahlungsgleichgewicht abhängt.
Nicht weniger wichtig ist die sogenannte »Albedo« der Erde: das Rückstrahlungsvermögen ihrer Oberfläche. Zusätzlich kompliziert wird die Angelegenheit dadurch, daß auch ihr Wert variablen Faktoren unterliegt. Weiträumig geschlossene Wolkendecken und Schneefelder reflektieren einen größeren Anteil des einfallenden Sonnenlichts als Vegetationsflächen und offene Meere. Auch deren Wechsel aber wird of-

fenbar durch uns weitgehend unbekannte Rückkopplungsmechanismen kompensiert. Für wichtig (und in unserer jetzigen Situation unter Umständen besonders bedrohlich) halten die Klimaforscher noch die Möglichkeit sogenannter »Run-away-Effekte«, Situationen, in denen die Abweichung von einem eingependelten Gleichgewicht ihrerseits Faktoren produziert, welche den Abweichungstrend zusätzlich verstärken und beschleunigen.

So würden sich zum Beispiel beim Einsetzen einer Vereisung die Polkappen vergrößern. Dies wäre gleichbedeutend mit einer Vergrößerung der Albedo der Erde. Infolge der dadurch vermehrten Abstrahlung aber würde die Erde zusätzlich Wärme an den Weltraum verlieren. Die dadurch bewirkte Abkühlung würde die Polkappen noch mehr wachsen lassen und so fort in einem sich selbsttätig aufschaukelnden Prozeß der Verstärkung der anfänglichen Abkühlungstendenz. (Wegen dieses speziellen »Run-away-Effektes« tappen die Experten heute bei der Frage, wie die Erde aus den zurückliegenden Eiszeiten eigentlich wieder herausgekommen ist, noch mehr im dunklen als angesichts der Probleme ihrer Entstehung.)

Zu einer ähnlichen Selbstverstärkung könnte es bei einer Erhöhung des Kohlendioxidgehalts der Atmosphäre mit nachfolgender Erwärmung durch die Vergrößerung des Treibhauseffekts kommen. Denn neben dem biologischen Speicher der Wälder spielen auch die Weltmeere als nichtbiologische Kohlenstoffspeicher eine bedeutsame Rolle. Deren Speicherfähigkeit ist nun aber temperaturabhängig: Ein kaltes Meer vermag mehr Kohlenstoff zu speichern als ein warmes Meer. Daher steht zu befürchten, daß die Meere, wenn die Aufheizung der Erde erst einmal eingesetzt hat, zusätzlich große Mengen an Kohlenstoff freisetzen könnten, die den Treibhauseffekt weiter verstärken würden. Niemand weiß andererseits, bei welchem Grad der Abweichung in diesem Falle ein »Run-away-Effekt« in Gang kommen würde.

Weitere Faktoren komplizieren die Verhältnisse noch. Auch der in der Atmosphäre enthaltene Wasserdampf beeinflußt die Temperaturbilanz. Auch dessen Konzentration nimmt neuerdings in den tropischen Regionen rasch zu. (Über dem Pazifik um zwanzig Prozent in den letzten zwanzig Jahren.) Die Ursache ist, soweit heute bekannt, in einer Erhöhung der Durchschnittstemperatur der Ozeane um etwas mehr als ein halbes Grad Celsius zu sehen. Über deren Gründe wird im Krei-

se der Experten noch diskutiert, bisher ohne Ergebnis. Zum Treibhauseffekt tragen des weiteren – wegen der zunehmenden Emissionen unserer technischen Zivilisation – auch noch Ozon, Methan, Stickoxide und ein halbes Dutzend anderer Moleküle bei, die sich ebenfalls als »Spurengase« in unserer Atmosphäre anzureichern beginnen.
Jede dieser Verbindungen aber hat ihre besondere Entstehungsgeschichte. Jede von ihnen also stellt das Ende einer anderen Ursachenkette dar, die eine jeweils eigene Analyse erforderte, wenn man versuchen wollte, die jeweilige Quelle zu verstopfen. Und, wie um das Verwirrspiel um eine weitere Größenordnung zu komplizieren: Fast alle diese Ketten hängen untereinander (und mit fraglos sehr vielen anderen von uns überhaupt noch nicht entdeckten ursächlichen Faktoren und Kreisläufen) in einem für uns unentwirrbaren Netz von gegenseitigen – verstärkenden oder auch bremsenden – Rückkopplungen zusammen.
Die natürliche Ausgewogenheit der Strahlungsbilanz unseres im Lichte der Sonne rotierenden Planeten ist mit anderen Worten das Resultat eines Wunderwerks ursächlicher Verflechtungen, die wir nicht annähernd durchschauen. Mit den kurz skizzierten Einzelheiten des atmosphärischen Kohlenstoffkreislaufs haben wir nur ein winziges Zipfelchen des ganzen Netzes zu Gesicht bekommen. Die Aussichtslosigkeit des Versuchs, seine einzelnen Fäden zu verfolgen und aufzudröseln, vermittelt eine Ahnung von der über alle Maßen komplizierten Struktur der Zusammenhänge, die sich hinter diesem von uns gedankenlos als selbstverständlich hingenommenen Gleichgewicht verbergen. Wobei wir schließlich auch noch zu bedenken haben, daß die irdische Strahlungsbilanz ihrerseits wieder nur einen vergleichsweise winzigen Ausschnitt aus dem Gesamtsystem darstellt, das wir meinen, wenn wir von Ökosphäre (oder Biosphäre) reden. Wir haben dieses System gerade eben erst entdeckt sowie die Tatsache, daß wir von seiner kunstvoll aufrechterhaltenen Stabilität existentiell abhängen. Darüber hinaus aber wissen wir von ihm so gut wie nichts.
Es liegt jedoch in unserer Möglichkeit, die subtile Ordnung dieses Systems aus dem Gleichgewicht zu bringen. Das, was wir nicht verstehen, können wir immerhin stören. Und wir tun das seit einiger Zeit auch, seltsamerweise ohne viele Gedanken an die Tatsache zu verschwenden, daß wir damit an dem Ast zu sägen anfangen, auf dem wir sitzen. Durch unsere schiere Zahl und mit den technisch multiplizier-

ten Kräften, die wir heute zur Durchsetzung unserer Ansprüche einzusetzen vermögen, überspielen wir seit einiger Zeit die uns unbekannten Mechanismen, die das ökologische Gleichgewicht bisher geregelt haben: Der Kohlendioxid-Gehalt der Atmosphäre hat begonnen anzusteigen. (Es ist das nicht etwa das einzige Alarmsymptom der einsetzenden globalen Störung, aber bleiben wir bei diesem einen Beispiel.)
Physikalische Gesetze machen es unausweichlich, daß damit der atmosphärische Treibhauseffekt zunimmt, die Erde folglich beginnt, sich zu erwärmen. Um welchen Betrag? Darüber geben die Computermodelle keine eindeutige Auskunft. Die Komplexität der beteiligten Faktoren läßt selbst die Elektronenrechner an ihre Grenzen stoßen. Die gelegentlich von den Medien verbreiteten Horrorszenarios (Abschmelzen der Polkappen, Ansteigen des Meeresspiegels um mehrere Meter und Überschwemmung aller Küstengebiete) malen einen Schrecken aus, der zum Glück – unsere Nachfahren werden das wahrscheinlich etwas anders sehen – noch mindestens ein bis zwei Jahrhunderte in der Zukunft liegt. Unsere Gesellschaft dürfte allerdings schon sehr viel früher ernsten Bedrohungen gegenüberstehen, wenn die gegenwärtige Tendenz sich nicht stoppen läßt. Denn schon ganz geringfügig erscheinende Steigerungen der jährlichen Durchschnittstemperatur können katastrophale Folgen hervorrufen.
Ein einziger ungewöhnlich heißer und trockener Sommer genügte 1988, wie erinnerlich, um die amerikanische Weizenproduktion um fast ein Viertel zu verringern. Die USA konnten ihrer für viele Länder lebenswichtigen Rolle als größter Getreideexporteur der Welt in diesem Jahre nur deshalb noch nachkommen, weil entsprechende Vorräte als Reserven zur Verfügung standen. Schon zwei oder drei aufeinanderfolgende derartige Sommer, so erklärten damals Agrarexperten, würden genügen, um die Getreideversorgung vieler Entwicklungsländer zusammenbrechen zu lassen und Hungerkatastrophen auszulösen. Auch in dem auf der Südhalbkugel gelegenen Argentinien war der Sommer 1988/89 ungewöhnlich heiß und trocken. Die Folge: In ganzen Provinzen brach die Trinkwasser- und, soweit sie auf Wasserkraft basiert, die Energieversorgung zusammen, so daß der nationale Notstand erklärt werden mußte und ein Hilfeersuchen an die USA erging, Notstromaggregate zu liefern.
Man kann sich leicht ausmalen, was die Folgen wären, wenn derartige

extreme Sommer sich häuften oder gar zur Regel würden. Dazu aber genügt bereits eine um nur einige zehntel Grad erhöhte jährliche Durchschnittstemperatur. Die Getreideproduktion in allen Anbaugebieten würde spürbar zurückgehen. (Die Preise würden kräftig steigen, die Zahl der Hungertoten in den Entwicklungsländern ebenfalls.) Die Gefahr der Bodenerosion würde auf allen Kontinenten zunehmen. Und auch bei uns würde der Grundwasserspiegel langsam, aber sicher absinken mit der Folge, daß unsere heute schon durch ein Übermaß chemischer Belastung des Bodens problematisch gewordene Trinkwassersituation endgültig in eine Sackgasse geriete.
Aber darum schert sich bei uns niemand. Es wird weitergefeiert. Alle Jahre wieder wird im Tone des Triumphs eine weitere Million neuer Autos auf unsere Straßen losgelassen, obwohl jedermann weiß, daß (von allen anderen negativen Folgen unseres Autofetischismus ganz abgesehen) die von ihnen produzierten Emissionen allen Katalysatoren zum Trotz das Klima – das Erdklima! – weiter aufheizen werden. Während wir im eigenen Interesse dringend gehalten wären, Energie in jeder Form einzusparen, wo immer es geht (und es ginge heute noch an unzähligen Ecken und Enden), wurde Anfang 1989 in Stuttgart der Ausbau der energiepolitisch längst als unsinnig erkannten elektrischen Heizsysteme in allen Behördenbauten und Schulen beschlossen. Von Amts wegen und mit der pikanten Begründung, daß der im Übermaß vorhandene Atomstrom verbraucht werden müsse.
Wir werden uns auf diesem Wege unfehlbar zugrunde richten, und manchmal fällt es schwer, den Gedanken abzuweisen, daß das, nehmt alles nur in allem, vielleicht nicht einmal die schlechteste Lösung wäre. Alle übrige Kreatur auf diesem Planeten und dieser selbst wären ohne jede Frage besser dran, wenn der globale Störenfried sich selbst aus dem Verkehr zöge. Dann würde, endlich, wieder Friede herrschen können auf Erden. Das Problem besteht bloß darin, daß wir nicht nur für uns allein Verantwortung tragen. Unsere moralische Pflicht wäre es, damit aufzuhören, unsere Enkel zu ermorden.
Aber auch für diesen Teil unserer Verantwortung sind wir blind. Der wissenschaftliche Direktor am Bundesumweltamt, Lutz Wicke, CDU-Mitglied, bezifferte kürzlich die von unserer Wachstumsgesellschaft an Luft, Wasser und Böden, an der Gesundheit ihrer Mitglieder und den Fassaden ihres architektonischen kulturellen Erbes insgesamt angerichteten Umweltschäden auf »mindestens 100 Milliarden Mark«.

Jährlich, wohlgemerkt, und allein in der Bundesrepublik. Das also ist die sich von Jahr zu Jahr um den gleichen Betrag vergrößernde Riesensumme, die wir ohne Deckung verpulvern, um unser Konsumfest und unser Wirtschaftswachstum fortzusetzen. Blind dafür, daß unbegrenztes Wachstum auf die Dauer naturnotwendig in einer Katastrophe enden muß (wie das blindwütige Wachstum einer jeden Krebszelle uns lehren kann). Das ist der ungedeckte Wechsel, den wir – nach uns die Sintflut! – den uns nachfolgenden Generationen ohne Gewissensregung weiterzureichen gedenken. Sollen die doch sehen, wie sie mit der Hypothek zurechtkommen.
Die Hypothek aber wird tödlich sein, denn schon in wenigen Jahrzehnten wird es nicht mehr um Luxus und Bequemlichkeit gehen. Dann geht es bloß noch um das nackte Überleben in einer Welt, deren lebenserhaltende Potenzen wir, den Blick unbeirrt auf Wirtschaftswachstumsraten, Exportquoten und Bundesbanküberschüsse gerichtet, schlicht verpraßt haben. Daß die für eine Änderung des tödlichen Kurses unbedingt notwendigen gesellschaftlichen und wirtschaftspolitischen Strukturreformen ungeheure Probleme und Schwierigkeiten mit sich brächten, bezweifelt niemand. Nur übersieht, wer angesichts der Herausforderung untätig bleibt, daß man auch mit glänzenden Wachstumsraten und Vollbeschäftigung ökologisch zur Hölle fahren kann.
Ich wiederhole, was ich zu diesem Thema schon vor vier Jahren in meinem letzten Buch schrieb: Zwar stehen die Notausgänge, die uns alsbald aus aller Gefahr führen könnten, sperrangelweit offen. Natürlich liegt es allein in unserer Hand, Gesetze, Strukturen und Wertmaßstäbe so zu ändern, daß wir auch jetzt, zu später Stunde, noch einmal davonkommen könnten. Aber wir tun es nicht und schließen lieber die Augen vor den Konsequenzen.
Der Kurs, den wir weiterzuverfolgen entschlossen sind, ist in den vergangenen Jahrhunderten erfolgreich gewesen. Niemand kann es bestreiten. Aber eben das hat uns infolge eines von den Verhaltenswissenschaftlern »Verstärkung« genannten psychischen Mechanismus so sehr auf diesen Kurs eingeschworen, daß unsere Lernfähigkeit darunter gelitten hat. Wir erweisen uns als unfähig zu begreifen, daß er eben seines Erfolges wegen zu einem Kurs geworden ist, dessen Fortsetzung von jetzt ab ins Verderben führen muß. Unsere Kalamität beruht nicht darauf, daß wir bisher alles falsch gemacht hätten. Ganz im Gegenteil.

Wir waren höchst erfolgreich. Zu erfolgreich. Unsere Zahl auf der Erde ist weit über das Maß hinausgeschossen, das die Erde tragen kann, und unsere technischen Machtmittel vergrößern jede unserer Maßnahmen zu Gewaltakten, denen alles weichen muß, was uns aus der kurzsichtigen Perspektive unseres Gewinnstrebens im Wege zu stehen scheint.

Deshalb müßten wir, in der abenteuerlich kurzen Frist der Lebenszeit einer einzigen Generation, lernen, daß es ratsam, ja überlebensnotwendig wäre, den bisherigen Erfolgskurs zu verlassen und nach neuen Wegen zu suchen, so schwer die auch zu finden sein mögen. Das aber bringen wir offensichtlich nicht fertig. Wir fürchten die unbekannten Wege, das Abgehen vom Gewohnten, mehr als die reale Gefahr. Unsere Reaktion ähnelt der jener Pferde, die beim Brand ihres Stalles mit Gewalt davon abgehalten werden müssen, in ihre brennenden Boxen zurückzuflüchten, obwohl ihre Chancen überall woanders ungleich größer wären. Aber in der Panik neigt die unvernünftige Kreatur unbelehrbar dazu, sich an das Gewohnte zu klammern. Wie es um unsere menschliche Vernunft wirklich steht, ergibt sich daraus, daß wir da keine Ausnahme machen.

Deshalb verstehe ich auch den Einwand mancher Kritiker nicht, die mir vorhalten, ich widerspräche mir selbst, wenn ich einerseits von »sperrangelweit offenstehenden Notausgängen« redete und andererseits behauptete, daß unsere Zivilisation keine Chance habe, die nächsten drei oder vier Jahrzehnte heil zu überstehen. Die sehr einfache Antwort auf diesen Vorhalt lautet: Wir werden von diesen uns offenstehenden Notausgängen keinen Gebrauch machen. Daß sich das auf eine groteske Weise paradox ausnimmt, weiß ich. Letztlich ist es aber nicht widersprüchlicher als die menschliche Natur selbst. Die Tatsache, daß wir nicht immer fähig sind, das zu tun, was unsere Einsicht uns zu tun empfiehlt, kommt an dieser Stelle ja nicht zum erstenmal zur Sprache.

Ausführlich die Rede war auch schon von dem stammesgeschichtlichen Hintergrund der Entstehung und der aus ihm sich ergebenden Beschränkungen unserer Weltsicht. Unserem in den langen Zeiträumen dieser evolutiven Entstehungsgeschichte an ein Leben unter »natürlichen« Umständen angepaßten Gehirn mangelt es allem Anschein nach an jenen Fähigkeiten, deren es bedürfte, um sich auch in der durch den zivilisatorischen Fortschritt der letzten 200 Jahre grundlegend veränderten Umwelt noch verläßlich zurechtfinden zu können. Die Komplexität der von uns selbst – eben nicht in bewußter Planung oder überhaupt gewollt, sondern in einem überindividuell sich abspielenden kulturellen Prozeß – hervorgebrachten Zivilisationsstrukturen überfordern heute offenbar die analytische Kapazität unserer Vernunft. Die Analogie zu dem Verhalten des in Panik geratenen Pferdes spiegelt daher mehr als eine bloß äußerliche Ähnlichkeit wider. Auch wir dürfen uns noch immer nicht als eine schon uneingeschränkt rationale Lebensform betrachten.

Wie man sieht, sind unsere Aussichten düster. Wer die gegenwärtigen Symptome der ökologischen Bedrohung unvoreingenommen zur Kenntnis nimmt und ihre laufende Entwicklung ohne Illusionen verfolgt, kommt nicht um die Schlußfolgerung herum, daß der seit der »Aufklärung« von uns eingeschlagene Weg sich als ruinös herausgestellt hat. Kant ist zu optimistisch gewesen. Der Mensch hat sich damals zwar aus »selbstverschuldeter Unmündigkeit« gelöst, indem er den weltlichen und kirchlichen Autoritäten der absolutistischen Gesellschaft den Gehorsam aufkündigte. Aber nur, um fast im gleichen Augenblick schon wieder in die nächste ideologische Fallgrube zu stolpern. Jetzt glaubte er zwar nicht mehr an seine Pflicht zur Unterwerfung unter die Willkür »von Gottes Gnaden« eingesetzter Potentaten. Dafür aber verfiel er von Stund an um so unbeirrbarer dem Wahn seiner Allmächtigkeit. Auf die historische Epoche devoter Unterordnung folgte die Epoche der irrationalen Gewißheit, daß alles, das Schicksal der Welt und auch das eigene Glück, dem Menschen in die Hand gelegt sei. Daß der von keiner diesseitigen oder jenseitigen Autorität behelligte Gebrauch seiner Vernunft den Menschen dazu befähige, die Welt seinen Wünschen gemäß umzubauen und eine leidensfreie und gerechte menschliche Gesellschaft planend zu organisieren. Wir wissen, was dabei herausgekommen ist. Und wir beginnen einzusehen, daß der größere Teil unseres Elends auf den Irrglauben zurückzuführen ist, daß es für alle Probleme des Menschen ein – und nur ein einziges, jeweils »richtiges« – Lösungsrezept geben müsse, das sich bei gutem Willen und hinreichender Anspannung der Verstandeskräfte finden lasse. »Schließlich hat das die Erde zur Hölle gemacht, daß der Mensch sie zu seinem Himmel machen wollte«, stellte Hölderlin schon vor über hundert Jahren resigniert fest.

Es darf uns nicht wundern, daß der Versuch mißlungen ist. Daß er uns in die Lage manövriert hat, vor der wir heute stehen. Denn der Gedanke an die Existenz rationaler Rezepte zur Lösung aller menschlichen und gesellschaftlichen Probleme kann im Kopfe eines Lebewesens, dessen Gehirn ihm die Erkenntnis der Welt in ihrer objektiven Beschaffenheit noch immer vorenthält, nur als gefährliche Illusion spuken. Wem lediglich ein unvollständiges, unscharfes, grundsätzlich nur am Gesichtspunkt biologischer Überlebensfähigkeit unter natürlichen Umständen orientiertes Abbild der Welt zur Verfügung steht, sollte mit seinen Ansprüchen viel kürzertreten, als wir es getan haben. Andernfalls werden ihm, wie es uns heute geschieht, die Folgen seiner Selbstüberschätzung früher oder später schonungslos präsentiert.

Die Chancen unserer Gesellschaft, die von der nunmehr entstandenen Situation verlangten Veränderungen ohne krisenhafte, katastrophale Umbrüche zu überstehen, sind folglich denkbar gering. Das ist keine pessimistische Behauptung, wie viele meiner Kritiker es zu ihrer und ihrer Leser Beruhigung haben hinstellen wollen. (Wozu wiederum anzumerken wäre, daß Beruhigung nun wahrhaftig die letzte Seelenverfassung ist, die uns heute not tut.) Die hier kurz zusammengefaßten Schlußfolgerungen geben vielmehr die einzig realistische Sicht der Dinge wieder.

Hat folglich jemand, den der Zufall seiner Geburt ausgerechnet in diesen Augenblick der Geschichte verschlug, sich mit dem Gedanken abzufinden, daß seine Lebenszeit nun einmal in eine der vielen historischen Epochen gefallen ist, die sich im Rückblick als sinnlose Sackgasse erweisen? Muß er dazu bereit sein, auch die eigene individuelle Existenz unter dem Aspekt dieser historischen Sinnlosigkeit zu beurteilen? So trostlos ist die Lage glücklicherweise nicht. Sobald man nämlich die Perspektive erweitert und die Frage nach dem Sinn der eigenen Lebenszeit nicht aus dem relativ engen Blickwinkel seiner Biographie und des sie zufällig begleitenden historischen Augenblicks stellt, fällt die Antwort sehr viel positiver aus.

Sub specie aeternitatis

Im ersten Augenblick glaubt man, ein groteskes, nicht zu überbietendes Mißverhältnis von Aufwand und Ergebnis vor sich zu haben. Wenn ich die menschliche Umwelt, die ich während meines Lebens vorgefunden habe, und mich selbst mit allen unseren unleugbaren Mängeln und Schwächen in Beziehung setze zu der ungeheuren kosmischen Anstrengung, welche die Naturwissenschaft als die Voraussetzung unserer Existenz entdeckt hat, dann ist das erste Gefühl, das mich überkommt, ratlose Verwunderung.

Da ist vor dreizehn (oder fünfzehn) Milliarden Jahren ein das Fassungsvermögen unserer Phantasie und unserer Physik übersteigendes singuläres *Etwas* aus dem Nichts heraus explodiert und zum Keim von allem geworden, was heute als Welt existiert. Es ist nicht *im* Raum explodiert, denn das Nichts ist noch weniger als bloß leerer Raum. Es hat mit dem Beginn seines explosiven Auftritts vielmehr den Raum erst geschaffen und ebenso die Zeit. Es gab auch kein Zentrum der Explosion. Denn der Raum, den das eben geborene Universum mit großer, der des Lichts nahekommender Geschwindigkeit ausspannte, ist ein »nichteuklidischer« Raum, der sich von dem Raum unserer Vorstellung durch uns unzugängliche Eigenschaften radikal unterscheidet.

Aus Gründen, die uns ebenfalls rätselhaft sind und für immer bleiben werden, waren in dem neugeborenen Universum vom ersten Anfang an Naturgesetze und Konstanten wirksam, die ihm die Fähigkeit verliehen, sich zu einer geordnet aufgebauten Welt zu entfalten. Unter ihrem Einfluß entstand aus dem superheißen strukturlosen Plasmabrei der ersten Minuten nach dem Weltbeginn das einfachste aller Atome: das des Wasserstoffs. Im weiteren, sich über die Äonen vieler Jahrmilliarden hinziehenden Ablauf der kosmischen Geschichte ballten sich gigantische Wasserstoffwolken kugelförmig zusammen und entfachten durch das Gewicht der eigenen Masse in ihrem Zentrum ein atomares Feuer. Die Sterne der ersten Generation waren entstanden. In dem atomaren Feuer ihres Inneren wurde das Wasserstoffatom zu Elementen immer höherer Ordnungszahl zusammengebacken, die, bei der anschließenden Explosion des ganzen Sterns freigesetzt, die Bausteine des Kosmos bildeten, den wir heute kennen.

Nachdem seit dem Anfang der Welt schon acht oder auch zehn Jahrmilliarden verflossen waren, kreisten endlich Planeten, die alle physikalisch möglichen Elemente als Material enthielten, um strahlende Sonnen, die sie mit Energie für den weiteren Ablauf der Geschichte belieferten. Diese Strahlungsenergie brachte auf ihrer erkalteten Oberfläche eine chemische Evolution in Gang, die immer kompliziertere Moleküle entstehen ließ. Dabei kam zutage, daß atomare Strukturen und natürliche Gesetze von Anfang an so angelegt gewesen waren – durch wen oder was, bleibt wiederum unbeantwortbares Geheimnis –, daß die chemische Evolution wie vorgezeichnet die Schwelle überschreiten konnte, jenseits derer eine biologische Evolution einsetzte. Diese erzeugte nunmehr materielle Systeme, die wir aufgrund bestimmter charakteristischer Eigenschaften – Vermehrung durch identische Reduplikation, Stoffwechselaktivität, zweckmäßige Reaktionen auf Umweltreize – als »belebt« bezeichnen. Am (vorläufig) letzten Ende dieser biologischen Phase der kosmischen Geschichte stehen heute wir selbst als deren jüngste und am meisten fortgeschrittene Geschöpfe.

Gemessen an dem zurückliegenden kosmischen Aufwand, ist man versucht, von einem erbärmlichen Ergebnis zu sprechen. Ein ganzes Universum explodierte und dehnt sich mit heute noch meßbarer Geschwindigkeit aus. Seine Kreativität, die nicht nur Milchstraßensysteme, Sterne und Planeten, sondern auch Leben, Gehirne und unser menschliches Bewußtsein hervorbrachte, ist über alle Maßen wunderbar und geheimnisvoll. Aber: »Man möchte toll werden, wenn man die überschwänglichen Anstalten betrachtet, die zahllosen flammenden Fixsterne im unendlichen Raume, die nichts weiter zu thun haben, als Welten zu beleuchten, die der Schauplatz der Noth und des Jammers sind.« Kann jemand Schopenhauer widersprechen? Oder der Schlußsentenz seiner bitteren Diagnose, daß nämlich die Welt eine Hölle sei, in welcher die Menschen nicht nur die Rolle der gequälten Seelen, sondern gleichzeitig auch noch die der Teufel übernommen hätten?*

In der Tat, es gibt nicht viel, was das Urteil mildern könnte. Die von Schopenhauer mit unbestreitbarem Recht sowohl Bejammerten als auch Angeklagten haben zu dieser Welt zwar einiges beigesteuert, was es ohne sie nicht gäbe und was auch »sub specie aeternitatis«, im An-

* Arthur Schopenhauer, a.a.O., S. 325f.

blick kosmischer Ewigkeit, Bestand hat. Die Musik, die Vivaldi, Bach und Mozart sowie einige andere in diese Welt brachten, ist in ihrem Rang dem Aufwand gewiß ebenbürtig, den der Kosmos zur Entstehung unserer Art getrieben hat. Aber kann alle Kunst diesen Aufwand etwa aufwiegen, wenn auf die andere Waagschale die Hekatomben der Unglücklichen zu legen sind, denen durch ihre Lebensumstände ein menschenwürdiges Dasein versagt blieb? Die Leichen all der Opfer, die seit den Tagen Kains und Abels die Spur des Menschen durch seine Geschichte markieren? Ist es nicht die Summe menschlicher Unvernunft und Schlechtigkeit allein, die dem Aufwand entspricht, der zur Entstehung unserer Art notwendig war – nur leider eben mit umgekehrtem Vorzeichen auf dem Maßstab der Bewertung? Was ist denn von der Vernunft einer Kreatur zu halten, die in ihrer Geschichte fortwährend – und mit regelmäßig fürchterlichen Folgen – von einer Ideologie in die nächste taumelt, weil sie die »Gesetze«, die sie in den von ihr selbst produzierten Weltbildern zu entdecken wähnt, unbelehrbar als verläßliche, wenn nicht gar als verbindliche Handlungsanleitungen anzusehen pflegt?

Und was ist angesichts der »überschwänglichen Anstalten« des Kosmos eigentlich von der eigenen, individuellen Existenz zu halten? Der Gedanke an die Möglichkeit, diese »Anstalten« im Laufe des eigenen Lebens rechtfertigen zu können, ist von wahrhaft tollkühner Absurdität. Gilt also auch für uns selbst, jeden einzelnen von uns – eine Handvoll Heiliger allenfalls ausgenommen – das Verdikt des Mephisto: »Denn alles alles, was besteht, ist wert, daß es zugrunde geht«? Sind wir nichts als die Mitglieder einer vom Zufall der Evolutionsgeschichte in diese Welt verschlagenen, mißlungenen Art? So etwas wie kosmische Versager?

Allem Augenschein zum Trotz (wieder einmal!) ist dies nun eine par excellence pessimistische, nämlich eine die viel tröstlichere Wahrheit entstellende Sicht der Dinge. Ironischerweise ist ihr Hintergrund unsere unausrottbare, anthropozentrische Hybris. Wobei, dem roten Faden der ganzen Darstellung angemessen, hinzuzufügen ist, daß auch diese nicht überwindbare Neigung, das erlebende Subjekt (sich selbst) immer im Mittelpunkt des Geschehens zu wähnen, einen angeborenen Bestandteil unserer biologischen Wesenshälfte darstellt.

Biologisch ist es äußerst zweckmäßig, wenn in die Nervennetze eines Organismus spezielle Verknüpfungen eingebaut werden, die dem Verhalten die Tendenz einprogrammieren, alles, was in der Umwelt geschieht, auf sich selbst zu beziehen. Die Überlebenschancen erhöhen sich, wenn Sorge dafür getragen ist, daß bei allem Geschehen die Möglichkeit eigener Betroffenheit einkalkuliert wird. Deshalb verkriechen sich Hunde bei einem Gewitter mit eingeklemmtem Schwanz in eine schützende Ecke. Deshalb kann man beobachten, daß kleine Kinder ängstlich zu weinen anfangen, wenn in ihrer Umgebung ein lauter Streit ausgefochten wird. (Sie reproduzieren damit in einem noch unausgereiften Stadium ihrer ontogenetischen Entwicklung ein einer archaischen Entwicklungsebene ihrer Stammesgeschichte entsprechendes Verhalten.)

Aber, wie aufmerksame Introspektion einen belehren kann, auch in uns selbst gibt es immer noch Relikte dieser anachronistischen, mit der Annahme rationalen Welterlebens nicht in Einklang zu bringenden Neigung. Die verbreitete Gewitterfurcht ist ein Beispiel von vielen. Der in der Tiefe unseres Stammhirns spukende Neandertaler suggeriert uns auch heute noch, daß der in den Gewitterwolken hausende Dämon aller Einsicht unserer Vernunft zum Trotz auf uns ganz persönlich ziele. Daß wir uns seinen Einflüsterungen innerlich auch in diesem Falle nicht ganz und gar entziehen können, erinnert uns abermals daran, auf wie wackligen Säulen unsere Rationalität ruht.

Es war schon ausführlich davon die Rede, daß (und mit welchen Konsequenzen) dieser angeborene »Subjektzentrismus« auch in unserer Historie seinen Niederschlag gefunden hat. Erst vor wenigen Jahrhunderten haben wir uns, mit heftigem Sträuben, die Wahnidee austreiben lassen, daß unsere Erde den Mittelpunkt des ganzen Kosmos bilde. Auch auf diesen aberwitzigen Gedanken war der Mensch verfallen, weil er den sich aus seiner subjektiven Perspektive ergebenden Anblick der Welt in aller Unschuld mit ihrer objektiven Ordnung gleichsetzte. Und auch die hartnäckige Weigerung vieler Zeitgenossen, die von der Evolutionsforschung zutage geförderten Fakten und Einsichten zur Kenntnis zu nehmen,* hat hier ihre eigentliche Wurzel: Ihre anthro-

* In der vulgären Diskussion kleidet sich der Protest auch heute gelegentlich noch in die Formel, daß der Mench »nicht vom Affen abstammen« könne. Das freilich hat niemand behauptet, auch Darwin nicht. Daß die heutigen »Menschenaffen« dagegen die unserer Art nächstverwandte Tierart repräsentieren und daß es – vor etwa sechs Millionen Jahren – einen *gemeinsamen Vorfahren* von Menschen und Affen gegeben haben muß, daran ist kein Zweifel mehr möglich.

pozentrische Grundhaltung läßt ihnen den Gedanken unannehmbar erscheinen, daß wir mit allen anderen Lebewesen auf der Erde eines Stammes sind.
Dieser gleiche Mittelpunktwahn steckt nun auch in der Weltsicht, die uns die eigene Spezies als einen, gemessen an den »überschwänglichen Anstalten« des Kosmos, kläglich mißlungenen Entwurf der Evolution erscheinen lassen will. Denn zu diesem Urteil kommen wir allein bei der Anlegung eines Maßstabs, den »anthropozentrisch« zu nennen eine gewaltige Untertreibung ist. Indem wir es fällen, gehen wir doch, uneingestanden, aber eindeutig, von der mittelpunktwahnsinnigen Unterstellung aus, daß alle noch so »überschwänglichen Anstalten« des ganzen Kosmos keinem anderen Zwecke gedient hätten, als uns Heutige hervorzubringen! Von einem Mißverhältnis zwischen Aufwand und Resultat zu reden kann einem doch nur in den Sinn kommen, wenn man das dabei ins Auge gefaßte Resultat als den alleinigen Sinn und Zweck des Unternehmens ansieht. In dieser Sicht aber steckt Hybris von einem Kaliber, das alles in den Schatten stellt, was der Mensch sich an Selbstüberschätzung jemals geleistet hat.
Daß die Schöpfungspotenz des Urknalls, des Ensembles von Naturgesetzen und Naturkonstanten, die Bedeutung der Entstehung unzählbar vieler Galaxien und einer den ganzen Kosmos einbeziehenden Evolution, daß also die Bedeutsamkeit der ganzen, dreizehn oder fünfzehn Milliarden Jahre umfassenden kosmischen Geschichte an uns und unseren Mängeln abgelesen werden könnte, ist wahrhaftig ein größenwahnsinniger Einfall. Das Bild entzerrt sich aus einer anderen, objektiven Perspektive sofort zu seinen wahren Proportionen. Das pessimistische Fehlurteil kam doch auch dadurch zustande, daß wir höchst subjektiv die durch den Zufall unserer Existenz aus dem Strom der Zeit scheinbar herausgehobene Gegenwart stillschweigend als den End- und Zielpunkt allen kosmischen Geschehens vorausgesetzt hatten. Unvergleichlich plausibler ist es aber doch, daß wir unseren Wert nicht nur an der Vergangenheit, sondern auch an der Zukunft der kosmischen Geschichte zu messen haben. Dann aber ergibt sich sogleich ein ganz anderes, viel hoffnungsvolleres Bild.
Dann fällt es uns wie Schuppen von den Augen, und uns geht auf, daß wir die Zeitgenossen eines weltgeschichtlichen Äons sind, in dem sich die Welt als noch unfertig präsentiert. Seit Milliarden von Jahren entwickelt diese Welt sich in einer den ganzen Kosmos umfassenden Evo-

lution. Mindestens sechzig Jahrmilliarden kosmischer Zukunft stehen ihr für ihre weitere Evolution noch zur Verfügung. In aller bisherigen Zeit hat sie sich, mit dem Urknall beginnend, zu immer höheren Stufen der Entwicklung emporgeschwungen. Selbst als die wunderbare Ordnung eines Kosmos erreicht war, den unzählige Galaxien mit ihren Myriaden von Sonnen erfüllten, ist sie nicht zum Stillstand gekommen. Mit ihren nächsten beiden Schritten brachte sie organisches »Leben« hervor und dann noch das menschliche Bewußtsein.
Wäre es etwa nicht bloß eine neue Verkleidung des alten anthropozentrischen Wahns, wenn wir es für möglich hielten, daß unsere menschliche Gegenwart den Endpunkt dieses den ganzen Kosmos umfassenden und auch unsere menschliche, planetare Historie einbegreifenden Geschichtsprozesses markieren könnte? Mit vielleicht fünfzehn Milliarden Jahren im Rücken und gut sechzig Milliarden Jahren vor der Nase ist doch eine ganz andere Deutung unserer Situation viel plausibler: Die Welt ist noch nicht fertig. Sie hat das Ziel ihrer Geschichte noch vor sich. Und auch wir selbst sind »unfertige Wesen«. Denn auch die biologische Stammeslinie, als deren bislang höchstentwickelte Vertreter wir uns mit gutem Recht ansehen dürfen, ist bei weitem noch nicht am Ende ihrer Entwicklungsmöglichkeiten angekommen. Dieses Ende liegt vielmehr in einer Zukunft, von der wir nichts wissen können und an der wir nicht teilhaben werden. Wieder drängt sich hier die Erinnerung auf an das archetypische Bild des Moses, der einen Blick in die für ihn selbst unerreichbare Zukunft seines Volkes tun durfte. Das Wissen über den Menschen, das aus den alten Texten zu uns spricht, ist an Tiefgründigkeit wahrlich nicht zu übertreffen.
Wir sind, mit anderen Worten, Wesen des Übergangs. So, wie alle uns vorangegangenen biologischen Vertreter der gleichen Stammeslinie es auch gewesen sind. Deshalb braucht man die liebgewonnene Vorstellung von einer »Sonderstellung« des Menschen keineswegs gleich über Bord zu werfen. Selbst die mit dem Begriff »Krone der Schöpfung« angedeutete Selbsteinschätzung könnte man auch bei dieser Sicht der Dinge durchgehen lassen, wenn man nur bereit ist, sie mit dem Zusatz »vorläufig« zu versehen. Grundsätzlich aber ist unsere Rolle keine andere als die, welche allen unseren biologischen Vorläufern auch zugefallen ist, von der Urzelle zu den ersten Vielzellern, archaischen Meeresbewohnern, Amphibien und dann Reptilien, Sauriern und ersten Warmblütern, von den spitzhörnchenähnlichen Na-

gern der Vorzeit bis zu den baumbewohnenden ersten Primaten, von Homo habilis über den Heidelberg-Menschen, Cro-Magnon-Frühmenschen, Neandertaler bis zu uns. Sub specie aeternitatis haben wir uns als die Neandertaler der Zukunft zu betrachten.

Um diese Sicht der Dinge akzeptieren zu können, braucht ein gläubiger Mensch auch keineswegs etwa den Glauben daran aufzugeben, daß er im Mittelpunkt der fürsorglichen Aufmerksamkeit eines persönlichen Gottes steht. Wobei ich der Ehrlichkeit halber allerdings gleich gestehen will, daß für mich selbst das Reden von einem persönlichen Gott eine unzulässige Konkretisierung des Gottesbegriffs darstellt. Jedenfalls aber zwingt die Anerkennung eines Übergangscharakters unserer Art, die Einsicht, daß sie in ihrer »gegenwärtigen« Beschaffenheit nicht »das letzte Wort« der Stammeslinie bleiben wird, als deren fortschrittlichsten Vertreter sie sich heute mit Recht ansehen kann, nicht dazu, den Glauben daran aufzugeben, daß das »Auge Gottes« gnädig auf diesem unfertigen Wesen Homo sapiens sapiens ruht. Schließlich hat die mindestens ebenso revolutionäre Erkenntnis, daß die Erde mit ihren Bewohnern nicht im Mittelpunkt der Welt gelegen ist, an der »Gottesnähe« des gläubigen Menschen letztlich – auch wenn das anfänglich die Sorge war – nicht das mindeste geändert. Hoffen wir, daß die Einsicht sich diesmal mit geringeren Turbulenzen durchsetzen wird.

»Der Herr« – wie immer man ihn sich denken mag – hat mit der Welt, die er geschaffen hat, sicher noch sehr viel mehr vor, als Homo sapiens sich träumen läßt. Diese Einsicht nimmt uns nichts von unserer vielbeschworenen »Würde«. Sie reduziert diese Würde jedoch heilsam auf ein unterhalb hybriden Narzißmus gelegenes Maß. Und sie gibt denen, die uns vorangegangen sind und deren vorübergehendem Erscheinen auf der Weltbühne wir unseren Auftritt verdanken, die Würde zurück, die wir ihnen absprechen, solange wir sie durch die anthropozentrische Brille nur als »unsere Vorläufer« betrachten. Wir selbst sind nichts anderes als die Vorläufer zukünftiger evolutiver Nachfahren, die den Entwicklungsabstand zwischen ihnen und uns für ähnlich abgrundtief halten werden wie wir den Abstand, der unsere Art von der des Neandertalers trennt.

Indem wir uns auf unsere wahre Rolle besinnen, auf unseren Charakter als Übergangswesen in einem Augenblick, in dem die Welt noch jung ist, befreien wir uns auch von der maßlosen Bürde eines uns prin-

zipiell überfordernden Anspruchs, den wir uns in anthropozentrischem Übermut höchst unnötigerweise selbst auferlegen könnten. Unser Dasein dient nicht der Rechtfertigung des Kosmos und seiner Geschichte. Unsere Aufgabe ist, wen kann es wundern, bescheidenerer Natur. Nicht Fehlerlosigkeit wird von uns verlangt oder gar Vollkommenheit. Verlangt wird einzig und allein, daß wir den Fortgang der kosmischen Geschichte in unserem regionalen planetarischen Bereich und innerhalb unserer biologischen Stammeslinie zu sichern uns bemühen. Daß wir seine Kontinuität gewährleisten, um die Möglichkeit offenzuhalten, daß er am Ende der Evolution Vollkommenheit verwirklichen könnte. Das ist alles. Der Mensch ist kein Selbstzweck. Wir sind Wesen des Übergangs.
Wieder liefern die alten Texte, die so viel mehr vom Menschen wissen als alle anthropologische Wissenschaft, eine Bestätigung. Sie sagen uns, wir seien mit »Erbsünde« behaftet und der – in der Zukunft liegenden – Erlösung bedürftig. Das klingt im ersten Augenblick erneut widersprüchlich und provozierend. Wie soll ich eine Sünde (oder Schuld) anerkennen können, die ich nicht begangen, sondern »geerbt« habe, ohne gefragt worden zu sein? Aber angesprochen wird mit dem alten Begriff nichts anderes als jene unserer kardinalen Schwächen, auf die auch die evolutionäre Betrachtung des heutigen Menschen uns hat stoßen lassen: unsere prinzipielle, aus unserer »Natur« entspringende Unfähigkeit, das, was wir als richtig erkannt haben, auch zu tun. Auch dieser archaische Begriff also trifft den grundlegenden Mangel des heutigen, »unfertigen« Menschen in seinem Kern.
Man könnte sich versucht fühlen, es als ein unverdient schweres Geschick zu beklagen, daß wir innerhalb unserer Stammeslinie ausgerechnet an jene historische Teilstrecke verschlagen worden sind, auf welcher dieser besonders kritische Übergang auf dem Wege zur Entstehung des »wirklichen« Menschen sich abspielt. Sie beträgt möglicherweise nur einige Jahrzehntausende – weit weniger als ein Prozent der Zeit, die seit der Abspaltung »unserer« speziellen Linie von denen der übrigen Primaten vergangen ist. Beneidenswert ist das Los wirklich nicht, das uns damit zufiel. Alle unsere vormenschlichen Ahnen dürften es leichter gehabt haben. Ihnen sind all die selbstzugefügten konkreten Leiden und der qualvolle Widerspruch zwischen hehren Zielen und schmählichem Versagen erspart geblieben, denen die Mitglieder einer Art ausgeliefert sind, in deren Köpfe schon das Wissen von Ver-

nunft und Gerechtigkeit Eingang gefunden hat, während ihre Seele noch immer erfüllt ist von fast übermächtigen archaischen Instinkten und Triebregungen.

Der mythologische Bericht von der »Vertreibung aus dem Paradiese« beschreibt auch diesen ersten Schritt des erwachenden menschlichen Selbstbewußtseins und seine schmerzlichen Folgen mit unüberbietbarer Klarsicht: Die Erkenntnis von »gut« und »böse« hat die Mitglieder unserer Art aus der harmonischen Übereinstimmung, aus dem »Eins-Sein« mit der Natur vertrieben, in dem sie bis zu diesem Augenblick ihrer Geschichte (wie alle übrige Kreatur bis auf den heutigen Tag) in paradiesischer, wenn auch bewußtloser Geborgenheit existierte. Nichts unterscheidet uns endgültiger von den Tieren als dieser Schritt. Seit diesem evolutiven Augenblick verkörpern wir unwiderruflich eine neue, höhere Stufe der kosmischen Geschichte. Wir sind keine Tiere mehr. Deshalb freilich sind wir bei weitem auch noch nicht das Wesen, das wir meinen, wenn wir vom »Menschen« reden. Denn wir haben zwar den Begriff der Humanitas schon entwickeln können. Aber wie verräterisch ist doch unsere Begeisterung, wenn wir konkreten Spuren dieser Humanitas im Ausnahmefall tatsächlich auch einmal begegnen.

Nun hat tröstlicherweise auch diese Medaille ihre Kehrseite. Unsere zwiespältige Doppelrolle bürdet uns nicht nur die Hypothek unserer Unvollkommenheit auf. Immerhin sind wir auch die ersten Lebewesen auf diesem Planeten, die der gewaltigen Geschichte ansichtig geworden sind, die sie hervorgebracht hat. Deren Anblick aber kann uns eine neue, höhere Form der Geborgenheit vermitteln, den beruhigenden Trost einer bewußt erlebbaren Gewißheit: Wer sich als das Geschöpf und damit als ein Teil dieser alles umfassenden kosmischen Geschichte erkannt hat, ist für alle Zeit jeglichem Zweifel an dem Sinn der eigenen Existenz enthoben.

Die »überschwänglichen Anstalten« dieses Kosmos mögen in einem noch so »toll machenden« Kontrast stehen zu dem deprimierenden Anblick, den eine von der menschlichen Gesellschaft beherrschte Erde seit Jahrtausenden bietet. Das Universum mag durch seine schiere Unermeßlichkeit »unsere Wichtigkeit vernichten«, wie Kant konstatierte. Keine dieser ganz gewiß unbestreitbaren Feststellungen aber berührt die Tatsache, daß wir legitime Kinder dieses schier unermeßlichen Kosmos sind. Daß es die gleiche Geschichte ist, die ihn wie uns hat entstehen lassen.

Wir sind ein Teil des wunderbaren Geheimnisses, das sich hinter der Existenz und den sich unaufhörlich neu offenbarenden Entfaltungsmöglichkeiten dieses Kosmos verbirgt. Wir kennen zwar das Ziel nicht, auf das die kosmische Evolution zusteuert. Nicht nur die Beschränktheit unseres Erkenntnishorizonts schließt diese Möglichkeit aus, sondern prinzipieller noch die historische Offenheit der Zukunft, in der es verborgen liegt. Aber auf eine Gewißheit können wir setzen. Eine Hoffnung ist begründet genug, um ihr vertrauen zu können. Auch wenn wir alle Wünsche streichen und allen Illusionen abschwören. So sicher es ist, daß unsere Wichtigkeit der Unermeßlichkeit dieses Kosmos nicht standhält, so sicher können wir auch sein, daß die seit dem Beginn der Zeit immer neue, immer höhere Formen der Ordnung hervorbringende kosmische Geschichte sich an ihrem Ende nicht ins Nichts verlieren wird.
Nichts von allem, was heute existiert, kann den alle Vorstellung übersteigenden Aufwand rechtfertigen oder begründen, den diese Geschichte von Anbeginn an darstellt (und den wir als die Ursache auch unserer Existenz entdeckt haben). Der Ausgang der Geschichte allein wird ihre Rechtfertigung bilden. Denn daß aller kosmische Aufwand sich zum Schluß als sinnlos erweisen könnte und daß die Geschichte einer über Äonen hinweg nicht erlahmenden kosmischen Schöpfungskraft nichts anderes sein sollte als ein unüberbietbar gigantischer Leerlauf, das wäre denn doch wohl, bei Anlegung noch so erbarmungslos selbstkritischer Maßstäbe, die am wenigsten plausible Annahme von allen.
Auch wir aber gehören zu den Geschöpfen, welche die kosmische Geschichte hervorgebracht hat. Auch wir haben daher an dem Sinn teil, den wir ihr zutrauen dürfen. Zwar kann uns niemand eine Antwort geben, wenn wir danach fragen, worin dieser Sinn besteht. Es muß uns daher genügen zu wissen, daß es ihn gibt. Sicher sein zu können, daß unser Dasein bei aller Schuld und allem Elend, die unentrinnbare Begleiter unserer unfertigen Natur sind, dennoch nicht sinnlos ist und seinen Platz im Rahmen des Ganzen hat.
Das ist mehr, als mancher zu hoffen wagte.

Epilog

Natürlich ist mit alledem eine zentrale Lebensfrage noch immer nicht berührt. Es ist gut zu wissen, daß unser Dasein einen Sinn hat, der auf die Existenz des Universums und die Geschichte seiner Schöpfungen gegründet ist. Aber das allein kann uns nicht genügen, so groß der Trost sein mag, den wir aus dem Faktum ziehen. Der »Sinn« dieses Universums schließt zwar auch uns ein. Er wird auch uns dereinst »erlösen«, am Jüngsten Tag, dann, wenn die kosmische Evolution an ihren Gipfel und Endpunkt gelangt ist und alle Fragen ihre endgültige Antwort finden. Die hoffnungsvolle Aussicht auf diesen letzten Weltaugenblick enthebt uns jedoch nicht der Notwendigkeit, die Gegenwart innerhalb der uns zugewiesenen Lebensspanne nach besten Kräften zu bewältigen.

Da scheint nun guter Rat teuer. Denn woran sollen wir uns halten? Etwas wäre schon gewonnen, wenn wir unseren Glauben an die Existenz totaler Lösungsrezepte für unsere politischen und gesellschaftlichen Probleme endlich als Aberglauben durchschauten und zu Grabe trügen. Wie groß der Gewinn wäre, lehrt die Geschichte. Ihre blutigsten Kapitel wurden von denen geschrieben, die herausgefunden zu haben wähnten, wovon das Glück der Menschen abhängt, und die, von dieser Gewißheit beflügelt und jeglicher Zweifel und Rücksichten enthoben, darangingen, ihre Heilslehren gegen alle Widerstände durchzusetzen. Wenn auch nicht – noch nicht! – das blutigste, so doch eines der absurdesten Kapitel steuert unsere heutige Gesellschaft zu dieser Wahnsinnschronik bei in ihrer blinden Entschlossenheit, ihren gegenwärtigen materiellen Komfort auf Kosten ihrer zukünftigen Lebenschancen zu vermehren.

Um auf rational konzipierte gesellschaftliche Erlösungsformeln verzichten zu können, muß man die grundsätzliche Widersinnigkeit derartiger Konzepte eingesehen haben. Alle diese Entwürfe erscheinen dem kurzsichtigen Blick verlockend, und alle haben sie sich auf lange Sicht regelmäßig als menschenfeindlich erwiesen. Der Entschluß, auf sie zu verzichten, kann daher rechtzeitig (das heißt vor der Belehrung durch die stets schmerzlichen Folgen) nur gefaßt werden, wenn die Einsicht vorhanden ist, daß eine Gesellschaft, die sich aus nichtrationalen Mitgliedern zusammensetzt, prinzipiell außerstande ist, anwendungstaugliche, rational konzipierte Verhaltensmaximen für ihr Verhalten zu entwickeln.

Homo sapiens aber ist ein Narziß, der in der Illusion schwelgt, daß weder seiner Vernunft noch seiner Freiheit Grenzen gesetzt seien. Das wirksamste Antidot gegen die selbstverliebte Hybris bestände natürlich darin, ihm die biologische Hälfte seines Wesens unter die Nase zu reiben, angesichts derer die grundsätzliche Beschränktheit seiner Vernunft und die unüberschreitbaren Grenzen seines Freiheitsraumes offenbar werden. Aber der Patient sträubt sich bekanntlich, die Medizin zu schlucken. Naturwissenschaftliche Einsichten trügen, so wiederholt unsere Bildungsgesellschaft unbelehrbar seit Jahrzehnten, zur Erkenntnis des menschlichen Wesens nichts bei.

Aber selbst dann, wenn es eines Tages doch noch gelingen sollte, die Tatsache in die Köpfe zu rammen, daß Homo sapiens an einem konstitutionellen »Verhältnisblödsinn« leidet (so nannten die alten Psychiater leichtere Grade des Schwachsinns, die sich erst bei besonderen Lebensbelastungen manifestieren), daß sein Verstand also auch von den Problemen überfordert wird, denen er sich heute in der von ihm selbst geschaffenen zivilisatorischen Kunstwelt gegenübersieht, selbst dann wäre die Aufklärungsarbeit noch immer nicht abgeschlossen. Zwar wäre vielen Formen der Selbstverstümmelung segensreich vorgebeugt, wenn die Einsicht sich durchsetzte, daß es kaum eine verheerendere Kombination gibt als die von eingeschränkter Weltsicht und rastloser Aktivität. Selbstverständlich ist die Empfehlung, behutsamer vorzugehen, als wir es heute zu tun pflegen, rücksichtsvoller und immer eingedenk der grundsätzlichen Unvorhersehbarkeit aller Konsequenzen unserer Handlungen, von überragender Aktualität. Aber auch ihre Befolgung allein – bisher ohnehin eine Utopie – wäre noch immer nicht genug.

Fehlervermeidung allein genügt nicht. Denn wir können die Hände ja nicht einfach in den Schoß legen. Woran also sollen wir uns halten? Ich will hier, am Schluß dieser »Bilanz«, den Versuch machen, meine Antwort auf diese Frage kurz anzudeuten, wobei mir nur allzu klar ist, daß sie auf vielerlei Weise mißverstanden werden kann. Der einzige verläßliche Halt scheint mir in den alten biblischen Texten vorzuliegen.

Auf dem Evangelischen Kirchentag 1981 in Hamburg antwortete der damalige Bundeskanzler Helmut Schmidt Jugendlichen, die seinen sicherheitspolitischen Thesen (Stichwort: »Nach«-Rüstung«) in einer Diskussion das christliche Gebot der Feindesliebe entgegenhielten: »Schließlich kann man die Welt nicht mit der Bergpredigt regieren.« Da scheint mir die Gegenfrage am Platze, ob denn die Ergebnisse des seit 2000 Jahren laufenden Versuchs, ohne die Ratschläge dieses berühmtesten Lehrvortrags der Historie auszukommen, wirklich so ermutigend sind, daß sie eine so apodiktische Ablehnung rechtfertigen. Ich bin davon überzeugt, daß das Gegenteil richtig ist.

Hier ist einigen naheliegenden Mißverständnissen vorzubeugen. Mit den »biblischen Texten« meine ich keineswegs etwa allein die des Neuen Testaments. Ich pflichte den Theologen bei, die es für einen der kardinalen Irrwege der christlichen Überlieferung halten, daß sie (unter paulinisch-hellenistischem Einfluß) schon sehr früh einen grundsätzlichen Trennungsstrich zwischen ihrer Lehre und der Tradition des Alten Testaments gezogen hat. Jesus hat das »alte Gesetz« nicht außer Kraft gesetzt (»zerbrochen« oder »überwunden«), er hat es nach eigenem Eingeständnis erfüllt, ja erweitert und verschärft.*

Der für die frühchristliche Überlieferung charakteristische »Mirakulismus« (Wunderglauben) schließlich ist als nachträgliche »spätgriechische Überkrustung« (Pinchas Lapide) anzusehen, Ausdruck des propagandistischen Bestrebens, der festgefügten Heidenwelt eine möglichst überlegene Lehre entgegenzustellen. Der taktische Sündenfall hat, wie das bei Sündenfällen zu sein pflegt, eine verheerende Spur in der Geschichte des Christentums hinterlassen. Bis auf den heutigen Tag ist die Zahl der glaubensbereiten Menschen erschütternd groß, die unter dem Irrtum leiden, daß die Stärke und die Echtheit religiöser Überzeugung an der Menge übernatürlicher Gegebenheiten und Vernunftwidrigkeiten abzulesen seien, die jemand intellektuell zu schlucken bereit ist. Jedoch: »Das Fürwahrhalten der einzelnen Aussagen der traditionellen Bekenntnisse ist nicht mehr das Kriterium echten christlichen Glaubens«, schreibt Fritz Maass in seinem erwähnten Buch. Religiöser Glaube ist nicht gleichbedeutend mit dem Fürwahrhalten von Absurditäten, sondern Ausdruck einer bestimmten Lebenshaltung.

* Dazu aus der Sicht eines jüdischen Theologen: Pinchas Lapide, »Er predigte in ihren Synagogen«. Jüdische Evangelienauslegung (Gütersloh [2]1980). Dort auch weitere Literatur. Sehr empfehlenswert ist auch das außerordentlich wichtige kleine Buch des evangelischen Alttestamentlers Fritz Maass, »Was ist Christentum?« (Tübingen 1981; leider vergriffen, aber über Bibliotheken erhältlich).

Man kann insbesondere der katholischen Kirche den furchtbaren Vorwurf nicht ersparen, daß sie den Gehalt der christlichen Botschaft und die intellektuelle Würde ihrer Mitglieder durch die Anlegung eines »mirakulistischen« Eichmaßes in unchristlicher Weise aufs Spiel setzt. Oder wie anders soll man es nennen, wenn sie einer akademischen Theologin (Uta Ranke-Heinemann) die Lehrbefugnis entzieht, weil diese es ablehnt, ihre Glaubensfestigkeit und Kirchentreue dadurch zu beweisen, daß sie das Dogma von der »jungfräulichen Geburt« bis in anatomische Details hinein wörtlich nimmt. Eine Institution, die es fertigbringt, die symbolträchtige Metapher von der »Jungfrauengeburt« (die in der Mythologie schon lange vor Christi Geburt auftaucht) auf die krude Ebene eines gynäkologischen Befundes zu reduzieren, um diesen Sachverhalt dann ihren Mitgliedern als unverzichtbaren Glaubensbestandteil zuzumuten, muß sich die Frage gefallen lassen, was das alles eigentlich noch mit der Botschaft des Jesus von Nazareth zu tun hat.
Ich muß schließlich noch das viele Christen sicher immer noch schokkierende Geständnis ablegen, daß für mich auch der Begriff der »Gottessohnschaft« Christi in die eben schon charakterisierte Rubrik des »Mirakulismus« fällt. Es ist mir nicht möglich, das Reden von der »Göttlichkeit« Christi im wörtlichen Sinne für wahr zu halten. Es war für mich eine ungeheure Erleichterung, als ich im Laufe der Jahre dahinterkam, daß ich mit dieser Auffassung in guter Gesellschaft bin. Damit meine ich selbstverständlich nicht den Kreis der respektablen Atheisten und Agnostiker, für die das ohnehin kein Thema ist. Ich meine auch nicht die jüdische Theologie, in deren Verständnis Jesus nie etwas anderes gewesen ist als ein wichtiger und herausragender Prophet (wenn mich diese Auffassung wie viele andere Besonderheiten der jüdischen Lehre auch seit je besonders angesprochen hat).
Erleichtert hat mich die Entdeckung, daß ich mich durch meine Haltung nicht automatisch aus dem christlichen Lager ausgeschlossen habe. Christus sei, so schreibt Fritz Maass, Gottes Stellvertreter auf Erden, Gott habe sich in ihm letztgültig offenbart. Wer hingegen heute noch auf den unserer Sprache fremden Titeln und Bekenntnissen bestehe (»Wahrer Mensch und wahrer Gott«), stelle »Jesus ins Abseits und trägt zur Entchristlichung bei«. Es sei unwahrscheinlich, daß Jesus sich selbst als »Gottessohn« bezeichnet habe, schreibt der Jesuit Rupert Lay, es sei dagegen als ziemlich sicher auszumachen, daß er

sich als »Gesandter Gottes« verstanden habe.* Gleichlautende Äußerungen finden sich bei noch vielen anderen modernen Theologen.
Hinter allen diesen »Überkrustungen« ist nun ein Aspekt der alten Texte für das Bewußtsein unserer Gesellschaft so gut wie verschwunden, dessen sie heute dringender bedarf als jemals zuvor. Neben ihrem Charakter als vom Jenseits redender Heilsbotschaften, den sie in den Augen der Gläubigen in erster Linie haben dürften, enthalten sie auch ein in Jahrtausenden menschlicher Kultur angesammeltes Wissen vom Menschen selbst. Altes und Neues Testament bestehen nicht nur aus Glaubenssätzen und historischen Berichten. Sie stellen gleichzeitig auch eine Summe höchst konkreter weltlicher Handlungsanleitungen dar, die auf dem Boden eines in jahrtausendelanger Erfahrung destillierten Wissens von unserer zwiespältigen und widersprüchlichen Natur erwachsen sind. Ein unvergleichlicher Schatz an wahrer Weltklugheit, dessen wir uns bedienen sollten.
So ist, um auf ein konkretes Beispiel zu kommen, etwa die altbekannte Aufforderung, seine Feinde »zu lieben«, nicht ein Appell zu heiligmachender, aber weltferner Selbstüberwindung, wie die kirchliche Verkündigungspraxis es unglücklicherweise meist nahelegt. Die Formel nennt vielmehr ein handfestes Überlebensrezept. Ich wüßte nicht, wie wir jemals Aussicht darauf haben könnten, unserer Historie den Charakter einer Schlachthauschronik zu nehmen, wenn wir es nicht fertigbringen sollten, unsere Feinde »zu lieben« – was wir angesichts der Werkzeuge, deren sich die Schlächter heutzutage bedienen können, nicht mehr allzu lange werden hinausschieben dürfen.
Die Einwände sind bekannt. Das übersteige menschliches Vermögen, sagt man uns. »Die Gnadenverheißungen der Bergpredigt beziehen sich eben gerade nicht auf diese unsere Welt«, schreibt der Münchener Politologe Manfred Hättich.**

* Rupert Lay, »Credo. Wege zum Christentum in der modernen Gesellschaft«, München 1981, S. 35.
** Manfred Hättich, »Weltfrieden durch Friedfertigkeit? Eine Antwort an Franz Alt«, München 1983, S. 19. – Die nüchterne Erbarmungslosigkeit, mit der Hättich die von Franz Alt in seiner bekannten Broschüre (»Frieden ist möglich. Die Politik der Bergpredigt«, München 1983) vertretenen Thesen zerpflückt, findet meine Zustimmung. Alts Argumentation ist in ihrem emotionalen Pathos zwar bewegend, begrifflich jedoch verschwommen und logisch kaum haltbar. Hättich hat mit seiner Polemik aber eben nur die Mängel der Altschen Beweisführung aufgedeckt und keineswegs etwa die Möglichkeit einer anderen (besseren) politischen Auslegung des biblischen Textes widerlegt.

»Die Bergpredigt ist kein neues Gesetz, sondern eine Aufforderung zur Heiligkeit. (...) Darum kann es keine Politik der Bergpredigt geben«, heißt es bei Dolf Sternberger, der in dem gleichen Zusammenhang auch von dem »asketisch-übermenschlichen Anspruch« der Bergpredigt spricht.* Ablehnende Stimmen dieses Tenors sind fraglos in der Überzahl, aber es sind keineswegs die einzigen. Daß die Forderungen der christlichen Ethik ins Gottesreich gehörten, sei meist eine faule Schutzbehauptung, schreibt Rupert Lay klipp und klar.
Vielleicht ist es am besten, den Widerspruch gegen die Ansicht, die Forderungen der Bergpredigt gehörten nicht in diese Welt, mit der Berufung auf einen Philosophen, nämlich Karl Jaspers, einzuleiten, der betont, er spreche »ohne andere Vollmacht als die des Denkens der Vernunft, die jedem Menschen eigen ist«.** Diese rationale Vollmacht läßt ihn unter ausdrücklicher Berufung auf die Propheten des Alten Testaments zu dem Schluß kommen: »Wer weiterlebt wie bisher, hat nicht begriffen, was droht.« Und: »Ohne Umkehr ist das Leben der Menschen verloren.«
Nichts anderes wird uns in der Bergpredigt gesagt. »Alles nun, was ihr wollt, daß euch die Leute tun sollen, das tut ihnen auch.« Es folgt die Erinnerung daran, daß der Rat nicht erst von Jesus stammt, sondern uralt ist: »Das ist das Gesetz und die Propheten« (Matth. 7,12). Das zu betonen, erscheint mir in diesem Zusammenhang wichtig, weil der Sprecher dieser Sätze von der paulinisch-hellenistischen Überlieferung so sehr ins Überirdische entrückt worden ist, daß ohne den Hinweis auf die Propheten sofort wieder das Mißverständnis provoziert werden könnte, auch die ihm bei dieser Gelegenheit in den Mund gelegte Empfehlung gelte nicht für diese Welt. Das Gegenteil ist richtig. Sie stammt aus einer Tradition, für die es selbstverständlich ist, aus unbeirrbarem Gottesglauben handfeste Richtlinien für irdisches Verhalten abzuleiten.
Das gilt auch für die Forderung, man solle seine Feinde lieben. Daß das leicht sei, hat niemand behauptet. Ich selbst bringe es nur in Ausnahmefällen über mich (und die christliche Kirche hat es – Stichwort: Ketzerverfolgung mit Feuer und Schwert – zu keiner Zeit geschafft). Aber

* Dolf Sternberger, »Über die verschiedenen Begriffe des Friedens«, Stuttgart 1984, S. 14.
** Karl Jaspers, »Die Atombombe und die Zukunft des Menschen. Politisches Bewußtsein in unserer Zeit«, München 1958.

ich vermag immerhin einzusehen, daß die Erfüllung dieser Forderung unsere einzige – ganz diesseitige, durchaus geschichtlich und nicht etwa heilsgeschichtlich zu verstehende – Rettung bedeuten könnte. Denn es ist ja nicht Unterwürfigkeit und das Gewährenlassen jedweden Übeltäters gemeint.

Helmut Schmidt und Manfred Hättich formulierten ihre Ablehnung angesichts einer konkreten sicherheitspolitischen Situation im Rahmen der »Nach«-Rüstungsdebatte zu Beginn der achtziger Jahre. Da ist ihnen partiell sogar recht zu geben (aber eben nur partiell): Wenn die Raketen erst einmal aufgebaut sind und wenn die Panzer womöglich schon anrollen, kann keine noch so übermenschliche Feindesliebe die Katastrophe mehr aufhalten. Aber die Situation, die das tödliche Risiko herbeigeführt hatte, war ja aus einer Atmosphäre entstanden, die sich von der mit dem Stichwort »Feindesliebe« gekennzeichneten Haltung abgrundtief unterschied. Sie war geprägt von wechselseitig sich aufschaukelndem Mißtrauen und Haß und aus ihnen erwachsenden Todesängsten, welche die eigene Bedrohtheit auf ein wirklichkeitsfernes Übermaß vergrößerten und die gleichartigen Ängste des »Feindes« nicht mehr wahrnehmen ließen.

Wäre es denn nicht denkbar, daß die Gefahr gar nicht erst bis zu diesem Ausmaß gediehen wäre, wenn eine der beteiligten Parteien sich schon in einem sehr viel früheren Stadium auf die Strategie der »Feindesliebe« besonnen hätte? Denn bei ihr handelt es sich, wie Pinchas Lapide in einem zweiten wichtigen Buch und in umfassender Kenntnis der einschlägigen Originaltexte überzeugend erläutert, eigentlich um eine »Entfeindungsliebe«, ganz in dem Sinne, der gemeint ist, wenn man das Wort vom »entwaffnenden Lächeln« gebraucht.*

Die Forderung ist als handfester Ratschlag gemeint. Sie stellt nachweislich *nicht* »eine Aufforderung zur Heiligkeit« dar, wie Hättich unterstellt, sondern sie erfolgt als Empfehlung angesichts eines anders nicht zu erreichenden wünschbaren (was immer nur heißen kann: für alle Beteiligten wünschbaren) Ergebnisses. »Selig sind die Sanftmütigen, *denn sie werden das Erdreich besitzen*«, heißt es bei Matth. 5, 5, womit der Prediger wiederum eine keineswegs spezifisch christliche, sondern zu seinen Lebzeiten schon um Jahrhunderte ältere Aussage wiederholt: »Aber die Elenden [Lapide übersetzt aus dem Urtext auch

* Pinchas Lapide, »Die Bergpredigt – Utopie oder Programm?«, Mainz 1982.

hier: die Sanftmütigen] werden das Land erben und Lust haben in großem Frieden«, heißt es schon im 37. Psalm, Vers 11.
Welche die Realitäten verändernde Kraft von einer Haltung ausgehen kann, die im Feind nicht einzig und allein die Bedrohung sieht, sondern einen Mitmenschen, der von den gleichen Ängsten erfüllt ist wie man selbst, erleben wir gerade in diesen Jahren in aller Anschaulichkeit. Der sowjetische Parteichef Gorbatschow hat sich auf diese Strategie besonnen. Nicht aus christlicher Nächstenliebe, das ganz gewiß nicht. Das Prinzip der »Entfeindung« durch kalkuliertes Nachgeben entspringt nicht spezifisch christlicher Erfahrung, wenn es vom Christentum auch in seiner vollen Bedeutung erst erkannt und in das Zentrum mitmenschlicher Beziehungen gerückt worden ist. Gorbatschow handelt ohne Zweifel auch nicht etwa der westlichen Allianz zuliebe. Sondern, wie wir Grund haben anzunehmen, in der Einsicht, daß eine Fortsetzung des aufwendigen Rüstungswettlaufs sein rückständiges Riesenreich ruinieren würde. Aber immerhin hat diese Einsicht ihn zu Schritten bewogen, die auf eine freiwillige »Schwächung« der eigenen militärischen Stärke in der Form »einseitiger Abrüstungsvorleistungen« hinausliefen.
Gorbatschow hat mithin genau das getan, wozu das Lager des christlichen Westens zum eigenen Schaden niemals den Mut fand. Jahrzehntelang hatte die westliche, im eigenen Lager dafür heftig geschmähte Friedensbewegung für genau diese Möglichkeit als rettenden Ausweg aus der wachsenden Gefahr zunehmender Rüstung plädiert. »Freeze!« war eine ihrer zentralen Parolen, »Einfrieren!«, und zwar den ohnehin unsinnig überhöhten Rüstungsstand, in der Hoffnung, damit zur Entstehung einer Atmosphäre beizutragen, in der zwischen Ost und West endlich ernsthaft über wirkliche Abrüstungsschritte würde gesprochen werden können. Im westlichen Lager wurde das »als ein Signal der Schwäche« entrüstet abgelehnt. »Für solche Wagnisse ist der Frieden in Freiheit ein zu kostbares Gut«, erklärte Helmut Kohl in der »Nach«-Rüstungsdebatte. Und die Friedensbewegung, die den Vorschlag in der Öffentlichkeit unermüdlich wiederholte, wurde dafür von Alfred Dregger bei der gleichen Gelegenheit als »Unterwerfungsbewegung« gescholten. Und nun exerziert uns die unchristliche Gegenseite mit einem Male vor, was sich mit einer solchen »Unterwerfungsgeste« Erstaunliches bewirken läßt. Das unverhohlene Erschrekken der westlichen Generalität über einen in ihren Augen katastropha-

len Rückgang des Bedrohungsgefühls im eigenen Lager belegt den Effekt zur Genüge.
Ich muß noch kurz auf einen anderen Irrtum Hättichs eingehen, weil er ein Beispiel für ein weitverbreitetes Mißverständnis darstellt. Politik könne nicht »von der Fiktion ausgehen, die Menschen würden sich im Schnitt aus dem Geist der Bergpredigt heraus verhalten«, heißt es bei ihm, und ferner: »Es läßt sich auf der Basis der Bergpredigt eben gerade keine korrespondierende Sozialmoral aufbauen.« Was spricht aus diesen beiden Sätzen doch für eine fundamentale Verkennung des Textes!
»Korrespondierend« in dem von Hättich gemeinten Sinne wäre eine Moral, die auf einer von den Beteiligten im voraus getroffenen Vereinbarung beruhte. »Wenn du mir versprichst, mir nichts Übles anzutun, werde ich dir gegenüber auch davon Abstand nehmen.« Daß diese Art einer »korrespondierenden Vereinbarungsmoral«, wie sie in der sozialen und politischen Praxis seit je gang und gäbe ist, dann, wenn es wirklich darauf ankommt, erfahrungsgemäß fast immer auf der Strecke bleibt, ist ja aber gerade die Erfahrung, die hinter den Empfehlungen der Bergpredigt steht. Hättich moniert: »Wenn ich mich vor der Opfergabe versöhnen soll, dann konstituiert dies keinen Rechtsanspruch für mich auf Versöhnung seitens des anderen.« Das ist zwar unbestreitbar richtig. Solche quasi kaufmännisch kalkulierende Rechenhaftigkeit aber ist dem Geist der Bergpredigt fremd. Sie informiert nicht über »Rechtsansprüche« und die Wege, auf denen man sie erwerben oder geltend machen könnte. Worauf zu rechnen sie ermutigt, ist allein die Hoffnung darauf, daß die eigene friedenstiftende Haltung auch in der Seele des Widerparts etwas bewegt.
Eine Gewißheit auf solch eine positive Reaktion wird freilich nicht versprochen. Daran stört sich Dolf Sternberger (der im übrigen Hättich zustimmend zitiert). Selbst die »goldene Regel« könne nicht in »risikofreiem Sinne« ausgelegt und angewendet werden, heißt es bei ihm wörtlich. Denn »wer den anderen tut, wie er will, daß ihm die anderen tun sollen, *der riskiert, daß es ihm nicht mit gleichem vergolten wird*«. (Hervorhebung von mir) Sternbergers Schlußfolgerung daraus: »Darum läßt sich aus der Bergpredigt keine wie immer geartete Strategie, Diplomatie oder Praxeologie herleiten noch mit ihrer Hilfe irgendeine Politik stützen oder weihen.« Ich muß gestehen, daß mich Sternbergers Anspruch auf eine risikofreie Erfolgsgarantie in diesem Falle ver-

blüfft. Zumindest hätte ich erwartet, daß der namhafte Politologe hier eine vergleichende Abschätzung der mit der herkömmlichen Strategie, Diplomatie und »Praxeologie« einhergehenden Risiken in die Erörterung einbeziehen würde.

Da es so wichtig ist, noch ein Beispiel zur Erläuterung dessen, was mit »Feindesliebe« gemeint ist. Es handelt sich um den nicht ohne weiteres verständlichen Satz der Bergpredigt: »Und so dich jemand nötigt eine Meile, gehe mit ihm zwei.« (Matth. 5, 41)

An dieser Stelle wird die handfeste Diesseitigkeit der Empfehlungen des Predigers besonders deutlich, denn Jesus bezieht dieses Fallbeispiel aus dem römischen Besatzungsrecht seiner Zeit. Jeder römische Legionär, so erfahren wir von Pinchas Lapide,* hatte damals das Recht, einen beliebigen Juden auf der Straße herauszugreifen und von ihm zu verlangen, seine Ausrüstung eine Meile weit für ihn zu schleppen. Dann konnte der also Genötigte dem Besatzer sein Zeug wieder vor die Füße schmeißen und dieser sich einen neuen Juden als Lastesel suchen. Daß die immer wieder in blutigen Auseinandersetzungen zwischen Besatzungsmacht und Unterjochten kulminierenden Haßgefühle durch diese rüde, einen jeden Juden entwürdigende Praxis zusätzlich angeheizt wurden, versteht sich von selbst.

Hier erteilt Jesus seinen jüdischen Zuhörern nun einen im ersten Augenblick wieder paradox erscheinenden Rat: Wenn der Legionär dich auffordert, sein Gepäck für ihn zu schleppen – ein Verlangen, dem du dich nicht entziehen kannst, ohne eine drakonische Strafe zu gewärtigen –, dann trage sein Gepäck nicht nur eine, sondern freiwillig noch eine zusätzliche Meile weiter. Wer sich die Szene anschaulich vorstellt, begreift sofort, was sich dadurch »gewaltfrei« ändert. Der entwürdigende Charakter der aufgebürdeten Schlepperei verliert sich angesichts der freiwilligen Zugabe wie von selbst, und die Reaktion des überraschten Römers dürfte Neugier sein auf den Charakter des Mannes, an den er da geraten ist. Alle Wahrscheinlichkeit spricht dafür, daß das zwischen den beiden Beteiligten anfänglich herrschende feindselige Schweigen im Verlaufe der zweiten Meile allmählich einem Gespräch Platz macht, an dessen Ende beide die ihre Feindseligkeit verringernde Erfahrung gemacht haben werden, daß der andere eigentlich ja »auch nur ein Mensch ist«.

* Pinchas Lapide, »Die Bergpredigt...«, a.a.O., S. 116f.

Das also ist ein von Jesus geschilderter Fall von konkreter Feindesliebe. Keine »Aufforderung zur Heiligkeit«, sondern ein durchaus praktischer, wenn auch Selbstüberwindung erfordernder Ratschlag zur Lösung eines anders kaum lösbar erscheinenden menschlichen Problems unter Besatzungsverhältnissen. Auch in diesem Fall bezieht der biblische Lehrer sich übrigens allem Anschein nach auf eine sehr viel ältere – und vielen seiner Zuhörer zweifellos bekannte – Quelle. »Mögen auch zwei miteinander wandeln, sie seien denn eins untereinander?« heißt es beim Propheten Amos. Eine Erfahrung, aus welcher der Bergprediger die Nützlichkeit der zweiten, freiwillig mitgegangenen Meile ableitet.

Letzter Einwand: Die in der Bergpredigt vorgetragene Aufforderung zur Feindesliebe stoße an die Grenzen des Menschenmöglichen und könne allenfalls von einzelnen Heiligen befolgt werden. Vielleicht ist es so. Es handele sich um einen Anspruch, der die menschliche Natur vergewaltige. Auch das mag zutreffen. Aber desungeachtet gilt auch, was Leszek Kolakowski dazu in seiner Rede anläßlich der Verleihung des Friedenspreises am 16. Oktober 1977 in der Frankfurter Paulskirche sagte: »Daß es nur sehr wenige gibt und jemals geben wird, die dieser Aufforderung wirklich gewachsen sind, ist sicher. Auf den Schultern dieser Wenigen aber ruht das Gebäude unserer Zivilisation, und das Geringe, zu dem wir fähig sind, verdanken wir ihnen.«

Noch einmal Dolf Sternberger: Die Bergpredigt »ist eine äußerst kritische, eine dialektische Ethik, *sie kehrt alles um, was das gewöhnliche menschliche Verhalten kennzeichnet.*« (Hervorhebung von mir) Richtig. Genau eine solche »Umkehrung« wird in dem Text des Evangelisten von uns verlangt. Wird es nicht höchste Zeit, daß wir ihre Unumgänglichkeit einsehen? Jaspers 1958: »Ohne Umkehr ist das Leben der Menschen verloren.« Vielleicht sind wir verloren. Niemand kann die Möglichkeit heute mehr ausschließen. Wenn es aber einen Ausweg gibt, dann ist er hier, in den alten Texten, vorgezeichnet. Der Versuch, ihn zu benutzen, ist noch niemals ernstlich unternommen worden. Viel Zeit bleibt uns nicht mehr, das Versäumnis nachzuholen.